全国高等院校计算机基础教育“十三五”规划教材

大学计算机

主　编◎冯素琴　李　静　徐　莉
副主编◎王虎祥　贺国平　武晓军

中国铁道出版社
CHINA RAILWAY PUBLISHING HOUSE

内 容 简 介

本书以计算思维能力培养为切入点，结合大学新生具有一定计算机基础知识和非计算机专业对计算机技能的多样化需求而编写。本书分 11 章，第 1、2 章介绍计算科学基础内容；第 3～5 章介绍 Office 高级应用软件；第 6～11 章介绍实用工具及应用。本书选用丰富的实例组织教学内容，精简原理表述，知识点贯穿于实例之中。书中素材和实例均可扫描二维码获取。本书适合作为高等院校非计算机专业学生学习的教材，也可以作为全国计算机等级考试中的二级 MS Office 参考书。

图书在版编目（CIP）数据

大学计算机 / 冯素琴，李静，徐莉主编. —北京：中国铁道出版社，2017.12

全国高等院校计算机基础教育"十三五"规划教材

ISBN 978-7-113-24009-7

Ⅰ.①大… Ⅱ.①冯… ②李… ③徐… Ⅲ.①电子计算机-高等学校-教材 Ⅳ.①TP3

中国版本图书馆 CIP 数据核字（2017）第 279789 号

书　　名： 大学计算机

作　　者： 冯素琴　李　静　徐　莉　主编

策　　划： 周海燕　　　　　**读者热线：**（010）63550836

责任编辑： 周海燕　卢　笛

封面设计： 郑春鹏

责任校对： 张玉华

责任印制： 郭向伟

出版发行： 中国铁道出版社（100054，北京市西城区右安门西街 8 号）

网　　址： http://www.tdpress.com/51eds/

印　　刷： 河北省三河市燕山印刷有限公司

版　　次： 2017 年 12 月第 1 版　2017 年 12 月第 1 次印刷

开　　本： 787mm×1092mm　1/16　**印张：** 22.5　**字数：** 540 千

印　　数： 1～3 200 册

书　　号： ISBN 978-7-113-24009-7

定　　价： 56.00 元

序

FOREWORD

2007年，国务院办公厅转发了教育部等部门关于《教育部直属师范大学师范生免费教育实施办法（试行）》的通知，国务院决定在教育部直属师范大学实行师范生免费教育。采取这一重大举措，就是要进一步形成尊师重教的浓厚氛围，让教育成为全社会最受尊重的事业；就是要培养大批优秀的教师；就是要提倡教育家办学，鼓励更多的优秀青年终身做教育工作者。全国高等院校计算机基础教育研究会编制的《中国高等院校计算机基础教育课程体系2008》中，将计算机基础教育分为理工、农林、医药、财经、文史哲法教、艺术和师范共七大类，将师范类计算机基础教育作为其中的一个重要类别。此处所指的师范类，是指全国各院校（包含师范和非师范院校）中的师范专业，即培养师范生的各个专业。

师范教育也就是教师教育，各学科学生不仅要掌握学科教学的知识和技能，也应该掌握学科教学中必须用到的计算机应用技能，需要具备应用计算机进行教学改革的能力。师范生计算机基础教育的教学目标是：

（1）掌握计算机基本技能，提高自身的信息技术素养，并培养终身学习信息技术的能力。

（2）掌握现代教学的思想和方法，具备应用现代信息技术整合学科教学的能力。

（3）具备运用多媒体技术将各种教学资源制作成高质量的课件，并将其创造性地运用到学科教学之中的能力。

（4）具备独立或合作创建有特色的教学资源库，创建精品课程的能力。

这些教学目标，强调了计算机基本技能在教学中的重要性，注重培养学生学习、应用计算机基本技能的能力与应用信息技术进行学科教学改革的能力。达到这一目标，并不是降低计算机基础理论知识和基本技能水平，而是更偏重教师教学设计的科学性、合理性和一定的示范性。因此，针对师范生的教材应采用案例教学，强调实践和应用；教学以学生为主，注重研究性学习、探索性学习；激发学生学习的主动性、积极性和创造性。

为配合《中国高等院校计算机基础教育课程体系2008》中关于师范类教育教学改革思想的落实，紧跟目前广大师范类院校计算机基础和计算机专业教育的改革与发展，满足师范生计算机基础教育的目标，中国铁道出版社联合诸多师范院校专家组成编委会共同研讨并编写了这套“全国高等院校计算机基础教育‘十三五’规划教材”。

本套教材根据《中国高等院校计算机基础教育课程体系2008》中提出的师范类课程体系

设计选题，丛书编委会本着服务师生、服务社会的原则，将“面向应用”作为立足点，结合师范生计算机基础教育培养目标和各学科的特点，以突出实践和操作的原则来组织内容，将培养创造性思维的思想贯穿教材之中；以提高信息素养为目标，培养学生提出问题、收集信息、分析整理、加工处理、交流信息的能力；引导学生发现信息资源、新技巧、新技术，并灵活运用，提高学生的学习能力和创新能力。本套教材“面向学科、突出实践”，彰显师范教育的特色，并与实际学科相结合，对师范类学生计算机能力的培养有着重要的作用。

本套教材配有丰富的电子课件、程序代码、实验指导等教学资源，便于教师组织教学和实践，以及学生培养创造性学习能力，是全国各院校师范专业学生的理想教材。同时，我们相信非师范专业的教师、学生和从事与信息技术有关的工作人员，也可以采用本套教材作为教材或参考书。希望选用本套教材的师生都能够从中受益！

本书的出版得到了中国铁道出版社的大力支持，在此表示由衷的感谢。由于我们水平的限制，这套教材中可能存在不尽如人意的疏漏和问题，希望使用的教师和学生指出，以利再版时修订。

沈复兴

2017 年 1 月

前　言

PREFACE

进入 21 世纪后，计算机技术迅猛发展并应用于经济与社会发展的各个领域，信息产业成为全球最大的产业，社会对信息技术人才的需求，在数量上有了更大的增长，在质量上也提出了更高的要求。高校不同专业对学生的计算机应用能力的要求也越来越高，并呈多样化特点。随着信息技术在中小学的普及，许多新进校的大学生已经具备一定的计算机操作技能，大学开设的计算机入门课程“大学计算机基础”的教学内容，许多新生不再陌生，甚至早已掌握。因此，如何改革计算机基础教学内容以适应形势发展的需要，是计算机基础教学目前面临的重要挑战。我们根据教育部高等学校大学计算机课程教学指导委员会《关于进一步加强高等学校计算机基础教学的意见》和 2016 年 1 月出版的《大学计算机基础课程教学基本要求》，结合《中国高等院校计算机基础教育课程体系》报告，编写了本书。

新一轮大学计算机教育教学改革创新的本质以计算思维为切入点，使学生能够运用计算科学的思想方法和行动方式解决各自的专业和生活问题，使学生在解决问题中感悟成功的喜悦。使教师对大学计算机教育培养目标有一个更全面的认识，将分析、解决问题的能力作为大学计算机教育的最高和最终目标，在理念上与专业培养相吻合，在实践上与专业教学相默契。作为新一轮改革切入点的计算思维能力，本质上已使大学计算机教育的功能发生了重大变化，超越了大学计算机教育仅解决计算机领域问题的局限，开创了运用计算思维与行为方式解决各类专业或社会生活问题的新功能，这是新一轮大学计算机教育教学改革的新特征，也是计算思维的提出对大学计算机教育的新贡献。计算思维是计算机科学技术的思维方式，由众多计算科学中的概念构成计算思维的要素，通过培养形成计算思维，因此计算思维也是能力，称为计算思维能力，属计算机应用能力范畴。因此，本书从培养计算思维出发，对计算机科学的概念和关系做了详细描述。

面对大学新生已经掌握了计算机基础知识，亟待进一步提高计算机操作技能的情况，Office 办公软件中的基本操作，如新建、保存、各种格式设置、编辑操作就不再阐述，侧重于各种操作技巧和复杂功能的高级应用。例如，Word 中注重长文档排版，Excel 注重函数应用，PPT 中注重母版设计和实用技巧操作。各种操作都以实例阐述，操作技巧贯穿整个过程。

本书还考虑了不同专业领域应用计算机解决问题的方式和方法会有所不同，增加了网页制作、常用多媒体工具、思维导图、公式编辑、文献检索和计算机安全与防护等内容。学生可以结合自己的专业需求选择学习，以便后续进一步应用计算机提高工作效率和生活质量。

全书分 11 章。第 1、2 章介绍计算科学基础内容，介绍了计算机系统，计算科学基础知识和新技术。计算机系统介绍信息技术的基础知识和基本原理；计算科学基础知识介绍了用计算机分析问题、解决问题的基本方法，包括算法、程序设计、数据管理与信息处理的基本方法；新技术包括大数据、云计算、物联网、人工智能相关知识。这些知识是当前社会应用的热点，与人们息息相关。通过对这些知识的介绍，以期读者了解身边的应用，更好地理解和使用相关的计算机技术与工具。第 3～5 章介绍 Office 高级应用软件，Word 部分主要介绍文档排版、表格制作、长文档编辑和邮件合并等知识。对于文档基本操作，没有理论讲解，仅通过实例对操作技巧进行提示；对于长文档的处理和邮件合并等高级应用技能，在进行理论讲解的同时，以实例形式呈现知识点。此外，每一小节都精心设计了一个与实际工作或全国计算机等级考试二级考试试题相关的小型实例，进行综合训练。Excel 部分主要介绍公式与函数、数据管理与分析，操作均以实例形式展示，实例选取有实际意义的数据处理和全国计算机等级考试二级考试试题，将各方面的知识融合在一起，并添加了相关的知识和使用技巧。PowerPoint 部分主要从设计角度出发介绍各种实用技巧，一个完整的实例贯穿始终。第 6～11 章介绍实用工具及应用，列举了多种常用工具，学生可选择其中几种进行学习。第 6 章网页制作通过丰富的实例来介绍 HTML、CSS 的基本语法，并将一个完整的案例贯穿于全章，展示网站的布局，通过步骤分解讲解制作过程。第 7 章常用多媒体工具，讲解了多媒体技术的理论知识，对 Photoshop、Flash、会声会影这三个软件从文件格式、工作环境和典型实例三方面进行介绍。尤其是精彩实例部分，可以让初学者速学速成。第 8 章思维导图，以一个案例层层堆叠的方式贯穿整个 XMind 软件的学习过程，详细介绍了思维导图的建立，多种对象的添加与格式化，思维导图的演示，使初学者能迅速掌握操作方法，绘制属于自己的思维导图。第 9 章公式编辑，选取了功能较齐全，操作方便快捷的 AxMath 插件，从插件安装开始，介绍了公式的编辑，公式的排版与输出，其中特色功能包含自定义数学符号、矩阵模板排版、幻影元素、编号管理等。第 10 章文献检索，以中国知网为例，介绍了期刊文献的高级检索，以及跟踪检索法、关联引文检索、关联作者检索、相似文献检索、期刊检索等检索技巧，随后介绍了专业检索、引文检索、作者发文检索等其他检索方式，使初学者能快速检索到相关的高质量参考文献。第 11 章计算机安全与防护，介绍了计算机安全防护的一般知识和防范措施。

参加本书编写的作者均来自忻州师范学院，且均是多年从事一线教学的教师，具有较为丰富的教学经验。在编写时注重原理与实践紧密结合；注重实用性和可操作性；书中实例丰富，采用实例组织教学内容，在实例中贯穿知识点和操作技巧。

本书由冯素琴、李静、徐莉任主编，王虎祥、贺国平、武晓军任副主编，并由冯素琴、徐莉、李静统稿。具体分工如下：王虎祥撰写第1章，贺国平撰写第2章，李静撰写第3章，徐莉撰写第4章和第6章，冯素琴撰写第5章，李荣撰写第7章，武晓军撰写第8～10章，韩瑞锋撰写第11章。另外，计算机系公共课教研室老师赵青杉、宗春梅、焦莉娟、陈惠明、邸未冬、曹建芳、胡国华、邸东泉、张静、李朝霞、史月美、郝耀军、赵志毅、裴春琴、李小英等参与讨论、策划、搜集资料、制作电子资源等工作。

在本书形成和撰写过程中，得益于同行众多教材的启发，得到了忻州师院计算机系领导的精心指导，得到了兄弟学校同仁们的真诚关怀，在此深表感谢。

由于编者水平有限、编写时间仓促，以及本书的知识面较广，要将众多的知识很好地贯穿起来，难度较大，书中难免有不足之处，恳请专家、教师及读者多提宝贵意见，以便日后本书修订。

由于篇幅有限，电子资源中包括了课件、所有实例、书中用到的素材、答案、操作技巧、实验题目、二级考试题目等，如包含第5章PowerPoint的28条高级操作技巧、340页幻灯片模板、15套全国计算机等级考试二级考试题及答案。PC版网站地址为：http://jxdw.xztc.edu.cn/computer/dxjsjdnb/index.htm；手机版网络地址为：http://jxdw.xztc.edu.cn/computer/dxjsjsjb/index.htm；或者扫描下方二维码获取。

手机版二维码

编　者

2017年8月

目　　录

CONTENTS

第1章 计算机系统概述

计算机和计算机网络已经被人类广泛应用到社会的各行各业，发挥着越来越大的作用，成为人类生活和工作中不可缺少的组成部分，推动着人类社会的进步和发展。掌握计算机和计算机网络基础知识和应用能力，是现代社会人们应该具备的基本素质。

本章介绍计算机的发展和类型、计算机的特点和应用、计算机系统的硬件组成、计算机的软件系统、数据在计算机中的表示和存储、Windows 7操作系统的基本知识、计算机网络和Internet的基础知识和基本应用等。通过对这些知识的介绍，以期读者更好地学习、理解、掌握并使用计算机和计算机网络的相关科学与技术。

1.1 概述

1.1.1 计算机的诞生和发展

1. 计算机的诞生

1946年2月，美国宾夕法尼亚大学诞生了世界上第一台电子计算机——ENIAC（Electronic Numerical Integrator And Calculator，电子数字积分计算机）。这台计算机使用约18 000个电子管和1 500个继电器，每秒可以完成约5 000次加法运算，功率为150 kW，重30 t，占地170 m^2。它是20世纪最重大的发明，有划时代的意义。它用于解决大量的数值计算问题。

1946年6月，美籍匈牙利数学家冯·诺依曼（John von Neumann，1903—1957）在他的“电子计算机装置逻辑结构初探”报告中首次提出了顺序存储程序通用电子计算机的方案，从而奠定了电子计算机结构的基本框架。时至今日，计算机技术日新月异，但其结构还是冯·诺依曼结构。

2. 计算机的发展

从1946年第一台计算机诞生到现在70多年的过程中，计算机以迅猛的速度发展。科学技术水平不断进步，使计算机采用的基本元件不断发展更新，从最初的电子管更新为晶体管、集成电路和超大规模集成电路，计算机体系结构越来越复杂，处理速度越来越快，功能越来越强，应用领域越来越广。从采用的基本元件这一方面可以将计算机的发展划分为四个阶段。

第一代（1946—20世纪50年代中期）：电子管计算机，主要以电子管为基本元件，由于电子管的体积大、功耗高，容易烧坏。以水银延迟线、磁鼓、磁心为存储器，存储容量小，存储速度低。因此，这一阶段的计算机性能低、造价高、体积庞大、可靠性差。在这一阶段，采用机器语言和汇编语言编写程序，主要用于完成数值计算。典型计算机有：ENIAC、EDVAC、UNIVAC 和 IBM650 等。

第二代（20 世纪 50 年代中期—20 世纪 60 年代中后期）：晶体管计算机，采用晶体管代替电子管组成计算机，使计算机体积缩小，功耗降低，不容易烧坏，提高了处理速度。在这一阶段，已经开始采用高级语言编写程序，如 FORTRON、COBOL、LISP 等，操作系统也已逐渐形成，计算机已经可以进行数据处理。典型计算机有：IBM7090、IBM7094 和 CDC6600 等。

第三代（20 世纪 60 年代中后期—20 世纪 80 年代初）：晶体管集成电路计算机，采用晶体管集成电路组成计算机，使计算机体积减小，功耗大幅度降低，处理速度大幅度提高。采用半导体存储器和磁盘使计算机的存储容量大幅提高。在这一阶段，操作系统进一步完善，出现了编译系统和结构化程序设计语言。典型计算机有：IBM360、IBM370 和 PDP-11 等。

第四代（20 世纪 80 年代初至今）：超大规模集成电路计算机，随着科学技术的进一步发展，使集成电路的集成度越来越高。采用超大规模集成电路组成计算机后，使计算机体积显著减小，功耗显著降低，出现了微型计算机。计算机的体系结构越来越复杂，出现了多处理机系统、分布式计算机系统、并行计算机系统等，达到亿次级每秒的处理速度；采用光盘、U 盘和大容量的硬盘。软件方面有更进一步的发展，软件越来越庞大，出现了软件工程。计算机网络和网络软件越来越完善。在这一阶段，已经可以使用计算机进行知识处理和智能处理。典型计算机有：IBM308X、CRAY_2 和 CRAY_3 等。

1.1.2 计算机的特点、分类和应用

1. 计算机的特点

（1）运算速度快

计算机的运算速度是计算机最重要的性能指标，通过提高主频、增加内核、组建多处理机系统以提高计算机的运算速度。目前，巨型机达到亿亿次级每秒的运算速度。

（2）精度高

计算机的字长增大，采用浮点数表示数据，甚至通过软件方法，可以增加数据在计算机内表示的有效位数，提高数据的精度。

（3）存储容量大

采用超大规模集成电路使计算机主存储器（内存）容量大大提高，达到 GB 数量级；科学技术的进步出现了大容量的硬盘，使计算机辅助存储器（外存）容量达到 TB 数量级。

（4）自动化程度高

只要把预先编制好的程序装入存储器，计算机就可以自动按照这个程序执行，完成相应的任务，无须人工参与，计算机是自动化的设备。

（5）逻辑判断能力强

计算机程序是完成任务的方案，是一个思维、推理和判断的过程，计算机通过运行程序完成任务，而且软件的功能越来越完善，具有很强的逻辑判断能力。计算机科学技术的发展使计算机的思维、推理和判断的能力不断增强，计算机有了自主思维学习的能力，使计算机发展成人工智能机。

（6）可靠性高

过去，大量的运算靠人工完成容易出错，而现在使用计算机可以很容易正确完成。计算

机还可以连续地、无故障地长期运行。

（7）通用性强

计算机可以完成数值计算、数据处理、过程控制、知识处理和智能处理，已经深入到了人类社会、经济、文化及生活的各个方面。

2. 计算机的分类

计算机大体上可分为大型计算机、微型计算机和嵌入式系统。

（1）大型计算机

大型计算机是超高性能计算机，体系结构复杂，有很多个处理机，运算速度快，存储容量大，性能强，价格高。把很多台独立的计算机组成一个大型计算机群，使多台计算机能够像一台计算机一样统一管理，实现并行计算，提高了运算速度和处理能力。而且在大型计算机群中可以不断增加新的计算机，这样可以提高大型计算机群的性能，大型计算机用来解决其他类型计算机难以解决的大型复杂问题，用于军事和科研领域，其性能代表国家的计算机发展水平。

（2）微型计算机

微型计算机以微处理器为 CPU，体系结构简单，价格低，广泛应用于人们的工作和生活中，发展快，性能价格比最高。当今微型计算机有台式微型计算机、便携式微型计算机（笔记本式计算机）、单片机、平板计算机和工作站。微处理器技术的发展，使微型计算机不断更新换代，同时促使计算机软件进一步发展，使微型计算机系统性能提高。

（3）嵌入式系统

将微处理器植入某个设备的内部组成嵌入式计算机，其他设备组成执行装置，这样嵌入式计算机和执行装置就组成了嵌入式系统，如手机。嵌入式系统体系结构简单，系统资源较少，软件固化到系统的存储器中，软硬件结合紧密，多用于小型电子设备和自动控制系统。

3. 计算机的应用领域

计算机技术在人类社会生活中如此重要，已经形成了一种计算机文化。因此，人们有必要了解计算机在社会生活中的应用领域。计算机的主要应用领域归纳起来可以分为以下几个主要方面。

（1）科学计算

科学计算（Scientific Computing）又称数值计算。对大量的数据进行计算，用人工计算和其他方法都难以完成，用计算机则很容易完成。自从研制成第一台计算机，人类在各行各业中都把数据量大、计算量大的计算任务交给计算机完成。

（2）数据处理

数据处理（Data Processing）是指使用计算机对大量数值、符号、图形、音频和视频等原始数据进行采集、存储、分类、排序、计算、检索和传送等操作。把各种类型外来的原始数据以二进制的形式表示并保存到计算机中，然后进行处理。

（3）过程控制

过程控制（Procedure Control）又称实时控制，指使用计算机实时采集控制对象的数据，如温度、湿度、压力、流量、速度和轨迹等，对采集的数据进行分析处理后，按被控对象的系统要求进行精确有效的控制。用计算机进行过程控制比人工控制能提高控制的速度和精度。在高危行业和人工控制无法实现的行业均已使用计算机控制成功实现，如钢铁、化工、导弹和航天等。

（4）计算机辅助系统

计算机辅助系统（Computer Aided System）是以计算机为工具并通过相应的软件辅助人们完成特定的工作任务，以提高工作效率和工作质量，这样的软硬件系统就是计算机辅助系统，包括计算机辅助设计（CAD）、计算机辅助制造（CAM）和计算机辅助教学（CAI）等。

计算机辅助设计就是各行各业中利用计算机来进行设计。由于计算机具有高速的运算能力、极强的数据处理能力等特点，利用 CAD 技术可以提高设计质量，缩短设计周期，提高设计自动化水平。

计算机辅助制造是指用计算机进行生产设备的管理、控制和操作的技术。利用计算机对生产设备进行管理、控制和操作。在产品的生产过程中，用计算机控制生产设备的运行、处理生产过程中所需的数据、控制和处理生产材料的流动以及对产品进行检验等都属于计算机辅助制造技术。采用计算机辅助制造技术可以提高产品质量、降低成本、缩短生产周期、降低劳动强度（如用数控机床加工工件）。

计算机辅助教学是教师将计算机用作教学媒体，学生通过与计算机的交互作用进行学习的一种教学形式。

（5）人工智能

人工智能（Artificial Intelligence，AI）是使用计算机模拟人脑学习、理解、推理、判断、问题求解等过程，使计算机具有人类的思维能力，制造出人造的智能机器或智能系统，来模拟人类智能活动的能力，延伸人类智能，如专家系统、语音识别系统和机器人等。

（6）计算机网络

计算机网络就是把多个功能独立的计算机系统或者共享设备通过通信设备和传输介质连接起来，并通过网络协议和网络软件，实现资源共享、相互通信和分布式处理等。

1.2 计算机硬件系统

计算机系统由硬件系统和软件系统两大部分组成。计算机硬件是指计算机系统中所有的机器（物理）设备，是计算机系统的物质基础。计算机软件是指为了运行、管理、应用和维护计算机所编制的各种程序和相应的技术资料的总和。只有在计算机硬件的基础上安装软件，计算机才能成为完整的计算机系统。

数学家冯·诺依曼于 1946 年提出了数字计算机设计的一些基本思想，可以概括为以下三个方面。

1. 采用二进制形式表示数据与指令

计算机内电子元件有截止和导通两种状态，在计算机内电平也只有“高”和“低”两种状态，它们的这两种状态刚好可以表示二进制数“1”和“0”，容易实现。因此，在计算机中数据和指令都是以二进制表示的。

2. 存储程序的概念

指令是让计算机能完成的基本操作。程序是为解决某一个任务而预先编制的工作执行方案，是由一条条 CPU 能够执行的基本指令组成的有序序列。

解决某一个任务时，先根据这一任务编写程序，然后把程序装入计算机存储器（内存），一旦程序存入计算机（内存）并被启动，计算机 CPU 就从计算机存储器（内存）中取第一条指令并执行这条指令，执行完后就可以自动找到下一条指令并执行，直到整个程序执行完，任务解决。程序存储的优点是使计算机成为一种自动执行的机器。

3. 计算机的组成及功能

计算机由运算器、控制器、存储器、输入设备、输出设备五大部件组成。计算机的硬件组成结构如图 1-1 所示。

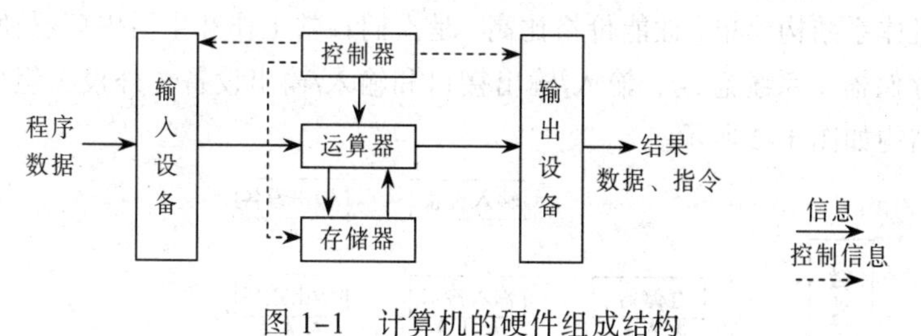

图 1-1　计算机的硬件组成结构

图 1-1 所示为"冯·诺依曼结构"，现代计算机都采用这一结构，都是冯·诺依曼计算机。

1.2.1　计算机的基本硬件

1. 运算器

运算器又称算术逻辑单元（Arithmetic Logic Unit，ALU），运算器完成算术运算和逻辑运算，计算机内所有运算都由运算器完成。算术运算有加、减、乘、除等，逻辑运算有与、或、非、比较、移位等。参加运算的数据从运算器的输入端输入运算器，运算完成后运算结果从运算器的输出端输出。

2. 控制器

控制器是整个计算机系统的控制中心，在它的控制下整个计算机的各个部件才能协调有序地运行。控制器主要由程序计数器、指令寄存器、指令译码器和其他控制电路组成。计算机运行程序执行指令时，程序计数器保存将要执行的指令的地址，根据这个地址可以找到这条指令，把这条指令取到指令寄存器后，程序计数器自动加一，变成下一条要执行的指令的地址。指令寄存器中保存的正在执行的指令，经过指令译码器译码后产生控制命令信号，由控制电路把相应的控制命令信号发送到对应的部件，完成指令规定的操作。

通常把运算器与控制器合称为中央处理器（CPU），它是计算机的核心部件，它的性能决定着整个计算机的性能。

3. 存储器

存储器用来存放程序及程序运行过程中的各种有关数据，是以二进制存储的。在计算机运行过程中能高速、自动地完成存取。一个存储元件可存放一位二进制数，它是具有"记忆"功能的设备，通过该元件的两种稳定状态存储信息，两种稳定状态分别表示二进制数"0"和"1"。8 位的二进制数组成一个字节（Byte），字节是最基本的存储单元。

存储器由多个存储单元组成，每个存储单元都有唯一的编号，称为地址。通过地址访问存储单元，地址也是二进制的。

4. 输入/输出设备

输入设备用于将数字、符号、图像、声音等外来信息输入计算机，并且转换为计算机能识别的二进制数存放到存储器中。常用的输入设备有键盘、鼠标、视频摄像机等。

输出设备用于将计算机的处理结果和存放在存储器中的二进制数，转换为人们所能接受的数字、符号、图像、声音形式而输出。常用的输出设备有显示器、打印机、绘图仪等。

通常把输入设备和输出设备合称为I/O（输入/输出）设备。

1.2.2 微型计算机的硬件系统

微型计算机体系结构简单，性能价格比高，是人们日常工作和生活中广泛使用的计算机，由微处理器、存储器、系统总线、输入/输出接口和输入/输出设备（外设）组成。微型计算机的硬件组成结构如图1-2所示。

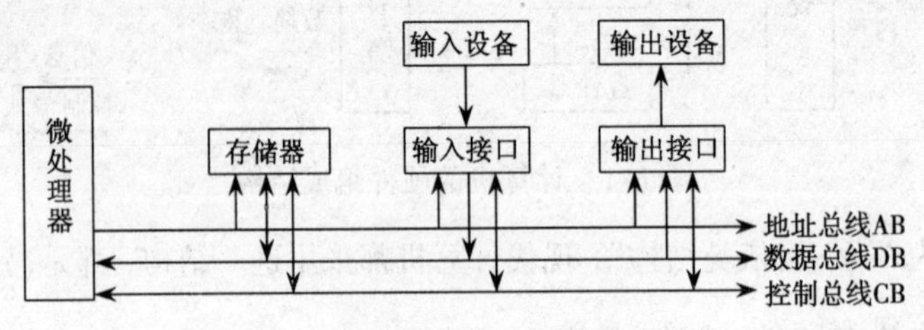

图1-2 微型计算机的硬件组成结构

下面分别介绍微型计算机的各个组成。

1. 微处理器

微型计算机的微处理器又称CPU，由控制器、运算器、内部寄存器组、多级缓存（Cache）和内部总线组成。微型计算机只有一个CPU，在一块CPU芯片上集成多个处理器核心而形成多核，多核通过CPU内部总线连接起来，这样多个核心可以同时并行工作，提高处理速度。CPU的主要功能是执行指令，完成运算，发出控制信号。

CPU的内部总线和外部总线包括数据总线、地址总线和控制总线。数据总线用于传送数据，每一位二进制数都要通过一条数据总线传送，数据总线宽度（条数）与CPU中数据位数相对应，CPU的数据位数已从8位、16位、32位推进到了64位。地址总线表达了CPU支持的存储器单元的数量，具有32位地址总线的CPU能支持2^{32}字节（4 GB）存储器单元。i5、i7系列CPU还支持高速缓存、浮点处理、MMX（多媒体扩展技术）、超线程等先进技术。CPU内部还有多级缓存（Cache），其存取速度远快于内存。

2. 存储器

存储器（主存或内存）用来存放程序和数据，必须把程序和相应的数据装入存储器才能运行。存储器分类如图1-3所示。

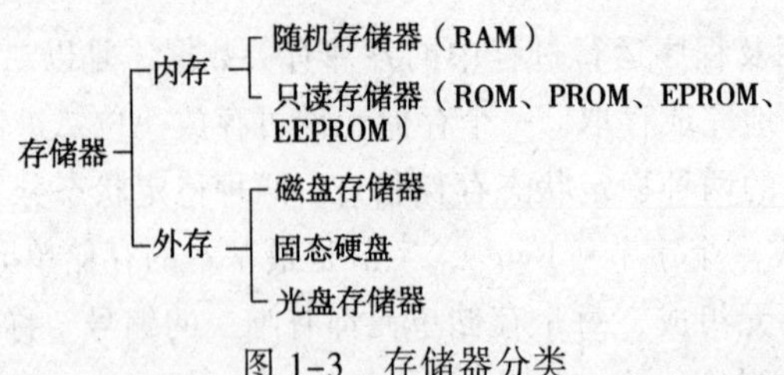

图1-3 存储器分类

存储器分为内存和外存，其中外存属于外围设备，下面先介绍内存。

随机存储器（Random Access Memory，RAM）是可以读/写的，是由半导体材料制成的存储元件，断电后其中数据将会丢失。用户可以向随机存储器写入数据，也可以从随机存储器

中读取数据。

只读存储器（Read Only Memory，ROM），只能读出其中数据，不能向其写入数据。断电后其中数据不会丢失。只读存储器中一般存放微机系统引导程序，诊断程序等这些不能被修改的程序。ROM 中的数据是在生产时直接写入的；可编程的只读存储器（PROM）由用户一次性写入数据，以后不能修改。可改写的只读存储器（EPROM）由用户写入数据，可以用紫外线灯照射擦除其中数据，可再次写入数据。EEPROM 是一种电可擦写的可多次写入的只读存储器。

3. 系统总线

系统总线是连接计算机各部件之间的一组公共的信号线，它是计算机中传送信息代码的公共途径。系统总线包括集成在 CPU 内的内部总线和外部总线，分数据总线、地址总线和控制总线。数据总线用于在 CPU、存储器和输入/输出设备接口之间传送数据，是双向的。地址总线用于在 CPU、存储器和输入/输出设备接口之间传送所要访问存储器单元的地址信息。控制总线用于在 CPU、存储器和输入/输出设备接口之间传送控制信号。

4. 主板与主板芯片组

主板又称系统板和母板，是计算机各部件之间连接和传送数据的通路，通常所有的部件都要连接到主板上。主板结构如图 1-4 所示。

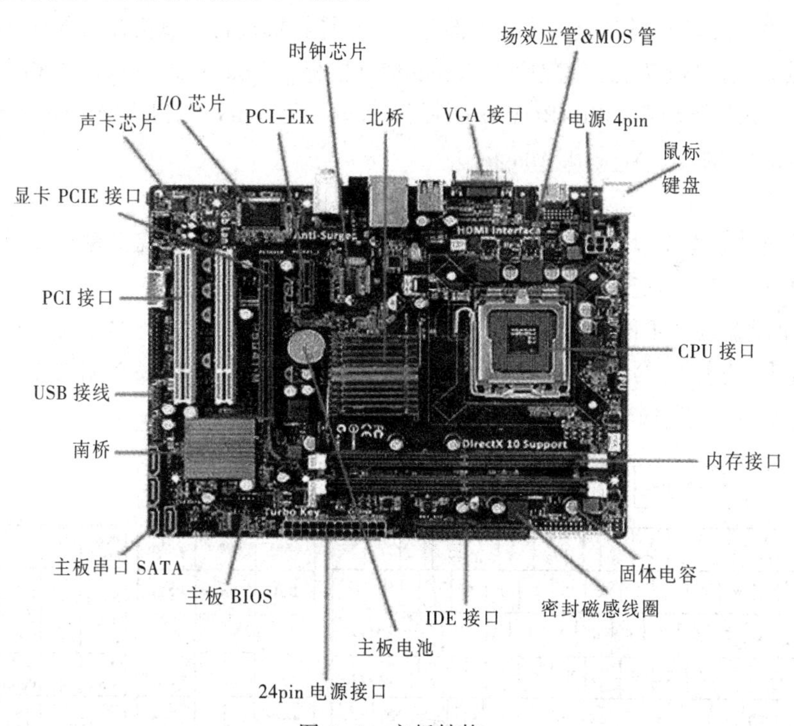

图 1-4　主板结构

芯片组是主板最重要的部件，主板的功能主要取决于芯片组，芯片组是保证系统正常工作的重要控制模块。芯片组有单片、两片、多片。芯片组多为两片，靠近 CPU 插槽的称为北桥芯片，另一个称为南桥芯片。北桥芯片负责控制 CPU、内存和显卡工作。南桥芯片负责控制系统的其他输入/输出功能。南北桥之间通过南北桥总线传送数据。

另外，主板上还集成了系统总线、CPU 插座、内存条插槽、BIOS 芯片、电源插座、CPU

供电电路、硬盘和光驱控制芯片及插口、USB 控制芯片及插口、高速串行总线 IEEE 1394 控制芯片及插口、板载声卡及控制芯片、I/O 及硬件监控芯片等。

5. 输入/输出接口

输入/输出接口又称 I/O 接口。目前的主板集成了 COM 串行口、PS/2 鼠标键盘接口、LPT 并行口、USB 接口等，少数主板上集成了 IEEE 1394 接口。输入/输出接口包括声卡、显卡、Modem 等接口卡。

（1）USB 接口

USB（Universal Serial Bus）接口是通用串行数据总线接口，用于计算机与各种外围设备的通信连接。外围设备可以随时经 USB 接口连接到计算机系统，不需要重新启动计算机。USB 接口可以连接高速和低速设备，USB 总线数据传输速度快，最大传输速率达 5.0 Gbit/s。USB 总线最多可以连接 127 个设备，而且可以同时使用。

（2）IEEE 1394 接口

IEEE 1394 接口是高速串行总线接口。通过它可以把各种外围设备连接起来，可以认为它是一种外部总线标准。与 USB 接口相比具有更强的性能，传输速度更高，主要用于主机与硬盘、打印机、扫描仪、数码摄像机、视频电话等。目前只有极少数主板上集成了这种接口。

6. 输入/输出设备

计算机的输入/输出设备是人（或外部环境）与计算机进行信息交流的部件。微型计算机上的常用输入/输出设备有：键盘（Keyboard）、鼠标（Mouse）、显示器（Monitor）、硬盘（HardDisk）、光盘驱动器（CD-ROM Driver）、打印机（Printer）、扫描仪（Scanner）、调制解调器（Modem）、网卡（Network Adapter）。

（1）键盘

键盘是通过按键将程序、数据送入计算机的常规输入设备，键盘上键位布局如图 1-5 所示。键盘可分为四个功能区。

① 基本键盘区（主键盘）：包括 26 个英文字母、数字、标点符号、特殊符号、空格、制表定位键【Tab】、大写字母锁定键【Caps Lock】、换挡键【Shift】、控制键【Ctrl】、转换键【Alt】、退格键【←】、回车键【Enter】等。

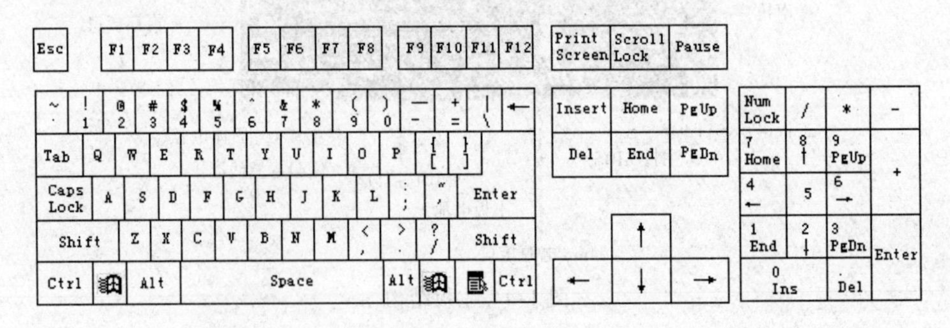

图 1-5 键盘布局

② 特殊功能键区：包括强行退出键【Esc】、12 个功能键【F1】～【F12】、屏幕内容打印键【Print Screen】、屏幕滚动锁定键【Scroll Lock】、暂停/终止键【Pause Break】。

③ 编辑键区：位于键盘中右部，包括光标移动键、插入键【Insert】、删除键【Del】、页首键【Home】、页尾键【End】、上页键【PgUp】、下页键【PgDn】。

④ 数字小键盘：位于键盘右部，包括数字锁定键【Num Lock】、光标移动/数字键、算术运算符号键、回车键【Enter】等。

（2）鼠标

鼠标是必要的输入设备。移动鼠标时，把检测到的鼠标的位移信号通过程序处理和转换来控制显示器屏幕上的鼠标指针产生相应的位移。鼠标可连接到串行接口、PS/2 接口或 USB 接口。计算机使用的鼠标有机械式鼠标和光电式鼠标。

（3）显示器与显示适配器

显示器是用来显示字符和图形的输出设备。它包括 CRT 显示器、LCD、LED 等。显示器的主要技术指标之一是分辨率，即屏幕上纵横两个方向的扫描点（像素）的多少，点数愈多，点距愈小，分辨率愈高，图像愈清晰。LCD、LED 具有明显的优势：零辐射、低耗能、散热小；纤薄轻巧；精确还原图像，不会出现任何的几何失真、线性失真；显示字符锐利；画面稳定不闪烁。其中，LED 耗能更低。

显示器与 CPU 的接口是显示适配器，即显卡。显卡性能的好坏直接影响计算机系统的整体性能。显卡性能主要体现在：GPU（Graphics Processing Unit，图形处理器，又称显卡的"CPU"）、带宽（用来衡量传输数据的能力）、显存容量等技术指标上。在显示图形/图像时，大量的压缩数据需要显卡解压后送到显示器显示，这就需要带宽很宽的图形/图像加速卡完成数据解压传输工作。同时显卡的显示内存的容量也是至关重要的，目前市售的显卡所带的显示内存是 512 MB～4 GB。

（4）硬盘与接口类型

硬盘由硬盘驱动器和多张硬盘盘片（存储介质）组成。硬盘具有存储容量大，记录密度高、记录速度快、性能好与可靠性高等特点。目前使用的硬盘容量一般为 500 GB～4 TB。

硬盘相关的性能指标有容量（与盘径、磁头数、柱面数、扇区数、每扇区内记录数据字节数有关）、磁盘转速、平均寻道时间、缓存、内部数据传输率、外部数据传输率、接口类型等。

硬盘总容量为：磁头数 × 柱面数 × 扇区数 × 每扇区的存储容量。

硬盘的接口类型反映了计算机系统内硬盘数据传输速度。目前的硬盘主要采用 SATA（串口）接口和 SCSI 接口。目前大量台式计算机使用 SATA 接口硬盘。EIDE 又分为 Ultra DMA/33、Ultra DMA/66、Ultra ATA/100、Ultra ATA/133 等传输模式。Ultra DMA 传输模式工作原理是由 EIDE 控制器发出读/写请求，数据读/写期间不需要 CPU 干预，这种工作方式大大减轻了对 CPU 资源的占用时间，提高了计算机系统的整体性能。Ultra DMA/33 模式硬盘的数据传输率已达 33 MB/s。Ultra DMA/66、Ultra ATA/100、Ultra ATA/133 模式硬盘的数据传输率理论上可分别达 66 MB/s、100 MB/s 和 133 MB/s，但实际上由于受到硬盘内部数据传输率的影响而达不到 66 MB/s、100 MB/s 或 133 MB/s。而 SATA 接口发展到了 SATA3，速度已达 600 MB/s。

磁盘转速是硬盘整体性能的重要因素之一。一般情况下转速愈高，平均等待时间愈短，平均寻道时间愈短，读/写速度就愈快。目前市售硬盘（SATA3）的转速主要是 7 200 r/min，大容量硬盘有的采用 10 000 r/min。SCSI 接口硬盘的转速高达 15 000 r/min。

平均寻道时间是指磁头从接受指令到找到数据所在磁道的时间。SATA 接口硬盘一般为 8.5 ms。SCSI 接口硬盘一般为 6.3 ms。

缓存是硬盘与外部总线（硬盘电缆）交换数据的暂存存储器。需要读/写的数据在磁盘内是以磁信号形式表现，读/写磁盘的速度与硬盘电缆传输速度是不同的，缓存正好起到缓冲的作用。大容量硬盘的缓存通常在 2～16 MB。

内部数据传输率是磁头与缓存间的数据传输速度。它是影响硬盘整体速度的关键，可以说是硬盘数据传输的瓶颈。

外部数据传输率是磁盘缓存与计算机主机间的数据传输速度，它受到磁盘转速、接口类型等技术参数的影响。目前 SATA 硬盘的数据传输率多在 100～600 MB。

使用 Flash 材料的固态硬盘已经装备到台式计算机和笔记本式计算机上，大有取代硬盘的趋势。

（5）移动硬盘与 U 盘

移动硬盘是在普通硬盘的基础上加装 USB 接口使之成为所谓的移动存储工具。

U 盘使用 Flash 半导体材料作为存储介质，Flash 是一种改进的 EEPROM，它在擦除存储介质内信息时与 EEPROM 不同，EEPROM 擦除信息时是按单元进行，而 Flash 是按块擦除信息。U 盘通过 USB 接口连接计算机。

（6）光盘驱动器及光盘

光盘驱动器是读/写设备，可分只读的光盘驱动器和可读/写的光盘驱动器（刻录机）。按支持格式还可分为 CD 型光驱和 DVD 型光驱，包括 CD-ROM、CD-RW、DVD-ROM、DVD-RW 类型的光驱。读/写的速度是光驱的重要技术指标，目前光驱的读出速度是 32～52 倍速（即 4.8～7.5 MB/s）。CD 型光驱支持读/写 CD 光盘，而 DVD 型光驱支持读/写 DVD 光盘和 CD 光盘。

光盘是一种记录密度高、存储容量大的新型存储介质，光盘的基片是一种对激光具有耐热性的有机玻璃，在基片上涂上金属合金或稀土金属化合物形成存储介质。光盘的记录原理是将聚焦的激光射在记录介质上，对其微小的区域进行加热，打出微米级的小孔（凹坑），或引起几何变形，或产生结晶状态变化。用这种小孔的有无，或用记录介质上状态的变化与不变化来代表二进制的“1”和“0”，这样就可以在光盘上记录数据。5.25 英寸光盘容量可达 750 MB，3.25 英寸光盘容量可达 200 MB。数据可保存 60～100 年。

CD 光盘可分三类：只读光盘、追记型只读光盘和改写型光盘。只读光盘的物理规格、记录格式和盘的制造技术与 CD 相似，其上数据与光盘生产同时完成。追记型只读光盘可通过可读/写光驱一次性写入数据，并可追加数据，直到写满，不可重写。改写型光盘可通过可读/写光驱多次写入数据。

DVD 光盘是较 CD-ROM 具有更高记录密度的产品，容量可达 4.7 GB，可分只读、追记和改写三类。

（7）打印机

打印机是用于将计算机处理结果打印在纸上的输出设备，可分为击打式打印机和非击打式打印机两大类。击打式打印机打印速度慢、有噪声、打印质量低，但耗材便宜；非击打式打印机包括喷墨打印机和激光打印机。激光打印机打印质量高、打印速度快、无噪声，但打印机及耗材昂贵；喷墨打印机及耗材的价格低于激光打印机，打印质量稍低于激光打印机，打印速度快且无噪声。打印机还可分为宽行打印机、窄行打印机和微型打印机，也可分为彩色打印机和单色打印机。

（8）扫描仪

任何文字、图形、图像都可以用扫描仪输入计算机中并以图形文件存储。若配备识别软

件，则可把图形文件中的文字识别出来，变为文本形式表示，可代替键盘输入文字。

（9）调制解调器

电子信号分两种：一种是模拟信号，一种是数字信号。电话线路传输的是模拟信号，而计算机内的是数字信号。计算机通过电话线连接网络传输数据时，需要进行这两种信号转换。把数字信号转换成模拟信号就是调制；相反，把模拟信号转换成数字信号就是解调。调制解调器就是实现数字信号和模拟信号之间相互转换的设备。

调制解调器分外置和内置两种。目前使用的高速调制解调器是 ADSL，即所谓宽带网 MODEM，其数据传输速率为 1～8 Mbit/s。

（10）网卡

网卡又称网络适配器（Network Adapter）或网络接口卡（Network Interface Card，NIC），是计算机与网络连接的接口，用于连接计算机和传输介质。网卡可以对数据进行接收、存储、串行/并行转换、转发等。

1.3 计算机软件系统

计算机软件是指为了运行、管理、应用和维护微机所编制的各种程序和相应的技术资料的总和。如果没有软件系统，计算机就不能工作，硬件系统和软件系统相互依赖，计算机要实现的大部分功能均在硬件系统的基础上通过软件实现。计算机软件分系统软件和应用软件。

1.3.1 系统软件

系统软件是管理、监控和维护计算机各类资源的软件。系统软件离系统硬件比较近，离用户比较远，它们并不专门针对具体的应用问题，如操作系统、语言处理系统、数据库管理系统等。

1. 操作系统

操作系统（Operating System，OS）是控制和管理计算机硬件和软件资源、合理地组织计算机工作流程、控制用户程序的运行、为用户提供各种服务的软件的集合。操作系统要对处理器、存储器和外围设备进行管理，还要对其他软件进行管理，为它们提供支持和服务，完善计算机工作流程，发挥计算机整体性能，满足用户需求。操作系统实现各项功能都是通过运行各自的子程序完成的。它是最基本的系统软件。典型的操作系统有：DOS、UNIX、Windows、OS/2、Netware 等。

2. 语言处理程序

用来编写程序的语言分为机器语言（Machine Language）、汇编语言（Assembler Language）、高级语言（High Level Language）三类。

（1）机器语言

机器语言中的数据和指令都是以二进制代码表示的，是计算机唯一能直接识别和执行的语言，不同的计算机机器语言指令系统不同。机器语言程序能在计算机上直接执行，执行效率高，但二进制的机器语言程序学习、编写、修改、调试、移植和维护难度大。

（2）汇编语言

汇编语言是用符号代替了机器语言指令中的二进制的操作码和操作数，如“ADD BX, 15”是一条加法指令，比机器语言容易学习，但在计算机上不能直接执行，必须转换成机器语言指令才能执行。不同型号的计算机有不同的汇编语言指令系统，每条汇编语言编写的指令都可以转换成若干条机器语言指令。用汇编语言编写的程序称为汇编语言源程序，必须用汇编程序将汇编语言源程序转换成机器语言程序（又称目标程序），计算机才能执行。这个转换过程称为汇编。机器语言和汇编语言都是面向机器的语言，都是低级语言。汇编语言虽然比机器语言容易学习，但编写维护程序十分烦琐，程序通用性差。

（3）高级语言

高级语言编写的程序语句是接近人类语言的表达式、数学公式和数学函数等，如“Y=5*COS(A)+1”，让人更容易学习。不再是面向机器的语言，程序容易从一台计算机移植到另一台计算机，但是也不能在计算机上直接执行。

高级语言程序（又称源程序）必须把源程序转换成二进制的目标程序才能被计算机执行，这个转换有两种方式：编译方式和解释方式。编译方式是先由编译程序把高级语言源程序转换成目标程序，再由连接程序将目标程序连接成机器语言程序，计算机最终执行的是一个完整的机器语言程序。解释方式是在运行高级语言源程序时，由解释程序分别把源程序语句转换一句执行一句，直到源程序执行完，对源程序边转换边执行。

典型的高级语言有：FORTRAN、BASIC、Pascal、C/C++、Java 等。

3. 数据库管理系统

大量的数据采用一定方式组合起来形成数据库。数据库管理系统是对数据库进行有效管理和操作的软件，数据库管理系统能完成对数据库的创建、统计、排序、检索、修改、维护和查询等，能实现数据共享、数据独立，减少数据冗余，避免数据不一致性，加强了对数据的保护。也有观点认为数据库管理系统应该属于应用软件。典型的数据库管理系统有：Oracle、xBase、SQL Server 等。

1.3.2 应用软件

应用软件是用户为解决某方面实际应用问题，通过使用各种程序设计语言编写的软件。应用软件一般是供最终用户使用的，它要有计算机硬件和系统软件的支持，如文字处理软件、信息管理软件、计算机辅助设计软件等。典型的应用软件有：办公自动化软件 Office、图形图像处理软件 Photoshop、多媒体制作软件 Authorware、网页制作软件 Dreamweaver 和 Fireworks、统计分析软件包 SAS 和 SPSS 等。

1.4 数据在计算机中的表示与存储

1.4.1 数据在计算机内的表示

所有类型的数据在计算机内都是以二进制“0”和“1”表示的，包括数值型数据和字符型数据（英文字符、汉字和符号），都是存储在一个称为字节的单元中。

一个二进制位称为位（bit），8个二进制位组成一个最基本的存储单元——字节（Byte）。1 KB=1 024 B，1 MB=1 024 KB，1 GB=1 024 MB，1 TB=1 024 GB。

二进制数的运算如表 1-1 所示。

表 1-1 二进制数的运算

加法运算	减法运算	乘法运算	除法运算
0+0=0	0–0=0	0×0=0	0÷0=0
0+1=1	0–1=1（借位 1）	0×1=0	0÷1=0
1+0=1	1–0=1	1×0=0	1÷0（无意义）
1+1=0（进位 1）	1–1=0	1×1=1	1÷1=1

1.4.2 常用数制的表示方法

常用的数制有二进制、十进制和十六进制，其表示方法如表 1-2 所示。

表 1-2 常用数制的表示

	十进制数 D	二进制数 B	十六进制数 H
基数 R	0～9	0、1	0～9、A～F
进位规则	逢 10 进 1	逢 2 进 1	逢 16 进 1
权值	10^i	2^i	16^i
	$i=n$、$n-1$、…、1、0、-1、…、$-m$		

R 进制数（$a_n\cdots a_1a_0\cdot a_{-1}\cdots a_{-m}$）$R=a_n\times R^n+a_1\times R^1\cdots+a_0\times R^0+a_{-1}\times R^{-1}+\cdots+a_{-m}\times R^{-m}$

R 进制数具有以下性质：具有 R 个数字符号（基数 R），0、1、2、…、$R-1$；从低位到高位按“逢 R 进 1”的规则进行计数；每位数值由对应的数码乘以它的权值 $W=R^n$ 得到。即：$a_i\times R^i$（$i=n$、$n-1$、…、1、0、-1、…、$-m$）。

1.4.3 常用数制之间的转换

1. 二进制数和十进制数之间的转换

二进制数转换为十进制数按照各自数制性质展开即可。例如，二进制数(11011.101)B 转换为十进制数展开如下：

$$(11011.101)B=2^4+2^3+2^1+1+2^{-1}+2^{-3}=(27.625)D$$

十进制数转换为二进制数，整数部分的转换采用“除 2 取余”。十进制数整数部分除以 2 得到余数和商，再用得到的商依次除以 2，直到商为 0 时结束，第一次得到的余数就是相应二进制数整数部分的最低位，第二次得到次低位，最后得到的余数为最高位，依次排列。

例：十进制整数 (58)D 转换成二进制整数，如图 1-6 所示。

		余数	
2	58		
2	29 商	0	N_0位
2	14 商	1	N_1位
2	7 商	0	N_2位
2	3 商	1	N_3位
2	1 商	1	N_4位
结束	0 商	1	N_5位

余数依次排列

图 1-6 十进制整数转换成二进制整数

所以，(58)D=(111010)B。

十进制数转换为二进制数，小数部分的转换采用“乘 2 取整”。十进制小数部分乘 2，积分为整数部分和小数部分，将积的小数部分继续乘 2，直到积的小数部分为 0 时结束。这样依次得到一系列整数，第一次乘 2 得到的整数就是相应二进制数小数部分的最高位，第二次乘 2 得到的整数就是相应二进制数小数部分的次高位，最后乘 2 得到的整数就是相应二进制数小数部分的最低位，依次排列。

例：十进制小数(0.6875)D 转换成二进制小数，如图 1-7 所示。

所以，(0.6875)D=(0.1011)B

	0.6875	整数	
×	2		
	1.3750	1	N_{-1}位
×	2		
	0.7500	0	N_{-2}位
×	2		
	1.5000	1	N_{-3}位
×	2		
结束	1.0000	1	N_{-4}位

整数依次排列

图 1-7　十进制小数转换成二进制小数

2．二进制数和十六进制数之间的转换

每位十六进制数与 4 位二进制数之间有一一对应关系，如表 1-3 所示。

表 1-3　二进制数和十六进制数的对应关系

十六进制数	0	1	2	3	4	5	6	7
二进制数	0000	0001	0010	0011	0100	0101	0110	0111
十六进制数	8	9	A	B	C	D	E	F
二进制数	1000	1001	1010	1011	1100	1101	1110	1111

1 位十六进制数可以直接转换为 4 位二进制数，如十六进制数(1A63 . B5)H 转换成二进制数示例如下：

(1A63 . B5)H=(0001　1010　0110　0011 . 1011　0101)B

1　A　6　3 . B　5

每 4 位二进制数也可以直接转换为 1 位十六进制数，整数部分从最低位起，每 4 位一组进行分组，不足 4 位在高位前添“0”补足 4 位；小数部分从最高位起，每 4 位一组进行分组，不足四位在最低位后添“0”补足 4 位。分组后每组的 4 位二进制数分别可以转换成各自相应的 1 位十六进制数。

例如，将二进制数(1101101111.110101)B 转换成十六进制数：

(0011　0110　1111 . 1101　0100)B=(36F.D4)H

3　6　F　D　4

在整数部分最高位前添两个“0”，补足 4 位成“0011”；在小数部分最低位后添两个“0”，补足四位成“0100”。

1.4.4　字符数据在计算机内的表示

字符在计算机内也是用二进制形式表示的。当今的计算机普遍采用 ASCII 编码，即美国标准信息交换码（American Standard Code for Information Interchange）。ASCII 码中的每个字符占 1 字节，这个字节的最高位为 0，用 7 位来表示，共可以表示 128 个字符，编码从 0 至 127（称为 ASCII 码基本集），而 128～255 的编码（称为 ASCII 码扩展集）做他用。其中普通字符有 95 个，控制字符有 33 个。ASCII 字符编码如表 1-4 所示。

通过表 1-4 可知，数字符号“0”～“9”的 ASCII 码为 30H～39H，大写字母“A”～“Z”的 ASCII 码为 41H～5AH，小写字母“a”～“z”的 ASCII 码为 61H～7AH。

表 1-4　ASCII 字符编码表

高 4 位 \ 低 3 位		0	1	2	3	4	5	6	7
		000	001	010	011	100	101	110	111
0	0000	NUL 空	DLE 数据链换码	SP	0	@	P	′	p
1	0001	SOH 标题开始	DC1 设备控制 1	!	1	A	Q	a	q
2	0010	STX 正文结束	DC2 设备控制 2	″	2	B	R	b	r
3	0011	ETX 本文结束	DC3 设备控制 3	#	3	C	S	c	s
4	0100	EOT 传输结果	DC4 设备控制 4	$	4	D	T	d	t
5	0101	ENQ 询问	NAK 否定	%	5	E	U	e	u
6	0110	ACK 承认	SYN 空转同步	&	6	F	V	f	v
7	0111	BEL 报警符	ETB 信号传送结束	'	7	G	W	g	w
8	1000	BS 退一格	CAN 作废	(	8	H	X	h	x
9	1001	HT 横向列表	EM 纸尽	)	9	I	Y	i	y
A	1010	LF 换行	SUB 减	*	:	J	Z	j	z
B	1011	VT 垂直制表	ESC 换码	+	;	K	[	k	{
C	1100	FF 走纸控制	FS 文字分隔符	,	<	L	\	l	|
D	1101	CR 回车	GS 组分隔符	-	=	M	]	m	}
E	1110	SO 移位输出	RS 记录分隔符	。	>	N	^	n	~
F	1111	SI 移位输入	US 单元分隔符	/	?	O	_	o	DEL

1.5　Windows 7 操作系统

Windows 7 操作系统是微软公司开发的，是目前常用的操作系统。

1.5.1　Windows 7 操作系统的基本操作

1. Windows 7 操作系统的桌面

在计算机中安装了 Windows 7 操作系统，启动后，在计算机屏幕上就显示了 Windows 7 操作系统的桌面，如图 1-8 所示。桌面由图标、任务栏和桌面背景组成。

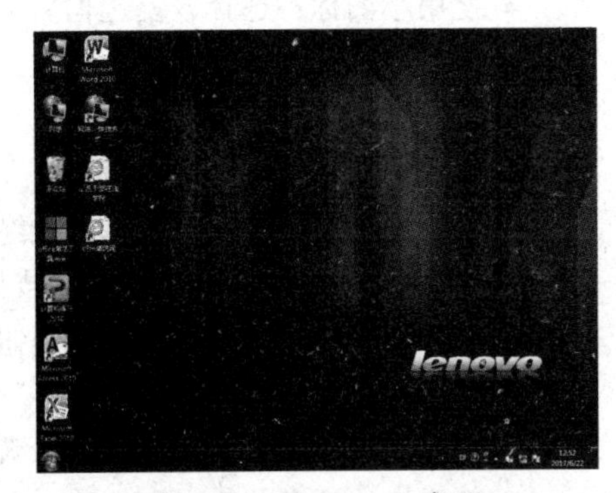

图 1-8　Windows 7 桌面

（1）Windows 7 操作系统的桌面图标

一个图标代表一个程序，从外观上看，图标由图形和文字说明组成，方便用户快速访问相应对象。双击图标可以访问相应的对象。主要有系统图标、文件图标、文件夹图标和快捷方式图标。

Windows 7 桌面有 5 个系统图标，分别为：计算机、回收站、用户的文件、控制面板、网络。系统图标显示/隐藏方法：① 在桌面空白处右击，在弹出的快捷菜单中选择“个性化”命令；② 单击“更改桌面图标”按钮，弹出“桌面图标设置”对话框，如图 1-9 所示；③ 根据实际需要选择需要的图标，然后单击“确定”按钮即可。

（2）Windows 7 操作系统的任务栏

任务栏位于桌面底部，依次由“开始”按钮、应用程序区域、通知区域、显示桌面按钮四部分组成。

- “开始”按钮：单击“开始”按钮可以打开“开始”菜单。
- 应用程序区域：显示正在运行的程序，或者显示已经打开的文件夹和文件。
- 通知区域：显示时钟、声音、网络等系统状态和一些特定的程序。
- 显示桌面按钮：单击显示桌面按钮可以显示桌面。

在任务栏空白处右击，选择“属性”命令，打开“任务栏和「开始」菜单属性”对话框，如图 1-10 所示。

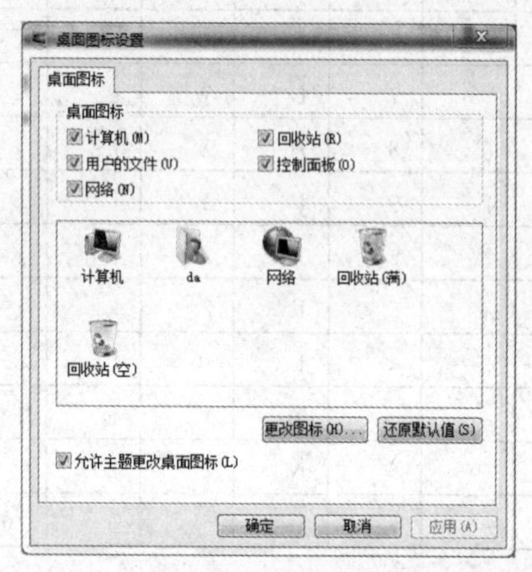

图 1-9 “桌面图标设置”对话框

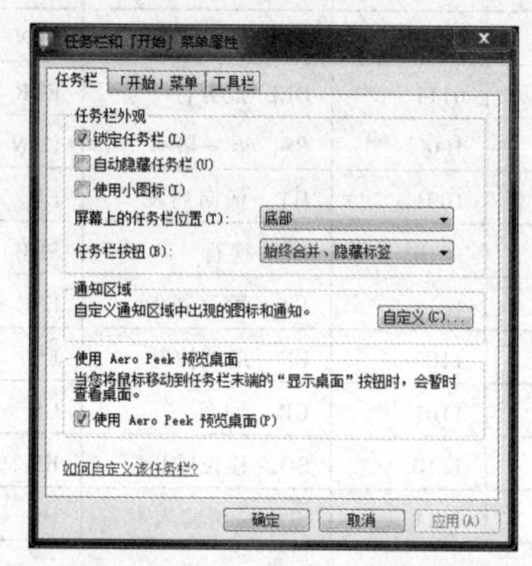

图 1-10 “任务栏和「开始」菜单属性”对话框

- 锁定任务栏：任务栏一般位于桌面底部，可以通过此对话框移动到桌面底部或两侧，也可以用鼠标拖动修改任务栏的宽度。在此对话框中选择“锁定任务栏”复选框后，任务栏的位置和高度都不能修改，也不自动隐藏。
- 自动隐藏任务栏：选择该复选框后，任务栏会自动隐藏。鼠标指针指向桌面任务栏位置时显示任务栏。
- 使用小图标：选择该复选框后，任务栏上所有的对象都以“小图标”的形式显示。
- 屏幕上的任务栏位置：通过此下拉列表，可以把任务栏调整到桌面的底部、左侧、右侧和顶部。
- 任务栏按钮：此下拉列表包含“始终合并、隐藏标签”“当任务栏被占满时合并”“从不合并”三个选项。选择“始终合并、隐藏标签”选项后，任务栏上“应用程序”区域只显示应用程序的图标，只要有相同类型的应用程序按钮就被合并为一个按钮。选择“当任务栏被占满时合并”选项后，只有用户打开的应用程序很多，任务栏被占满后，相同类型的应用程序按钮才被合并为一个按钮。选择“从不合并”选项后，任务栏上的按钮不会合并。

2. Windows 7 操作系统的“开始”菜单

单击桌面任务栏的“开始”按钮打开“开始”菜单。“开始”菜单由三部分组成，搜索框、常用程序列表区和常用系统设置功能区，如图 1-11 所示。

图 1-11 “开始”菜单

搜索框："开始"菜单左下角是搜索框，可以使用该搜索框来查找存储在计算机中的文件和文件夹。在搜索框中输入文件名的全部或者部分后，便自动开始搜索，并且会显示搜索结果。

常用程序列表区："开始"菜单左侧，搜索框上方为常用程序列表区，显示用户经常使用的程序。

常用系统设置功能区："开始"菜单右侧为常用系统设置功能区，显示经常用到的系统功能。

3. Windows 7 操作系统的窗口

在 Windows 7 操作系统中，窗口是最重要的用户界面。用户运行程序，打开文件和文件夹时，就会打开相应的窗口。窗口基本相同，由标题栏、地址栏、搜索框、菜单栏、工具面板、滚动条、导航窗格、内容显示区、详细信息栏和状态栏组成，如图 1-12 所示。

4. Windows 7 操作系统的对话框

在 Windows 7 操作系统中，对话框是程序和用户进行交互时用到的窗口。对话框也是重要的用户界面，程序可以通过对话框向用户提出问题，由用户根据实际情况来选择执行方案，用户也可以通过对话框向程序提供信息，如图 1-13 所示。对话框不能进行最大化、最小化和调整大小等操作。

图 1-12　Windows 7 的窗口

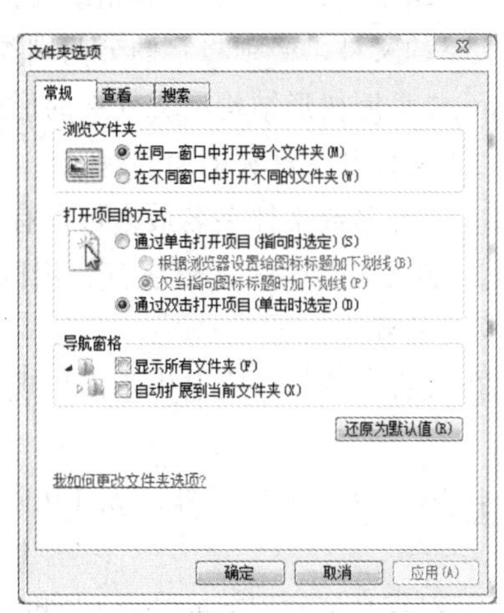

图 1-13　Windows 7 的对话框

1.5.2 Windows 7 的文件管理

1. 文件和文件夹

（1）文件和文件夹的概念

文件是一个在逻辑上具有完整意义的一组相关信息的有序集合，被保存在存储器（如内存、磁盘、U 盘和光盘等）中，作为一个整体命名，可以被独立访问。

任何一个程序或一组数据都是以一个文件的形式存放在计算机的存储器上的。文件的内容可以是程序、文档、表格、图形、图片、音频和视频等。任何一个文件都只有一个文件名，是通过文件名来访问文件的。

文件管理是计算机操作系统对计算机软件资源的管理。文件系统就是操作系统中负责管理文件信息（软件）的集合。

文件名分为主名和扩展名两部分，以“.”分隔，如“主名.扩展名”的形式。主名由用户自定义，扩展名由系统定义（用户可以自定义），扩展名通常表示文件类型。Windows 7 操作系统中常用的扩展名所表示的文件类型如表 1-5 所示。

表 1-5　扩展名和文件类型

扩展名	文件类型	扩展名	文件类型
exe	可执行程序文件	sys	系统文件
com	命令文件	bmp	位图文件
txt	文本文件	wav	声音文件
docx	Word 文件	avi	视频文件
xlsx	Excel 文件	rar	压缩文件
pptx	PowerPoint 文件		

文件扩展名可以隐藏或显示。在窗口中选择“工具”→“文件夹选项”命令，弹出“文件夹选项”对话框，选择“查看”选项卡，在对话框的“高级设置”选项区域可以设置隐藏或显示文件的扩展名，如图 1-14 所示。

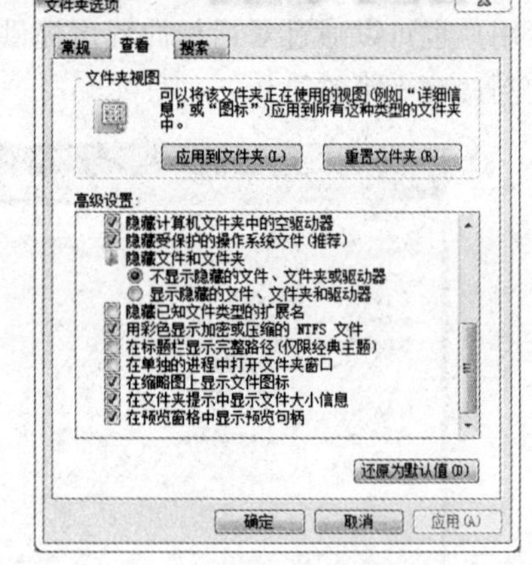

图 1-14　“文件夹选项”对话框

文件夹是计算机存储空间里为了分类存储文件而建立的存储组织结构，用来管理和组织文件。一个磁盘上通常存有大量的文件，必须将它们分门别类地组织为文件夹，Windows 7 采用树形结构以文件夹的形式组织和管理文件。

（2）文件和文件夹的命名规则

① 文件名或文件夹名最多可以有 255 个字符。

② 扩展名为 1 ～ 4 个字符，用以标识文件类型和创建此文件的程序。

③ 文件名或文件夹名中不能出现以下字符：/\ : * ? " < > |。

④ 不区分大小写字母，如 FILE 和 file 是同一个文件名。

⑤ 查找时可使用通配符“*”和“?”。“*”表示任意字符串；“？”表示一个字符。

⑥ 文件名和文件夹名中可以使用汉字。

⑦ 可以使用多个分隔符。例如：my import file.life。

2．Windows 7 资源浏览

（1）打开方法

右击“开始”按钮，选择“打开 Windows 资源管理器”命令，打开“资源管理器”。

（2）“资源管理器”窗口的组成

“资源管理器”窗口包括标题栏、菜单栏、工具栏、地址栏、左窗格、右窗格、状态栏、滚动条等。

（3）文件和文件夹的显示

显示方式有四种：大图标、小图标、列表、详细信息。

方法一：在右窗格的空白处右击，在弹出的快捷菜单中选择“查看”命令，选择显示方式。

方法二：单击菜单栏中的“查看”菜单，然后选择显示方式。

（4）排列图标

排列顺序有：按名称、按类型、按大小、按修改日期排列。

方法一：选择菜单栏中的“查看”→“排序方式”命令，选择排序方式。

方法二：在右窗格（或“计算机”窗口）的空白处右击，在弹出的快捷菜单中选择排列顺序。

3．文件和文件夹操作

① 文件和文件夹操作包括：选取、复制、移动、删除、新建、重命名、发送、查看、查找、磁盘格式化等操作。

② 文件和文件夹操作一般通过“资源管理器”或“计算机”窗口，然后打开文件夹窗口进行。

③ 文件和文件夹操作方式：菜单操作、快捷操作、鼠标拖动操作。

④ 对象选取操作：

选取一个：单击。

选取连续多个：选取第一个对象，按住【Shift】键，单击最后一个对象。

选取不连续多个：按住【Ctrl】键，单击每个对象。

全部选取：选择“编辑”→“全选”命令。

⑤ 复制操作：

菜单操作方式：选取操作对象，选择“编辑”→“复制”命令，选取目标文件夹，选择“编辑”→“粘贴”命令。

快捷操作方式：选取操作对象，指向选取对象右击，选择“复制”命令，选取目标文件夹，在空白处右击，选择“粘贴”命令。

鼠标拖动操作方式：选取操作对象，鼠标指向选取的对象，按住【Ctrl】键和鼠标左键不放，拖动文件到目标文件夹后释放鼠标。

⑥ 移动操作：选取操作对象，指向选取对象右击，选择“剪切”命令，选取目标文件夹，在空白处右击，选择“粘贴”命令。也可以选取操作对象，鼠标指向选取的对象按住鼠标左键不放，拖动文件到目标文件夹后释放。

⑦ 删除操作：选取操作对象，指向选取对象右击，选择“删除”命令，在弹出的“删除文件（夹）”对话框中单击“是”按钮。也可以选取操作对象，按【Del】键。

⑧ 创建文件夹操作：选取要创建子文件夹的位置，右击右窗格空白处，选择“新建”→“文件夹”命令，输入文件夹名称，并按【Enter】键。其默认名称为“新建文件夹”。

⑨ 重命名操作：选取要重命名的一个文件或文件夹。指向选择对象右击，选择“重命名”命令，输入新名称。

⑩ 属性：文件设置“只读”属性后，用户不能修改其文件。文件设置“隐藏”属性后，只要不设置显示所有文件，隐藏文件将不被显示。“存档”属性：检查该对象自上次备份以来是否已被修改。“系统”属性：如果该文件为 Windows 7 内核中的系统文件，则自动选取该属性。

1.5.3 Windows 7 操作系统的应用程序管理

1．应用程序的概念

应用程序是指为完成某项或多项特定工作的计算机程序，它运行在用户模式，可以和用户进行交互，具有可视的用户界面。每个应用程序运行于独立的进程，它们拥有自己独立的地址空间。不同应用程序的分界线称为进程边界。在 Windows 7 操作系统中，应用程序扩展名为 exe 或 com。应用程序一般都有自己的附属文件，操作系统对它们进行统一管理。

2. 应用程序的安装

把应用程序安装到指定的文件夹，需要把应用程序和它的附属文件复制到这个文件夹，然后设置动态链接等参数。经安装后，该应用程序就可以运行，同时桌面上会自动产生该应用程序的快捷方式。安装有以下两种方式：

① 计算机通过访问应用程序的安装盘（如 U 盘、硬盘、光盘等），运行安装程序，启动安装向导，根据安装向导的信息提示完成安装。

② 通过网络下载应用程序的安装程序，然后启动该安装程序进行安装。

3. 应用程序的快捷方式

应用程序的快捷方式是应用程序安装时自动产生的，用户也可以自行创建程序的快捷方式。应用程序的快捷方式是应用程序的快速链接，通过访问应用程序的快捷方式就可以访问到相应的应用程序。应用程序的快捷方式所占的存储空间很小，其扩展名为“.lnk”。

4. 应用程序的运行

应用程序的运行方式通常有以下四种：

① 通过双击应用程序的快捷方式运行。

② 通过双击应用程序运行。

③ 在“开始”菜单上找到应用程序，然后单击该应用程序即可运行。

④ 在“开始”菜单上找到“运行”命令，打开“运行”对话框，输入应用程序的文件名，然后运行。

5. 应用程序的删除

应用程序删除时要打开控制面板，单击“程序”→“程序和功能”按钮，然后在“程序和功能”窗口中，选定要删除的应用程序，然后单击“卸载”按钮，如图 1-15 所示。

6. 任务管理器

在任务栏空白处右击，选择“启动任务管理器”命令，可打开任务管理器，如图 1-16 所示。Windows 任务管理器提供了有关计算机性能的信息，并显示了计算机上所运行的程序和进程的详细信息。如果连接到网络，那么还可以查看网络状态并迅速了解网络是如何工作的。它的用户界面提供了文件、选项、查看、窗口、帮助五个菜单项；还有应用程序、进程、服务、性能、联网、用户六个选项卡；窗口底部则是状态栏，从这里可以查看到当前系统的进程数、CPU 使用比率、内存容量等数据，默认设置下系统每隔两秒对数据进行 1 次自动更新，也可以选择“查看”→“更新速度”命令重新设置。

① 应用程序：这里显示了所有当前正在运行的应用程序，不过它只会显示当前已打开窗口的应用程序，而 QQ、MSN Messenger 等最小化至系统托盘区的应用程序则不会显示出来。用户可以在这里单击“结束任务”按钮直接关闭某个应用程序，如果需要同时结束多个任务，可以按住【Ctrl】键复选；单击“新任务”按钮，可以直接打开相应的程序、文件夹、文档或 Internet 资源。

② 进程：这里显示了所有当前正在运行的进程，包括应用程序、后台服务等。那些隐藏在系统底层深处运行的病毒程序或木马程序都可以在这里找到，当然前提是你要知道它的

名称。找到需要结束的进程名，然后选择右键快捷菜单中的“结束进程”命令，就可以强行终止，不过这种方式将丢失未保存的数据，而且如果结束的是系统服务，则系统的某些功能可能无法正常使用。

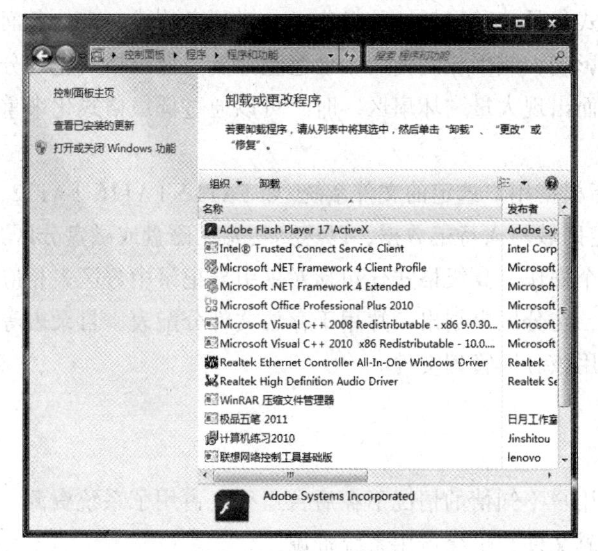

图 1-15　程序的卸载

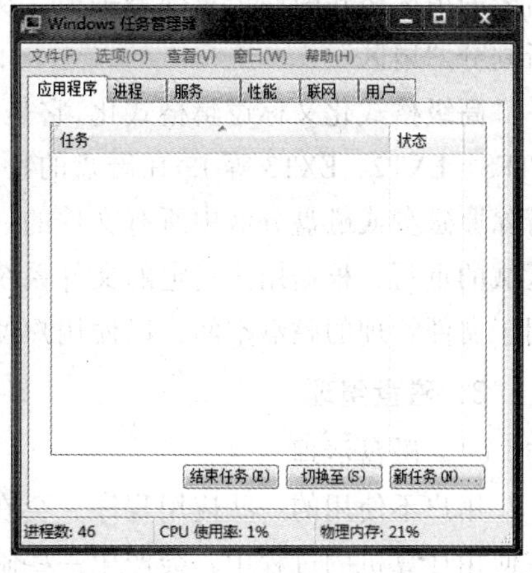

图 1-16　Windows 任务管理器

Windows 任务管理器只能显示系统中当前进行的进程，而 Process Explorer 可以树状方式显示出各个进程之间的关系，即某一进程启动了哪些其他的进程，还可以显示某个进程所调用的文件或文件夹，如果某个进程是 Windows 服务，则可以查看该进程所注册的所有服务。

③ 性能：从 Windows 任务管理器中可以看到计算机性能的动态概念，如 CPU 和内存的使用情况。CPU 使用率：表明处理器工作时间百分比的图表，该计数器是处理器活动的主要指示器，查看该图表可以知道当前使用率是多少。CPU 使用记录：显示处理器的使用程序随时间的变化情况的图表，图表中显示的采样情况取决于“查看”菜单中所选择的“更新速度”设置值，“高”表示每秒 2 次，“普通”表示每秒 1 次，“低”表示每四秒 1 次，“暂停”表示不自动更新。

1.5.4　Windows 7 的磁盘管理

1. 文件系统

对于 Windows 7 操作系统，只建立分区还不能存储数据，分区必须经过格式化才可以使用，格式化就是建立文件系统的过程。文件系统就是对数据进行管理的方式。电子数据存储在硬盘或其他存储介质上时，也需要有一种既定的数据管理方式，这就是文件系统的作用。建立文件系统就是为了能够有效地对数据进行管理，在磁盘格式化的过程中建立了文件系统。Windows 操作系统使用的文件系统有 FAT12、FAT16、FAT32、NTFS、ExFAT。Windows 7 操作系统使用的文件系统是 NTFS。

2. 磁盘分区和格式化

磁盘是计算机最重要的存储设备，大部分程序和数据等文件都存储在磁盘中。磁盘容量越来越大，用户为了便于管理，需要把磁盘分为几个分区，如 C 盘、D 盘、E 盘和 F 盘四个分区。计算机中存放信息的主要存储设备是硬盘，但是硬盘不能直接使用，必须对硬盘进行分割，分割成的一块一块的硬盘区域就是磁盘分区。在传统的磁盘管理中，将一个硬盘分为两大类分区：

主分区和扩展分区。主分区是安装操作系统，进行计算机启动的分区。

低级格式化就是将空白的磁盘划分出柱面和磁道，再将磁道划分为若干个扇区，每个扇区又划分出标识部分 ID、间隔区 GAP 和数据区 DATA 等。一般硬盘在出厂的时候和硬盘坏道才用低级格式化来格式硬盘。低级格式化是一种损耗性的操作，会对硬盘造成一定的负面影响。硬盘受到外部强磁体、强磁场的影响，或因长期使用，硬盘盘片上由低级格式化划分出来的扇区格式磁性记录部分丢失，从而出现大量“坏扇区”时，可以通过低级格式化来重新划分“扇区”。

高级格式化又称逻辑格式化，它是指根据用户选定的文件系统（如 FAT12、FAT16、FAT32、NTFS、EXT2、EXT3 等），在磁盘的特定区域写入特定数据，以达到初始化磁盘或磁盘分区、清除原磁盘或磁盘分区中所有文件的一个操作。高级格式化包括对主引导记录中分区表相应区域的重写、根据用户选定的文件系统，在分区中划出一片用于存放文件分配表、目录表等用于文件管理的磁盘空间，以便用户使用该分区管理文件。

3. 磁盘整理

（1）磁盘清理

用户不使用的一些应用程序，会在用户不知情的情况下在后台运行，占用了系统资源。在使用计算机的过程中，会产生一些临时文件，也会占用系统资源。

对于这些长期不使用的文件和不需要的文件，系统扫描到以后，从系统中删除，以找回浪费的系统资源，提高系统效率。

① 选择“开始”→“所有程序”→“附件”→“系统工具”→“磁盘清理”命令，在“磁盘清理：驱动器选择”对话框中，选择要清理的硬盘驱动器，单击“确定”按钮。

② 选择“磁盘清理”选项卡，然后选择要删除文件的复选框。

③ 选择完要删除的文件后，单击“确定”按钮，单击“删除文件”按钮以确认此操作。磁盘清理将删除所有不需要的文件。

（2）磁盘碎片整理

硬盘在使用一段时间后，由于反复写入或者删除文件，会造成磁盘中的空闲可用存储空间分散到整个磁盘中不连续的物理位置上，每个空闲可用存储空间就是一个磁盘碎片。当存储一个文件时，大量磁盘碎片会使这个文件被分散存储在多个磁盘碎片上，这样写入速度变慢。同样读取这个文件时，计算机必须搜索硬盘，分别读取文件的各个碎片部分并重新拼凑在一起，读取速度变慢。

为了提高读/写速度，需要整理碎片。Windows 磁盘碎片整理程序可以把由多个分散的碎片部分组成的同一个文件重新按顺序存储在连续的存储空间；可以把由分散的磁盘碎片组成的可用空闲磁盘存储空间整合到一起成为连续的空间。

选择“开始”→“所有程序”→“附件”→“系统工具”→“磁盘碎片整理程序”命令，就可以启动磁盘碎片整理程序，然后对各磁盘进行整理。

1.5.5 Windows 7 的系统管理

1. Windows 7 系统设备管理器

Windows 7 系统设备管理器是一种管理工具，可用它来管理计算机上的设备，查看计算机的硬件参数，安装、更新和卸载硬件设备的驱动程序。

2. Windows 7 系统控制面板

Windows 7 系统控制面板是计算机系统控制中心，用户可以通过它查看和修改基本的系统设置、添加硬件、添加或者删除软件、控制用户账户、更改辅助功能选项等。

1.6 计算机网络概述

计算机网络就是利用通信线路将地理上分散的、具有独立功能的计算机系统和通信设备按不同的形式连接起来，以功能完善的网络软件实现资源共享和信息传递的系统。

1.6.1 计算机网络系统的组成与功能

1. 计算机网络系统的组成

计算机网络有三个主要组成部分：若干个主机，它们为用户提供服务；一个通信子网，它主要由结点交换机和连接这些结点的通信链路所组成；一系列的协议，这些协议是为在主机和主机之间或主机和子网中各结点之间的通信而采用的，它是通信双方事先约定好的和必须遵守的规则。

（1）通信子网

通信子网由通信控制处理机（CCP）、通信线路与其他通信设备组成，负责完成网络数据传输、转发等通信处理任务。

（2）资源子网

资源子网由各计算机系统、终端控制器和终端设备、软件和可供共享的数据库等组成。资源子网负责全网的数据处理业务，向网络用户提供数据处理能力、数据存储能力、数据管理能力、数据输入/输出能力以及其他数据资源。

2. 计算机网络系统的功能

计算机网络的主要目标是实现资源共享，其功能主要有以下几点：

① 资源共享。在计算机网络中，资源包括计算机软件和硬件以及要传输和处理的数据，资源共享是计算机网络的最基本功能之一。

② 数据通信。利用计算机网络可以实现计算机用户相互间的通信。

③ 分布式处理。可以将某些大型处理任务转化成小型任务而由网中的各计算机分担处理。

④ 负载均衡。当网络中某一台机器的处理负担过重时，可以将其作业转移到其他空闲的机器上去执行。

⑤ 提高了系统的可靠性和可用性。

1.6.2 计算机网络的分类

1. 按地理范围分类

计算机网络常见的分类依据是网络覆盖的地理范围，按照这种分类方法，可将计算机网络分为局域网、广域网和城域网三类。

局域网（Local Area Network，LAN），它是连接近距离计算机的网络，覆盖范围从几米到数千米。例如，办公室或实验室的网、同一建筑物内的网及校园网等。

广域网（Wide Area Network，WAN），其覆盖的地理范围从几十千米到几千千米，覆盖一个国家、地区或横跨几个洲，形成国际性的远程网络。例如，我国的公用数字数据网（China DDN）、电话交换网（PSDN）等。

城域网（Metropolitan Area Network，MAN），它是介于广域网和局域网之间的一种高速网络，覆盖范围为几十千米，大约是一个城市的规模。

网络技术发展，使通过网络互连设备将各种类型的广域网、城域网和局域网互连起来，形成了互联网，这就是 Internet。它是世界上发展速度最快、应用最广泛和最大的公共计算机信息网络系统，提供了很多服务。

2. 按拓扑结构分类

拓扑结构就是网络的物理连接形式。把网络中的计算机看作一个结点，把通信线路看作一根连线，这就抽象出计算机网络的拓扑结构。局域网的拓扑结构主要有星状、总线、环状、树状和网状五种。

（1）星状拓扑结构

星状结构以一台设备作为中央结点，其他外围结点都单独连接在中央结点上。各外围结点之间不能直接通信，必须通过中央结点进行通信。中央结点可以是文件服务器或专门的接线设备，负责接收某个外围结点的信息，再转发给另外一个外围结点。星状拓扑结构广泛应用于网络中智能集中于中央结点的场合。

（2）总线拓扑结构

总线结构中所有结点都直接连到一条主干电缆上，这条主干电缆称为总线。该类结构没有关键性结点，任何一个结点都可以通过主干电缆与连接到总线上的所有结点通信。

（3）环状拓扑结构

环状结构中各结点形成闭合的环，信息在环中作单向流动，可实现环上任意两结点间的通信。

（4）树状拓扑结构

树状结构是分级的集中控制式网络，与星状结构相比，它的通信线路总长度短，成本较低，结点易于扩充，寻找路径比较方便，但除了叶结点及其相连的线路外，任一结点或其相连的线路故障都会使系统受到影响。优点是易于扩充，树状结构可以延伸出很多分支和子分支，这些新结点和新分支都易于加入网内；故障隔离较容易，如果某一分支的结点或线路发生故障，很容易将故障分支与整个系统隔离开来。缺点是各结点对根结点的依赖性太大，如果根发生故障，则全网不能正常工作。

（5）网状拓扑结构

在网状拓扑结构中，网络的每台设备之间均由点到点的链路连接，这种连接不经济，只有每个站点都要频繁发送信息时才使用这种方法。它的安装也复杂，但系统可靠性高，容错能力强。有时也称为分布式结构。网状拓扑的优点是网络可靠性高，一般通信子网中任意两个结点交换机之间，存在着两条或两条以上的通信路径，这样，当一条路径发生故障时，还可以通过另一条路径把信息送至结点交换机；网络可组建成各种形状，采用多种通信信道，多种传输速率；网内结点共享资源容易；可改善线路的信息流量分配；可选择最佳路径，传输延迟小。网状拓扑的缺点是控制复杂，软件复杂；线路费用高，不易扩充。网状拓扑结构一般用于 Internet 骨干网上，使用路由算法来计算发送数据的最佳路径。

3. 按传输介质分类

传输介质就是指用于网络连接的通信线路。目前，常用的传输介质有同轴电缆、双绞线、光纤、卫星、微波等有线或无线传输介质，相应地可将网络分为同轴电缆网、双绞线网、光纤网、卫星网和无线网。

网络传输介质是网络中发送方与接收方之间的物理通路，它对网络的数据通信具有一定的影响。

① 双绞线。双绞线可分为非屏蔽双绞线 UTP 和屏蔽双绞线 STP，适合于短距离通信。

② 同轴电缆。同轴电缆由绕在同一轴线上的两个导体组成。具有抗干扰能力强，连接简单等特点，是中、高档局域网的首选传输介质。

③ 光纤。光纤又称光缆或光导纤维，由光导纤维纤芯、玻璃网层和能吸收光线的外壳组成，是由一组光导纤维组成的用来传播光束的、细小而柔韧的传输介质。应用光学原理，由光发送机产生光束，将电信号变为光信号，再把光信号导入光纤，在另一端由光接收机接收光纤上传来的光信号，并把它变为电信号，经解码后再处理。

4. 按带宽速率分类

按网络带宽可以分为基带网（窄带网）和宽带网。按传输速率可以分为低速网、中速网和高速网。一般来讲，高速网是宽带网，低速网是窄带网。带宽速率指的是"网络带宽"和"传输速率"两个概念。计算机网络中，传输速率是指每秒传送的二进制位数，通常使用的计量单位为 bit/s、kbit/s、Mbit/s。

1.6.3 网络设备

1. 中继器（Repeater）

中继器是局域网互连的最简单设备，它工作在 OSI 体系结构的物理层，它接收并识别网络信号，然后再生信号并将其发送到网络的其他分支上。要保证中继器能够正确工作，首先要保证每个分支中的数据包和逻辑链路协议是相同的。例如，在 802.3 以太局域网和 802.5 令牌环局域网之间，中继器是无法使它们通信的。

2. 网桥（Bridge）

网桥工作于 OSI 体系结构的数据链路层，所以，OSI 模型数据链路层以上各层的信息对网桥来说是毫无作用的。协议的理解依赖于各自的计算机。

3. 路由器（Router）

路由器工作在 OSI 体系结构中的网络层，这意味着它可以在多个网络上交换和路由数据包。路由器通过在相对独立的网络中交换具体协议的信息来实现这个目标。比起网桥，路由器不但能过滤和分隔网络信息流、连接网络分支，还能访问数据包中更多的信息，并且用来提高数据包的传输效率。

4. 桥由器（Brouter）

桥由器具有网桥和路由器的功能。

5. 网关（Gateway）

网关把信息重新包装的目的是适应目标环境的要求。网关能互连异类的网络，网关从一个环境中读取数据，剥去数据的老协议，然后用目标网络的协议进行重新包装。网关的一个较为常见的用途是在局域网的微机和小型机或大型机之间做翻译。网关的典型应用是网络专用服务器。

1.6.4 计算机网络体系结构

将计算机网络的各层以及其协议称为网络体系结构。

1. OSI 开放系统互连参考模型

国际标准化组织（International Organization for Standardization，ISO）是一个全球性的政府组织，ISO 制定了网络通信的标准，即开放系统互连参考模型（Open System Interconnection，OSI）。它将网络通信分为七个层，开放的意思是通信双方必须都要遵守 OSI 模型。OSI 采用分层的结构化技术，共分七层，从低到高为：物理层、数据链路层、网络层、传输层、会话层、表示层、应用层。

（1）物理层（Physical Layer）

物理层是 OSI 体系结构中最重要的、最基础的一层。物理层并不是指物理设备或物理媒体，而是有关物理设备通过物理媒体进行互连的描述和规定。物理层协议定义了接口的机械特性、电气特性、功能特性、规程特性等四个基本特性。

（2）数据链路层（Data Link Layer）

数据链路层负责通过物理层从一台计算机到另一台计算机无差错地传输数据帧，允许网络层通过网络连接进行虚拟无差错地传输。

（3）网络层（Network Layer）

网络层负责信息寻址和将逻辑地址与名字转换为物理地址。在网络层，数据传送的单位是包。网络层的任务就是选择合适的路径和转发数据包，使发送方的数据包能够正确无误地按地址寻找到接收方的路径，并将数据包交给接收方。

（4）传输层（Transport Layer）

传输层的功能是保证在不同子网的两台设备间数据包可靠、顺序、无错地传输。在传输层，数据传送的单位是段。传输层负责处理端对端通信，所谓端对端是指从一个终端（主机）到另一个终端（主机），中间可以有一个或多个交换结点。

（5）会话层（Session Layer）

会话层是利用传输层提供的端到端服务向表示层或会话用户提供会话服务。会话层的主要功能是在两个结点间建立、维护和释放面向用户的连接，并对会话进行管理和控制，保证会话数据可靠传送。

（6）表示层（Presentation Layer）

表示层专门负责有关网络中计算机信息表示方式的问题，负责在不同的数据格式之间进行转换操作，以实现不同计算机系统间的信息交换。OSI 模型中，表示层以下的各层主要负责数据在网络中传输时不出错，但数据的传输没有出错，并不代表数据所表示的信息不会出错。

（7）应用层（Application Layer）

应用层是 OSI 参考模型中最靠近用户的一层，它直接与用户和应用程序打交道，负责对软件提供接口以使程序能使用网络。与 OSI 参考模型的其他层不同的是，它不为任何其他 OSI 层提供服务，而只是为 OSI 模型以外的应用程序提供服务，如电子表格程序和文字处理程序。包括为相互通信的应用程序或进程之间建立连接、进行同步，建立关于错误纠正和控制数据完整性过程的协商等。应用层还包含大量的应用协议，如虚拟终端协议（Telnet）、简单邮件传输协议（SMTP）、简单网络管理协议（SNMP）、域名服务系统（DNS）和超文本传输协议（HTTP）等。

2．OSI 层次间的关系

在同一台计算机的层间交互过程与在同一层上不同计算机之间的相互通信过程是相互关联的。

① 每一层向其协议规范中的上层提供服务。

② 每层都与其通信的计算机中相同层的软件和硬件交换信息。

1.6.5 TCP/IP 网络协议

TCP/IP（Transmission Control Protocol/Internet Protocol，传输控制协议/互联网互连协议）是一种网络通信协议，它规范了网络上的所有通信设备，尤其是一个主机与另一个主机之间的数据往来格式以及传送方式。

从协议分层模型方面来讲，TCP/IP 由四个层次组成：网络接口层、网际层、传输层、应用层。网络接口层，这是 TCP/IP 的最低层，负责接收 IP 数据报并通过网络发送，或者从网络上接收物理帧，抽出 IP 数据报，交给网际层。网际层负责相邻计算机之间的通信。传输层提供应用程序间的通信。应用层向用户提供一组常用的应用程序，如电子邮件、文件传输访问、远程登录等。

各层包含的协议有：

- TCP（Transport Control Protocol）传输控制协议；
- IP（Internet Protocol）互联网互连协议；
- UDP（User Datagram Protocol）用户数据报协议；
- ICMP（Internet Control Message Protocol）互联网控制信息协议；
- SMTP（Simple Mail Transfer Protocol）简单邮件传输协议；
- SNMP（Simple Network Manage Protocol）简单网络管理协议；
- FTP（File Transfer Protocol）文件传输协议；
- ARP（Address Resolution Protocol）地址解析协议。

1.6.6 IP 地址

IP 地址就是给每个连接在 Internet 上的主机分配一个地址。按照 TCP/IP 协议规定，IP 地址用二进制来表示，每个 IP 地址长 32 位，4 字节，包括网络地址和主机地址两部分。

IP 地址由 Internet NIC 在全球范围内统一分配，现在应用的有 A、B、C 三类 IP 地址，D、E 类为特殊地址，如表 1-6 所示。

表 1-6 IP 地址类型

IP 地址分类	IP 地址第一字节数字范围	应　用
A	1～126	大型网络
B	128～191	中型网络
C	192～223	小型网络
D	224～239	备用
E	240～254	试验用

A、B、C 三类 IP 地址，都是由网络地址和主机地址两部分组成，这三类 IP 地址的分配情况如表 1-7 所示。

表 1-7 IP 地址分配

类别	地址段分配	可分配主机	有效范围
A 类	网络地址，前 8 位	16 387 064 个，用于大型网络	1.0.0.1 起至 126.255.255.254
	主机地址，后 24 位		
B 类	网络地址，前 16 位	64 516 个，用于中型网络	128.0.0.1 起至 191.255.255.254
	主机地址，后 16 位		
C 类	网络地址，前 24 位	254 个，用于小型网络	192.0.0.1 起至 223.255.255.254
	主机地址，后 8 位		

- A 类 IP 地址第一字节为网络地址，后三个字节为本地网络中计算机的地址。网络地址的最高位必须为“0”。A 类 IP 地址范围 1.0.0.1～126.255.255.254（二进制表示为：00000001 00000000 00000000 00000001～01111110 11111111 11111111 11111110）。
- B 类 IP 地址前两字节为网络地址，后两字节为本地网络中计算机的地址。网络地址的最高位必须是“10”。B 类 IP 地址范围 128.1.0.1～191.254.255.254（二进制表示为：10000000 00000001 00000000 00000001～10111111 11111110 11111111 11111110）
- C 类 IP 地址前三字节为网络地址，最后一字节为本地网络中计算机的地址。网络地址的最高位必须为“110”。C 类 IP 地址范围 192.0.1.1～223.255.254.254（二进制表示为：11000000 00000000 00000001 00000001～11011111 11111111 11111110 11111110）。

1.6.7 子网及子网掩码

1. 子网

为了确定子网，分开主机和路由器的每个接口，从而产生了几个分离的网络岛，接口端连接了这些独立的网络端点。这些独立网络中的每个都称为一个子网。使用子网是为了减少 IP 的浪费。随着互联网的发展，产生了大量网络，有的网络多则几百台，有的仅有几台，这样就浪费了很多 IP 地址，所以要划分子网。

2. 子网掩码

子网掩码是一个 32 位地址，是与 IP 地址结合使用的一种技术。它的主要作用有两点：一是用于屏蔽 IP 地址的一部分以区别网络标识和主机标识，并说明该 IP 地址是在局域网上，还是在远程网上；二是用于将一个大的 IP 网络划分为若干个小的子网络。

1.6.8 域名的定义及结构

IP 地址用数据表示太抽象，不易记忆，因此，为了向一般用户提供一种直观明了、容易记忆的主机标识符，TCP/IP 专门设计了一种字符型的主机名机制，这就是 Internet 域名系统（Domain Name System，DNS）。主机名字是比 IP 地址更高级的地址形式。

域名（Domain Name）是由一串用点分隔的名字组成的 Internet 上某台计算机或计算机组的名称，域名用于在数据传输时标识计算机的电子方位（有时也指地理位置）。

域名由两个或两个以上的词构成，中间由点号分隔开。通常 Internet 主机域名的一般结构为：主机名. 三级域名. 二级域名. 顶级域名。

域名解析有两个方向：从主机域名到IP地址的正向解析；从IP地址到主机域名的反向解析。域名解析要借助于域名服务器来完成，域名服务器就是提供DNS服务的计算机，它将域名转化为IP地址。

顶级域名有两种主要的模式：一种是地理域名，另一种是机构域名。机构域名也相当于组织域名，是根据注册的机构类型来分类，如表1-8所示。

表1-8　常用的顶级域名

域名	含义
com	商业机构
edu	教育机构
gov	政府部门
mil	军事部门
net	网络支持中心
org	非商业组织
int	国际组织
arpa	临时 arpanet 域（未用）

1.6.9　万维网 WWW

万维网（World Wide Web，WWW）是 Internet 上集文本、声音、图像、视频等多媒体信息于一身的全球信息资源网络，是 Internet 上的重要组成部分。浏览器（Browser）是用户通向 WWW 的桥梁和获取 WWW 信息的窗口。通过浏览器，用户可以在浩瀚的 Internet 海洋中漫游、搜索和浏览自己感兴趣的所有信息。

WWW 的网页文件由超文本标记语言（HyperText Markup Language，HTML）编写，并在超文本传输协议（HyperText Transfer Protocol，HTTP）支持下运行。超文本（又称超媒体）中不仅含有文本信息，还包括图形、声音、图像、视频等多媒体信息，更重要的是超文本中隐含着指向其他超文本的链接，这种链接称为超链接（Hyper Links）。利用超文本用户能轻松地从一个网页链接到其他相关内容的网页上，而不必关心这些网页分散在何处的主机中。

WWW 浏览器是一个客户端程序，其主要功能是使用户获取 Internet 上的各种资源。

1.6.10　Internet 服务

1．文件传输协议（FTP）

文件传输协议（File Transfer Protocol，FTP）负责将文件从一台计算机传输到另一台计算机上，大部分类型的文件，包括文本文件、二进制可执行文件、声音文件、图像文件、数据压缩文件等，都可以用 FTP 传送，并且保证其传输的可靠性。用户将文件从自己的计算机上发送到另一台计算机上，称为 FTP 上传（Upload）；用户把服务器中大量的共享软件和免费资料传到客户机上，称为 FTP 下载（Download）。

2．远程登录（Telnet）

远程登录（Teletype Network）所有的运行操作都是在远程计算机上完成的，用户的计算机仅仅是作为一台仿真终端向远程计算机传送击键信息和显示结果，允许任意类型的计算机之间进行通信。

用户可以利用个人计算机去完成许多只有大型计算机才能完成的任务。

如果用户希望使用远程登录服务，则用户本地计算机和远程计算机都必须支持 Telnet。同时，用户在远程计算机上应该有自己的用户账户，包括用户名与用户密码；或者远程计算机提供公开的用户账户，供没有账户的用户使用。

用户在使用 Telnet 命令进行远程登录时，首先应在 Telnet 命令中给出对方计算机的主机名或 IP 地址，然后根据对方系统的询问，正确输入自己的用户名与密码。有时还要根据对方的要求回答自己所使用的仿真终端的类型。Internet 有很多信息服务机构提供开放式的远程登录服务，登录到这样的计算机时，不需要事先设置用户账户，使用公开的用户名就可以进入系统。

3. 电子邮件

电子邮件（Electronic Mail，E-mail）是 Internet 上使用最频繁、应用范围最广的一种服务。E-mail 是一种软件，它允许用户在 Internet 上的各主机间发送信息（邮件），也允许用户接收 Internet 上其他用户发来的消息（邮件），即利用 E-mail 可以实现信件的接收和发送。与别的通信手段相比，E-mail 具有方便、快捷、廉价和可靠等优点。

电子邮件是一种存储转发系统。当一封邮件发出后，首先由 Internet 中的某台计算机接收该邮件（存储），然后该计算机经过地址识别，选择一条最佳路径发送到下一个 Internet 上的计算机（转发），直到到达目的地址。发送和接收电子邮件所用到的主要协议有：简单邮件传输协议（Simple Mail Transfer Protocol，SMTP），SMTP 的主要任务是负责服务器之间的邮件传送。邮局协议（Post Office Protocol，POP），目前主要使用的是 POP 第三版，即 POP3。POP3 的主要任务是实现当用户计算机与邮件服务器连通时，将邮件服务器电子邮箱中的邮件直接传送到用户本地计算机上。多用途网际邮件扩展协议（Multipurpose Internet Mail Extensions，MIME），MIME 能满足人们对多媒体电子邮件和使用本国语言发送邮件的需求。

用户要收发电子邮件，必须拥有一个电子邮件地址。用户的 E-mail 地址格式为：用户名@主机名。收发电子邮件必须有相应的软件支持。常用的收发电子邮件的软件有 Exchange、Outlook Express 等，这些软件提供邮件的接收、编辑、发送及管理功能。大多数浏览器也都包含收发电子邮件的功能。

4. 网络信息搜索

可以利用搜索引擎访问网站或网页。搜索引擎是 Internet 上的一个网站，其主要任务是在 Internet 中根据用户输入的关键词找到相关网站，并提供通向该网站的超链接。

习　题　1

单选题

1. 1946 年诞生的世界上公认的第一台电子计算机是（　　）。

A. UNIVAC-1　　B. EDVAC　　C. ENIAC　　D. IBM560

2. 按电子计算机发展过程中传统的划分发展阶段的方法，第一代至第四代计算机依次是（　　）。

A. 机械计算机，电子管计算机，晶体管计算机，集成电路计算机

B. 晶体管计算机，集成电路计算机，大规模集成电路计算机，光器件计算机

C. 电子管计算机，晶体管计算机，小、中规模集成电路计算机，大规模和超大规模集成电路计算机

D. 手摇机械计算机，电动机械计算机，电子管计算机，晶体管计算机

3. 计算机最早的应用领域是（　　）。

A. 数值计算　　B. 辅助工程　　C. 过程控制　　D. 数据处理

4. 下列英文缩写和中文对照正确的是（　　）。

A. CAD—计算机辅助设计　　B. CAM—计算机辅助教育

C. CIMS—计算机集成管理系统　　D. CAI—计算机辅助制造

5. 冯·诺依曼结构计算机的五大基本构件包括控制器、存储器、输入设备、输出设备和（　　）。

A. 显示器　　B. 运算器　　C. 硬盘存储器　　D. 鼠标

6. 在冯·诺依曼型体系结构的计算机中引进了两个重要概念，一个是二进制，另外一个是（　　）。

A. 内存储器　　B. 存储程序　　C. 机器语言　　D. ASCII 编码

7. 通常所说的计算机主机是指（　　）。

A. CPU 和内存　　B. CPU 和硬盘

C. CPU、内存和硬盘　　D. CPU、内存和 CD-ROM

8. 微型计算机硬件系统中最核心的部件是（　　）。

A. 内存储器　　B. 输入/输出设备　　C. CPU　　D. 硬盘

9. CPU 主要技术性能指标有（　　）。

A. 字长、主频和运算速度　　B. 可靠性和精度

C. 耗电量和效率　　D. 冷却效率

10. 度量计算机运算速度常用的单位是（　　）。

A. MIPS　　B. MHz　　C. MB/s　　D. Mbit/s

11. 在控制器的控制下，接收数据并完成程序指令指定的基于二进制数的算术运算或逻辑运算的部件是（　　）。

A. 鼠标　　B. 运算器　　C. 显示器　　D. 存储器

12. 字长是 CPU 的主要性能指标之一，它表示（　　）。

A. CPU 一次能处理二进制数据的位数　　B. CPU 最长的十进制整数的位数

C. CPU 最大的有效数字位数　　D. CPU 计算结果的有效数字长度

13. CPU 中，除了内部总线和必要的寄存器外，主要的两大部件分别是运算器和（　　）。

A. 控制器　　B. 存储器　　C. Cache　　D. 编辑器

14. CPU 的主要性能指标之一的（　　）是用来表示 CPU 内核工作的时钟频率。

A. 外频　　B. 主频　　C. 位　　D. 字长

15. 在微型计算机中，控制器的基本功能是（　　）。

A. 实现算术运算　　B. 存储各种信息

C. 控制机器各个部件协调一致工作　　D. 保持各种控制状态

16. 在计算机中，每个存储单元都有一个连续的编号，此编号称为（　　）。

A. 地址　　B. 位置号　　C. 门牌号　　D. 房号

17. 用来存储当前正在运行的应用程序和其相应数据的存储器是（　　）。

A. RAM　　B. 硬盘　　C. ROM　　D. CD-ROM

18. 下列不能用作存储容量单位的是（　　）。

A. Byte　　B. GB　　C. MIPS　　D. KB

19. 1 GB 的准确值是（　　）。

A. 1 024 × 1 024 Bytes　　B. 1 024 KB

C. 1 024 MB　　D. 1 000 × 1 000 KB

20. 在微型计算机的内存储器中，不能随机修改其存储内容的是（　　）。

A. RAM　　B. DRAM　　C. ROM　　D. SRAM

21. 当电源关闭后，下列关于存储器的说法中，正确的是（　　）。

A. 存储在 RAM 中的数据不会丢失　　B. 存储在 ROM 中的数据不会丢失

C. 存储在 U 盘中的数据会全部丢失　　D. 存储在硬盘中的数据会丢失

22. 假设某台式计算机的内存储器容量为 256 MB，硬盘容量为 40 GB。硬盘的容量是内存容量的（　　）。

A. 200 倍　　B. 160 倍　　C. 120 倍　　D. 100 倍

23. 20 GB 的硬盘表示容量约为（　　）。

A. 20 亿个字节　　B. 20 亿个二进制位

C. 200 亿个字节　　D. 200 亿个二进制位

24. 下列设备组中，完全属于输入设备的一组是（　　）。

A. CD-ROM 驱动器、键盘、显示器　　B. 绘图仪、键盘、鼠标

C. 键盘、鼠标、扫描仪　　D. 打印机、硬盘、条码阅读器

25. 在微型计算机的硬件设备中，有一种设备在程序设计中既可以当作输出设备，又可以当作输入设备，这种设备是（　　）。

A. 绘图仪　　B. 网络摄像头　　C. 手写笔　　D. 磁盘驱动器

26. 能直接与 CPU 交换信息的存储器是（　　）。

A. 硬盘存储器　　B. CD-ROM　　C. 内存储器　　D. U 盘存储器

27. 下列关于磁道的说法中正确的是（　　）。

A. 盘面上的磁道是一组同心圆

B. 由于每一磁道的周长不同，所以每一磁道的存储容量也不同

C. 盘面上的磁道是一条阿基米德螺线

D. 磁道的编号是最内圈为 0，并次序由内向外逐渐增大，最外圈的编号最大

28. 下列存储器中存取速度最快的是（　　）。

A. 硬盘　　B. RAM　　C. U 盘　　D. CD-ROM

29. 在 CD 光盘上标记有“CD-RW”字样，表明该光盘是（　　）。

A. 只能写入一次，可以反复读出的一次性写入光盘

B. 可多次擦除型光盘

C. 只能读出，不能写入的只读光盘

D. 其驱动器单倍速为 1 350KB/S 的高密度可读/写光盘

30. 计算机的系统总线是计算机各部件间传递信息的公共通道，它分（　　）。

A. 数据总线和控制总线　　B. 地址总线和数据总线

C. 数据总线、控制总线和地址总线　　D. 地址总线和控制总线

31. 一个完整的计算机系统包括（　　）。

A. 主机、鼠标、键盘和显示器

B. 系统软件和应用软件

C. 主机、显示器、键盘和音箱等外围设备

D. 硬件系统和软件系统

32. 计算机软件的确切含义是（　　）。

A. 计算机程序、数据与相应文档的总称

B. 系统软件与应用软件的总和

C. 操作系统、数据库管理软件与应用软件的总和

D. 各类应用软件的总称

33. 计算机软件分系统软件和应用软件两大类，其中系统软件的核心是（　　）。

A. 数据库管理系统　　B. 操作系统

C. 程序语言系统　　D. 财务管理系统

34. 计算机操作系统通常具有的五大功能是（　　）。

A. CPU 管理、显示器管理、键盘管理、打印机管理和鼠标管理

B. 硬盘管理、U 盘管理、CPU 管理、显示器管理和键盘管理

C. CPU 管理、存储管理、文件管理、设备管理和作业管理

D. 启动、打印、显示、文件存取和关机

35. 下列软件中，不是操作系统的是（　　）。

A. Linux　　B. UNIX　　C. MS DOS　　D. MS Office

36. 下列软件中，属于系统软件的是（　　）。

A. 用 C 语言编写的求解一元二次方程的程序

B. 工资管理软件

C. 用汇编语言编写的一个练习程序

D. Windows 操作系统

37. 下列各类计算机程序语言中，不属于高级程序设计语言的是（　　）。

A. Visual Basic 语言　　B. FORTAN 语言

C. C++ 语言　　D. 汇编语言

38. 计算机操作系统的主要功能是（　　）。

A. 管理计算机系统的软硬件资源，以充分发挥计算机资源的效率，并为其他软件提供良好的运行环境

B. 把高级程序设计语言和汇编语言编写的程序翻译到计算机硬件可以直接执行的目标程序，为用户提供良好的软件开发环境

C. 对各类计算机文件进行有效管理，并提交计算机硬件高效处理

D. 方便用户操作和使用计算机

39. 从用户的观点看，操作系统是（　　）。

A. 用户与计算机之间的接口

B. 控制和管理计算机资源的软件

C. 合理地组织计算机工作流程的软件

D. 由若干层次的程序按照一定的结构组成的有机体

40. 计算机硬件能直接识别、执行的语言是（　　）。

A. 汇编语言　　B. 机器语言　　C. 高级程序语言　　D. 人类语言

41. 关于汇编语言程序（　　）。

A. 相对于高级程序设计语言程序具有良好的可移植性

B. 相对于高级程序设计语言程序具有良好的可读性

C. 相对于机器语言程序具有良好的可移植性
D. 相对于机器语言程序具有较高的执行效率

42. 高级程序设计语言的特点是（　　）。
A. 高级语言数据结构丰富
B. 高级语言与具体的机器结构密切相关
C. 高级语言接近算法语言不易掌握
D. 用高级语言编写的程序计算机可立即执行

43. 下列各类计算机程序语言中，不是高级程序设计语言的是（　　）。
A. Visual Basic　　B. FORTRAN 语言
C. Pascal 语言　　D. 汇编语言

44. 下列属于计算机低级语言的是（　　）。
A. C 语言　　B. 机器语言和汇编语言
C. Java 语言　　D. 数据库语言

45. 以下关于编译程序的说法正确的是（　　）。
A. 编译程序属于计算机应用软件，所有用户都需要编译程序
B. 编译程序不会生成目标程序，而是直接执行源程序
C. 编译程序完成高级语言程序到低级语言程序的等价翻译
D. 编译程序构造比较复杂，一般不进行出错处理

46. 下列叙述中错误的是（　　）。
A. 高级语言编写的程序的可移植性最差
B. 不同型号的计算机具有不同的机器语言
C. 机器语言是由一串二进制数 0 和 1 组成的
D. 用机器语言编写的程序执行效率最高

47. 计算机指令由两部分组成，它们是（　　）。
A. 运算符和运算数　　B. 操作数和结果
C. 操作码和操作数　　D. 数据和字符

48. 下列关于指令系统的描述，正确的是（　　）。
A. 指令由操作码和控制码两部分组成
B. 指令的地址码部分可能是操作数，也可能是操作数的内存单元地址
C. 指令的地址码部分是不可缺少的
D. 指令的操作码部分描述了完成指令所需要的操作数类型

49. 微型计算机完成一个基本运算或判断的前提是中央处理器执行一条（　　）。
A. 命令　　B. 指令　　C. 程序　　D. 语句

50. 计算机的指令系统能实现的运算有（　　）。
A. 数值运算和非数值运算　　B. 算术运算和逻辑运算
C. 图形运算和数值运算　　D. 算术运算和图像运算

51. 计算机中所有信息的存储都采用（　　）。
A. 二进制　　B. 八进制　　C. 十进制　　D. 十六进制

52. 十进制数 60 转换成无符号二进制整数是（　　）。
A. 0111100　　B. 0111010　　C. 0111000　　D. 0110110

53. 用8位二进制数能表示的最大的无符号整数等于十进制整数（　　）。

A. 255　　B. 256　　C. 128　　D. 127

54. 在一个非零无符号二进制整数之后添加一个0，则此数的值为原数的（　　）。

A. 4倍　　B. 2倍　　C. 1/2　　D. 1/4

55. 下列关于ASCII编码的叙述中，正确的是（　　）。

A. 一个字符的标准ASCII码占一个字节，其最高二进制位总为1

B. 所有大写英文字母的ASCII码值都小于小写英文字母a的ASCII码值

C. 所有大写英文字母的ASCII码值都大于小写英文字母a的ASCII码值

D. 标准ASCII码表有256个不同的字符编码

56. 在微型计算机中，西文字符所采用的编码是（　　）。

A. EBCDIC码　　B. ASCII码　　C. 国标码　　D. BCD码

57. 在ASCII码表中，码值由小到大的排列顺序是（　　）。

A. 空格字符、数字符、大写英文字母、小写英文字母

B. 数字符、空格字符、大写英文字母、小写英文字母

C. 空格字符、数字符、小写英文字母、大写英文字母

D. 数字符、大写英文字母、小写英文字母、空格字符

58. 已知英文字母m的ASCII码值是109，那么英文字母j的ASCII码值是（　　）。

A. 111　　B. 105　　C. 106　　D. 112

59. 计算机网络是一个（　　）。

A. 管理信息系统　　B. 编译系统

C. 在协议控制下的多机互连系统　　D. 网上购物系统

60. 计算机网络是通过通信媒体，把各个独立的计算机互相连接而建立起来的系统。它实现了计算机与计算机之间的资源共享和（　　）。

A. 屏蔽　　B. 独占　　C. 通信　　D. 交换

61. 以下不属于计算机网络主要功能的是（　　）。

A. 专家系统　　B. 数据通信

C. 分布式信息处理　　D. 资源共享

62. 以太网的拓扑结构是（　　）。

A. 星状　　B. 总线状　　C. 环状　　D. 树状

63. 若网络的各个结点通过中继器连接成一个闭合环路，则这种拓扑结构称为（　　）。

A. 总线拓扑　　B. 星状拓扑　　C. 树状拓扑　　D. 环状拓扑

64. 在计算机网络中，所有的计算机均连接到一条通信传输线路上，在线路两端连有防止信号反射的装置，这种连接结构称为（　　）。

A. 总线结构　　B. 星状结构　　C. 环状结构　　D. 网状结构

65. 计算机网络中传输介质传输速率的单位是bit/s，其含义是（　　）。

A. 字节/秒　　B. 字/秒　　C. 字段/秒　　D. 二进制位/秒

66. 若要将计算机与局域网连接，至少需要具有的硬件是（　　）。

A. 集线器　　B. 网关　　C. 网卡　　D. 路由器

67. 以下所列的正确的IP地址是（　　）。

A. 202.112.111.1　　B. 202.202.5　　C. 202.258.14.12　　D. 202.3.3.256

68. 在 Internet 中完成从域名到 IP 地址或者从 IP 地址到域名转换服务的是（　　）。

A. DNS　　B. FTP　　C. WWW　　D. ADSL

69. 有一域名为 bit.edu.cn，根据域名代码的规定，此域名表示（　　）。

A. 教育机构　　B. 商业组织　　C. 军事部门　　D. 政府机关

70. 根据域名代码规定，表示政府部门网站的域名代码是（　　）。

A. .net　　B. .com　　C. .gov　　D. .org

71. 上网需要在计算机上安装（　　）。

A. 数据库管理软件　　B. 视频播放软件

C. 浏览器软件　　D. 网络游戏软件

72. 下列选项中不属于 Internet 应用的是（　　）。

A. 新闻组　　B. 远程登录　　C. 网络协议　　D. 搜索引擎

73. 在 Internet 上浏览时，浏览器和 WWW 服务器之间传输网页使用的协议是（　　）。

A. HTTP　　B. IP　　C. FTP　　D. SMTP

74. IE 浏览器收藏夹的作用是（　　）。

A. 搜集感兴趣的页面地址　　B. 记忆感兴趣的页面内容

C. 收集感兴趣的文件内容　　D. 收集感兴趣的文件名

75. Internet 为人们提供许多服务项目，最常用的是在各 Internet 站点之间漫游，浏览文本、图形和声音各种信息，这项服务称为（　　）。

A. 电子邮件　　B. 网络新闻组　　C. 文件传输　　D. WWW

76. 关于电子邮件，下列说法错误的是（　　）。

A. 必须知道收件人的 E-mail 地址　　B. 发件人必须有自己的 E-mail 账户

C. 收件人必须有自己的邮政编码　　D. 可以使用 Outlook 管理联系人信息

77. 用 ISDN 接入因特网的优点是上网通话两不误，它的中文名称是（　　）。

A. 综合数字网　　B. 综合数字电话网

C. 业务数字网　　D. 综合业务数字网

78. 下列选项中错误的是（　　）。

A. 计算机系统应该具有可扩充性

B. 计算机系统应该具有系统故障可修复性

C. 计算机系统应该具有运行可靠性

D. 描述计算机执行速度的单位是 MB

第2章 计算科学基础知识

计算思维是运用计算科学的基础概念进行问题求解、系统设计及人类行为理解等涵盖计算科学之广度的一系列思维活动，其本质是抽象化和自动化。计算思维是大学生应具备的基本技能。本章通过计算科学基础知识的介绍，使学生对计算机处理问题的基本规则有所了解，从而培养学生的计算思维方式。

本章分为两部分：计算科学基础知识和计算学科最新应用技术。计算科学基础知识包括数据结构、程序设计基础、软件工程与数据库的相关知识介绍。通过这些知识来说明计算机对问题处理的基本方法与规则。计算学科最新应用技术包括大数据、云计算、物联网、移动应用相关知识。这些是当前社会应用的热点，与人们息息相关。通过对这些知识的介绍，以期读者了解身边的应用，更好地理解和使用相关的计算机技术与工具。

2.1 计算科学基础知识

2.1.1 数据结构

计算机的核心任务是对数据的处理与使用。良好的数据组织是有效进行数据处理与使用的基础。因此，研究数据的组织形式是计算机领域的核心任务。

数据结构是指数据元素的集合及元素间的相互关系和构造方法，结构是指元素之间的关系。在数据结构中，元素之间的相互关系称为数据的逻辑结构。按照逻辑关系的不同将数据结构分为线性结构和非线性结构，其中，线性结构包括线性表、栈、队列、串，非线性结构主要包括树和图。数据元素及元素之间关系的存储形式称为存储结构，可分为顺序存储和链式存储两种基本方式。

一、线性结构

线性结构的特点是数据元素之间是一种线性关系，即“数据元素一个接一个地排列”，如图2-1所示。这种结构主要用于描述具有单一前驱和后继的数据关系。

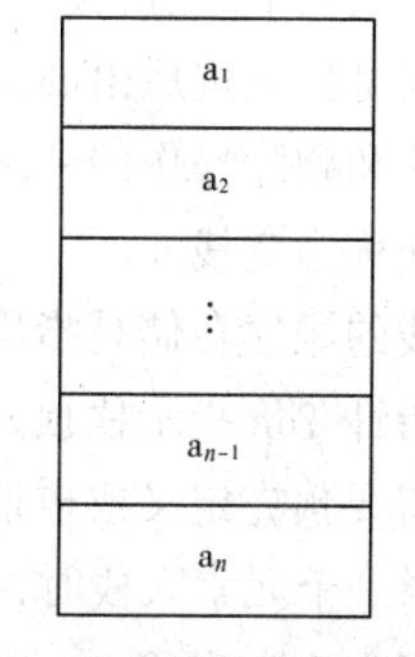

图2-1 线性结构顺序存储结构

1. 线性表

线性表是最简单、最基本也是最常用的一种线性结构，它有顺序存储和链式存储两种存储方法，主要的基本运算为插入、删除和查找。

线性表的定义：一个线性表是 n 个元素的有限序列（$n \geq 0$），通常表示为 a_1，a_2，……，a_n，其特点是在非空的线性表中：

存在唯一的一个称作“第一个”的元素；

存在唯一的一个称作“最后一个”的元素；

除第一个元素外，序列中的每个元素均只有一个直接前驱；

除最后一个元素外，序列中的每个元素均只有一个直接后继。

线性表的存储方式分为顺序存储和链式存储两种。

线性表的顺序存储是指用一组地址连续的存储单元依次存储线性表中的数据元素，从而使得逻辑上相邻的两个元素在物理位置上也相邻。

采用顺序存储的优点是可以随机存取表中的元素，按序号查找元素的速度很快。缺点是插入和删除操作需要移动元素，插入前要移动元素以挪出空的存储单元，然后再插入元素；删除时同样需要移动元素，以填充被删除的元素空出来的存储单元。

线性表的链式存储结构是指用结点来进行数据的存储。结点包括数据域和指针域，能通过指针域将数据连接起来。数据的地址可以是连续的，也可以是不连续的，如图 2-2 所示。

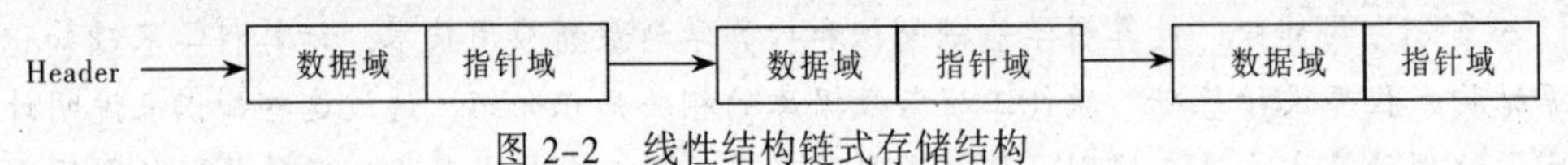

图 2-2　线性结构链式存储结构

在链式存储结构中，只需要一个指针（称为头指针）指向第一个结点，就可以顺序访问到表中的任意一个元素。为了简化对链表状态的判定和处理，特别引入一个不存储数据元素的结点称为头结点，将其作为链表的第一个结点并令头指针指向该结点。

线性表采用链表作为存储结构时，只能顺序地访问元素，而不能对元素进行随机存取。但其优点是插入和删除操作不需要移动元素。

根据结点中指针信息的实现方式，还有双向链表、循环链表和静态链表等链表结构。

2．栈和队列

栈和队列是程序中常用的两种数据结构，它们的逻辑结构与线性表相同，其特点在于运算受到了限制：栈按“先进后出”的规则进行操作，队列按“先进先出”的规则进行操作，故称运算受限的线性表。

栈是只能通过访问它的一端来实现数据存储和检索的一种线性数据结构。换句话说，栈的修改是按先进后出的原则进行的。因此，栈又称为先进后出（FILO）的线性表。在栈中进行插入和删除操作的一端称为栈顶（Top），相应地，另一端称为栈底（Bottom）。不含数据元素的栈称为空栈。

栈的顺序存储是指用一组地址连续的存储单元依次存储自栈顶到栈底的数据元素，同时附设指针 Top 指示栈顶元素的位置。采用顺序存储结构的栈也称为顺序栈，在顺序存储方式下，需要预先定义或申请栈的存储空间，也就是说栈空间的容量是有限的。因此，在顺序栈中，当一个元素入栈时，要判断是否栈满（即栈空间中有没有空闲单元），若栈满，则元素入栈会发生上溢现象。

为了克服顺序存储的栈可能存在上溢的不足，可以用链表存储栈中的元素。用链表作为存储结构的栈也称为链栈。由于栈中元素的插入和删除仅在栈顶一端进行，因此，不必另外设置头指针，链表的头指针就是栈顶指针。

队列是一种先进先出（FIFO）的线性表，它只允许在表的一端插入元素，而在表的另一

端删除元素。在队列中，允许插入元素的一端称为队尾（Rear），允许删除元素的一端称为队头（Front）。

队列的顺序存储结构又称为顺序队列，它也是利用一组地址连续的存储单元存放队列中的元素。由于队中元素的插入和删除限定在表的两端进行，因此，设置队头指针和队尾指针，分别指示出当前的队首元素和队尾元素。

在顺序队列中，为了降低运算的复杂度，元素入队时，只修改队尾指针；元素出队时，只修改队头指针。由于顺序队列的存储空间是提前设定的，因此，队尾指针会有一个上限值，当队尾指针达到其上限时，就不能只通过修改队尾指针来实现新元素的入队操作了。此时，可将顺序队列假想成一个环状结构，称为循环队列。

3．串

字符串是一串文字及符号的简称，是一种特殊的线性表。字符串的基本数据元素是字符，计算机中非数值问题处理的对象经常是字符串数据，如在汇编和高级语言的编译程序中，源程序和目标程序都是字符串；在事务处理程序中，姓名、地址等一般也是作为字符串处理的。另外，串还具有自身的特性，常常把一个串作为一个整体来处理。

串的基本定义是：仅由字符构成的有限序列，是取值范围受限的线性表。一般记 $S='a_1a_2\cdots a_n'$，其中，S 是串名，单引号括起来的字符序列是串值。

串长：即串的长度，指字符串中的字符个数。

空串：长度为 0 的串，空串不包含任何字符。

空格串：由一个或多个空格组成的串。虽然空格是一个空白符，但它也是一个字符，计算串长度时要将其计算在内。

子串：由串中任意长度的连续字符构成的序列称为子串。含有子串的串称为主串。子串在主串中的位置指子串首次出现时，该子串的第一个字符在主串的位置。空串是任意串的子串。

串相等：指两个串长度相等且对应序号上的字符也相同。

串比较：两个串比较大小时以字符的 ASCII 码值作为依据，比较操作从两个串的第一个字符开始进行，字符的 ASCII 码值大者所在的串为大；若其中一个串结束，则以串长者为大。

串可以通过顺序存储的方式保存。串的顺序存储是指用一组地址连续的存储单元来存储串值的字符序列。由于串中的元素为字符，所以可通过程序语言提供的字符数组定义串的存储空间，也可以根据串长的需要动态申请字符串的空间。

字符串也可以采用链表作为存储结构，当用链表存储串中的字符时，每个结点中可以存储一个字符，也可以存储多个字符，需要考虑存储密度问题。

在链式存储结构中，结点大小的选择和顺序存储方法中数组空间大小的选择一样重要，它直接影响对串进行运算的效率。

二、非线性结构

1．树

树是 n（$n\geqslant0$）个结点的有限集合。当 $n=0$ 时称为空树。在任一非空树（$n>0$）中，有且仅有一个称为根的结点；其余结点可分为 m（$m\geqslant0$）个互不相交的有限集 T_1，T_2，……，T_m。其中，每个集合又都是一棵树，并且称为根结点的子树，如图 2-3 所示。

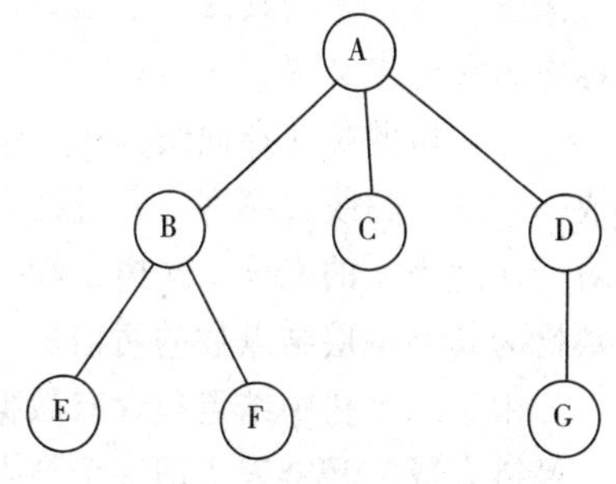

图 2-3　树的结构

树的定义是递归的，它表明了树本身的固有特性，也就是一棵树由若干棵子树构成，而子树又由更小的子树构成。该定义只给出了树的组成特点，若从数据结构的逻辑关系角度来看，树中元素之间有明显的层次关系。对树中的某个结点，它最多只和上一层的一个结点（即其双亲结点）有直接关系，而与其下一层的多个结点（即其子树结点）有直接关系。通常，凡是分等级的分类方案都可以用具有严格层次关系的树结构来描述。

双亲、孩子和兄弟：结点的子树的根称为该结点的孩子，相应地，该结点称为其子结点的双亲。具有相同双亲的结点互为兄弟。

结点的度：一个结点的子树的个数记为该结点的度。

叶子结点：又称终端结点，是指度为 0 的结点。

内部结点：度不为 0 的结点称为分支结点或非终端结点。除根结点之外，分支结点也称为内部结点。

结点的层次：根为第一层，根的孩子为第二层，依此类推，若某结点在第 i 层，则其孩子结点就在第 $i+1$ 层。

树的高度：一棵树的最大层次数记为树的高度（或深度）。

有序（无序）树：若将树中结点的各子树看成是从左到右有次序关系，即不能交换次序，则称该树为有序树，否则称为无序树。

森林：是 m（$m \geqslant 0$）棵互不相交的树的集合。

二叉树是一种重要的树，它的定义是 n（$n \geqslant 0$）个结点的有限集合，它或者是空树（$n=0$），或者是由一个根结点及两棵不相交的、分别称为左子树和右子树的二叉树所组成。

尽管树和二叉树的概念之间有许多联系，但它们是两个不同的概念。树和二叉树之间最主要的区别是：二叉树中结点的子树要区分左子树和右子树，即使在结点只有一棵子树的情况下也要明确指出该子树是左子树还是右子树。另外，二叉树中结点的最大度为 2，而树中不限制结点的度数。

二叉树有以下性质：二叉树第 i 层（$i \geqslant 1$）上至多有 2^{i-1} 个结点；深度为 k 的二叉树至多有 2^{k-1} 个结点（$k \geqslant 1$）；对任何一棵二叉树，若其终端结点（叶子）数为 n_0，度为 2 的结点数为 n_2，则 $n_0=n_2+1$；具有 n 个结点的完全二叉树的深度为 $\log_2(n+1)$；对一棵有 n 个结点的完全二叉树的结点按层次自左至右进行编号，则对任一结点 i（$0 \leqslant i \leqslant n$）有：

- 若 $i=1$，则结点 i 是二叉树的根，无双亲；若 $i>1$，则其双亲为（$i/2$）。
- 若 $2i>n$，则结点 i 无左孩子，否则其左孩子为 $2i$。
- 若 $2i+1>n$，则结点 i 无右孩子，否则其右孩子为 $2i+1$。

若深度为 k 的二叉树有 2^{k-1} 个结点，则称其为满二叉树。可以对满二叉树中的结点进行连续编号，约定编号从根结点起，自上而下、自左至右依次进行。深度为 k，有 n 个结点的二叉树，当且仅当其每一个结点都与深度为 k 的满二叉树中编号为 1～n 的结点一一对应时，称之为完全二叉树。

二叉树的顺序存储结构用一组地址连续的存储单元存储二叉树中的结点，必须把结点排成一个适当的线性序列，并且结点在这个序列中的相互位置能反映出结点之间的逻辑关系。对于深度为 k 的完全二叉树，除第 k 层外，其余各层中含有最大的结点数，即每一层的结点数恰为其上一层结点数的两倍。

由于二叉树中结点包含有数据元素、左子树根、右子树根及双亲等信息，因此，可以用三叉链表或二叉链表（即一个结点含有三个指针或两个指针）来存储二叉树，链表的头指针指向二叉树的根结点。

2．图

图是比树结构更复杂的一种数据结构。在树结构中，可认为除根结点没有前驱外，其余的每个结点只有唯一的一个前驱（双亲）结点，每个结点可以有多个后继（子树）结点，而在图结构中，任意两个结点之间都可能有直接的关系，所以图中一个结点的前驱和后继的数目是没有限制的。图结构被用于描述各种复杂的数据对象，在自然科学、社会科学和人文科学等许多领域有非常广泛的应用。

图 G 是由两个集合 V 和 E 构成的二元组，记作 G=（V，E），其中，V 是图中顶点的非空有限集合，E 是图中边的有限集合。从数据结构的逻辑关系角度来看，图中任一顶点都可能与图中其他顶点有关系。而图中所有顶点都有可能与某一顶点有关系。在图中，数据结构中的数据元素用顶点表示，数据元素之间的关系用边表示。

有向图：是指图中每条边都是有方向的，则称为有向图。从顶点 v_i 到 v_j 的有向边$<v_i, v_j>$也称为弧，起点 v_i 为弧尾，终点 v_j 称为弧头。在有向图中，$<v_i, v_j>$与$<v_j, v_i>$分别表示两条弧。

无向图：若图中的每条边都是无方向的，顶点 v_i 和 v_j 之间的边用（v_i，v_j）表示。在无向图中（v_i，v_j）与（v_j，v_i）表示的是同一条边。

完全图：若一个无向图具有 n 个顶点，而每一个顶点与其他 $n-1$ 个顶点之间都有边，则称之为无向完全图。显然，含有 n 个顶点的无向完全图共有 $n(n-1)/2$ 条边。类似地，有 n 个顶点的有向完全图中弧的数目为 $n(n-1)$，即任意两个不同顶点之间都存在方向相反的两条弧。

度、出度和入度：顶点 v 的度是指关联于该顶点的边的数目，记作 D（v）。若 G 为有向图，顶点的度表示该顶点的入度和出度之和。顶点的入度是以该顶点为终点的有向边的数目。

路径：在无向图 G 中，从顶点 v_p 到顶点 v_q 的路径是指存在一个顶点序列 v_p，v_{i1}，v_{i2}，……，v_{in}，v_q，使得（v_p，v_{i1}），（v_{i1}，v_{i2}），……，（v_{in}，v_q）均属于 E（G）。若 G 是有向图，其路径也是有方向的，它由 E（G）中的有向边$<v_p, v_{i1}>$，$<v_{i1}, v_{i2}>$，……，$<v_{in}, v_q>$组成。路径长度是路径上边或弧的数目。第一个顶点和最后一个顶点相同的路径称为回路或环。

若一条路径上除了 v_p 和 v_q 相同外，其余顶点均不相同，这种路径称为简单路径。

子图：若有两个图 G =（V，E）和 G'=（V'，E'），如果 V'∈V 且 E'∈E，则称 G'为 G 的子图。

连通图：在无向图 G 中，若从顶点 v_i 到顶点 v_j 有路径，则称顶点 v_i 和顶点 v_j 是连通的。如果无向图 G 中任意两个顶点都是连通的，则称其为连通图。

强连通图；在有向图 G 中，如果对于每一对顶点 v_i，v_j∈V 且从顶点 v_i 到顶点 v_j 和从顶点 v_j 到顶点 v_i 都存在路径，则称图 G 为强连通图。

网：边（或弧）具有权值的图称为网。

三、应用实例——停车场问题

问题描述：停车场管理员的任务就是帮助车主把车停放在停车场中，或者是帮助车主将车开出停车场。如果停车场中能够停放的车辆数目很多，这就使得让每辆车开出停车场变得复杂。例如，要开走一辆车，则管理员需要把他前面的车全部暂时清除，然后等这辆车开出后再将这些车重新放入停车场。当然了，这个时候腾出了一个空位置，此位置由后面的车占据。

任务：编程模拟这样的情况，这里假设停车场最多可停放 5 辆车。data.txt 记录了某一时间段内，该停车场车辆的到来与离开记录，刚开始，停车场是空的。其中，大写字母 A～P

是车辆的代号，arrives 表示到来，departs 表示离开。程序需要从 data.txt 中读取这些信息，并且用这些数据来模拟停车场的车辆调度情况。

data.txt 内容如下：A arrives; A departs; B arrives; C arrives; D arrives; C departs; E arrives; F arrives; G arrives; B departs ;H arrives ;D departs; E departs; I arrives; I departs; J arrives; F departs; K arrives; L arrives; M arrives; H departs; N arrives; J departs; K departs; O arrives; P arrives; P departs。

说明：以下为 C++实现代码。

```
    #ifndef CAR_H
    #define CAR_H
    #include<iostream>
    #include<string>
    using namespace std;
    class car {
          public:
                car(string,int);  string getlicense();  int getmovedtimes();
~car();
                void move();
          private:
                string license;//车的通行证
                int movedtimes;//被移动的次数
     };
    #endif
    car::car(string license,int movedtimes):license(license),movedtimes(0)
{  }
    string car::getlicense()  {    return license;  }
    int car::getmovedtimes(){  return movedtimes;  }
    void car::move() {  movedtimes++; }
    car::~car(){}

    #include<fstream>
    #include<stack>
    int main()  {
    string in_filename="data.txt";//数据文件，包含了停车场内的车辆进出记录
    ifstream inf(in_filename.c_str());
    if(!inf) {
          cerr<<"文件打开失败!"<<in_filename<<endl;
          return EXIT_FAILURE;  }
    stack<car*> parking_lot,tempstack;/*定义两个栈，一个模拟停车场，另外一个用来暂
时存放从停车场那里暂时清除的车，当然最后还是得返回给停车场*/
    car* pcar;
    string license_plate,action;//分别记录从数据文件中读取的通行证和行为（到达？离
开？）   //按行读取数据文件
    while(!inf.eof())  {
          inf>>license_plate>>action;
          if(action=="arrives")//到达
               {   if(parking_lot.size()<5)//栈不满的话，继续入栈
                   {  pcar=new car(license_plate,0);
```

```
                    parking_lot.push(pcar);
                    } else  cout<<"抱歉"<<license_plate<<",停车场已满!"<<endl;
                }else if(action=="departs")//如果是出发
        { while( (!parking_lot.empty()) &&  (parking_lot.top()->getlicense()!=
license_plate))
                {   tempstack.push(parking_lot.top());
                    parking_lot.top()->move();//增加移动次数
                    parking_lot.pop();
                }
                if(parking_lot.top()->getlicense()==license_plate)//如果要出
发的这辆车的 license_plate 刚好就处在栈顶位置，则直接销毁相关结点，不需要增加移动次数
                {
               cout<<parking_lot.top()->getlicense()<<"被移动了"<<parking_lot.
top()-> getmovedtimes()<<" 次在这里!"<<endl;//输出被移动的次数
                delete parking_lot.top();
                parking_lot.pop();
                } else  cout<<"什么情况（异常）!"<<endl;
                while(!tempstack.empty()){
                    parking_lot.push(tempstack.top());
                    tempstack.pop();
                }
            } }
    cout<<"还在车库里面的!"<<endl;//最后把还在车库里面的车的 license 输出
    while(!parking_lot.empty())//用循环依次遍历栈中的元素，也就是对应的车辆
    {
    cout<<parking_lot.top()->getlicense()<<" 被移动了"<<parking_lot.top()->
getmovedtimes() <<"次在这里"<<endl;
    delete parking_lot.top();//销毁栈顶
    parking_lot.pop();//出栈
    }
     inf.close();
    return 0;
    }
```

2.1.2 程序设计基础

一、程序设计语言概述

1. 低级语言和高级语言

计算机硬件只能识别由 0、1 字符串组成的机器指令序列，即机器指令程序，因此，机器指令是最基本的计算机语言。用机器语言编制程序效率低、可读性差，也难以理解、修改和维护。因此，人们设计了汇编语言，用容易记忆的符号代替 0、1 序列，来表示机器指令中的操作码和操作数。例如，用 ADD 表示加法、SUB 表示减法等。虽然使用汇编语言编写程序的效率和程序的可读性有所提高，但汇编语言是面向机器的语言，其书写格式在很大程度上取决于特定计算机的机器指令。机器语言和汇编语言被称为低级语言。人们开发了功能更强、抽象级别更高的语言以支持程序设计，因而产生了面向各类应用的程序设计语言，即高级语言，常见的有 Java、C、C++、PHP、Python、Delphi 和 Object Pascal 等。这类语言与人们使用的自然语言比较接近，大大提高了程序设计的效率。

2. 编译程序和解释程序

目前，尽管人们可以借助高级语言与计算机进行交互，但是计算机仍然只能理解和执行由 0、1 序列构成的机器语言，因此高级程序设计语言需要翻译，担负这一任务的程序称为“语言处理程序”。由于应用的不同，语言之间的翻译也是多种多样的。它们大致可分为汇编程序、解释程序和编译程序。用某种高级语言或汇编语言编写的程序称为源程序，源程序不能直接在计算机上执行。如果源程序是用汇编语言编写的，则需要一个称为汇编程序的翻译程序将其翻译成目标程序后才能执行。如果源程序是用某种高级语言编写的，则需要对应的解释程序或编译程序对其进行翻译，然后在机器上运行。解释程序也称为解释器，它可以直接解释执行源程序，或者将源程序翻译成某种中间表示形式后再加以执行；而编译程序（编译器）则首先将源程序翻译成目标语言程序，然后在计算机上运行目标程序。这两种语言处理程序的根本区别是：在编译方式下，机器上运行的是与源程序等价的目标程序，源程序和编译程序都不再参与目标程序的执行过程；而在解释方式下，解释程序和源程序（或其某种等价表示）要参与到程序的运行过程中，运行程序的控制权在解释程序。解释器翻译源程序时不产生独立的目标程序，而编译器则须将源程序翻译成独立的目标程序。

3. 程序设计语言的定义

一般地，程序设计语言的定义都涉及语法、语义和语用三个方面。

语法：语法是指由程序设计语言基本符号组成程序中的各个语法成分（包括程序）的一组规则，其中由基本字符构成的符号（单词）书写规则称为词法规则，由符号（单词）构成语法成分的规则称为语法规则。程序设计语言的语法可通过形式语言进行描述。

语义：语义是程序设计语言中按语法规则构成的各个语法成分的含义，可分为静态语义和动态语义。静态语义是指编译时可以确定的语法成分的含义，而运行时才能确定的含义是动态语义。一个程序的执行效果说明了该程序的语义，它取决于构成程序的各个组成部分的语义。

语用：语用表示了构成语言的各个记号和使用者的关系，涉及符号的来源、使用和影响。语言的实现还涉及语境问题。语境是指理解和实现程序设计语言的环境，这种环境包括编译环境和运行环境。

二、程序设计语言的分类和特点

1. 程序设计语言发展概述

程序设计语言的发展是一个不断演化的过程，其根本的推动力就是抽象机制更高的要求，以及对程序设计活动更好地支持。具体地说，就是把机器能够理解的语言提升到能够很好地模仿人类思考问题的形式。

FORTRAN（FORmula TRANslator）是第一个高级程序设计语言，被广泛用来进行科学和工程计算。一个 FORTRAN 程序由一个主程序及若干个子程序组成。主程序及每一个子程序都是独立的程序单位，称为一个程序模块。在 FORTRAN 中，子程序是实现模块化的有效途径。目前的 FORTRAN 语言与其诞生之初的版本差别极大。

ALGOL60 主导了 20 世纪 60 年代程序设计语言的发展，它有严格的文法规则，采用巴科斯范式来描述其语法。ALGOL 是一个分程序结构的语言，每个分程序由 begin 和 end 括起来，以说明分程序的范围和它所管辖的名字的作用域。分程序的结构可以是嵌套的，也就是说，分程序内可以包含别的分程序。过程也可以称为一个分程序。同一个名字在不同的分程序中可以代表完全不同的实体。如果一个名字在若干层嵌套分程序中多次被说明，则程序中该名

字的使用由离使用点最近的内层说明决定，即“就近嵌套原则”。此外，ALGOL 还提供了数组的动态说明和过程的递归调用。

COBOL（Common Business Oriented Language）是一种面向事务处理的高级语言，该语言使用了 300 多个英文保留字，大量采用普通英语词汇和句型，主要应用于情报检索、商业数据处理等管理领域。

Pascal 语言是一种结构化程序设计语言，由瑞士苏黎世联邦工业大学的沃斯（N.Wirth）教授设计，于 1971 年正式发表。Pascal 是从 ALGOL60 衍生的，但功能更强而且容易使用，该语言在高等院校计算机软件教学中曾经处于主导地位。

C 语言是 20 世纪 70 年代发展起来的一种通用程序设计语言，其主要特色是兼顾了高级语言和汇编语言的特点，简洁、丰富、可移植。UNIX 操作系统及其上的许多软件都是用 C 编写的。C 语言提供了高效的执行语句并且允许程序员直接访问操作系统和底层硬件，适用于系统应用和实时处理应用。

C++是在 C 语言的基础上于 20 世纪 80 年代发展起来的，与 C 语言兼容。在 C++中，最主要的是增加了类机制，使其成为一种面向对象的程序设计语言。

Java 产生于 20 世纪 90 年代，其初始用途是开发网络浏览器的小应用程序，但是作为一种通用的程序设计语言，Java 也得到了广泛的应用。Java 保留了 C++的基本语法、类和继承等概念，删掉了 C++中一些不好的特征，因此与 C++相比，Java 更简单，其语法和语义更合理。

PHP（Hypertext Preprocessor）是一种用来制作动态网页的服务器端脚本语言，当访问者打开网页时，服务器端便会处理 PHP 指令，然后把处理结果送到访问者的浏览器上面，其语言风格类似于 C 语言，被网站编程人员广泛运用。

Python 是一种面向对象的解释型程序设计语言，可以用于编写独立程序、快速脚本和复杂应用的原型。Python 也是一种脚本语言，它支持对操作系统的底层访问，也可以将 Python 源程序翻译成字节码在 Python 虚拟机上运行。虽然 Python 的内核很小，但它提供了丰富的基本构建块，还可以用 C、C++、Java 进行扩展，因此，可以用它开发任何类型的程序。

Ruby 是一种跨平台、面向对象的动态类型编程语言。Ruby 体现了表达的一致性和简单性，它不仅是一门编程语言，更是表达想法的一种简练方式。

各种程序设计语言都在不断地发展之中。目前，程序设计语言及编程环境向着面向对象及可视化编程环境方向发展，出现了许多新的语言及开发工具。

Delphi 是原 Borland 公司研制的可视化开发工具，在 Windows 系统下使用，其在 Linux 上的对应产品是 Kylix。它采用面向对象的编程语言 Object Pascal 和基于构件的开发结构框架。其主要特性为基于窗体和面向对象的方法、高速的编译器、强大的数据库支持、与 Windows 编程紧密结合以及成熟的组件技术。

Visual Basic 是微软公司提供的一种可视化的、面向对象的、基于事件驱动的、交互式的编程工具，与传统的编程方法相比，可提高编程质量和编程效率，其 6.0 中文版曾经在国内程序员中十分流行。

标记语言（Markup Language）用一系列约定好的标记来对电子文档进行标记，以实现对电子文档的语义、结构及格式的定义。这些标记必须容易与内容区分，并且易于识别。SGML、XML、HTML、MathML、WML、SVG、CML 和 XHTML 等都是标记语言。

2. 程序设计范型

程序设计语言的分类没有统一的标准，从不同的角度可以进行不同的划分。从最初的机

器语言、汇编语言、结构化程序设计语言发展到目前流行的面向对象语言，程序设计语言的抽象程度越来越高，根据程序设计的方法将程序设计语言大致分为命令式程序设计语言、面向对象的程序设计语言、函数式程序设计语言和逻辑型程序设计语言等范型。

（1）命令式程序设计语言

命令式语言是基于动作的语言，在这种语言中，计算被看成是动作的序列。程序就是用语言提供的操作命令书写的一个操作序列。用命令式程序设计语言编写程序，就是描述解题过程中每一步的过程，程序的运行过程就是问题的求解过程，因此也称为过程式语言。FORTRAN、ALGOL、COBOL、C 和 Pascal 等都是命令式程序设计语言。

结构化程序设计语言本质上也属于命令式程序设计语言，其编程的特点如下：

- 用自顶而下逐步精化的方法编程。
- 按模块组装的方法编程。

程序只包含顺序、判定（分支）及重复构造，而且每种构造只允许单入口和单出口。结构化程序的结构简单清晰、模块化强，描述方式接近人们习惯的推理式思维方式，因此，可读性强，在软件重复利用性、软件维护等方面都有所进步，在大型软件开发中曾发挥过重要的作用。目前仍有许多应用程序的开发采用结构化程序设计技术和方法。C、Pascal 等都是典型的结构化程序设计语言。

（2）面向对象的程序设计语言

面向对象的程序设计语言始于从模拟领域发展起来的 Simula，Simula 提出了对象和类的概念。C++、Java 和 Smalltalk 都是面向对象程序设计语言。

（3）函数式程序设计语言

函数式语言是一类以 λ-演算为基础的语言，其基本概念来自于 LISP，这是一个在 1958 年为了人工智能应用而设计的语言。函数是一种对应规则（映射），它使定义域中每个元素和值域中唯一的元素相对应。例如：

```
函数定义 1: Square[x]:=x*x;
函数定义 2: Plustwo[x]:=Plusone[Plusone[x]];
函数定义 3: fact[n]:=if n=0 then 1 else n*fact[n-1]。
```

在函数定义 2 中，使用了函数复合，即将一个函数调用嵌套在另一个函数定义中。在函数定义 3 中，函数被递归定义。由此可见，函数可以看成是一种程序，其输入就是定义中左边括号中的量，它也可将输入组合起来产生一个规则，组合过程中可以使用。其他函数或该函数本身，这种用函数和表达式建立程序的方法就是函数式程序设计。函数式程序设计语言的优点之一就是对表达式中出现的任何函数都可以用其他函数来代替，只要这一函数调用产生相同的值。

函数式语言的代表 LISP 在许多方面与其他语言不同，其中最为显著的是，该语言中的程序和数据的形式是等价的，这样数据结构就可以作为程序执行，同样程序也可以作为数据修改。在 LISP 中，大量地使用递归。

（4）逻辑型程序设计语言

逻辑型语言是一类以形式逻辑为基础的语言，具有代表性的是建立在关系理论和一阶谓词理论基础上的 Prolog。Prolog（Programming in Logic）是一系列事实、数据对象或事实间的具体关系和规则的集合。通过查询操作把事实和规则输入数据库，用户通过输入查询来执行程序。在 Prolog 中，关键操作是模式匹配，通过匹配一组变量与一个预先定义的模式并将该

组变量赋给该模式来完成操作。以值集合 S 和 T 上的二元关系 R 为例，R 实现后，可以询问：

- 已知 a 和 b，确定 R（a，b）是否成立。
- 已知 a，求所有使 R（a，y）成立的 y。
- 已知 b，求所有使 R（x，b）成立的 x。
- 求所有使 R（x，y）成立的 x 和 y。

逻辑型程序设计具有与传统的命令式程序设计完全不同的风格。Prolog 数据库中的事实和规则是一些 Hore 子句。Hore 子句的形式为“P: -P_1，P_2，…，P_n”，其中 $n \geq 0$，P_i（$1 \leq i \leq n$）为形如 R_i（…）的断言，R_i 是关系名。该子句表示规则：若 P_1，P_2，……，P_n 均为真（成立），则 P 为真。当 $n=0$ 时，Hore 子句变成“P.”这样的子句，称为事实。一旦有了事实与规则后，就可以提出询问。Prolog 有很强的推理功能，适用于编写自动定理证明、专家系统和自然语言理解等问题的程序。

3．程序设计语言的基本成分

程序设计语言的基本成分包括数据、运算、控制和函数等。

（1）程序设计语言的数据成分

程序设计语言的数据成分指一种程序设计语言的数据类型。数据对象总是对应着应用系统中某些有意义的东西，数据表示则指示了程序中值的组织形式。数据类型用于代表数据对象，还用于在基础机器中完成对值的布局，同时还可用于检查表达式中对运算的应用是否正确。

数据是程序操作的对象，具有类型、名称、作用域、存储类别和生存期等属性，在程序运行过程中要为它分配内存空间。数据名称由用户通过标识符命名，标识符常由字母、数字和特殊符号下画线“_”组成的标记；类型说明数据占用内存的大小和存放形式；作用域则说明可以使用数据的代码范围；存储类别说明数据在内存中的位置；生存期说明数据占用内存的时间范围。从不同角度可将数据进行不同的划分。

① 常量和变量。按照程序运行时数据的值能否改变，将数据分为常量和变量。程序中的数据对象可以具有左值和（或）右值。左值指存储单元（或地址、容器），右值是值（或内容）。变量具有左值和右值，在程序运行的过程中其右值可以改变；常量只有右值，在程序运行的过程中其右值不能改变。

② 全局量和局部量。按作用域可将变量分为全局变量和局部变量。一般情况下，系统为全局变量分配的存储空间在程序运行的过程中一般是不改变的，而为局部变量分配的存储单元是动态改变的。

③ 数据类型。按照数据组织形式的不同可将数据分为基本类型、用户定义类型、构造类型及其他类型。C/C++的数据类型如下：

- 基本类型：整型（int）、字符型（char）、实型（float、double）和布尔类型（bool）。
- 特殊类型：空类型（void）。
- 用户定义类型：枚举类型（enum）。
- 构造类型：数组、结构、联合。
- 指针类型：type。
- 抽象数据类型：类类型。

其中，布尔类型和类类型是 C++在 C 语言的基础上扩充的。

（2）程序设计语言的运算成分

程序设计语言的运算成分指明允许使用的运算符号及运算规则。大多数高级程序设计语言的基本运算可以分成算术运算、关系运算和逻辑运算等类型，有些语言如 C、C++还提供位运算。运算符号的使用与数据类型密切相关。为了明确运算结果，运算符号要规定优先级和结合性，必要时还要使用圆括号。

（3）程序设计语言的控制成分

控制成分指明语言允许表述的控制结构，程序员使用控制成分来构造程序中的控制逻辑。理论上已经证明，可计算问题的程序都可以用顺序、选择和循环这三种控制结构来描述。

① 顺序结构。顺序结构用来表示一个计算操作序列。计算过程从所描述的第一个操作开始，按顺序依次执行后续的操作，直到序列的最后一个操作。顺序结构内也可以包含其他控制结构。

② 选择结构。选择结构提供了在两种或多种分支中选择其中之一的逻辑。基本的选择结构是指定一个条件 P，然后根据条件的成立与否决定控制流是 A 还是 B，只能从两个分支中选择一个来执行。选择结构中的 A 或 B 还可以包含顺序、选择和重复结构。程序设计语言中通常还提供简化了的选择结构。

③ 循环结构。循环结构描述了重复计算的过程，通常由三个部分组成：初始化、需要重复计算的部分和重复的条件。其中，初始化部分有时在控制的逻辑结构中不进行显式的表示。重复结构主要有两种形式：while 型重复结构和 do…while 型重复结构。 while 型结构的逻辑含义是先判断条件 P，若成立，则进行需要重复的计算 A，然后再去判断重复条件；否则，控制就退出重复结构。

（4）函数

C 程序由一个或多个函数组成，每个函数都有一个名字，其中有且仅有一个名字为 main 的函数，作为程序运行时的起点，函数是程序模块的主要成分，它是一段具有独立功能的程序。

函数的使用涉及三个概念：函数定义、函数声明和函数调用。

① 函数定义：函数的定义描述了函数做什么和怎么做，包括两部分：函数首部和函数体。函数定义的一般格式是：

```
返回值的类型  函数名（形式参数表）//函数首部
{
函数体;
}
```

函数首部说明了函数返回值的数据类型、函数的名字和函数运行时所需的参数及类型。函数所实现的功能在函数体部分描述。如果函数没有返回值，则指定返回值的类型为 void。函数名是一个标识符，函数名应具有一定的意义（反映函数的功能）。形式参数表列举了函数要求调用者提供的参数的个数、类型和顺序，是函数实现功能时所必需的。若形式参数表为空，可用 void 说明。

C/C++程序中所有函数的定义都是独立的。在一个函数的定义中不允许定义另外一个函数，也就是不允许函数的嵌套定义。

② 函数声明：函数应该先声明后引用。如果程序中对一个函数的调用在该函数的定义之前进行，则应该在调用前对被调用函数进行声明，函数原型用于声明函数。函数声明的一般形式为：

```
返回值类型  函数名（参数类型表）;
```

使用函数原型的目的是告诉编译器传递给函数的参数个数、类型及函数返回值的类型，参数表中仅需要依次列出函数定义时参数的类型。函数原型可以使编译器彻底地检查源程序中对函数的调用是否正确。

③ 函数调用：当在一个函数（称为主调函数）中需要使用另一个函数（称为被调函数）实现的功能时，便以名字进行调用，称为函数调用。在使用一个函数时，只要知道如何调用就可以了，并不需要关心被调用函数的内部实现。因此，主调函数需要知道被调函数的名字、返回值和需要向被调函数传递的参数（个数、类型、顺序）等信息。

函数调用的一般形式为：

```
函数名（实际参数表）；
```

在C程序的执行过程中，通过函数调用实现了函数定义时描述的功能。函数体中若调用自己，则称为递归调用。

C和C++通过传值方式将实参传递给形参a,调用函数和被调用函数之间交换信息的方法主要有两种：一种是由被调用函数把返回值返回给主调函数；另一种是通过参数带回信息。函数调用时，实参与形参间交换信息的方法有传值调用和引用调用两种。

a. 传值调用（Call by value）。若实现函数调用时实际参数向形式参数传递相应类型的值，则称为是传值调用。这种方式下形参不能向实参传递信息。

函数swap()的定义：定义一个交换两个整型变量值的函数swap()。

```
void swap (int x, int y) { /*要求调用该函数时传递两个整型的值*/
int  temp;
temp=x; x=y; y=temp;
}
函数调用: swap (a,b);
```

因为是传值调用，swap()函数运行后只能交换x和y的值，而实际参数a和b的值却没有交换。

在C语言中，要实现被调用函数对实际参数的修改，必须用指针作形参，即调用时需要先对实参进行取地址运算，然后将实参的地址传递给指针形参。本质上仍属于传值调用。

函数swap()的定义：定义一个交换两个整型变量值的函数swap()。

```
void swap (int *px, int *py) { /*交换*px和*py*/
int  temp;
temp=*px; *px=*py; *py=temp;
}
函数调用: swap (&a,&b);
```

由于形参px、py分别得到了实参变量a、b的地址，则px指向的对象*px即为a，py指向的对象*py就是b，因此，在函数中交换*px和*py的值实际上就是交换实参a和b的值，从而实现了主调函数中两个整型变量值的交换。这种方式实现了数据的间接访问。

b. 引用调用。引用是C++中增加的数据类型，当形参为引用类型时，函数中对形参的访问和修改实际上就是针对相应实参所做的访问和改变。例如：

```
void swap (int &x, int &y) { /*交换 x 和 y*/
int  temp;
temp=x; x=y; y=temp;
}
函数调用: swap (a,b);
```

引用调用方式下调用 swap（a，b）时，x、y 就是 a、b 的别名，因此，函数调用完成后，交换了 a 和 b 的值。

三、应用实例——求一个 3*3 矩阵对角线元素之和

程序分析：利用双重 for 循环控制输入二维数组，再将 a 累加后输出。

程序源代码：

```
#include "stdio.h"
#include "conio.h"
static void dummyfloat(float *x){ float y; dummyfloat(&y);}
main()
{
  float a[3][3],sum=0;
  int i,j;
  printf("please input rectangle element:\n");
  for(i=0;i<3;i++)
    for(j=0;j<3;j++)
      scanf("%f",&a[j]);
  for(i=0;i<3;i++)
    sum=sum+a;
  printf("duijiaoxian he is %6.2f",sum);
  getch();
}
```

2.1.3 软件工程基础

软件是计算机系统中的重要组成部分，它包括程序、数据及相关文档。软件工程是指应用计算机科学、数学及管理科学等原理，以工程化的原则和方法来解决软件问题的工程，其目的是提高软件生产率、提高软件质量、降低软件成本。

一、软件工程概述

早期的软件主要指程序，程序的开发工作主要依赖于开发人员的个人技能和程序设计技巧。当时的软件通常缺少与程序有关的文档，软件开发的实际成本和进度常常与预计的相差甚远，软件的质量得不到保证。随着计算机应用的需求不断增长，软件的规模也越来越大，然而软件开发的生产率远远跟不上计算机应用的迅速增长。此外，由于缺少好的方法指导和工具辅助，同时又缺少相关文档，使得大量已有的软件难以维护。上述这些问题严重地阻碍了软件的发展，20 世纪 60 年代中期，人们把上述软件开发和维护过程中所遇到的各种问题称为“软件危机”。

1968 年，在德国召开的北大西洋公约组织（North Atlantic Treaty Organization，NATO）会议上，首次提出了“软件工程”这个概念，希望用工程化的原则和方法来克服软件机。在此以后，人们开展了软件开发模型、开发方法、工具与环境的研究，提出了瀑布模型、演化模型、螺旋模型和喷泉模型等开发模型，出现了面向数据流方法、面向数据结构方法、面向对象方法等开发方法，以及一批计算机辅助软件工程（Computer Aided Software Engineering，CASE）工具和环境。

二、软件生存周期

同任何事物一样，一个软件产品或软件系统也要经历孕育、诞生、成长、成熟、衰亡的

许多阶段，一般称为软件生存周期。把整个软件生存周期划分为若干阶段，每个阶段的任务相对独立，而且比较简单，便于不同人员分工协作，从而降低了整个软件开发工程的困难程度，目前划分软件生存周期阶段的方法有许多种，软件规模、种类、开发方式、开发环境以及开发时使用的方法都会影响软件生存周期阶段的划分。在划分软件生存周期阶段时应该遵循的一条基本原则，就是使各阶段的任务彼此间尽可能相对独立，同一阶段各任务的性质尽可能相同，从而降低每个阶段任务的复杂程度，简化不同阶段之间的联系，有利于软件开发的组织管理。

1. 问题定义

问题定义阶段必须回答的关键问题是："n 要解决的问题是什么？"通过问题定义阶段的工作，系统分析员应该提出关于问题性质、工程目标和规模的书面报告。问题定义阶段是软件生存周期中最简短的阶段，一般只需要一天甚至更少的时间。

2. 可行性分析

这个阶段要回答的关键问题是："对于上一个阶段所确定的问题有行得通的解决办法吗？"可行性分析阶段的任务不是具体解决问题，而是研究问题的范围，探索这个问题是否值得去解，是否有可行的解决办法。

3. 需求分析

需求分析阶段的任务不是具体地解决问题，而是准确地确定软件系统必须做什么，确定软件系统的功能、性能、数据和界面等要求，从而确定系统的逻辑模型。

4. 总体设计

这个阶段必须回答的关键问题是："概括地说，应该如何解决这个问题？"

首先，应该考虑几种可能的解决方案。系统分析员应该使用系统流程图或其他工具描述每种可能的系统，估计每种方案的成本和效益，还应该在充分权衡各种方案的利弊的基础上，推荐一个较好的系统（最佳方案），并且制定实现所推荐的系统的详细计划。其次，总体设计阶段的第二项主要任务就是设计软件的结构，也就是确定程序由哪些模块组成及模块间的关系。通常用层次图或结构图描绘软件的结构。

5. 详细设计

总体设计阶段以比较抽象概括的方式提出了解决问题的办法。详细设计阶段的主要任务就是对每个模块完成的功能进行具体描述，也就是回答下面这个关键问题："应该怎样具体地实现这个系统呢?"因此，详细设计阶段的任务不是编写程序，而是设计出程序的详细规格说明，该说明应该包含必要的细节，程序员可以根据它们写出实际的程序代码。通常采用 HIPO（层次加输入/处理/输出）图或 PDL 语言（过程设计语言）描述详细设计的结果。

6. 编码和单元测试

编码和单元测试阶段就是把每个模块的控制结构转换成计算机可接受的程序代码，即写成某种特定程序设计语言表示的源程序清单，并仔细测试编写出的每一个模块。

7. 综合测试

综合测试阶段的关键任务是通过各种类型的测试（及相应的测试）使软件达到预定的要求，最基本的测试是集成测试和验收测试。所谓集成测试是根据设计的软件结构，把经过单元测试检验的模块按某种选定的策略装配起来，在装配过程中对程序进行必要的测试。所谓

验收测试是按照规格说明书的规定（通常在需求分析阶段确定），由用户（或在用户积极参与下）对目标系统进行验收。

通过对软件测试结果的分析可以预测软件的可靠性，反之，根据对软件可靠性的要求，也可以决定测试和调试过程什么时候可以结束。应该用正式的文档资料把测试计划、详细测试方案及实际测试结果保存下来，作为软件配置的一个组成部分。

8. 维护

维护阶段的关键任务是通过各种必要的维护活动使系统持久地满足用户的需要。通常有改正性、适应性、完善性和预防性四类维护活动。其中，改正性维护是指诊断和改正在使用过程中发现的软件错误；适应性维护是指修改软件以适应环境的变化；完善性维护是指根据用户的要求改进或扩充软件使它更完善；预防性维护是指修改软件为将来的维护活动预先做准备。

每一项维护活动都应该准确地记录下来，作为正式的文档资料加以保存。

三、软件生存周期模型

软件生存周期模型是一个包括软件产品开发、运行和维护中有关过程、活动和任务的框架，覆盖了从该系统的需求定义到系统的使用终止（IEEE/EIA 12207.0—1996）。把这个概念应用到开发过程，可以发现所有生存周期模型的内在基本特征；描述了开发的主要阶段；定义了每一个阶段要完成的主要过程和活动；规范了每一个阶段的输入和输出（提交物）；提供了一个框架，可以把必要的活动映射到该框架中。

常见的软件生存周期模型有瀑布模型、增量模型、演化模型、螺旋模型和喷泉模型等。

1. 瀑布模型（Waterfall Model）

瀑布模型是将软件生存周期各个活动规定为依线性顺序连接的若干阶段的模型，包括需求分析、设计、编码、测试、运行和维护。它规定了由前至后、相互衔接的固定次序，如同瀑布流水，逐级下落。

瀑布模型为软件的开发和维护提供了一种有效的管理模式，根据这一模式制定开发计划，进行成本预算，组织开发力量，以项目的阶段评审和文档控制为手段有效地对整个开发过程进行指导，所以它是以文档作为驱动、适合于软件需求很明确的软件项目的模型。瀑布模型假设一个待开发的系统需求是完整的、简明的、一致的，而且可以先于设计和实现完成之前产生。瀑布模型的优点是容易理解，管理成本低；强调开发的阶段性、早期计划及需求调查和产品测试。不足之处是，客户必须能够完整、正确和清晰地表达他们的需要；在开始的两个或三个阶段中，很难评估真正的进度状态；当接近项目结束时，出现了大量的集成和测试工作；直到项目结束之前，都不能演示系统的能力。在瀑布模型中，需求或设计中的错误往往只有到了项目后期才能够被发现，对于项目风险的控制能力较弱，从而导致项目常常延期完成，开发费用超出预算。

2. 增量模型（Incremental Model）

增量模型融合了瀑布模型的基本成分和原型实现的迭代特征，它假设可以将需求分段为一系列增量产品，每一增量可以分别开发。该模型采用随着日程时间的进展而交错的线性序列，每一个线性序列产生软件的一个可发布的“增量”。当使用增量模型时，第一个增量往往是核心的产品。客户对每个增量的使用和评估都作为下一个增量发布的新特征和功能，这个过程在每一个增量发布后不断重复，直到产生了最终的完善产品。增量模型强调每一个增量均发布一个可操作的产品。

增量模型作为瀑布模型的一个变体，具有瀑布模型的所有优点，此外，它还有以下优点：第一个可交付版本所需要的成本和时间很少；开发由增量表示的小系统所承担的风险不大；由于很快发布了第一个版本，因此可以减少用户需求的变更；运行增量投资，即在项目开始时，可以仅对一个或两个增量投资。

增量模型的不足之处：如果没有对用户的变更要求进行规划，那么产生的初始增量可能会造成后来增量的不稳定；如果需求不像早期思考的那样稳定和完整，那么一些增量就可能需要重新开发，重新发布；管理发生的成本、进度和配置的复杂性，可能会超出组织的能力。

3. 演化模型（Evolutionary Model）

演化模型主要针对事先不能完整定义需求的软件开发，是在快速开发一个原型的基础上，根据用户在使用原型的过程中提出的意见和建议对原型进行改进，获得原型的新版本，重复这一过程，最终可得到令用户满意的软件产品。

演化模型的主要优点：任何功能一经开发就能进入测试，以便验证是否符合产品需求，可以帮助引导出高质量的产品要求。其主要缺点：如果不加控制地让用户接触开发中尚未稳定的功能，可能对开发人员及用户都会产生负面影响。

4. 螺旋模型（Spiral Model）

对于复杂的大型软件，开发一个原型往往达不到要求。螺旋模型将瀑布模型和演化模型结合起来，加入了两种模型均忽略的风险分析，弥补了这两种模型的不足。螺旋模型将开发过程分为几个螺旋周期，每个螺旋周期大致和瀑布模型相符合，在每个螺旋周期分为如下四个工作步骤：

① 制订计划：确定软件的目标，选定实施方案，明确项目开发的限制条件。

② 风险分析：分析所选的方案，识别风险，消除风险。

③ 实施工程：实施软件开发，验证阶段性产品。

④ 用户评估：评价开发工作，提出修正建议，建立下一个周期的开发计划。

螺旋模型强调风险分析，使得开发人员和用户对每个演化层出现的风险有所了解，继而做出应有的反应。因此，特别适用于庞大、复杂并且具有高风险的系统。

与瀑布模型相比，螺旋模型支持用户需求的动态变化，为用户参与软件开发的所有关键决策提供了方便，有助于提高软件的适应能力，并且为项目管理人员及时调整管理决策提供了便利，从而降低了软件开发的风险。在使用螺旋模型进行软件开发时，需要开发人员具有相当丰富的风险评估经验和专门知识。另外，迭代次数过多会增加开发成本，延迟提交时间。

5. 喷泉模型（Fountain Model）

喷泉模型是一种以用户需求为动力，以对象作为驱动的模型，适合于面向对象的开发方法。它克服了瀑布模型不支持软件重用和多项开发活动集成的局限性。喷泉模型使开发过程具有迭代性和无间隙性。迭代意味着模型中的开发活动常常需要重复多次，在迭代过程中不断地完善软件系统。无间隙是指在开发活动（如分析、设计、编码）之间不存在明显的边界，也就是说，它不像瀑布模型在需求分析活动结束后才开始设计活动，设计活动结束后才开始编码活动，而是允许各项开发活动交叉、迭代地进行。

喷泉模型的各个阶段没有明显的界限，开发人员可以同步进行。其优点是可以提高软件项目开发效率，节省开发时间。由于喷泉模型在各个开发阶段是重叠的，在开发过程中需要大量的开发人员，不利于项目的管理。此外，这种模型要求严格管理文档，使得审核的难度加大。

四、软件过程

软件过程是生产一个最终满足需求并且达到工程目标的软件产品所需的步骤。《计算机科学技术百科全书》中指出，软件过程是软件生存周期中的一系列相关的过程。过程是活动的集合，活动是任务的集合。软件过程有三层含义：一是个体含义，即指软件产品或系统在生存周期中的某一类活动的集合，如软件开发过程、软件管理过程等；二是整体含义，即指软件产品在所有上述含义下的软件过程的总体；三是工程含义，即指解决软件过程的工程，应用软件工程的原则、方法来构造软件过程模型，并结合软件产品的具体要求进行实例化，以及在用户环境下的运作，以此进一步提高软件生产率、降低成本。

1. 软件能力成熟度模型（CMM）

自从软件工程概念提出以后，出现了许多开发、维护软件的模型、方法、工具和环境，他们对提高软件的开发、维护效率和质量起到了很大的作用。尽管如此，人们开发和维护软件的能力仍然跟不上软件所涉及的问题的复杂程度的增长，大多是软件组织面临的主要问题仍然是无法符合预算和进度要求的高可靠性和高可用性的软件。人们开始意识到问题的实质是缺乏管理软件过程的能力。

在美国国防部支持下，1987 年卡内基·梅隆大学软件工程研究所率先推出了软件工程评估项目的研究成果软件过程能力成熟度模型（Capability Maturity Model of Software，SW-CMM，简称 CMM），其研究目的是提供一种评价软件承接方能力的方法，同时它可用于帮助软件组织改进其软件过程。

CMM 是对软件组织进化阶段的描述，随着软件组织定义、实施、测量、控制和改进其软件过程，软件组织的能力经过这些阶段逐步前进。该能力成熟度模型使软件组织能够较容易地确定其当前过程的成熟度并识别其软件过程执行中的薄弱环节，确定对软件质量和过程改进最为关键的几个问题，从而形成对其过程的改进策略。软件组织只要关注并认真实施一组有限的关键实践活动，就能稳步地改善其全组织的软件过程，使全组织的软件过程能力持续增长。

CMM 将软件过程改进分为五个成熟度级别，分别为：

（1）初始级（Initial）

软件过程的特点是杂乱无章，有时甚至很混乱，几乎没有明确定义的步骤，项目的成功完全依赖个人的努力和英雄式核心人物的作用。

（2）可重复级（Repeatable）

建立了基本的项目管理过程和实践来跟踪项目费用、进度和功能特性。有必要的过程准则来重复以前在同类项目中的成功。

（3）已定义级（Defined）

管理和工程两方面的软件过程已经文档化、标准化，并综合成整个软件开发组织的标准软件过程。所有项目都采用根据实际情况修改后得到的标准软件过程来开发和维护。

（4）已管理级（Managed）

制定了软件过程和产品质量的详细度量标准。软件过程的产品质量都被开发组织的成员所理解和控制。

（5）优化级（Optimized）

加强了定量分析，通过来自过程质量反馈和来自新观念、新技术的反馈使过程能不断持续地改进。

CMM模型提供了一个框架，将软件过程改进的进化步骤组织成五个成熟度等级，为过程不断改进奠定了循序渐进的基础。这五个成熟度等级定义了一个有序的尺度，用来测量一个组织的软件过程成熟度和评价其软件过程能力，成熟度等级是已得到确切定义的，也是在向成熟软件组织前进途中的平台。每一个成熟度等级为继续改进过程提供一个基础。每一等级包含一组过程目标，通过实施相应的一组关键过程域达到这一组过程目标，当目标满足时，能使软件过程的一个重要成分稳定。每达到成熟度框架的一个等级，就建立起软件过程的一个相应成分，导致组织过程能力一定程度的增长。

基于 CMM 的产品包括一些诊断工具，可应用于软件过程评价和软件能力评估小组以确定一个机构的软件过程实力、弱点和风险。最著名的是成熟度调查表。软件过程评价及软件能力评估的方法及培训也依赖于 CMM。

2. 能力成熟度模型集成（CMMI）

CMM的成功导致了适用不同学科领域的模型的衍生，如系统工程的能力成熟度模型，适用于集成化产品开发的能力成熟度模型等。而一个工程项目又往往涉及多个交叉的学科，因此有必要将各种过程改进的工作集成起来。1998年由美国产业界、政府和卡内基·梅隆大学软件工程研究所共同主持 CMMI 项目。CMMI 是若干过程模型的综合和改进，是支持多个工程学科和领域的、系统的、一致的过程改进框架，能适应现代工程的特点和需要，能提高过程的质量和工作效率。2000年发布了 CMMI-SE/SW/IPPD，集成了适用于软件开发的 SW-CMM 适用于系统工程的 EIA/IS731，以及适用于集成化产品和过程开发的 IPPD CMM（0.98版）。2002年1月发布了 CMMI-SE/SW/IPPD1.1 版。

CMMI 提供了两种表示方法：阶段式模型和连续式模型。

（1）阶段式模型

阶段式模型的结构类似于 CMM，它关注组织的成熟度，CMMI-SE/SW/IPPD1.1 版中有 5 个成熟度等级。

初始的：过程不可预测且缺乏控制。

已管理的：过程为项目服务。

已定义的：过程为组织服务。

定量管理的：过程已度量和控制。

优化的：集中于过程改进。

（2）连续式模型

连续式模型关注每个过程域的能力，一个组织对不同的过程域可以达到不同的过程域能力等级（Capability Level，CL）。CMMI 中包括六个过程域能力等级，等级号为 0～5。能力等级包括共性目标及相关的共性实践，这些实践在过程域内被添加到特定目标和实践中。当组织满足过程域的特定目标和共性目标时，就说该组织达到了那个过程域的能力等级。

能力等级可以独立地应用于任何单独的过程域，任何一个能力等级都必须满足比它等级低的能力等级的所有准则。各能力等级的含义简述如下：

CL0（未完成的）：过程域未执行或未得到 CL1 中定义的所有目标。

CL1（已执行的）：其共性目标是过程将可标识的输入工作产品转换成可标识的输出工作产品，以实现支持过程域的特定目标。

CL2（已管理的）：其共性目标集中于已管理的过程的制度化。根据组织级政策规定过程的运作将使用哪个过程，项目遵循文档化的计划和过程描述，所有正在工作的人都有权使用足够的资源，所有工作任务和工作产品都被监控、控制和评审。

CL3（已定义级的）：其共性目标集中于已定义的过程的制度化。过程是按照组织的剪裁指南从组织的标准过程集中剪裁得到的，还必须收集过程资产和过程的度量，并用于将来对过程的改进上。

CL4（定量管理的）：其共性目标集中于可定量管理的过程的制度化。使用测量和质量保证来控制和改进过程域，建立和使用关于质量和过程执行的定量目标作为管理准则。

CL5（优化的）：使用量化（统计学）手段改变和优化过程域，以对付客户要求的改变和持续改进计划中的过程域的功效。

（3）统一过程（UP）

统一过程的特色是用例和风险驱动，以架构为中心，迭代的增量开发过程。迭代的意思是将整个软件开发项目划分为许多个小的“袖珍项目”，每个“袖珍项目”都包含正常软件项目的所有元素：计划、分析和设计、构造、集成和测试，以及内部和外部发布。

在每个迭代中，有5个核心工作流：捕获系统应该做什么的需求工作流，精化和结构化需求的分析工作流，用系统构架实现需求的设计工作流，构造软件的实现工作流，验证实现是否如期望那样工作的测试工作流。

五、软件工具

用来辅助软件开发、运行、维护、管理和支持等过程中的活动的软件称为软件工具。早期的软件工具主要用来辅助程序员编程，如编辑程序、编译程序和排错程序等。在软件工程概念提出以后，又出现了软件生存周期的概念，出现了许多开发模型和开发方法，同时软件管理也开始受到人们的重视。与此同时，出现了一批软件工具来辅助软件工程的实施，这些软件工具涉及软件开发、维护、管理过程中的各项活动，并辅助这些活动高效、高质量地进行。因此，软件工具通常也称为CASE工具。

软件开发过程中可使用的工具种类繁多，按照软件过程的活动可以分为支持软件开发过程工具、支持软件维护过程的工具、支持软件管理过程和支持过程的工具等。

1. 软件开发工具

对应于软件开发过程的各种活动，软件开发工具通常有需求分析工具、设计工具、编码与排错工具、测试工具等。

（1）需求分析工具

用于辅助软件需求分析活动的软件称为需求分析工具，它辅助系统分析员从需求定义出发，生成完整的、清晰的、一致的功能规范（functional specification）。功能规范是软件所要完成的功能的准确而完整的陈述，它描述该软件要做什么和只做什么。按照需求定义的方法可将需求分析工具分为基于自然语言或图形描述的工具和基于形式化需求定义语言的工具。

（2）设计工具

用于辅助软件设计活动的软件称为设计工具，它辅助设计人员从软件功能规范出发，得到相应的设计规范（design specification）。对应于概要设计活动和详细设计活动，设计工具通常可分为概要设计工具和详细设计工具。

概要设计工具用于辅助设计人员设计目标软件的体系结构、控制结构和数据结构。详细设计工具用于辅助设计人员设计模块的算法和内部实现细节。除此之外，还有基于形式化描述的设计工具和面向对象分析与设计工具。

（3）编码与排错工具

辅助程序员进行编码活动的工具有编码工具和排错工具。编码工具辅助程序员用某种程序设计语言编制源程序，并对源程序进行翻译，最终转换成可执行的代码。因此，编码工具通常与编码所使用的程序语言密切相关。排错工具用来辅助程序员寻找源程序中错误的性质和原因，并确定出错的位置。

（4）测试工具

用于支持进行软件测试的工具称为测试工具，分为数据获取工具、静态分析工具、动态分析工具、模拟工具以及测试管理工具。其中，静态分析工具通过对源程序的程序结构、数据流和控制流进行分析，得出程序中函数（过程）的调用与被调用关系、分支和路径、变量定义和引用等情况，发现语义错误。动态分析工具通过执行程序，检查语句、分支和路径覆盖，测试有关变量值的断点，即对程序的执行流进行探测。

2．软件维护工具

辅助软件维护过程中相关活动的软件称为软件维护工具，它辅助维护人员对软件代码及其文档进行各种维护活动。软件维护工具主要有版本控制工具、文档分析工具、开发信息库工具、逆向工程工具和再工程工具。

（1）版本控制工具

在软件开发和维护过程中一个软件往往有多个版本，版本控制工具用来存储、更新、恢复和管理一个软件的多个版本。

（2）文档分析工具

文档分析工具用来对软件开发过程中形成的文档进行分析，给出软件维护活动所需的维护信息。例如，基于数据流图的需求文档分析工具可给出对数据流图的某个成分（如加工）进行维护时的影响范围，以便在修改该成分的同时考虑其影响范围内的其他成分是否也要修改。除此之外，文档分析工具还可以得到被分析的文档的有关信息，如文档各种成分的个数、定义及引用情况等。

（3）开发信息库工具

开发信息库工具用来维护软件项目的开发信息，包括对象、模块等。它记录每个对象的修改信息（已确定的错误及重要改动）和其他变形（如抽象数据结构的多种实现），还必须维护对象和与之有关信息之间的关系。

（4）逆向工程工具

逆向工程工具辅助软件人员用来将某种形式表示的软件（源程序）转换成更高抽象形式表示的软件。这种工具力图恢复源程序的设计信息，使软件变得更容易理解。逆向工程工具分为静态的和动态的两种。

（5）再工程工具

再工程工具用来支持重构一个功能和性能更为完善的软件系统。目前的再工程工具主要集中在代码重构、程序结构重构和数据结构重构等方面。

3．软件管理和软件支持工具

软件管理和软件支持工具用来辅助软件管理人员和软件支持人员的管理活动和支持活动，以确保软件高质量地完成。辅助软件管理和软件支持的工具很多，其中常用的工具有项目管理工具、配置管理工具和软件评价工具。

（1）项目管理工具

项目管理工具用来辅助软件的项目管理活动。通常项目管理活动包括项目的计划、调度、通信、成本估算、资源分配及质量控制等。一个项目管理工具通常把重点放在某一个或某几个特定的管理环节上，而不提供对管理活动包罗万象的支持。

（2）配置管理工具

配置管理工具用来辅助完成软件配置项的标识、版本控制、变化控制、审计和状态统计等基本任务，使得各配置项的存取、修改和系统生成易于实现，从而简化了审计过程，改进状态统计，减少错误，提高系统的质量。

（3）软件评价工具

软件评价工具用来辅助管理人员进行软件质量保证的有关活动。它通常可以按照某个软件质量模型（如 McCall 软件质量模型，ISO 软件质量度量模型等）对被评价的软件进行度量，然后得到相关的软件评价报告。软件评价工具有助于软件的质量控制，对确保软件的质量有重要的作用。

六、软件开发环境

软件开发环境（Software Development Environment）是支持软件产品开发的软件系统。它由软件工具集和环境集成机制构成，前者用来支持软件开发的相关过程、活动和任务，后者为工具集成和软件开发、维护和管理提供统一的支持，它通常包括数据集成、控制集成和界面集成。通过环境集成机制，各工具用统一的数据接口规范存储或访问环境信息库，采用统一的界面格式，保证各工具界面的一致性，同时为各工具或开发活动之间的通信、切换、识度和协同工作提供支持。在软件开发环境中进行软件开发，可以使用环境中提供的各种工具，同时在环境信息库的支持下，一个工具所产生的结果信息可以被其他工具利用，使得软件开发的各项活动得到连续的支持，从而大大提高软件的开发效率，提高软件的质量。

软件开发环境的特征是：

① 环境的服务是集成的。软件开发环境应支持多种集成机制，如平台集成、数据集成、界面集成、控制集成和过程集成等。

② 环境应支持小组工作方式，并为其提供配置管理。

③ 环境的服务可用于支持各种软件开发活动，包括分析、设计、编程、测试、调试和文档等。

集成型开发环境是一种把支持多种软件开发方法和开发模型的软件工具集成在一起的软件开发环境。这种环境应该具有开放性和可剪裁性，开放性为环境外的工具集成到环境中提供了方便；可剪裁性根据不同的应用和不同的用户需求进行剪裁，以形成特定的开发环境。

2.1.4 数据库基础知识

数据库技术是计算机软件领域的一个重要分支，它是因计算机信息系统与应用系统的需求而发展起来的。

一、基本概念

1. 数据库系统

数据是描述事物的符号记录，它具有多种表现形式，可以是文字、图形、图像、声音和语言等。信息是对现实世界事物的存在方式或状态的反映。信息具有可感知、可存储、可加工、可传递和可再生等自然属性，信息已是社会各行各业不可缺少的资源，这也是信息的社会属性。数据是经过组织的位集合，而信息是具有特定释义和意义的数据。

数据库系统（Database System，DBS）由数据库、硬件、软件和人员四大部分组成。

① 数据库：数据库（Database，DB）是指长期储存在计算机内、有组织、可共享的数据集合。数据库中的数据按一定的数学模型组织、描述和存储，具有较小的冗余度，较高的数据独立性和易扩展性，并可被各类用户共享。

② 硬件：硬件是指计算机系统中的各种物理设备，包括存储数据所需的外部设备。硬件的配置应满足整个数据库系统的需要。

③ 软件：软件包括操作系统、数据库管理系统（Database Management System，DBMS）及应用程序。DBMS 是数据库系统中的核心软件，需要在操作系统的支持下工作，解决如何科学地组织和储存数据、高效地获取和维护数据。

④ 人员：主要包括系统分析员与数据库设计人员、应用程序员、最终用户和数据库管理员四类人员。

系统分析员负责应用系统的需求分析和规范说明，他们和用户及数据库管理员一起确定系统的硬件配置，并参与数据库系统的概要设计；数据库设计人员负责数据库中数据的确定、数据库各级模式的设计。

应用程序员负责编写使用数据库的应用程序，这些应用程序可对数据进行检索、建立、删除或修改。

最终用户应用系统提供的接口或利用查询语言访问数据库。

数据库管理员（DataBase Administrator，DBA）负责数据库的总体信息控制。其主要职责包括：决定数据库中的信息内容和结构；决定数据库的存储结构和存取策略；定义数据库的安全性要求和完整性约束条件；监控数据库的使用和运行；数据库的性能改进、数据库的重组和重构，以提高系统的性能。

2. 数据库管理技术的发展

数据处理是对各种数据进行收集、存储、加工和传播的一系列活动。数据管理是数据处理的中心问题，是对数据进行分类、组织、编码、存储、检索和维护。数据管理技术发展经历了三个阶段：人工管理阶段、文件系统阶段和数据库系统阶段。

（1）人工管理阶段

早期的数据处理都是通过手工进行的，当时的计算机上没有专门管理数据的软件，也没有磁盘之类的设备来存储数据，那时应用程序和数据之间的关系。这种数据处理具有以下几个特点。

数据量较少：数据和程序一一对应，即一组数据对应一个程序，数据面向应用，独立性很差。由于不同应用程序所处理的数据之间可能会有一定的关系，因此会有大量的重复数据；数据不保存：因为在该阶段计算机主要用于科学计算，数据一般不需要长期保存，需要时输入即可；没有软件系统对数据进行管理：程序员不仅要规定数据的逻辑结构，而且在程序中还要使用其物理结构，包括存储结构的存取方法、输入/输出方式等。也就是说，数据对程序不具有独立性，一旦数据在存储器上改变物理地址，就需要改变相应的用户程序。

手工处理数据有两个特点：一是应用程序对数据的依赖性太强；二是数据组和数据组之间可能有许多重复的数据，造成数据冗余。

（2）文件系统阶段

20 世纪 50 年代中期以后，计算机的硬件和软件技术飞速发展，除了科学计算任务外，计算机逐渐用于非数值数据的处理。由于大容量的磁盘等辅助存储设备的出现，使得专门管理辅助存储设备上的数据的文件系统应运而生。文件系统是操作系统中的一个子系统，它按一定的规则将数据组织成为一个文件，应用程序通过文件系统对文件中的数据进行存取和加工。文件系统对数据的管理，实际上是通过应用程序和数据之间的一种接口实现的。

文件系统的最大特点是解决了应用程序和数据之间的一个公共接口问题，使得应用程序采用统一的存取方法来操作数据。在文件系统阶段，数据管理的特点有：数据可以长期保留，数据的逻辑结构和物理结构有了区别，程序可以按名称访问，不必关心数据的物理位置，由文件系统提供存取方法；数据不属于某个特定的应用，即应用程序和数据之间不再是直接的对应关系，可以重复使用。但是，文件系统只是简单地存取数据，相互之间并没有有机的联系，即数据存取依赖于应用程序的使用方法，不同的应用程序仍然很难共享同一数据文件；文件组织形式的多样化，有索引文件、链接文件和 Hash 文件等。但文件之间没有联系，相互独立，数据间的联系要通过程序去构造。

文件系统具有数据冗余度大、数据不一致和数据联系弱等缺点。

数据冗余度大：文件与应用程序密切相关，相同的数据集合在不同的应用程序中使用时，经常需要重复定义、重复存储；数据不一致性：由于相同数据重复存储，单独管理，给数据的修改和维护带来难度，容易造成数据的不一致；数据联系弱：文件系统中数据组织成记录，记录由字段组成，记录内部有了一定的结构。但是，文件之间是孤立的，从整体上看没有反映现实世界事物之间的内在联系，因此很难对数据进行合理地组织以适应不同应用的需要。

（3）数据库系统阶段

数据库系统是由计算机软件、硬件资源组成的系统，它实现了大量关联数据有组织地、动态地存储，方便多用户访问。它与文件系统的重要区别是数据的充分共享、交叉访问、与应用程序高度独立。

数据库系统阶段，数据管理的特点有：采用复杂的数据模型表示数据结构。数据模型不仅描述数据本身的特点，还描述数据之间的联系。数据不再面向某个应用，而是面向整个应用系统。数据冗余明显减少，实现了数据共享；有较高的数据独立性。数据库也是以文件方式存储数据的，但它是数据的一种更高级的组织形式。在应用程序和数据库之间由 DBMS 负责数据的存取，DBMS 对数据的处理方式和文件系统不同，它把所有应用程序中使用的数据及数据间的联系汇集在一起，以便于应用程序查询和使用；在数据库系统中，数据库对数据的存储按照统一结构进行，不同的应用程序都可以直接操作这些数据（即对应用程序的高度独立性）。数据库系统对数据的完整性、唯一性和安全性都提供一套有效的管理手段。数据库系统还提供管理和控制数据的各种简单操作命令，使用户编写程序时容易掌握（即操作方便性）。

二、数据模型

1. 基本概念

模型是对现实世界特征的模拟和抽象，数据模型是对现实世界数据特征的抽象。人们常见的航模飞机、地图、建筑设计沙盘等都是具体的模型。最常用的数据模型是概念数据模型和基本数据模型。

概念数据模型：也称信息模型，是按用户的观点对数据和信息建模，是现实世界到信息世界的第一层抽象。它强调语义表达功能，易于用户理解，是用户和数据库设计人员交流的

语言，主要用于数据库设计。这类模型中最著名的是实体联系模型（E-R 模型）。

基本数据模型：按计算机系统的观点对数据建模，是现实世界数据特征的抽象，用于DBMS 的实现。基本的数据模型有层次模型、网状模型、关系模型和面向对象模型（Object Oriented Model）。

从事物的客观特性到计算机中的具体表示涉及三个数据领域：现实世界、信息世界和机器世界。

现实世界：现实世界的数据就是客观存在的各种报表、图表和查询要求等原始数据。计算机只能处理数据，首先要解决的问题是按用户的观点对数据和信息建模，即抽取数据库技术所研究的数据，分门别类，综合出系统所需要的数据。

信息世界：是现实世界在人们头脑中的反映，人们用符号、文字记录下来。在信息世界中，数据库常用的术语是实体、实体集、属性和码。

机器世界：是按计算机系统的观点对数据建模。机器世界中数据描述的术语有字段、记录、文件和记录码。

信息世界与机器世界相关术语的对应关系如下：

属性与字段。属性是描述实体某方面的特性，字段标记实体属性的命名单位。例如，用“书号、书名、作者名、出版社、日期”5 个属性描述书的特性，对应有 5 个字段。

实体与记录。实体表示客观存在并能相互区别的事物，如一个学生、一本书记录是字段的有序集合，一般情况下，一条记录描述一个实体。例如，“10121，DATABASESYSTEM CONCEPTS，China Machine Press，2014-2”描述的是一个实体，对应一条记录。

码与记录码。码也称为键，是能唯一区分实体的属性或属性集；记录码是唯一标识文件中每条记录的字段或字段集。

实体集与文件。实体集是具有共同特性的实体的集合，文件是同一类记录的汇集。例如，所有学生构成了学生实体集，而所有学生记录组成了学生文件。

实体型与记录型。实体型是属性的集合，如表示学生学习情况的属性集合为实体型（Sno，Sname，Sage，Grade，SD，Cno，……）。记录型是记录的结构定义。

2．数据模型的三要素

数据模型的三要素是指数据结构、数据操作和数据的约束条件。

数据结构：数据结构是所研究的对象类型的集合，是对系统静态特性的描述。

数据操作：数据操作是指对数据库中各种对象（型）的实例（值）允许执行的操作的集合，包括操作及操作规则。例如，操作有检索、插入、删除、修改，操作规则有优先级别等。数据操作是对系统动态特性的描述。

数据的约束条件：是一组完整性规则的集合。也就是说，对于具体的应用数据必须遵循特定的语义约束条件，以保证数据的正确、有效和相容。例如，某单位人事管理系统中，要求在职的男职工的年龄必须满足“18<年龄<60”，工程师的基本工资不能低于 1500 元，每个职工可担任一个工种，这些要求可以通过建立数据的约束条件来实现。

3．基本的数据模型

（1）层次模型（Hierarchical Model）

层次模型采用树型结构表示数据与数据间的联系。在层次模型中，每个结点表示一个记录类型（实体），记录之间的联系用结点之间的连线表示，并且根结点以外的其他结点有且仅

有一个双亲结点。上一层和下一层类型的联系是1∶1联系（包括1∶1联系）。

层次模型的特点是记录之间的联系通过指针实现，比较简单，查询效率高。

层次模型的缺点是只能表示1∶1的联系，尽管有许多辅助手段实现1∶1的联系，但较复杂且不易掌握；由于层次顺序严格且复杂，对插入和删除操作的限制比较多，导致应用程序编制比较复杂。

IBM公司在1968年推出的IMS（信息管理系统）是典型的层次模型系统，20世纪70年代在商业领域得到了广泛的应用。

（2）网状模型（Network Model）

采用网络结构表示实体类型及实体间联系的数据模型称为网状模型。在网状模型中，允许一个以上的结点无双亲，每个结点可以有多于一个的双亲。网状模型是一个比层次模型更普遍的数据结构，层次模型是网状模型的一个特例。网状模型可以直接地描述现实世界。

网状模型中的每个结点表示一个记录类型（实体），每个记录类型可以包含若干个字段（实体的属性），结点间的连线表示记录类型之间一对多的联系。与层次模型的主要区别如下：网状模型中子女结点与双亲结点的联系不唯一，因此需要为每个联系命名；网状模型允许复合链，即两个结点之间有两种以上的联系，工人与设备之间的联系；网状模型不能表示记录之间的多对多联系，需要引入联结记录来表示多对多的联系。

网状模型的主要优点是能更直接地描述现实世界，具有良好的性能，存取效率高。

网状模型的主要缺点是结构复杂。例如，当应用环境不断扩大时，数据库结构就变得很复杂，不利于最终用户掌握，编制应用程序难度也比较大。

（3）关系模型（Relational Model）

关系模型是目前最常用的数据模型之一。关系数据库系统采用关系模型作为数据的组织方式，在关系模型中用表格结构表达实体集，以及实体集之间的联系，其最大特点是描述的一致性。关系模型是由若干个关系模式组成的集合。关系模式可记为R（A_1，A_2，A_3，……，A_n），其中，R表示关系名，A_1、A_2、A_3、……、A_n表示属性名。

一个关系模式相当于一个记录型，对应于程序设计语言中类型定义的概念。关系是一个实例，也是一张表，对应于程序设计语言中变量的概念。变量的值随程序运行可能发生变化，类似地，当关系被更新时，关系实例的内容也随时间发生了变化。

在关系模型中用主码导航数据，表格简单、直观易懂，用户只需要简单的查询语句就可以对数据库进行操作，即用户只需指出“干什么”或“找什么”，而不必详细说明“怎么干”或“怎么找”，无须涉及存储结构和访问技术等细节。

三、DBMS的功能和特征

1. DBMS的功能

DBMS主要实现共享数据有效地组织、管理和存取，因此，DBMS应具有如下几个方面的功能。

（1）数据定义

DBMS提供数据定义语言（Data Definition Language，DDL），用户可以对数据库的结构进行描述，包括外模式、模式和内模式的定义；数据库的完整性定义；安全保密定义，如口令、级别和存取权限等。这些定义存储在数据字典中，是DBMS运行的基本依据。

（2）数据库操作

DBMS向用户提供数据操纵语言（Data Manipulation Language，DML），实现对数据库中

数据的基本操作，如检索、插入、修改和删除。DML 分为两类：宿主型和自含型。所谓宿主型，是指将 DML 语句嵌入某种主语言（如 C、COBOL 等）中使用；自含型是指可以单独使用 DML 语句，供用户交互使用。

（3）数据库运行管理

数据库在运行期间多用户环境下的并发控制、安全性检查和存取控制、完整性检查和执行、运行日志的组织管理、事务管理和自动恢复等是 DBMS 的重要组成部分。这些功能可以保证数据库系统的正常运行。

（4）数据组织、存储和管理

DBMS 分类组织、存储和管理各种数据，包括数据字典、用户数据和存取路径等。要确定以何种文件结构和存取方式在存储级上组织这些数据，以提高存取效率。实现数据间的联系、数据组织和存储的基本目标是提高存储空间的利用率。

（5）数据库的建立和维护

数据库的建立和维护包括数据库的初始建立、数据的转换、数据库的转储和恢复、数据库的重组和重构、性能监测和分析等。

（6）其他功能

如 DBMS 与网络中其他软件系统的通信功能，一个 DBMS 与另一个 DBMS 或文件系统的数据转换功能等。

2. DBMS 的特征与分类

（1）DBMS 的特征

通过 DBMS 管理数据具有如下特点：

① 数据结构化且统一管理。数据库中的数据由 DBMS 统一管理。由于数据库系统采用复杂的数据模型表示数据结构，数据模型不仅描述数据本身的特点，还描述数据之间的联系。数据不再面向某个应用，而是面向整个应用系统。数据易维护、易扩展，数据冗余明显减少，真正实现了数据的共享。

② 有较高的数据独立性。数据的独立性是指数据与程序独立，将数据的定义从程序中分离出去，由 DBMS 负责数据的存储，应用程序关心的只是数据的逻辑结构，无须了解数据在磁盘上的数据库中的存储形式，从而简化了应用程序，大大减少了应用程序编制的工作量。数据的独立性包括数据的物理独立性和数据的逻辑独立性。

③ 数据控制功能。DBMS 提供了数据控制功能，以适应共享数据的环境。数据控制功能包括对数据库中数据的安全性、完整性、并发和恢复的控制。

数据库的安全性保护：数据库的安全性（Security）是指保护数据库以防止不合法的使用所造成的数据泄露、更改或破坏。这样，用户只能按规定对数据进行处理。例如，划分了不同的权限，有的用户只能有读数据的权限，有的用户有修改数据的权限，用户只能在规定的权限范围内操纵数据库。

数据的完整性：数据库的完整性是指数据库的正确性和相容性，是防止合法用户使用数据库时向数据库加入不符合语义的数据。保证数据库中数据是正确的，避免非法的更新。

并发控制：在多用户共享的系统中，许多用户可能同时对同一数据进行操作。DBMS 的并发控制子系统负责协调并发事务的执行，保证数据库的完整性不受破坏，避免用户得到不正确的数据。

故障恢复：数据库中的四类故障是事务内部故障、系统故障、介质故障及计算机病毒。

故障恢复主要是指恢复数据库本身，即在故障引起数据库当前状态不一致后，将数据库恢复到某个正确状态或一致状态。恢复的原理非常简单，就是要建立冗余（redundancy）数据。换句话说，确定数据库是否可恢复的方法就是其包含的每一条信息是否都可以利用冗余地存储在别处的信息重构。冗余是物理级的，通常认为逻辑级是没有冗余的。

（2）DBMS 分类

DBMS 通常可分为如下三类：

① 关系数据库系统（Relation Database System，RDBS）。RDBS 是支持关系模型的数据库系统。在关系模型中，实体及实体间的联系都是用关系来表示。在一个给定的现实世界领域中，相应于所有实体及实体之间联系的关系的集合构成一个关系数据库，也有型和值之分。

关系数据库的型又称关系数据库模式，是对关系数据库的描述，是关系模式的集合；关系数据库的值又称关系数据库，是关系的集合。关系数据库模式与关系数据库通常统称为关系数据库。在微型计算机方式下常见的 FoxPro 和 Access 等 DBMS，严格地讲不能算是真正的关系型数据库，对许多关系类型的概念并不支持，但它却因为简单实用、价格低廉，目前拥有很大的用户市场。

② 面向对象的数据库系统（Object-Oriented Database System，OODBS）。OODBS 是支持以对象形式对数据建模的数据库管理系统，包括对对象的类、类属性的继承，对子类的支持。面向对象数据库系统主要有两个特点：面向对象数据模型能完整描述现实世界的数据结构，能表达数据间嵌套、递归的联系；具有面向对象技术的封装性和继承性，提高了软件的可重用性。

③ 对象关系数据库系统（Object-Oriented Relation Database System，ORDBS）。ORDBS 是在传统的关系数据模型基础上，提供元组、数组、集合一类更为丰富的数据类型，以及处理新的数据类型操作的能力，这样形成的数据模型被称为“对象关系数据模型”。基于对象关系数据模型的 DBS 称为对象关系数据库系统。

四、应用实例——汽车客运站班次查询数据库

1. 数据库的概念模型

图 2-4～图 2-9 是实体的 E-R 图，图 2-10 表示汽车客运站班次查询系统的 E-R 图。

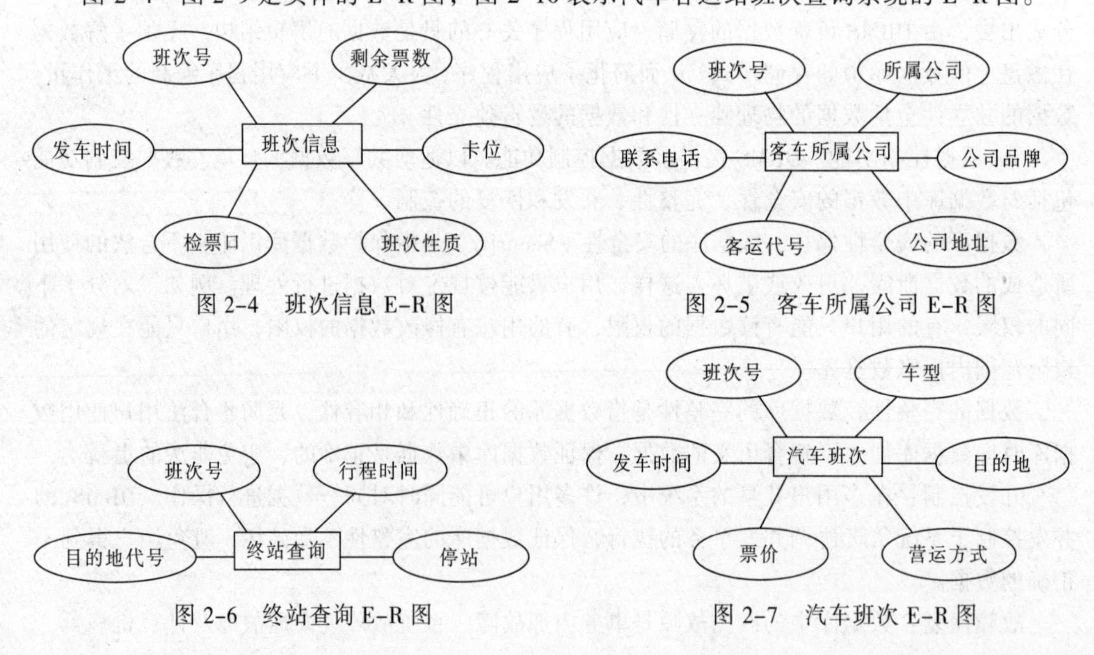

图 2-4　班次信息 E-R 图

图 2-5　客车所属公司 E-R 图

图 2-6　终站查询 E-R 图

图 2-7　汽车班次 E-R 图

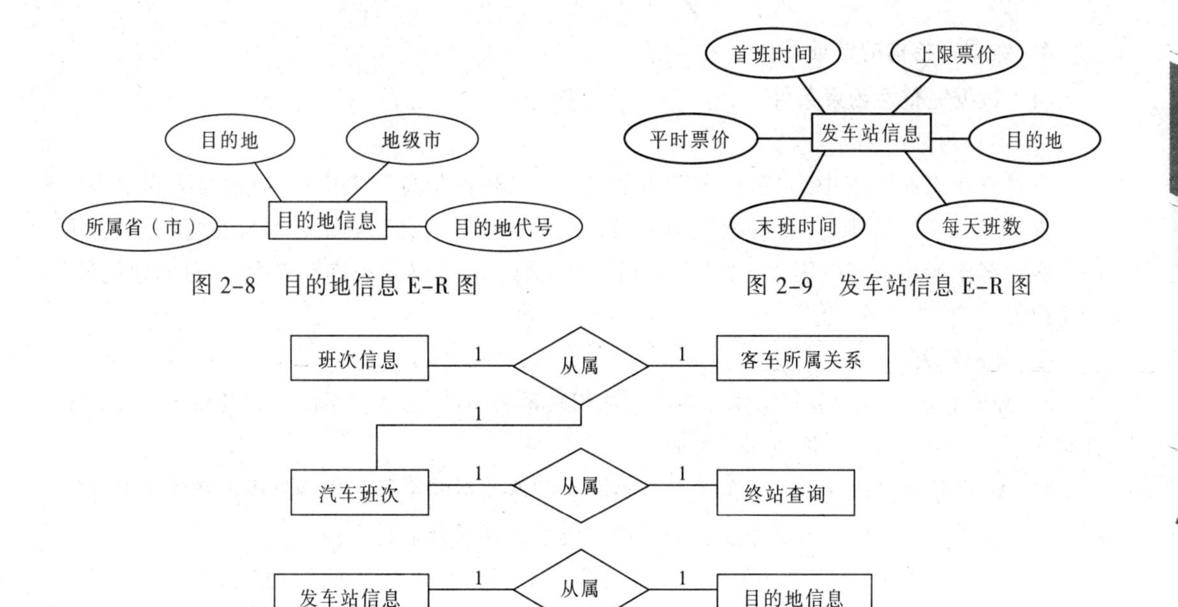

图 2-8　目的地信息 E-R 图

图 2-9　发车站信息 E-R 图

图 2-10　汽车客运站班次查询系统的 E-R 图

2. 数据库逻辑模型

将汽车客运站班次查询系统的 E-R 图转化为关系数据库的数据模型，其关系模式为：

汽车班次（班次号，目的地，发车时间，营运方式，车型，票价），其中班次号是主码；

终站查询（目的地代号，班次号，停站，行程时间），其中目的地代号是主码；

班次信息（班次号，发车时间，班次性质，卡位，检票口，剩余票数），其中班次号是主码；

客车所属公司（所属公司，客运代号，班次号，公司品牌，公司地址，联系电话)，其中所属公司是主码；

目的地信息（目的地代号，目的地，所属省（市），地级市），其中目的地代号及目的地是主码；

发车站信息（目的地，每天班数，首班时间，末班时间，平时票价，上限票价），其中目的地是主码；

将汽车客运站班次查询系统的数据库名称定为“汽车班次查询库”。

3. 数据模式的规范化

汽车班次查询库中各表的函数依赖集：

F 汽车班次={班次号，发车时间，班次号，目的地，班次号，营运方式，班次号，车型，班次号，票价}；

F 终站查询={目的地代号，班次号，目的地代号，停站，目的地代号，行程时间}；

F 班次信息={班次号，发车时间，班次号，班次性质，班次号，剩余票数，班次号，卡位，班次号，检票口}；

F 客车所属公司={所属公司，客运代号，所属公司，班次号，所属公司，公司品牌，所属公司，公司地址，所属公司，联系电话}；

F 目的地信息={目的地代号，目的地，目的地代号，所属省（市），目的地代号，地级市}；

F 发车站信息={目的地，每天班数，目的地，首班时间，目的地，末班时间，目的地，平时票价，目的地，上限票价}；

4．数据库结构的详细设计

（1）数据完整性约束条件

① 主码约束：

在“汽车班次”表中，“班次号”为主码；在“班次信息”表中，“班次号”为主码；在“发车站信息”表中，“目的地”为主码；在“目的地信息”表中，“目的地代号”为主码；在“客车所属公司”表中，“所属公司”为主码；在“终站查询”表中，“目的地代号”为主码。

② 外码约束：

1：M 联系通过在“多”实体关系中增加相联系的“1”实体关系的主码及联系本身的属性来表达。其中，“1”实体主码为外码。

M：M 联系转换成一个独立的关系，被联系实体关系的主码（作为外码）和联系本身的属性作为该关系的属性，被联系实体关系的主码组成其复合主码。

“目的地信息.目的地”“汽车班次.目的地”是外码，参照“发车站信息.目的地”；“终站查询.班次号”是外码，参照“班次信息.班次号”及“汽车班次.班次号”。

③ 其他约束：其他约束是指属性值约束。

（2）关系的属性设计

关系属性的设计包括字段名、数据类型、数据长度、该属性是否允许空值、是否为主码、是否为索引项及约束条件。表 2-1～表 2-6 详细列出了汽车班次查询库的属性设计情况。

表 2-1　汽车班次表

字段名	班次号	目的地	发车时间	营运方式	车型	票价
数据类型	Char	Char	Timestamp	Char	Char	Real
数据长度	10	10	8	4	20	8
Null	否	否	否	否	否	否

表 2-2　终站查询表

字段名	目的地代号	停站	行程时间	班次号
数据类型	Char	Char	Char	Char
数据长度	6	30	8	10
Null	否	否	否	否

表 2-3　班次信息表

字段名	班次号	发车时间	班次性质	卡位	检票口	剩余票数
数据类型	Char	Timestamp	Char	Smallint	Smallint	Smallint
数据长度	10	8	6	4	4	2
Null	否	否	否	否	否	是

表 2-4　客车所属公司表

字段名	班次号	所属公司	公司品牌	客运代号	公司地址	联系电话
数据类型	Char	Char	Char	Char	Char	Char
数据长度	10	30	16	10	30	12
Null	否	否	否	否	否	否

表 2-5 目的地信息表

字段名	目的地代号	目的地	所属省（市）	地级市
数据类型	Char	Char	Char	Char
数据长度	6	6	8	8
Null	否	否	否	是

表 2-6 发车站信息表

字段名	目的地	每天班数	首班时间	末班时间	平时票价	上限票价
数据类型	Char	Char	Char	Char	Real	Real
数据长度	10	10	16	16	8	8
Null	否	否	否	否	否	否

5. 数据库的实现

（1）定义数据库

① 从“开始”菜单中选择“程序”→“Microsoft SQL Server 2008”命令。

② 选中“数据库”文件夹并右击，在弹出的快捷菜单中选择“新建数据库”命令。

③ 在数据库属性对话框中的“常规”选项卡，输入数据库名；在“数据文件”选项卡，输入汽车班次查询库的数据文件属性，包括文件名、存放位置和文件属性；“事务日志”选项卡，输入数据库的日志文件属性，包括文件名、存放位置、大小和文件属性。

④ 单击“确定”按钮，关闭对话框。

（2）定义基本表

在 SQL Server 2008 的数据库中，文件夹是按数据库对象的类型建立的。当在 Management Studio 中选择服务器和数据库文件夹时，会发现它自动设置了关系图、表、视图、存储过程、用户、角色、规则等文件夹。要建立基本表，先选中数据库中的表文件夹并右击，在弹出的快捷菜单中选择“新建表”命令。

按照上述的基本表的设定分别定义汽车班次表、班次信息表、终站查询表、客车所属公司表、目的地信息表、发车站信息表。

（3）向数据库中输入数据

在 Microsoft SQL Server 2008 的 Management Studio 中，对汽车班次查询库中的 6 个表进行数据输入操作，其操作方法是：

① 将光标移到要输入数据的表上右击，出现表相关操作的弹出快捷菜单。

② 在弹出的快捷菜单中选择“打开表”→“返回全部行”命令，出现数据更新对话框。

③ 在数据更新对话框中：需要数据插入时，就在最后一条记录后输入，焦点离开记录后，记录会自动保存在表中；需要修改记录时，直接对表中已有记录的数据进行修改，用新值替换原有值；需要删除记录时，先单击要删除行左边的灰色方块，使该记录成为当前行，然后按下【Del】键，在弹出的警告框中确认删除操作。

④ 在表中右击时，会出现弹出快捷菜单，选择菜单项可执行相应的操作，如剪切、复制等。

表 2-7～表 2-10 为部分表数据样例。

表 2-7 汽车班次表

班次号	目的地	发车时间	营运方式	车型	票价
1026	常山	17/10/22 08:10	直达	大型座席高级	180
9007	常山	17/10/23 08:25	直达	大型座席高级	200

表 2-8 终站查询表

停站	班次号	行程时间	目的地代号
金华西站	9022	4.5 h	gd1075
宏桥西站	1004	8 h	ms8045

表 2-9 目的地信息表

目的地代号	目的地	所属省（市）	地级市
龙游	gd1075	浙江省	衢州市
瓯海	fk3056	浙江省	温州市

表 2-10 班次信息

班次号	发车时间	班次性质	卡位	检票口	剩余票数
1027	17/10/21 10:00	正常班	36	29	10
1358	17/10/23 13:30	正常班	27	15	19

2.2 计算机新技术简介

2.2.1 大数据

1. 大数据产生背景

大数据（Big Data）产生的背景主要包括如下四个方面：

数据来源和承载方式的变革。由于物联网、云计算、移动互联网等新技术的发展，用户在线的每一次单击，每一次评论，每一个视频点播，就是大数据的典型来源；而遍布全球各个角落的手机、PC、平板电脑及传感器成为数据来源和承载方式。可见，只有大连接与大交互，才有大数据。

全球数据量出现爆炸式增长。由于视频监控、智能终端、网络商店等快速普及，使得全球数据量出现爆炸式增长，未来数年数据量会呈现指数增长。根据麦肯锡全球研究院（MGI）估计，全球企业 2010 年在硬盘上存储了超过 7 EB（1EB=2^{30} GB）的新数据，而消费者在 PC 和笔记本式计算机等设备上存储了超过 6 EB 新数据。据互联网数据中心（Internet Data Center，IDC）预测，至 2020 年全球以电子形式存储的数据量将达 32 ZB。

大数据已经成为一种自然资源。许多研究者认为：大数据是“未来的新石油”，已成为一种新的经济资产类别。一个国家拥有数据的规模、活力及解释运用的能力，将成为综合国力的重要组成部分。

大数据日益重要，不被利用就是成本。大数据作为一种数据资产当仁不让地成为现代商业社会的核心竞争力，不被利用就是企业的成本。因为数据资产可以帮助和指导企业对全业务流程进行有效运营和优化，帮助企业做出明智的决策。

2．大数据的特征

大数据（Big Data）是指无法用现有的软件工具提取、存储、搜索、共享、分析和处理的海量的、复杂的数据集合。业界通常用“4V”来概括大数据的特征。

大量化（Volume）指数据体量巨大。随着IT技术的迅猛发展，数据量级已从TB发展至PB乃至ZB，可称海量、巨量乃至超量。当前，个人计算机硬盘的容量为TB量级，而一些大企业的数据量已经接近EB量级。

多样化（Variety）指数据类型繁多。相对于以往便于存储的以文本为主的结构化数据，非结构化数据越来越多，包括网络日志、音频、视频、图片、地理位置信息等多类型数据，对数据的处理能力提出了更高要求。

价值密度低（Value）指大量的不相关信息导致价值密度的高低与数据总量的大小成反比。以视频为例，一部一小时的视频，在连续不间断的监控中，有用数据可能仅有一两秒。因此，如何通过强大的机器算法更迅速地完成数据的价值“提纯”，如何对未来趋势与模式的可预测分析、深度复杂分析（机器学习、人工智能VS传统商务智能咨询、报告等），成为目前大数据背景下亟待解决的难题。

快速化（Velocity）指处理速度快。大数据时代对其时效性要求很高，这是大数据区分于传统数据挖掘的最显著特征。因为大数据环境下，数据流通常为高速实时数据流，而且需要快速、持续地实时处理；处理工具亦在快速演进，软件工程及人工智能等均可能介入。

3．理解大数据

大数据不仅仅是指海量的信息，更强调的是人类对信息的筛选、处理，保留有价值的信息，即让大数据更有意义，挖掘其潜在的“大价值”，这才是对大数据的正确理解。为此有许多问题需要研究与解决。

提高并发数据存取的性能要求及数据存储的横向扩展问题。目前，多从架构和并行等方面考虑解决。

实现大数据资源化、知识化、普适化的问题。解决这些问题的关键是对非结构化数据的内容理解。

非结构化海量信息的智能化处理问题。主要解决自然语言理解、多媒体内容理解、机器学习等问题。

大数据时代主要面临三大挑战：软件和数据处理能力、资源和共享管理及数据处理的可信力。软件和数据处理能力是指应用大数据技术，提升服务能力和运作效率，以及个性化的服务，如医疗、卫生、教育等。资源和共享管理是指应用大数据技术，提高应急处置能力和安全防范能力。数据处理的可信力是指需要投资建立大数据的处理分析平台，实现综合治理、业务开拓等目标。

4．大数据产生的安全风险

2012年瑞士达沃斯论坛上发布的《大数据大影响》报告称：“数据已成为一种新的经济资产类别，就像货币或黄金一样。”因此，大数据也带来了更多的安全风险。

大数据成为网络攻击的显著目标。在互联网环境下，大数据是更容易被“发现”的大目标。这些数据会吸引更多的潜在攻击者，如数据的大量汇集，使得黑客成功攻击一次就能获得更多数据，无形中降低了黑客的攻击成本，增加了“收益率”。

大数据加大了隐私泄露风险。大量数据的汇集不可避免地加大了用户隐私泄露的风险。

因为数据集中存储增加了泄露风险，另外，一些敏感数据的所有权和使用权并没有明确界定，很多基于大数据的分析都未考虑到其中涉及的个体隐私问题。

大数据威胁现有的存储和安防措施。大数据存储带来新的安全问题，数据大集中的后果是复杂多样的数据存储在一起，很可能会出现将某些生产数据放在经营数据存储位置的情况，致使企业安全管理不合规。大数据的大小也影响到安全控制措施能否正确运行。安全防护手段的更新升级速度无法跟上数据量非线性增长的步伐，就会暴露大数据安全防护的漏洞。

大数据技术成为黑客的攻击手段。在企业用数据挖掘和数据分析等大数据技术获取商业价值的同时，黑客也在利用这些大数据技术向企业发起攻击。黑客会最大限度地收集更多有用信息，如社交网络、邮件、微博、电子商务、电话和家庭住址等信息，大数据分析使黑客的攻击更加精准。

大数据成为高级可持续攻击的载体。传统的检测是基于单个时间点进行的基于威胁特征的实时匹配检测，而高级可持续攻击（APT）是一个实施过程，无法被实时检测。此外，大数据的价值低密度性，使得安全分析工具很难聚焦在价值点上，黑客可以将攻击隐藏在大数据中，给安全服务提供商的分析制造很大困难。黑客设置的任何一个会误导安全厂商目标信息提取和检索的攻击，都会导致安全监测偏离应有方向。

大数据技术为信息安全提供新支撑。当然，大数据也为信息安全的发展提供了新机遇。大数据正在为安全分析提供新的可能性，对于海量数据的分析有助于信息安全服务提供商更好地刻画网络异常行为，从而找出数据中的风险点。对实时安全和商务数据结合在一起的数据进行预防性分析，可识别钓鱼攻击，防止诈骗和阻止黑客入侵。网络攻击行为总会留下蛛丝马迹，这些痕迹都以数据的形式隐藏在大数据中，利用大数据技术整合计算和处理资源，有助于更有针对性地应对信息安全威胁，有助于找到攻击的源头。

2.2.2 云计算

1. 云计算的应用

什么是云计算？为什么要使用云计算？先来看几个应用的案例。

（1）洛杉矶市政府的云应用

洛杉矶市政府目前使用的传统邮件系统，由于提供的邮箱容量小，不支持移动设备且系统维护成本高等原因，使用户对旧邮件系统产生不满，从而促使其将系统切换到 Google Apps 提供的云计算服务，与之签订价值七百多万美元的合同，由 Google 为其 3.4 万雇员提供 5 年邮件服务。

此项基于云计算技术的服务，能够为洛杉矶市政府提供针对即时邮件和视频会议的强化协同功能，使得其雇员不必在同一地点就能够开展高效工作；文档共享功能使文档在联合编写和编辑方面效率更高，任何计算机或移动设备均可轻松访问邮件系统，提升可用性，大幅扩充存储空间，雇员邮箱容量是旧邮件系统提供容量的 25 倍。

使用新的邮件系统服务，预计洛杉矶市政府可节省 550 万美元直接投资的费用，节省的近 100 台服务器，以及其 5 年时间需要花费 75 万美元的电费。

（2）怡安集团（AON Corporation）借“云”降低运营风险

AON Corporation 为美国上市公司，全球 500 强企业，2010 年收入 85.12 亿美元。保险经纪业务和人力资源咨询及外包业务为其两大支柱产业，其中下属保险经纪公司是全球最大的保险经纪公司和再保险经纪公司，并提供风险管理服务；下属怡安翰威特是一家全球领先的

人力资源咨询及人力资源外包服务的公司。

该公司的两大支柱产业都涉及海量的客户资料、业务数据和统计分析。在过去的20年中，该公司总共完成了450多个收购兼并项目，每个被兼并公司都使用其自有的客户关系管理系统。随着该公司的快速增长和多个兼并项目的完成，AON公司迫切需要寻求横跨整个集团公司的、标准化的客户关系管理解决方案对其客户信息和业务数据进行管理。亟待解决的问题包括：实现与该公司现有系统整合、能够方便地部署和去除现有的相对独立的客户关系管理系统数据库、满足更大范围的协同性需求、允许IT部门更加关注业务活动而非花费大量时间对支持多功能的IT基础设施进行管理。

为协同全球120多个国家的分公司和近6万名员工，整合横跨保险经纪代理、风险资产管理、人力资源咨询和外包等行业领域的业务，怡安集团对多家云计算产品、服务提供商（包括PeopleSoft）进行评估后选用了Salesforce.com的云计算服务，由该公司提供快速的IT系统资源部署能力和使用云计算方式提供满足怡安集团系统标准化的要求。目前怡安集团已经替换、淘汰了30多个旧的不同版本的收入系统，形成了全球统一的标准化的平台，让分布在全球80多个国家的分公司、超过7000名公司员工每天使用。该平台与资产定价系统和账单系统连接，能够实时提供业务发展数据、重点监控指标的报告，随时了解掌握整个集团公司的业务发展状况。

进行风险管理和保险经纪代理业务对风险都要做量化模型并有相应的风险管理规程。怡安集团用云计算来做客户关系管理，是经过对传统计算和云计算的风险做过深入的分析和对比后才选择了云计算。传统计算方式造成的信息竖井、孤立架构所导致的管理困难、信息不一致、低信息实效性等问题给企业带来了巨大的操作风险；另一方面，传统方式下信息与数据分布式存储和保存，复杂度高、可用性低，对于信息和数据安全性缺乏统一的可执行的电子数据安全等级管理体系，电子数据与信息存在潜在外泄风险，内部的安全管理漏洞更加难以防范，导致客户信息与数据更易泄露或不当使用。而现在选用云计算方式，通过保密协议与服务等级协议规范云计算服务提供商达到特定的数据信息安全等级要求，实现数据云端存储，以及尽量减少人为参与、干预环节，达到对数据特别是敏感数据的安全级别要求。同时信息的云端集中式存储还有利于隐私保护、遵从反洗钱KYC（充分了解你的客户）等法律法规的要求，提高信息、数据的合规性。随着安全认证，授权、加密，数据漂泊、审计等安全技术的发展和其在云计算服务特别是在网络传输、云数据处理、云存储的应用，提升了客户信息和业务数据的安全性与合规性。综上所述，和目前大家接受的理念恰恰相反，云计算要比传统计算在总体上更安全、更可靠、风险更低，更有利于降低企业的运营风险。这也是为什么一家以控制风险为主业的公司，选择云服务模式而不是传统CRM软件包的模式来管理全公司客户关系的原因。

2. 云计算的概念

云计算是让计算分布在大量的分布式计算机上，而非本地计算机或远程服务器中。这使得企业能够将资源切换到需要的应用上，根据需求访问计算机和存储系统。

好比是从古老的单台发电机模式转向了电厂集中供电的模式。它意味着计算能力也可以作为一种商品进行流通，就像煤气、水电一样，取用方便，费用低廉。最大的不同在于，它是通过互联网进行传输的。

3．云计算的基本特点

（1）超大规模

“云”具有相当的规模，Google 云计算已经拥有 100 多万台服务器，Amazon、IBM、微软、Yahoo 等公司的“云”均拥有几十万台服务器。企业私有云一般拥有数百上千台服务器。“云”能赋予用户前所未有的计算能力。

（2）虚拟化

云计算支持用户在任意位置、使用各种终端获取应用服务。所请求的资源来自“云”，而不是固定的有形的实体。应用在“云”中某处运行，但实际上用户无须了解、也不用担心应用运行的具体位置。只需要一台笔记本式计算机或者一个手机，就可以通过网络服务来实现大家需要的一切，甚至包括超级计算这样的任务。

（3）高可靠性

“云”使用了数据多副本容错、计算节点同构可互换等措施来保障服务的高可靠性，使用云计算比使用本地计算机可靠。

（4）通用性

云计算不针对特定的应用，在“云”的支撑下可以构造出千变万化的应用，同一个“云”可以同时支撑不同的应用运行。

（5）高可扩展性

“云”的规模可以动态伸缩，满足应用和用户规模增长的需要。

（6）按需服务

“云”是一个庞大的资源池，你按需购买；云可以像自来水、电、煤气那样计费。

（7）极其廉价

由于“云”的特殊容错措施可以采用极其廉价的节点来构成云，“云”的自动化集中式管理使大量企业无须负担日益高昂的数据中心管理成本，“云”的通用性使资源的利用率较之传统系统大幅提升，因此用户可以充分享受“云”的低成本优势，通常只要花费几百美元、几天时间就能完成以前需要数万美元、数月时间才能完成的任务。

云计算可以彻底改变人们未来的生活，但同时也要重视环境问题，这样才能真正为人类进步做贡献，而不是简单的技术提升。

4．云计算的影响

云技术要求大量用户参与，不可避免地出现隐私问题。用户参与就要收集某些用户数据，从而引发了用户对数据安全的担心。很多用户担心自己的隐私会被云技术收集。正因如此，在加入云计划时很多厂商都承诺尽量避免收集到用户隐私，即使收集到也不会泄露或使用。但不少人还是怀疑厂商的承诺，他们的怀疑也不是没有道理的。不少知名厂商都被指责有可能泄露用户隐私，并且泄露事件也的确时有发生。

事实上，国家在大力提倡建设云计算中心的同时，对云技术与互联网的安全性也高度重视。发改委、工信部等七部联合发布《关于下一代互联网“十二五”发展建设的意见》中强调：互联网是与国民经济和社会发展高度相关的重大信息基础，加强网络与信息安全保障工作，全面提升下一代互联网安全性和可信性。加强域名服务器、数字证书服务器、关键应用服务器等网络核心基础设施的部署及管理；加强网络地址及域名系统的规划和管理；推进安全等级保护、个人信息保护、风险评估、灾难备份及恢复等工作，在网络规划、建设、运营、管理、维护、废弃等环节切实落实各项安全要求；加快发展信息安全产业，培育龙头骨干企业，加大人才培养和引进力度，提高信息安全技术保障和支撑能力。

2.2.3 物联网

物联网是新一代信息技术的重要组成部分，也是“信息化”时代的重要发展阶段，其英文名称是：“Internet of Things（IoT）”。顾名思义，物联网就是物物相连的互联网。这有两层意思：其一，物联网的核心和基础仍然是互联网，是在互联网基础上延伸和扩展的网络；其二，其用户端延伸和扩展到了任何物品与物品之间，进行信息交换和通信，也就是物物相息。物联网通过智能感知、识别技术与普适计算等通信感知技术，广泛应用于网络的融合中，也因此被称为继计算机、互联网之后世界信息产业发展的第三次浪潮。物联网是互联网的应用拓展，与其说物联网是网络，不如说物联网是业务和应用。因此，应用创新是物联网发展的核心，以用户体验为核心的创新2.0是物联网发展的灵魂。

物联网用途广泛，遍及智能交通、环境保护、政府工作、公共安全、平安家居、智能消防、工业监测、环境监测、路灯照明管控、景观照明管控、楼宇照明管控、广场照明管控、老人护理、个人健康、花卉栽培、水系监测、食品溯源、敌情侦查和情报搜集等多个领域。

国际电信联盟2005年的报告曾描绘“物联网”时代的图景：当司机出现操作失误时汽车会自动报警；公文包会提醒主人忘带了什么东西；衣服会“告诉”洗衣机对颜色和水温的要求，等等。物联网在物流领域内的应用则如：一家物流公司应用了物联网系统的货车，当装载超重时，汽车会自动告诉你超载了，并且超载多少，但空间还有剩余，告诉你轻重货怎样搭配；当搬运人员卸货时，一只货物包装可能会大叫“你扔疼我了”，或者说“亲爱的，请你不要太野蛮，可以吗？”当司机在和别人扯闲话，货车会装作老板的声音怒吼“笨蛋，该发车了！”

物联网把新一代IT技术充分运用在各行各业之中，具体地说，就是把感应器嵌入和装备到电网、铁路、桥梁、隧道、公路、建筑、供水系统、大坝、油气管道等各种物体中，然后将“物联网”与现有的互联网整合起来，实现人类社会与物理系统的整合，在这个整合的网络当中，存在能力超级强大的中心计算机群，能够整合网络内的人员、机器、设备和基础设施，实施实时的管理和控制，在此基础上，人类可以以更加精细和动态的方式管理生产和生活，达到“智慧”状态，提高资源利用率和生产力水平，改善人与自然间的关系。

目前的应用案例：

① 物联网传感器产品已率先在上海浦东国际机场防入侵系统中得到应用。系统铺设了3万多个传感结点，覆盖了地面、栅栏和低空探测，可以防止人员的翻越、偷渡、恐怖袭击等攻击性入侵。上海世博会也与中科院无锡高新微纳传感网工程技术研发中心签下订单，购买防入侵微纳传感网1 500万元产品。

② ZigBee路灯控制系统点亮济南园博园。ZigBee无线路灯照明节能环保技术的应用是此次园博园中的一大亮点。园区所有的功能性照明都采用了ZigBee无线技术，达成了无线路灯控制。

③ 移动终端与电子商务相结合的模式让消费者可以与商家进行便捷的互动交流，随时随地体验品牌品质，传播分享信息，实现互联网向物联网的从容过渡，缔造出一种全新的零接触、高透明、无风险的市场模式。手机物联网购物其实就是闪购。广州闪购通过手机扫描条形码、二维码等方式，可以进行购物、比价、鉴别产品等。

④ 一个完整的门禁系统由读卡器、控制器、电锁、出门开关、门磁、电源、处理中心

这七个模块组成，无线物联网门禁将门点的设备简化到了极致：一把电池供电的锁具。除了门上面要开孔装锁外，门的四周不需要任何辅助设备。整个系统简洁明了，大幅缩短施工工期，也能降低后期维护的成本。无线物联网门禁系统的安全与可靠体现在以下两个方面：无线数据通信的安全性包管和传输数据的安稳性。

⑤ 物联网的应用与移动互联相结合后发挥了巨大的作用。智能家居使得物联网的应用更加生活化，具有网络远程控制、遥控器控制、触摸开关控制、自动报警和自动定时等功能，普通电工即可安装，变更扩展和维护非常容易，开关面板的颜色多样，图案个性化，给每个家庭带来不一样的生活体验。

物联网将是下一个推动世界高速发展的“重要生产力”，是继通信网之后的另一个万亿级市场。业内专家认为，物联网一方面可以提高经济效益，大大节约成本；另一方面可以为全球经济的复苏提供技术动力。美国、欧盟等都在投入巨资深入研究和探索物联网。我国也正在高度关注、重视物联网的研究，工业和信息化部会同有关部门在新一代信息技术方面正在开展研究，以形成支持新一代信息技术发展的政策措施。

此外，物联网普及以后，用于动物、植物和机器、物品的传感器与电子标签及配套的接口装置的数量将大大超过手机的数量。物联网的推广将会成为推进经济发展的又一个驱动器，为产业开拓了又一个潜力无穷的发展机会。按照对物联网的需求，需要有按亿计的传感器和电子标签，这将大大推进信息技术元件的生产，同时增加大量的就业机会。

物联网拥有业界最完整的专业物联产品系列，覆盖从传感器、控制器到云计算的各种应用，产品服务智能家居、交通物流、环境保护、公共安全、智能消防、工业监测、个人健康等各种领域，构建了“质量好、技术优、专业性强，成本低，满足客户需求”的综合优势，持续为客户提供有竞争力的产品和服务。物联网产业是当今世界经济和科技发展的战略制高点之一。据了解，2011 年全国物联网产业规模超过了 2 500 亿元，预计 2015 年将超过 5 000 亿元。

2014 年 2 月 18 日，全国物联网工作电视电话会议在北京召开。中共中央政治局委员、国务院副总理马凯出席会议并讲话。他强调，要抢抓机遇，应对挑战，以更大决心、更有效措施，扎实推进物联网有序健康发展，努力打造具有国际竞争力的物联网产业体系，为促进经济社会发展做出积极贡献。

马凯指出，物联网是新一代信息网络技术的高度集成和综合运用，是新一轮产业革命的重要方向和推动力量，对于培育新的经济增长点、推动产业结构转型升级、提升社会管理和公共服务的效率和水平具有重要意义。发展物联网必须遵循产业发展规律，正确处理好市场与政府、全局与局部、创新与合作、发展与安全的关系。要按照“需求牵引、重点跨越、支撑发展、引领未来”的原则，着力突破核心芯片、智能传感器等一批核心关键技术；着力在工业、农业、节能环保、商贸流通、能源交通、社会事业、城市管理、安全生产等领域，开展物联网应用示范和规模化应用；着力统筹推动物联网整个产业链协调发展，形成上下游联动、共同促进的良好格局；着力加强物联网安全保障技术、产品研发和法律法规制度建设，提升信息安全保障能力；着力建立健全多层次多类型的人才培养体系，加强物联网人才队伍建设。

根据中国信息化百人会成员、中国电信集团政企客户事业部总经理韩臻聪 2016 年 9 月的主题演讲《服务能力重构推进物联网产业快速发展》：截至 2016 年，76%的企业已经启动了物联网相关的布局，36%的企业已经开展相关的产品化和商业化的进程。投资从另外一方面反映了这样一个选择的趋势，国际 36 家大型企业已经有 84 次投资行为，集中投资在基础能力、垂直行业和智能家居这三个领域，从这方面可以看到，物联网正在推动社会经济和科技发展，成为一个重要的推动力量。

2.2.4 人工智能

2017 年，AlphaGo 战胜世界围棋冠军之后，人工智能再次成为人们所关注的热点。

人工智能是计算机科学的一个分支，它企图了解智能的实质，并生产出一种新的能以人类智能相似的方式做出反应的智能机器。美国麻省理工学院的尼尔逊教授对人工智能下了这样一个定义："人工智能是关于知识的学科——怎样表示知识，以及怎样获得知识并使用知识的科学。"而另一位美国麻省理工学院的温斯顿教授认为："人工智能就是研究如何使计算机去做过去只有人才能做的智能工作。"这些说法反映了人工智能学科的基本思想和基本内容，即人工智能是研究人类智能活动的规律，构造具有一定智能的人工系统，研究如何让计算机去完成以往需要人的智力才能胜任的工作，也就是研究如何应用计算机的软硬件来模拟人类某些智能行为的基本理论、方法和技术。

人工智能的技术应用主要包括自然语言处理（包括语音和语义识别、自动翻译）、计算机视觉（图像识别）、知识表示、自动推理（包括规划和决策）、机器学习和机器人学等。

人工智能的发展需要一定的先决条件：

（1）物联网

物联网提供了计算机感知和控制物理世界的接口和手段，它们负责采集数据、记忆、分析、传送数据、交互、控制等。摄像头和相机记录了关于世界的大量的图像和视频，麦克风记录语音和声音，各种传感器将它们感受到的世界数字化，等等。这些传感器，就如同人类的五官，是智能系统的数据输入，感知世界的方式。而大量智能设备的出现则进一步加速了传感器领域的繁荣，这些延伸向真实世界各个领域的触角是机器感知世界的基础，而感知则是智能实现的前提之一。

（2）大规模并行计算

人脑中有数百甚至上千亿个神经元，每个神经元都通过成千上万个突触与其他神经元相连，形成了非常复杂和庞大的神经网络，以分布和并发的方式传递信号。这种超大规模的并行计算结构使得人脑远超计算机，成为世界上最强大的信息处理系统。近年来，基于 GPU（图形处理器）的大规模并行计算异军突起，拥有远超 CPU 的并行计算能力。

从处理器的计算方式来看，CPU 计算使用基于 X86 指令集的串行架构，适合尽可能快地完成一个计算任务。GPU 诞生之初是为了处理 3D 图像中的上百万个像素图像，拥有更多的内核去处理更多的计算任务。因此，GPU 天生具备了执行大规模并行计算的能力。云计算的出现、GPU 的大规模应用使得集中化的数据计算处理能力变得前所未有的强大。

（3）大数据

根据统计，2015 年全球产生的数据总量达到了十年前的 20 多倍，海量的数据为人工智能的学习和发展提供了非常好的基础。机器学习是人工智能的基础，而数据和以往的经验就是人工智能学习的书本，以此优化计算机的处理性能。

（4）深度学习算法

这是人工智能进步最重要的条件，也是当前人工智能最先进、应用最广泛的核心技术，又称深度神经网络（深度学习算法）。2006 年，Geoffrey Hinton 教授发表的论文《A Fast Learning

Algorithm For Deep Belief Nets》。他在文中提出的深层神经网络逐层训练的高效算法，让当时计算条件下的神经网络模型训练成为可能，同时通过深度神经网络模型得到的优异的实验结果让人们开始重新关注人工智能。之后，深度神经网络模型成为人工智能领域的重要前沿阵地，深度学习算法模型也经历了一个快速迭代的周期，Deep Belief Network、Sparse Coding、Recursive Neural Network, Convolutional Neural Network 等各种新的算法模型被不断提出，而其中卷积神经网络（Convolutional Neural Network，CNN）更是成为图像识别最炙手可热的算法模型。

从 2013 年开始，科技巨头大多加大了对人工智能的自主研发，同时通过不断开源，试图建立自己的人工智能生态系统，开源力度不断增加。例如，Google 开源 TensorFlow 后，Facebook、百度和微软等都加快了开源脚步。最早走向人工智能工具开源的是社交巨头 Facebook，于 2016 年 1 月宣布开源多款深度学习人工智能工具。而谷歌、IBM 和微软几乎同时于 2016 年 11 月宣布开源。谷歌发布了新的机器学习平台 TensorFlow，所有用户都能够利用这一强大的机器学习平台进行研究，被称为人工智能界的 Android。IBM 则宣布通过 Apache 软件基金会免费为外部程序员提供 System ML 人工智能工具的源代码。微软则开源了分布式机器学习工具包 DMTK，能够在较小的集群上以较高的效率完成大规模数据模型的训练，微软在 2017 年 7 月又推出了开源的 Project Malmo 项目，用于人工智能的训练。

人工智能已经逐渐建立起自己的生态格局，由于科技巨头的一系列布局和各种平台的开源，人工智能的准入门槛逐渐降低。未来几年之内，专业领域的智能化应用将是人工智能主要的发展方向。无论是在专业领域还是通用领域，人工智能的企业布局都将围绕着基础层、技术层和应用层三个层次的基本架构。

基础层就如同大树的根基，提供基础资源支持，由运算平台和数据工厂组成。中间层为技术层，通过不同类型的算法建立模型，形成有效的可供应用的技术，如同树干连接底层的数据层和顶层的应用层。应用层利用输出的人工智能技术为用户提供具体的服务和产品。

位于基础层的企业一般是典型的 IT 巨头，拥有芯片级的计算能力，通过部署大规模 GPU 和 CPU 并行计算构成云计算平台，解决人工智能所需要的超强运算能力和存储需求，初创公司无法进入。技术层的算法可以拉开人工智能公司和非人工智能公司的差距，但是巨头的逐步开源使算法的重要程度不断降低。应用层是人工智能初创企业最好的机遇，可以选择合理的商业模式，避开巨头的航路，更容易实现成功。

习 题 2

1. 下列数据结构中能用二分法进行查找的是（　　）。
   A. 顺序存储的有序线性表　　B. 线性链表
   C. 二叉链表　　D. 有序线性链表
2. 下列关于栈的描述正确的是（　　）。
   A. 在栈中只能插入元素而不能删除元素
   B. 在栈中只能删除元素而不能插入元素
   C. 栈是特殊的线性表，只能在一端插入或删除元素
   D. 栈是特殊的线性表，只能在一端插入元素而在另一端删除元素

3. 下列叙述中正确的是（　　）。

A. 一个逻辑数据结构只能有一种存储结构

B. 数据的逻辑结构属于线性结构，存储结构属于非线性结构

C. 一个逻辑数据结构可以有多种存储结构，且各种存储结构不影响数据处理的效率

D. 一个逻辑数据结构可以有多种存储结构，且各种存储结构影响数据处理的效率

4. 算法执行过程中所需要的存储空间称为算法的（　　）。

A. 时间复杂度　　B. 计算工作量　　C. 空间复杂度　　D. 工作空间

5. 下列关于队列的叙述中正确的是（　　）。

A. 在队列中只能插入数据　　B. 在队列中只能删除数据

C. 队列是先进先出的线性表　　D. 队列是先进后出的线性表

6. 设有下列二叉树：

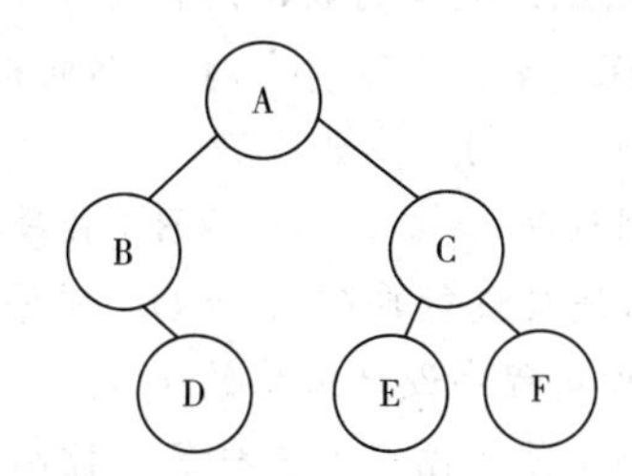

对此二叉树后序遍历的结果为（　　）。

A. ABCDEF　　B. BDAECF　　C. ABDCEF　　D. DBEFCA

7. 下列叙述中正确的是（　　）。

A. 程序执行的效率与数据的存储结构密切相关

B. 程序执行的效率只取决于程序的控制结构

C. 程序执行的效率只取决于所处理的数据量

D. 以上三种说法都不对

8. 下列叙述中正确的是（　　）。

A. 数据的逻辑结构与存储结构必定是一一对应的

B. 由于计算机存储空间是向量式的存储结构，因此，数据的存储结构一定是线性结构

C. 程序设计语言中的数组一般是顺序存储结构，因此，利用数组只能处理线性结构

D. 以上三种说法都不对

9. 冒泡排序在最坏情况下的比较次数是（　　）。

A. $n(n+1)/2$　　B. $n\log_2 n$　　C. $n(n-1)/2$　　D. $n/2$

10. 一棵二叉树中共有70个叶子结点与80个度为1的结点，则该二叉树中的总结点数为（　　）。

A. 219　　B. 221　　C. 229　　D. 231

11. 下列叙述中正确的是（　　）。

A. 算法的效率只与问题的规模有关，而与数据的存储结构无关

B. 算法的时间复杂度是指执行算法所需要的计算工作量

C. 数据的逻辑结构与存储结构是一一对应的

D. 算法的时间复杂度与空间复杂度一定相关

12. 下列关于算法的时间复杂度陈述正确的是（ ）。
    A. 算法的时间复杂度是指执行算法程序所需要的时间
    B. 算法的时间复杂度是指算法程序的长度
    C. 算法的时间复杂度是指算法执行过程中所需要的基本运算次数
    D. 算法的时间复杂度是指算法程序中的指令条数
13. 下列关于栈的叙述中正确的是（ ）。
    A. 在栈中只能插入数据　　B. 在栈中只能删除数据
    C. 栈是先进先出的线性表　　D. 栈是先进后出的线性表
14. 数据库 DB、数据库系统 DBS、数据库管理系统 DBMS 之间的关系是（ ）。
    A. DB 包含 DBS 和 DBMS　　B. DBMS 包含 DB 和 DBS
    C. DBS 包含 DB 和 DBMS　　D. 没有任何关系
15. 按照“后进先出”原则组织数据的数据结构是（ ）。
    A. 队列　　B. 栈　　C. 双向链表　　D. 二叉树
16. 下列叙述中正确的是（ ）。
    A. 程序设计就是编制程序　　B. 程序的测试必须由程序员自己去完成
    C. 程序经调试改错后还应进行再测试　　D. 程序经调试改错后不必进行再测试
17. 下面描述中不符合结构化程序设计风格的是（ ）。
    A. 使用顺序、选择和重复（循环）三种基本控制结构表示程序的控制逻辑
    B. 注重提高程序的可读性
    C. 使用 goto 语句
18. 函数重载是指（ ）。
    A. 两个或两个以上的函数取相同的函数名，但形参的个数或类型不同
    B. 两个以上的函数取相同的名字和具有相同的参数个数，但形参的类型可以不同
    C. 两个以上的函数名字不同，但形参的个数或类型相同
    D. 两个以上的函数取相同的函数名，并且函数的返回类型相同
19. 在面向对象方法中实现信息隐蔽是依靠（ ）。
    A. 对象的继承　　B. 对象的多态　　C. 对象的封装　　D. 对象的分类
20. 下列叙述中不符合良好程序设计风格的是（ ）。
    A. 程序的效率第一，清晰第二　　B. 程序的可读性好
    C. 程序中有必要的注释　　D. 输入数据前要有提示信息
21. 结构化程序设计的 3 种结构是（ ）。
    A. 顺序结构、选择结构、转移结构　　B. 分支结构、等价结构、循环结构
    C. 多分支结构、赋值结构、等价结构　　D. 顺序结构、选择结构、循环结构
22. 为建立良好的程序设计风格，下列描述正确的是（ ）。
    A. 程序应简单、清晰、可读性好　　B. 符号名的命名只要符合语法
    C. 充分考虑程序的执行效率　　D. 程序的注释可有可无
23. 结构化程序设计主要强调的是（ ）。
    A. 程序的规模　　B. 程序的易读性
    C. 程序的执行效率　　D. 程序的可移植性
24. 下列叙述中正确的是（ ）。
    A. 为了建立一个关系，首先要构造数据的逻辑关系

B. 表示关系的二维表中各元组的每一个分量还可以分成若干数据项
C. 一个关系的属性名表称为关系模式
D. 一个关系可以包括多个二维表

25. 下面对对象概念描述错误的是（　　）。
A. 任何对象都必须有继承性　　B. 对象是属性和方法的封装体
C. 对象间的通信靠消息传递　　D. 操作是对象的动态性属性

26. 在面向对象方法中，一个对象请求另一对象为其服务的方式是通过发送（　　）。
A. 调用语句　　B. 命令　　C. 口令　　D. 消息

27. 下列叙述中正确的是（　　）。
A. 软件测试的主要目的是发现程序中的错误
B. 软件测试的主要目的是确定程序中错误的位置
C. 为了提高软件测试的效率，最好由程序编制者自己来完成软件测试的工作
D. 软件测试是证明软件没有错误

28. 下列描述中正确的是（　　）。
A. 软件工程只是解决软件项目的管理问题
B. 软件工程主要解决软件产品的生产率问题
C. 软件工程的主要思想是强调在软件开发过程中需要应用工程化原则
D. 软件工程只是解决软件开发中的技术问题

29. 在软件设计中不属于过程设计工具的是（　　）。
A. PDL（过程设计语言）　　B. PAD 图
C. N-S 图　　D. DFD 图

30. 用黑盒技术测试用例的方法之一是（　　）。
A. 因果图　　B. 逻辑覆盖　　C. 循环覆盖　　D. 基本路径测试

31. 软件需求分析阶段的工作可以分为 4 个方面：需求获取、需求分析、编写需求分析说明书和（　　）。
A. 阶段性报告　　B. 需求评审　　C. 总结　　D. 都不正确

32. 在数据库的两级映射中，从概念模式到内模式的映射一般由（　　）实现。
A. 数据库系统　　B. 数据库管理系统
C. 数据库管理员　　D. 数据库操作系统

33. 下面不属于软件设计原则的是（　　）。
A. 抽象　　B. 模块化　　C. 自底向上　　D. 信息隐藏

34. 软件是指（　　）。
A. 程序　　B. 程序和文档
C. 算法加数据结构　　D. 程序、数据和相关文档的集合

35. 软件调试的目的是（　　）。
A. 发现错误　　B. 改正错误
C. 改善软件的性能　　D. 验证软件的正确性

36. 两个或两个以上模块之间关联的紧密程度称为（　　）。
A. 耦合度　　B. 内聚度　　C. 复杂度　　D. 数据传输特性

37. 下列叙述中正确的是（　　）。

A. 软件测试应该由程序开发者来完成

B. 程序经调试后一般不需要再测试

C. 软件维护只包括对程序代码的维护

D. 以上三种说法都不对

38. 从工程管理解读软件设计一般分为两步完成，它们是（　　）。

A. 概要设计与详细设计　　B. 数据设计与接口设计

C. 软件结构设计与数据设计　　D. 过程设计与数据设计

39. 下列选项中不属于软件生命周期开发阶段任务的是（　　）。

A. 软件测试　　B. 概要设计　　C. 软件维护　　D. 详细设计

40. 为了使模块尽可能独立，要求（　　）。

A. 模块的内聚程度要尽量高，且各模块间的耦合程度要尽量强

B. 模块的内聚程度要尽量高，且各模块间的耦合程度要尽量弱

C. 模块的内聚程度要尽量低，且各模块间的耦合程度要尽量弱

D. 模块的内聚程度要尽量低，且各模块间的耦合程度要尽量强

41. 在下列关系运算中，不改变关系表中的属性个数但能减少元组个数的是（　　）。

A. 并　　B. 交　　C. 投影　　D. 笛卡儿乘积

42. 在E-R图中，用来表示实体之间联系的图形是（　　）。

A. 矩形　　B. 椭圆　　C. 菱形　　D. 平行四边形

43. 下列叙述中错误的是（　　）。

A. 在数据库系统中，数据的物理结构必须与逻辑结构一致

B. 数据库技术的根本目标是要解决数据的共享问题

C. 数据库设计是指在已有数据库管理系统的基础上建立数据库

D. 数据库系统需要操作系统的支持

44. 数据库设计的根本目标是要解决（　　）。

A. 数据共享问题　　B. 数据安全问题

C. 大量数据存储问题　　D. 简化数据维护

45. 数据库系统的核心是（　　）。

A. 数据模型　　B. 数据库管理系统

C. 数据库　　D. 数据库管理员

46. 在数据库管理系统提供的数据语言中负责数据的查询、增加、删除、修改等操作的是（　　）。

A. 数据定义语言　　B. 数据转换语言　　C. 数据操纵语言　　D. 数据控制语言

47. 关系数据库的数据及更新操作必须遵循（　　）等完整性规则。

A. 实体完整性和参照完整性

B. 参照完整性和用户定义的完整性

C. 实体完整性、参照完整性和用户定义的完整性

D. 实体完整性和用户定义的完整性

48. 实体联系模型中实体与实体之间的联系不可能是（　　）。

A. 一对一　　B. 多对多　　C. 一对多　　D. 一对零

49. 支持数据库各种操作的软件系统称为（　　）。
   A. 数据库管理系统　　B. 文件系统
   C. 数据库系统　　D. 操作系统
50. 在关系数据库模型中，通常可以把（　　）称为属性，其值称为属性值。
   A. 记录　　B. 基本表　　C. 模式　　D. 字段
51. 用树形结构来表示实体之间联系的模型称为（　　）。
   A. 关系模型　　B. 层次模型　　C. 网状模型　　D. 数据模型
52. “商品”与“顾客”两个实体集之间的联系一般是（　　）。
   A. 一对一　　B. 一对多　　C. 多对一　　D. 多对多

第3章 Word 2010文字处理

Word 2010是Office 2010组件的核心应用程序之一，也是目前文字处理软件中最受欢迎、用户数最多的软件。它秉承了Windows友好的图形界面，可方便地进行文字、图形、图像和数据处理，已经成为人们日常工作、生活中不可缺少的工具。本章精讲理论知识，侧重于各种操作技巧的介绍，主要包括文字的录入、文档的编辑与排版、图文混排、表格的制作、长文档的编辑与处理和邮件合并等高级操作功能。

3.1 Word 2010概述

Word 2010是一个功能强大的文字处理软件，可以完成文字的录入、文档的编辑、文稿的打印等一系列文字处理的操作，充分掌握Word 2010基本操作和高级操作技巧已成为现代无纸化办公环境中必备的一项技能。

启动Word 2010后，进入Word 2010的工作窗口，如图3-1所示。Word 2010的工作窗口主要由快速访问工具栏、标题栏、窗口控制按钮、“文件”按钮、功能选项卡、功能区、水平标尺、导航窗格、编辑区、状态栏、视图按钮和缩放比例工具等部分组成。

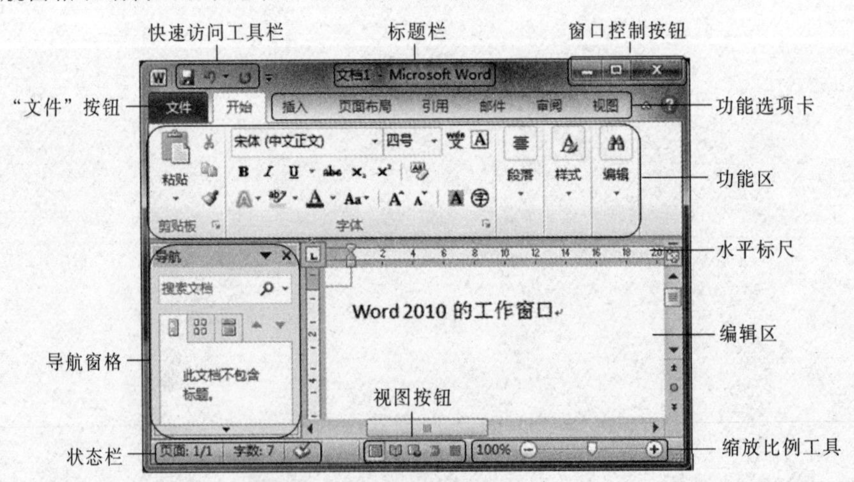

图3-1　Word 2010的工作窗口

工作窗口部分组成元素的功能与设置方法如下。

1. 快速访问工具栏

位于Word 010工作窗口顶端左侧，将常用的命令以按钮的形式保存在该工具栏中，方便

用户使用，默认状态下包括“保存”“撤消”“恢复”三个按钮。

用户也可以根据自己的需要向快速访问工具栏中添加一些常用命令，操作步骤如下：

① 单击快速访问工具栏右侧的黑色下三角按钮，在弹出的下拉菜单中包含了一些常用命令，如果希望添加的命令在其中，选择相应命令即可，如图 3-2 所示。

② 如果没有想要添加的命令，选择“其他命令”命令，弹出“Word 选项”对话框，并自动定位在“快速访问工具栏”选项组中。在中间的列表框中选择所需要的命令，如选择“不在功能区中的命令”位置下的“发送到 Microsoft PowerPoint”命令按钮，并单击“添加”按钮，将其添加到右侧的“自定义快速访问工具栏”列表框中，设置完成后单击“确定”按钮，如图 3-3 所示。

此时，即可在 Word 2010 应用程序的快速访问工具栏中看到所添加的命令按钮。

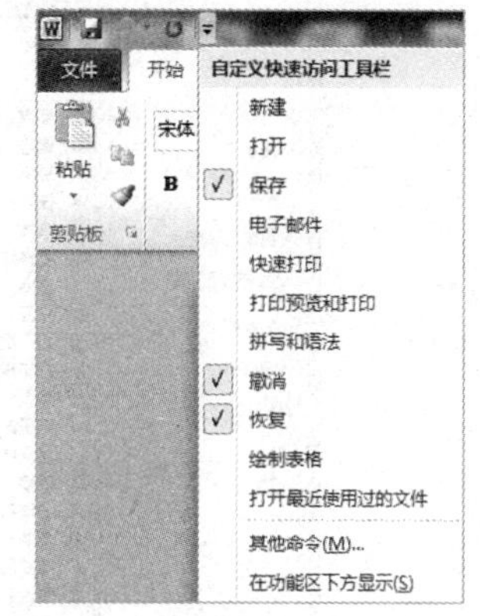

图 3-2　自定义快速访问工具栏

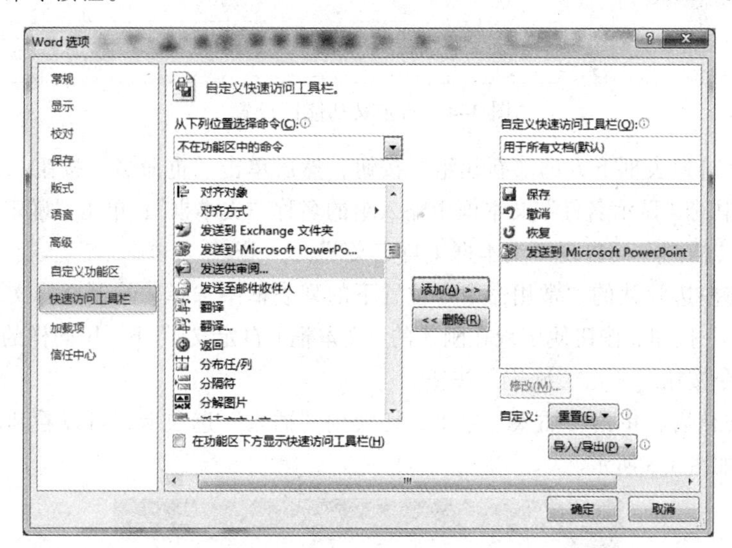

图 3-3　添加“发送到 Microsoft PowerPoint”命令按钮到快速访问工具栏

2. 功能选项卡和功能区

在 Word 2010 的工作窗口中，以选项卡的方式对命令按钮进行分组显示，选择某个功能选项卡即可打开相应的功能区，功能区提供了编辑文档时常用的命令按钮，程序将各命令按钮划分为一个个组。例如，在“开始”选项卡的功能区中，分成剪贴板、字体、段落、样式和编辑五个组。

功能区中显示的内容并不是一成不变的，Word 2010 除了默认提供的功能区外，用户还可以根据自己的使用习惯，对命令按钮进行添加或删除、位置更改，以及新建或删除选项卡等操作。

以在“插入”选项卡中添加“文本框”组及其按钮为例，操作步骤如下：

① 在功能区空白处右击，在弹出的快捷菜单中选择“自定义功能区”命令。

② 弹出“Word 选项”对话框，并自动定位在“自定义功能区”选项组中，确保右侧“自定义功能区”的下拉列表框中为“主选项卡”，在列表框中单击“插入”前的“⊞”号，单击“插

图”选项，如图3-4所示。这样选项组添加的具体位置在“插入”选项卡中的“插图”组之后。

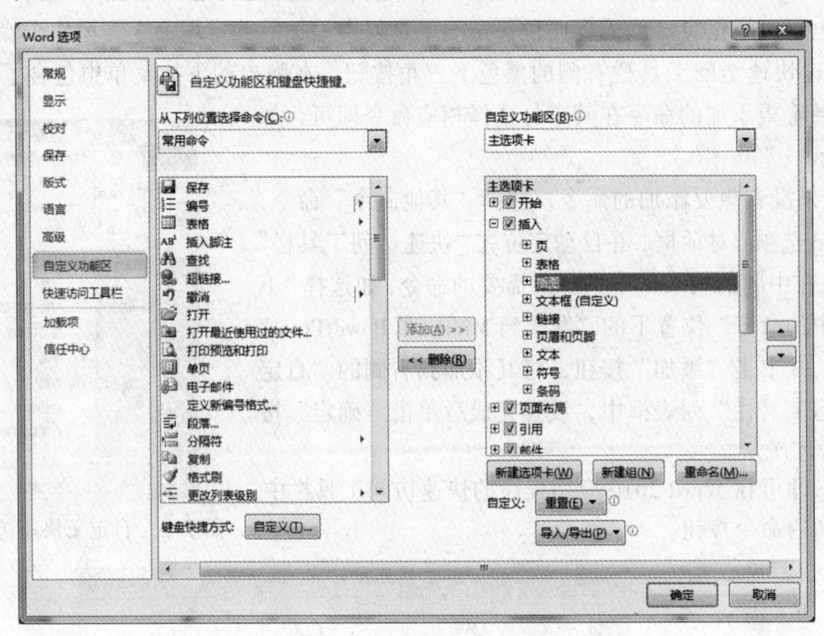

图3-4 自定义功能区设置

③ 继续单击列表框下方的“新建组”按钮，然后单击“重命名”按钮，在弹出的“重命名”对话框中的“显示名称”文本框中输入组的名称“文本框”，单击“确定”按钮，此时在列表框中的“插图”后出现“文本框（自定义）”。

④ 继续在左边默认的“常用命令”位置下的列表框中选择“绘制竖排文本框”命令按钮，单击“添加”按钮，按钮便出现在刚才的“文本框（自定义）”下。用同样的方法添加“绘制文本框”命令按钮，单击“确定”按钮。

⑤ 返回文档后，单击“插入”标签，切换到“插入”选项卡，可以看到添加的自定义组及其按钮，如图3-5所示。

图3-5 在“插入”选项卡中添加的“文本框”组

3.2 Word文档的基本操作

使用Word可以创建多种类型的文档，其基本操作是类似的，主要包括输入文本、文档编辑、查找和替换、保存与保护文档等。

3.2.1 输入文本

利用即点即输功能确定插入点位置→调整输入状态→输入文本。

在输入文本时有两种状态：插入和改写。

插入状态：新输入的内容出现在目标位置，其前后的原内容仍然存在。

改写状态：新输入的内容将替代其所在位置的原字符。

判断当前是插入状态还是改写状态，最直接的方法是观察状态栏中的“插入/改写”按钮，Word 2010默认情况下处于插入状态。插入状态和改写状态的常用切换方法有以下两种：

① 单击状态栏中的“插入/改写”按钮进行切换。

② 按【Insert】键进行切换。

【实例3-1】新建一个名为“大学生问卷调查表”的文档，并输入文本内容，如图3-6所示。

大学生问卷调查

感谢你抽出宝贵的时间，填写这份问卷，你的意见将为我们学校的改进工作做出很大贡献。你可以把你的意见反馈到Caoxzhen@126.com。谢谢！

你现在就读的是你理想中的大学吗？

A. ❍是　　B. ❍不是　　C. ❍超出意料

你选择就读本校的理由是什么？

A. 理想　　B. 没有别的选择　　C. 糊里糊涂就考上了

你对目前在学校学习、生活的节奏和方式还适应吗？★

A. 适应　　B. 不适应　　C. 勉强可以

你对未来四年的大学生活有过规划吗？

A. 有　　B. 没有　　C. 有，但不详细

如今已是大学生的你会如何看待大学？★

A. 学习场所　　B. 展示自我的舞台　　C. 文化资源丰富的小社会

为丰富校园生活，你会积极参加各项活动及社会实践吗？★

A. 会　　B. 适当参加　　C. 不会

二〇一七年三月十一日

图3-6 “大学生问卷调查表”文档内容

操作步骤：

启动Word 2010应用程序，新建名为“大学生问卷调查表”的文档。按【Space】键，将插入点移至页面中央位置，切换输入法，输入标题“大学生问卷调查”。按【Enter】键，将插入点跳转至下一行的行首，继续输入中文文本。

【提示】使用【Shift+Ctrl】组合键可以在各种输入法之间进行循环切换；【Ctrl+Space】组合键可以在英文和系统首选的中文输入法之间进行切换；【Ctrl+.】组合键可以在中英文标点符号之间进行切换；按【Shift】键可以在“微软拼音”输入法的中文状态和英文状态之间进行切换。

输入文本过程中，需注意如下问题：

① 电子邮件地址“Caoxzhen@126.com”的输入：使用【Caps Lock】键，在英文大、小写字母间进行切换。

② 符号“❍”的插入：首先定位插入点，打开“插入”选项卡，在“符号”组中单击“符号”按钮，从弹出的下拉菜单中选择“其他符号”命令，打开“符号”对话框。在“符号”选项卡“字体”下拉列表中选择“Wingdings”（倒数第三项）选项，在其下的列表框中选择“❍”选项，单击“插入”按钮，插入符号。

③ 特殊符号“★”的插入：首先定位插入点，单击“软键盘”，打开字符类型列表，选择“特殊符号”命令，在“软键盘”上选中“★”即可。

④ 日期的插入：将插入点定位到页面右下角合适位置，打开"插入"选项卡，在"文本"组中单击"日期和时间"按钮，打开"日期和时间"对话框。在"语言（国家/地区）"下拉列表框中选择"中文（中国）"选项，在"可用格式"列表框中选择所需日期格式，单击"确定"按钮。

【提示】按【Shift+Alt+D】组合键可以快速地输入系统当前的日期；按【Shift+Alt+T】组合键可以快速地输入系统当前的时间。

3.2.2 文档编辑

对输入的内容经常要进行插入、删除、移动、复制、替换等编辑操作，这些操作都可以通过"开始"选项卡中"剪贴板"组、"编辑"组中的相应按钮来实现。

1. 选定文本

在 Word 2010 中，对文本进行操作的原则是"先选中，后操作"，即先选中文本，确定操作的对象，再执行相应的操作命令。选定文本可以通过拖动来实现，即将鼠标指针定位在文本的开始处，进行拖动，被选定的文本以反向显示。此外，还可以使用一些操作技巧对某些特定的文本实现快速选定。

（1）选定一行

将鼠标指针移动到该行最左侧的空白处（选定区），当鼠标指针变为指向右侧的空心箭头时，单击可选中一行，向上或向下拖动可选定多行。

（2）选定一段

① 将鼠标指针置于此段文字任意行左侧的选定区双击。

② 将鼠标指针置于此段中的任意位置并三击鼠标左键。

（3）选定整篇文档

① 在文档左侧的选定区处三击鼠标左键。

② 按住【Ctrl】键并在选定区内单击。

③ 使用【Ctrl+A】组合键。

（4）选定连续文本

① 在要选定文字的开始处单击，按住【Shift】键，将鼠标指针移到要选定文字的结尾处并单击。

② 将插入点置于要选择连续文本的首字符前单击，按【F8】键，再将鼠标指针移到要选文本的最后一个字符后单击，则两次单击之间的连续文本被选中。

（5）选定不连续文本

选定第一部分文本后，按住【Ctrl】键，再分别选定其他需选定的文本，即可将不连续的文本同时选中。

2. 移动和复制文本

移动文本是指将文本从一处移动到另一处。文本移动后，原位置的文本消失。复制文本是指将文本制作一个副本，将此副本"搬到"目标位置上，原文本仍然保留在原来的位置。移动和复制文本可以通过鼠标操作和命令操作来实现。

【提示】【Ctrl+X】组合键可实现文本的剪切；【Ctrl+C】组合键为文本的复制；【Ctrl+V】组合键为粘贴。

3．粘贴选项

粘贴选项主要是对粘贴文本的格式进行设置，该功能在跨文档之间进行粘贴时很实用。执行“粘贴”操作时，单击“开始”选项卡“剪贴板”组中的“粘贴”下拉按钮，在打开的下拉菜单中可以对粘贴文本的格式进行各种设置，如“保留源格式”“合并格式”“只保留文本”等。

① 保留源格式：粘贴文本的格式不变，将保留原有格式。

② 合并格式：粘贴文本的格式将与目标格式一致。

③ 只保留文本：若原始文本中有图片或表格，粘贴文本时，图片被忽略，表格转化为一系列段落，只保留文本。

④ 选择性粘贴：若执行此命令，则弹出“选择性粘贴”对话框，在“形式”列表框中选择需要粘贴对象的格式，此列表框中的内容随复制、剪切对象的变化而变化。例如，复制网页上的内容时，通常情况下要取消网页中的格式，此时可在“选择性粘贴”对话框中选择“无格式文本”选项，将不带任何格式的文字插入文档中。

【实例 3-2】在文档“sl3-2.docx”的“日程安排”段落下面，复制本次活动的日程安排表（请参考“Word-活动日程安排.xlsx”文件），要求表格内容引用 Excel 文件中的内容，若 Excel 文件中的内容发生变化，Word 文档中的日程安排信息随之发生变化。文档“Word-活动日程安排.xlsx”和“sl3-2.docx”部分内容如图 3-7 所示。

图 3-7　文档“Word-活动日程安排.xlsx”和“sl3-2.docx”部分内容

操作步骤：

① 打开“第 3 章 word 素材\sl3-2\Word-活动日程安排.xlsx”，选中表格中的所有内容（A2～C6 单元格），按【Ctrl+C】组合键，复制所选内容。

② 切换到 sl3-2.docx 文件中，将光标置于“日程安排：”后按【Enter】键另起一行，按【Ctrl+V】组合键进行粘贴，在右下角的“粘贴选项”中选择“链接与保留源格式”选项，如图 3-8 所示。

图 3-8　“粘贴选项”的设置

③ 若更改“Word-活动日程安排.xlsx”文字单元格的内容，则 Word 文档中的信息也同步更新。

4. 删除文本

选定要删除的文本，按【Backspace】键或【Del】键。

【提示】两者的区别在于:【Backspace】键用来删除光标左侧的一个字符，而【Del】键用来删除光标右侧的一个字符。

5. 撤销、恢复和重复

编辑文档时，Word 2010 会自动记录最近执行的操作，因此当操作错误时，可以通过撤销功能将错误操作撤销。如果误撤销了某些操作，还可以使用恢复操作将其恢复。

（1）撤销操作

常用的撤销操作主要有以下两种：

① 在快速访问工具栏中单击“撤销键入”按钮，撤销最近一次的操作。单击按钮右侧的下拉按钮，可以在弹出的下拉列表中选择要撤销的最近的多步操作。

② 使用【Ctrl+Z】组合键，撤销最近一次的操作；如要撤销多步，需重复使用组合键。

（2）恢复操作

恢复是对前一步执行的撤销进行“反撤销”，即把刚才撤销的内容恢复回来。常用的操作方法如下：

① 在快速访问工具栏中单击“恢复”按钮，恢复操作。

② 按【Ctrl+Y】组合键，恢复最近的撤销操作，这是【Ctrl+Z】组合键的逆操作。

（3）重复操作

重复操作是指在没有进行撤销操作前，单击快速访问工具栏的“重复键入”按钮，可重复进行最后一次操作，或者使用【Ctrl+Y】组合键进行重复或恢复操作。

3.2.3 查找和替换

查找和替换在文字处理中是经常使用、高效率的编辑命令。查找是指系统根据输入的关键字，在文档规定的范围或全文内找到相匹配的字符串，以便进行查看或修改。替换可以用新输入的文本代替文档中已有的且在多处出现的特定文字。

1. 查找文本

在 Word 2010 中查找分为查找、高级查找和转到三类操作。

（1）查找

通过单击“开始”选项卡“编辑”组中的“查找”按钮，可以快速找到指定的文本并予以突出显示。

（2）高级查找

高级查找在查找到指定文本后，同时将查找对象选定，操作步骤如下：

① 单击“开始”选项卡“编辑”组中“查找”右侧的下拉按钮，在弹出的下拉菜单中选择“高级查找”命令，弹出“查找和替换”对话框，如图 3-9 所示。

② 在“查找内容”文本框中输入要查找的文本，然后单击“查找下一处”按钮，Word 将自动从插入点往后查找，找到第一个要查找的文本并反向显示。

图 3-9 “查找和替换”对话框的“查找”选项卡

③ 若要继续查找，再次单击“查找下一处”按钮，则系统继续查找下一处文本。

④ 重复执行步骤③，直至查找结束。

单击“查找和替换”对话框中的“更多”按钮，展开高级查找选项，在其中可以进行更精确的设置，如查找特殊格式的文本、特殊格式的字符等。

若在文档中突出显示查找的内容，单击“查找和替换”对话框中的“阅读突出显示”按钮，在菜单中选择“全部突出显示”命令，文档中所要查找的文本以黄色高亮显示；选择“清除突出显示”命令，清除突出显示效果。

（3）在文档中定位

除了查找文本中的关键字词外，还可以通过查找特殊对象在文档中定位：

① 在“开始”选项卡上的“编辑”组中，单击“查找”右侧的下拉按钮，选择“转到”命令，打开“查找和替换”对话框的“定位”选项卡，如图 3-10 所示。

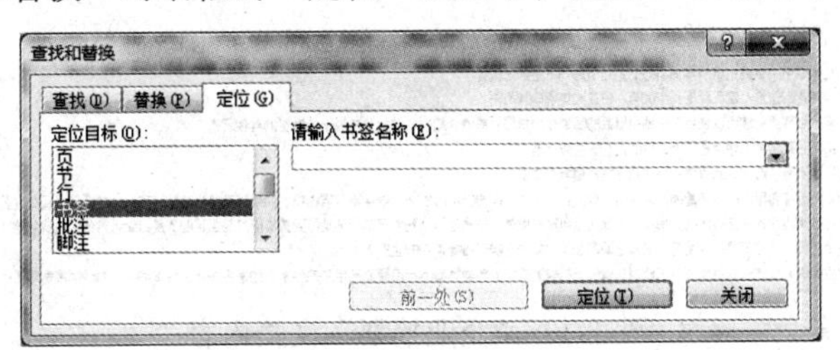

图 3-10 “查找和替换”对话框的“定位”选项卡

② 在“定位目标”列表框中选择定位的对象。

③ 在右边的文本框中输入或选择定位对象的具体内容，如页码、书签名称等。

【**提示**】通过单击“插入”选项卡“链接”组中的“书签”按钮，可以在文档中插入用于定位的书签，这在审阅长文档时非常有用。

2．替换文本

利用替换功能，可以将文档中查找到的内容进行替换或删除。

（1）简单替换

简单替换文本的操作步骤如下：

单击“开始”选项卡“编辑”组中的“替换”按钮，或直接按【Ctrl+H】组合键，打开“查找和替换”对话框，可实现文本的逐个替换或全部替换。例如，将文中所有的“你”替换为带着重号的蓝色字“您”，如图 3-11 所示。

（2）高级替换

利用替换功能，可以简化输入，如在一篇文章中多次出现“Microsoft Office Word 2010”字符串，在输入时可先用一个不常用的字符（如#号等）表示该字符串，然后利用替换功能用字符串代替字符。

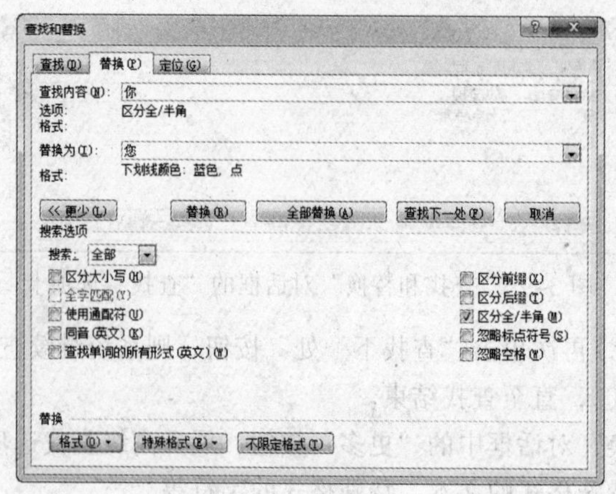

图 3-11 “查找和替换”对话框的“替换”选项卡

通过高级替换功能，还可以进行格式替换、特殊字符替换、使用通配符替换等操作。例如，可以设定仅替换某一颜色、某一样式，替换段落标记等。高级替换功能使得文本的编辑更加方便和灵活，实用性更强。

【实例 3-3】将图 3-12 所示的文档中出现的全部“软回车”符号（手动换行符）更改为“硬回车”符号（段落标记）。

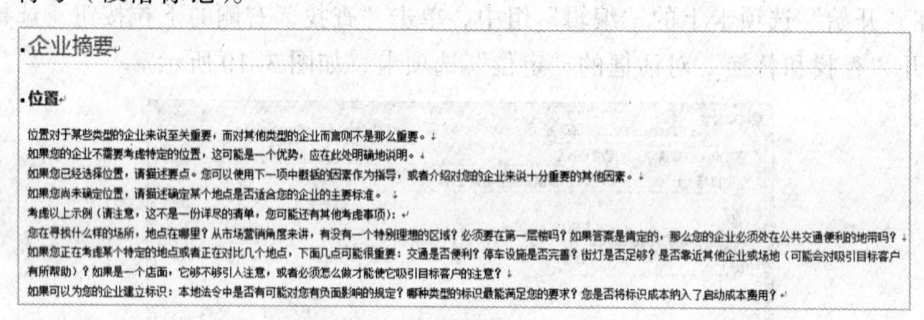

企业摘要↵

位置↵

位置对于某些类型的企业来说至关重要，而对其他类型的企业而言则不是那么重要。↓
如果您的企业不需要考虑特定的位置，这可能是一个优势，应在此处明确地说明。↓
如果您已经选择位置，请描述要点。您可以使用下一项中概括的因素作为指导，或者介绍对您的企业来说十分重要的其他因素。↓
如果您尚未确定位置，请描述确定某个地点是否适合您的企业的主要标准。↓
考虑以上示例（请注意，这不是一份详尽的清单，您可能还有其他考虑事项）：↵
您在寻找什么样的场所，地点在哪里？从市场营销角度来讲，有没有一个特别理想的区域？必须要在第一层楼吗？如果答案是肯定的，那么您的企业必须处在公共交通便利的地带吗？↓
如果您正在考虑某个特定的地点或者正在对比几个地点，下面几点可能很重要：交通是否便利？停车设施是否完善？街灯是否足够？是否靠近其他企业或场地（可能会对吸引目标客户有所帮助）？如果是一个店面，它够不够引人注意，或者必须怎么做才能使它吸引目标客户的注意？↓
如果可以为您的企业建立标识：本地法令中是否有可能对您有负面影响的规定？哪种类型的标识最能满足您的要求？您是否将标识成本纳入了启动成本费用？↵

图 3-12 “企业摘要”文档内容

操作步骤：

① 在“开始”选项卡“编辑”组中单击“替换”按钮，打开“查找和替换”对话框。

② 将光标定位在“查找内容”文本框中，单击左下角的“更多”按钮，在“替换”区的“特殊格式”弹出菜单中选择“手动换行符（^l）”命令。

③ 在“替换为”文本框中单击，定位光标后单击“特殊格式”按钮，从弹出菜单中选择“段落标记（^p）”命令，单击“全部替换”按钮，替换效果如图 3-13 所示。

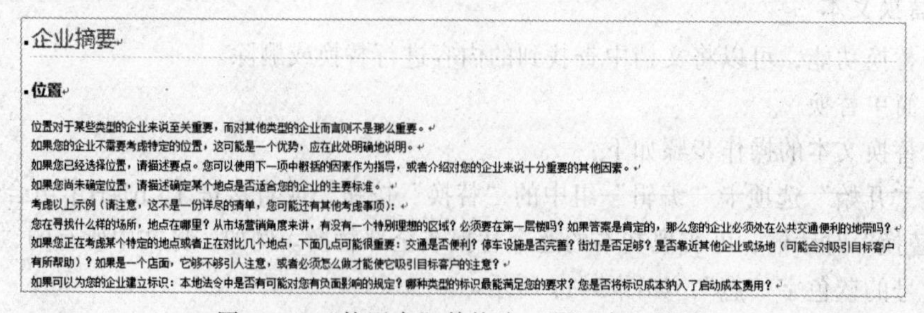

企业摘要↵

位置↵

位置对于某些类型的企业来说至关重要，而对其他类型的企业而言则不是那么重要。↵
如果您的企业不需要考虑特定的位置，这可能是一个优势，应在此处明确地说明。↵
如果您已经选择位置，请描述要点。您可以使用下一项中概括的因素作为指导，或者介绍对您的企业来说十分重要的其他因素。↵
如果您尚未确定位置，请描述确定某个地点是否适合您的企业的主要标准。↵
考虑以上示例（请注意，这不是一份详尽的清单，您可能还有其他考虑事项）：↵
您在寻找什么样的场所，地点在哪里？从市场营销角度来讲，有没有一个特别理想的区域？必须要在第一层楼吗？如果答案是肯定的，那么您的企业必须处在公共交通便利的地带吗？↵
如果您正在考虑某个特定的地点或者正在对比几个地点，下面几点可能很重要：交通是否便利？停车设施是否完善？街灯是否足够？是否靠近其他企业或场地（可能会对吸引目标客户有所帮助）？如果是一个店面，它够不够引人注意，或者必须怎么做才能使它吸引目标客户的注意？↵
如果可以为您的企业建立标识：本地法令中是否有可能对您有负面影响的规定？哪种类型的标识最能满足您的要求？您是否将标识成本纳入了启动成本费用？↵

图 3-13 “软回车”替换为“硬回车”效果

【提示】软回车与硬回车的区别：硬回车（↵）又称为段落标记，是按【Enter】键产生的，它在换行的同时也起着段落分隔的作用。软回车（↓）又称为手动换行符，是按【Shift + Enter】

组合键产生的，换行但是并不换段，即前后两段文字在 Word 中属于同一“段”。在复制网页上的文本信息时，会产生大量的软回车，只有把它们替换为硬回车，针对段落格式的设置才能生效。

3．选择

在“开始”选项卡“编辑”组的“选择”按钮中，通过选择“选定所有格式类似的文本”命令，可将文档中所有相似格式的文本都选中，方便进行后续的格式排版，如统一设置一种标题样式等。

【实例 3-4】“黑客技术”文档的内容如图 3-14 所示，将文档中的“黑客技术”设为 1 级标题，黑体字的段落设为 2 级标题，斜体字的段落设为 3 级标题。

操作步骤如下：

① 选中第一行“黑客技术”文字，单击“开始”选项卡“样式”组中的“标题 1”命令。

② 选中文档中第一次出现黑体的文本“引言”，在“开始”选项卡“编辑”组的“选择”下拉菜单中选择“选定所有格式类似的文本”命令，文档中所有黑体字的段落都被选中，设为“标题 2”，如图 3-15 所示。

黑客技术

引言

很显然，黑客技术对网络具有破坏能力，“黑客”一词是由英语 Hacker 音译出来的。近段时间，一个很普通的黑客攻击手段把世界上一些顶级的大网站轮流考验了一遍，结果证明即使是如 yahoo 这样具有雄厚的技术支持的高性能商业网站，黑客都可以给他们带来经济损失。这在一定程度上损害了人们对 Internet 和电子商务的信心，也引起了人们对黑客的严重关注和对黑客技术的思考。

一、黑客技术属于科学技术的范畴

黑客技术是 Internet 上的一个客观存在，对此我们无须讳言。和国防科学技术一样，黑客技术既有攻击性，也有防护的作用。黑客技术不断地促使计算机和网络产品供应商不断地改善他们的产品，对整个 Internet 的发展一直起着推动作用。

二、应该辨证地看待黑客技术

它的作用是双面的，和一切科学技术一样，黑客技术的好坏取决于使用它的人。计算机系统和网络漏洞的不断发现促使产品开发商修补产品的安全缺陷，同时也使他们在设计时更加注意安全。研究过黑客技术的管理员会把自己使用的操作系统和网络配置得更安全。

（一）黑客技术和网络安全是分不开的

可以说黑客技术的存在导致了网络安全行业的产生。

一个典型的产品安全公告产生的过程是这样的（这里的例子是微软的一个漏洞）：一个黑客在测试一个程序时，发现存在有不正常的现象，于是他开始对这个程序进行分析，经过应用程序分析、反编译和跟踪测试等多种技术手段，黑客发现该程序的确存在漏洞，于是针对该漏洞编写了一个能获取系统最高控制权的攻击程序，证实该漏洞的确存在。随后，这位黑客向微软写信通知其漏洞细节，并附上了攻击程序，要求微软修补该漏洞，微软开始对此不予答复。

（二）反黑组织

随着黑客对互联网造成的危害性，不少人也组织起来反黑客了，国内的黑吧安全网也出了专门的系列教程，建议网民们多关注，上网前提就是电脑需要安全不被入侵。

为了避免黑客给广大网友带来不必要损失，请大家多关注各大反黑组织网站的教程。

（三）目前 internet 网络的基础是脆弱的

Internet 的基础是 TCP/IP 协议、网络设备和具有联网能力的操作系统。TCP/IP 协议族有一些先天的设计漏洞，很多即使到最新的版本仍然存在。更有的漏洞，是和 Internet 的开放特性有关的，可以说是补无可补。最近发生的对各顶级网站的攻击方式就是利用 internet 的开放特性和 TCP/IP 协议的漏洞。

三、一个国家的黑客技术发展是有利于国家安全的

国内的一个网络安全小组--cnns 的前身，在去年对日本、台湾地区和美国的网络安全状况进行了远程分析和调查，并与中国的网络安全状况做了对比，调查显示：

图 3-14 “黑客技术”文档内容

黑客技术

引言

很显然，黑客技术对网络具有破坏能力，“黑客”一词是由英语 Hacker 音译出来的。近段时间，一个很普通的黑客攻击手段把世界上一些顶级的大网站轮流考验了一遍，结果证明即使是如 yahoo 这样具有雄厚的技术支持的高性能商业网站，黑客都可以给他们带来经济损失。这在一定程度上损害了人们对 Internet 和电子商务的信心，也引起了人们对黑客的严重关注和对黑客技术的思考。

一、黑客技术属于科学技术的范畴

黑客技术是 Internet 上的一个客观存在，对此我们无须讳言。和国防科学技术一样，黑客技术既有攻击性，也有防护的作用。黑客技术不断地促使计算机和网络产品供应商不断地改善他们的产品，对整个 Internet 的发展一直起着推动作用。

二、应该辨证地看待黑客技术

它的作用是双面的，和一切科学技术一样，黑客技术的好坏取决于使用它的人。计算机系统和网络漏洞的不断发现促使产品开发商修补产品的安全缺陷，同时也使他们在设计时更加注意安全。研究过黑客技术的管理员会把自己使用的操作系统和网络配置得更安全。

（一）黑客技术和网络安全是分不开的

可以说黑客技术的存在导致了网络安全行业的产生。

一个典型的产品安全公告产生的过程是这样的（这里的例子是微软的一个漏洞）：一个黑客在测试一个程序时，发现存在有不正常的现象，于是他开始对这个程序进行分析，经过应用程序分析、反编译和跟踪测试等多种技术手段，黑客发现该程序的确存在漏洞，于是针对该漏洞编写了一个能获取系统最高控制权的攻击程序，证实该漏洞的确存在。随后，这位黑客向微软写信通知其漏洞细节，并附上了攻击程序，要求微软修补该漏洞，微软开始对此不予答复。

（二）反黑组织

随着黑客对互联网造成的危害性，不少人也组织起来反黑客了，国内的黑吧安全网也出了专门的系列教程，建议网民们多关注，上网前提就是电脑需要安全不被入侵。

为了避免黑客给广大网友带来不必要损失，请大家多关注各大反黑组织网站的教程。

（三）目前 internet 网络的基础是脆弱的

Internet 的基础是 TCP/IP 协议、网络设备和具有联网能力的操作系统。TCP/IP 协议族有一些先天的设计漏洞，很多即使到最新的版本仍然存在。更有的漏洞，是和 Internet 的开放特性有关的，可以说是补无可补。最近发生的对各顶级网站的攻击方式就是利用 internet 的开放特性和 TCP/IP 协议的漏洞。

三、一个国家的黑客技术发展是有利于国家安全的

国内的一个网络安全小组--cnns 的前身，在去年对日本、台湾地区和美国的网络安全状况进行了远程分析和调查，并与中国的网络安全状况做了对比，调查显示：

图 3-15 “选定所有格式类似的文本”的效果

③ 同理，将所有斜体字的段落设为“标题 3”。

3.2.4 保存与保护文档

用户输入和编辑的文档是保存在内存中并显示在屏幕上的，如果不执行存盘操作的话，一旦死机或断电，所做的工作就可能因为未保存而丢失。只有外存上的文件才可以长期保存，所以当完成文档的编辑工作后，应及时把工作成果保存到外存中。

1．保存文档

保存文档又可以分为手动保存文档和自动保存文档两种。

（1）手动保存文档

手动保存文档常用“文件”菜单中的“保存”“另存为”命令或“快速访问工具栏”中的

“保存”按钮。

（2）自动保存文档

“自动保存”是指 Word 会在一定时间内自动保存一次文档。这样的设置可以有效地防止用户在进行了大量工作之后，因没有保存又发生意外（如断电、死机等）而导致的文档内容大量丢失。虽然仍有可能因为一些意外情况而引起文档内容丢失，但损失可以降到最小。设置文档自动保存的操作步骤如下：

① 选择“文件”→“选项”命令。

② 打开“Word 选项”对话框，切换到“保存”选项组。

③ 在“保存文档”选项区域中，选择“保存自动恢复信息时间间隔”复选框，并指定具体分钟数（可输入 1～120 的整数）。默认自动保存时间间隔是 10 分钟，如图 3-16 所示。

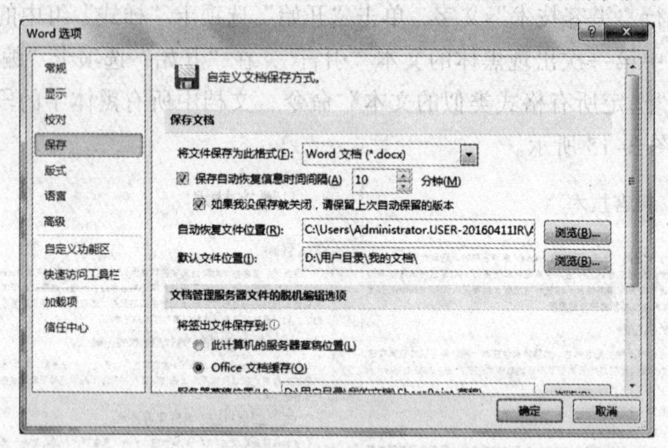

图 3-16　设置自动保存文档的时间

④ 最后单击“确定”按钮，自动保存文档设置完毕。

2．保护文档

在文档的处理过程中，有时为了防止文档的意外丢失，也避免未经授权人员的随意修改，需要对文档进行必要的保护。Word 2010 提供了多种保护文档的功能，主要通过“文件”→“信息”→“保护文档”命令来实现。

（1）限制格式和编辑

用于限制对文档格式和内容的编辑，有以下两种打开方式：

① 单击“文件”按钮，选择“信息”选项，单击“信息”右窗格中的“保护文档”下拉按钮，选择下拉列表中的“限制编辑”选项。

② 在“审阅”选项卡“保护”组中，单击“限制编辑”按钮。

在打开的“限制格式和编辑”任务窗格中选择要限制的选项，然后启动强制保护，设置保护密码即可。例如，选择“编辑限制”区下的“仅允许在文档中进行此类型的编辑”复选框，在其下拉列表中选择“不允许任何更改（只读）”选项，然后单击“是，启动强制保护”按钮，在弹出的“启动强制保护”对话框中输入保护文档的密码，单击“确定”按钮，如图 3-17 所示。

“启动强制保护”限制编辑后，除文档中可编辑的“例外项”（在图 3-17“限制格式和编辑”任务窗格的“例外项（可选）”区下进行设置）外，受保护的内容只有在“停止保护”后才能对其进行编辑。

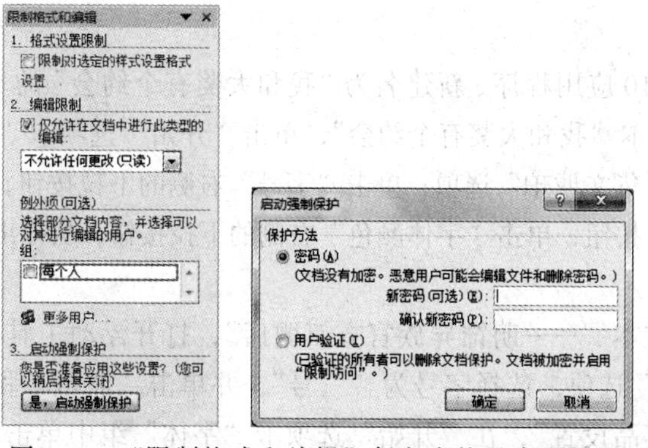

图 3-17 “限制格式和编辑”任务窗格及密码设置

（2）设置文档的保护密码

Word 2010 可以对创建的文档设置密码，只有输入正确的密码才可以对文档进行编辑，从而起到保护文档的作用。

为文档进行加密可以在“文件”→“另存为”对话框的“工具”下拉菜单中进行设置，也可以通过“文件”→“信息”→“保护文档”→“用密码进行加密”命令进行设置。

3.3 文档排版

创建 Word 文档后即可为创建的文档设置格式，文档格式设置最基础的工作是文本格式、段落格式和页面格式的编排。恰当的格式设置不仅可以美化文档，还能够在很大程度上增强信息的传递力度。

3.3.1 设置文本格式

在 Word 文档中输入文本的默认字体为宋体，默认字号为五号，为了使文档更加美观、清晰、有条理，通常需要对文本进行格式化操作，如设置字体、字号、字体颜色、字形、字体效果和字符间距等。除此之外，对于中文文本，提供了一些具有中文特色的设置，即中文版式。

1. 字符格式化

在 Word 2010 中设置字体格式主要有三种途径：浮动工具栏、功能区和“字体”对话框。

【实例 3-5】创建“我和大奖有个约会”文档，在其中输入文本，并依据图片样式设置文本格式，样式如图 3-18 所示。

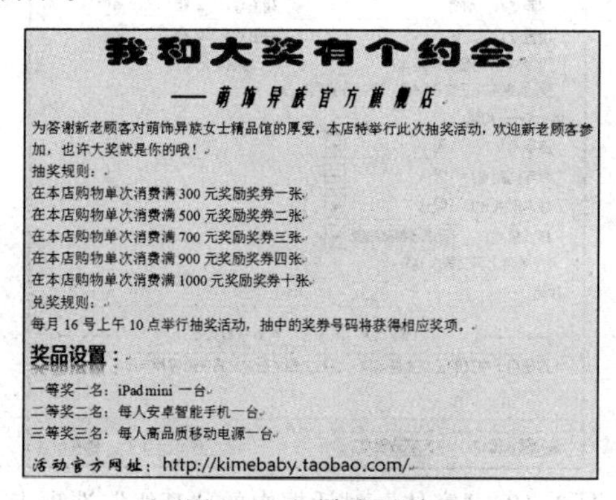

我和大奖有个约会

——萌饰异族官方旗舰店

为答谢新老顾客对萌饰异族女士精品馆的厚爱，本店特举行此次抽奖活动，欢迎新老顾客参加，也许大奖就是你的哦！

抽奖规则：

在本店购物单次消费满 300 元奖励奖券一张

在本店购物单次消费满 500 元奖励奖券二张

在本店购物单次消费满 700 元奖励奖券三张

在本店购物单次消费满 900 元奖励奖券四张

在本店购物单次消费满 1000 元奖励奖券十张

兑奖规则：

每月 16 号上午 10 点举行抽奖活动，抽中的奖券号码将获得相应奖项。

奖品设置：

一等奖一名：iPad mini 一台

二等奖二名：每人安卓智能手机一台

三等奖三名：每人高品质移动电源一台

活动官方网址：http://kimebaby.taobao.com/

图 3-18 样式图片

操作步骤如下：

① 启动 Word 2010 应用程序，新建名为“我和大奖有个约会”的文档，并输入文本内容。

② 选中正标题文本“我和大奖有个约会”，单击“开始”选项卡“字体”组中“字体”右侧的下拉按钮，选择“华文琥珀”选项；单击“字号”右侧的下拉按钮，选择“二号”选项，再单击该组中的“加粗”按钮；单击“字体颜色”右侧的下拉按钮，从弹出的颜色面板中选择“红色”色块。

③ 选中副标题文本“——萌饰异族官方旗舰店”，打开浮动工具栏，在“字体”下拉列表中选择“方正姚体”选项，选择字号为“三号”，并单击“加粗”和“倾斜”按钮。

④ 选中文本“奖品设置”，在“开始”选项卡“字体”组中单击对话框启动器按钮，打开“字体”对话框，单击“中文字体”的下拉按钮，选择“微软雅黑”选项；在“字形”列表框中选择“加粗”选项；在“字号”列表框中选择“四号”选项；单击“字体颜色”下拉按钮，在弹出的颜色面板中选择“深红”色块，单击“确定”按钮。

【提示】在进行字号设置时，可逐渐改变文本的大小，以选择合适的字号，组合键如下：
逐磅放大：【Ctrl+]】组合键；逐磅缩小：【Ctrl+[】组合键；
快速放大：【Ctrl+>】组合键或单击“字体”组中的“增大字体”按钮；
快速缩小：【Ctrl+<】组合键或单击“字体”组中的“缩小字体”按钮。

⑤ 选中文本“奖品设置”，在“字体”组中单击“文本效果”按钮，从弹出的菜单中选择“映像”→“映像变体”→“紧密映像，4 pt 偏移量”（第二行第一个）选项，为文本应用效果。

⑥ 使用同样的方法，设置最后一段文本字体为“华文新魏”，字号为“四号”，字体颜色为“深蓝”。

⑦ 选中正标题文本“我和大奖有个约会”，打开“字体”对话框，在“高级”选项卡中的“缩放”下拉列表框中选择“150%”选项，在“间距”下拉列表框中选择“加宽”选项，在右边的“磅值”微调框中选择或输入“2 磅”；在“位置”下拉列表中选择“降低”选项，在右边的“磅值”文本框中输入“2 磅”，单击“确定”按钮，完成字符间距的设置，如图 3-19 所示。

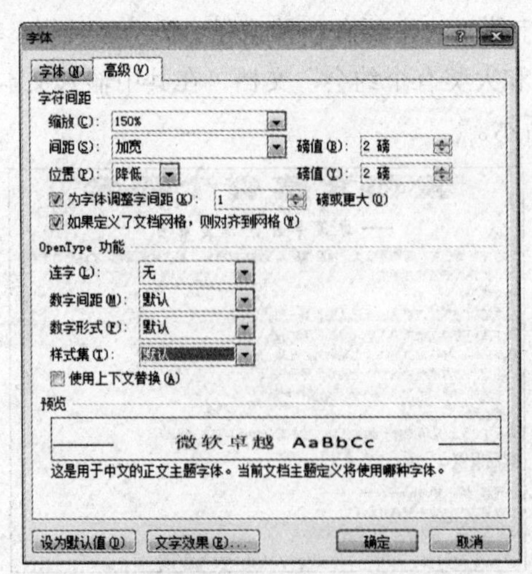

图 3-19 “字体”对话框中的“高级”选项卡

⑧ 使用同样的方法，设置副标题文本的缩放比例为“80%”，字符间距为“加宽 3 磅”，然后调整副标题文本的位置。

【提示】通过设置不同的文本位置可以实现一些特殊的文本效果，如图 3-20 所示。

图 3-20 “位置”功能实现的特殊文本效果

2. 中文版式

对于中文字符，Word 2010 提供了具有中文特色的特殊版式，如简体和繁体的转换、加拼音、加圈、纵横混排、双行合一和合并字符等，效果如图 3-21 所示。

簡體和繁體的轉換 jiā pīn yīn 加 拼 音 ㊣圈 纵横混排 双行合一 合并字符效果

图 3-21 中文版式效果

其中，纵横混排多用于竖排文本时数字的排列，如图 3-22 所示。

合并字符与双行合一的区别在于：合并字符最多只能有六个字符，字符合并后会当一个字来处理，合并字符的前后都可进行正常的字符编辑；而双行合一是针对两行，可为合并后的文字选择括号样式。双行合一后可继续插入字符，在双行合一的前面不能进行正常字符的编辑（在前面编辑直接进入双行合一状态），只能在后面进行正常字符的编辑。合并字符与双行合一效果如图 3-23 和图 3-24 所示。

公司50周年店庆活动　公司50周年店庆活动

图 3-22 竖排文本原效果（右）及纵横混排后效果（左）

华美超市 团结店七一店：

图 3-23 合并字符效果

忻州师范学院五寨分校处罚通报：

图 3-24 双行合一效果

3.3.2 设置段落格式

段落是以段落标记作为结束标记的一段文本。段落标记是非打印字符，不仅标识了段落结束，而且存储了这个段落的排版格式。Word 2010 的段落排版命令总是适用于整个段落的，因此要对一个段落进行排版，可以将光标移到该段落的任何地方，但如果要对多个段落进行排版，则需要将这几个段落同时选中。

设置段落格式主要包括设置段落的对齐、缩进、段落间距和行间距等，方法主要有以下两种。

1. 利用功能区设置

单击“开始”选项卡“段落”组中各个命令可以实现对段落格式的设置，相应按钮功能如图 3-25 所示。

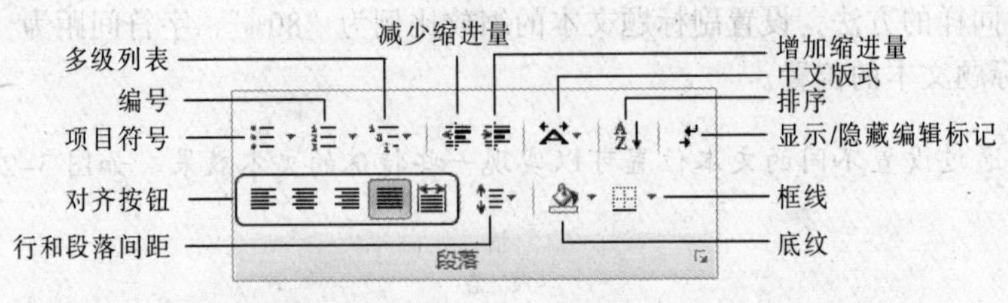

图 3-25 “段落”组中各按钮的功能

2. 利用“段落”对话框设置

单击“开始”选项卡“段落”组右下角的对话框启动器按钮，或在编辑区右击，在弹出的快捷菜单中选择“段落”命令，弹出“段落”对话框，可以对段落格式进行详细和精确的设置。

在“缩进和间距”选项卡下可以设置段落对齐方式、缩进、间距和行距等格式。

（1）对齐方式

在文档中对齐文本可以使文本清晰易读。对齐方式一般有五种：左对齐、居中、右对齐、两端对齐和分散对齐。

① 两端对齐：以词为单位，自动调整词与词间空格的宽度，使正文与页面的左、右边界对齐。这种方式可以防止英文文本中一个单词跨两行的情况，但对于中文的效果等同于左对齐。

② 分散对齐：使字符均匀地分布在一行上。

段落的五种对齐效果如图 3-26 所示。

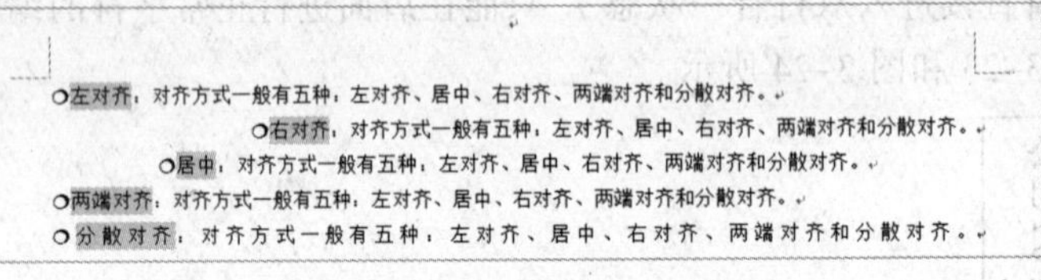

图 3-26 段落的五种对齐效果

（2）段落缩进

段落缩进是指各行文本相对于页面边界的距离。一般的段落都规定首行缩进两个字符，但有时为了强调某些段落，可适当进行整段缩进。Word 2010 提供了四种段落缩进方式：

① 首行缩进：段落第一行的左边界向右缩进一段距离，其余行的左边界不变。

② 悬挂缩进：段落第一行的左边界不变，其余行的左边界向右缩进一段距离，与首行缩进的效果正好相反。

③ 左缩进：整个段落的左边界向右缩进一段距离。

④ 右缩进：整个段落的右边界向左缩进一段距离。

除了可以在“段落”对话框设置段落缩进外，还可以使用标尺来快速缩进段落。具体方法是：将插入点放在要缩进的段落中，然后将标尺上的缩进符号拖动到合适的位置，被选定的段落随缩进标尺的变化而重新排版。段落的缩进效果如图 3-27 所示。

（3）段落间距

段落间距是指当前段落与相邻两个段落之间的距离，即段前距离和段后距离。除使用“段落”对话框进行设置外，还可以采用以下两种方法。

① 单击“开始”选项卡“段落”组中的“行和段落间距”按钮，在下拉菜单中选择“增加段前间距”和“增加段后间距”命令，迅速调整段间距。

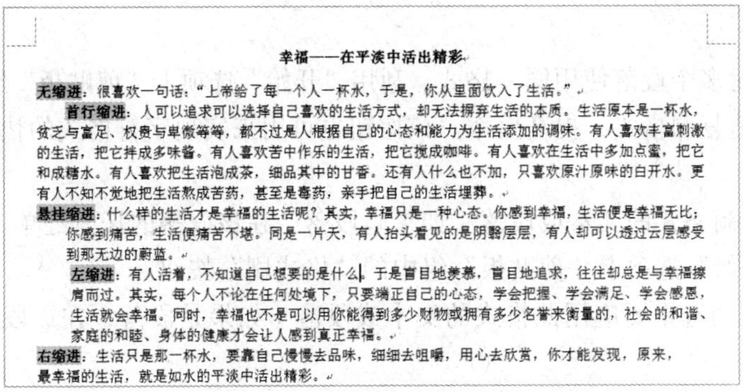

幸福——在平淡中活出精彩

无缩进：很喜欢一句话："上帝给了每一个人一杯水，于是，你从里面饮入了生活。"

首行缩进：人可以追求可以选择自己喜欢的生活方式，却无法摒弃生活的本质。生活原本是一杯水，贫乏与富足、权贵与卑微等等，都不过是人根据自己的心态和能力为生活添加的调味。有人喜欢丰富刺激的生活，把它拌成多味酱。有人喜欢苦中作乐的生活，把它搅成咖啡。有人喜欢在生活中多加点蜜，把它和成糖水。有人喜欢把生活泡成茶，细品其中的甘香。还有人什么也不加，只喜欢原汁原味的白开水。更有人不知不觉地把生活熬成苦药，甚至是毒药，亲手把自己的生活埋葬。

悬挂缩进：什么样的生活才是幸福的生活呢？其实，幸福只是一种心态。你感到幸福，生活便是幸福无比；你感到痛苦，生活便痛苦不堪。同是一片天，有人抬头看见的是阴翳层层，有人却可以透过云层感受到那无边的蔚蓝。

左缩进：有人活着，不知道自己想要的是什么。于是盲目地羡慕，盲目地追求，往往却总是与幸福擦肩而过。其实，每个人不论在任何处境下，只要端正自己的心态，学会把握、学会满足、学会感恩，生活就会幸福。同时，幸福也不是可以用你能得到多少财物或拥有多少名誉来衡量的，社会的和谐、家庭的和睦、身体的健康才会让人感到真正幸福。

右缩进：生活只是那一杯水，要靠自己慢慢去品味，细细去咀嚼，用心去欣赏，你才能发现，原来，最幸福的生活，就是如水的平淡中活出精彩。

图 3-27　段落的缩进效果

② 选择"页面布局"选项卡，在"段落"组中单击"段前"和"段后"微调框中的微调按钮或直接输入行数。

【提示】设置段落缩进和段落间距时，单位有"磅""厘米""字符""英寸"等。可以通过单击"文件"按钮，在菜单中选择"选项"命令，打开"Word 选项"对话框，然后单击"高级"标签，在"显示"区中进行度量单位的设置。一般情况下，如果度量单位选择为"厘米"，而"以字符宽度为度量单位"复选框也被选中的话，默认的缩进单位为"字符"，对应的段落间距和行距单位为"磅"；如果取消选中"以字符宽度为度量单位"复选框，则缩进单位为"厘米"，对应的段落间距和行距单位为"行"。

【实例 3-6】某高校学工处要举办题为"领慧讲堂——大学生人生规划"的就业讲座，需制作宣传海报，要求根据页面布局的需要，参考其他海报的样式，调整海报内容的段落间距，样式如图 3-28 所示。

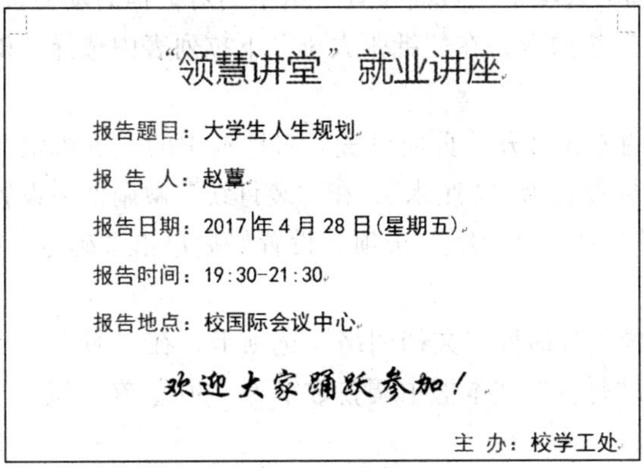

"领慧讲堂"就业讲座

报告题目：大学生人生规划

报 告 人：赵蕈

报告日期：2017年4月28日(星期五)

报告时间：19:30-21:30

报告地点：校国际会议中心

欢迎大家踊跃参加！

主 办：校学工处

图 3-28　海报样式效果

操作步骤如下：

① 选中"报告题目""报告人""报告日期""报告时间""报告地点"所在段落，单击"开始"选项卡"段落"组中的对话框启动器按钮，弹出"段落"对话框，在"缩进和间距"选项卡下的"间距"区中，在"行距"的下拉列表中选择"1.5 倍行距"选项；在"段前"和"段后"微调框中都设置"1 行"；在"缩进"区中，设置"特殊格式"，在下拉列表中选择"首行缩进"选项，并在右侧对应的"磅值"微调框中输入"3 字符"。

② 选中"欢迎大家踊跃参加!"字样，单击"开始"选项卡"段落"组中的"居中"按钮，使其居中显示；按照同样的方法设置"主办：校学工处"为右对齐。

（4）格式刷

有时候需要对多个段落使用同一格式，利用“开始”选项卡“剪贴板”组中的“格式刷”按钮，可以快速地复制格式，提高效率。该按钮也可用来实现字符格式的快速复制。格式刷的使用方法如下：

① 选定要复制格式的文本或段落（如果是段落，在该段落的任意处单击即可）。

② 单击“开始”选项卡“剪贴板”组中的“格式刷”按钮。

③ 用鼠标拖动选中要应用此格式的文本或段落（如果是段落，在该段落的任意处单击即可）。

如果同一格式要多次复制，可在第②步操作时，双击“格式刷”按钮。若需要退出多次复制操作，可再次单击“格式刷”按钮或按【Esc】键取消。

3.3.3 设置页面格式

页面排版反映了文档的整体外观和输出效果。页面格式包括页边距、纸张方向、纸张大小及页面背景等，主要通过功能区的“页面布局”选项卡和“页面设置”对话框进行设置。

1. 纸张大小

在“纸张大小”下拉菜单中选择“其他页面大小”命令时，可以在“宽度”和“高度”微调框中自定义纸张的大小。

【实例 3-7】为文档“sl3-7.docx”设置纸张大小为 B5，页边距的左边距为 2 cm，右边距为 2 cm，装订线为 1 cm，对称页边距；文档中每页 35 行，每行 30 个字。

操作步骤如下：

① 打开文件“第 3 章 word 素材\sl3-7\sl3-7.docx”。

② 单击“页面布局”选项卡“页面设置”组中的对话框启动器按钮，弹出“页面设置”对话框。切换至“纸张”选项卡，在“纸张大小”下拉列表中选择“B5”选项。设置好后单击“确定”按钮。

③ 按照上述同样的方式打开“页面设置”对话框中的“页边距”选项卡，在“左”微调框和“右”微调框中皆设置为“2 厘米”，在“装订线”微调框中设置为“1 厘米”，在“多页”下拉列表框中选择“对称页边距”选项。设置好后单击“确定”按钮即可，如图 3-29 所示。

④ 打开“页面设置”对话框“文档网络”选项卡，在“网格”区中选中“指定行和字符网格”单选按钮，在“每行”文本框中调整数字为“30”，在“每页”文本框中调整数字为“35”，如图 3-30 所示。

2. 页面背景

Word 2010 提供了丰富的页面背景设置功能，可以非常便捷地为文档设置水印、页面颜色和页面边框等效果。

（1）页面颜色和背景

为文档设置页面颜色和背景的操作步骤如下：

① 在“页面布局”选项卡下的“页面背景”组中单击“页面颜色”按钮。

② 在弹出的颜色面板中，选择所需要的颜色；如果没有所需要的颜色，还可以选择“其他颜色”命令，在打开的“颜色”面板中设置所需颜色。

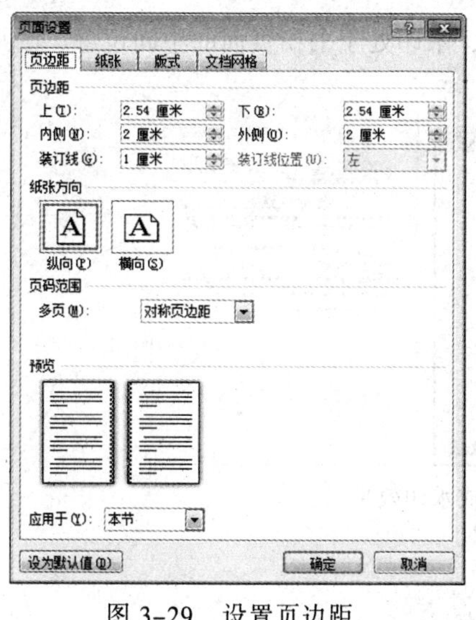

图 3-29　设置页边距

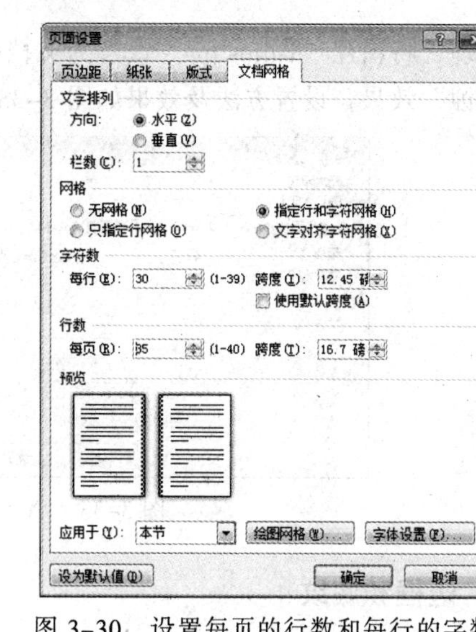

图 3-30　设置每页的行数和每行的字数

③ 在“页面颜色”下拉菜单中选择“填充效果”命令，在“填充效果”对话框中有“渐变”“纹理”“图案”“图片”四个选项卡可用于设置页面的特殊填充效果。例如，可为当前页面选择“预设”渐变颜色“漫漫黄沙”，并采用“中心辐射”底纹样式，如图 3-31 所示。

④ 单击“确定”按钮，即可为整个文档设置背景。

（2）水印效果

水印效果用于在文档内容的底层显示虚影效果。通常情况下，当文档有保密、版权保护等特殊要求时，可添加水印效果。水印效果可以是文字，也可以是图片。实现文字水印效果的操作步骤如下：

① 打开“页面布局”选项卡，单击“页面背景”组中的“水印”按钮。

② 在弹出的下拉菜单中，可以选择一个预定义水印效果。

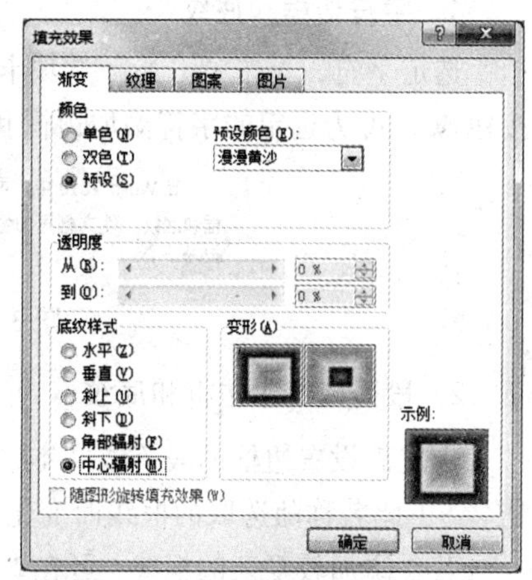

图 3-31　为页面填充“预设”颜色

③ 自定义水印。在“水印”下拉菜单中，选择“自定义水印”命令，弹出“水印”对话框。在该对话框中可指定图片或文字作为文档的水印。例如，将公司名称“蓝天科技有限公司”作为水印添加到文档中，如图 3-32 所示。

④ 单击“确定”按钮完成设置。

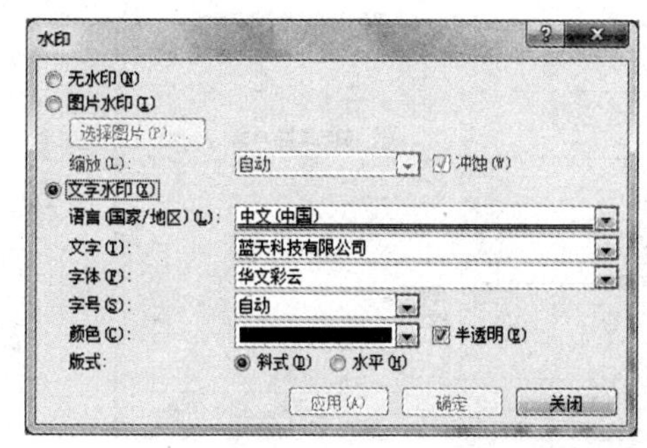

图 3-32　将公司名称制作成水印效果

同理，将图片“Tulips.jpg”设置为文档的水印，水印处于书稿页面的中间位置、图片增加“冲蚀”效果，设置方法及效果如图 3-33 所示。

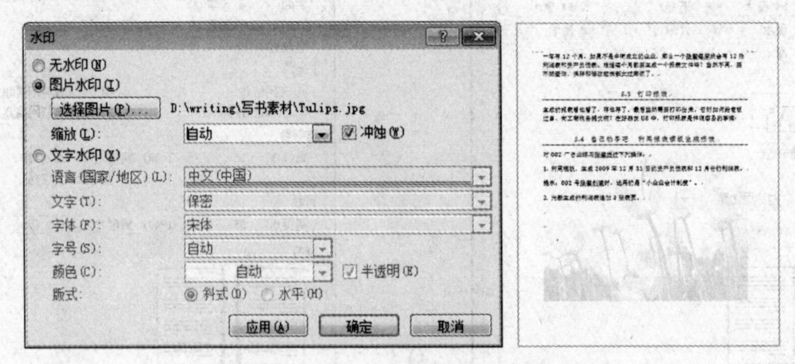

图 3-33　将图片制作成水印效果

3.3.4　边框和底纹

在 Word 2010 中，可以为文本、段落、页面、表格和图形对象等加上各种边框和底纹，使文档更加生动、美观，同时增加读者对文档不同部分的兴趣和注意程度。

1. 字符边框和底纹

选定字符，单击“开始”选项卡“字体”组中的“字符边框”按钮 A 和“字符底纹”按钮 A，可为选定的字符添加边框和底纹，如图 3-34 所示。

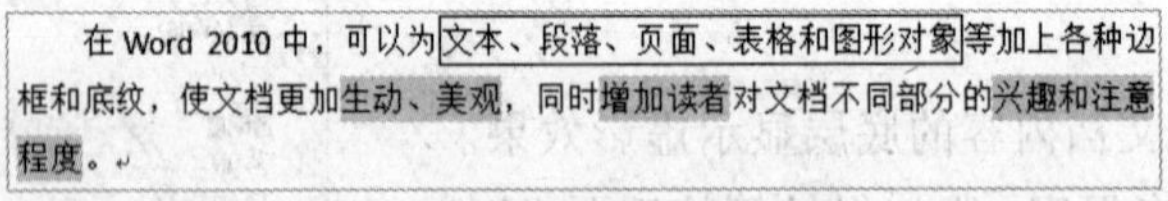

在 Word 2010 中，可以为文本、段落、页面、表格和图形对象等加上各种边框和底纹，使文档更加生动、美观，同时增加读者对文档不同部分的兴趣和注意程度。↵

图 3-34　设置字符边框和底纹

2. 段落或文本边框和底纹

选定需设置边框的段落或文本，单击“开始”选项卡“段落”组中的“下框线”下拉按钮（此名称随选取的框线而变化），在打开的下拉菜单中选择需要添加的边框即可。

若要添加较复杂的框线，可在“下框线”下拉菜单中选择“边框和底纹”命令，弹出“边框和底纹”对话框，如图 3-35 所示。利用此对话框中的“边框”“页面边框”“底纹”三个选项卡，可为选定的文本添加边框和底纹，也可以为整个页面添加边框，添加的效果会在“预览”框中显示。

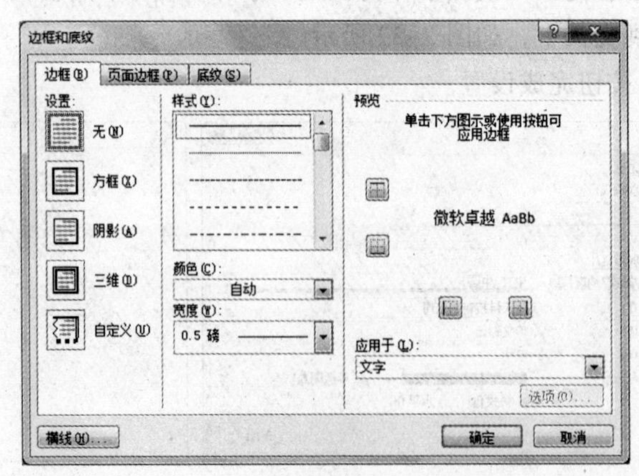

图 3-35　“边框和底纹”对话框

3. 页面边框

在“边框和底纹”对话框的“页面边框”选项卡中，可以为页面添加边框，既可以添加线型边框，也可以添加艺术型边框，其设置与“边框”选项卡类似。

【实例 3-8】为文本“勤奋学习铸造成功”添加边框和底纹，效果如图 3-36 所示。

勤奋学习铸造成功

如果说梦想是成功的起跑线，决心是起步时的枪声，那么勤奋则如起跑者全力的奔驰，惟有坚持到底，方能获得成功的锦标！“宝剑锋从磨砺出，梅花香自苦寒来”，勤奋其实是来自内心的一种动力，没有刻苦是不可能有好成绩的。

“勤能补拙是良训，一分辛苦一分才”，勤奋是成功的阶梯，成功是勤奋的果实。只要我们勤奋学习，勤奋探索，勤奋实践，做什么事情都一定会成功。现代远程教育网络学习，浓缩着天地精华，蕴藏着人生百味，带动着人类前进的脚步，创造了世界文明史上前所未有的辉煌。正所谓“史鉴使人明智，诗歌使人巧慧，数学使人精细，博物使人深沉，伦理之学使人庄重，逻辑与修辞使人善辩。”远程教育是把钥匙，是开启智慧之门的钥匙。

有耕耘就会有收获，时间与勤奋同等重要。只要我们渗透了勤奋的源泉，风雨过后会是春色满园，荆棘过后前面会是铺满鲜花的宽敞大道。让我们一起铸就明日的荣光！

图 3-36 添加边框和底纹后的效果

操作步骤如下：

① 选中第二段文本，单击“开始”选项卡“段落”组中的“下框线”下拉按钮，在下拉菜单中选择“边框和底纹”命令，弹出“边框和底纹”对话框。

② 在“边框”选项卡“设置”区中，选中“阴影”选项，在“样式”列表框中选择 〰〰〰（单波浪线）选项，在“颜色”下拉列表中选择“蓝色”色块；在“宽度”下拉列表中选择“1.5 磅 〰〰〰”选项；在“应用于”下拉列表中选择“段落”选项，单击“确定”按钮，如图 3-37 所示。

③ 选定第三段，单击“边框和底纹”对话框中的“底纹”选项卡，在“填充”区中选择“黄色”色块，在“图案”区的“样式”下拉列表中选择“浅色上斜线”选项；“颜色”下拉列表中选择“白色，背景 1，深色 25%”选项；“应用于”下拉列表中选择“段落”选项，单击“确定”按钮，如图 3-38 所示。

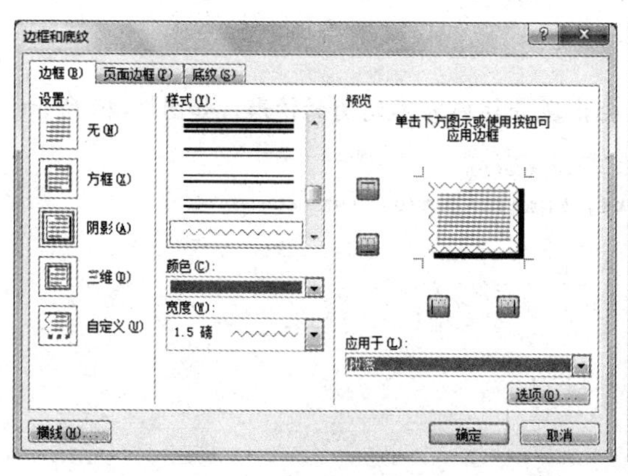

图 3-37 设置段落边框

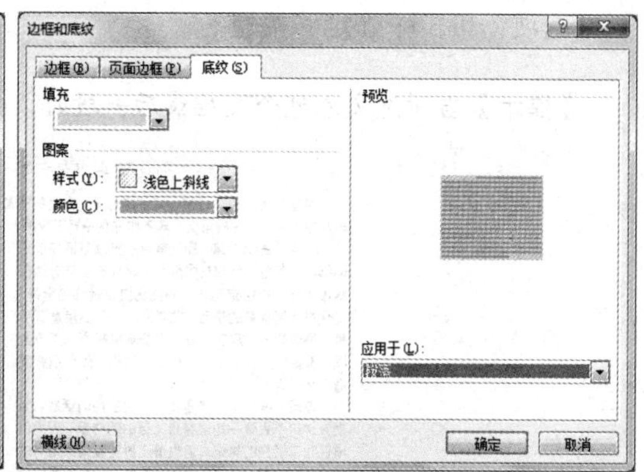

图 3-38 设置段落底纹

④ 单击“边框和底纹”对话框中的“页面边框”选项卡，在“艺术型”下拉列表中选择“椰子树”样式，“宽度”列表框中输入“24 磅”；分别单击“预览”区域中的“上、下框线”按钮▤ ▤，取消上、下框线，单击“确定”按钮，如图 3-39 所示。

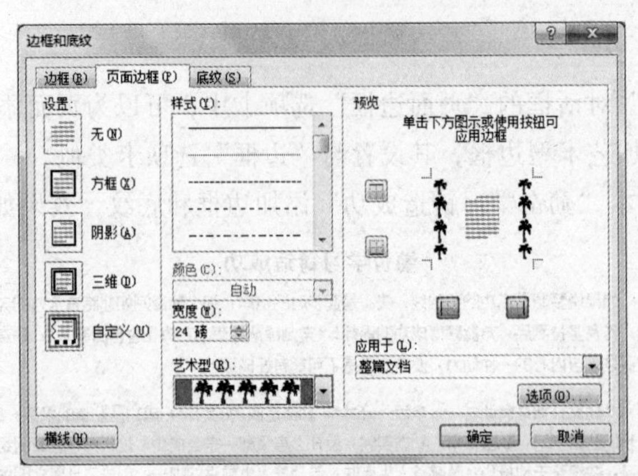

图 3-39　设置页面边框

3.3.5　分栏和首字下沉

1. 分栏

分栏是指将一页纸的版面分为几栏，使得页面更生动和更具可读性。这种排版方式在报纸、杂志中经常用到。

进行分栏排版时，首先选定要设置分栏的文本，单击“页面布局”选项卡“页面设置”组中的“分栏”按钮，在打开的下拉菜单中选择分栏的数目即可，若选择“更多分栏”命令，则弹出“分栏”对话框，此对话框中的参数设置说明如下：

① 栏数：在“预设”区域中可选择需要的栏数，或者在“栏数”文本框中直接输入所需的栏数，但不能超过 11 栏。

② 宽度和间距：选定栏数后，在“宽度和间距”区域中自动显示每栏的宽度和间距，也可重新修改栏宽和间距值；若选择“栏宽相等”复选框，则所有的栏宽都相同。

③ 分隔线：选择“分隔线”复选框，分栏后栏与栏之间会出现实线分隔线，分隔线的长度与页面或节中最长的栏相等。

若取消分栏，先选定已分栏的文本，单击“页面布局”选项卡“页面设置”组中的“分栏”按钮，在其下拉菜单中选择“一栏”命令；或单击“分栏”对话框“预设”区域中的“一栏”选项，单击“确定”按钮。

【提示】当所选文本包含文档最后一段时，会出现分栏内容不均衡的情形，如图 3-40 所示。

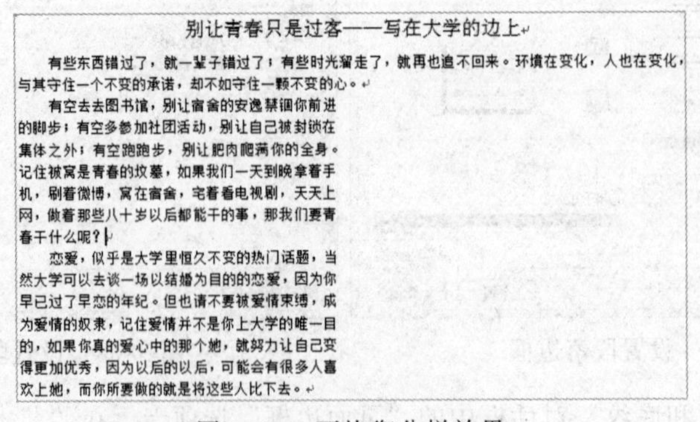
别让青春只是过客——写在大学的边上

有些东西错过了，就一辈子错过了；有些时光溜走了，就再也追不回来。环境在变化，人也在变化，与其守住一个不变的承诺，却不如守住一颗不变的心。

有空去去图书馆，别让宿舍的安逸禁锢你前进的脚步；有空多参加社团活动，别让自己被封锁在集体之外；有空跑跑步，别让肥肉爬满你的全身。记住被窝是青春的坟墓，如果我们一天到晚拿着手机，刷着微博，窝在宿舍，宅着看电视剧，天天上网，做着那些八十岁以后都能干的事，那我们要青春干什么呢？

恋爱，似乎是大学里恒久不变的热门话题，当然大学可以去谈一场以结婚为目的的恋爱，因为你早已过了早恋的年纪。但也请不要被爱情束缚，成为爱情的奴隶，记住爱情并不是你上大学的唯一目的，如果你真的爱心中的那个她，就努力让自己变得更加优秀，因为以后的以后，可能会有很多人喜欢上她，而你所要做的就是将这些人比下去。

图 3-40　不均衡分栏效果

解决分栏内容不均衡的情况有如下三种方法：

① 在不选中分栏文本末尾段落标记的情形下进行分栏操作，如图 3-41 所示。

② 在该部分文档内容未进行分栏前，先在该部分文本的末尾处插入一个“连续”分节符或按【Enter】键进行换段，使得其下出现一个新的段落，然后再对其进行分栏操作，如图 3-42 和图 3-43 所示。

③ 将插入点定位于未均衡分栏文本的最后一个字符之后，插入一个“连续”分节符，系统会自动调整该内容进行均衡分栏。

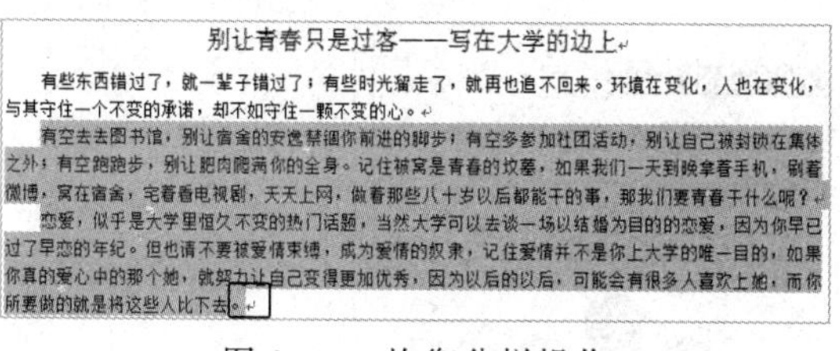

别让青春只是过客——写在大学的边上

有些东西错过了，就一辈子错过了；有些时光溜走了，就再也追不回来。环境在变化，人也在变化，与其守住一个不变的承诺，却不如守住一颗不变的心。

有空去去图书馆，别让宿舍的安逸禁锢你前进的脚步；有空多参加社团活动，别让自己被封锁在集体之外；有空跑跑步，别让肥肉爬满你的全身。记住被窝是青春的坟墓，如果我们一天到晚拿着手机，刷着微博，窝在宿舍，宅着看电视剧，天天上网，做着那些八十岁以后都能干的事，那我们要青春干什么呢？

恋爱，似乎是大学里恒久不变的热门话题，当然大学可以去谈一场以结婚为目的的恋爱，因为你早已过了早恋的年纪。但也请不要被爱情束缚，成为爱情的奴隶，记住爱情并不是你上大学的唯一目的，如果你真的爱心中的那个她，就努力让自己变得更加优秀，因为以后的以后，可能会有很多人喜欢上她，而你所要做的就是将这些人比下去。

图 3-41　均衡分栏操作 I

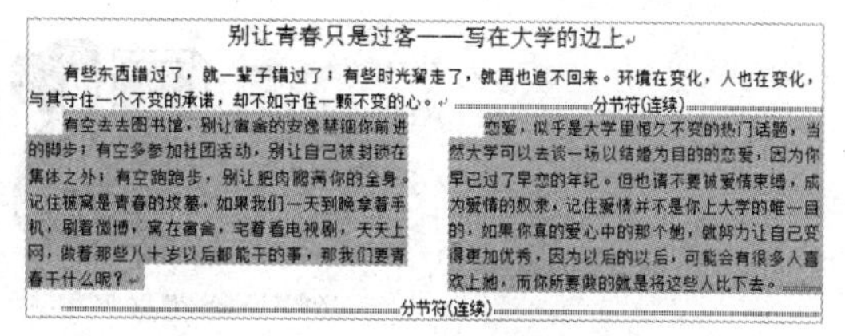

别让青春只是过客——写在大学的边上

有些东西错过了，就一辈子错过了；有些时光溜走了，就再也追不回来。环境在变化，人也在变化，与其守住一个不变的承诺，却不如守住一颗不变的心。

分节符(连续)

有空去去图书馆，别让宿舍的安逸禁锢你前进的脚步；有空多参加社团活动，别让自己被封锁在集体之外；有空跑跑步，别让肥肉爬满你的全身。记住被窝是青春的坟墓，如果我们一天到晚拿着手机，刷着微博，窝在宿舍，宅着看电视剧，天天上网，做着那些八十岁以后都能干的事，那我们要青春干什么呢？

恋爱，似乎是大学里恒久不变的热门话题，当然大学可以去谈一场以结婚为目的的恋爱，因为你早已过了早恋的年纪。但也请不要被爱情束缚，成为爱情的奴隶，记住爱情并不是你上大学的唯一目的，如果你真的爱心中的那个她，就努力让自己变得更加优秀，因为以后的以后，可能会有很多人喜欢上她，而你所要做的就是将这些人比下去。

分节符(连续)

图 3-42　均衡分栏操作 II（a）

别让青春只是过客——写在大学的边上

有些东西错过了，就一辈子错过了；有些时光溜走了，就再也追不回来。环境在变化，人也在变化，与其守住一个不变的承诺，却不如守住一颗不变的心。

有空去去图书馆，别让宿舍的安逸禁锢你前进的脚步；有空多参加社团活动，别让自己被封锁在集体之外；有空跑跑步，别让肥肉爬满你的全身。记住被窝是青春的坟墓，如果我们一天到晚拿着手机，刷着微博，窝在宿舍，宅着看电视剧，天天上网，做着那些八十岁以后都能干的事，那我们要青春干什么呢？

恋爱，似乎是大学里恒久不变的热门话题，当然大学可以去谈一场以结婚为目的的恋爱，因为你早已过了早恋的年纪。但也请不要被爱情束缚，成为爱情的奴隶，记住爱情并不是你上大学的唯一目的，如果你真的爱心中的那个她，就努力让自己变得更加优秀，因为以后的以后，可能会有很多人喜欢上她，而你所要做的就是将这些人比下去。

图 3-43　均衡分栏操作 II（b）

2. 首字下沉

首字下沉是将选定段落的第一个字放大数倍，以引导阅读，它也是报纸、杂志中常用的排版方式，主要通过“插入”选项卡“文本”组中的“首字下沉”按钮来实现。

【实例 3-9】将文档“别让青春只是过客——写在大学的边上”的正文第三段分为等宽的两栏，栏宽为 7 cm，栏间加分隔线；为第一段设置首字下沉，字体为隶书，下沉两行，距正文 0.3 cm，效果如图 3-44 所示。

别让青春只是过客——写在大学的边上

有些东西错过了，就一辈子错过了；有些时光溜走了，就再也追不回来。环境在变化，人也在变化，与其守住一个不变的承诺，却不如守住一颗不变的心。

有空去去图书馆，别让宿舍的安逸禁锢你前进的脚步；有空多参加社团活动，别让自己被封锁在集体之外；有空跑跑步，别让肥肉爬满你的全身。记住被窝是青春的坟墓，如果我们一天到晚拿着手机，刷着微博，窝在宿舍，宅着看电视剧，天天上网，做着那些八十岁以后都能干的事，那我们要青春干什么呢？

恋爱，似乎是大学里恒久不变的热门话题，当然大学可以去谈一场以结婚为目的的恋爱，因为你早已过了早恋的年纪。但也请不要被爱情束缚，成为爱情的奴隶，记住爱情并不是你上大学的唯一目的，如果你真的爱心中的那个她，就努力让自己变得更加优秀，因为以后的以后，可能会有很多人喜欢上她，而你所要做的就是将这些人比下去。

青春，值得你去拼搏，为的是你以后不用为是否买一份《南方周末》而思考半天；为的是你以后不为北京五万一平的房价而震惊不已；为的是以后不让你的女友为买一件奢侈品而瞻前顾后，当然也是为了当你垂暮之年时，想起你的大学的时光，嘴角能露出满意的微笑。

图 3-44　分栏、首字下沉效果

操作步骤如下：

① 选定正文第三段，单击“页面布局”选项卡“页面设置”组中的“分栏”下拉按钮，在下拉菜单中选择“更多分栏”命令，打开“分栏”对话框。在“预设”区域中选择“两栏”选项，“宽度”设为“7 厘米”，选择“分隔线”复选框，单击“确定”按钮。

② 单击“插入”选项卡“文本”组中的“首字下沉”下拉按钮，在下拉菜单中选择“首字下沉选项”命令，在弹出的“首字下沉”对话框中设置“位置”为“下沉”，“字体”为“隶书”，“下沉行数”为“2”，“距正文”为“0.3 厘米”，单击“确定”按钮。

3.4 图文混排

在实际文档处理过程中，往往需要在文档中插入一些媒体对象来装饰文档，以增强文档的可读性、艺术性和感染力。在 Word 2010 中，可以插入的对象包括各种类型的图片、图形对象（如形状、SmartArt 图形、文本框、艺术字等）、公式和图表等，如图 3-45 所示。

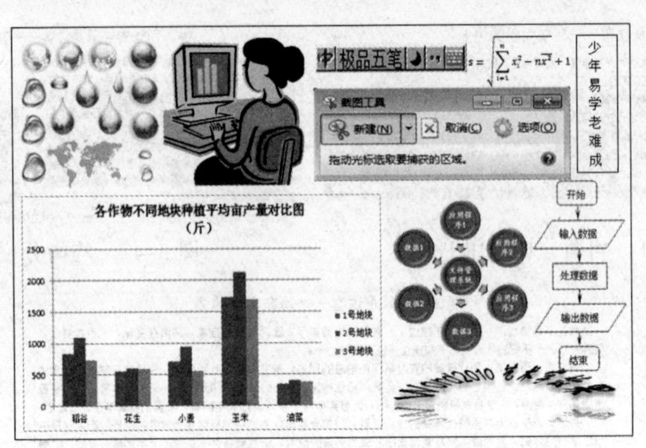

图 3-45　Word 2010 中可以插入的对象

3.4.1　插入图片和剪贴画

在 Word 2010 中插入的图片可以是来自外部的图片文件，也可以是程序本身带有的剪贴画，甚至可以直接插入屏幕截图，这极大地丰富了文档的表现力。

1. 插入来自文件的图片

在 Word 2010 文档中可以插入各类格式的图片文件，通过在“插入”选项卡“插图”组中单击“图片”按钮，可以进行插入。

2. 插入剪贴画

Microsoft Office 提供了大量的剪贴画，并将其存储在剪辑管理器中，通过单击“插入”选项卡“插图”组中的“剪贴画”按钮，可以插入剪贴画。

3. 截取屏幕图片

（1）截取整个屏幕

按【PrintScreen】键可将整个屏幕复制到剪贴板，然后可粘贴至文档。

（2）截取当前活动窗口

① 打开一个程序窗口，然后将光标移到文档中需要放置图片的位置。

② 单击“插入”选项卡“插图”组中的“屏幕截图”下拉按钮，在弹出的下拉菜单中可以看到当前打开的程序窗口，单击需要截取画面的程序窗口即可。

【提示】打开程序窗口后，还可以按【Alt+PrintScreen】组合键将其复制到剪贴板，然后粘贴至文档。

（3）截取窗口中的部分内容

① 将需截取部分内容的窗口显示出来，并移到屏幕上的空白区域（方便截取）。

② 单击“插入”选项卡“插图”组中的“屏幕截图”下拉按钮，在弹出的下拉菜单中选择“屏幕剪辑”命令，然后迅速将鼠标指针移动到系统任务栏处，单击截取画面的程序图标（此处是 Word 程序窗口），激活该程序。等待几秒，当画面处于半透明状态时，在要截图的位置处拖动鼠标选中要截取的范围，释放鼠标后，要截取的部分窗口内容就作为图片插入到当前 Word 文档中。

【提示】使用“所有程序”→“附件”中的“截图工具”也可截取窗口中的部分内容。

4. 设置图片格式

选中插入的图片，Word 功能区将自动出现“图片工具 | 格式”选项卡，如图 3-46 所示。通过该选项卡，可以对图片的大小、格式进行各种设置。

（1）设置图片样式和效果

在“格式”选项卡中，单击“图片样式”组中的“其他”下三角按钮，在打开的“图片样式库”中可以选择合适的样式设置图片格式。为图片设置“金属椭圆”样式，如图 3-47 所示。

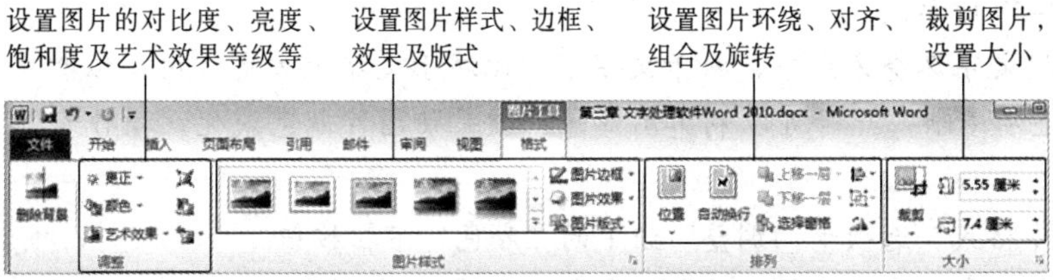

设置图片的对比度、亮度、饱和度及艺术效果等级等　设置图片样式、边框、效果及版式　设置图片环绕、对齐、组合及旋转　裁剪图片，设置大小

图 3-46 “图片工具”的“格式”选项卡

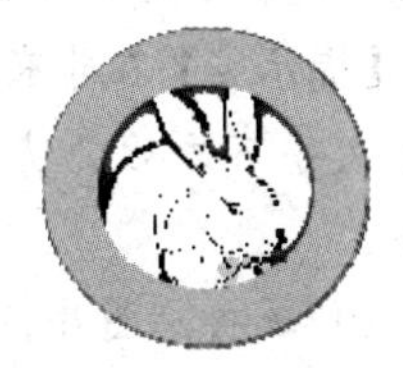

图 3-47 “金属椭圆”样式

另外，在“图片样式”组中，还包括“图片边框”“图片效果”“图片版式”三个命令按钮。

①“图片边框”可以设置图片的边框以及边框的线型和颜色；

②“图片效果”可以设置图片的阴影效果、旋转等；

③“图片版式”可以设置图片的不同版式。

（2）设置图片的文字环绕方式

文档中插入图片后，常常会把周围的正文“挤开”，形成文字对图片的环绕。文字对图片的环绕方式主要分为两类：一类是将图片视为文字对象，与文档中的文字一样占有实际位置，它在文档中与上下左右文本的位置始终保持不变，如嵌入型；另一类是将图片视为区别于文字的外部对象处理，如四周型、紧密型、衬于文字下方、浮于文字上方、上下型和穿越型（前四种更为常用）。其中，四周型是指文字沿图片四周呈矩形环绕；紧密型的文字环绕形状随图片形状不同而不同（如图片是圆形，则环绕形状是圆形）；衬于文字下方是指图片位于文字下方；浮于文字上方是指图片位于文字上方。这四种文字环绕的效果如图 3-48 所示。

设置文字环绕有以下两种方法：

① 单击“图片工具 | 格式”选项卡“排列”组中的“自动换行”按钮，在下拉菜单中选择需要的环绕方式。

② 右击图片，在弹出的快捷菜单中选择“自动换行”命令，在打开的级联菜单中选择所需的方式。

四周型

诸多大学生往往会忘记励志与成长的必要性，常常沉迷于形形色色的游戏，流连于那男男女女的花哨爱情，反复于空虚迷茫的空洞之中。但是，是苍鹰就应搏击长空，笑傲苍穹；是汪洋就应抨斥礁石，启明晨曦。大学的旋律，低潮高潮，抑扬顿挫，有时候你会被刺得遍体鳞伤。无知，暴跌，迷茫会如巫婆一样对你死缠烂打，但是你一定要目标明确。明确目标之后，你就要抛头颅，洒热血般为之奋斗。不管是学习上的进取，还是工作上的精益求精，抑或是踏入社会的初步实践，我们要站在足够高的位置，学会瞻远，学会目观全局，摆正心态，调整战略政策，达到你的期望。在其中，你会亲味这种亲临你生命的无尽享受和欣悦。

紧密型

诸多大学生往往会忘记励志与成长的必要性，常常沉迷于形形色色的游戏，流连于那男男女女的花哨爱情，反复于空虚迷茫的空洞之中。但是，是苍鹰就应搏击长空，笑傲苍穹；是汪洋就应抨斥礁石，启明晨曦。大学的旋律，低潮高潮，抑扬顿挫，有时候你会被刺得遍体鳞伤。无知，暴跌，迷茫会如巫婆一样对你死缠烂打，但是你一定要目标明确。明确目标之后，你就要抛头颅，洒热血般为之奋斗。不管是学习上的进取，还是工作上的精益求精，抑或是踏入社会的初步实践，我们要站在足够高的位置，学会瞻远，学会目观全局，摆正心态，调整战略政策，达到你的期望。在其中，你会亲味这种亲临你生命的无尽享受和欣悦。

衬于文字下方

诸多大学生往往会忘记励志与成长的必要性，常常沉迷于形形色色的游戏，流连于那男男女女的花哨爱情，反复于空虚迷茫的空洞之中。但是，是苍鹰就应搏击长空，笑傲苍穹；是汪洋就应抨斥礁石，启明晨曦。大学的旋律，低潮高潮，抑扬顿挫，有时候你会被刺得遍体鳞伤。无知，暴跌，迷茫会如巫婆一样对你死缠烂打，但是你一定要目标明确。明确目标之后，你就要抛头颅，洒热血般为之奋斗。不管是学习上的进取，还是工作上的精益求精，抑或是踏入社会的初步实践，我们要站在足够高的位置，学会瞻远，学会目观全局，摆正心态，调整战略政策，达到你的期望。在其中，你会亲味这种亲临你生命的无尽享受和欣悦。

浮于文字上方

诸多大学生往往会忘记励志与成长的必要性，常常沉迷于形形色色的游戏，流连于那男男女女的花哨爱情，反复于空虚迷茫的空洞之中。但是，是苍鹰就应搏击长空，笑傲苍穹；是汪洋就应抨斥礁石，启明晨曦。大学的旋律，低潮高潮，抑扬顿挫，有时候你会被刺得遍体鳞伤。无知，暴跌，迷茫会如巫婆一样对你死缠烂打，但是你一定要目标明确。明确目标之后，你就要抛头颅，洒热血般为之奋斗。不管是学习上的进取，还是工作上的精益求精，抑或是踏入社会的初步实践，我们要站在足够高的位置，学会瞻远，学会目观全局，摆正心态，调整战略政策，达到你的期望。在其中，你会亲味这种亲临你生命的无尽享受和欣悦。

图 3-48　四种常用的文字环绕效果

【提示 1】 在各种文字环绕方式中，“嵌入型”是系统默认的环绕方式，如在简历表中插入照片时，照片默认为“嵌入型”，其位置是不能随意变化的，只有将其设置为“四周型环绕”，才能调整其位置，如图 3-49 所示。

【提示 2】 在非嵌入型文字环绕方式中，衬于文字下方比浮于文字上方更常用。但图片衬于文字下方后会使字迹不清晰，此时可以利用图形着色效果使图片颜色淡化，操作步骤如下：

① 单击“图片工具 | 格式”选项卡“调整”组中的“颜色”下拉按钮。

② 在下拉菜单“重新着色”区中选择“冲蚀”命令，如图 3-50 所示。

个人简历表

姓名		性别		出生日期		
民族		文化程度		政治面貌		
婚姻状况		身高		体重		
联系地址				邮政编码		
联系电话				E-mail		

图 3-49　设置照片为“四周型环绕”

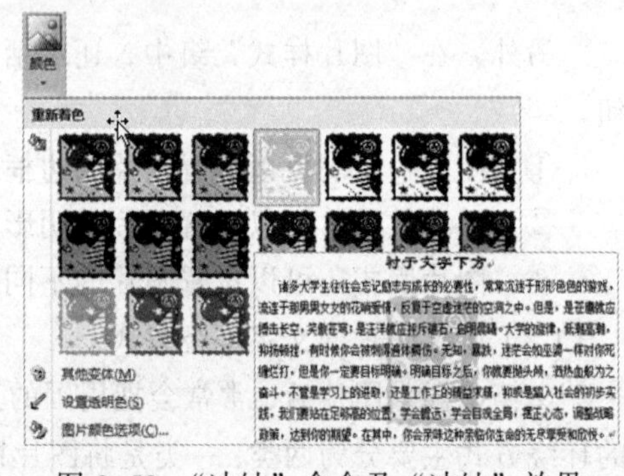

图 3-50　“冲蚀”命令及“冲蚀”效果

（3）删除图片背景

插入到文档中的图片可能会因为背景颜色太深而影响阅读和输出效果，此时可以去除图片背景，删除图片背景的操作步骤如下：

① 选中要进行设置的图片，打开“图片工具 | 格式”选项卡。

② 单击“调整”组中的“删除背景”命令按钮，此时在图片上出现遮幅区域，如图 3-51 所示。线框区域内原色显示的部分为要保留的对象，图片上以紫色显示的内容为将被自动消除的内容。

③ 在图片上调整选项区域四周的控制柄，使要保留的图片内容浮现出来。调整完成后，在“背景消除”选项卡中单击“保留更改”按钮，指定图片的背景被删除，如图 3-52 所示。

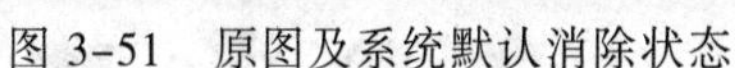

图 3-51　原图及系统默认消除状态

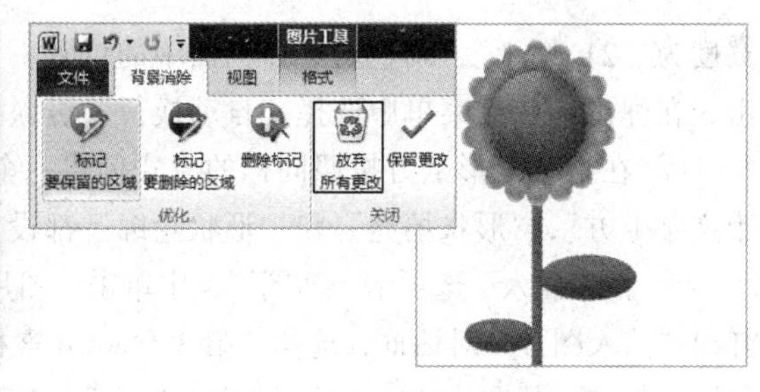

图 3-52　消除图片的背景

【实例 3-10】为大三学生张静制作一份简洁而醒目的个人简历。要求新建一个 Word 文件，在其中插入图片，用到的图片存放在“第 3 章 word 素材\插入对象”文件夹中，图片素材如图 3-53 所示，示例样式如图 3-54 所示，具体要求如下：

① 在适当位置插入标准色为橙色与白色的两个矩形，其中橙色矩形占满 A4 幅面，文字环绕方式为“浮于文字上方”，作为简历的背景。

② 插入图片“1.png”，依据样式进行裁剪和调整，并删除图片的剪裁区域。

③ 根据需要插入图片 2.jpg、3.jpg 和 4.jpg。

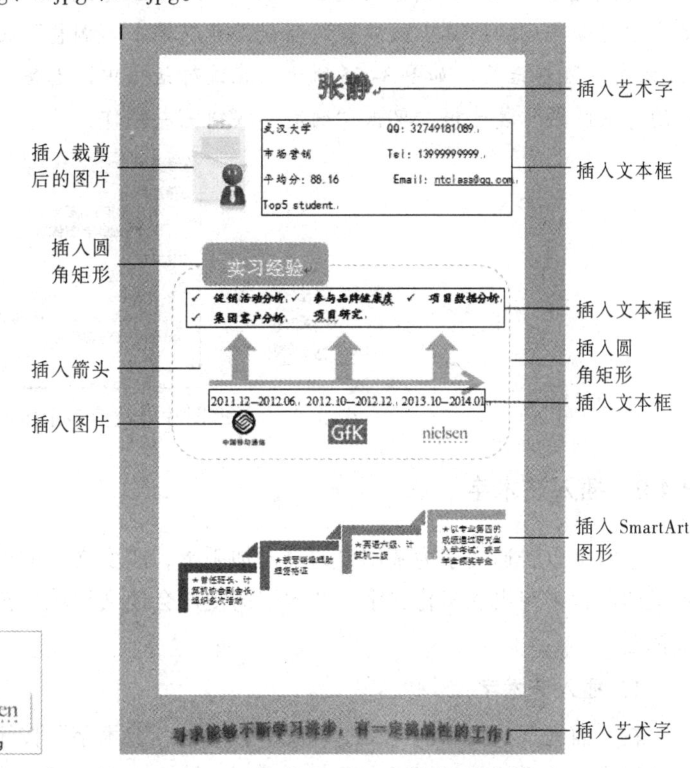

1.png　2.jpg　3.jpg　4.jpg

图 3-53　图片素材

图 3-54　示例参考样式

操作步骤如下：

① 新建空白 Word 文档。

② 单击“插入”选项卡“插图”组中的“形状”下拉按钮，在其下拉菜单中选择“矩形”命令，在页面中绘制一个矩形。

③ 选中矩形，在“绘图工具 | 格式”选项卡“形状样式”组中分别将“形状填充”和“形状轮廓”设为“标准色”下的“橙色”。在“大小”组中输入 A4 纸的高度为“29.7 厘米”，

宽度为“21 厘米”。调整矩形在页面中的位置，使其正好覆盖当前页面。选中橙色矩形并右击，在弹出的快捷菜单中选择“自动换行”级联菜单中的“浮于文字上方”命令。

④ 在橙色矩形上方按照同样的方式创建一个白色的矩形，并将其“自动换行”设为“浮于文字上方”，“形状填充”和“形状轮廓”都设为“主题颜色”下的“白色”。

⑤ 在“插入”选项卡“插图”组中单击“图片”按钮，弹出“插入图片”对话框，选择“第 3 章 word 素材\插入对象”文件夹下的图片“1.png”，单击“插入”按钮。

⑥ 选择插入的图片并右击，在弹出的快捷菜单中选择“自动换行”下的“四周型环绕”命令；单击“大小”组中的“裁剪”命令按钮，裁剪出需要的图片，如图 3-55 所示，按【Esc】键确定。

⑦ 使用同样的操作方法在对应位置插入图片 2.jpg、3.jpg 和 4.jpg，并调整好大小和位置。

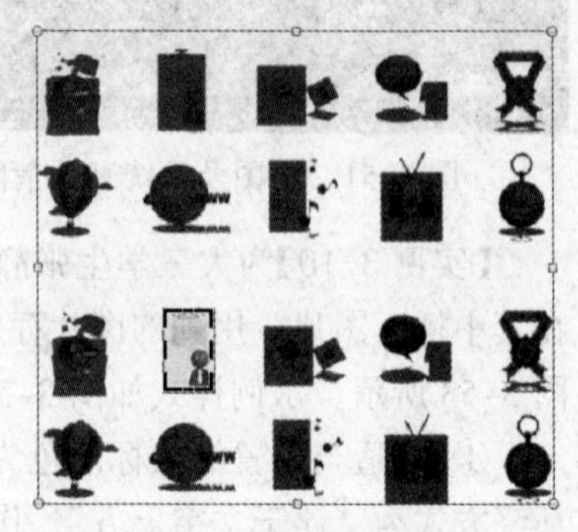

图 3-55 裁剪出所需图片

【提示】实际上，在裁剪完成后，图片的多余区域依然保留在文档中，只不过看不到而已。如果希望彻底删除图片中被裁剪的部分，可以单击“调整”组中的“压缩图片”按钮，打开“压缩图片”对话框，如图 3-56 所示。在该对话框中，选择“压缩选项”区域中的“删除图片的剪裁区域”复选框，单击“确定”按钮完成操作。

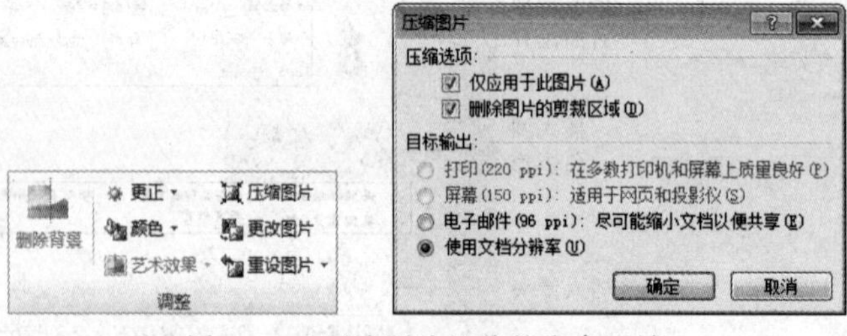

图 3-56 压缩图片以裁剪多余区域

3.4.2 插入艺术字

艺术字以普通文字为基础，通过添加阴影，改变文字的大小和颜色，把文字变成多种预定义的形状来突出和美化文字。艺术字的使用会使文档产生艺术美的效果，常用来创建标志或标题。

1. 插入艺术字

在“插入”选项卡的“文本”组中，单击“艺术字”按钮，从打开的下拉菜单中选择所需的样式，在文档的编辑区出现艺术字框，输入文字即可。

2. 设置艺术字的格式

插入的艺术字并不能满足排版要求，需进行必要的格式设置，如改变艺术字的大小、颜色、形状、阴影、三维效果等。

【实例 3-11】在实例 3-10 的简历中，插入艺术字，要求如下：

① 艺术字“张静”为标准色“橙色”。

②“寻求能够不断学习进步，有一定挑战性的工作!”文本效果为跟随路径的“上弯弧”。

操作步骤如下：

① 在“插入”选项卡“文本”组中单击“艺术字”下拉按钮，在下拉菜单中选择“填充-橙色，强调文字颜色 6，暖色粗糙棱台”选项（最后一行第二个）的橙色艺术字；输入“张静”，并调整好位置。

② 选中艺术字，设置艺术字的“文本填充”为“橙色”，“文本轮廓”为“标准色”的“红色”，调整艺术字的大小和位置。

③ 单击“插入”选项卡“文本”组中的“艺术字”按钮，选中第一行第一个，输入文字“寻求能够不断学习进步，有一定挑战性的工作!”。设置艺术字字号为小一号，将艺术字文本框移至页面最下方。

④ 选中艺术字，设置其“文本填充”和“文本轮廓”都为“红色”；在“艺术字样式”组的“文本效果”下选择“转换”→“跟随路径”→“上弯弧”选项，如图 3-57 所示。

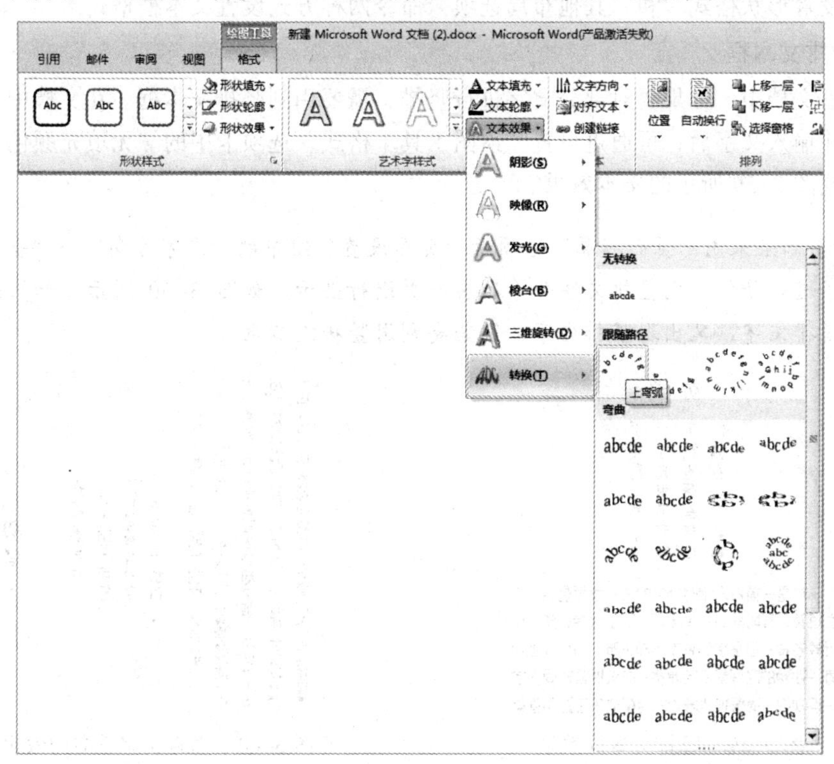

图 3-57 为艺术字设置“跟随路径——上弯弧”的文本效果

⑤ 按照图 3-54 所示的示例参考样式，适当调整艺术字的大小和位置。

【提示】选定艺术字，选择“艺术字样式”组中的“文字效果”下拉按钮，在下拉菜单中选择“转换”命令，进行形状的改变后，在艺术字的四周会出现三种类型的控制点。各控制点的含义如图 3-58 所示。

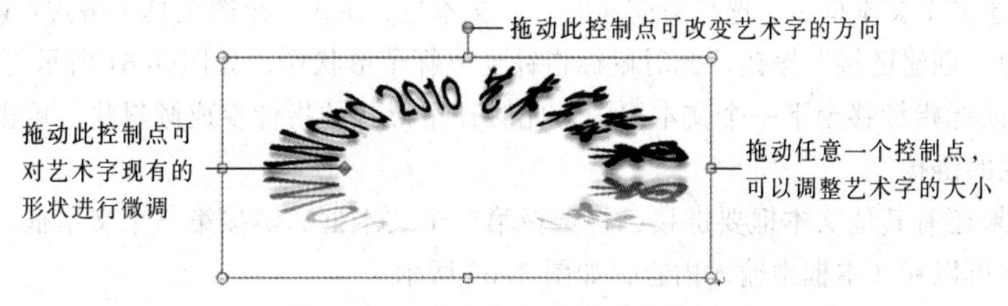

图 3-58 “艺术字”控制点的作用

3.4.3 插入文本框

文本框是一种包含文字、表格等的图形对象，利用文本框可以将文字、表格等放置在文档中的任意位置，从而实现灵活的版面设置。

1. 插入文本框

常见的文本框分为横排文本框和竖排文本框两种，在“插入”选项卡的“文本”组中单击“文本框”按钮，可以插入文本框。

2. 设置文本框格式

同艺术字一样，插入或绘制文本框后，可通过“绘制工具 | 格式”选项卡和右键快捷菜单中的“设置形状格式”和“其他布局选项”命令两种方式设置文本框格式。

3. 竖排文本框

在一篇文档中，如果要对部分文字进行竖排，需要用到竖排文本框。在文档中，绘制竖排文本框并输入文字后，可通过设置“绘图工具 | 格式”选项卡中的“无填充颜色”和“无轮廓”实现图 3-59 所示的文本效果。

【提示】如果采用“页面布局”选项卡“页面设置”组中的“文字方向”→“垂直”命令对选中文字进行竖排，则竖排文字会单独占一页进行显示，如图 3-60 所示。如果想在一页上既出现横排文字，又出现竖排文字，则需要利用竖排文本框。

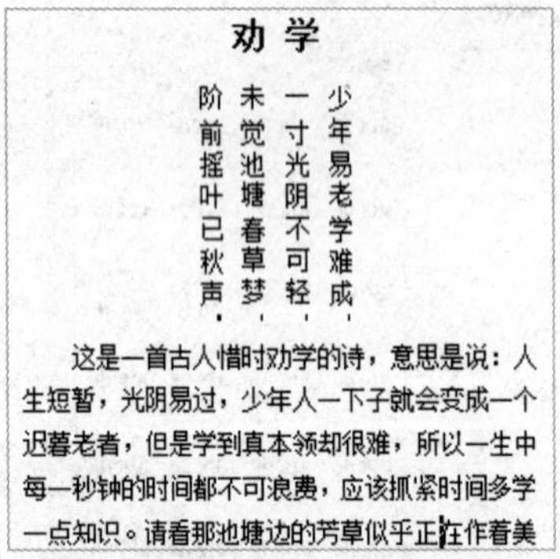

劝学

少年易老学难成，
一寸光阴不可轻，
未觉池塘春草梦，
阶前摇叶已秋声。

这是一首古人惜时劝学的诗，意思是说：人生短暂，光阴易过，少年人一下子就会变成一个迟暮老者，但是学到真本领却很难，所以一生中每一秒钟的时间都不可浪费，应该抓紧时间多学一点知识。请看那池塘边的芳草似乎正在作着美

图 3-59　竖排文本框效果

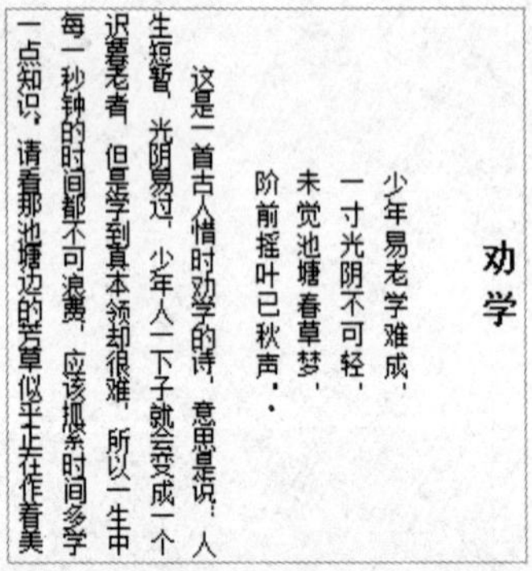

劝学

少年易老学难成，
一寸光阴不可轻，
未觉池塘春草梦，
阶前摇叶已秋声。

这是一首古人惜时劝学的诗，意思是说：人生短暂，光阴易过，少年人一下子就会变成一个迟暮老者，但是学到真本领却很难，所以一生中每一秒钟的时间都不可浪费，应该抓紧时间多学一点知识。请看那池塘边的芳草似乎正在作着美

图 3-60　垂直文字方向的效果

4. 文本框链接

（1）链接文本框

将两个以上的文本框链接在一起称为文本框的链接。如果一个文本框无法显示过多的内容时，通过链接可将多出来的内容自动在另一个文本框中显示。实现文本框链接的操作步骤如下：

① 创建多个文本框后，选择最前面的一个文本框，单击“绘图工具 | 格式”选项卡“文本”组中的“创建链接”按钮，此时鼠标指针变成杯子形状，如图 3-61 所示。

② 将鼠标指针移至下一个文本框中，此时杯子形状的指针变成倾斜状，单击即可完成两个文本框的链接。

③ 如果还有其他文本框要链接，再选择第二个文本框、链接第三个文本框。链接好文本框后，才可以在文本框中输入内容，如图 3-62 所示。

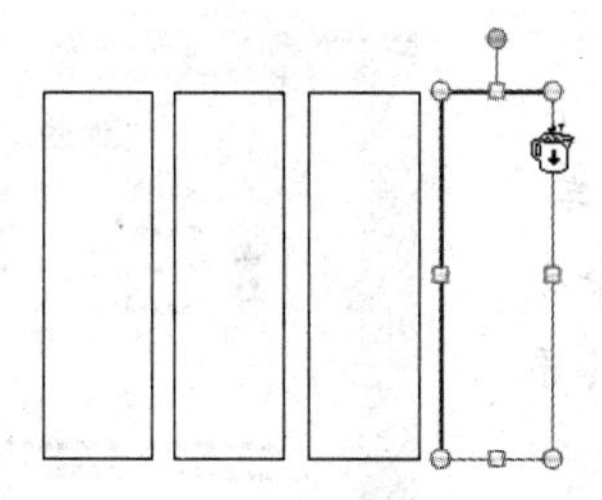

图 3-61　选择文本框并执行链接命令

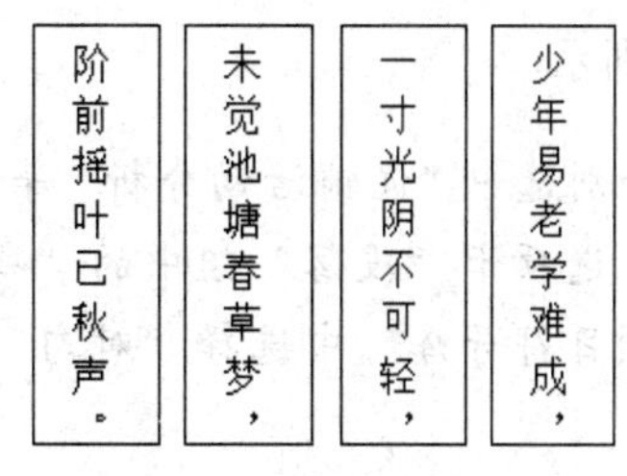

图 3-62　链接后输入内容

【提示】

① 多文本框的链接必须依次进行，且所有文本框的类型相同，目标文本框链接前内容需为空。

② 对链接文本框内的内容进行增删时，系统自动对各链接文本框内容统一调整。

③ 文本框链接后，对链接内容可以进行全选后统一设置，也可以分别选中进行单独设置。

（2）断开文本框链接

要取消链接，可先选中前一个文本框，单击“绘图工具 | 格式”选项卡“文本”组中的“断开链接”按钮即可。

【实例 3-12】在实例 3-11 的简历中，插入文本框并添加图 3-63 所示的文字，调整文字的字体、字号、位置和颜色。

操作步骤如下：

① 在“插入”选项卡“文本”组的“文本框”下选择“绘制文本框”命令，按照简历样式，在艺术字“张静”下方绘制一个文本框。

② 在文本框中输入图 3-63 所示的文字，选中文本框中的文字，设置字体为“楷体”，字号为“小四”，适当调整两列文本的间距，在“段落”对话框中设置文本行距为“2 倍行距”。

③ 选中文本框并右击，在弹出的快捷菜单中选择“设置形状格式”命令，在“设置形状格式”对话框中设置“线条颜色”为“无线条”，如图 3-64 所示。

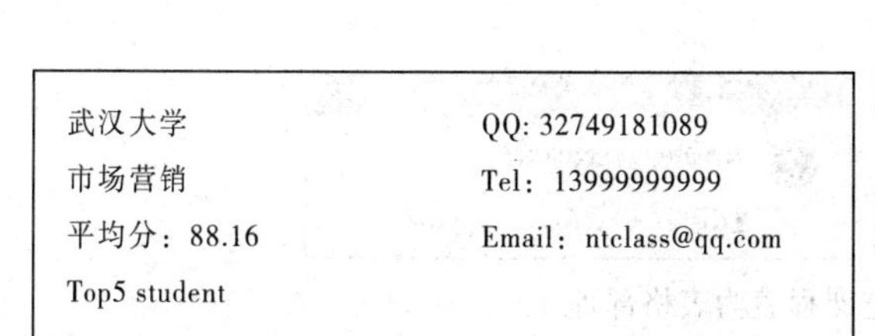

图 3-63　文本框中文字

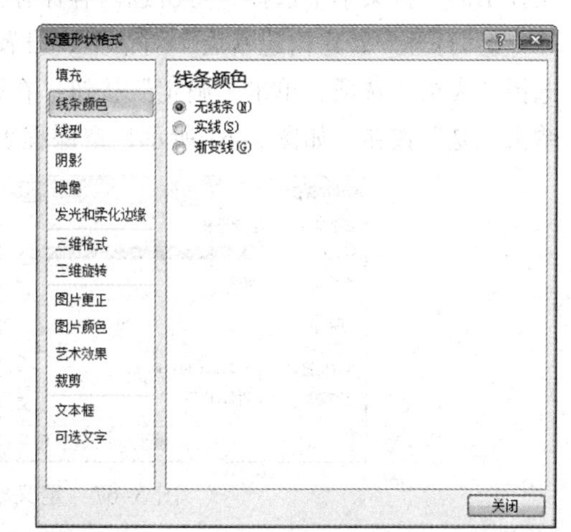

图 3-64　设置文本框线条颜色为无线条

④ 用同样的方法，为“促销活动分析”“集团客户分析”及时间经历等制作文本框，效

果如图 3-65 所示。

【提示】分别选中“促销活动分析”等文本框的文字，单击“开始”选项卡“段落”组中的“项目符号”命令按钮，在“项目符号库”中选择“对勾”符号，为其添加“对勾”。

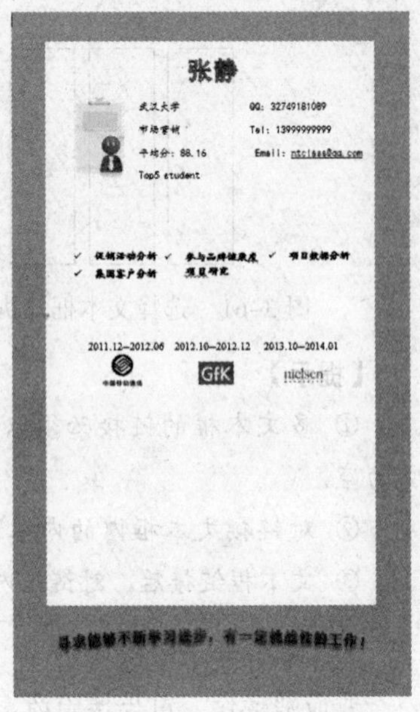

图 3-65　插入文本框效果

3.4.4　插入文档部件

文档部件是对某一段指定文档内容（如文本、图片、表格、段落等文档对象）的保存和重复使用。对于文档中一些固定不变的或是不会经常改变的内容，可以利用“文档部件”将其作为一个单独部件进行存储，方便以后再次使用。

【实例 3-13】将图 3-66 所示的空课程表以表格部件的形式保存起来，以便再次使用。

20　-20　学年第　学期课程表

		星期一	星期二	星期三	星期四	星期五
上午	第一节					
	第二节					
	第三节					
	第四节					
下午	第五节					
	第六节					
	第七节					

图 3-66　空课程表

操作步骤如下：

① 选中表格标题及空课程表，选择“插入”选项卡“文本”组中的“文档部件”命令，在弹出的下拉菜单中选择“将所选内容保存到文档部件库”命令。

② 打开“新建构建基块”对话框，设置“名称”为“空课程表”，在“库”下拉列表中选择“表格”选项，单击“确定”按钮；在弹出的“是否重新定义构建基块条目”提示框中单击“是”按钮，如图 3-67 所示。空课程表就作为一个表格部件保存在库中。

图 3-67　定义空课程表为表格部件

③ 需要再次使用该空课程表时，将光标置于要插入课程表的位置，在“插入”选项卡“表格”组的“表格”下拉菜单中选择“快速表格”命令，在“空课程表”表格部件上单击，即可快速调用，如图 3-68 所示。

图 3-68　快速调用表格部件

文档部件中的域是引导 Word 在文档中自动插入文字、图形、页码或其他信息的一组代码，其功能与 Excel 中的函数非常相似，域可以在无须人工干预的条件下自动完成任务。

【实例 3-14】现有某公司的战略规划文档，部分内容如图 3-69 所示。将其中已设置为“标题 1，标题样式一”的文本（如“企业摘要”）自动显示在每页的页眉区中，效果如图 3-70 所示。

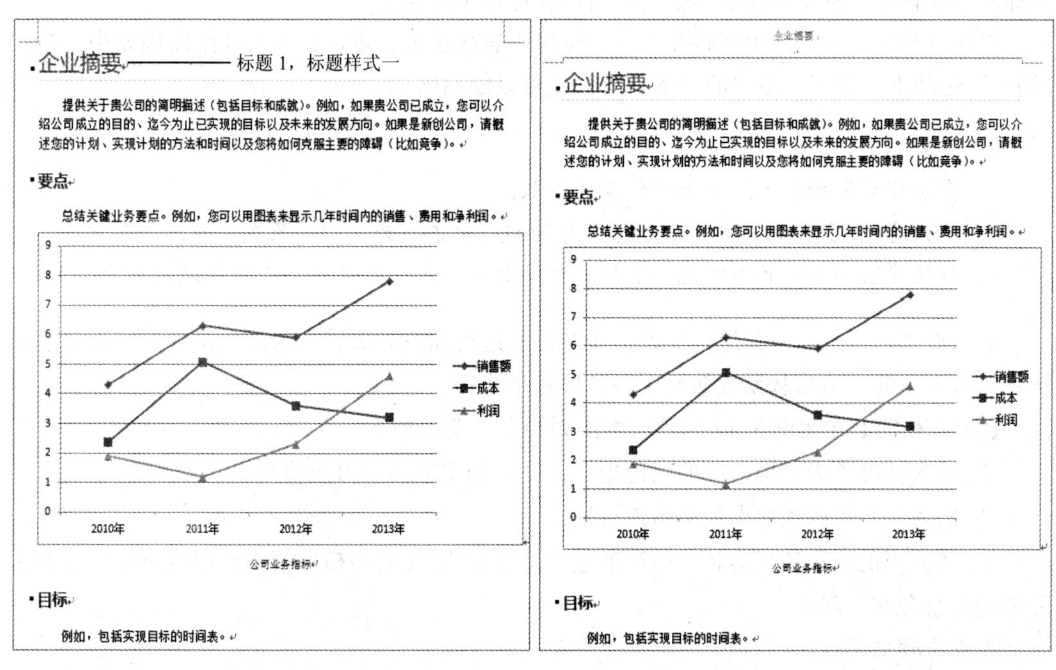

图 3-69　公司战略规划文档部分内容　　　　图 3-70　将指定的文本插入页眉效果图

操作步骤如下：

① 双击页眉定位光标，选择“插入”选项卡“文本”组中的“文档部件”命令，在下拉菜单中选择“域”命令。

② 在弹出的“域”对话框中选择“类别”中的“链接和引用”选项，“域名”为“StyleRef”；“域属性”区域的“样式名”列表框中选择要求插入文本的样式“标题 1，标题样式一”选项，单击“确定”按钮，如图 3-71 所示。

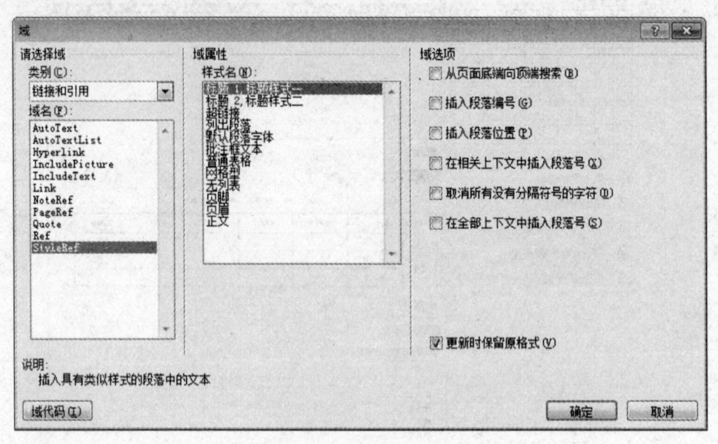

图 3-71　文档部件的“域”对话框

操作完成后，即将指定的文本插入在了每页的页眉区中。

3.4.5　绘制图形

Word 2010 的形状中提供了一整套现有的基本图形，如线条、矩形、基本形状、箭头总汇和流程图等，每种类型又包含若干图形样式。插入的形状中可以添加文字，设置阴影、发光和三维旋转等各种特殊效果，使文档的内容更加丰富生动。

默认情况下，插入的形状将在文本编辑区中直接插入，也可以插入在绘图画布中，单击“插入”选项卡“插图”组中的“形状”按钮可以绘制图形。

【提示】

① 直接拖动鼠标，可绘制长宽任意的形状。

② 按住【Ctrl】键的同时拖动鼠标，可绘制以单击点为中心，长宽非等比的形状。

③ 按住【Shift】键的同时拖动鼠标，可绘制以单击点为起点，长宽等比的形状。

插入形状后，可以对其进行编辑，如对形状进行缩放和旋转，为形状添加文字，将多个形状组合在一起，为形状设置叠放次序和形状格式等。

【实例 3-15】在实例 3-12 的简历中绘制图形，要求如下：

① 插入标准色为“橙色”的圆角矩形，并添加文字“实习经验”。

② 插入一个短画线的虚线圆角矩形框。

③ 在适当的位置使用形状中的标准色“橙色箭头”（其中横向箭头使用线条类型箭头），并将箭头组合在一起。

操作步骤如下：

① 单击“插入”选项卡“插图”组中的“形状”下拉按钮，在其下拉菜单中选择“圆角矩形”命令，在合适的位置绘制圆角矩形，并设置其“形状填充”和“形状轮廓”为“标准色”下的“橙色”。选中所绘制的圆角矩形右击，在弹出的快捷菜单中选择“添加文字”命令，在其中输入文字“实习经验”，并设置其“字体”为“宋体”，“字号”为“小二”。

② 再绘制一个圆角矩形，并调整其大小。选中此矩形，在“绘图工具 | 格式”选项卡“形状样式”组中将“形状填充”设为“无填充颜色”，在“形状轮廓”列表中选择“虚线”下的“短画线”选项，“粗细”设为“0.5 磅”，“颜色”设为“橙色”，线型及粗细的设置如图 3-72 所示。

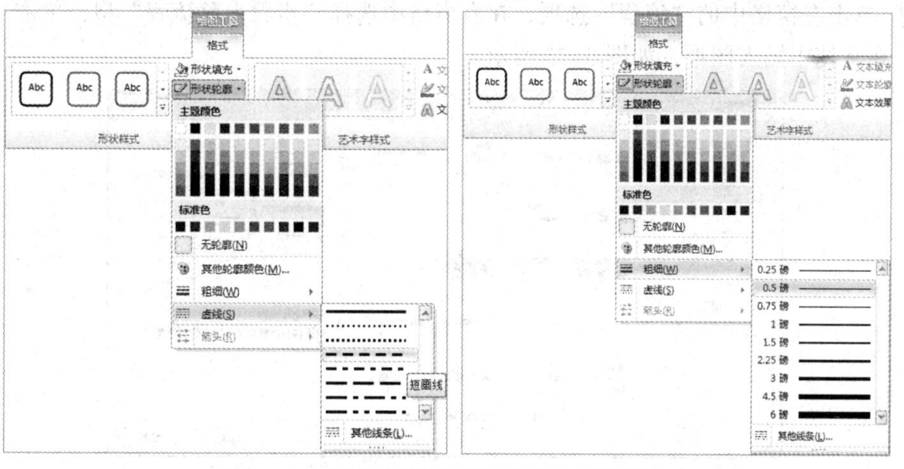

图 3-72 圆角矩形轮廓线型及粗细的设置

③ 选择“插入”选项卡“插图”组“形状”下拉菜单中“线条”区中的“箭头”命令，在“实习经验”下的圆角矩形中按住【Shift】键，画一条水平方向的箭头。选中该箭头，在“形状轮廓”中设置“标准色”的“橙色”，“粗细”设为“4.5 磅”。

④ 插入“箭头总汇”区中的“上箭头”，设置其“形状填充”和“形状轮廓”均为“标准色”的“橙色”。复制出同样的两个橙色上箭头，调整箭头至合适的位置。

⑤ 按住【Shift】键，依次选中四个箭头，在图形中间右击，在弹出的快捷菜单中选择“组合”→“组合”命令，将多个图形组合在一起，效果如图 3-73 所示。

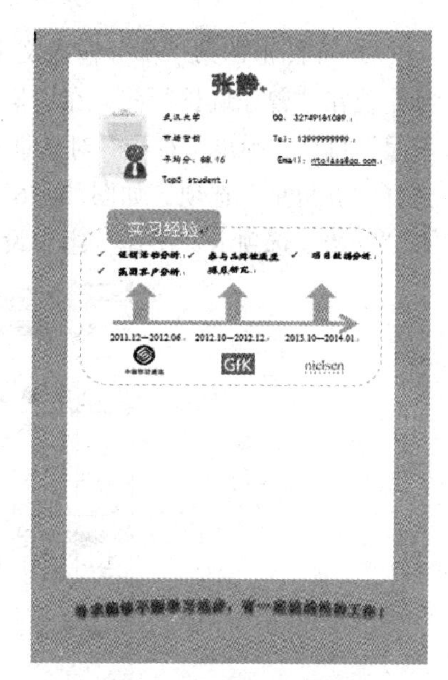

图 3-73 绘制形状效果

3.4.6 插入 SmartArt 图形

SmartArt 图形是 Word 中预设的形状、文字及样式的集合，包括列表、流程、循环、层次结构、关系、矩阵、棱锥图和图片八种类型，每种类型下有多个图形样式。使用 SmartArt 图形能更直观、有层次地表达自己的观点和信息。

【实例 3-16】在实例 3-15 的简历中插入图 3-74 所示的 SmartArt 图形，并进行适当的编辑。

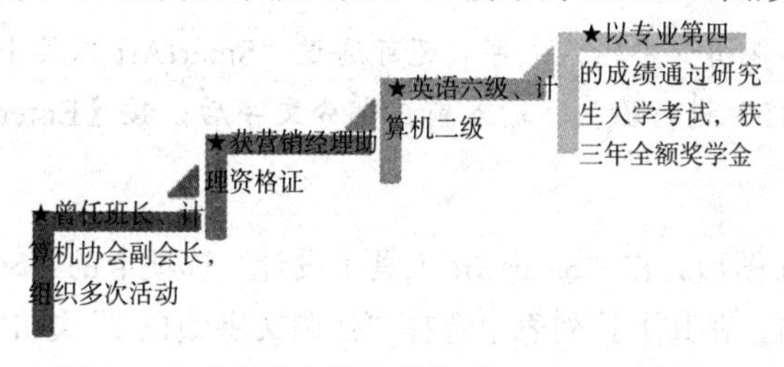

图 3-74 “步骤上移流程”型 SmartArt 图形

操作步骤如下：

① 选择合适的位置，在“插入”选项卡“插图”组中单击“SmartArt”命令按钮，弹出“选择 SmartArt 图形”对话框。

② 单击左窗格中的“流程”选项，在右窗格中选择“步骤上移流程”型，单击“确定”按钮，在文档中插入图形，如图 3-75 所示。

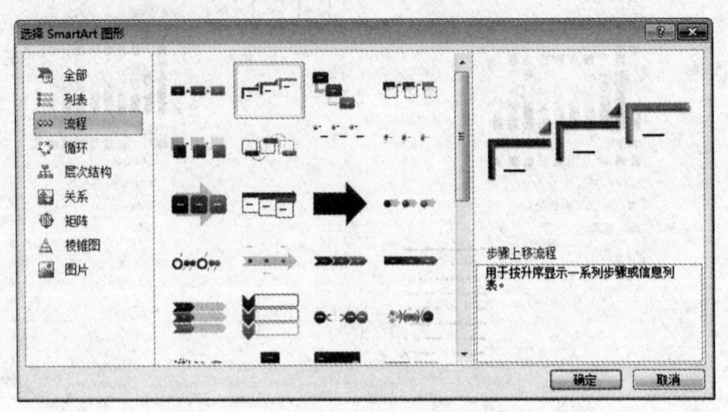

图 3-75 选择“步骤上移流程”型

③ 在图形的第一部分输入文字“曾任班长、计算机协会副会长，组织多次活动”，将光标定位在“曾任班长”前，在“插入”选项卡“符号”组的“符号”下拉列表中选择“其他符号”命令，弹出“符号”对话框。“子集”下拉列表中选择“其他符号”选项后，列表框中选择“五角星”选项，如图 3-76 所示，即可插入一个黑色五角星。选中所插入的五角星，在“开始”选项卡“字体”组中设置“字体颜色”为“标准色”中的“红色”。

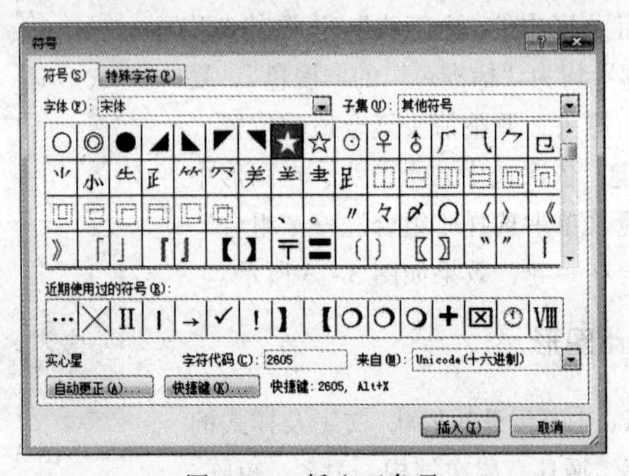

图 3-76 插入五角星

④ 同理，在图形中输入前三部分文字。在“SmartArt 工具 | 设计”选项卡的“创建图形”组中单击“添加形状”按钮，使其成为四个，输入相应文字，并设置合适的字体和大小。

【提示】除了直接在图形中输入文字，还可通过“SmartArt 工具 | 设计”选项卡“创建图形”组中的“文本窗格”进行输入。输入前三部分文字后，按【Enter】键，可在图形中添加形状，如图 3-77 所示。

⑤ 选中 SmartArt 图形，在“SmartArt 工具 | 设计”选项卡的“SmartArt 样式”组中单击“更改颜色”下拉按钮，在其下拉列表中选择“强调文字颜色 2”组中的“渐变范围—强调文字颜色 2”选项，插入 SmartArt 图形后即为简历设计的最终效果。

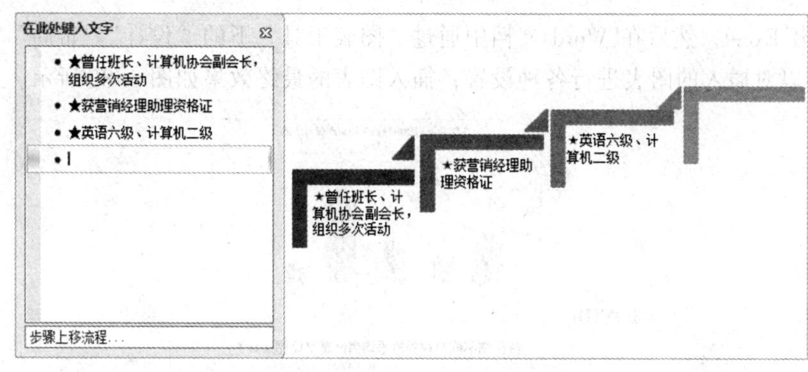

图 3-77　通过“文本窗格”输入文字及添加形状

3.4.7　插入图表

图表可对表格中的数据图示化，增强可读性。在文档中，可以通过“插入”选项卡“插图”组中的“图表”命令制作图表。

【实例 3-17】将 Word 表格“各作物不同地块种植平均亩产量对比图(斤)”(注：1 斤=0.5 kg) 中的数据转换成簇状柱形图，并插入到文档“附：统计数据”的前面，图 3-78 所示为图表数据源。

附：统计数据

各作物不同地块种植平均亩产量对比图（斤）

	1号地块	2号地块	3号地块	备注
稻谷	835	1100	735	
花生	560	605	590	
小麦	715	940	560	
玉米	1730	2130	1690	
油菜	350	400	380	

图 3-78　图表数据源

操作步骤如下：

① 将光标定位到文档“附：统计数据”的前面，即需要插入图表的位置。

② 单击“插入”选项卡“插图”组中的“图表”命令按钮，打开“插入图表”对话框。

③ 选择“柱形图”中的“簇状柱形图”选项，单击“确定”按钮，自动进入 Excel 工作表窗口。

④ 将 Word 表格中的数据复制粘贴到 Excel 中，拖动数据区域的右下角可以改变数据区域的大小，同时 Word 文档中显示相应的图表，如图 3-79 所示。

	A	B	C	D	E
1	各作物不同地块种植平均亩产量对比图（斤）				
2		1号地块	2号地块	3号地块	备注
3	稻谷	835	1100	735	
4	花生	560	605	590	
5	小麦	715	940	560	
6	玉米	1730	2130	1690	
7	油菜	350	400	380	

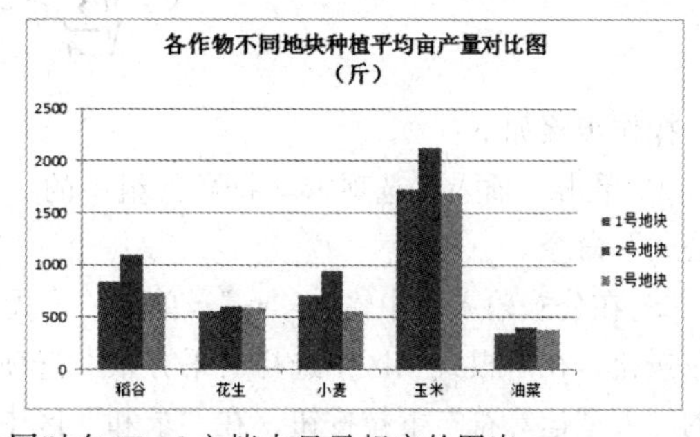

图 3-79　将数据复制到 Excel 中同时在 Word 文档中显示相应的图表

⑤ 退出 Excel，然后在 Word 文档中通过“图表工具”下的“设计”“布局”“格式”三个选项卡可以对插入的图表进行各种设置，插入图表的最终效果如图 3-80 所示。

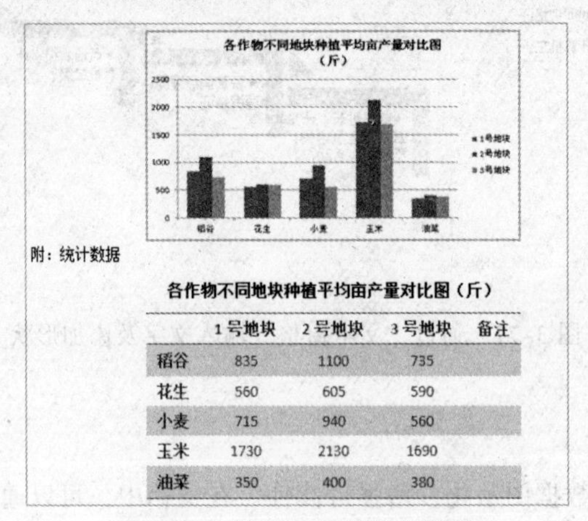

附：统计数据

各作物不同地块种植平均亩产量对比图（斤）

	1号地块	2号地块	3号地块	备注
稻谷	835	1100	735	
花生	560	605	590	
小麦	715	940	560	
玉米	1730	2130	1690	
油菜	350	400	380	

图 3-80　插入图表的最终效果

3.4.8 创建公式

在编写论文或一些学术著作时，经常需要处理数学公式，利用 Word 2010 的公式编辑器，可以方便地制作具有专业水准的数学公式。产生的数学公式可以像图形一样进行编辑操作。

要创建数学公式，可以单击“插入”选项卡“符号”组中的“公式”下拉按钮，在下拉菜单中选择预定义的公式，也可以通过“插入新公式”命令添加自定义公式。此时，会出现图 3-81 所示的公式输入框和“公式工具 | 设计”选项卡，帮助完成公式的输入。

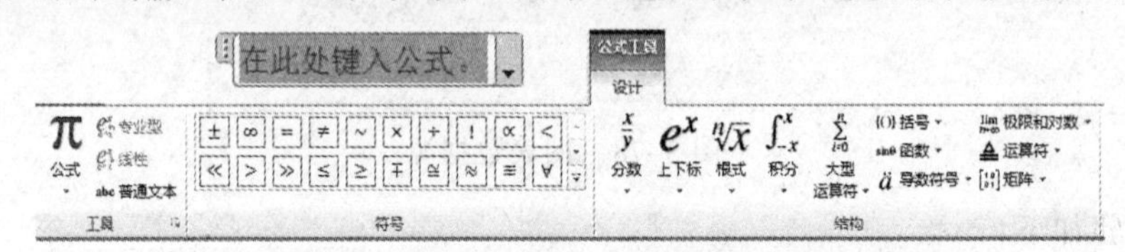

图 3-81　公式输入框和“公式工具 | 设计”选项卡

【提示】在输入公式时，插入点光标的位置很重要，它决定了当前输入内容在公式中所处的位置，可通过在所需的位置处单击来改变光标的位置。

【实例 3-18】输入公式：

$$S=\sqrt{\sum_{i=1}^{n} x_i^2 - n\,\overline{x}^2 + 1}$$

操作步骤如下：

① 单击“插入”选项卡“符号”组中的“公式”下拉按钮，在下拉菜单中选择“插入新公式”命令。

② 在公式输入框中输入“s=”；单击“公式工具 | 设计”选项卡“结构”组中的“根式”下拉按钮，在“根式”区中选择“平方根”选项；单击根号中的虚线框，再单击“结构”组中的“大型运算符”下拉按钮，在“求和”区中选择第二项，然后单击每个虚线框，依次输入相应内容“*n*”“*i*=1”“*x*”；接着选中“*x*”，单击“结构”组中的“上下标”下拉按钮，在

“下标和上标”区中选择“下标-上标”选项，单击上标、下标虚线框，分别输入“2”和“i”；在“x_i^2”后单击（注意此时的光标位置），输入“-”（应仍然位于根式中）；继续输入“n”，单击“上下标”下拉按钮，在“常用的下标和上标”区选择其中的“x^2”输入，然后选中“x^2”，再单击“导数符号”下拉按钮，在“顶线和底线”区中选择“顶线”选项；在“$\overline{x^2}$”后单击（注意此时光标位置，已跳出根式），输入“+”和“1”。

③ 在公式输入框外单击，结束公式的输入。

3.4.9 实例练习

【实例 3-19】创建“茶饮宣传页”文档，在其中插入各种图形对象，并设置相应格式，效果如图 3-82 所示。

图 3-82 “茶饮宣传页”效果

操作步骤如下：

① 启动 Word 2010 应用程序，新建一个名为“茶饮宣传页”的文档。

② 插入图片。

a. 单击“插入”选项卡“插图”组中的“图片”按钮，弹出“插入图片”对话框，选中“第 3 章 word 素材\sl3-19\茶杯.jpg”，单击“插入”按钮，将其插入到文档中。

b. 拖动图片四周的控制点，调整图片大小和位置；单击“图片工具|格式”选项卡“排列”组中的“自动换行”按钮，为图片设置环绕方式为“衬于文字下方”。

③ 截取屏幕图片。

启动浏览器，在百度图片库中搜索“茶壶和茶杯”的网页，并打开图片页面。切换到 Word 文档窗口，单击“插入”选项卡“插图”组中的“屏幕截图”按钮，从下拉菜单中选择“屏幕剪辑”选项，框选图片后，释放鼠标，在文档中显示所截取的图片，设置图片的环绕方式为“衬于文字下方”，如图 3-83 所示。

④ 插入剪贴画。

a. 单击“插入”选项卡“插图”组中的“剪贴画”按钮，打开“剪贴画”任务窗格，输入搜索文字“咖啡”，单击“搜索”按钮。

b. 将图 3-84 所示的剪贴画插入到文档中，在“图片工具 | 格式”选项卡“大小”组中设置宽度为“3 厘米”，设置图片的环绕方式为“浮于文字上方”。

图 3-83 “茶壶和茶杯”图片

图 3-84 “咖啡”剪贴画图片

⑤ 插入艺术字。

a. 单击“插入”选项卡“文本”组中的“艺术字”按钮，打开艺术字列表，选择第四行第二列的样式。

b. 在艺术字框中输入“甜蜜茶饮”，设置字体为“方正舒体”，字号为“初号”；设置环绕方式为“浮于文字上方”；在“绘图工具|格式”选项卡“艺术字样式”组中单击“文本效果”按钮，选择“发光”命令，在“发光变体”选项区中选择“橙色，5pt 发光，强调文字颜色 6”（第一行最后一个）选项，为艺术字应用该发光效果。

⑥ 插入 SmartArt 图形。

a. 单击“插入”选项卡“插图”组中的“SmartArt”按钮，弹出“选择 SmartArt 图形”对话框。在左侧列表中选择“流程”组，右侧窗格中选择“圆箭头流程”，单击“确定”按钮，如图 3-85 所示。

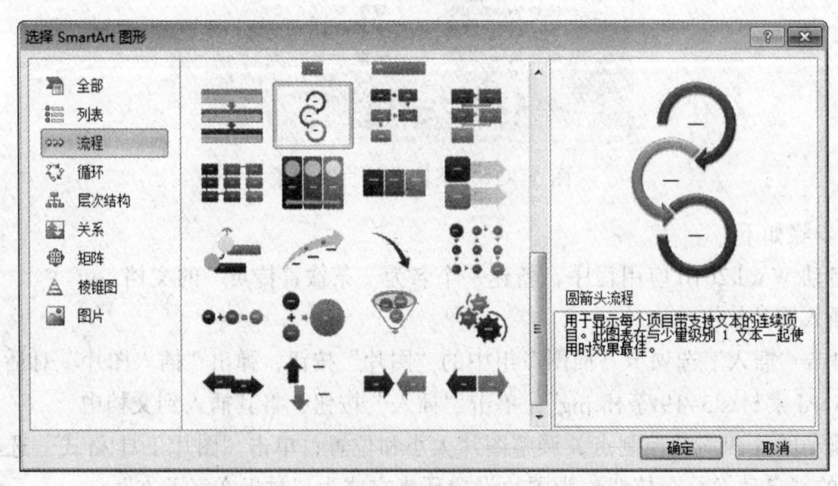

图 3-85 选择“圆箭头流程”图形

b. 拖动鼠标调整 SmartArt 图形的大小和位置，并在“文本”占位符中分别输入文字；选中 SmartArt 图形，在“SmartArt 工具|设计”选项卡的“SmartArt 样式”组中单击“更改颜色”按钮，在打开的列表中选择“彩色范围-强调文字颜色 5 至 6”（彩色组中的第五个）选项，为图形更改颜色；在“SmartArt 工具|格式”选项卡的“艺术字样式”组中单击“其他”

按钮，打开艺术字样式列表框，选择第五行第三列样式；还可以根据实际应用的需要，对文本的字体，字号和颜色进行设置。

⑦ 插入形状。

a. 单击“插入”选项卡“插图”组中的“形状”下拉按钮，选择“基本形状”区中的“折角形”选项，在文档中绘制合适大小的图形，如图 3-86 所示。

b. 选中折角形，右击，在弹出的快捷菜单中选择“添加文字”命令，输入图 3-87 所示的文字，设置标题文字为“隶书”“小初”“深蓝”；正文文本为“隶书”“三号”“深红色”。在“绘图工具|格式”选项卡“形状样式”组中单击“形状填充”按钮，选择“无填充颜色”命令；单击“形状轮廓”按钮，选择“橙色，强调文字颜色 6”（主题颜色中第一行最后一个）选项，效果如图 3-88 所示。

图 3-86　插入“折角形”效果

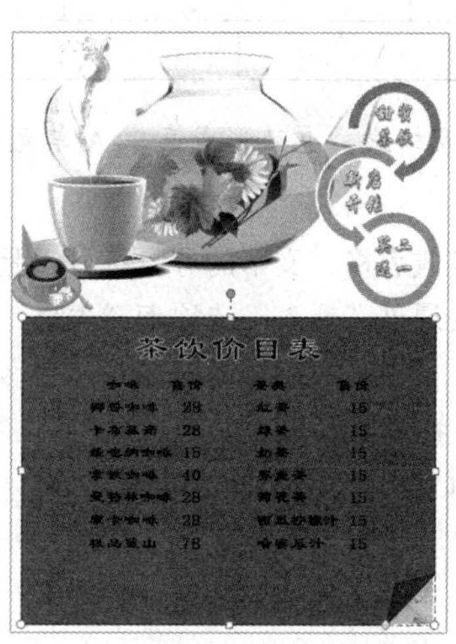

图 3-87　添加文字效果

图 3-88　“折角形”最终效果

⑧ 插入文本框。

a. 将插入点定位在合适的位置，单击“插入”选项卡“文本”组中的“文本框”下拉按钮，从弹出的列表框中选择“现代型引述”选项，将其插入到文档中。

b. 在文本框中输入文本“开业啦”，设置字体为“华文琥珀”“二号”“橙色”；在“绘图工具|格式”选项卡“形状样式”组中设置文本框为“无填充颜色”，并调整文本框四周的绿色控制点将其旋转到合适位置。

c. 另外插入两个文本框，用来显示联系电话、地址及提示信息。

3.5　制作表格

在文档中，可以使用表格来组织文字、数字及图形对象等，使内容更加简洁明了，清晰直观。Word 2010 提供的表格处理功能可以方便地处理各种表格，特别适用于简单表格（如课程表、作息时间表、成绩表等）。如果要制作大型、复杂的表格（如年度销售报表等），或是要对表格中的数据进行大量、复杂的计算和分析的时候，Excel 2010 是更好的选择。

3.5.1　创建表格

Word 中的表格有三种类型：规则表格、不规则表格和文本转换成的表格，其创建方法有所不同。

1．创建规则表格

使用“插入”选项卡“表格”组中的“表格”命令，可以创建所需行列数的规则表格。

2．创建不规则表格

单击“插入”选项卡“表格”组中的“表格”下拉按钮，在下拉菜单中选择“绘制表格”命令，可直接绘制表格外框、行列线和斜线。在绘制过程中，可以根据需要选择表格线的线型、宽度和颜色等。例如，在 Word 2010 中绘制不规则表格如表 3-1 所示。

表 3-1　不规则表格

				A			

【提示】选中单元格，拖动表格线，也可形成表中 A 单元格所示的效果。

3．将文本转换成表格

按规律分隔的文本可以转换成表格，文本的分隔符可以是空格、制表符、逗号或其他符号等。文本转换表格的操作主要通过“插入”选项卡“表格”组中的“文本转换成表格”命令来实现。

【实例 3-20】将下面的文本转换成表格：

姓名，设计，色彩，计算机

王彤，85，80，87

李丽，89，85，90

吴玉华，76，90，89

张晓磊，85，82，80

尹倩倩，85，80，82

操作步骤如下：

① 选定要转换成表格的文本，单击“开始”选项卡“编辑”组中的“替换”按钮，打开“查找和替换”对话框。

② 在对话框中的“查找内容”文本框中输入中文标点符号状态下的逗号，在“替换为”文本框中输入英文标点符号状态下的逗号，单击“全部替换”按钮，将中文逗号替换为英文逗号，如图 3-89 所示。

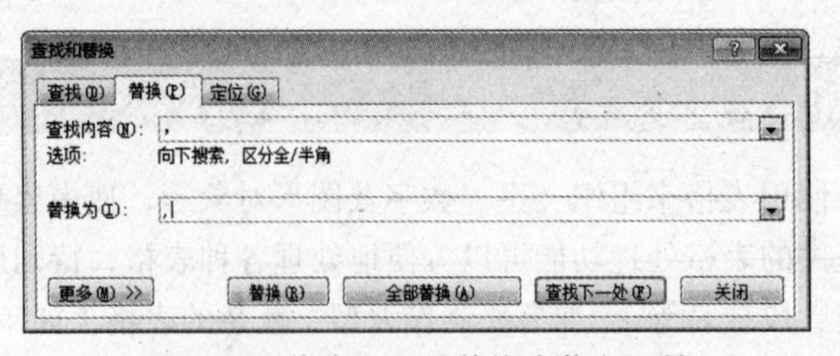

图 3-89　将中文逗号替换为英文逗号

③ 在“插入”选项卡“表格”组中的“表格”下拉菜单中选择“文本转换成表格”命令。在弹出的“将文字转换成表格”对话框中采用默认设置，单击“确定”按钮，文本转换成表格如表 3-2 所示。

表 3-2 文本转换成表格

姓　　名	设　　计	色　　彩	计 算 机
王　彤	85	80	87
李　丽	89	85	90
吴玉华	76	90	89
张晓磊	85	82	80
尹倩倩	85	80	82

【提示】文本分隔符不能是中文或全角状态的符号，否则转换不成功。

3.5.2 编辑表格

表格的编辑操作同样遵循“先选定，后操作”的原则，选定表格对象的操作如表 3-3 所示。

表 3-3 选定表格对象

选取对象	鼠标操作
一个单元格	将鼠标指针指向单元格内左下角处，光标呈向右上方黑色实心箭头时单击
一行	将鼠标指针指向该行左端边沿处（选定区）时单击
一列	将鼠标指针指向该列顶端边沿处，光标呈向下黑色实心箭头时单击
整个表格	单击表格左上角的四向箭头符号

表格的编辑包括缩放表格，调整行高和列宽，增加和删除行、列和单元格，表格计算和排序，拆分和合并表格、单元格，表格复制和删除，表格跨页操作等。这些操作主要通过“表格工具 | 布局”选项卡中的相应按钮或快捷菜单中的相应命令来完成。

【实例 3-21】对实例 3-20 中的表格设置行高为 0.5 cm，列宽为 1.5 cm，在表格的底部添加一行并输入文字“平均分”，在表格的最右边添加一列并输入文字“总分”。

操作步骤如下：

① 选定整个表格。

② 单击“表格工具 | 布局”选项卡“单元格大小”组中的“高度”文本框，调整至“0.5 厘米”或者直接输入“0.5 厘米”。同样，在“宽度”文本框中设置“1.5 厘米”，按【Enter】键确定。

③ 选中最后一行，单击“表格工具 | 布局”选项卡“行和列”组中的“在下方插入”按钮，在新插入行的第一个单元格中输入文字“平均分”。

【提示】在表格底部插入行的其他方法如下：

① 将光标置于表格最后一行的最后一个单元格按【Tab】键；

② 将光标置于表格最后一行段落标记前按【Enter】键。

④ 选中最后一列，单击“表格工具 | 布局”选项卡中的“行和列”组中的“在右侧插入”按钮，然后在新插入列的第一个单元格中输入文字“总分”。设置表格中文字的对齐方式为“水平居中”，如表 3-4 所示。

表 3-4 表格设置效果

姓 名	设 计	色 彩	计 算 机	总 分
王 彤	85	80	87	
李 丽	89	85	90	
吴玉华	76	90	89	
张晓磊	85	82	80	
尹倩倩	85	80	82	
平均分				

1. 表格计算

在 Word 表格中可以完成一些简单的计算，如求和、求平均值、统计等。通过“表格工具 | 布局”选项卡“数据”组中的“公式”按钮可以使用函数或直接输入计算公式进行表格的计算。

在计算过程中，通常使用单元格地址代替相应单元格中的数据。单元格地址的表示方法与 Excel 中的相同，表中的每一列标用大写英文字母表示，依次为 A、B、C、……；每一行号用阿拉伯数字表示，依次为 1、2、3、……；单元格地址用“列标+行号”表示，如表 3-5 所示。

表 3-5 单元格地址的表示方法

A1	B1	C1	D1
A2	B2	C2	D2
A3	B3	C3	D3

2. 表格排序

除计算外，Word 还可以根据数值、笔画、拼音、日期等方式对表格数据按升序或降序排序。表格排序的关键字最多有三个：主要关键字、次要关键字和第三关键字。如果按主要关键字排序时遇到相同的数据，则可以根据次要关键字排序；如果按次要关键字排序时出现相同的数据，则可以根据第三关键字继续排序。

【实例 3-22】对实例 3-21 中的表格计算每位学生的总分及每门课程的平均分（要求平均分保留两位小数），并对表格进行排序（不包括“平均分”行）：首先按总分降序排序，如果总分相同，再按计算机成绩降序排序，结果如表 3-6 所示。

表 3-6 表格计算和排序结果

姓 名	设 计	色 彩	计 算 机	总 分
李 丽	89	85	90	264
吴玉华	76	90	89	255
王 彤	85	80	87	252
尹倩倩	85	80	82	247
张晓磊	85	82	80	247
平均分	84.00	83.40	85.60	253

操作步骤如下：

① 计算总分。

单击用于存放第一位学生总分的单元格，单击“表格工具 | 布局”选项卡“数据”组中

的“公式”按钮，弹出“公式”对话框，如图 3-90 所示。对话框中默认的求和公式“=SUM(LEFT)”表示对当前光标所在单元格左侧的数据单元格求和，单击“确定”按钮。

采用相同的公式，重复相同的步骤，计算其余四位学生的总分。

【提示】还可采用以下公式计算总分：SUM(B2,C2,D2)；SUM(B2:D2)；B2+C2+D2（公式中的标点符号必须是英文的）。

② 计算平均分：

计算平均分与计算总分类似，区别在于选择的函数是“AVERAGE”。单击设计课程平均分的单元格，单击“表格工具 | 布局”选项卡“数据”组中的“公式”按钮，弹出“公式”对话框。在“公式”文本框中保留“=”，删除其他内容，单击“编号格式”下拉列表框，选择“0.00”选项（小数点后有几个 0 就是保留几位小数）；单击“粘贴函数”下拉列表框，在其中选择“AVERAGE”选项，函数名即出现在“公式”文本框中，修改参数为“ABOVE”，如图 3-91 所示。用同样的方法计算出课程“色彩”和“计算机”的平均分。

【提示】还可采用其他公式计算平均分：AVERAGE(B2,B3,B4,B5,B6)；AVERAGE(B2:B6)；(B2+B3+B4+B5+B6)/5（公式中的标点符号必须是英文的）。

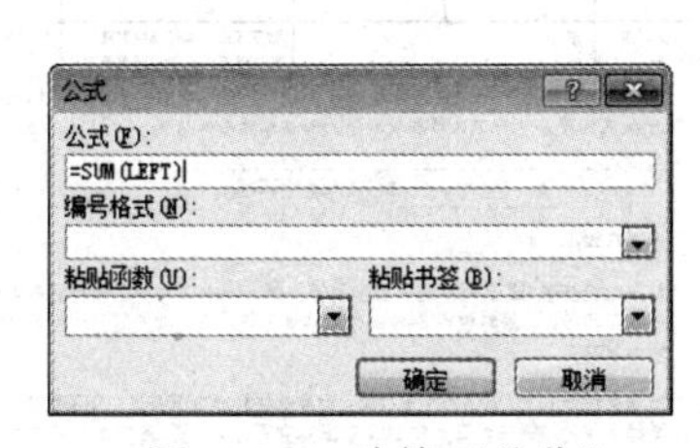

图 3-90 计算“总分”

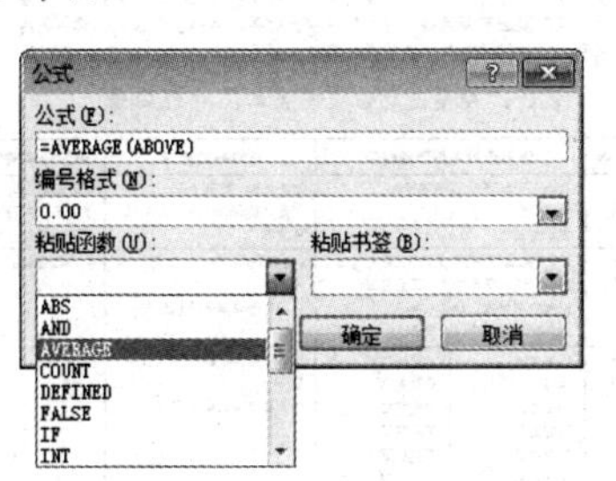

图 3-91 计算“平均分”

③ 表格排序：

选定表格前 6 行，单击“表格工具 | 布局”选项卡“数据”组中的“排序”按钮，在弹出的“排序”对话框中设置主要关键字和次要关键字及相应的排序方式，单击“确定”按钮，如图 3-92 所示。

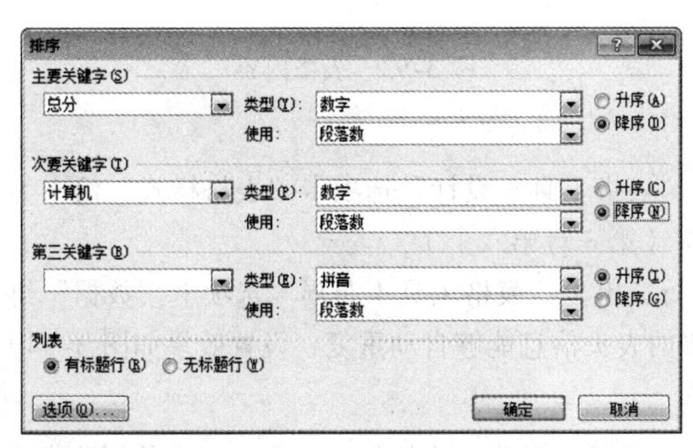

图 3-92 “排序”对话框

3. 设置标题行跨页重复

对于内容较多的表格，难免会跨越两页或更多页。此时，如果希望表格的标题行可以自动地出现在每个页面的表格上方，可以通过“表格工具 | 布局”选项卡“数据”组中的“重

复标题行”命令设置标题行重复出现。

3.5.3 格式化表格

1. 自动套用表格样式

Word 2010 为用户提供了 90 余种表格样式，这些样式包括表格边框、底纹、字体、颜色的设置等，使用它们可以快速格式化表格。这些操作通过“表格工具 | 设计”选项卡“表格样式”组中的相应按钮来实现。

【实例 3-23】为表格“好朋友财务软件版本及功能简表”套用表格样式“浅色底纹，强调文字颜色 5”，并保证表格第一行在跨页时能够自动重复，表格内容如图 3-93 所示。

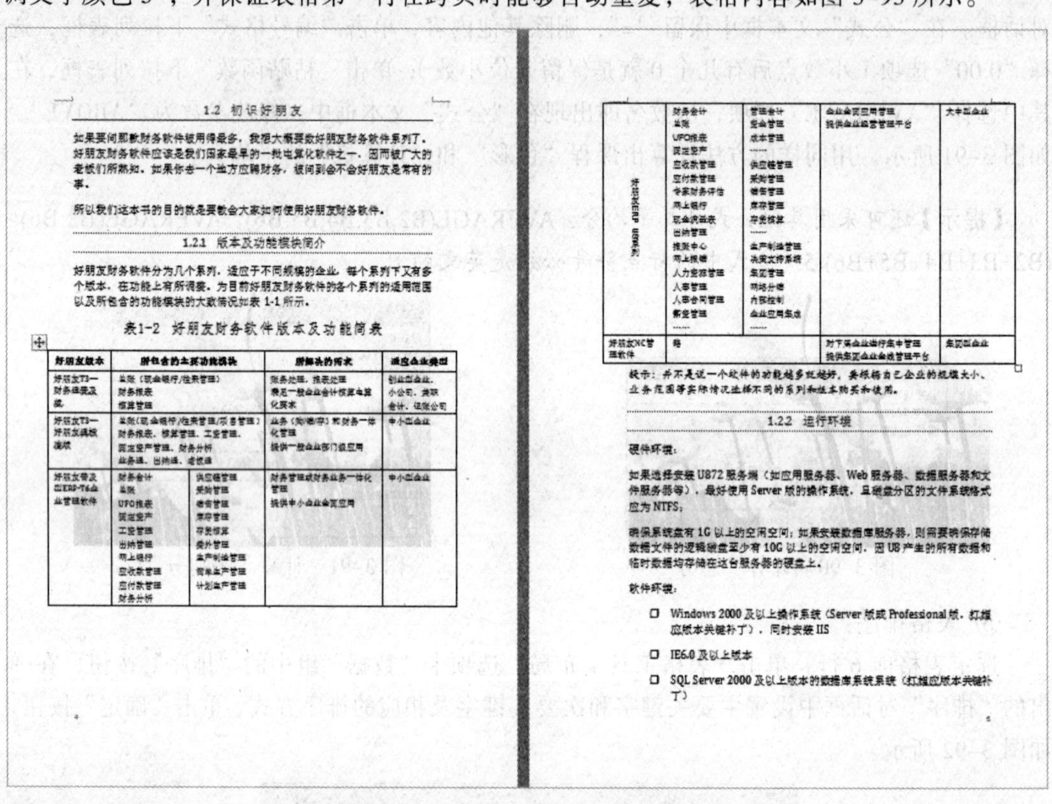

1.2 初识好朋友

如果要问那款财务软件被用得最多，我想大概要数好朋友财务软件系列了。好朋友财务软件应该是我们国家最早的一批电算化软件之一，因而被广大的老板们所熟知。如果你去一个地方应聘财务，被问到会不会好朋友是常有的事。

所以我们这本书的目的就是要教会大家如何使用好朋友财务软件。

1.2.1 版本及功能模块简介

好朋友财务软件分为几个系列，适应于不同规模的企业，每个系列下又有多个版本，在功能上有所侧重。为目前好朋友财务软件的各个系列的适用范围以及所包含的功能模块的大致情况如表 1-1 所示。

表1-2 好朋友财务软件版本及功能简表

好朋友版本	所包含的主要功能模块		所解决的需求	适应企业类型
好朋友T3—财务通普及版	总账（现金银行/往来管理） 财务报表 核算管理		账务处理，报表处理 满足一般企业会计核算电算化要求	创业型企业，小公司，兼职会计，记账公司
好朋友T3—好朋友标准版	总账（现金银行/往来管理/项目管理） 财务报表、核算管理、工资管理、固定资产管理、财务分析 业务通、出纳通、老板通		业务（购/销/存）和财务一体化管理 提供一般企业部门级应用	中小型企业
好朋友普及型ERP-T6企业管理软件	财务会计 总账 UFO报表 固定资产 工资管理 出纳管理 网上银行 应收款管理 应付款管理 财务分析	供应链管理 采购管理 销售管理 库存管理 存货核算 委外管理 生产制造管理 简单生产管理 计划生产管理	财务管理或财务业务一体化管理 提供中小企业全面应用	中小型企业
好朋友ERP U8系列	财务会计 总账 UFO报表 固定资产 应收款管理 应付款管理 专家财务评估 网上银行 现金流量表 出纳管理 报账中心 网上报销 人力资源管理 人事管理 人事合同管理 薪资管理 ……	管理会计 资金管理 成本管理 …… 供应链管理 采购管理 销售管理 库存管理 存货核算 …… 生产制造管理 决策支持系统 集团管理 网络分销 内部控制 企业应用集成 ……	企业全面应用管理 提供企业经营管理平台	大中型企业
好朋友NC管理软件	略		对下属企业进行集中管理 提供集团企业全线管理平台	集团型企业

提示：并不是说一个软件的功能越多就越好，要根据自己企业的规模大小、业务范围等实际情况选择不同的系列和版本购买和使用。

1.2.2 运行环境

硬件环境：

如果选择安装 U872 服务端（如应用服务器、Web 服务器、数据服务器和文件服务器等），最好使用 Server 版的操作系统，且磁盘分区的文件系统格式应为 NTFS；

确保系统盘有 1G 以上的空闲空间；如果安装数据库服务器，则需要确保存储数据文件的逻辑磁盘至少有 10G 以上的空闲空间，因 U8 产生的所有数据和临时数据均存储在这台服务器的硬盘上。

软件环境：

- Windows 2000 及以上操作系统（Server 版或 Professional 版，打相应版本关键补丁），同时安装 IIS
- IE6.0 及以上版本
- SQL Server 2000 及以上版本的数据库系统系统（打相应版本关键补丁）

图 3-93　表格内容

操作步骤如下：

① 选中表格，在“表格工具 | 设计”选项卡“表格样式”组中为表格套用样式“浅色底纹，强调文字颜色 5”（第一行第六个）。

② 选中表格标题行，单击“表格工具 | 布局”选项卡“数据”组中的“重复标题行”按钮，则在换页时表格的表头信息能够自动重复，设置效果如图 3-94 所示。

2. 边框和底纹

自定义表格外观，最常见的是为表格添加边框和底纹。使用边框和底纹可以使每个单元格或每行、每列呈现出不同的风格，使表格更加清晰、明了。这通过单击“表格工具 | 设计”选项卡“表格样式”组中的“边框”下拉按钮，在下拉菜单中选择“边框和底纹”命令，打开“边框和底纹”对话框来进行操作。

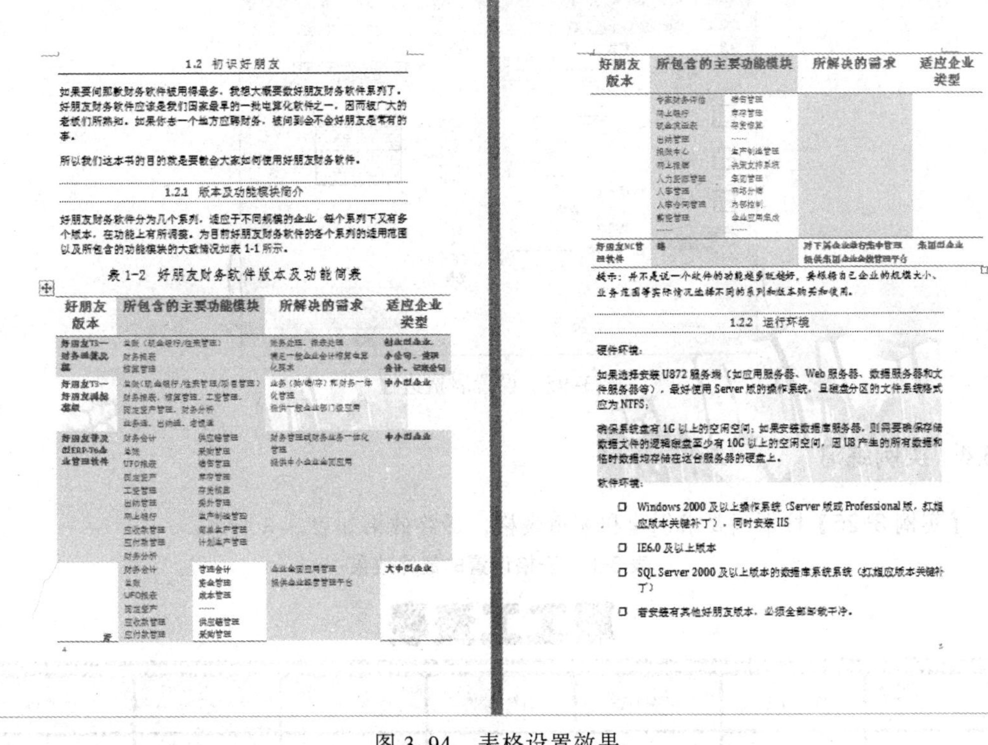

1.2 初识好朋友

如果要问那款财务软件被用得最多，我想大概要数好朋友财务软件系列了。好朋友财务软件应该是我们国家最早的一批电算化软件之一，因而被广大的老板们所熟知。如果你去一个地方应聘财务，被问到会不会好朋友是常有的事。

所以我们这本书的目的就是要教会大家如何使用好朋友财务软件。

1.2.1 版本及功能模块简介

好朋友财务软件分为几个系列，适应于不同规模的企业，每个系列下又有多个版本，在功能上有所调整。为目前好朋友财务软件的各个系列的适用范围以及所包含的功能模块的大致情况如表 1-1 所示。

表 1-2 好朋友财务软件版本及功能简表

好朋友版本	所包含的主要功能模块	所解决的需求	适应企业类型

提示：并不是说一个软件的功能越多就越好，要根据自己企业的规模大小、业务范围等实际情况选择不同的系列和版本购买和使用。

1.2.2 运行环境

硬件环境：

如果选择安装 U872 服务端（如应用服务器、Web 服务器、数据服务器和文件服务器等），最好使用 Server 版的操作系统，且磁盘分区的文件系统格式应为 NTFS；

确保系统盘有 1G 以上的空闲空间；如果安装数据库服务器，则需要确保存储数据文件的逻辑磁盘至少有 10G 以上的空闲空间，因 U8 产生的所有数据和临时数据均存储在这台服务器的硬盘上。

软件环境：

- Windows 2000 及以上操作系统（Server 版或 Professional 版，打相应版本关键补丁），同时安装 IIS
- IE6.0 及以上版本
- SQL Server 2000 及以上版本的数据库系统系统（打相应版本关键补丁）
- 若安装有其他好朋友版本，必须全部卸载干净。

图 3-94 表格设置效果

【实例 3-24】为实例 3-22 中的表格设置边框和底纹：表格外边框为 1.5 磅、单实线，内边框为 1.0 磅、单实线，“平均分”行文字设置红色底纹，效果如表 3-7 所示。

表 3-7 表格加边框和底纹的效果

姓　名	设　计	色　彩	计 算 机	总　分
李　丽	89	85	90	264
吴玉华	76	90	89	255
王　彤	85	80	87	252
尹倩倩	85	80	82	247
张晓磊	85	82	80	247
平均分	84.00	83.40	85.60	253

操作步骤如下：

① 选中表格，单击“表格工具 | 设计”选项卡“表格样式”组中的“边框”下拉按钮，在下拉菜单中选择“边框和底纹”命令，弹出“边框和底纹”对话框。在“边框”选项卡中的“样式”列表框中选择“单实线”选项，在“宽度”下拉列表中选择“1.5 磅”选项，在预览区中单击示意图的四条外边框；再在“宽度”下拉列表中选择“1.0 磅”选项，在预览区中单击示意图的中心点，生成十字形的两条内边框，单击“确定”按钮，如图 3-95 所示。

【提示】设置边框时，除单击示意图外，也可以使用其周边的按钮。

② 选中“平均分”行，单击“表格工具 | 设计”选项卡“表格样式”组“边框”下的“边框和底纹”命令，打开“边框和底纹”对话框。在“底纹”选项卡中的“填充”栏下选择标准色“红色”选项，在“应用于”下拉列表中选择“文字”选项，单击“确定”按钮。

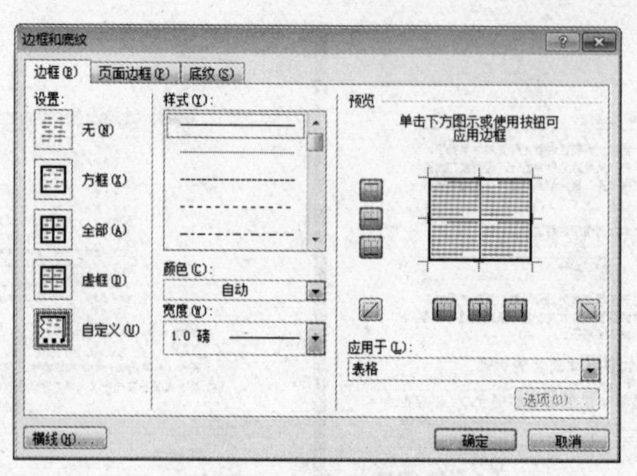

图 3-95　设置表格边框

3.5.4　实例练习

【实例 3-25】按下列要求创建和编辑表格，最终效果如表 3-8 所示。

表 3-8　表格设置的最终效果

职工工资表

工资 姓名	基本工资	效益工资	岗位工资	差旅补贴	电话费	实发工资
李洋	600	325	250	350	150	1675
王磊	550	355	280	400	90	1675
史丽	630	440	290	290	95	1745
张茜	638	380	290	360	100	1768
孙维	650	400	310	360	80	1800

① 创建一个 6 行 6 列的表格，输入表 3-9 中的内容（表中数据为虚构数据）。

表 3-9　表格源数据

	基本工资	效益工资	岗位工资	差旅补贴	电话费
李洋	600	325	250	350	150
史丽	630	440	290	290	95
孙维	650	400	310	360	80
王磊	550	355	280	400	90
张茜	638	380	290	360	100

② 在表格的最右侧插入一列，输入“实发工资”，用公式计算每个人的实发工资，并进行升序排列。

③ 表格第一行行高 1 cm，各列列宽 2 cm，表内文字水平居中。

④ 给表格添加斜线表头。

⑤ 设置表格的边框和底纹，外框线为 2.25 磅的双实线，深红色；内框线为 1.5 磅的单实线，深蓝色；底纹“橙色，强调文字颜色 6，淡色 60%”。

⑥ 在表格上方输入标题“职工工资表”，字体为“华文琥珀”，字号为“小二”，文字效果为“渐变填充-黑色，轮廓-白色，外部阴影”。

操作步骤如下：

① 创建表格：

启动 Word 2010，在“插入”选项卡“表格”组中单击“表格”按钮，在其下拉菜单中选择“插入表格”命令，弹出“插入表格”对话框。在“表格尺寸”区的“列数”和“行数”文本框中分别输入“6”，单击“确定”按钮，创建一个 6 行 6 列的表格，输入表 3-9 中的内容。

② 编辑表格：

a. 将鼠标指针定位在“电话费”列，打开“表格工具 | 布局”选项卡，单击“行和列”组中的“在右侧插入”按钮，输入“实发工资”。

b. 将鼠标指针定位在李洋的实发工资单元格中，单击“数据”组中的“公式”按钮，在弹出的“公式”对话框中进行设置，如图 3-96 所示，单击“确定”按钮，求出第一个人的实发工资。按照同样的方法计算其他人的实发工资。

c. 选定表格，单击“数据”组中的“排序”按钮，弹出“排序”对话框。在“主要关键字”列表框中选择“实发工资”选项，选择“升序”单选按钮，如图 3-97 所示。

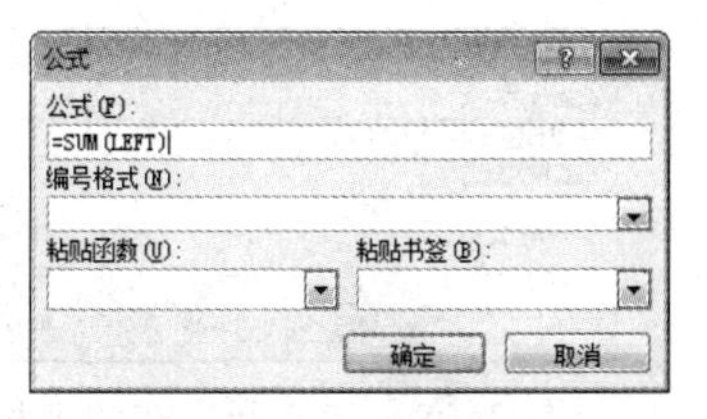

图 3-96 计算实发工资

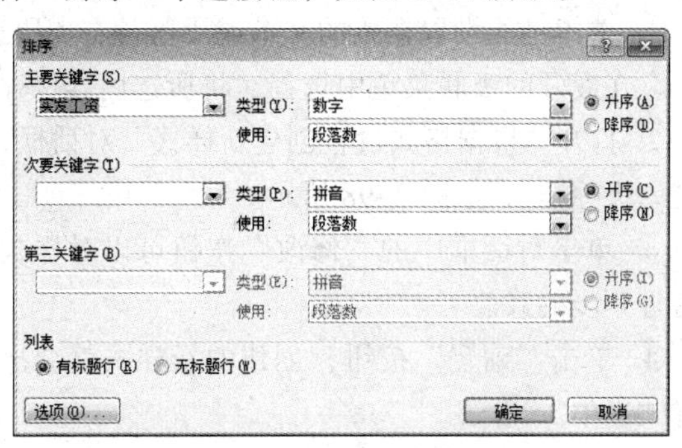

图 3-97 表格排序

d. 选中第一行，在“单元格大小”组“高度”列表框中输入“1 厘米”；选定表格，在“宽度”列表框中输入“2 厘米”；单击“对齐方式”组中的“水平居中”按钮。

e. 打开“表格工具 | 设计”选项卡，单击“绘制边框”组中的“绘制表格”按钮，绘制表 3-8 所示的斜线表头；插入两个“无填充颜色”“无轮廓”的文本框，分别输入“工资”和“姓名”，并将文本框调整至适当位置。

③ 格式化表格：

a. 选定表格，设置“绘图边框”组中的“样式”为“双实线”，“粗细”为“2.25 磅”，“颜色”为“深红”。单击“表格样式”组中的“边框”按钮，选择“外侧框线”。同理，将内框线设置为 1.5 磅单实线，深蓝色。

b. 单击“表格样式”组中的“底纹”按钮，在下拉列表中选择“橙色，强调文字颜色 6，淡色 60%”。

c. 在表格的上方输入标题“职工工资表”，在“开始”选项卡“字体”组中设置字体为“华文琥珀”，字号为“小二”；单击“文本效果”按钮，在下拉列表中选择“渐变填充-黑色，轮廓-白色，外部阴影”选项。

3.6 长文档的编辑与处理

制作专业的文档除了使用常规的页面内容和美化操作外，还需要注重文档的结构及排版方式。Word 2010 提供了诸多简便的功能，使长文档的编辑、排版、阅读和管理更加轻松自如。

3.6.1 定义并使用样式

样式是一组命名的字符和段落排版格式的组合。例如，一篇文档有各级标题、正文、页眉和页脚等，它们分别有各自的字符格式和段落格式，并各以其样式名存储以便使用。

使用样式可以帮助用户轻松统一文档的格式；辅助构建文档大纲以使内容更有条理；简化格式的编辑和修改操作。同时，样式还可以用来生成文档目录。

1. 在文档中应用样式

在编辑文档时，使用样式可以省去一些格式设置上的重复性操作。利用 Word 2010 提供的“快速样式库”“样式”任务窗格和样式集可以为文本快速应用某种样式。

2. 创建新样式

除了系统内置的样式，可依据现有的文本格式创建新样式，也可以直接定义新样式。依据已有文本格式创建一个全新的自定义样式的操作步骤如下：

① 选中已经设置格式的文本或段落，右击所选内容，在弹出的快捷菜单中选择“样式”命令，在展开的级联菜单中选择“将所选内容保存为新快速样式”命令。

② 打开“根据格式设置创建新样式”对话框，在“名称”文本框中输入新样式的名称，如“一级标题”，如图 3-98 所示。

③ 单击对话框中的“修改”按钮可以对样式的格式进行进一步的修改。

④ 单击“确定”按钮，创建的新样式就会出现在快速样式库中。

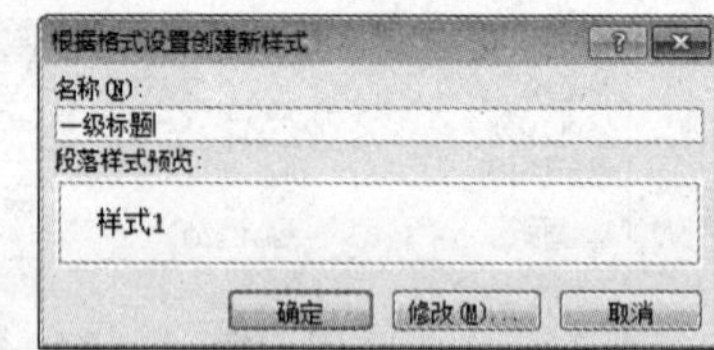

图 3-98 定义新样式的名称

3. 复制与管理样式

在编辑文档的过程中，如果需要使用其他模板或文档的样式，可以将其复制到当前的活动文档或模板中，而不必重复创建相同的样式。复制与管理样式可以在“样式”任务窗格的“管理样式”对话框中进行。

4. 修改样式

可以根据需要对样式进行修改，对样式的修改会反映在所有应用该样式的段落中。在“样式”任务窗格中选中需要修改的样式名称，单击向下的三角箭头，下拉菜单中选择“修改”命令，在弹出的“修改样式”对话框中可修改样式的格式。

【实例 3-26】为了更好地介绍公司的服务与市场战略，请帮助市场部小王对已制作完成的公司战略规划文档进行样式设置，要求如下：

① 打开“第 3 章 word 素材\sl3-26\Word_样式标准.docx”文件，将其文档样式库中的“标题 1，标题样式一”和“标题 2，标题样式二”复制到 Word.docx 文档样式库中，Word_样式标准.docx 和 Word.docx 文件部分内容如图 3-99 所示。

② 将 Word.docx 文档中的所有红颜色文字段落应用“标题 1，标题样式一”段落样式。

③ 将 Word.docx 文档中的所有绿颜色文字段落应用“标题 2，标题样式二”段落样式。

④ 修改文档样式库中的“正文”样式，使得文档中所有正文段落首行缩进两个字符。

操作步骤如下：

① 复制样式：

a. 打开“第 3 章 word 素材\sl3-26\Word_样式标准.docx”。

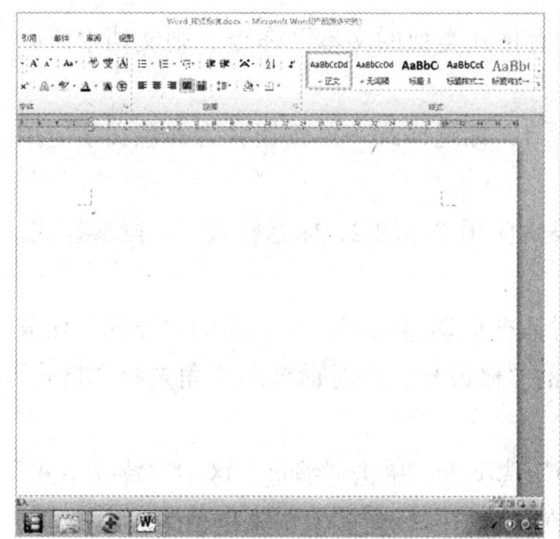

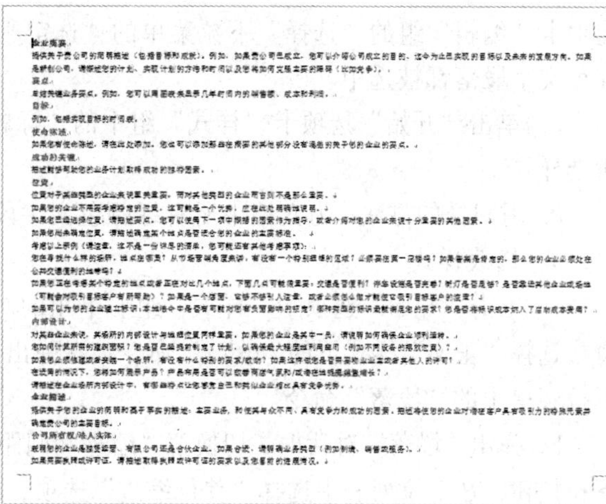

图 3-99 “Word_样式标准.docx”和“Word.docx”文件部分内容

b. 单击“开始”选项卡“样式”组右下角的对话框启动器按钮，打开“样式”任务窗格，单击右下角的“管理样式”按钮，弹出“管理样式”对话框，如图 3-100 所示。

c. 单击左下角的“导入/导出”按钮，在弹出的“管理器”对话框中，选择“样式”选项卡，单击右侧的“关闭文件”按钮后，继续在“管理器”对话框中单击“打开文件”按钮。

d. 在弹出的“打开”对话框中，首先在文件类型下拉列表框中选择“Word 文档（*.docx）”选项，然后选择要打开的文件，这里选择文档“Word.docx”，最后单击“打开”按钮。

e. 回到“管理器”对话框中，在“在 Word_样式标准.docx 中”的列表框中选择需要复制的“标题 1，标题样式一”和“标题 2，标题样式二”选项，单击“复制”按钮即可将所选格式复制到文档“Word.docx”中，如图 3-101 所示。最后单击“关闭”按钮即可。

图 3-100 “样式”任务窗格与“管理样式”对话框

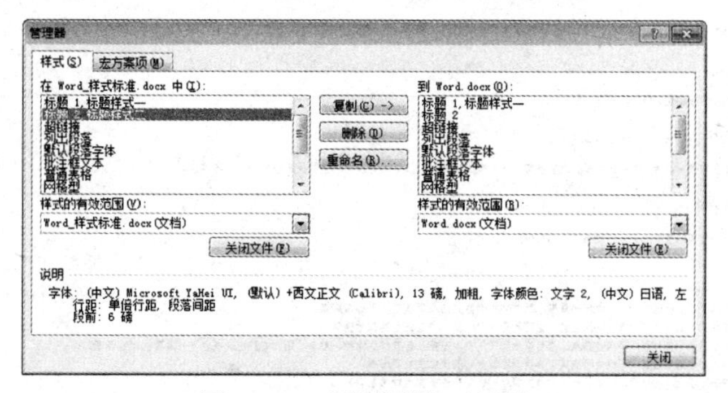

图 3-101 “管理器”对话框

② 应用样式：

a. 打开“第 3 章 word 素材\sl3-26\Word.docx”。选中第一处红色文字段落，单击“开始”

选项卡“编辑”组的“选择”下拉菜单的“选定所有格式类似的文本”命令，则文档中所有红色文字段落都被选中。

b．单击“开始”选项卡“样式”组中的“标题 1，标题样式一”按钮，为红色文字应用所选样式。

c．用同样的方法，为文档中所有绿颜色文字段落应用“标题 2，标题样式二”段落样式。

③ 修改样式：

a．单击“开始”选项卡“样式”组右下角的对话框启动器按钮，在弹出的“样式”任务窗格选择“正文”样式下的“修改”命令。在弹出的“修改样式”对话框左下角选择“格式”下拉菜单中的“段落”命令。

b．弹出“段落”对话框，切换至“缩进和间距”选项卡，单击“缩进”区中“特殊格式”下拉按钮，在下拉列表中选择“首行缩进”选项，在“磅值”微调框中调整磅值为“2 字符”，如图 3-102 所示。

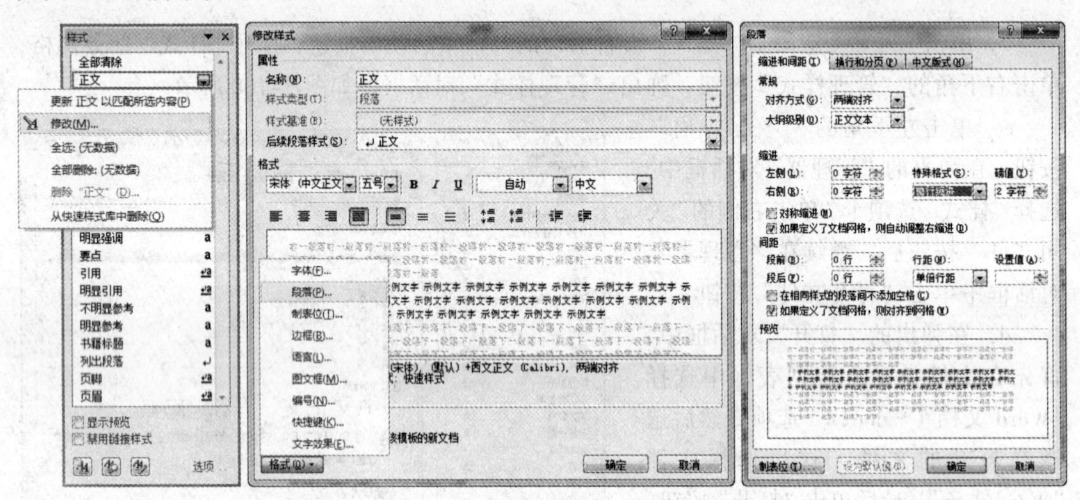

图 3-102　修改正文样式

文档样式设置的最终效果如图 3-103 所示。

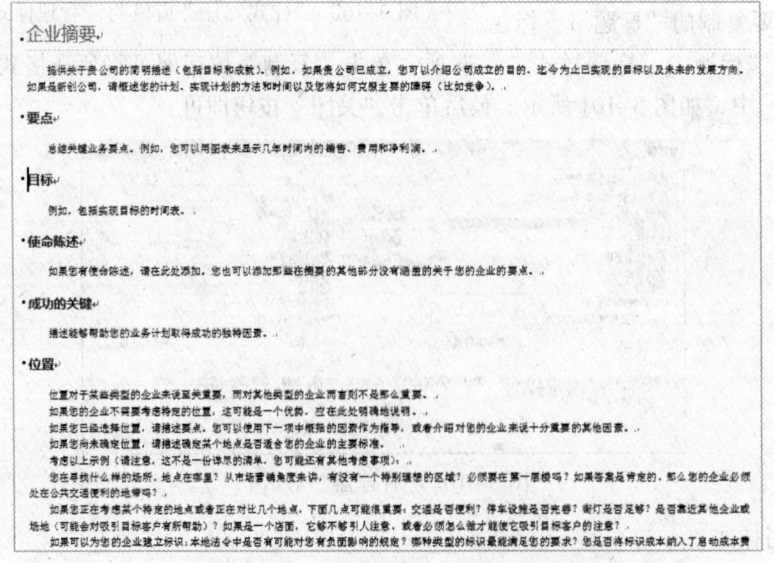

企业摘要

提供关于贵公司的简明描述（包括目标和成就）。例如，如果贵公司已成立，您可以介绍公司成立的目的、迄今为止已实现的目标以及未来的发展方向。如果是新创公司，请概述您的计划、实现计划的方法和时间以及您将如何克服主要的障碍（比如竞争）。

要点

总结关键业务要点。例如，您可以用图表来显示几年时间内的销售、费用和净利润。

目标

例如，包括实现目标的时间表。

使命陈述

如果您有使命陈述，请在此处添加。您也可以添加那些在摘要的其他部分没有涵盖的关于您的企业的要点。

成功的关键

描述能够帮助您的业务计划取得成功的独特因素。

位置

位置对于某些类型的企业来说至关重要，而对其他类型的企业而言则不是那么重要。

如果您的企业不需要考虑特定的位置，这可能是一个优势，应在此处明确地说明。

如果您已经选择位置，请描述要点。您可以使用下一项中概括的因素作为指导，或者介绍对您的企业来说十分重要的其他因素。

如果您尚未确定位置，请描述确定某个地点是否适合您的企业的主要标准。

考虑以上示例（请注意，这不是一份详尽的清单，您可能还有其他考虑事项）：

您在寻找什么样的场所，地点在哪里？从市场营销角度来讲，有没有一个特别理想的区域？必须要在第一层楼吗？如果答案是肯定的，那么您的企业必须处在公共交通便利的地带吗？

如果您正在考虑某个特定的地点或者正在对比几个地点，下面几点可能很重要：交通是否便利？停车设施是否完善？街灯是否足够？是否靠近其他企业或场地（可能会对吸引目标客户有所帮助）？如果是一个店面，它够不够引人注意，或者必须怎么做才能使它吸引目标客户的注意？

如果可以为您的企业建立标识：本地法令中是否有可能对您有负面影响的规定？哪种类型的标识最能满足您的要求？您是否将标识成本纳入了启动成本费

图 3-103　文档样式设置的最终效果

3.6.2 文档分页与分节

文档的不同部分通常会另起一页开始，很多人习惯用加入多个空行的方法使新的部分另起一页，这种做法会导致修改文档时重复排版，增加了工作量，降低了工作效率。借助 Word 2010 中的分页与分节功能，可以有效划分文档内容的布局，从而使文档排版工作简洁高效。文档分页与分节的操作可以通过“页面布局”选项卡“页面设置”组中的“分隔符”命令来实现。

1. 文档分页

一般情况下，Word 文档是自动分页的，文档内容到页尾时会自动排布到下一页。但如果为了排版布局的需要，可能会单纯地将文档内容从中间划分为上下两页，这时可在文档中插入分页符。

2. 文档分节

在文档中插入分节符，不仅可以将文档内容划分为不同的页面，而且还可以针对不同的节分别进行页面设置。“分隔符”命令下的“分节符”共有四种类型，其中：

① 下一页：分节符后的文本从新的一页开始，也就是分节的同时分页。

② 连续：新节与其前面一节同处于当前页中，也就是只分节不分页，两节处于同一页中。

③ 偶数页：分节符后面的内容转入下一个偶数页，也就是分节的同时分页，且下一页从偶数页码开始。

④ 奇数页：分节符后面的内容转入下一个奇数页，也就是分节的同时分页，且下一页从奇数页码开始。

【实例 3-27】在内容为“‘领慧讲堂’就业讲座”的 Word 文档中，已设置纸张大小为“16开”，如图 3-104 所示。要求在“主办：校学工处”位置后另起一页，并设置第 2 页的页面纸张大小为 A4 篇幅，纸张方向设置为“横向”，页边距定义为“普通”页边距。

操作步骤如下：

① 将鼠标置于“主办：校学工处”位置后面，单击“页面布局”选项卡“页面设置”组中的“分隔符”下拉按钮，选择“分节符”中的“下一页”命令，即可另起一页，如图 3-105 所示。

图 3-104 Word 文档内容

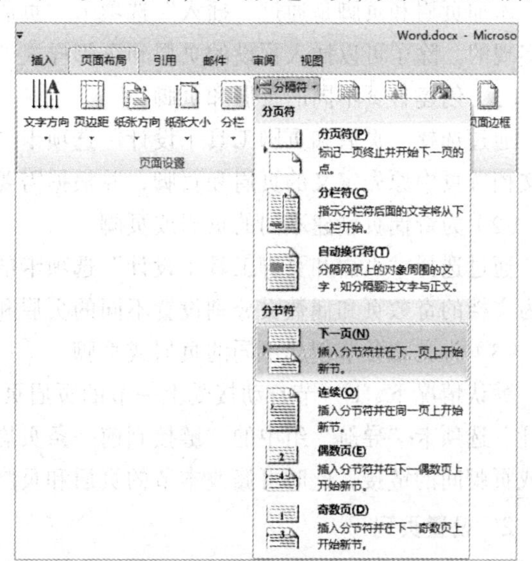

图 3-105 插入“下一页”分节符

② 将鼠标置于第二页，单击“页面布局”选项卡“页面设置”组右下角的对话框启动器按钮，弹出“页面设置”对话框。切换至“纸张”选项卡，选择“纸张大小”中的“A4”选项；切换至“页边距”选项卡，选择“纸张方向”下的“横向”选项，单击“确定”按钮。

③ 单击“页面布局”选项卡“页面设置”组中的“页边距”下拉按钮，在弹出的下拉列表中选择“普通”选项，设置效果如图 3-106 所示。

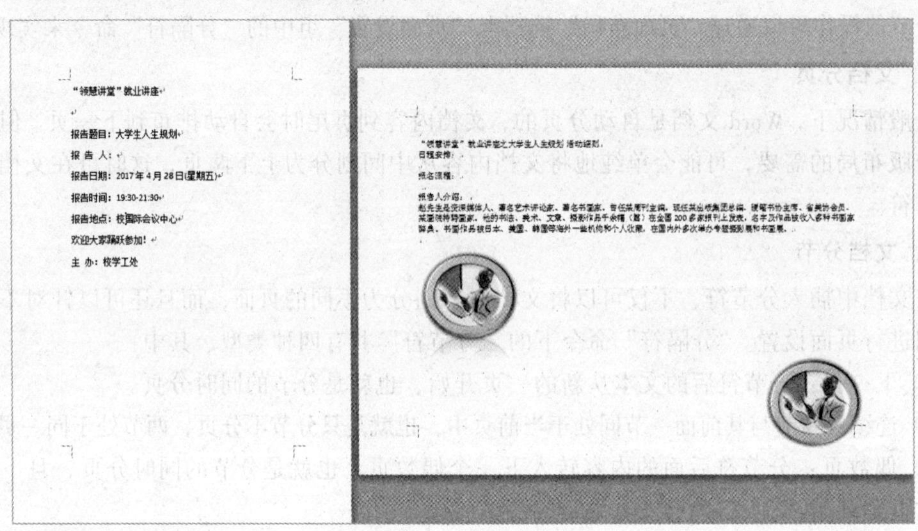

图 3-106　文档设置效果

3.6.3　设置页眉、页脚与页码

页眉和页脚是文档中每个页面的顶部、底部和两侧页边距中的区域。在页眉和页脚中可以插入文本、图形图片及文档部件，如页码、时间和日期、公司徽标、文档标题、文件名、文档路径或作者姓名等。

1．插入页眉或页脚

添加页眉和页脚是通过“插入”选项卡“页眉和页脚”组中的“页眉”和“页脚”命令来实现的。除了可以插入预设的页眉和页脚样式外，还可以创建如下形式的页眉和页脚。

（1）创建首页不同的页眉和页脚

通过选择“页眉和页脚工具｜设计”选项卡“选项”组中的“首页不同”复选框可以删除文档首页中原先定义的页眉和页脚，并根据需要另行设置首页页眉和页脚。

（2）为奇偶页创建不同的页眉或页脚

通过选择“页眉和页脚工具｜设计”选项卡的“选项”组中的“奇偶页不同”复选框可以为文档的奇数页和偶数页分别设置不同的页眉和页脚。

（3）为文章各节创建不同的页眉或页脚

默认情况下，下一节自动接受上一节的页眉页脚信息。通过单击取消“页眉和页脚工具｜设计”选项卡“导航”组中的“链接到前一条页眉”按钮，可以断开当前节与前一节中的页眉或页脚间的链接，此时可修改本节的页眉和页脚信息。

2．设置页码

在长文档中插入页码，可以使阅读方便。页码是文档的一部分，若文档没有分节，整篇文档将视为一节，使用一种页码格式，也可以将文档分节来设置不同的页码格式。设置页码格式

可以在“页眉和页脚工具 | 设计”选项卡“页眉和页脚”组中的“页码”下拉菜单中进行。

【实例 3-28】为文档“北京政府统计工作年报”添加页眉，要求除封面页和目录页外，在正文页上添加页眉，内容为文档标题“北京市政府信息公开工作年度报告”和页码，要求正文页码从第 1 页开始，其中奇数页页眉居右显示，页码在标题右侧，偶数页页眉居左显示，页码在标题左侧。文档部分内容如图 3-107 所示。

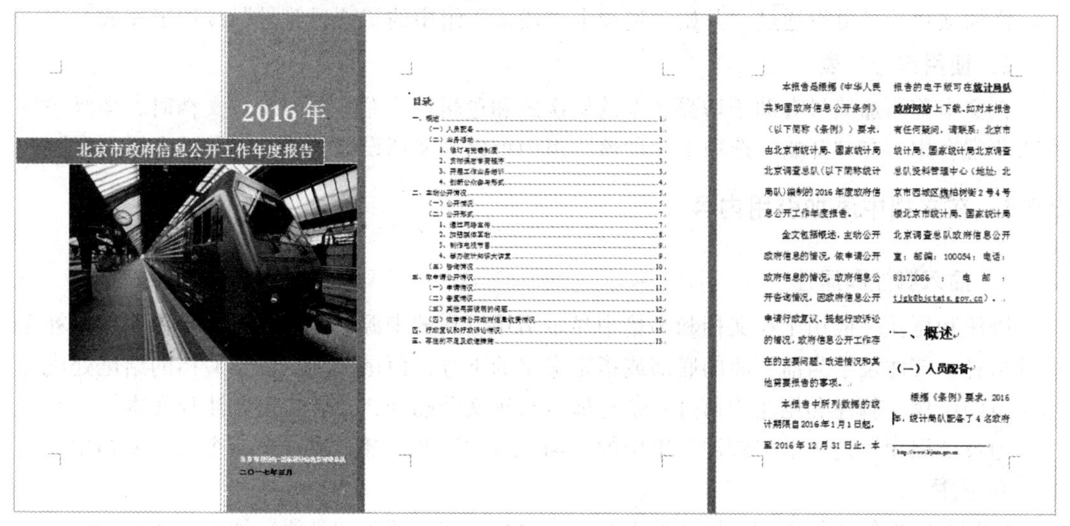

图 3-107 “北京政府统计工作年报”文档部分内容

操作步骤如下：

① 双击第三页（即正文第一页）的页眉位置，在“页眉和页脚工具 | 设计”选项卡“页眉和页脚”组的“页码”下拉菜单中选择“设置页码格式”命令，在弹出的“页码格式”对话框中设置“起始页码”为“1”。

② 在“选项”组中取消选择“首页不同”复选框，选择“奇偶页不同”复选框，“导航”组中取消“链接到前一条页眉”。在正文第一页的页眉位置输入文档标题“北京市政府信息公开工作年度报告”，在“开始”选项卡“段落”功能组中设置对齐方式为“右对齐”。

③ 于页眉标题右侧定位光标，单击“插入”选项卡“页眉和页脚”组“页码”下拉按钮，在下拉菜单中选择“当前位置”→“普通数字 1”命令。

④ 同理，在偶数页页眉设置标题及页码，对齐方式为“左对齐”。设置最终效果如图 3-108 所示。

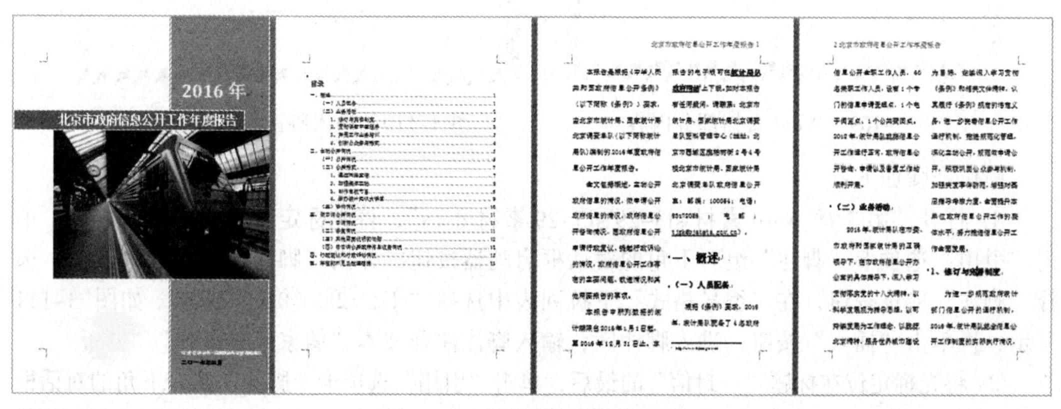

图 3-108 页码设置最终效果

3.6.4 使用项目符号和编号列表

在文档中使用项目符号和编号，可以令文档层次分明、条理清晰，更加便于阅读。一般情况下，项目符号是图形或图片，无顺序；而编号是数字或字母，有顺序。

1. 使用项目符号

添加项目符号可以通过“开始”选项卡“段落”组中的“项目符号”按钮来完成。

2. 使用编号列表

在文本前添加编号有助于增强文本的层次感和逻辑性，尤其在编辑长文档时，多级编号列表非常有用。在“开始”选项卡“段落”组中可以为文档设置“编号”及“多级列表”。

3.6.5 在文档中添加引用内容

1. 插入脚注和尾注

脚注和尾注一般用于在文档和书籍中显示引用资料的来源，或者用于输入说明性或补充性的信息。脚注位于当前页面的底部或指定文字的下方，而尾注则是位于文档的结尾处或者指定节的结尾。脚注和尾注均通过一条短横线与正文分隔开，二者均包含注释文本。

通过“引用”选项卡“脚注”组中的“插入脚注”和“插入尾注”命令可在文档中插入脚注和尾注。

【实例 3-29】在图 3-109 所示的文档“一封信”中，请为“论语”添加脚注，脚注引用标记是“①”，脚注注释文本是“儒家经典著作”。为文档添加尾注，尾注引用标记是“♥”，尾注注释文本是“书信摘选”。效果如图 3-110 所示。

图 3-109 Word 文档部分内容

图 3-110 插入脚注与尾注效果

操作步骤如下：

① 打开“第 3 章 word 素材\sl3-29\sl3-29 素材.docx”，将光标定位在“论语”后面，单击“引用”选项卡“脚注”组右下角的对话框启动器按钮，弹出“脚注和尾注”对话框。选择“脚注”单选按钮，在“编号格式”下拉列表中选择“①，②，③…”选项，如图 3-111 所示，再单击“插入”按钮，进入脚注区，输入脚注注释文本“儒家经典著作”。

② 将光标定位在标题“一封信”的最后，单击“引用”选项卡“脚注”组右下角的对话框启动器按钮，弹出“脚注和尾注”对话框。选择“尾注”单选按钮，单击“自定义标记”旁边的

“符号”按钮，在弹出的“符号”对话框中选择“♥”，单击“确定”按钮，再单击“插入”按钮，如图 3-112 所示。进入尾注区，输入尾注注释文本“书信摘选”，在尾注区外单击结束输入。

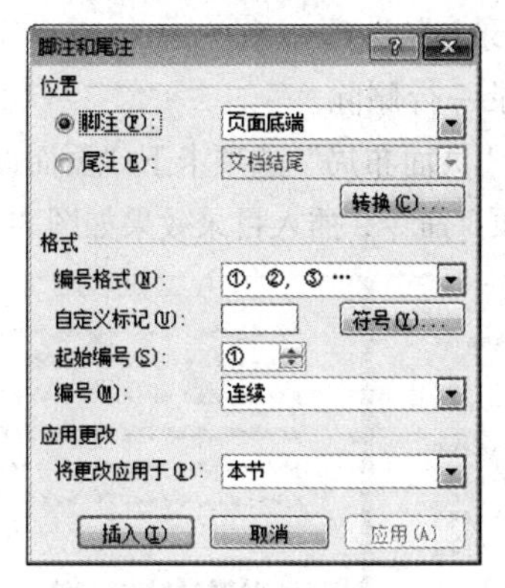

图 3-111　设置脚注

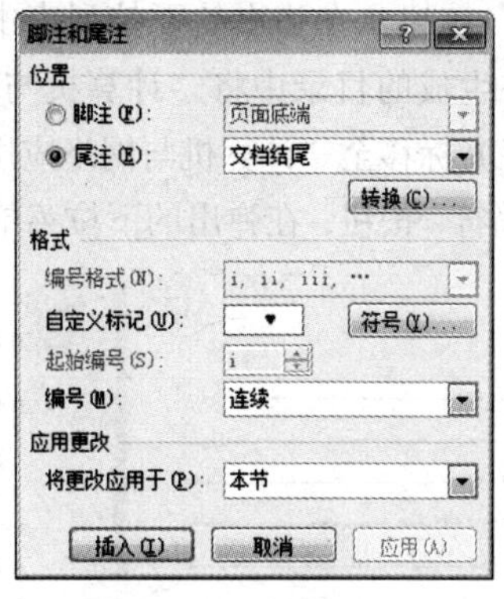

图 3-112　设置尾注

2. 插入题注并在文中引用

题注是一种可以为文档中的图表、表格、公式或其他对象添加的编号标签，如果在文档的编辑过程中对题注执行了添加、删除或移动的操作，则可以一次性更新所有题注编号，而不需要再进行单独调整。

使用“引用”选项卡“题注”组中的“插入题注”按钮可以为文档添加题注；“交叉引用”按钮可以将已插入的“题注”引用到文档中。

3.6.6　创建文档目录

目录通常是长文档不可缺少的一部分，它列出了文档中的各级标题及其所在的页码，便于文档阅读者快速检索、查阅到相关的内容。自动生成目录时，最重要的准备工作是为文档的各级标题应用样式，最好使用内置标题样式。

在“引用”选项卡的“目录”组中可以进行插入目录的相关操作。

【实例 3-30】在文档“第 3 章 word 素材\sl3-30\计算机与网络应用”的开始位置插入只显示 2 级和 3 级标题的目录，并用分节方式令其独占一页。（标题所在段落已分别应用“标题 1”“标题 2”“标题 3”三种内置标题样式。）文档部分内容如图 3-113 所示。

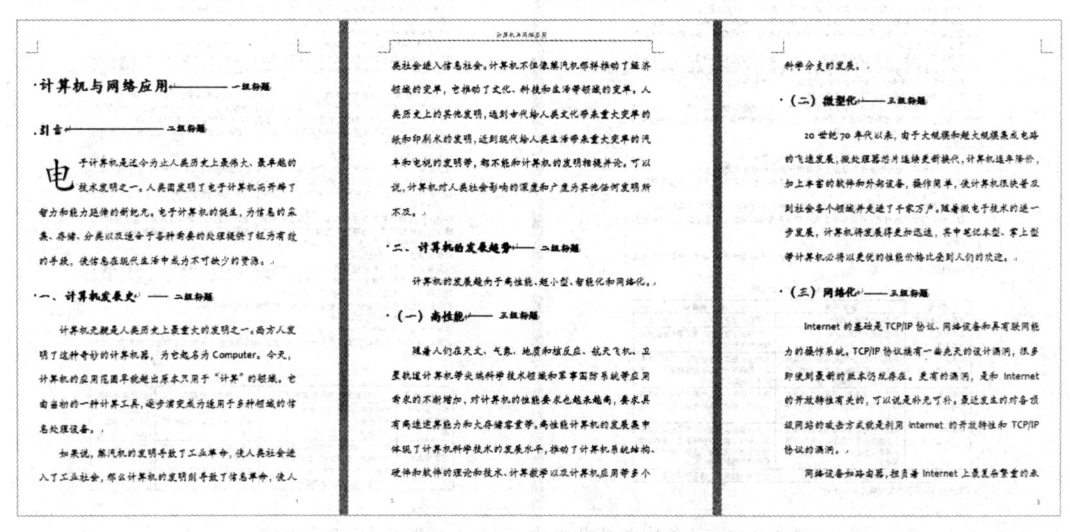

计算机与网络应用 —— 一级标题

引言 —— 二级标题

电子计算机是迄今为止人类历史上最伟大、最卓越的技术发明之一。人类因发明了电子计算机而开辟了智力和能力延伸的新纪元。电子计算机的诞生，为信息的采集、存储、分类以及适合于各种需要的处理提供了极为有效的手段，使信息在现代生活中成为不可缺少的资源。

一、计算机发展史 —— 二级标题

计算机无疑是人类历史上最重大的发明之一。西方人发明了这种奇妙的计算机器，为它起名为 Computer。今天，计算机的应用范围早就超出原本只用于“计算”的领域。它由当初的一种计算工具，逐步演变成为适用于多种领域的信息处理设备。

如果说，蒸汽机的发明导致了工业革命，使人类社会进入了工业社会，那么计算机的发明则导致了信息革命，使人类社会进入信息社会。计算机不但像蒸汽机那样推动了经济领域的变革，它推动了文化、科技和生活等领域的变革。人类历史上的其他发明，远到古代给人类文化带来重大变革的纸和印刷术的发明，近到现代给人类生活带来重大变革的汽车和电视的发明等，都不能和计算机的发明相提并论。可以说，计算机对人类社会影响的深度和广度为其他任何发明所不及。

二、计算机的发展趋势 —— 二级标题

计算机的发展趋向于高性能、超小型、智能化和网络化。

（一）高性能 —— 三级标题

随着人们在天文、气象、地质和核反应、航天飞机、卫星轨道计算机等尖端科学技术领域和军事国防系统等应用需求的不断增加，对计算机的性能要求也越来越高，要求具有高速运算能力和大存储容量等。高性能计算机的发展集中体现了计算机科学技术的发展水平，推动了计算机系统结构、硬件和软件的理论和技术、计算数学以及计算机应用等多个科学分支的发展。

（二）微型化 —— 三级标题

20 世纪 70 年代以来，由于大规模和超大规模集成电路的飞速发展，微处理器芯片连续更新换代，计算机连年降价，加上丰富的软件和外部设备，操作简单，使计算机很快普及到社会各个领域并走进了千家万户。随着微电子技术的进一步发展，计算机将发展得更加迅速，其中笔记本型、掌上型等计算机必将以更优的性能价格比受到人们的欢迎。

（三）网络化 —— 三级标题

Internet 的基础是 TCP/IP 协议、网络设备和具有联网能力的操作系统。TCP/IP 协议拥有一些先天的设计漏洞，很多即使到最新的版本仍然存在。更有的漏洞，是和 Internet 的开放特性有关的，可以说是补无可补。最近发生的对各顶级网站的攻击方式就是利用 internet 的开放特性和 TCP/IP 协议的漏洞。

网络设备如路由器，担负着 Internet 上最复杂繁重的系

图 3-113　文档部分内容

操作步骤如下：

① 将鼠标光标移至“计算机与网络应用”最左侧，单击“引用”选项卡“目录”组中的“目录”按钮，在弹出的下拉列表中选择“自动目录 1”选项。

② 在生成的目录中将“计算机与网络应用”目录一行删除。

③ 将光标移至“计算机与网络应用”最左侧，在“页面布局”选项卡下“页面设置”组中选择“分隔符”按钮，在弹出的下拉菜单中选择“下一页”命令，插入目录效果如图 3-114 所示。

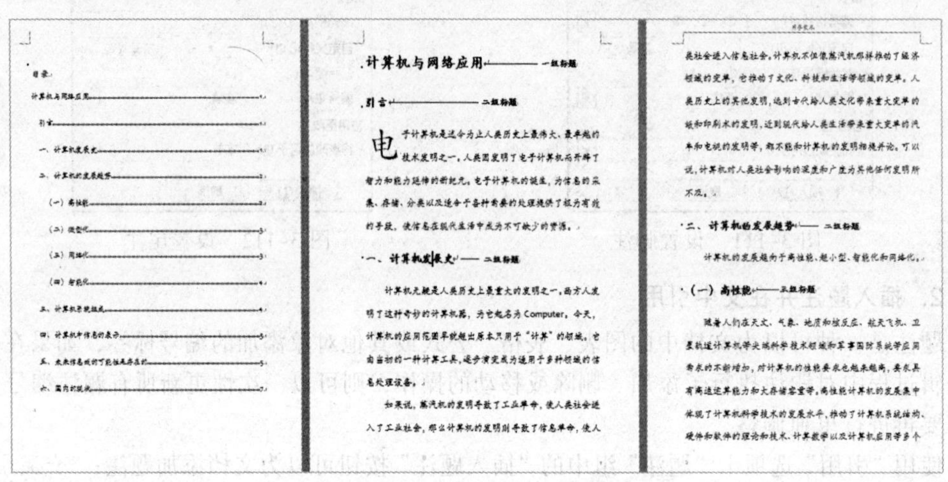

图 3-114　插入目录效果

3.6.7　长文档排版实例

【实例 3-31】打开“第 3 章 word 素材\sl3-31\sl3-31.docx”，文档部分内容如图 3-115 所示，按下列要求对书稿进行排版并按原文件名进行保存。

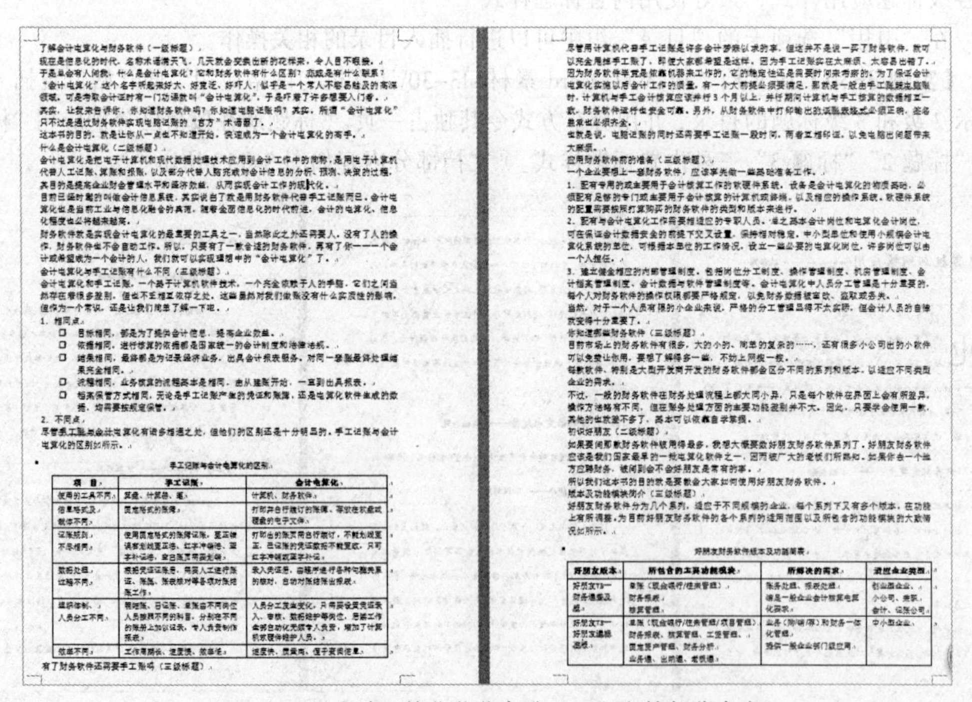

图 3-115　“会计电算化节节高升.docx”文档部分内容

① 书稿中包含三个级别的标题，分别用“(一级标题)”“(二级标题)”“(三级标题)”字样标出。按表3-10所示的要求对书稿应用样式、多级列表并对样式格式进行相应修改。

表3-10 各级标题样式要求

内　容	样式	格　式	多级列表
所有用“一级标题”标识的段落	标题1	小二号字，黑体，不加粗，段前1.5行，段后1行，行距最小值12磅，居中	第1章，第2章，……，第n章
所有用“二级标题”标识的段落	标题2	小三号字，黑体，不加粗，段前1行，段后0.5行，行距最小值12磅	1-1，1-2，2-1，2-2，……，n-1，n-2
所有用“三级标题”标识的段落	标题3	小四号字，宋体，加粗，段前12磅，段后6磅，行距最小值12磅	1-1-1，1-1-2，……，n-1-1，n-1-2，且与二级标题缩进位置相同
除上述三个级别标题外的所有正文（不含图表及题注）	正文	首行缩进2字符，1.25倍行距，段后6磅，两端对齐	

② 书稿中有若干表格及图片，分别在表格上方和图片下方的说明文字左侧添加形如“表1-1”“表2-1”“图1-1”“图2-1”的题注，其中连字符“-”前面的数字代表章号，“-”后面的数字代表图表的序号，各章节图和表分别连续编号。添加完毕后，将样式“题注”的格式修改为仿宋，小五号字，居中。

③ 在书稿中用红色标出的文字的适当位置，为前两个表格和前三个图片设置自动引用其题注号。

④ 为文档中的文字“1-2 初识好朋友”添加超链接，链接地址为“http://www.haopengyou.com”。同时，在“1-2 初识好朋友”后添加脚注，内容为“参见 http://www.haopengyou.com 网站”。

⑤ 为第2张表格“表1-2 好朋友财务软件版本及功能简表”套用一个合适的表格样式，保证表格的第1行在跨页能够自动重复，且表格上方的题注与表格总在一页上。

⑥ 在书稿的最前面插入目录，要求包含标题第1～3级及对应页号。

⑦ 目录、书稿的每一章均为独立的一节，每一节的页码均以奇数页为起始页码。

⑧ 目录与书稿的页码分别独立编排，目录页码使用大写罗马数字（I、II、III、……），书稿页码使用阿拉伯数字（1、2、3、……），且各章节连续编码。除目录首页和每章首页不显示页码外，其余页面要求奇数页页码显示在页脚右侧，偶数页页码显示在页脚左侧。

操作步骤如下：

① 应用样式：

a．选中带有“(一级标题)”标识的段落，单击“开始”选项卡“样式”组中的“标题1”样式。

b．使用同样的方法，分别为“(二级标题)”和“(三级标题)”所在的段落应用“标题2”和“标题3”样式。

② 修改样式：

a．单击“开始”选项卡“样式”组右下角的对话框启动器按钮，在弹出的“样式”任务窗格中，选择“标题1”下拉菜单中的“修改”命令，在“修改样式”对话框的“格式”区中设置字体为“黑体”，字号为“小二”，不加粗。

b．单击左下角的“格式”按钮，在弹出的快捷菜单中选择“段落”命令，弹出“段落”对话框。其中，设置“段前1.5行”“段后1行”“行距最小值12磅”及对齐方式“居中”，如图3-116所示。

c．同理，对“标题2”“标题3”“正文”样式进行修改。

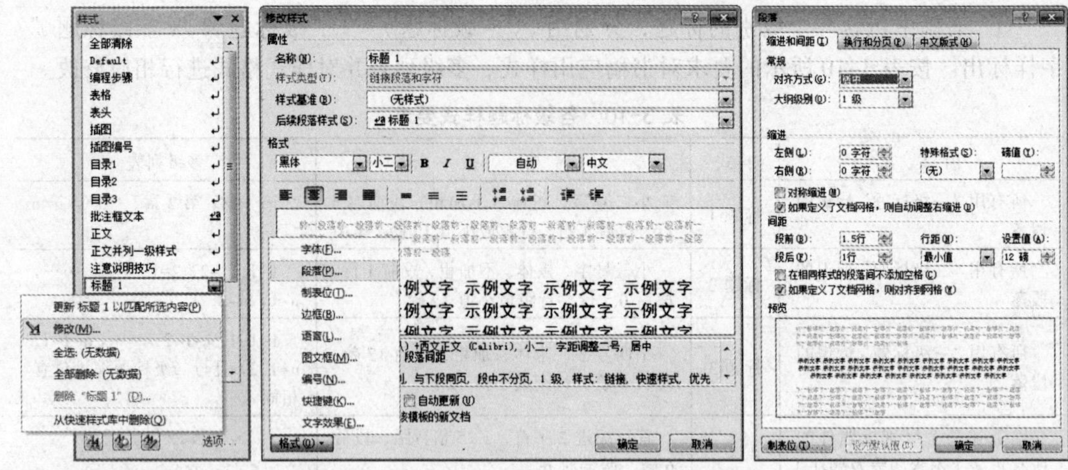

图 3-116　为“标题 1”所在段落修改样式

③ 应用多级编号列表：

a. 单击“视图”选项卡“文档视图”组中的“大纲视图”按钮，将文档切换至大纲视图下，在“大纲工具”组的“显示级别”中选择“3 级”选项，方便多级列表的设置与浏览。

b. 将光标置于第一个一级标题“了解会计电算化与财务软件”之前，在“开始”选项卡“段落”组“多级列表”下拉菜单中选择“定义新的多级列表”命令，弹出“定义新多级列表”对话框。在“单击要修改的级别”下选择“1”选项，在“编号格式”区的“输入编号的格式”文本框中输入“第 1 章”。

c. 单击左下角“更多”按钮，在“将级别链接到样式”下拉列表中选择“标题 1”选项，一级标题设置完成。同理，对二级标题进行设置，并记下对齐位置及文本缩进位置，用于三级标题的设置，如图 3-117 所示。

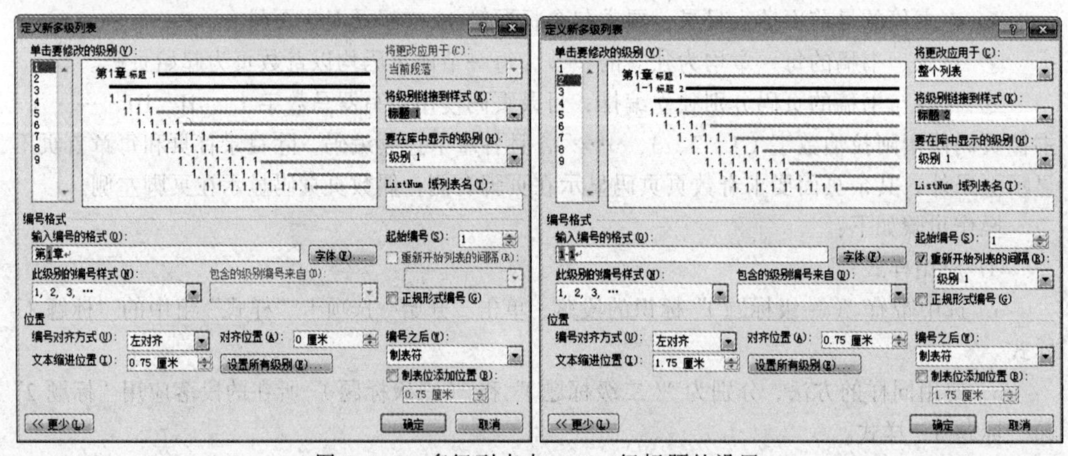

图 3-117　多级列表中一、二级标题的设置

d. 按照同样的方法，为三级标题设置编号格式“1-1-1”，链接到“标题 3”样式，对齐位置“0.75 厘米”，文本缩进位置“1.75 厘米”，三级标题设置及应用多级列表效果如图 3-118 所示，关闭大纲视图。

④ 插入题注并在文中引用：

a. 将光标定位于第一张表格标题“手工记账与会计电算化的区别”之前，单击“引用”选项卡“题注”组中的“插入题注”按钮，在“题注”对话框中单击“新建标签”按钮，弹出“新建标签”对话框，在标签下的文本框中输入“表”，单击“确定”按钮。

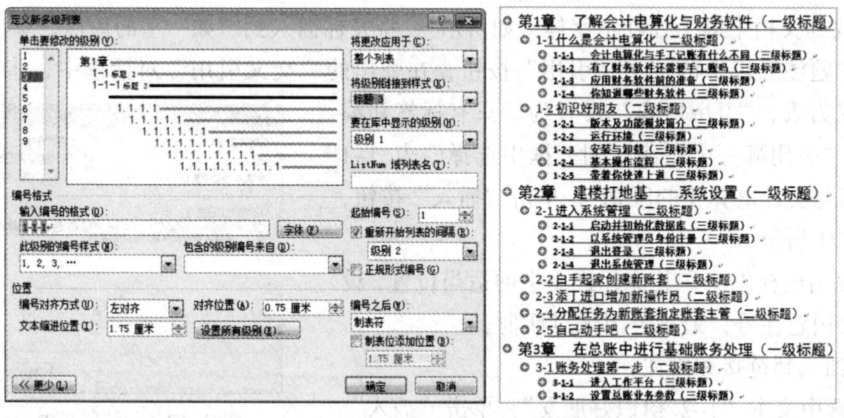

图 3-118　三级标题的设置及应用多级列表效果

b. 回到“题注”对话框，单击“编号”按钮，在“题注编号”对话框中选择“包含章节号”复选框，使用默认的样式及分隔符，确定后即可看到表格标题前出现“表 1-1”字样，设置过程如图 3-119 所示。使用同样的方法，为其余表格标题插入题注。

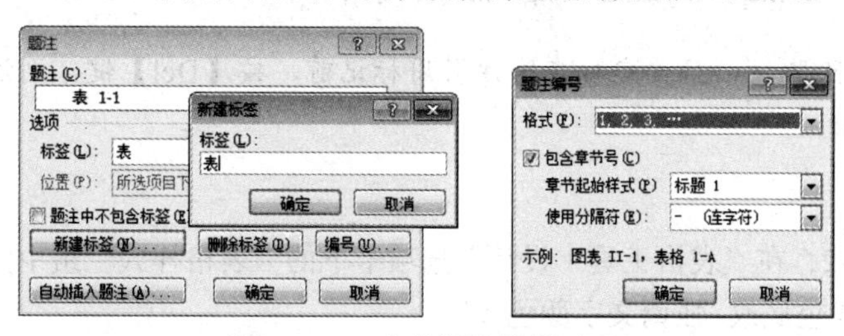

图 3-119　表格题注设置过程

c. 将光标定位于第一张图的标题“好朋友总账系统操作流程图”之前，在“题注”对话框新建标签“图”，设置题注编号，确定后可看到“图 1-1”字样。同理，为其余图片标题设置题注。

d. 单击“开始”选项卡“样式”组右侧的下三角按钮，将鼠标移至“样式”任务窗格中的“题注”样式并右击，在弹出的快捷菜单中选择“修改”命令，打开“修改样式”对话框，在“格式”区下选择“仿宋”“小五”，单击“居中”按钮，选择“自动更新”复选框，则所有题注均更新为要求的格式，如图 3-120 所示。

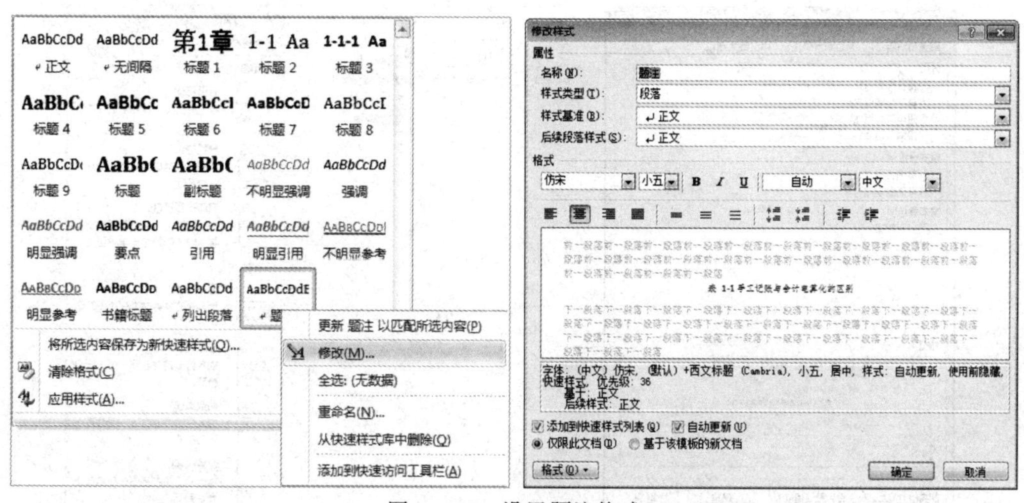

图 3-120　设置题注格式

e．找到文档中第一处红色字体“如所示”，将光标插入到“如”字的后面，单击“引用”选项卡“题注”组中的“交叉引用”按钮，在弹出的“交叉引用”对话框中，将“引用类型”设置为表，“引用内容”设置为“只有标签和编号”，在“引用哪一个题注”列表框中选择“表 1-1 手工记账与会计电算化的区别”，单击“插入”按钮，如图 3-121 所示。

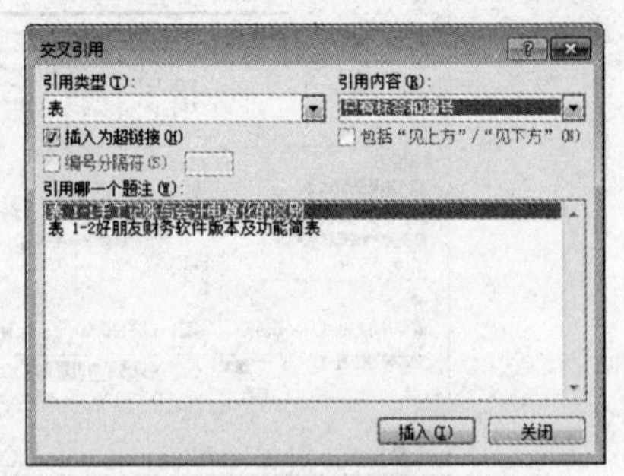

图 3-121　在文档中引用题注

f．使用同样方法在其他标红文字的适当位置，设置自动引用题注号，最后关闭该对话框。

⑤ 插入超链接和脚注：

a．选中文本“1-2 初识好朋友”，单击“插入”选项卡“链接”组中的“超链接”按钮，弹出“插入超链接”对话框，在地址栏中输入“http://www.haopengyou.com”，单击“确定”按钮。

b．选中“1-2 初识好朋友”，单击“引用”选项卡下“脚注”组中的“插入脚注”按钮，在光标处输入“参见 http://www.haopengyou.com 网站”。

【提示】要删除脚注，只要定位在脚注引用标记前，按【Del】键，则注释引用标记和注释文本同时被删除。

⑥ 表格操作：

a．选中表 1-2，在“表格工具 | 设计”选项卡下的“表格样式”组中为表格套用一个样式，此处选择“浅色底纹-强调文字颜色 5”。

b．选中表格标题行，在“表格工具 | 布局”选项卡的“数据”组中单击“重复标题行”按钮；选中表格标题文字右击，在弹出的快捷菜单中选择“段落”命令，切换到“换行和分页”选项卡，选择“与下段同页”复选框，单击“确定”按钮，如图 3-122 所示。

⑦ 文档分页与分节：

将光标定位于文字“第 1 章 了解会计电算化与财务软件”处，选择“页面布局”选项卡“页面设置”组中“分隔符”下拉菜单中的“分节符 | 奇数页”命令。同理，为其余章设置分节，使书稿的每一章均为独立的一节，且每一节的页码均以奇数页为起始页码，如图 3-123 所示。

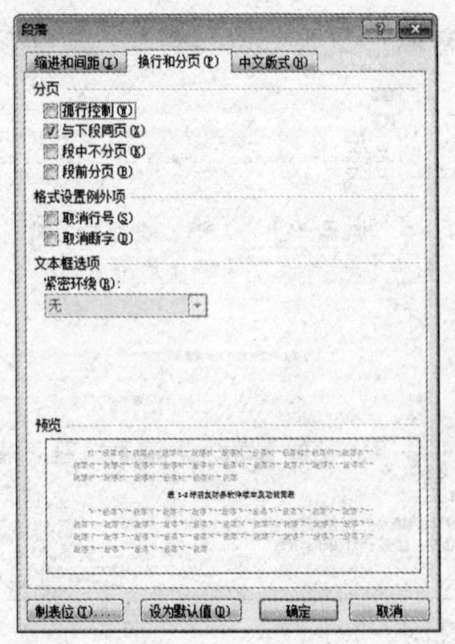

图 3-122　设置表格上方的题注与表格同页

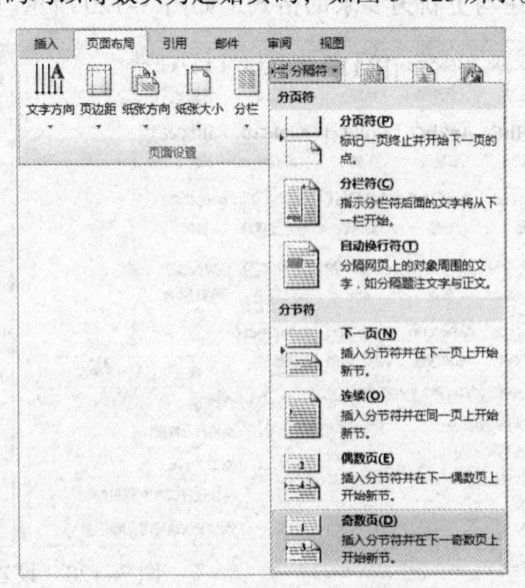

图 3-123　设置奇数页分节

⑧ 创建文档目录：

将光标定位于文档首页，单击“引用”选项卡“目录”组中的“目录”下拉按钮，在下拉列表中选择“自动目录 1”选项。

⑨ 插入页眉或页脚：

a. 双击进入目录页页脚位置，在“页眉和页脚工具 | 设计”选项卡“选项”组中选择“首页不同”和“奇偶页不同”选项。选择“页眉和页脚”组“页码”下拉菜单中的“设置页码格式”命令，在弹出的“页码格式”对话框中选编号格式为“大写罗马数字 I、II、III、……”，起始页码为“I”，如图 3-124 所示。

b. 将光标定位于目录偶数页页脚处，选择“页码”下拉菜单中的“页面底端”→“普通数字 1”命令，如图 3-125 所示，插入目录偶数页页码；将光标移至目录页第 3 页的页码，选择“页面底端”→“普通数字 3”命令。

图 3-124 设置目录页页码

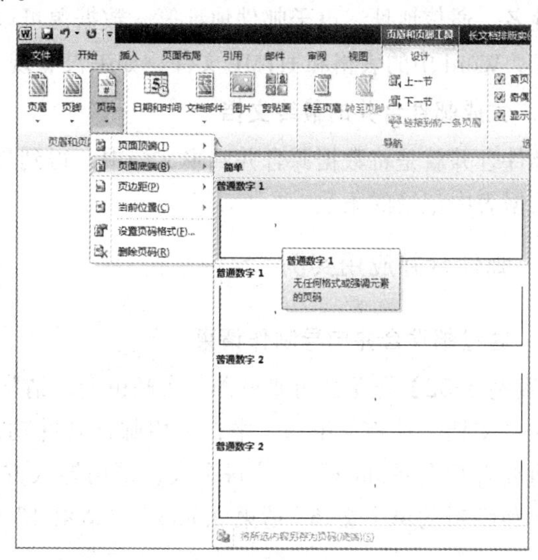

图 3-125 插入目录偶数页页码

c. 将光标定位于第 1 章第 1 页页码“1 处”，在“选项”组中选择“首页不同”复选框，使首页页码不显示，其余页页码设置符合格式要求。

d. 同理，为第 2 章第 1 页页码设置“首页不同”；将光标移至第 2 章第 2 页页码处，在“页眉和页脚工具 | 设计”选项卡的“页眉和页脚”组的“页码”下拉菜单中选“设置页码格式”命令，在图 3-124 所示对话框的“页码编号”区中选择“续前节”单选按钮，使页码与前一节的页码相互衔接。

e. 使用同样的方法为整个文档编页码。

3.7 通过邮件合并批量处理文档

Word 2010 提供了强大的邮件合并功能，利用该功能可以批量创建信函、电子邮件、传真、信封、标签和目录等文档，具有极佳的实用性和便捷性。

3.7.1 邮件合并的概念

邮件合并主要是指在主文档的固定内容中，合并与发送信息相关的一组通信资料，从而批量生成需要的邮件文档。例如，制作一批信封，所有信封中寄信人信息都是固定不变的，而收信人的信息是变化的，每一张信封都是不同的。使用“邮件合并”功能可以轻松地批量生成不同收件人的信封。

邮件合并的基本过程包括三个步骤。

1．创建主文档

主文档是指邮件合并内容的固定不变的部分，如信函中的通用部分、信封上的落款等。建立主文档的过程就和平时新建一个 Word 文档一模一样，在进行邮件合并之前它只是一个普通的文档。唯一不同的是，在制作一个主文档时需要考虑，在合适的位置留下数据填充的空间。

2．准备数据源

数据源实际上是一个数据列表，其中包含了用户希望合并到输出文档的数据。通常它保存了姓名、通信地址、电子邮件地址等，数据源可以是 Excel 表格、Outlook 联系人、Access 数据库、Word 中的表格和 HTML 文件。如果没有现成的，还可以重新建立一个数据源。

3．生成邮件合并的最终文档

邮件合并就是将数据源合并到主文档中，得到最终的目标文档，合并完成的文档份数取决于数据表中记录的条数。

3.7.2 邮件合并应用实例

1．通过邮件合并向导制作请柬

【实例 3-32】海龙公司要举办一次联谊会，请帮助前台秘书制作请柬，要求如下：

在主文档“请柬 1.docx”中，运用邮件合并功能制作内容相同、收件人不同（收件人为“重要客户名录.docx”中的每个人，采用导入方式）的多份请柬，进行效果预览后生成可以单独编辑的单个文档“请柬 2.docx”。“请柬 1”和“重要客户名录”文件内容如图 3-126 所示。

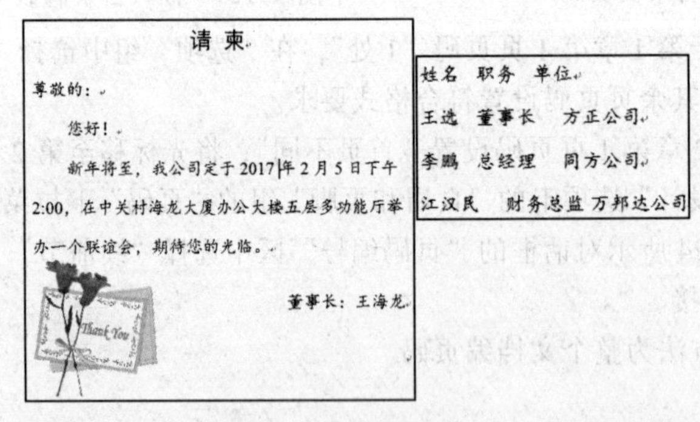

请柬

尊敬的：

您好！

新年将至，我公司定于 2017 年 2 月 5 日下午 2:00，在中关村海龙大厦办公大楼五层多功能厅举办一个联谊会，期待您的光临。

董事长：王海龙

姓名	职务	单位
王选	董事长	方正公司
李鹏	总经理	同方公司
江汉民	财务总监	万邦达公司

图 3-126 “请柬 1”和“重要客户名录”文件内容

操作步骤如下：

① 打开主文档“第 3 章 word 素材\sl3-32\请柬 1.docx”，单击“邮件”选项卡“开始邮件合并”组中的“开始邮件合并”按钮。

② 从弹出的下拉菜单中选择“邮件合并分步向导”命令，打开“邮件合并”任务窗格，进入“邮件合并分步向导”的第 1 步，如图 3-127 所示。邮件合并向导共包含 6 步。

③ 在“选择文档类型”区域中，选择一个希望创建的输出文档类型，此处选择“信函”单选按钮。

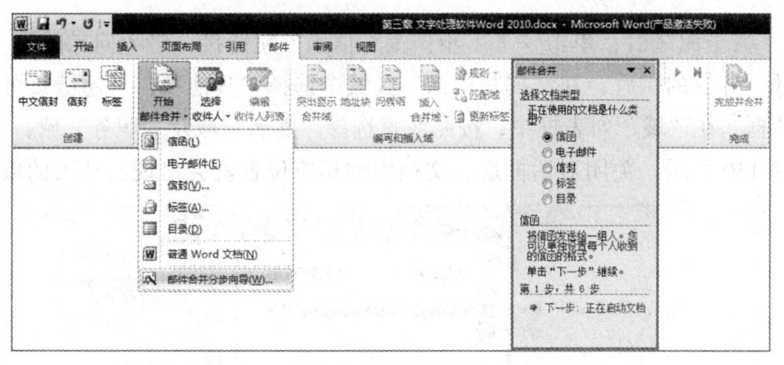

图 3-127　打开“邮件合并”任务窗格

④ 单击“下一步：正在启动文档”超链接，进入“邮件合并分步向导”的第 2 步，在“选择开始文档”选项区域中选择“使用当前文档”单选按钮，以当前文档作为邮件合并的主文档，也可以选择一个已有的文档或根据模板新建一个文档。

⑤ 接着单击“下一步：选取收件人”超链接，进入向导的第 3 步，在“选择收件人”选项区域中选择“使用现有列表”单选按钮。

⑥ 单击“浏览”超链接，打开“选取数据源”对话框，选择“第 3 章 word 素材\sl3-32\重要客户名录.docx”，单击“打开”按钮。在“邮件合并收件人”对话框中，选择默认选项后单击“确定”按钮，如图 3-128 所示。

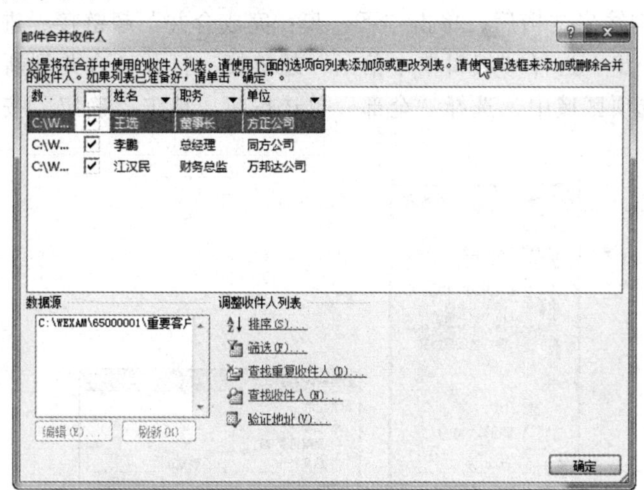

图 3-128　导入“重要客户名录”文件中的数据

【**提示**】确定邮件合并的数据源，可以使用事先准备好的列表，也可以新建一个数据源列表，如图 3-129 所示。

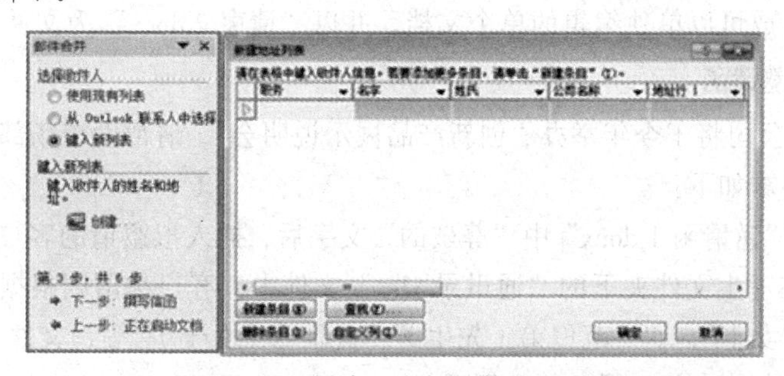

图 3-129　创建一个新的数据源列表

⑦ 确定了数据源之后，单击“下一步：撰写信函”超链接，进入向导的第 4 步。将光标定位于称呼“尊敬的”后，在“撰写信函”区域中选择“其他项目”超链接可打开“插入合并域”对话框，在“域”列表框中，按照题意选择“姓名”域及“职务”域，单击“插入”按钮，如图 3-130 所示。关闭对话框后，文档中的相应位置就会出现已插入的域标记。

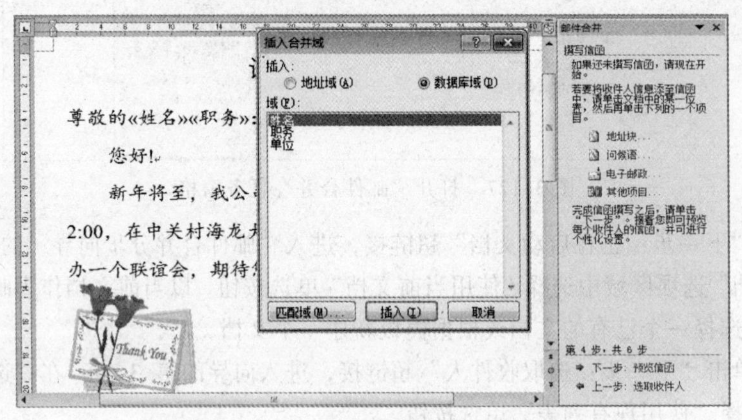

图 3-130 在文档中插入合并域

⑧ 单击“下一步：预览信函”超链接，进入“邮件合并分步向导”的第 5 步，此处可以查看具有不同邀请人的姓名和职务的信函。

⑨ 预览并处理输出文档后，单击“下一步：完成合并”超链接，进入“邮件合并分步向导”的最后一步。选择“编辑单个信函”超链接，打开“合并到新文档”对话框，在“合并记录”选项区域中，选择“全部”单选按钮，单击“确定”按钮，如图 3-131 所示。

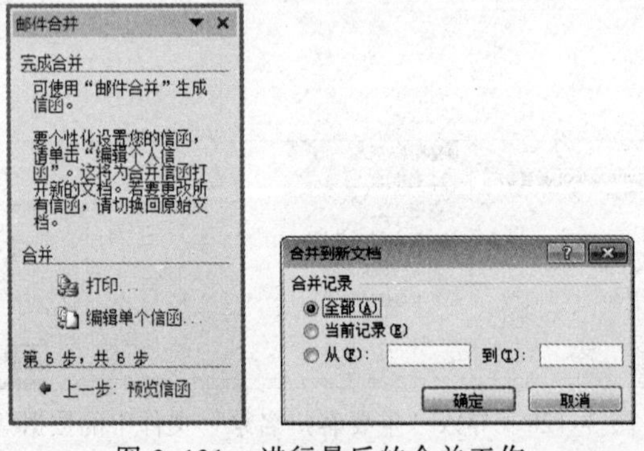

图 3-131 进行最后的合并工作

⑩ Word 会将存储的收件人信息自动添加到请柬的正文中，并合并生成一个新文档，进行效果预览后，生成可以单独编辑的单个文档，并以“请柬 2.docx”为文件名进行保存。

2. 直接制作邀请函

【实例 3-33】公司将于今年举办“创新产品展示说明会”，请帮助市场部助理小王制作完成会议邀请函，要求如下：

① 在主文档“邀请函 1.docx”中“尊敬的”文字后，插入拟邀请的客户姓名和称谓。拟邀请的客户姓名在考生文件夹下的“通讯录.xlsx”文件中，客户称谓则根据客户性别自动显示为“先生”或“女士”，如“范俊弟（先生）”“黄雅玲（女士）”等，文件“邀请函 1.docx”及“通讯录.xlsx”文件内容如图 3-132 所示。

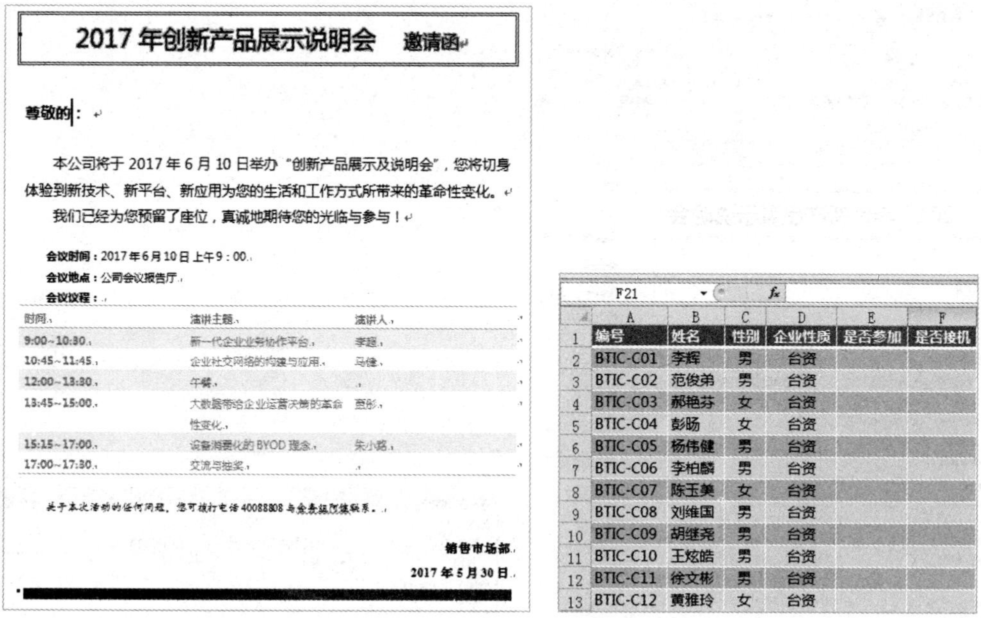

2017 年创新产品展示说明会 邀请函

尊敬的：

本公司将于 2017 年 6 月 10 日举办“创新产品展示及说明会”，您将切身体验到新技术、新平台、新应用为您的生活和工作方式所带来的革命性变化。

我们已经为您预留了座位，真诚地期待您的光临与参与！

会议时间：2017 年 6 月 10 日 上午 9：00

会议地点：公司会议报告厅

会议议程：

时间	演讲主题	演讲人
9:00~10:30	新一代企业业务协作平台	李超
10:45~11:45	企业社交网络的构建与应用	马捷
12:00~13:30	午餐	
13:45~15:00	大数据带给企业运营决策的革命性变化	萧彤
15:15~17:00	设备消费化的 BYOD 理念	朱小路
17:00~17:30	交流与抽奖	

关于本次活动的任何问题，您可拨打电话 40088808 与会务组陈笑联系。

销售市场部

2017 年 5 月 30 日

	A	B	C	D	E	F
1	编号	姓名	性别	企业性质	是否参加	是否接机
2	BTIC-C01	李辉	男	台资		
3	BTIC-C02	范俊弟	男	台资		
4	BTIC-C03	郝艳芬	女	台资		
5	BTIC-C04	彭旸	女	台资		
6	BTIC-C05	杨伟健	男	台资		
7	BTIC-C06	李柏麟	男	台资		
8	BTIC-C07	陈玉美	女	台资		
9	BTIC-C08	刘维国	男	台资		
10	BTIC-C09	胡继尧	男	台资		
11	BTIC-C10	王炫皓	男	台资		
12	BTIC-C11	徐文彬	男	台资		
13	BTIC-C12	黄雅玲	女	台资		

图 3-132 “邀请函 1.docx”及“通讯录.xlsx”文件内容

② 每个客户的邀请函占 1 页内容，且每页邀请函中只能包含一位客户姓名，所有的邀请函页面另外保存在一个名为“Word-邀请函.docx”的文件中。

操作步骤如下：

① 选择收件人：

打开主文档“第 3 章 word 素材\sl3-33\邀请函 1.docx”，在“邮件”选项卡“开始邮件合并”组中的“选择收件人”下拉菜单中选择“使用现有列表”命令，在弹出的“选取数据源”对话框中选择数据源文档“第 3 章 word 素材\sl3-33\通讯录.xlsx”。

② 插入合并域：

在主文档的抬头文本“尊敬的”和冒号“：”之间单击定位光标，单击“邮件”选项卡“编写和插入域”组中的“插入合并域”按钮，从下拉列表中选择需要插入的域名“姓名”，如图 3-133 所示。

③ 定义插入域规则：

a．将鼠标移至合并域“姓名”后，在“邮件”选项卡“编写和插入域”组的“规则”下拉菜单中选择“如果…那么…否则…”命令，弹出“插入 Word 域：IF”对话框。在该对话框中设置“域名”为“性别”，“比较条件”为“等于”，“比较对象”为“男”，“则插入此文字”为“先生”，“否则插入此文字”为“女士”，设置结果如图 3-134 所示。

b．单击“确定”按钮，在被邀请人的称谓与性别间建立起关系。

④ 完成并合并：

a．在“邮件”选项卡“完成”组中单击“完成并合并”按钮，从下拉菜单中选择“编辑单个文档”命令，在弹出的“合并到新文档”对话框中设定合并记录为“全部”后单击“确定”按钮。

b．此时，Word 会将 Excel 中存储的收件人信息自动添加到邀请函正文中，并合并生成一个如图 3-135 所示的新文档。在该文档中，每页中的邀请函客户信息均由数据源自动创建生成。

图 3-133　插入合并域“姓名”

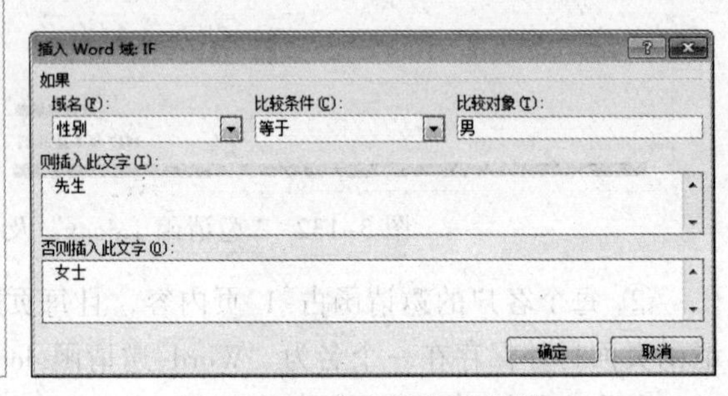

图 3-134　定义插入域规则

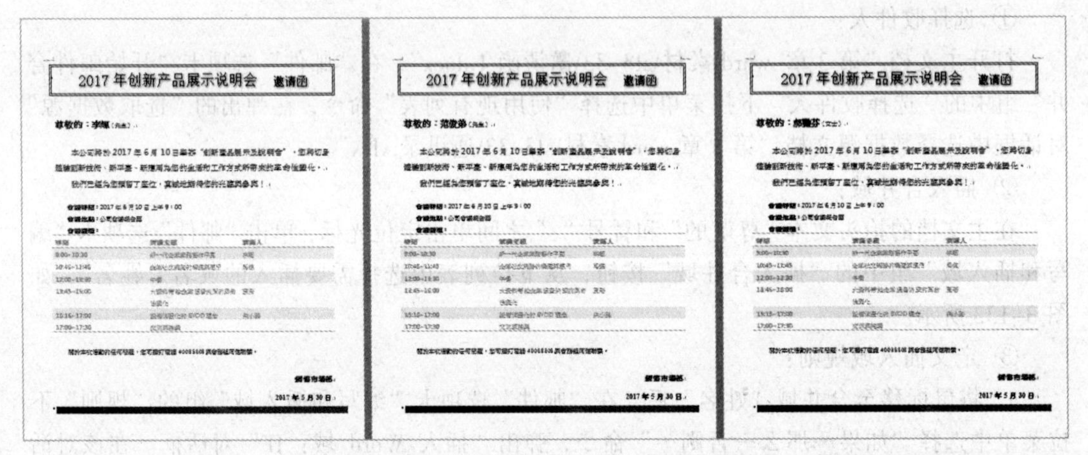

图 3-135　邀请函合并文档部分输出结果

⑤ 将该文档以“Word-邀请函.docx”为文件名进行保存，并保存主文档“邀请函 1.docx”。

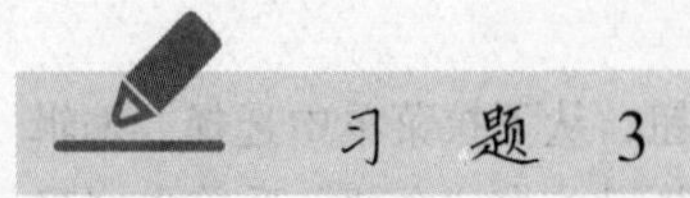

习　题　3

1．Contoso 公司文秘小华从网上获取了一份有关互联网络发展状况的统计报告，见“第 3 章 word 素材\课后习题\习题一\习题 1-素材.docx”，需要参照图 3-136 所示的结果并按下述要求完成该文档的排版设计。

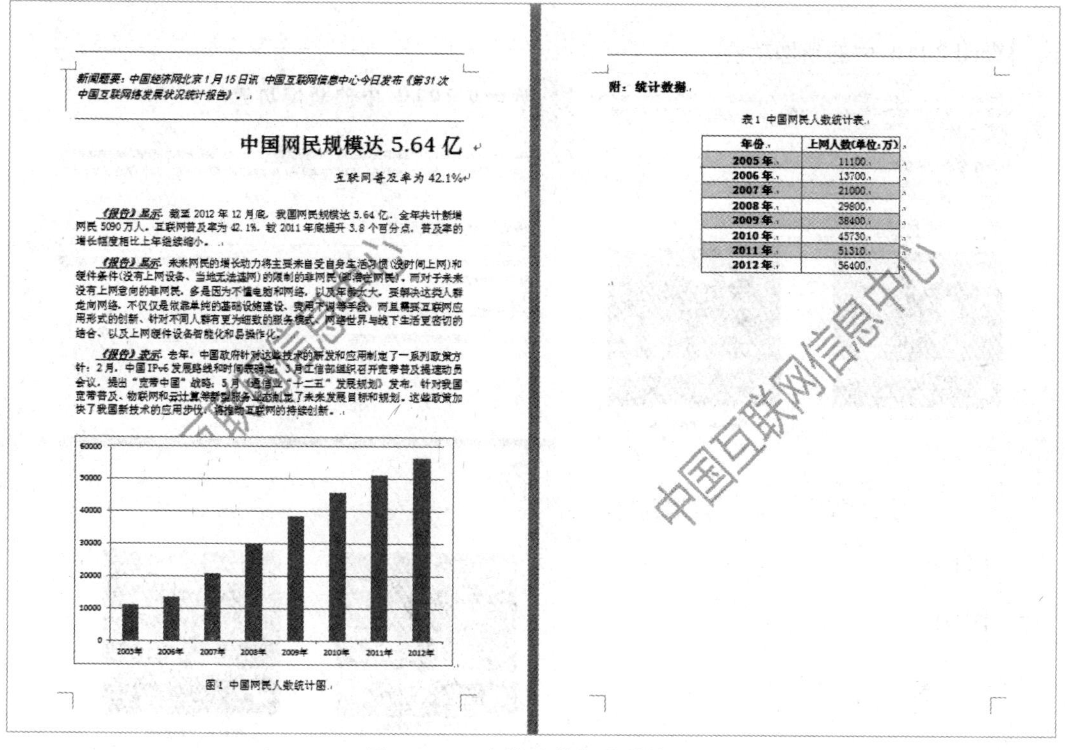

新闻提要：中国经济网北京1月15日讯 中国互联网信息中心今日发布《第31次中国互联网络发展状况统计报告》。

中国网民规模达 5.64 亿

互联网普及率为 42.1%

《报告》显示，截至 2012 年 12 月底，我国网民规模达 5.64 亿，全年共计新增网民 5090 万人。互联网普及率为 42.1%，较 2011 年底提升 3.8 个百分点，普及率的增长幅度相比上年继续缩小。

《报告》显示，未来网民的增长动力将主要来自受自身生活习惯（没时间上网）和硬件条件（没有上网设备、当地无法连网）的限制的非网民（即潜在网民）。而对于未来没有上网意向的非网民，多是因为不懂电脑和网络，以及年龄太大。要解决这类人群走向网络，不仅仅是依靠单纯的基础设施建设、费用下调等手段，而且需要互联网应用形式的创新、针对不同人群有更为细致的服务模式，网络世界与线下生活更密切的结合、以及上网硬件设备智能化和易操作化。

《报告》表示，去年，中国政府针对这些技术的研发和应用制定了一系列政策方针：2月，中国 IPv6 发展路线和时间表确定；3月工信部组织召开宽带普及提速动员会议，提出“宽带中国”战略；5月《通信业“十二五”发展规划》发布，针对我国宽带普及、物联网和云计算等新型服务业态制定了未来发展目标和规划。这些政策加快了我国新技术的应用步伐，将推动互联网的持续创新。

图1 中国网民人数统计图

附：统计数据

表1 中国网民人数统计表

年份	上网人数(单位:万)
2005年	11100
2006年	13700
2007年	21000
2008年	29800
2009年	38400
2010年	45730
2011年	51310
2012年	56400

图 3-136　文档的排版设计效果

（1）设置页边距为上下左右各 2.7 cm，装订线在左侧。

（2）为文档插入文字水印效果，水印文字为“中国互联网信息中心”。

（3）设置第一段落文字“中国网民规模达 5.46 亿”为标题样式；设置第二段落文字“互联网普及率为 42.1%”为副标题样式；使用“独特”样式集修饰页面；为文档各段落设置适当的段前段后间距以及行间距。

（4）在页面顶端插入“边线型提要栏”文本框，将第三段文字“中国经济网北京 1 月 15 日讯中国互联网信息中心今日发布《第 31 次中国互联网络发展状况统计报告》。”输入文本框内，适当修改文本的字体、字号、颜色等格式；在该文本的最前面插入类别为“文档信息”，名称为“新闻提要”的域。

（5）设置文档的第四段至第六段内容首行缩进两个字符。将第四段至第六段的段首文字“《报告》显示”和“《报告》表示”设置为斜体、加粗、红色、双下画线。

（6）将文档中“附：统计数据”段落后面的内容转换成 2 列 9 行的表格，并为其套用适当的表格样式；根据表格中的数据制作一个类型为“簇状柱形图”的图表，插入到段落“附：统计数据”的前面。

（7）将该文档以同一文件名发布为 PDF 格式。

2. Contoso 公司图书培训部小李总结了一份有关 Word 新版本的介绍方案，见“第 3 章 word 素材\课后习题\习题二\习题 2-素材.docx”，但与公司统一要求的文档格式不符，因此需要按照公司统一要求的文档格式进行调整，文档原格式与公司要求格式如图 3-137 所示。

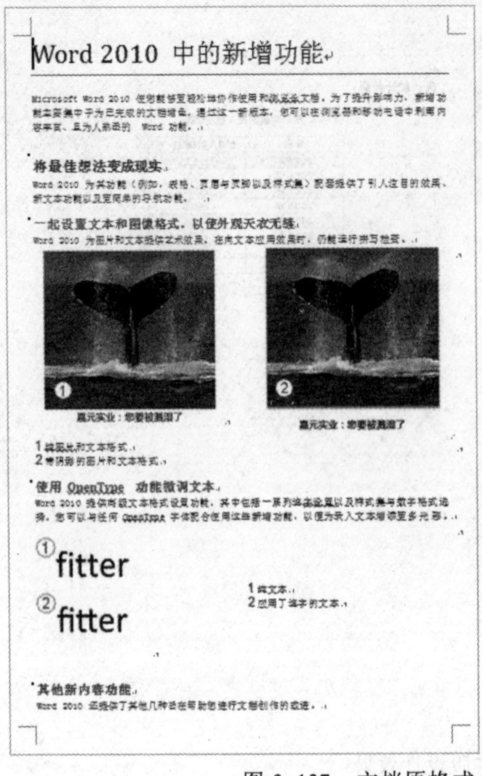

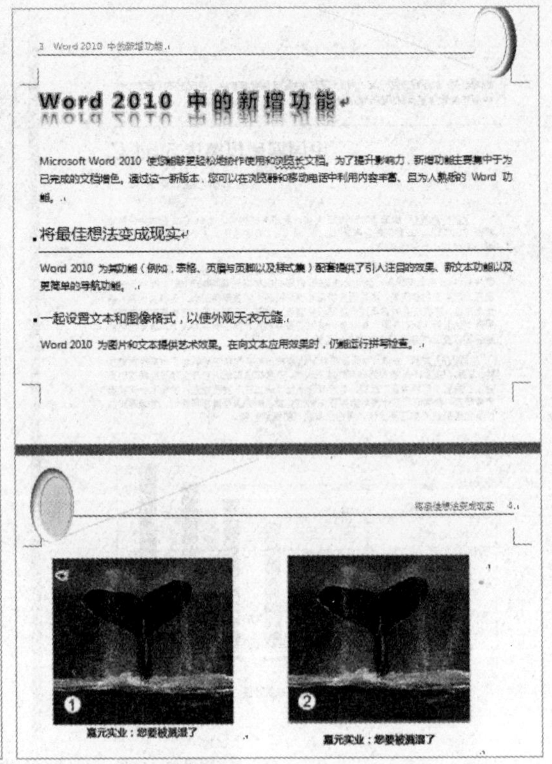

图 3-137　文档原格式（左）与公司要求格式（右）

公司统一要求的文档格式存放在“第 3 章 word 素材\课后习题\样本文档.docx”文件中。格式调整要求如下：

（1）原文档中的大标题与样本文档中的大标题格式保持一致。

（2）原文档中的标题一与样本文档中的标题一格式保持一致。

（3）原文档中的标题二与样本文档中的标题二格式保持一致。

（4）原文档中的标题三与样本文档中的标题三格式保持一致。

（5）原文档中的正文与样本文档中的正文格式保持一致。

（6）原文档中的项目符号列表与样本文档中的项目符号列表格式保持一致。

（7）调整纸张大小为 A5、横向，页边距为上 3.0 cm、下 2.0 cm、左右边距各为 2.5 cm。

（8）为文档加入“现代型”页眉，并在奇数页页眉左侧显示本文档的大标题及页码，在偶数页页眉右侧显示当前页中标题 1 的标题文字及页码。

（9）为本文档插入目录，目录包含标题 1、标题 2 共两级标题即可，并在目录和正文之间分页。

（10）将文档保存为 PDF 格式，以便发送给培训对象进行学习参考。

第4章

Excel 2010 数据处理

Excel 是一个典型的电子表格制作软件。它不仅可以制作各种表格，而且还可以对表格中数据进行处理，如对销售数据、工资、学生成绩、实验结果等进行统计分析。本章侧重于函数和公式的应用，借助函数可以方便地实现复杂的数据处理需求。为了通俗易懂，通过实例来讲解函数的应用。

4.1 Excel 的基本知识

4.1.1 Excel 相关术语

1. 工作簿

工作簿是 Excel 2010 用于处理和存储数据的文件，工作簿就是文件名。启动 Excel 后，系统会自动打开一个新的、空白工作簿，其扩展名为“.xlsx”。

一个工作簿中可以包含多张工作表，新建一个工作簿时，Excel 默认有 3 个工作表，名称分别为 Sheet1、Sheet2 和 Sheet3，分别显示在工作簿窗口底部的工作表标签中。在实际工作中，工作表可以重命名，工作表的数目可以增加和删除。

2. 工作表

工作表是 Excel 进行组织和管理数据的地方，可以在工作表中输入数据、编辑数据、设置数据格式、排序数据和筛选数据等。

一个工作簿文件可以包含许多张工作表，但同一时刻，只能在一张工作表上进行工作，只有一个工作表处于活动的状态。通常把该工作表称为活动工作表或当前工作表，其工作表标签以反白显示。

工作表是由 1 048 576 行和 16 384 列组成的表格，行号自上而下依次为 1～1 048 576，列标从左到右依次为 A，B，C，……，X，Y，Z，AA，AB，AC，……，AZ，BA，BB，BC，……，BZ，……，XFD。每一个工作表都有一个工作表标签，单击可以实现工作表间的切换。

3. 单元格

（1）组成

行和列的交叉形成的每个网格称为一个“单元格”。每一列的列标由 A、B、C……表示，每一行的行号由 1，2，3 表示，每个单元格的位置由交叉的列、行名表示，即用列标和行号唯一标识。例如，在 B 列和 6 行处交叉的单元格可表示为 B6。

单元格是存放数据的最小单元，它的内容可以是数字、字符、公式、日期、图形或声音文件等。为了区分不同工作表的单元格，需要在单元格地址前加工作表名称，如“Sheet1! A1”表示 Sheet1 工作表的 A1 单元格。当前正在使用的单元格称为“活动单元格”，有黑框线包围，如图 4-1 所示的 A1 单元格为活动单元格。

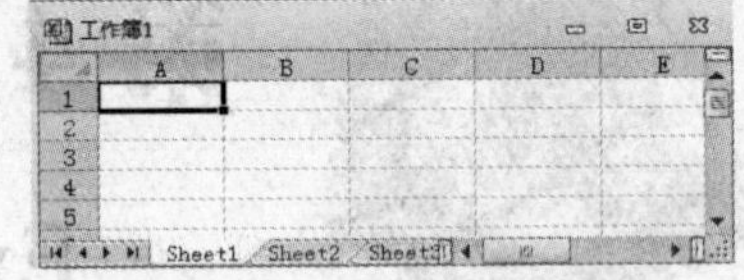

图 4-1　活动单元格

（2）工作表中数据的引用

在公式中，除了可以引用当前工作表的单元格数据外，还可以引用其他工作表中的单元格数据进行计算。如图 4-2 所示的“商品销售统计表”中，要在 Sheet2 工作表中引用 Sheet1 工作表中的相关数据，计算出每个商品的销售金额，可按如下方法进行操作。

① 在 Sheet2 工作表中，选中 B2 单元格，输入公式“=Sheet1!C2* Sheet1!D2”。

② 按【Enter】键确认输入，即可计算出第一个商品的销售金额为 3 250，再次选中 B2 单元格，然后拖动该单元格右下角的“填充柄”，即可计算出其余商品的销售金额，如图 4-3 所示。

	A	B	C	D
1	商品名称	单位	销售单价	销售数量
2	福临门花生油	桶	65	50
3	沙沟香油	盒	48	22
4	君强杂粮	袋	75	34
5	松花蛋	盒	45	31
6	五得利面粉	袋	47	42

Sheet1　Sheet2

图 4-2　商品销售统计表

B2　=Sheet1!C2*Sheet1!D2

	A	B	C	D	E
1	商品名称	销售金额			
2	福临门花生油	3250			
3	沙沟香油	1056			
4	君强杂粮	2550			
5	松花蛋	1395			
6	五得利面粉	1974			

Sheet1　Sheet2　Sheet3

图 4-3　复制公式并显示计算结果

4.1.2　鼠标与键盘的操作技巧

Excel 的操作既可以使用鼠标，也可以使用键盘。

1．常用鼠标操作

当使用鼠标时，屏幕上会出现一个指针。随着指向的对象和操作的不同，鼠标指针会显示出不同的形状，具体显示的形状如表 4-1 所示。

表 4-1　常见 Excel 鼠标形状

名　称	形　状	说　明
空心十字	✚	在 Excel 工作表区域显示的形状
实心十字	+	当鼠标指针指向活动单元格区域右下角（填充柄）时出现。按住鼠标左键进行拖放，完成文字、数据或公式的自动填充
插入指针	I	当鼠标位于编辑栏、文本框，处于编辑状态时出现，此时可以输入
双向箭头	↕↔↗↖	当鼠标位于窗口、浮动工具栏、图形对象等的边缘或角上时出现，此时可改变行高或列宽
十字双向箭头	✣✣	当鼠标指针指向行号或列标的分界线时出现，此时可改变行高或列宽
十字箭头	✥	当鼠标指针指向某个图形对象或活动单元格边框时变成的形状，此时可移动图形对象单元格

鼠标的操作主要有“单击”“双击”“右击”“拖放”。

2．键盘操作

在 Excel 中，键盘操作主要用于单元格数据或公式等的输入与编辑。常用的 Excel 键盘操作如表 4-2 所表示。

表 4-2　常用 Excel 键盘操作

按　　键	功　　能	按　　键	功　　能
Enter	完成单元格输入并下移一行	=	输入公式必须以“=”开始
Shift+Enter	完成单元格输入并上移一行	Alt+=	输入“自动求和”公式
Tab	完成单元格输入并右移一列	F4	输入公式时，单元格的相对、绝对、混合地址之间转换
Shift+Tab	完成单元格输入并左移一列	Ctrl+`（键盘左上侧）	显示数值和显示公式之间的转换
Home	移到行首	Ctrl+'	将当前单元格上方单元格中的公式复制到当前单元格或编辑栏（公式不变）
方向键	向上、下、左、右移动一个字符	F9	计算所有打开工作簿中的所有工作表
Esc	取消操作	Ctrl+Alt+F9	计算活动工作簿中的所有工作表
Backspace	删除插入点左边的字符	Shift+F9	计算活动工作表
Del	删除插入点右边的字符	Ctrl+Shift+Enter	获得一组数据（数组计算）
Ctrl+Del	删除插入点到行末的文本	Ctrl+;	输入当前日期
Ctrl+D	向下填充	Ctrl+Shift+;	输入当前时间
Ctrl+R	向右填充	Ctrl+K	输入超级链接
Ctrl+Enter	用当前输入内容填充选定的单元格区域	Ctrl+Shift+'	将当前单元格上方单元格中的数值复制到当前单元格或编辑栏
Shift+F2	编辑单元格批注	F2	编辑当前单元格，并将插入点放到行末
Ctrl+F3	定义名称	F7	显示“拼写检查”对话框
Alt+Enter	在同一单元格内换行		

3．鼠标、键盘配合操作

还有一些操作需要键盘和鼠标配合来完成。常用的按键有【Shift】键、【Ctrl】键和【Alt】键。

（1）【Shift】键

① 选择单元格区域：单击某个单元格时，该单元格称为活动单元格。如果按住【Shift】键，再单击另一个单元格，则两个单元格之间的所有单元格均成为活动单元格。

② 选择工作表（标签）区域：操作与单元格相同。此时变成对工作表的操作了。

（2）【Ctrl】键

① 对于不连续多个单元格区域的选取，可采用按住【Ctrl】键，再用鼠标选取若干单元格或单元格区域来实现。

② 对于不相邻的多个工作表选取，操作与单元格相同，即按住【Ctrl】键，再用鼠标选取不同的工作表名称（标签）。

（3）【Alt】键

【Alt】键相当于按【F10】键，作用是激活菜单栏。

【Alt+Enter】组合键可实现同一单元格内的文字、数字换行。

4.1.3　输入与编辑数据

在 Excel 2010 中，数据要输入到工作表的单元格中。每一个单元格可以输入的数据主要包括数值、文本、公式、布尔值等类型。

下面介绍在单元格输入数据的一般方法与技巧。

1. 输入数据的方法

输入数据可以直接在单元格内进行，也可以在编辑栏中输入。在单元格中输入数据有以下步骤：

① 选择需要输入数据的单元格。

② 输入的数据可以是文本型、数值型、日期和时间型数据。默认情况下，文本型数据左对齐，数值型、日期和时间型数据右对齐。输入完成后，按【Enter】键或单击编辑栏中的“输入”按钮即可。

2. 输入文本

（1）超长文本的显示

在 Excel 2010 中，一个单元格中最多可以输入 32 767 个字符。当输入到单元格中的文本很长而无法在一个单元格内全部显示时，系统会按以下两种情况分别进行处理：如果右边的单元格没有存放任何数据，则文本内容会在右边的单元格继续显示；如果右边的单元格已经有了数据，则只能在本单元格中显示所能显示的一部分文本内容，其余的文本被隐藏。

（2）数字作为文本

有些数字是不进行运算的，如身份证号码、邮政编码、手机号码、学号等。在默认情况下，如果将数字输入到单元格中，Excel 会将其识别为数值，而以零开头的数字中的“0”将丢失，并且将其设置为右对齐。对于数字形式的文本类型数据，可用以下三种方法：

① 在数字前加半角的单引号“'”；

② 在输入的数字前加等号“=”，再用双引号将数字括起来；

③ 将单元格设置为“文本”格式，再输入数字。

例如，输入编号 0101，应输入“'0101”，此时 Excel 把它当作字符沿单元格左对齐。

（3）输入数值

① 在 Excel 中，可以在单元格中输入正数、负数、小数、分数，以及科学记数法的数值。

输入分数：在单元格中可以输入分数，如果按普通方式输入分数，Excel 会将其转换为日期。例如，在单元格中输入“1/5”，Excel 会将其当作日期，显示为“1 月 5 日”。因此要输入分数，为了与日期的输入相区别，应先输入“0”和空格，正确的输入为“0　1/5”。

② 使用科学计数法：当输入的数字太长（超过单元格列宽或超过 15 位）时，Excel 自动以科学计数法表示。如输入 0.000 000 000 005，则显示为“5E-12”（表示 5×10^{-12}）。编辑栏中显示的内容与输入的内容是相同的。

③ 超宽度数值的处理：在输入的数值宽度超过单元格宽度时，Excel 将在单元格中显示“####”，只有加大该列的列宽，数字才会正确地显示出来。

（4）输入日期和时间

Excel 内置了一些日期和时间格式，当输入数据与这些格式相匹配时，Excel 将自动识别它们。如果不能识别当前输入的日期或时间格式，则按文本处理。Excel 常见的日期和时间格式为 mm/dd/yy、dd-mm-yy、hh:mm(AM/PM)。其中，AM/PM 与分钟之间应有空格，如 8:30　AM，否则将被当作字符处理。

（5）记忆式输入

如果在工作表的某一列输入一些相同的数据时，可以使用 Excel 提供的快速输入方法：记忆输入和下拉列表输入。

当输入的字符与同一列中已输入的内容相匹配时，系统将自动填写其他字符，如图 4-4 所示，在 A6 单元格中输入的“台”和 A4 单元格的内容相匹配，系统自动显示了后面的字符“式电脑”。这时按【Enter】键，表示接受提供的字符，也可以不采用提供的字符，而继续手工输入。

（6）下拉列表输入

用人工的方法输入数据，可能会使输入内容不一致。例如，同一种商品可能输入不同的名字（如空调、空调器或空调机），这会使得统计结果不准确。为避免这类事情发生，可以在选取单元格后右击，在弹出的快捷菜单中选择“从下拉列表中选择”命令，或者按【Alt+↓】组合键，两种方法都会显示一个输入列表，再从中选择需要的输入项即可，如图 4-5 所示。

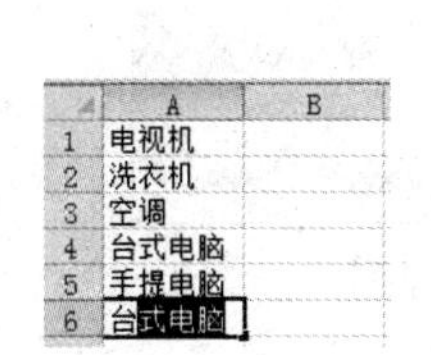

	A	B
1	电视机	
2	洗衣机	
3	空调	
4	台式电脑	
5	手提电脑	
6	台式电脑	

图 4-4　记忆输入示例

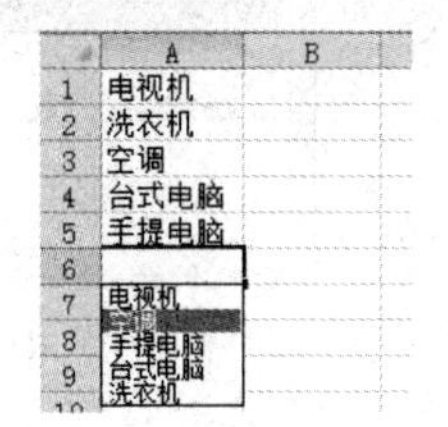

图 4-5　下拉列表输入示例

（7）利用自动填充功能输入有规律的数据

有规律的数据是指等差、等比、系统预定义序列和用户自定义序列。当某行或某列为有规律的数据时，可以使用 Excel 提供的自动填充功能。

自动填充功能根据初始值决定以后的填充项。用鼠标指针指向初始值所在单元格右下角的小黑方块（称为“填充柄”），此时鼠标指针更改形状变为黑十字，然后向右（行）或向下（列）拖动至填充的最后一个单元格，即可完成自动填充，如图 4-6 所示。

① 填充相同数据（复制数据）：单击该数据所在的单元格，沿水平或垂直方向拖动填充柄，便会产生相同数据。

② 填充序列数据：如果是日期型序列，只需要输入一个初始值，然后直接拖动填充柄即可。如果是数值型序列，在拖动的单元格内依次填充等差序列数据。如果需要填充等比序列数据，则可以在拖动生成等差序列数据后，选定这些数据，通过单击“开始”选项卡中的“编辑”组中的“填充”下拉按钮，在下拉菜单中选择“系列”命令，在弹出的“序列”对话框中选择“类型”为“等比序列”，并设置合适的步长值（比值），如“3”，如图 4-7 所示。

	A	B	C	D	E	F
1	复制数据	1	1	1	1	
2	等差	1	3	5	7	
3	等比	2	6	18	54	
4	系统预定义	星期一	星期二	星期三	星期四	星期五
5	用户自定义	电视机	洗衣机	空调	台式电脑	手提电脑
6						

图 4-6　自动填充示例

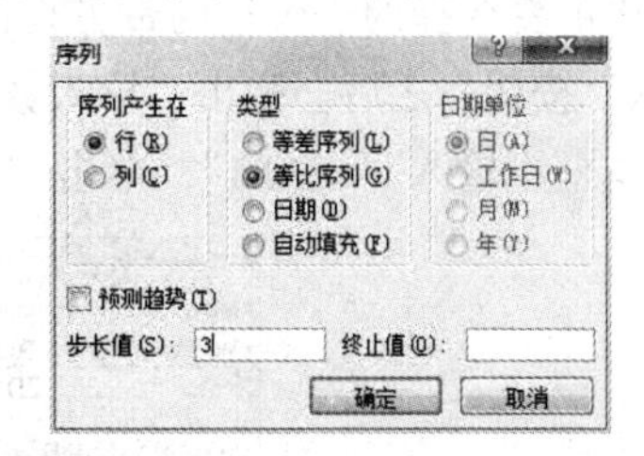

图 4-7　“序列”对话框

③ 填充用户自定义序列数据：在实际工作中，经常需要输入单位部门设置、商品名称、课程科目、公司在各大城市的办事处名称等，可以将这些有序数据自定义为序列，从而节省输入工作量，提高效率。操作方法如下：

单击“文件”按钮，在菜单中选择“选项”命令，弹出“Excel 选项”对话框，单击“高级”标签，在右边的“常规”栏中单击“编辑自定义列表”按钮，弹出“自定义序列”对话框。在其中添加新序列，有两种方法：一是在“输入序列”列表框中直接输入，每输入一个序列按一次【Enter】键，输入完毕后单击“添加”按钮，如图 4-8 所示；二是从工作表中直接导入，只需在“自定义序列”对话框中操作“从单元格中导入序列”，单击折叠对话框按钮，然后用鼠标选中工作表中的这一系列数据，最后单击“导入”按钮即可。

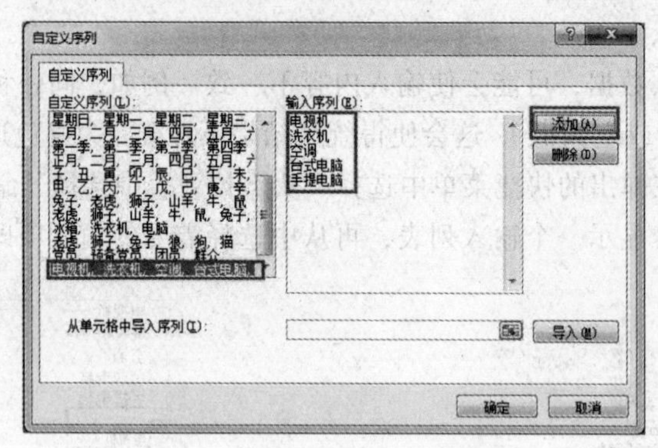

图 4-8　添加用户自定义序列

（8）获取外部数据

单击“数据”选项卡中的“获取外部数据”组中的相应按钮，可以导入其他数据库（如 Access 和 SQL Server）产生的文件，还可以导入文本文件、XML 文件等。

【实例 4-1】在“全国人口普查数据分析.xlsx”文件中，包含两张工作表，分别为“第五次普查数据”和“第六次普查数据”。要求如下：

浏览网页“第五次全国人口普查公报.htm”，将其中的“2016 年第五次全国人口普查主要数据”表格导入到工作表“第五次普查数据”中；浏览网页“第六次全国人口普查公报.htm”，将其中的“2017 年第六次全国人口普查主要数据”表格导入到工作表“第六次普查数据”中（要求均从 A1 单元格导入，不得对两个工作表中的数据进行排序）。

操作步骤如下：

① 在第 4 章 Excel 素材文件夹“实例 4-1”中，双击打开网页“第五次全国人口普查公报.htm”，并在地址栏中复制网页的地址。在工作表“第五次普查数据”中选中 A1，单击“数据”选项卡“获取外部数据”组中的“自网站”按钮，弹出“新建 Web 查询”对话框，在“地址”文本框中粘贴网页“第五次全国人口普查公报.htm”的地址，单击右侧的“转到”按钮后。单击要选择的表旁边的带方框的黑色箭头，使黑色箭头变成对号（见图 4-9），然后单击“导入”按钮。之后会弹出“导入数据”对话框，选择“数据的放置位置”为“现有工作表”，在文本框中输入“=$A$1”，单击“确定”按钮。

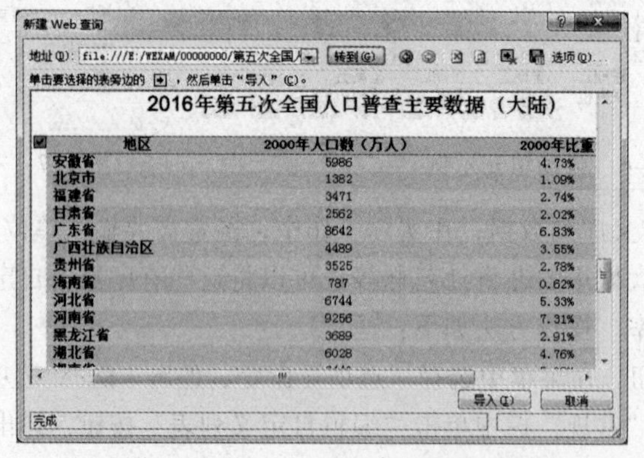

图 4-9　第五次人口普查公报.htm

② 按照上述方法浏览网页“第六次全国人口普查公报.htm”，将其中的“2017 年第六次全国人口普查主要数据”表格导入到工作表“第六次普查数据”中。

（9）使用条件格式

条件格式可以使数据在满足不同的条件时，显示不同的格式。

【实例 4-2】利用“条件格式”功能进行下列设置：将语文、数学、英语三科中不低于 110 分的成绩所在的单元格以一种颜色填充，其他四科中高于 95 分的成绩以另一种字体颜色标出，所用颜色深浅以不遮挡数据为宜，如图 4-10 所示。

操作步骤如下：

① 选中 D2：F19 单元格区域，单击“开始”选项卡“样式”组中的“条件格式”按钮，选择“突出显示单元格规则”中的“其他规则”命令，弹出“新建格式规则”对话框。在“编辑规则说明”选项下设置“单元格值大于或等于 110”，单击“格式”按钮，弹出“设置单元格格式”对话框，在“填充”选项卡下选择“红色”，单击“确定”按钮，如图 4-11 所示。

学生成绩单.xlsx

	A	B	C	D	E	F	G	H	I	J
1	学号	姓名	班级	语文	数学	英语	生物	地理	历史	政治
2	120305	包宏伟		91.5	89	94	92	91	86	86
3	120203	陈万地		93	99	92	86	86	73	92
4	120104	杜学江		102	116	113	78	88	86	73
5	120301	符合		99	98	101	95	91	95	78
6	120306	吉祥		101	94	99	90	87	95	93
7	120206	李北大		100.5	103	104	88	89	78	90
8	120302	李娜娜		78	95	94	82	90	93	84
9	120204	刘康锋		95.5	92	96	84	95	91	92
10	120201	刘鹏举		93.5	107	96	100	93	92	93
11	120304	倪冬声		95	97	102	93	95	92	88
12	120103	齐飞扬		95	85	99	98	92	92	88

第一学期期末成绩 Sheet2 Sheet3

图 4-10 学生成绩单

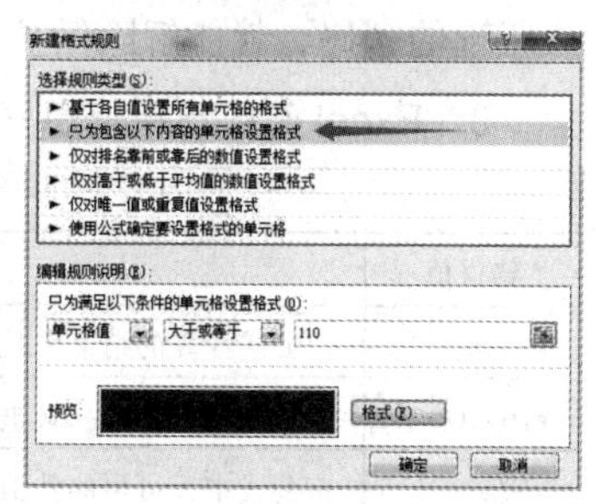

图 4-11 设置条件格式

② 选中 G2：J19，按照上述同样方法，把单元格值大于 95 的字体颜色设置为“红色”。

4.1.4 保护工作簿数据

对工作簿和工作表进行保护，可以有效地防止他人对重要的工作表及其数据进行随意修改。

1. 保护工作簿

通过阻止编辑工作表或者仅授予特定用户访问权来限制对工作簿的访问。保护工作簿可以通过保护工作簿的结构来实现，而保护工作簿的结构就是使用户不能对工作簿的结构进行更改，如不能添加、删除工作表，甚至可以不允许其添加新的视图窗口。要保护工作簿的结构，可以采用如下步骤：

① 单击“审阅”选项卡的“更改”组中“保护工作簿”的命令按钮，打开其按钮菜单。

② 弹出“保护结构和窗口”对话框，在该对话框中可以设置保护的对象和是否设置密码。

③ 选择“结构”和“窗口”复选框，并在“密码”文本框内输入密码。单击“确定”按钮，系统会提示用户再次输入密码，然后单击“确定”按钮即可实现对工作簿的保护。

此时就不可以进行拖拽工作表标签操作，而且工作表标签的右键快捷菜单中的“插入”“删除”“重命名”等命令都变成了灰色，无法使用。而在“视图”选项卡下的“窗口”组中的“新建窗口”“冻结窗格”等命令的设置也为不可用状态。

2. 保护工作表

Excel 除了可以对整个工作簿进行保护外，还可以对工作表或者表中的特定元素进行保护，防止用户意外或故意更改、移动或删除重要的数据。具体操作步骤如下：

打开相应的工作簿文档，切换到需要保护的工作表中，单击“审阅”选项卡中的“更改”组中的“保护工作表”按钮，弹出“保护工作表”对话框，如图 4-12 所示。单击“确定”按钮返回即可。

工作表被保护后，如果用户试图编辑工作表中的内容，软件会弹出“拒绝编辑操作”的对话框。

如果希望增加对表格的操作权限，可以在“保护工作表”对话框中选择相应的选项。单击“确定”按钮完成对工作表的保护。如果进行权限内的操作，则不会弹出“拒绝编辑操作”对话框。

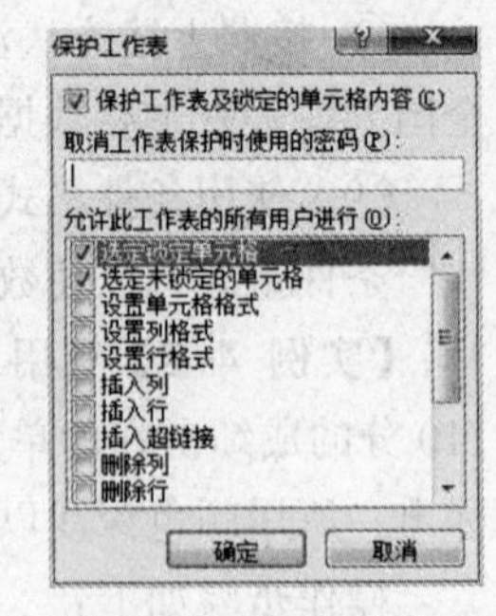

图 4-12　保护工作表

加密保护，在“保护工作表”对话框中输入密码后，单击“确定”按钮，软件自动弹出“确认密码”对话框，重复输入一次密码，单击“确定”返回即可。

解除工作表保护操作：切换到“审阅”选项卡的“更改”组中的“撤销工作表保护”按钮即可。如果加密保护了工作表，在单击上述按钮时，会弹出一个“输入密码”对话框，输入正确的密码，就能解除保护。

3. Excel 函数出错信息（见表 4-3）

表 4-3　函数出错信息

错误值	产生的原因
#####!	公式计算的结果太长，单元格容纳不下
#DIV/O	除数为零。当公式被空单元格除时也会出现这个错误
#N/A	公式中无可用的数值或者缺少函数参数
#NAME?	公式中引用了一个无法识别的名称。当删除一个公式正在使用的名称或者在使用文本时有不相称的引用，也会返回这种错误
#NULL!	使用了不正确的区域运算或者不正确的单元格引用
#NUM!	在需要数字参数的函数中使用了不能接受的参数，或者公式的计算结果的数字太大或太小而无法表示
#REF!	公式中引用了一个无效的单元格。如果单元格从工作表中被删除就会出现这个错误
#VALUE!	公式中含有一个错误类型的参数或者操作数

【使用技巧】

- 在单元格内换行：使单元格处于编辑状态，按【Alt+Enter】组合键后输入相应的数据。
- 同时在多张工作表中输入相同的数据：选中需要输入数据的工作表，再选中需要输入数据的单元格区域，在第一个选中的单元格中输入或编辑相应的数据，然后按【Enter】键或【Tab】键，Excel 将自动在所有选中工作表的相应单元格中输入相同的数据。
- 在不连续的单元格中输入同一数据：如果需要在不连续的多个单元格中输入同一文字，可以先选中这些单元格，然后在编辑框中输入数据，按【Ctrl+Enter】组合键即可实现同时输入。
- 快速编辑单元格：在 Excel 中需要快速编辑数据时，当改动单元格时，可以使用【F2】键，使手不用离开键盘。方法如下：利用方向键选择要编辑的单元格，然后按下【F2】键，编辑单元格内容。编辑完成后，按【Enter】键确认所做的改动，或者按【Esc】键取消改动。

- 改变单元格活动方向：在使用 Excel 时，每次按【Enter】键后，光标大多都跳到了下一行的单元格中，这使纵向输入很方便。但是横向输入就要麻烦一些了。在 Excel 中，选择“开始”→“选项”命令，弹出“选项”对话框。单击“高级”选项卡，在“编辑选项”区域选择“按【Enter】键后移动所选内容”复选框，然后在“方向”下拉列表框中选择需要激活的相邻单元格方向，如选择“向右”选项，单击“确定”按钮。如果想纵向输入，只要再把这个选项进行更改即可。

4.2 公式与函数基础

公式与函数是 Excel 最基本、最重要的应用工具。使用公式可以通过表达式描述更复杂的功能，将公式放在单元格则工作表就可实现相应的功能。函数是 Excel 的一种内部工具，它将某些功能封闭在函数体内，用户只需要通过接口调用函数，不必了解这些功能如何具体实现。函数可以是 Excel 自带的，也可以是用户自定义的。公式和函数的作用主要体现两点：功能更强大，使用更方便。

4.2.1 公式基础

1. 公式的组成

公式是 Excel 工作表中进行数值计算的等式，公式以等号“=”开头，等号后面由单元格引用、运算符、值或常量、函数等几种元素组成。例如，在公式“=(A1+B2)*35”中，A1 和 B2 是单元格地址，+和*是运算符，35 是常量。

2. 运算符的优先级

运算符是构成公式的基本元素之一，每个运算符分别代表一种运算。计算时有一个默认的次序（遵循数学运算优先级规则），但也可以使用括号更改计算次序。

3. 运算符的分类

Excel 公式中使用的运算符包括算术运算符、比较运算符、文本运算符和引用运算符四种类型。

（1）算术运算符

算术运算符是最基本的数学运算符号，可以进行加法、减法、乘法或除法运算，以及连接数据和计算数据结果等。表 4-4 对该类运算符进行详细介绍。

表 4-4 算术运算符的示例与运算结果

运 算 符	含 义	示 例	运算结果
+	加号，执行加法运算	2+6	8
-	减号（负号），进行各种运算	4-3	1
*	乘号，执行乘法运算	5*8	40
/	除法，执行除法运算	6/3	2
%	百分号，用于百分比	8*30%	2.4
^	乘方，执行乘幂运算	3^4	81

（2）比较运算符

比较运算符主要用于比较数据的大小，包括文本或数值的比较。当比较对象为两个值时，结果为逻辑值，比较成立，则为 TRUE，反之，则为 FALSE。表 4-5 对该类运算符进行详细介绍。

表 4-5　比较运算符的示例与运算结果

运　算　符	含　义	示　　例	运 算 结 果
=	等号，判断等号两边的值是否相等	5=6	FALSE
>	大于号，执行大于比较运算	5>2	TRUE
<	小于号，执行小于比较运算	10<3	FALSE
>=	大于或等于，执行大于或等于比较运算	5>=0.5	TRUE
<=	小于或等于，执行小于或等于比较运算	2<=2.6	TRUE
<>	不等于，判断等号两边的值是否相等	6<>-6	TRUE

（3）文本运算符

文本运算符是使用&（与号）将文本或字符串进行连接、合并，从而产生一个新的文本字符串，如公式“="Excel"&"2010"”的运算结果为“Excel 2010”。

（4）引用运算符

引用运算符是 Excel 特有的运算符，主要用于单元格的引用。在默认情况下，Excel 2010 使用的是 A1 引用样式。表 4-6 对该类运算符进行详细介绍。

表 4-6　常用的引用运算符的示例与运算结果

运　算　符	含　义	示　　例	运 算 结 果
:	冒号，区域运算符，引用相邻的多个单元格区域	SUM(A1:A4)	计算 A1 到 A4 单元格区域所有数值之和
,	逗号，联合运算符，引用不相邻的多个单元格区域	SUM(A1:A4,B2:B7)	计算 A1:A4 单元格区域与 B2:B7 单元格区域所有数值之和
_	空格，交叉运算符，引用选定的多个单元格的交叉区域	SUM(A1:A4_ A2:B7)	表示计算 A1:A4 单元格区域与 A2:B7 单元格区域中重合的单元格数值之和，即“A2+A3+A4”

4.2.2　公式中的单元格地址引用

公式中可包含工作表中的单元格引用（即单元格名字或单元格地址），从而单元格的内容可参与公式中的计算。单元格地址根据它被复制到其他单元格时是否会改变，可分相对引用、绝对引用和混合引用三种。

1. 相对引用

相对引用是直接以“列名+行名”的引用方式，如 A1、B5 等。当把一个含有单元格地址的公式复制到一个新的位置或用一个公式填入一个区域时，公式中的单元格地址会随着改变。

例如，E2 单元格的公式为“=B2+C2+D2”，如图 4-13 所示。如果将 E2 单元格的公式复制到 E3 单元格，则 E3 单元格的公式就会变为“=B3+C3+D3”，如图 4-14 所示。默认情况下，公式使用的都是相对引用。

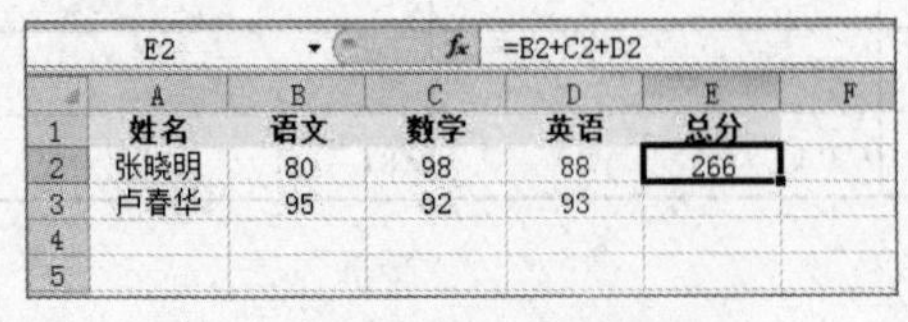

图 4-13　单元格的相对引用

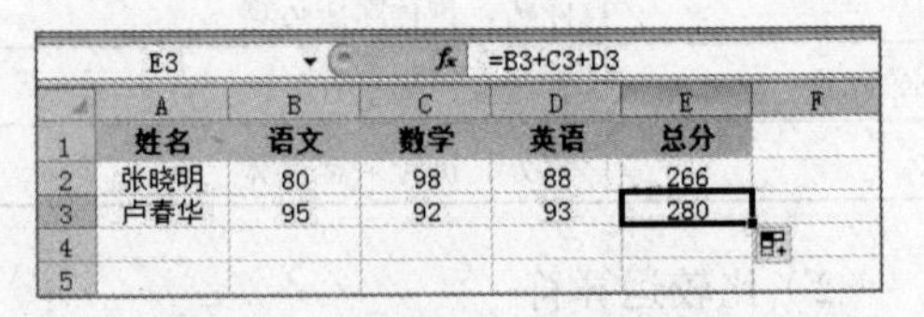

图 4-14　相对引用的公式变化

2. 绝对引用

绝对引用是指被引用的单元格不会因为公式的位置改变而发生变化。在行和列前加上“$”符号就构成了绝对引用，如“$A$5”。

还以上面的公式为例，如果 E2 单元格的公式为“=$B$2+$C$2+$D$2”，若将 E2 的内容复制到 E3，则 E3 单元格的公式仍是“=$B$2+$C$2+$D$2”，而不会发生改变。

3. 混合引用

混合引用是指包含一个绝对引用坐标和一个相对引用坐标的单元格引用，或者绝对引用行和相对引用列（如 A$5），或者绝对引用列和相对引用行（如$A5）。如果公式所在单元格的位置改变，则相对引用改变，而绝对引用不变。

仍以上面的公式为例，如果 E2 单元格的公式为“=$B$2+C2+D2”，若将 E2 单元格的内容复制到 E3 单元格，则 E3 单元格的公式变为“=$B$2+C3+D3”。

【实例 4-3】利用混合引用的知识，制作九九乘法表，结果如图 4-15 所示。

1.九九乘法表答案.xlsx

	A	B	C	D	E	F	G	H	I	J
1		1	2	3	4	5	6	7	8	9
2	1	1	2	3	4	5	6	7	8	9
3	2	2	4	6	8	10	12	14	16	18
4	3	3	6	9	12	15	18	21	24	27
5	4	4	8	12	16	20	24	28	32	36
6	5	5	10	15	20	25	30	35	40	45
7	6	6	12	18	24	30	36	42	48	54
8	7	7	14	21	28	35	42	49	56	63
9	8	8	16	24	32	40	48	56	64	72
10	9	9	18	27	36	45	54	63	72	81

乘法表

图 4-15　九九乘法表

操作步骤如下：

① 打开素材文件夹“实例 4-3”中的“九九乘法表.xlsx”文件。

② 选中 B2 单元格，输入公式“=$A2*B$1”，结果为 1。

③ 拖动 B2 单元格的填充柄，将单元格平行向右拖动至 J2，得到第一行的值。

④ 选中 B2:J2，拖动填充柄，并且平行向下拖动至 J10，即可得到九九乘法表。

4. 公式中的工作表地址引用

如果公式中需要引用同一工作簿中另一个工作表中的单元格，只要在单元格的前面加上工作表的名称，然后加上一个“!”即可，即“工作表! 单元格”。例如，在 Sheet1 工作表中某个单元格的公式中想引用 Sheet2 工作表中的 D3 单元格，那么，这个 D3 就可以表示为“Sheet2!D3”，如果需要绝对引用，则表示为“Sheet2!$D$3”。

【使用技巧】相对引用与绝对引用之间的切换规律为：按一次【F4】键绝对引用行和列，按两次【F4】键只绝对引用行，按三次【F4】键只绝对引用列，按四次【F4】键将绝对引用转换为相对引用。

4.2.3　保护和隐藏工作表中的公式

如果不希望工作表中的公式被其他用户看到或修改，可以对其进行保护和隐藏。保护和隐藏公式的具体操作步骤如下：

① 打开素材文件夹中的“成绩表.xlsx”文件，选中整个工作表并右击，在弹出的快捷菜单选择“设置单元格格式”命令。

② 弹出“设置单元格格式”对话框，切换至“保护”选项卡，取消选择“锁定”复选框，单击“确定”按钮，如图 4-16 所示。

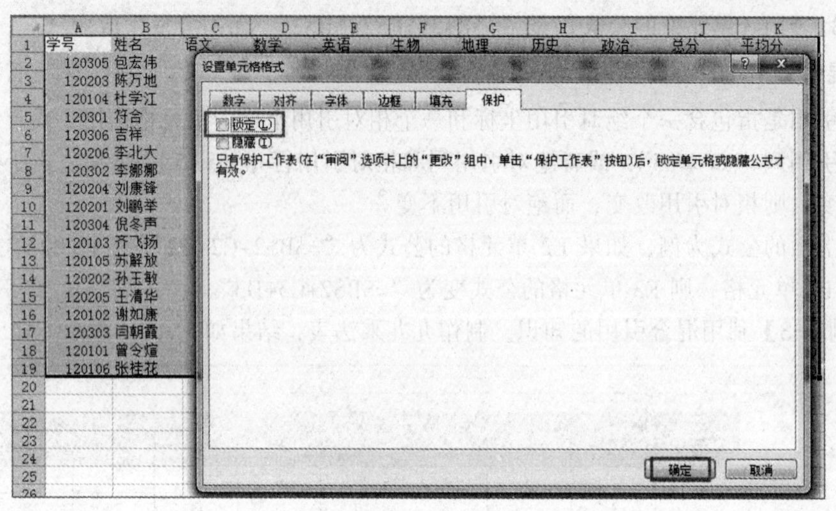

图 4-16 “设置单元格格式”对话框

③ 单击“开始”选项卡“编辑”选项组中的“查找和替换”下拉按钮，在下拉菜单中选择“公式”命令，可选择工作表中的所有公式。或者选择“定位条件”命令，弹出“定位条件”对话框，再选择“公式”单选按钮。

④ 单击“确定”按钮，即可一次性选中工作表中所有包含公式的单元格，如图 4-17 所示。

⑤ 再次打开“设置单元格格式”对话框，选择“锁定”和“隐藏”复选框，然后单击“确定”按钮。

⑥ 单击“审阅”选项卡“更改”选项组中的“保护工作表”按钮，弹出“保护工作表”对话框，单击“确定”按钮，如图 4-18 所示。即可将所选区域内的公式，设置保护密码，以进一步提高隐藏设置的安全性。

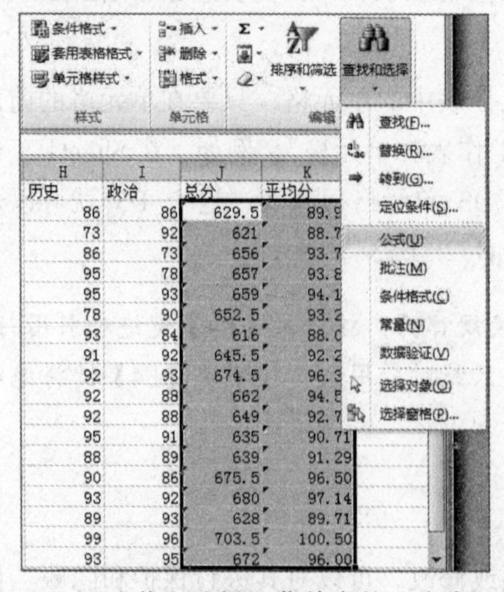

图 4-17 “查找和选择”菜单中的“公式”命令

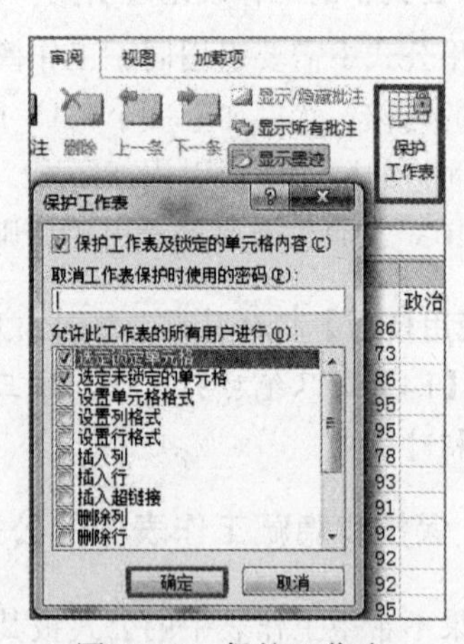

图 4-18 保护工作表

至此，如果选中这些公式所在的单元格，如 K5，可看到在编辑栏中将不显示 K5 单元格中的公式；如果试图编辑被保护的单元格中的公式，都会被拒绝，并且弹出图 4-19 所示的提示框。

	A	B	C	D	E	F	G	H	I	J	K
1	学号	姓名	语文	数学	英语	生物	地理	历史	政治	总分	平均分
2	120305	包宏伟	91.5	89	94	92	91	86	86	629.5	89.93
3	120203	陈万地	93	99	92	86	86	73	92	621	88.71
4	120104	杜学江	102	116	113	78	88	86	73	656	93.71
5	120301	符合	99	98	101	95	91	95	78	657	93.86
6	120306	吉祥	101	94	99	90	87	95	93	659	94.14
14	120202	孙玉敏	86	107	89	88	92	88	89	639	91.29
15	120205	王清华	103.5	105	105	93	93	90	86	675.5	96.50
16	120102	谢如康	110	95	98	99	93	93	92	680	97.14
17	120303	闫朝霞	84	100	97	87	78	89	93	628	89.71
18	120101	曾令煊	97.5	106	108	98	99	99	96	703.5	100.50
19	120106	张桂花	90	111	116	72	95	93	95	672	96.00

Microsoft Excel

您试图更改的单元格或图表受保护，因而是只读的。

若要修改受保护单元格或图表，请先使用“撤消工作表保护”命令(在“审阅”选项卡的“更改”组中)来取消保护。可能会提示您输入密码。

确定

图 4-19　修改保护的工作表

【提示】如果自己需要查看或修改公式，可单击“审阅”选项卡“更改”选项组中的“撤销工作表保护”按钮即可，如果之前曾经设定保护密码，此时需要提供正确的密码。

4.2.4　名称的定义与使用

如果 Excel 工作表中的公式比较长，或者公式函数引用的单元格区域为多个不连续区域，可先将其定义一个名称，然后使用公式或函数时输入名称即可引用名称定义的公式或区域。

1. 在名称框直接定义

直接定义的方法非常简单，在图 4-20 所示的“成绩表”中，选中要定义名称的区域，如 C2:C19，然后单击“名称框”，输入“语文成绩”，按【Enter】键即可完成定义。

2. 利用定义名称选项定义

选中需要定义名称的区域，如 D2:D19，然后单击“公式”选项卡下的“定义的名称”选项组中的“定义名称”命令按钮，在弹出的“新建名称”对话框中输入名称“数学成绩”，还可以选择应用的范围，以及重新定义引用位置，输入完成后单击“确定”按钮即可，如图 4-21 所示。

语文成绩　fx 91.5

	A	B	C	D	E
1	学号	姓名	语文	数学	英语
2	120305	包宏伟	91.5	89	94
3	120203	陈万地	93	99	92
4	120104	杜学江	102	116	113
5	120301	符合	99	98	101
6	120306	吉祥	101	94	99
7	120206	李北大	100.5	103	104
8	120302	李娜娜	78	95	94
9	120204	刘康锋	95.5	92	96
10	120201	刘鹏举	93.5	107	96
11	120304	倪冬声	95	97	102
12	120103	齐飞扬	95	85	99
13	120105	苏解放	88	98	101
14	120202	孙玉敏	86	107	89
15	120205	王清华	103.5	105	105
16	120102	谢如康	110	95	98
17	120303	闫朝霞	84	100	97
18	120101	曾令煊	97.5	106	108
19	120106	张桂花	90	111	116

图 4-20　名称框中定义名称

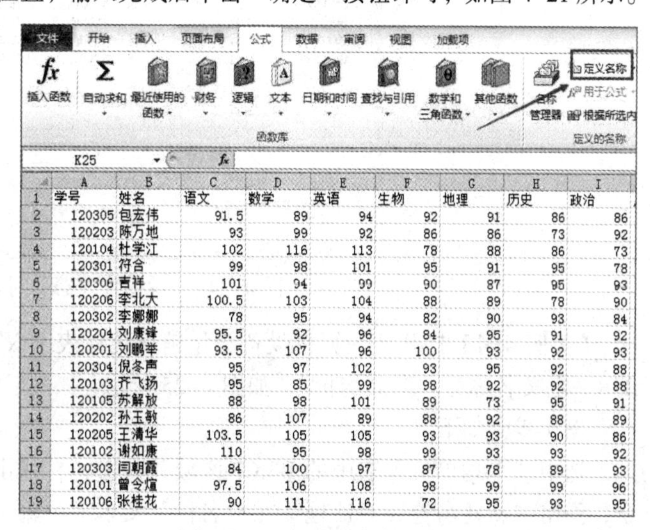

	A	B	C	D	E	F	G	H	I
1	学号	姓名	语文	数学	英语	生物	地理	历史	政治
2	120305	包宏伟	91.5	89	94	92	91	86	86
3	120203	陈万地	93	99	92	86	86	73	92
4	120104	杜学江	102	116	113	78	88	86	73
5	120301	符合	99	98	101	95	91	95	78
6	120306	吉祥	101	94	99	90	87	95	93
7	120206	李北大	100.5	103	104	88	89	78	90
8	120302	李娜娜	78	95	94	82	90	93	84
9	120204	刘康锋	95.5	92	96	84	95	91	92
10	120201	刘鹏举	93.5	107	96	100	93	92	93
11	120304	倪冬声	95	97	102	93	95	92	88
12	120103	齐飞扬	95	85	99	98	92	92	88
13	120105	苏解放	88	98	101	89	73	95	91
14	120202	孙玉敏	86	107	89	88	92	88	89
15	120205	王清华	103.5	105	105	93	93	90	86
16	120102	谢如康	110	95	98	99	93	93	92
17	120303	闫朝霞	84	100	97	87	78	89	93
18	120101	曾令煊	97.5	106	108	98	99	99	96
19	120106	张桂花	90	111	116	72	95	93	95

图 4-21　在公式中定义名称

3. 批量定义名称

如果需要同时对多个单元格区域分别定义名称，Excel 还提供了一种方法，可以根据用户指定的区域批量定义名称。具体操作步骤如下：

① 选中要定义名称的区域，如 C1:H19，然后单击“公式”选项卡“定义的名称”选项组中的“根据所选内容创建”命令按钮，如图 4-22 所示。

② 在弹出的“以选定区域创建名称”对话框中，选择“首行”复选框，单击“确定”按钮，即可完成名称的创建，如图 4-23 所示。

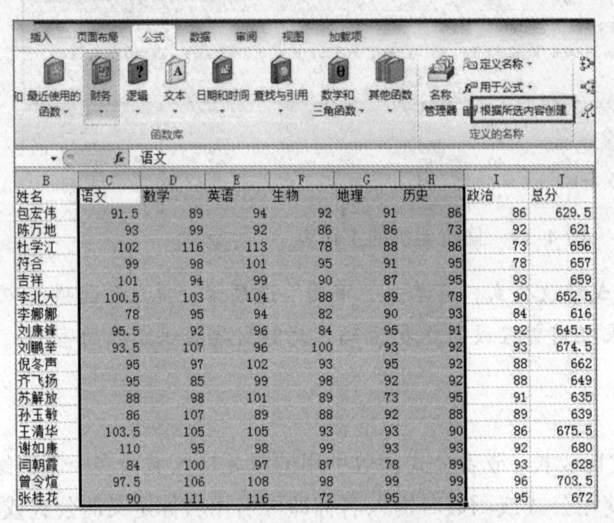

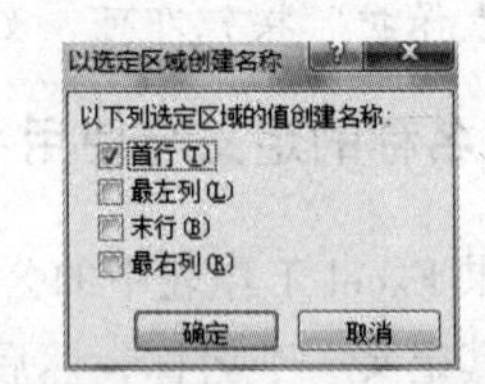

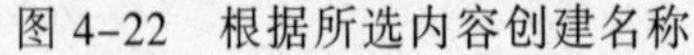
图 4-22　根据所选内容创建名称　　　　图 4-23　选择“首行”复选框

③ 单击“定义的名称”选项组中的“名称管理器”命令按钮，可以看到新定义的名称，每个名称的名字均为字段名，如图 4-24 所示。

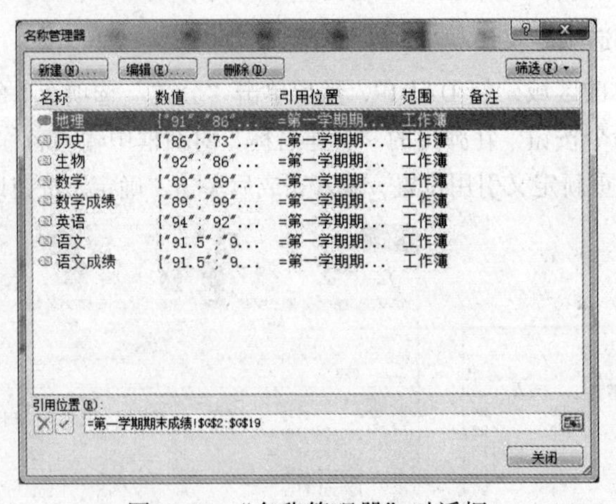

图 4-24　“名称管理器”对话框

【实例 4-4】 打开“计算机设备全年销量统计表.xlsx”，将工作表“平均单价”中的区域 B3:C7 定义名称为“商品均价”，如图 4-25 所示。

操作步骤如下：

选中“平均单价”表中的 B3:C7 区域并右击，在弹出的快捷菜单中选择“定义名称”命令，弹出“新建名称”对话框。在“名称”文本框中输入“商品均价”后单击“确定”按钮即可，如图 4-26 所示。

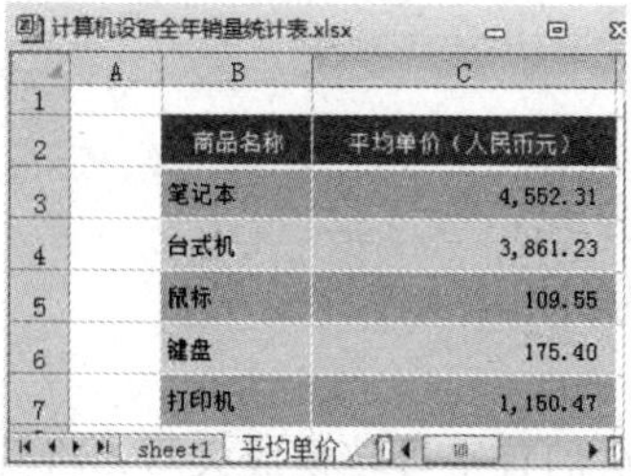

计算机设备全年销量统计表.xlsx

	A	B	C
1			
2		商品名称	平均单价（人民币元）
3		笔记本	4,552.31
4		台式机	3,861.23
5		鼠标	109.55
6		键盘	175.40
7		打印机	1,150.47

sheet1 平均单价

图 4-25 “平均单价”表

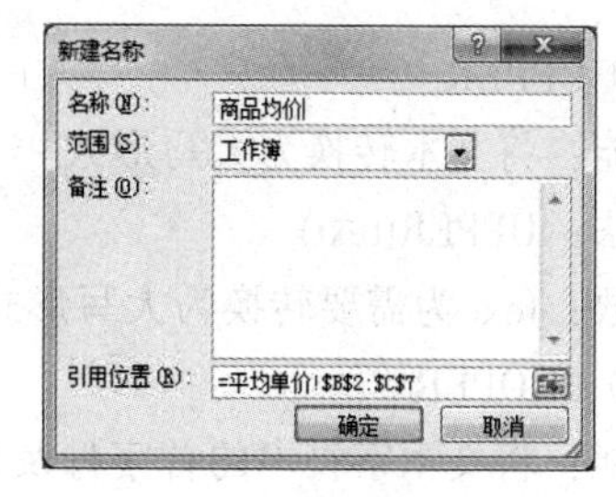

图 4-26 “新建名称”对话框

4. 使用名称

定义名称后，可以直接使用名称进行运算。使用名称的公式比使用单元格引用位置的公式更易于阅读和记忆。例如，公式“=销售-成本”比公式“=F6-D6”易于阅读。

下面举例说明使用名称进行运算的具体操作方法。

图 4-25 所示的工作簿中定义了 B3:C7 区域名称为“商品均价”，如果要在 C8 单元格内计算出平均单价总和，可首先选中 C8 单元格，然后直接输入公式“=SUM（商品均价）”，按【Enter】键确认即可完成计算。

4.3 常用函数

函数是由 Excel 内部预先定义并按照特定的顺序、结构来执行计算、分析等数据处理任务的功能模块。因此，Excel 函数也常被人们称为“特殊公式”。与公式一样，Excel 函数的最终返回结果为值。

4.3.1 函数的作用

虽然用户通过自行设计公式也可以实现某些计算，例如，计算单元格区域 B1:B4 数值的和，可以使用公式“=B1+B2+B3+B4”。但是如果对单元格区域 B1:B100 或者更多单元格区域求和，一个个单元格相加的做法将变得无比繁杂、低效而又易错。此时，可以使用 SUM 函数对其进行求和，公式为“=SUM(B1:B100)”。

通过 Excel 提供的大量功能强大的工作表函数，除了能够简化公式书写外，还可以实现许多自编公式无法实现的需求。例如，使用 RAND 函数产生大于 10 小于 50 的随机值。

4.3.2 函数的种类

Excel 函数一共有 13 类，分别是文本函数、删除空格和非打印字符函数、字符串的比较函数、查询和替换函数、统计函数、日期与时间函数、财务函数、逻辑函数、查询和引用函数、数学和三角函数、数据库函数、工程函数及用户自定义函数等。下面分别对其进行简单的介绍。

1. 文本函数

通过文本函数，可以在公式中处理文字串。文本函数主要有 LOWER、MID、LEFT、UPPER 等。

（1）LOWER

功能：将一个文字串中的所有大写字母转换为小写字母，但不改变文本中的非字母的字符。

语法：LOWER(text)

参数：text 是待转换为小写字母的文本。

（2）UPPER

功能：将文本转换为大写形式。

语法：UPPER(text)

参数：text 为需要转换为大写形式的文本，也可以为引用或文本字符串。

（3）PROPER

功能：将文本字符串的首字母及任何非字母字符之后的首字母转换成大写，将其余的字母转换成小写。

语法：PROPER(text)

参数：text 包括在一组双引号中的文本字符串、返回文本值的公式或是对包含文本的单元格的引用。

例如，已有字符串为“wElcome to hEre!”，可以看到由于输入的不规范，这句话大小写乱用了。通过以上三个函数可以将文本转换显示格式，使得文本变得规范。

LOWER(wElcome to hEre!)=welcome to here!

UPPER(wElcome to hEre!)=WELCOME TO HERE!

PROPER(wElcome to hEre!)=Welcome To Here!

【实例 4-5】打开“字母转换表.xlsx”文件，使用 LOWER、UPPER 和 PROPER 这三个函数的方法和效果。

操作步骤如下：

① 现有工作表如图 4-27（a）所示，在 B2 单元格中输入公式“=UPPER(A2)”，按【Enter】键。重新选择 B2 单元格，用填充手柄拖动至 B5 单元格，则完成了 A2 到 A5 单元格中字符的大写转换。

② 在 C2 单元格中输入公式“=LOWER(A2)”，按【Enter】键。重新选择 C2 单元格，复制公式到 C5 单元格。

③ 在 D2 单元格中输入公式“=PROPER(A2)”，按【Enter】键。重新选择 D2 单元格，复制公式到 D5 单元格，三个函数计算结果如图 4-27（b）所示。

	A	B	C	D
1	原字符串	UPPER函数	LOWER函数	PROPER函数
2	microsoft Excel 2007			
3	microsoft excel			
4	microsoft Excel2007			
5	MicrosofT			
6				

Sheet1 Sheet2 Sheet3

（a）原始数据格式

	A	B	C	D
1	原字符串	UPPER函数	LOWER函数	PROPER函数
2	microsoft Excel 2007	MICROSOFT EXCEL 2007	microsoft excel 2007	Microsoft Excel 2007
3	microsoft excel	MICROSOFT EXCEL	microsoft excel	Microsoft Excel
4	microsoft Excel2007	MICROSOFT EXCEL2007	microsoft excel2007	Microsoft Excel2007
5	MicrosofT	MICROSOFT	microsoft	Microsoft
6				

Sheet1 Sheet2 Sheet3

（b）三个函数计算结果

图 4-27　实例 4-5 图

（4）提取子串函数 LEFT

功能：根据所指定的字符数，返回文本字符串中左边的几个字符。

语法：LEFT(text，num_chars)

参数：text 是包含要提取字符的文本串；num_chars 指定要由 LEFT 所提取的字符数，它必须大于或等于 0。

【实例 4-6】打开“差旅报销管理.xlsx”文件，使用公式提取每个活动地点所在的省份或直辖市，并将其填写在“地区”列所对应的单元格中，如“北京市”“浙江省”等。

操作步骤如下：

① 工作表如图 4-28（a）所示，选择 D3 单元格并在其中输入公式“=LEFT(C3,3)”，按【Enter】键。

② 重新选择 D3 单元格，复制公式至 D401 单元格，如图 4-28（b）所示。

	C	D
2	活动地点	地区
3	福建省厦门市思明区莲岳路118号中烟大厦1702室	=LEFT(C3,3)
4	广东省深圳市南山区蛇口港湾大道2号	
5	上海市闵行区浦星路699号	
6	上海市浦东新区世纪大道100号上海环球金融中心56楼	
7	海南省海口市琼山区红城湖路22号	
8	云南省昆明市官渡区拓东路6号	
9	广东省深圳市龙岗区坂田	
10	江西省南昌市西湖区洪城路289号	
11	北京市海淀区东北旺西路8号	
12	北京市西城区西绒线胡同51号中国会	

（a）LEFT 函数的使用

	C	D
2	活动地点	地区
3	福建省厦门市思明区莲岳路118号中烟大厦1702室	福建省
4	广东省深圳市南山区蛇口港湾大道2号	广东省
5	上海市闵行区浦星路699号	上海市
6	上海市浦东新区世纪大道100号上海环球金融中心56楼	上海市
7	海南省海口市琼山区红城湖路22号	海南省
8	云南省昆明市官渡区拓东路6号	云南省
9	广东省深圳市龙岗区坂田	广东省
10	江西省南昌市西湖区洪城路289号	江西省
11	北京市海淀区东北旺西路8号	北京市
12	北京市西城区西绒线胡同51号中国会	北京市

（b）LEFT 函数计算结果

图 4-28　实例 4-6 图

② MID：

功能：返回文本字符串中从指定位置开始的特定数目的字符。

语法：MID(text，start_num,num_chars)

参数：text 是包含要提取字符的文本串。start_num 是文本中要提取字符的起始位置，文本中第 1 个字符的 start_num 为 1，依此类推；num_chars 指定 MID 从文本中返回字符的个数。

【实例 4-7】打开“员工资料.xlsx”文件，使用 MID 函数提取指定长度的字符串。用 MID 函数从客户的身份证号码中提取出生日期。(身份证号共 18 位，第 7～14 位代表出生年月日。)

操作步骤如下：

① 工作表如图 4-29（a）所示，选择 C3 单元格并在其中输入公式“=MID(B3,7,8)”，按【Enter】键。

② 重新选择 C3 单元格，复制公式至 C7 单元格，如图 4-29（b）所示。

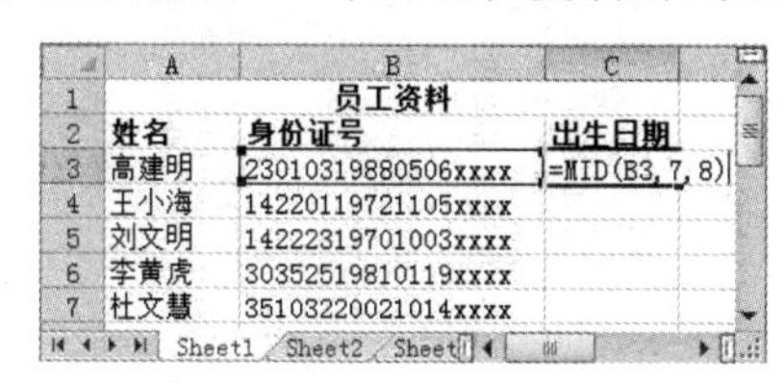

	A	B	C
1		员工资料	
2	姓名	身份证号	出生日期
3	高建明	23010319880506xxxx	=MID(B3,7,8)
4	王小海	14220119721105xxxx	
5	刘文明	14222319701003xxxx	
6	李黄虎	30352519810119xxxx	
7	杜文慧	35103220021014xxxx	

（a）MID 函数的使用

	A	B	C
1		员工资料	
2	姓名	身份证号	出生日期
3	高建明	23010319880506xxxx	19880506
4	王小海	14220119721105xxxx	19721105
5	刘文明	14222319701003xxxx	19701003
6	李黄虎	30352519810119xxxx	19810119
7	杜文慧	35103220021014xxxx	20021014

（b）MID 函数计算结果

图 4-29　实例 4-7 图

③ RIGHT：

功能：根据所指定的字符数，返回文本字符串中右边的几个字符。

语法：RIGHT(text，num_chars)

参数：text 是包含要提取字符的文本串；num_chars 指定要由 RIGHT 所提取的字符数，它必须大于或等于 0。如果 num_chars 大于文本长度，则返回所有文本；如果忽略 num_chars，则假定其为 1。

（5）TEXT

功能：可将数值转换为文本，并可使用户通过使用特殊格式字符串来指定显示格式，是将数值转换为按指定格式来表示的文本。当需要以可读性更高的格式显示数学或需要合并数字、文本或符号时，此函数很有用。

语法：TEXT(value,format_text)

参数：value 为数值、计算结果为数值的公式，或对包含数值的单元格的引用；format_text 使用双引号括起来作为文本字符串的数字格式，即“设置单元格格式”对话框“数字”选项卡的“分类”列表框中显示的格式。format_text 不能包含星号（*），也不能是“常规”型。

示例：

TEXT(2.715, "￥0.00") 显示结果为“￥2.72”；

TEXT("23.5","$0.00") & " per hour" 显示结果为“$23.50 per hour”；

TEXT("20150903","0000 年 00 月 00 日") 显示结果为“2015 年 09 月 03 日”。

【提示】通过“格式”菜单调用“设置单元格格式”对话框，然后在“数字”选项卡上设置单元格的格式，只会改变单元格的格式而不会影响其中的数值。使用函数 TEXT 可以将数值转换为带格式的文本，而其结果将不再作为数字参与计算。

【实例 4-8】打开“年级期末成绩分析.xlsx”文件，在“2012 级法律”工作表中，利用公式、根据学生的学号，将其班级的名称填入“班级”列，规则为：学号的第三位代表专业代码、第四位代表班级序号，即 01 为“法律一班”，02 为“法律二班”，03 为“法律三班”，04 为“法律四班”，如图 4-30（a）所示。

操作步骤如下：

在 A3 单元格中输入公式“="法律"&TEXT(MID(B3,3,2)," [DBNum1] ")&"班"”，结果如图 4-30（b）所示。

	A	B	C
1	2012级法律专业学生期末成绩分析表		
2	班级	学号	姓名
3		1201001	潘志阳
4		1202002	蒋文奇
5		1201003	苗超鹏
6		1203004	阮军胜
7		1201005	邢尧磊
8		1201006	王圣斌
9		1204007	焦宝亮
10		1201008	翁建民
11		1202009	张志权
12		1201010	李帅帅

（a）“2012 级法律”工作表

	A	B	C
1	2012级法律专业学生期末成绩分析表		
2	班级	学号	姓名
3	法律一班	1201001	潘志阳
4	法律二班	1202002	蒋文奇
5	法律一班	1201003	苗超鹏
6	法律三班	1203004	阮军胜
7	法律一班	1201005	邢尧磊
8	法律一班	1201006	王圣斌
9	法律四班	1204007	焦宝亮
10	法律一班	1201008	翁建民
11	法律二班	1202009	张志权
12	法律一班	1201010	李帅帅

（b）TEXT 函数计算结果

图 4-30　实例 4-8 图

2．删除空格和非打印字符函数

在字符串中，有时空白也是一个有效的字符，但是如果字符串中出现空白字符时，容易在判断对比数据时发生错误，在 Excel 中可以使用 TRIM 函数清除字符串中的空白。

功能：除了单词之外的单个空格外，清除文本中所有的空格。如果从其他应用程序中获得了带有不规则空格的文本，可以使用 TRIM 函数清除这些空格。

语法：TRIM(text)

参数：text 为需要清除其中空格的文本。

例如：从字符串“My name   is Wang”中清除空格的公式为“=TRIM("My name   is Wang")”，显示结果为“My name is Wang”。

【提示】TRIM 函数不会清除单词之间的单个空格，如果要清除这部分空格，建议使用替换功能。

3．字符串的比较函数

数据处理的过程中，常常会遇到不同字符串的比较问题，Excel 中的 EXACT 函数可以用来比较两个字符串是否相同。

功能：EXACT 函数用于比较两个字符串，如果它们完全相同，则返回 TRUE；否则，返回 FALSE。EXACT 函数能区分大小写，但忽略格式上的差异。利用 EXACT 函数可以测试输入文档内的文字。

语法：EXACT(text1,text2)

参数：text1 为待比较的第一个字符串；text2 为待比较的第二个字符串。

例如：“=EXACT("China","china")”的结果为 FALSE。

4．查找和替换函数

使用 Excel 的文本函数功能可在已知的文本内容中查找子串，通过这个功能可在表格中查找包含某个子串的单元格，并返回子串所在的起始位置。查找子串的函数有 FIND 和 SEARCH 函数。另外，REPLACE 和 SUBSTITUTE 函数可以用来进行替换子串的操作。

（1）FIND

功能：FIND 函数用来对原始数据中某个字符串进行定位，以确定其位置。FIND 函数进行定位时，总是从指定位置开始，返回找到的第一个匹配字符串的位置，而不管其后是否还有相匹配的字符串。此函数适用于双字节字符，它区分大小写但不允许使用通配符。

语法：FIND(find_text,within_text,start_num)

参数：find_text 是待查找的目标文本；within_text 是包含待查找文本的源文本；start_num 指定开始进行查找的字符位置，首字符的位置为 1。如果省略 start_num，则默认为 1。

例如：在 A1 单元格中输入“中华人民共和国”，则公式“=FIND("人民",A1,1)”返回 3。

【提示】FIND 函数中第一个参数为查找的内容，如果是文本的话，必须添加英语输入法下的双引号，否则函数无法计算。

（2）SEARCH 和 SEARCHB

功能：返回从 start_num 开始首次找到特定字符或文本串的位置编号。其中，SEARCH 以字符数为单位，SEARCHB 以字节数为单位。SEARCH 在搜索时不区分大小写。

语法：SEARCH(find_text,within_text,start_num)

SEARCHB(find_text,within_text,start_num)

参数：find_text 是要查找的文本，可以使用通配符，包括问号“？”和星号“*”。其中问号可匹配任意的单个字符，星号可匹配任意的连续字符。如果要查找实际的问号或星号，应当在该字符前输入波浪线“～”。within_text 是要在其中查找 find_text 的源文本。start_num 是 within_text 中开始查找的字符的编号。如果忽略 start_num，则假定其为 1。

例如：单元格 A1 中的值是“学习的革命”，则公式“=SEARCH("的",A1)”返回 3；公式“=SEARCHB("的",A1)”返回 5。

【提示】与 FIND 函数类似，SEARCH 函数也有相同的功能。它们的区别是 FIND 函数区分大小写，而 SEARCH 不区分大小写（当被查找的文本为英文时）。

（3）REPLACE 和 REPLACEB

功能：REPLACE 使用其他文本串并根据所指定的字符数替换另一文本串中的部分文本。REPLACEB 的用途与 REPLACE 相同，它是根据所指定的字节数替换另一文本串中的部分文本。

语法：REPLACE(old_text,start_num,num_chars,new_text)
REPLACEB(old_text,start_num,num_bytes,new_text)

参数：old_text 是要替换其部分字符的文本；start_num 是要用 new_text 替换的 old_text 中字符的位置；num_chars 是 REPLACE 使用 new_text 替换 old_text 中字符的个数；num_bytes 是 REPLACEB 使用 new_text 替换 old_text 的字节数；new_text 是要用于替换 old_text 中字符的文本。

【提示】这两个函数均适用于双字节的汉字。

例如：单元格 A1 和 A2 中的值是“学习的革命”和“电脑”，则公式“=REPLACE (A1,3,3,A2)”返回“学习电脑”；公式“=REPLACEB(A1,1,4,A2)”返回“电脑的革命”。

【实例 4-9】假设某城市的电话号码要升位，在原来的第 1 位电话号码后加一个“5”，使用 REPLACE 函数完成替换。

操作步骤如下：

① 打开“电话号码表.xlsx”工作表，如图 4-31（a）所示。

② 在 C2 单元格输入公式“=REPLACE(B2,1,4,"01065")”，按【Enter】键。

③ 复制 C2 单元格的公式至 C9 单元格，如图 4-31（b）所示。

	A	B	C
1	机主姓名	原始电话	升位后的电话
2	朱之明	010637871XX	
3	李雪梅	010637871XX	
4	李立秋	010697871XX	
5	谭清	010637871XX	
6	王浩	010647871XX	
7	朱海	010687871XX	
8	李明白	010637871XX	
9	王家浩	010617871XX	

Sheet1 Sheet2 Sheet3

（a）原始数据表

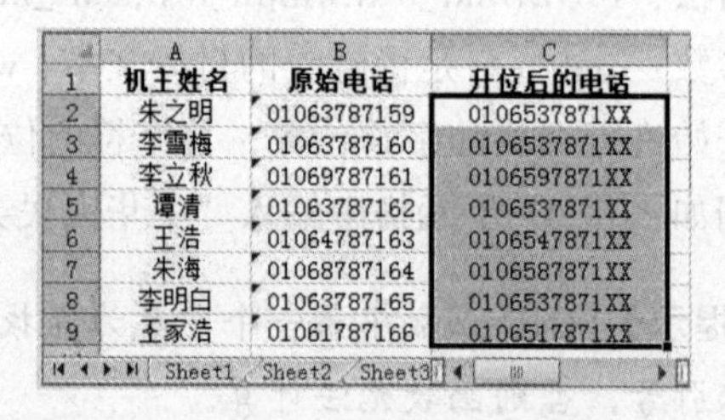

	A	B	C
1	机主姓名	原始电话	升位后的电话
2	朱之明	01063787159	0106537871XX
3	李雪梅	01063787160	0106537871XX
4	李立秋	01069787161	0106597871XX
5	谭清	01063787162	0106537871XX
6	王浩	01064787163	0106547871XX
7	朱海	01068787164	0106587871XX
8	李明白	01063787165	0106537871XX
9	王家浩	01061787166	0106517871XX

Sheet1 Sheet2 Sheet3

（b）REPLACE 函数的计算结果

图 4-31　实例 4-9 图

【使用技巧】选择需要运用相同公式的单元格区域，在编辑栏中输入公式，并按【Ctrl+Enter】组合键，即可将所选单元格区域中每个单元格的结果计算出来。

（4）SUBSTITUTE

语法：SUBSTITUTE(text,old_text,new_text,instance_num)

功能：在文字串中用 new_text 替代 old_text。

参数：text 是需要替换其中字符的文本，或是含有文本的单元格引用；old_text 是需要替换的旧文本；new_text 用于替换 old_text 的文本；instance_num 为数值，用来指定以 new_text 替换第几次出现的 old_text。如果指定了 instance_num，则只有满足了要求的 old_text 被替换

才行，否则将用 new_text 替换 text 中出现的所有 old_text。

【提示】如果需要在一个文字串中替换指定的文本，可以使用函数 SUBSTITUTE。如果需要在某一文字串中替换指定位置处的任意文本，就应当使用函数 REPLACE。

例如：单元格 A1 和 A2 中的值分别为“学习的革命”和“电脑”，则公式“=SUBSTITUTE(A1,"的革命",A2,1)”返回“学习电脑”。

5. 统计函数

统计工作表函数用于对数据区域进行统计分析。

Excel 提供了两个统计字符数的函数：LEN 和 LENB。LEN 返回文本串的字符数；LENB 返回文本串中所有字符的字节数。

语法：LEN(text)，LENB(text)

参数：text 指定待查找长度的文本。此函数用于双字节字符，且空格也将作为字符进行统计。

例如：在 A1 单元格中输入“电脑爱好者”，则公式“=LEN(A1)”返回 5，公式“=LENB(A1)”返回 10。再如，A1 单元格中有字符串“Please give me that book.”，如果要统计其中有多少个“e”，则可以用这样的公式：“=LEN(A1)-LEN(SUBSTITUTE(A1,"e",""))”，结果为 4。

6. 日期与时间函数

日期函数是实际工作使用频率相对较高的函数之一，可以在公式中分析和处理日期值和时间值。使用日期函数可方便、快捷地获得特定的日期序列号。Excel 2010 中的日期函数包括 DATE、HOUR、MINUTE、NOW、TIME 等。要使用函数处理日期和时间，首先要了解日期和时间的有关概念。

（1）日期序列号

Excel 将日期存储为一个序列号，也就是说，在 Excel 中日期只是一个数字，是一个从 1900 年 1 月 1 日以来所代表的天数。序列号 1 对应于 1900 年 1 月 1 日，序列号 2 对应于 1900 年 1 月 2 日，依此类推。使用这一序列号，系统就可以让公式处理日期，如可以创建公式计算两个日期之间的天数。

可以直观地观察序列号与日期之间的关系。在一个空白单元格中输入 1，然后在“设置单元格格式”对话框中将数字格式设置为“日期”，单击“确定”按钮后就可以看到单元格中显示为“1900-1-1”；反过来，如果输入一个日期，就可以查看它所对应的序列号。

Excel 支持两种日期系统：1900 日期系统和 1904 日期系统。如前所述，在 1900 日期系统中序列号 1 对应于 1900 年 1 月 1 日，而在 1904 日期系统中，序列号 0 对应于 1904 年 1 月 1 日。默认情况下，Excel 在 Windows 系统中使用 1900 日期系统。

（2）日期和时间相关函数

使用日期函数可在单元格中获得动态的日期，或者根据年、月、日来建立一个日期。这时需要以下函数来返回需要的日期。

① DATE：

功能：返回代表特定日期的序列号，如果在输入函数前单元格的格式为“常规”格式，则结果将会是日期格式。

语法：DATE(year,month,day)

参数：year 表示年，值包含 1～4 位数字，Excel 将根据计算机所使用的日期系统来解释 year 参数；month 表示月，值为 1～12 的数字，最小为 1，最大为 12；day 表示天，值包含 1～

2 位数字，最小为 1，最大为 31。

例如，公式= DATE("2017","7","5")，该序列号表示 2017-7-5。

② DATEDIF：

功能：此函数的作用是计算两个日期之间的年数、月数、天数。

语法：DATEDIF(start_date,end_date,unit)

参数：参数 1 start_date 表示起始时间；参数 2 end_date 表示结束时间；参数 3 unit 表示函数返回的类型。

参数 1 和参数 2 可以是具体的时间，也可以是其他函数的结果。

参数 3 unit 为返回结果的代码，具体代码如下：

a. "y"返回整年数；

b. "m"返回整月数；

c. "d"返回整天数；

d. "md"返回参数 1 和参数 2 的天数之差，忽略年和月；

e. "ym"返回参数 1 和参数 2 的月数之差，忽略年和日；

f. "yd"返回参数 1 和参数 2 的天数之差，忽略年。按照月、日计算天数。

DATEDIF 函数示例如图 4-32 所示。

③ TODAY：

功能：返回当前日期的序列号，如果在输入函数前单元格的格式为默认的“常规”格式，则结果将会是日期格式的当前日期。

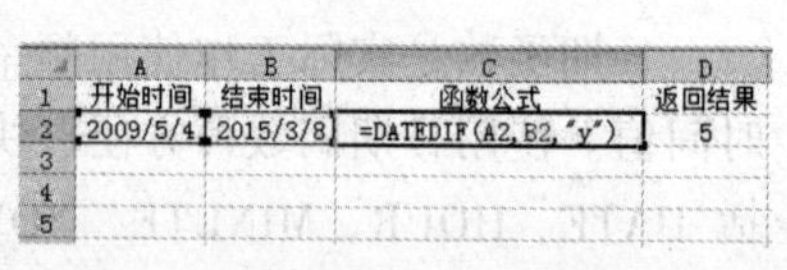

	A	B	C	D
1	开始时间	结束时间	函数公式	返回结果
2	2009/5/4	2015/3/8	=DATEDIF(A2,B2,"y")	5
3				
4				
5				

图 4-32　DATEDIF 函数示例

语法：TODAY()

该函数没有参数。如果需要在一个公式、函数或表达式中输入当前日期，就可以使用 TODAY()函数。该函数并不总是返回相同的值，每当执行打开工作簿、编辑工作表中的公式、重新计算等操作时，TODAY()函数总会更新为当前日期。

④ NOW：

功能：返回当前日期的序列号，如果在输入函数前单元格的格式为默认的“常规”格式，则结果将会是日期格式的当前日期。

语法：NOW()

NOW()函数与 TODAY()函数一样没有参数。

使用 NOW()函数可将当前日期和时间同时返回，TODAY()函数返回值中忽略时间。

NOW()函数与 TODAY()函数的区别，如图 4-33 所示。

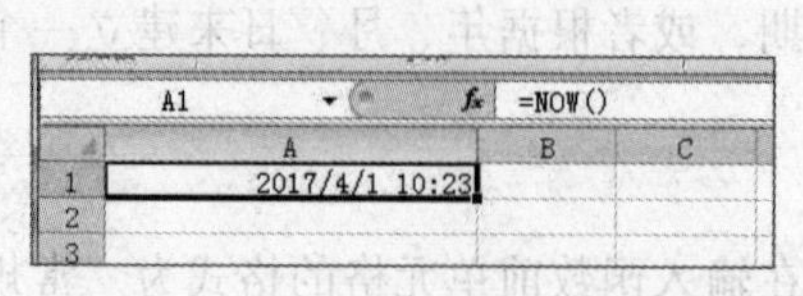

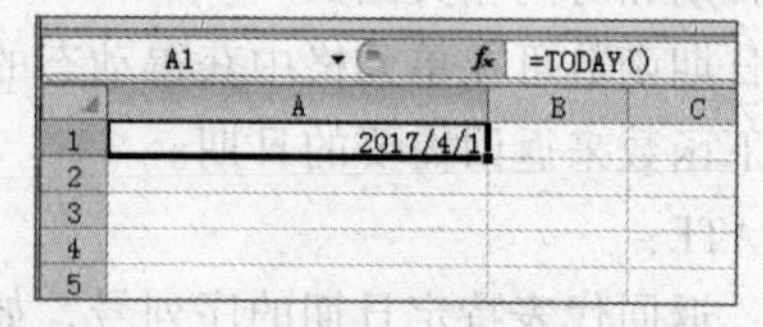

图 4-33　NOW()函数和 TODAY()函数的区别

⑤ YEAR：

功能：返回某日期对应的年份。返回值为 1900～9999 的整数。

语法：YEAR(serial_number)

参数：serial_number 为一个日期值，其中包含要查找年份的日期。应使用 DATE 函数输入日期，或者将函数作为其他公式或函数的结果输入。例如，使用函数 DATE(2017, 5, 23)输入 2017 年 5 月 23 日，公式“=YEAR(DATE(2017.5.23))”结果为 2017。如果日期以文本形式输入，则会出现问题。

例如：YEAR(TODAY())可返回当前日期的年份。

【实例 4-10】打开“工作人员工龄表.xlsx”文件，根据工作人员进入公司的日期，用 YEAR 函数计算工作人员的工龄。

操作步骤如下：

① 在 C2 单元格中输入公式“=YEAR(B2)”，按【Enter】键，计算出进入公司年份，再复制公式，提取出所有人员进入公司的年份，如图 4-34（a）所示。

② 在 D2 单元格输入公式“=YEAR(TODAY())-C2”，按【Enter】键。复制公式得出所有人员的工龄，如图 4-34（b）所示。

工作人员工龄表.xlsx

	A	B	C	D
1	姓名	进入公司日期	进入公司年份	工龄
2	白丽萍	1998/5/1	1998	
3	杜泽晖	2003/12/1	2003	
4	赵力	1994/8/1	1994	
5	辛佳宇	2003/4/1	2003	
6	李越	2002/12/15	2002	
7	赵小龙	1999/2/10	1999	
8	刘诗琦	2002/6/5	2002	
9	任子涵	2008/9/1	2008	
10	田玮诚	2009/3/1	2009	
11	胡歌	2010/8/5	2010	
12	陈茜倩	1998/7/1	1998	
13	李想军	1999/2/10	1999	

Sheet1 Sheet2 Sheet

（a）提取“进入公司年份”

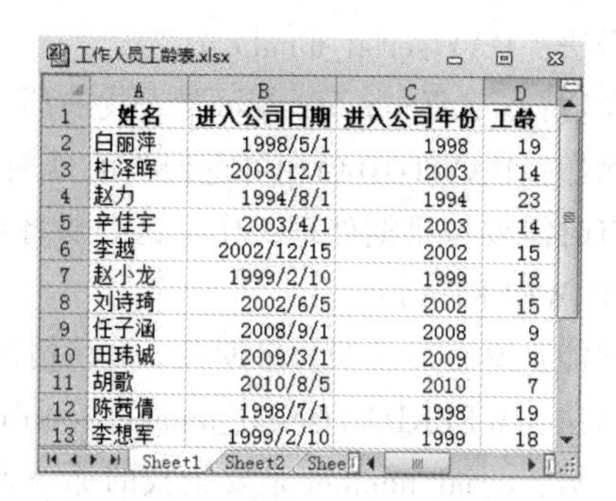
工作人员工龄表.xlsx

	A	B	C	D
1	姓名	进入公司日期	进入公司年份	工龄
2	白丽萍	1998/5/1	1998	19
3	杜泽晖	2003/12/1	2003	14
4	赵力	1994/8/1	1994	23
5	辛佳宇	2003/4/1	2003	14
6	李越	2002/12/15	2002	15
7	赵小龙	1999/2/10	1999	18
8	刘诗琦	2002/6/5	2002	15
9	任子涵	2008/9/1	2008	9
10	田玮诚	2009/3/1	2009	8
11	胡歌	2010/8/5	2010	7
12	陈茜倩	1998/7/1	1998	19
13	李想军	1999/2/10	1999	18

Sheet1 Sheet2 Sheet

（b）“工龄”计算结果

图 4-34　实例 4-10 图

⑥ MONTH：

功能：返回日期中的月份。返回值是介于 1～12 的整数。

语法：MONTH(serial_number)

参数：serial_number 表示要计算其月份数的日期。应使用 DATE 函数输入日期或将单元格定义为日期类型，也可以将函数作为其他公式或函数的结果输入。例如，使用函数 DATE(2017,5,23)输入 2017 年 5 月 23 日，公式“=MONTH(DATE(2017.5.23))”结果为 5。如果日期以文本形式输入，则会出现问题。

例如：MONTH(TODAY())可返回当前日期的月份。

【实例 4-11】打开“开支明细表.xlsx”文件，其中包含工作表“小赵的美好生活”。要求：

① 为工作表添加标题“小赵 2013 年开支明细表”，并合并居中，适当改变字体大小。将表格中的内容居中对齐。

② 在“年月”与“服装服饰”列之间插入新列“季度”，如图 4-35（a）所示。数据根据月份由函数生成，如 1～3 月对应“1 季度”、4～6 月对应“2 季度”等。

操作步骤如下：

① 打开工作簿“开支明细表.xlsx”文件。

② 将光标移至 B3 单元格，输入公式“="第"&INT(1+(MONTH(A3)-1)/3)&"季度"”，再复制 B3 单元格的公式直至 B14 单元格，最终结果如图 4-35（b）所示。

【使用技巧】先选择需要设置的单元格或单元格区域，按【Ctrl+1】组合键，可快速打开“设置单元格格式”对话框。

开支明细表.xlsx

	A	B	C
1			
2	年月	季度	服装服饰
3	2013年1月		300
4	2013年2月		1200
5	2013年3月		50
6	2013年4月		100
7	2013年5月		150
8	2013年6月		200
9	2013年7月		100
10	2013年8月		300
11	2013年9月		1100
12	2013年10月		100

小赵的美好生活

（a）插入新列“季度”

	A	B	C
1	小赵2013年开支明细表		
2	年月	季度	服装服饰
3	2013年1月	第1季度	300
4	2013年2月	第1季度	1200
5	2013年3月	第1季度	50
6	2013年4月	第2季度	100
7	2013年5月	第2季度	150
8	2013年6月	第2季度	200
9	2013年7月	第3季度	100
10	2013年8月	第3季度	300
11	2013年9月	第3季度	1100
12	2013年10月	第4季度	100

小赵的美好生活

（b）最终结果

图 4-35　实例 4-11 图

⑦ DAY：

功能：返回一个 1～31 之间的整数，对应给定日期的日部分。

语法：DAY(serial_number)

参数：serial_number 表示要查找的那一天的日期。

例如：DAY(TODAY())可返回当前日期的天数。

有时需要按星期处理工作，这需要将日期转换为星期来进行处理。

⑧ WEEKDAY：

功能：返回某日期为星期几。默认情况下其值为 1（星期日）～7（星期六）之间的整数。

语法：WEEKDAY(serial_number,return_type)

参数：serial_number 是要查找的那一天的日期，它有多种输入方式：带引号的文本串（如 "2001/02/26"）、序列号（如 35825 表示 1998 年 1 月 30 日）或其他公式或函数的结果（如 DATEVALUE("2000/1/30")）。return_type 为确定返回值类型的数字，数字为 1 或省略，则 1～7 代表星期日到星期六；数字为 2，则 1～7 代表星期一到星期日；数字为 3，则 0～6 代表星期一到星期日。

例如：公式“=WEEKDAY("2001/8/28",2)”返回 2（星期二）。公式“=WEEKDAY("2003/02/23",3)”返回 6（星期日）。

【实例 4-12】打开“实例 4-12\Excel.xlsx”文件，其中包含工作表“费用报销管理”。要求：

如果“日期”列中的日期为星期六或星期日，则在“是否加班”列的单元格中显示“是”，否则显示“否”（必须使用函数），如图 4-36（a）所示。计算结果如图 4-36（b）所示。

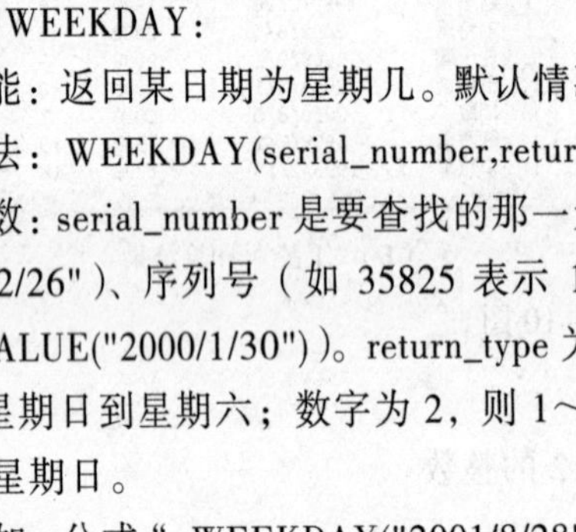

	A	H
1	Contoso 公司差旅报销管理	
2	日期	是否加班
3	2013年1月20日 星期日	
4	2013年1月21日 星期一	
5	2013年1月22日 星期二	
6	2013年1月23日 星期三	
7	2013年1月24日 星期四	
8	2013年1月25日 星期五	
9	2013年1月26日 星期六	
10	2013年1月27日 星期日	
11	2013年1月28日 星期一	
12	2013年1月29日 星期二	

费用报销管理　费用类别

（a）“费用报销管理”工作表

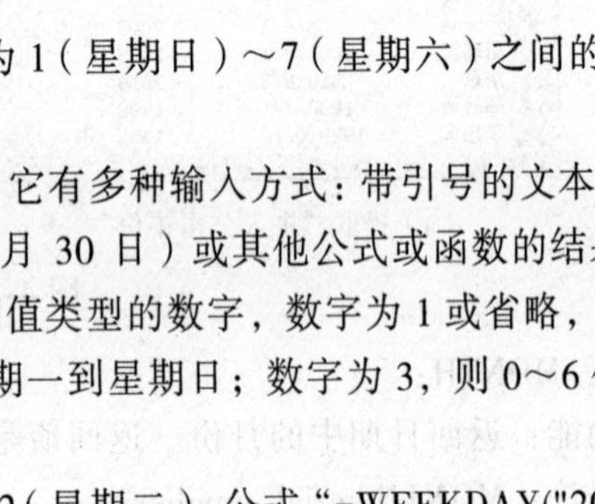

	A	H
1	Contoso 公司差旅报销管理	
2	日期	是否加班
3	2013年1月20日 星期日	是
4	2013年1月21日 星期一	否
5	2013年1月22日 星期二	否
6	2013年1月23日 星期三	否
7	2013年1月24日 星期四	否
8	2013年1月25日 星期五	否
9	2013年1月26日 星期六	是
10	2013年1月27日 星期日	是
11	2013年1月28日 星期一	否
12	2013年1月29日 星期二	否

费用报销管理　费用类别

（b）计算结果

图 4-36　实例 4-12 图

操作步骤如下：

在“费用报销管理”工作表的H3单元格中输入公式“=IF(WEEKDAY(A3,2)>5,"是","否")”，表示在星期六或者星期日情况下显示“是”，否则显示“否”，按【Enter】键确认。然后向下填充公式到最后一个日期即可完成设置。

【实例4-13】打开“实例4-13\Excel.xlsx”文件，其中包含工作表“费用报销管理”。在“费用报销管理”工作表“日期”列的所有单元格中，标注每个报销日期属于星期几，如日期为“2013年1月20日”的单元格应显示为“2013年1月20日 星期日”，日期为“2013年1月21日”的单元格应显示为“2013年1月21日 星期一”。

操作步骤如下：

在“费用报销管理”工作表中，选中“日期”数据列（A3:A401）并右击，在弹出的快捷菜单中选择“设置单元格格式”命令，弹出“设置单元格格式”对话框。切换至“数字”选项卡，在“分类”列表框中选择“自定义”选项，在右侧的“示例”区的“类型”文本框中输入“yyyy"年"m"月"d"日"　aaaa”（aaaa前面为空格），如图4-37（a）所示。设置完毕后单击“确定”按钮即可，结果如图4-37（b）所示。

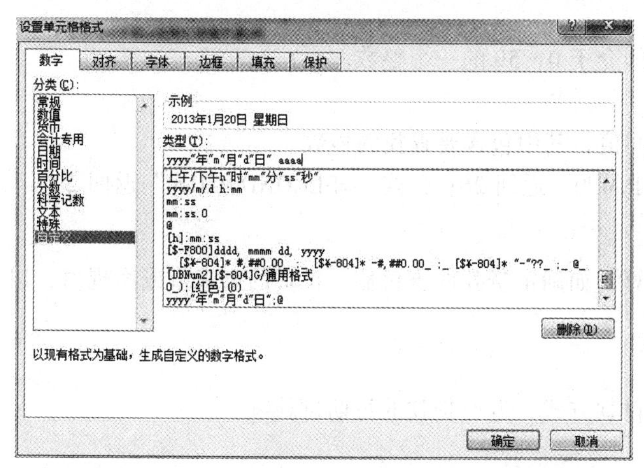

（a）设置单元格格式为“自定义”

	A	B
1	Contoso公司差旅报销管理	
2	日期	报销人
3	2013年1月20日 星期日	孟天祥
4	2013年1月21日 星期一	陈祥通
5	2013年1月22日 星期二	王天宇
6	2013年1月23日 星期三	方文成
7	2013年1月24日 星期四	钱顺卓
8	2013年1月25日 星期五	王崇江
9	2013年1月26日 星期六	黎浩然
10	2013年1月27日 星期日	刘露露
11	2013年1月28日 星期一	陈祥通
12	2013年1月29日 星期二	徐志晨

（b）计算结果

图4-37　实例4-13图

【使用技巧】若工作表内容较多，从左到右选中的有数据的同一行单元格区域、从上到下选中有数据的同一列单元格区域，可以使用选中有效行、有效列操作。在工作表数据区域，选中最左侧单元格，按【Ctrl+Shift+→】组合键可选中有效行。选中最顶端单元格，按【Ctrl+Shift+↓】组合键可选中有效列。

下面介绍几个与时间有关的函数。任何时间都是由时、分、秒三部分组成。将分开的这三部分数值作为参数，TIME函数可以返回一个正确的时间值。也可以用函数HOUR、MINUTE、SECOND分别将时、分、秒这三部分提取出来。

⑨ TIME：

功能：返回某一特定时间的小数值，它返回的小数值为0～0.999999999，代表0:00:00(12:00:00 A.M.)到23:59:59(11:59:59 P.M.)之间的时间。如果在输入函数之前单元格为“常规”格式，则结果不会显示为日期格式。

语法：TIME(hour,minute,second)

参数：hour 是 0～23 的整数，代表时；minute 是 0～59 的整数，代表分；second 是 0～59 的整数，代表秒。

例如：公式“=TIME(12,10,30)”返回序列号 0.51，等价于“12:10:30 P.M.”。公式“=TIME(9,30,10)”返回序列号 0.40，等价于“9:30:10 A.M.”。

⑩ HOUR：

功能：返回时间值中的时部分，即一个介于 0(12:00 A.M.)到 23(11:00 P.M.)之间的整数。

语法：HOUR(serial_number)

参数：serial_number 表示一个时间值，其中包含要查找的时数。

例如：HOUR(NOW())将返回当前时间的时数。

⑪ MINUTE：

功能：返回时间值中的分部分，即介于 0～59 的一个整数。

语法：MINUTE(serial_number)

参数：serial_number 表示需要返回分数的时间。

例如：公式“=MINUTE("15:30:00")”返回 30；公式“=MINUTE(0.06)”返回 26。

⑫ SECOND：

功能：返回时间值中的秒部分，即介于 0～59 的一个整数。

语法：SECOND(serial_number)

参数：serial_number 表示一个时间值，其中包含要查找的秒数。

例如：公式“=SECOND("3:30:26 P.M.")”返回 26；公式“=SECOND(0.016)”返回 2。

7. 财务函数

财务函数可以进行一般的财务计算，如确定贷款的支付额、投资的未来值或净现值，以及债券或息票的价值。

（1）PMT 函数

功能：基于固定利率及等额分期付款方式，返回贷款的每期付款额。

语法：PMT(rate,nper,pv,fv,type)

参数：rate 为贷款利率；nper 为该项贷款的付款总数；pv 为现值，或一系列未来付款的当前值的累积和，也称为“本金”；fv 为未来值，或在最后一次付款后希望得到的现金余额，如果省略 fv，则假设其值为零，也就是一笔贷款的未来值为零；type 为数字 0 或 1，用于指定各期的付款时间是在期初还是期末，0 或省略为期末，1 为期初。

（2）IPMT 函数

功能：基于固定利率及等额分期付款方式，返回给定期数内对投资的利息偿还额。

语法：IPMT(rate,per,nper,pv,fv,type)

参数：per 为用于计算其利息数额的期数，必须在 1～nper 范围内。其他参数与 PMT 函数相同。

【实例 4-14】打开“商业贷款.xlsx”文件。利用商业贷款买房，计算每月还款额与第 1 个月的还款利息。假定贷款 10 万元，年利率为 7.05%，贷款期限 10 年，每月末等额还款，其结果如图 4-38 所示。

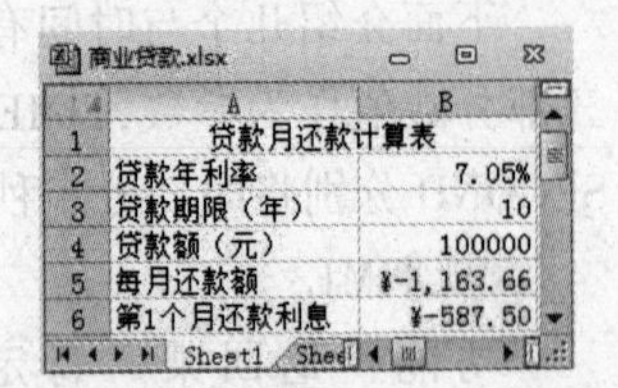

商业贷款.xlsx

	A	B
1	贷款月还款计算表	
2	贷款年利率	7.05%
3	贷款期限（年）	10
4	贷款额（元）	100000
5	每月还款额	¥-1,163.66
6	第1个月还款利息	¥-587.50

Sheet1

图 4-38 商业贷款计算结果

操作步骤如下：

① 计算每月还款额时，单击 B5 单元格，输入公式“=PMT(B2/12,B3*12,B4)”，按【Enter】

键，得到每月还款额。

② 单击 B6 单元格，输入公式“=IPMT(B2/12,1,B3*12,B4)”，按【Enter】键，得到第 1 个月的还款利息。

8. 逻辑函数

使用逻辑函数可以进行真假判断，或者进行复合检验。例如，可以使用 IF 函数确定条件是真还是假，并由此返回不同的数值。函数主要有 IF、AND、OR、NOT 等。

（1）AND

功能：当 AND 的参数全部为 TRUE 时，返回结果为 TRUE，否则为 FALSE。

语法：AND(logical1,logical2,…)

参数：logical1，logical2，……表示待检测的条件值，各条件值可能为 TRUE，也可能为 FALSE。参数必须是逻辑值，或者包含逻辑值的数组或引用。

例如：

① B2 单元格的值为 100，则公式“=AND(B2>50,B2<200)”的结果为 TRUE。

② B1～B3 单元格中的值分别为 TRUE、FALSE、TRUE，则公式“=AND(B1:B3)”的结果为 FALSE。

（2）OR

功能：当 OR 的参数中任一参数为 TRUE 时，返回结果为 TRUE，否则为 FALSE。

语法：OR(logical1,logical2,…)

参数：logical1，logical2，……表示待检测的条件值，各条件值可能为 TRUE，也可能为 FALSE。参数必须是逻辑值，或者包含逻辑值的数组或引用。

例如：公式“=OR(TRUE,FALSE,TRUE)”的结果为 TRUE。

（3）NOT

功能：NOT 函数用于对参数值求反。

语法：NOT(logical)

参数：logical 为一个可以计算出 TRUE 或 FALSE 的逻辑值或逻辑表达式。

例如：公式“NOT(2+2=4)”中 2+2 的结果为 4，该参数结果为 TRUE，由于是 NOT 函数对返回结果取反，所以结果为 FALSE。

（4）IF

功能：对指定的条件进行计算，结果为 TRUE 或 FALSE，返回不同的结果。

语法：IF(logical_test,value_if_true,value_if_false)

参数：logical_test 表示计算结果为 TRUE 或 FALSE 的任意值或表达式，本参数可使用任何比较运算符；value_if_true 显示在 logical_test 为 TRUE 时返回的值，value_if_true 也可以是其他公式；value_if_false 为 FALSE 时返回的值，value_if_false 也可以是其他公式。

【实例 4-15】打开“实例 4-15\Excel.xlsx”文件，并参考“工资薪金所得税率.xlsx”文件，利用 IF 函数计算“Excel.xlsx”文件中的“应交个人所得税”列，如图 4-39 所示。（提示：应交个人所得税=应交税所得额 × 对应税率－对应速算扣除数）

操作步骤如下：

在“2014 年 3 月”工作表的 L3 单元格中输入公式“=ROUND(IF(K3<=1500,K3*3/100,IF(K3<=4500, K3*10/100-105,IF(K3<=9000,K3*20/100-555,IF(K3<=35000,K3*25%-1005,IF(K3<=

5500,K3*30%-2755,IF(K3<=80000,K3*35%-5505,IF(K3>80000,K3*45/100-13505))))))),2)”，按【Enter】键完成当前单元格“应交个人所得税”的填充，然后向下填充公式即可。

	A	B	C
1	全月应纳税所得额	税率	速算扣除数（元）
2	不超过1500元	3%	0
3	超过1500元至4500元	10%	105
4	超过4500元至9000元	20%	555
5	超过9000元至35000元	25%	1005
6	超过35000元至55000元	30%	2755
7	超过55000元至80000元	35%	5505
8	超过80000元	45%	13505
9			

（a）“工资薪金所得税率.xlsx”文件

	A	B	C	D	E	F	G	H	I	J	K	L	M
1	东方公司2014年3月员工工资表												
2	序号	员工工号	姓名	部门	基础工资	奖金	补贴	扣除病事假	应付工资合计	扣除社保	应纳税所得额	应交个人所得税	实发工资
3		DF001	包宏伟	管理	40600	500	260	230	41130	460	37170		
4		DF002	陈万地	管理	3500		260	352	3408	309	0		
5		DF003	张惠	行政	12450	500	260		13210	289	9421		
6		DF004	闫朝霞	人事	6050		260	130	6180	360	2320		
7		DF005	吉祥	研发	6150		260		6410	289	2621		
8		DF006	李燕	管理	6350	500	260		7110	289	3321		
9		DF007	李娜娜	管理	10550		260		10810	206	7104		
10		DF008	刘康锋	研发	15550	500	260	155	16155	308	12347		
11		DF009	刘鹏举	销售	4100		260		4360	289	571		
12		DF010	倪冬声	研发	5800		260	25	6035	289	2246		
13		DF011	齐飞扬	销售	5050		260		5310	289	1521		

（b）员工工资表

图 4-39　实例 4-15 图

【使用技巧】本题使用了函数嵌套，所以公式必须手动输入，那么在 IF 的末尾有几个括号，应根据 IF 语句的个数来判断，本题使用了七个 IF 语句，那么在 IF 的末尾就会有七个括号。

（5）IFERROR

功能：如果公式计算出错则返回指定的值，否则返回公式结果。IFERROR 函数常用来捕获和处理公式中的错误。

语法：IFERROR(value,value_if_error)

参数：value 是需要检查的公式；value_if_error 是公式计算出错时要返回的值。如果判断的公式中没有错误，则会直接返回公式计算的结果。

9．查询和引用函数

当需要在数据清单或表格中查找特定数值，或者需要查找某一单元格的引用时，可以使用查询和引用函数。例如，如果需要在表格中查找与第一列中的值相匹配的数值，可以使用 VLOOKUP 函数。如果需要确定数据清单中数值的位置，可以使用 MATCH 函数。此类函数主要有 VLOOKUP、HLOOKUP、MATCH、CHOOSE、INDEX 等。

（1）VLOOKUP

功能：在表的第一列查找指定的值，并返回表格当前行中指定列的值。

语法：VLOOKUP(lookup_value,table_array,col_index_num,range_lookup)

参数：lookup_value 为需要在表格数组第 1 列中查找的值，它可以为数值、引用或文本；table_array 为需要在其中查找数据的表格数组，可以使用对区域或区域名称的引用，table_array 第 1 列中的值是由 lookup_value 查找的值，可以是文本、数字或逻辑值，文本不区分大小写；col_index_num 为 table_array 中待返回的匹配值的列序号；range_lookup 为可选参数，它是一个逻辑值，指明函数 VLOOKUP 查找时是精确匹配还是近似匹配。如果参数值为 TRUE 或省略，则返回近似匹配值，也就是说，如果找不到精确匹配值，则返回小于 lookup_value 的最大数值；如果参数值为 FALSE，函数 VLOOKUP 将返回精确匹配值。如果找不到，则返回错误值#N/A。

【实例 4-16】打开“实例 4-16\Excel.xlsx”文件，其中包含工作表“费用报销管理”和“费用类别”。依照“类别编号”列内容，如图 4-40（a）所示，使用 VLOOKUP 函数，在“费用报销管理”表中生成“费用类别”列内容，如图 4-40（b）所示。对照关系参考“费用类别”工作表。

	A	B
1	费用类别对照表	
2	类别编号	费用类别
3	BIC-003	餐饮费
4	BIC-004	出租车费
5	BIC-001	飞机票
6	BIC-006	高速道桥费
7	BIC-005	火车票
8	BIC-002	酒店住宿
9	BIC-010	其他
10	BIC-007	燃油费
11	BIC-008	停车费
12	BIC-009	通讯补助

（a）“费用类别”工作表

	E	F	G
1	Contoso 公司差旅报销管理		
2	费用类别编号	费用类别	差旅费
3	BIC-001		¥
4	BIC-002		¥
5	BIC-003		¥
6	BIC-004		¥
7	BIC-005		¥
8	BIC-006		¥
9	BIC-007		¥
10	BIC-005		¥
11	BIC-006		¥
12	BIC-007		¥

（b）“费用报销管理”工作表

图 4-40　实例 4-16 图

操作步骤如下：

在“费用报销管理”工作表的F3单元格中输入公式“=VLOOKUP(E3,费用类别!$A$3:$B$12,2,FALSE)”，按【Enter】键完成“费用类别”的填充。然后向下填充公式到最后一个日期即可完成设置。

（2）HLOOKUP

功能：在表格或数值数组的首行查找指定的数值，并由此返回表格或数组当前列中指定行处的数值。

语法：HLOOKUP(lookup_value,table_array,row_index_num,range_lookup)

参数：lookup_value 是需要在数据表第 1 行中查找的数值，它可以是数值、引用或文字串；table_array 是需要在其中查找数据的数据表，可以使用对区域或区域名称的引用，table_array 的第 1 行的数值可以是文本、数字或逻辑值；row_index_num 为 table_array 中待返回的匹配值的行序号；range_lookup 为一个逻辑值，指明函数 HLOOKUP 查找时是精确匹配，还是近似匹配。

HLOOKUP 函数与 VLOOKUP 函数类似，只是它用于从表的第 1 行中查找值，如果查找成功，将返回指定行的同一列中的一个数值。

【实例 4-17】打开“会费.xlsx”文件，利用 HLOOKUP 函数实现水平查找。根据员工工资计算每个员工应缴的会费。

操作步骤：

① 在工作表的 B5 单元格中输入需计算会费的个人工资，如图 4-41（a）所示。

② 在 B6 单元格中输入公式“=B5*HLOOKUP(B5,B1:F3,3)”，按【Enter】键可得到该员工应缴的会费，如图 4-41（b）所示。

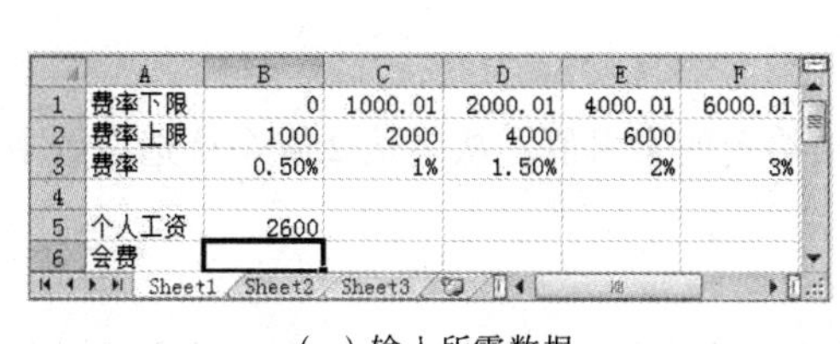

	A	B	C	D	E	F
1	费率下限	0	1000.01	2000.01	4000.01	6000.01
2	费率上限	1000	2000	4000	6000	
3	费率	0.50%	1%	1.50%	2%	3%
4						
5	个人工资	2600				
6	会费					

（a）输入所需数据

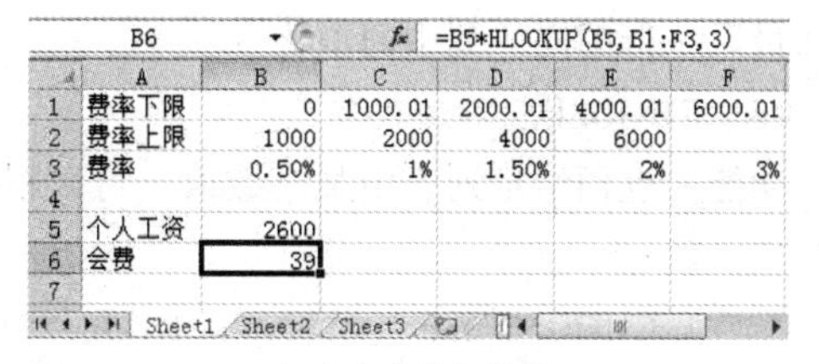

B6　=B5*HLOOKUP(B5,B1:F3,3)

	A	B	C	D	E	F
1	费率下限	0	1000.01	2000.01	4000.01	6000.01
2	费率上限	1000	2000	4000	6000	
3	费率	0.50%	1%	1.50%	2%	3%
4						
5	个人工资	2600				
6	会费	39				
7						

（b）会费计算结果

图 4-41　实例 4-17 图

（3）LOOKUP

功能：从一行或一列区域中或者从一个数组中查找值。LOOKUP 函数具有两种语法格式：向量形式和数组形式。

向量形式是在一行或一列区域（称为向量）中查找值，然后返回另一行或一列区域中相同位置处的值。数组形式是在数组的第一行或第一列中查找指定值；然后返回数组的最后一行或最后一列中相同位置处的值。如果查询的区域较大或查询的值会随时间而改变时，一般选择向量形式；如果要查询的区域较小或值在一段时间内保持不变，则一般选择数组形式。

① 向量形式：

语法：LOOKUP(lookup_value,lookup_vector,result_vector)

参数：lookup_value 是要查找的值，lookup_value 可以是数字、文本、逻辑值，也可以是代表某个值的名称或引用；lookup_vector 为被查找区域，只包含一行或一列的单元格区域，lookup_vector 中的值可以是文本、数字或逻辑值；result_vector 为返回值区域，是一个仅包含一行或一列的单元格区域，它的大小必须与 lookup_vector 相同。

【提示】 lookup_vector 中的值必须按升序顺序排列，例如，-2、-1、0、1、2 或 A～Z 或 FALSE、TRUE，否则 LOOKUP 返回的值可能不正确。查找时不区分大小写。

如果 LOOKUP 找不到要查找的值，它将返回 lookup_vector 小于或等于 lookup_value 的最大值。如果 lookup_value 小于 lookup_vector 中的最小值，则 LOOKUP 会返回错误值#N/A。

【实例 4-18】 打开“学生信息表.xlsx”文件，如图 4-42 所示，在 A14 单元格中输入公式“=LOOKUP(A5,A2:A13,C2:C13)”返回 22（张小慧的年龄），或输入公式“=LOOKUP(A5,A2:A13,D2:D13)”返回女（张小慧的性别）。

	A	B	C	D
1	学号	姓名	年龄	性别
2	2009001	李天宇	22	男
3	2009002	任风	22	男
4	2009003	曹真	21	女
5	2009004	张小慧	22	女
6	2009005	宁远	21	男
7	2009006	王鹏	20	男
8	2009007	杨欣	19	女
9	2009008	孙青	22	女
10	2009009	高雷	21	男
11	2009010	孙凯	21	男
12	2009011	黄天宇	21	男
13	2009012	钱国良	20	男
14				

图 4-42 学生信息表

操作结果参考“学生信息表（答案）.xlsx”文件。

② 数组形式：

语法：LOOKUP(lookup_value,array)

参数：lookup_value 是 LOOKUP 函数在数组中搜索的值。lookup_value 可以是数字、文本、逻辑值，也可以是代表某个值的名称或引用，如果 LOOKUP 找不到 lookup_value，它会使用该数组中小于或等于 lookup_value 的最大值；如果 lookup_value 小于第一行或列（取决于数组维度）中的最小值，则 LOOKUP 会返回错误值#N/A。array 是一个单元格区域，其中包含要与 lookup_value 进行比较的文本。其区别是 HLOOKUP 在第一行中搜索 lookup_value，VLOOKUP 在第一列中进行搜索，而 LOOKUP 根据数组的维度进行搜索。

例如：公式“=LOOKUP("c",{"a","b","c","d";1,2,3,4})”在数组的第一行中查找“c”，然后返回最后一行的同一列中的值为 3。

（4）CHOOSE

功能：返回给定列表中某个数值。可以根据给定的索引值，从多达 254 个待选参数中选出相应的值。

语法：CHOOSE(index_num,value1,value2,⋯)

参数：index_num 指定返回的数值位于列表中的次序，它必须是 1～254 的数字或者是包含数字 1～254 的公式或单元格引用；value1，value2 等是要返回的数值所在的列表，可以是数字也可以是单元格引用、定义名称、公式、函数或文本。

例如：公式“=CHOOSE(2,"计算机","程序员")”返回“程序员”。公式“=SUM(A1:CHOOSE(3,A10,A20,A30))”与公式“=SUM(A1:A30)”等价。

（5）MATCH

功能：返回在指定方式下与指定数值匹配的数组中元素的相应位置。如果需要找出匹配元素的位置而不是匹配元素本身，则应该使用 MATCH 函数。

语法：MATCH(lookup_value,lookup_array,match_type)

参数：lookup_value 为需要查找的数值，它可以是数值（数字、文本或逻辑值），或对数字、文本或逻辑值的单元格引用；lookup_array 是包含要查找的数值的连续单元格区域，也可以是数组或数组引用；match_type 为数字-1、0 或 1。如果 match_type 为 1，函数 MATCH 查找小于或等于 lookup_value 的最大数值，这时 lookup_array 必须按升序排列。如果 match_type 为 0，函数 MATCH 查找等于 lookup_value 的第一个数值，lookup_array 可以按任何顺序排列；如果 match_type 为-1，函数 MATCH 查找大于或等于 lookup_value 的最小数值，lookup_array 必须按降序排列。MATCH 函数返回 lookup_array 中目标值的位置，而不是数值本身。

例如：公式"=MATCH("b",{"a","b","c"},0)"返回 2。如果单元格 A1 中的值是 68，A2 中的值是 76，A3 中的值是 85，A4 中的值是 90，则公式"=MATCH(90，A1：A5，0)"返回 4。

通常 MATCH 函数并不单独使用，而是经常与 INDEX 函数结合使用。

（6）INDEX

功能：返回表格或区域中的数值或对数值的引用。一般与 MATCH 函数合起来使用，MATCH 函数提供相应的行列序号，INDEX 返回对应单元格的值。

INDEX 有两种形式：数组形式和引用形式。数组形式通常返回指定单元格或单元格数组的值；引用形式通常返回指定单元格的引用。

① 数组形式：

功能：返回表格或数组中的元素值，此元素由行序号和列序号的索引值给定。

语法：INDEX(array,row_num,column_num)

参数：array 为单元格区域或数组常量；row_num 为数组中某行的行序号，函数从该行返回数值，如果省略，则必须有 column_num 参数；column_num 为数组中某列的列序号，函数从该列返回数值，如果省略，则必须有 row_num 参数。

【提示】row_num 和 column_num 必须指向 array 中的某一单元格；否则，函数 INDEX 返回错误值#REF!

例如：公式"=INDEX({1,2;3,4},1,2)"返回数组中的第 1 行第 2 列的数值，返回的值是 2。

② 引用形式：

功能：返回指定的行与列交叉处的单元格引用。

语法：INDEX(reference,row_num,column_num,area_num)

参数：reference 为对一个或多个单元格区域的引用，也可以是单元格区域的名称。如果引用的是一个不连续的区域，则必须用括号括起来。row_num 为引用中某行的行号，函数从该行返回一个引用。column_num 为引用中某列的列号，函数从该列返回一个引用。row_num 和 column_num 这两个参数至少要设置一个。area_num 用于选择引用中多个区域中的一个，返回该区域中 row_num 和 column_num 的交叉区域。设置为 1，表示第一个区域；设置为 2，表示第二个区域，等等。

【提示】row_num、column_num 和 area_num 必须指向 reference 中的单元格；否则，函数 INDEX 返回错误值#REF!。如果省略 row_num 和 column_num，函数 INDEX 返回由 area_num 所指定的区域。

例如：在公式“=INDEX((A1:C6,A8:C11),1,2,2)”中，参数 reference 的值是由 A1:C6 和 A8:C11 两个区域组成的。参数 area_num 的值为 2，即选第二个区域 A8:C11。然后求这个区域第 1 行第 2 列的值，即返回的是单元格 B8 的值。

（7）ABS

功能：计算数值的绝对值。

语法：ABS(number)

参数：number 表示需要计算其绝对值的参数。

例如：单元格 B1 中的值为-20，则公式“=ABS(B1)”的值为 20。

（8）POWER

功能：计算给定数值的乘幂。

语法：POWER(number,power)

参数：number 为底数，power 为指数，均可以为任意实数。

例如：在 B1 中输入 2.5，则公式“=POWER(B1, 7)”的值为 610.3516。公式“=POWER(4, 1/2)”的值为 2。可以用运算符“^”代替 POWER 函数执行乘幂运算，如公式“= 5 ^ 2 ”与“=POWER(5,2)”的计算结果相同。

（9）RAND

功能：产生一个大于 0 小于 1 的均匀分布随机数，每次计算工作表（按【F9】键）将返回一个新的数值。

语法：RAND()

参数：无

例如：公式“=RAND()*100”产生一个大于或等于 0、小于 100 的随机数。

如果要生成 a，b 之间的随机实数，可以使用公式“=RANK()*(b-a)+a”。如果在某一单元格，应用公式“=RAND()”，然后在编辑状态下按一下【F9】键，将会产生一个变化的随机数。

（10）MOD

功能：计算两数相除的余数，其结果的正负号与除数相同。

语法：MOD(number,divisor)

参数：number 为被除数；divisor 为除数（divisor 不能为零）。

例如：单元格 A1 中的值是 21，则公式“=MOD(A1,4)”的值为 1。公式“=MOD(-101, -2)”的值为-1。

【实例 4-19】打开工作簿“学生成绩.xlsx”文件，其中包含“初三学生档案”工作表。

要求：在工作表“初三学生档案”中，利用公式及函数依次输入每个学生的性别“男”或“女”。其中：身份证号的倒数第二位用于判断性别，奇数为男性，偶数为女性。

操作步骤如下：

选中“初三学生档案”工作表中的 D2 单元格，在该单元格内输入公式“=IF(MOD(MID(C2,17,1),2)=1,"男","女")”，按【Enter】键完成操作。然后利用自动的填充功能对其他单元格进行填充，结果如图 4-43 所示。

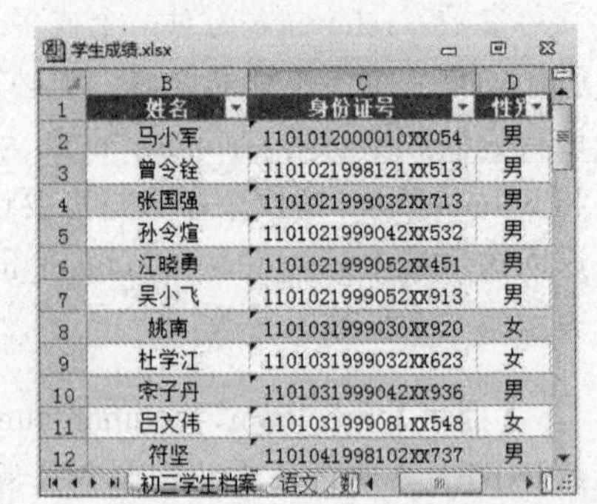

图 4-43　性别判断结果

公式分解：第一步，先取出身份证号的倒数第二位，公式为 MID(C2,17,1)，如马小军取到的值为 5；第二步，取

这个数的余数，公式为 MOD(MID(C2,17,1),2)=MOD(5,2)=1；第三步，对余数进行判断，如果余数是 1 为男性，余数是 0 则为女性。

（11）PRODUCT

功能：计算所有参数的乘积。

语法：PRODUCT(number1,number2,…)

参数：number1，number2，……为需要相乘的数字参数。

【实例 4-20】打开“产品销售表.xlsx”文件，利用 PRODUCT 函数计算商品的销售总计，如图 4-44（a）所示。

操作步骤如下：

在 E3 单元格中输入公式“=PRODUCT(C3,D3)”，按【Enter】键并复制即可计算出所有产品的销售额总计，如图 4-44（b）所示。

	A	B	C	D	E
1	产品销售表				
2	产品名称	规格	单价(瓶)	销售	总计
3	A系列洗发露	400ml	29.00	29	
4	B系列洗发露	200ml	19.9	40	
5	A系列沐浴露	750ml	42.68	26	
6	A系列洗面奶	40ml	24.5	83	
7	B系列洗面奶	40ml	24.5	65	
8	A系列防晒霜	60ml	68	23	
9	B系列乳液	15ml	60.8	19	

（a）数据表

	A	B	C	D	E
1	产品销售表				
2	产品名称	规格	单价(瓶)	销售	总计
3	A系列洗发露	400ml	29.00	29	841
4	B系列洗发露	200ml	19.9	40	796
5	A系列沐浴露	750ml	42.68	26	1109.68
6	A系列洗面奶	40ml	24.5	83	2033.5
7	B系列洗面奶	40ml	24.5	65	1592.5
8	A系列防晒霜	60ml	68	23	1564
9	B系列乳液	15ml	60.8	19	1155.2

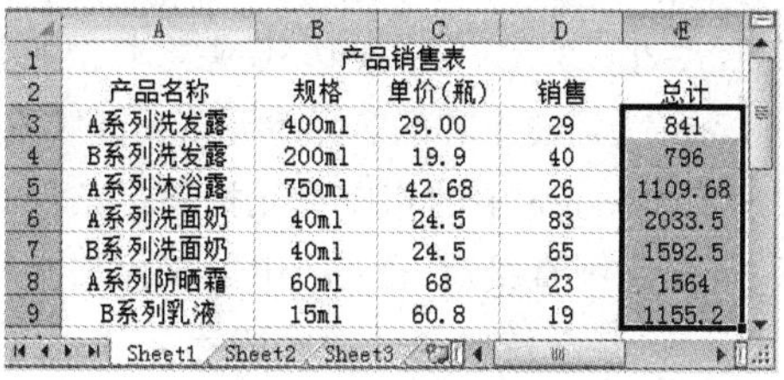

（b）PRODUCT 函数计算结果

图 4-44　实例 4-20 图

（12）ROUND

功能：按指定位数四舍五入数值。

语法：ROUND(number,num_digits)

参数：number 是需要四舍五入的数值；num_digits 为指定的小数位数。

例如：公式“=ROUND(56.16,1)”值为 56.2。公式“=ROUND(21.5,-1)”值为 20。

（13）INT

功能：将数值进行向下舍入计算。

语法：INT(number)

参数：number 为需要取整的数。

例如：在单元格 B1 中输入 3.8，在单元格 B2 中键入-3.4，则公式“=INT(B1)”的值为 3，公式“=INT(B2)”的值为-4。

（14）TRUNC

功能：将数值的小数部分截去，返回整数。

语法：TRUNC(number,num_digits)

参数：number 是需要截尾取整的数值；num_digits 则指定保留小数的精度，默认值为 0。

例如：公式“=TRUNC(78.192,1)”的值为 78.1。公式“=TRUNC(-8.963,2)”值为-8.96。

TRUNC 函数可以按需要截取数值的小数部分，而 INT 函数则将数字向下舍入到最接近的整数。INT 和 TRUNC 函数在处理负数时有所不同：“TRUNC(-4.3)”返回-4，而“INT(-4.3)”返回-5。

10. 数学和三角函数

通过数学和三角函数，可以处理数学方面的计算。例如，对数字取整、计算单元格区域中的数值总和或复杂计算。函数主要有 SUM、SUMIF、SUMIFS、SUBTOTAL 等。

（1）SUM

功能：计算某一单元格区域中所有数值之和。

语法：SUM(number1,number2,…)

参数：number1，number2，……为需要求和的数值（包括逻辑值及文本表达式）、区域或引用。

（2）SUMIF

功能：根据指定条件对若干单元格、区域或引用求和。

语法：SUMIF(range,criteria,sum_range)

参数：range 为用于条件判断的单元格区域；criteria 是表示确定单元格被相加求和的条件，形式可以是数字、表达式或文本，如条件可以表示为 32，“32”，“>32” 或 “apples”；sum_range 为需要求和的实际单元格、区域或引用。

只有当 range 中的相应单元格满足条件时，才对 sum_range 中的单元格求和；如果省略 sum_range，则直接对 range 中的单元格求和。

例如：某学校要统计教师职称为“教授”的工资总额，假设工资总额存放在工作表的 B 列，员工职称存放在工作表 C 列，则公式为“=SUMIF（C2:C8, "教授", B2:B8）”，其中，“C2：C8”为提供逻辑判断依据的单元格区域，“教授”为判断条件，“B2:B8”为实际求和的单元格区域。教授工资总额的计算结果为 16,300，如图 4-45 所示。

	A	B	C	D	E
1	编号	工资总额	职称		
2	001	3200	讲师		
3	002	4200	副教授		
4	003	5600	教授		
5	004	2800	助教		
6	005	5300	教授		
7	006	2900	讲师		
8	007	5400	教授		
9					
10	教授工资总额:		=sumif(C2:C8,"教授",B2:B8)		

图 4-45　SUMIF 函数应用

（3）SUMIFS

功能：对区域中满足多个条件的单元格求和。

语法：SUMIFS(sum_range,criteria_range1,criteria1,[criteria_range2,criteria2],…)

参数：sum_range 为对一个或多个单元格求和，包括数字或包含数字的名称、引用或数组，忽略空白和文本值；criteria_range1 为在其中计算关联条件的第一个区域；criteria1 条件的形式为数字、表达式、单元格引用或文本，可用来定义对 criteria_range1 参数中的哪些单元格求和；criteria_range2，criteria2，……为附加的区域及关联条件，最多允许 127 个区域或条件对。

【实例 4-21】打开“实例 4-21\Excel.xlsx”文件，其中包含工作表“费用报销管理”“费用类别”“差旅成本分析报告”三个工作表。

要求：根据“费用报销管理”表，在“差旅成本分析报告”工作表 B3 单元格中，统计 2013 年第二季度发生在北京市的差旅费用总金额，结果为整数，千分位分隔，如图 4-46 和图 4-47 所示。

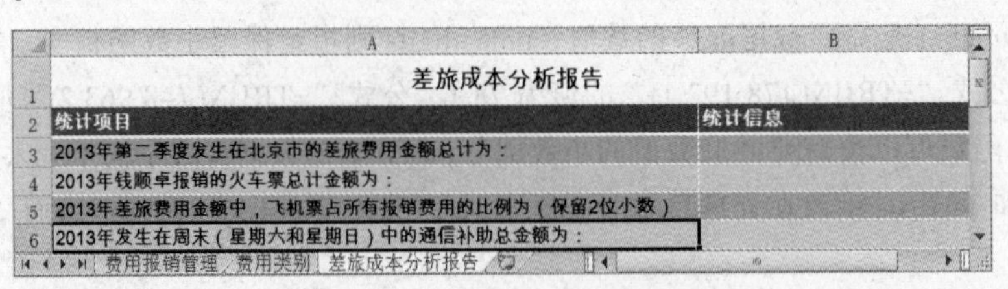

	A	B
1	差旅成本分析报告	
2	统计项目	统计信息
3	2013年第二季度发生在北京市的差旅费用金额总计为：	
4	2013年钱顺卓报销的火车票总计金额为：	
5	2013年差旅费用金额中，飞机票占所有报销费用的比例为（保留2位小数）	
6	2013年发生在周末（星期六和星期日）中的通信补助总金额为：	

图 4-46　差旅成本分析报告

	A	B	C	D	E	F	G
1	Contoso 公司差旅报销管理						
2	日期	报销人	活动地点	地区	费用类别编号	费用类别	差旅费用金额
3	2013年1月20日,星期日	孟天祥	福建省厦门市思明区莲岳路118号中烟大厦1702室	福建省	BIC-001	飞机票	¥ 120.00
4	2013年1月21日,星期一	陈祥通	广东省深圳市南山区蛇口港湾大道2号	广东省	BIC-002	酒店住宿	¥ 200.00
5	2013年1月22日,星期二	王天宇	上海市闵行区浦星路699号	上海市	BIC-003	餐饮费	¥ 3,000.00
6	2013年1月23日,星期三	方文成	上海市浦东新区世纪大道100号上海环球金融中心56楼	上海市	BIC-004	出租车费	¥ 300.00
7	2013年1月24日,星期四	钱顺卓	海南省海口市琼山区红城湖路22号	海南省	BIC-005	火车票	¥ 100.00
8	2013年1月25日,星期五	王崇江	云南省昆明市官渡区拓东路6号	云南省	BIC-006	高速道桥费	¥ 2,500.00
9	2013年1月26日,星期六	黎浩然	广东省深圳市龙岗区坂田	广东省	BIC-007	燃油费	¥ 140.00
10	2013年1月27日,星期日	刘露露	江西省南昌市西湖区洪城路289号	江西省	BIC-005	火车票	¥ 200.00
11	2013年1月28日,星期一	陈祥通	北京市海淀区东北旺西路8号	北京市	BIC-006	高速道桥费	¥ 345.00
12	2013年1月29日,星期二	徐志晨	北京市西城区西绒线胡同51号中国会	北京市	BIC-007	燃油费	¥ 22.00

费用报销管理 / 费用类别 / 差旅成本分析报告

图 4-47　Contoso 公司差旅报销管理

操作步骤如下：

在“差旅成本分析报告”工作表的 B3 单元格中输入“=SUMIFS(费用报销管理!G3:G401,费用报销管理!A3:A401,">=2013-4-1"，费用报销管理!A3:A401,"<2013-7-1",费用报销管理!D3:D401,"北京市")”，按【Enter】键确认，结果为 31,420。

【实例 4-22】打开“实例 4-22\Excel.xlsx”文件，其中包含工作表“费用报销管理”“费用类别”“差旅成本分析报告”三个工作表。

要求：根据“费用报销管理”表，在“差旅成本分析报告”工作表 B6 单元格中（见图 4-46），统计 2013 年发生在周末（星期六和星期日）的通信补助总金额，结果为整数，千分位分隔。

操作步骤如下：

在“差旅成本分析报告”工作表的 B6 单元格中输入公式“=SUMIFS(费用报销管理!G3:G401,费用报销管理!A3:A401,">=2013-1-1",费用报销管理!A3:A401,"<=2013-12-31",费用报销管理!H3:H401,"是")”，按【Enter】键确认，结果为 83,468，如图 4-48 所示。

B6　fx　=SUMIFS(费用报销管理!G3:G401,费用报销管理!A3:A401,">=2013-1-1",费用报销管理!A3:A401,"<=2013-12-31",费用报销管理!H3:H401,"是")

	A	B
1	差旅成本分析报告	
2	统计项目	统计信息
3	2013年第二季度发生在北京市的差旅费用金额总计为：	
4	2013年钱顺卓报销的火车票总计金额为：	
5	2013年差旅费用金额中，飞机票占所有报销费用的比例为（保留2位小数）	
6	2013年发生在周末（星期六和星期日）中的通信补助总金额为：	83,468

图 4-48　通信补助统计结果

（4）SUBTOTAL

功能：返回数据清单或数据库中的分类汇总。如果用户使用“数据”菜单中的“分类汇总”命令创建了分类汇总数据清单，即可编辑 SUBTOTAL 函数对其进行修改。

语法：SUBTOTAL(function_num,ref1,ref2…)

参数：function_num 为 1～11 的自然数，用来指定分类汇总计算使用的函数（1 是 AVERAGE；2 是 COUNT；3 是 COUNTA；4 是 MAX；5 是 MIN；6 是 PRODUCT；7 是 STDEV；8 是 STEDVP；9 是 SUM；10 是 VAR；11 是 VARP）；ref1，ref2，……则是需要分类汇总的 1～29 个区域或引用。

例如：单元格 A1、A2 和 A3 中的值分别为 1、2 和 3，则公式“=SUBTOTAL(1,A1:A3)”将使用 AVERAGE 函数对“A1:A3”区域进行分类汇总，其结果为 2。

（5）SUMPRODUCT

功能：计算数组间对应的元素相乘，并返回乘积之和。

语法：SUMPRODUCT(array1,array2,array3,…)

参数：array1，array2，array3，……为 2～30 个数组，其相应元素需要进行相乘并求和。

例如：公式“=SUMPRODUCT({1,2;3,4},{5,6;7,8})”的计算结果是 70。

（6）SUMSQ

功能：计算所有参数的平方和。

语法：SUMSQ(number1,number2,…)

参数：number1，number2，……为 1～30 个需要求平方和的参数，它可以是数值、区域、引用或数组。

例如：在单元格 A1、A2 和 A3 中分别输入 1、2 和 3，则公式“=SUMSQ(A1:A3)”的值为 14。

（7）SUMX2MY2

功能：计算两数组中对应数值的平方差之和。

语法：SUMX2MY2(array_x,array_y)

参数：array_x 为第一个数组或数值区域；array_y 为第二个数组或数值区域。

例如：单元格 A1、A2、A3 和 A4 中的值分别为 2、4、5 和-6，单元格 B1、B2、B3 和 B4 中的值分别为 7、2、9 和 1，则公式“=SUMX2MY2(A1:A4,B1:B4)”的值为-54。

（8）SUMX2PY2

功能：计算两数组中对应数值的平方和的总和。

语法：SUMX2PY2(array_x,array_y)

参数：array_x 为第一个数组或数值区域；array_y 为第二个数组或数值区域。

例如：单元格 A1、A2、A3 和 A4 中的值分别为 2、4、5 和-6，单元格 B1、B2、B3 和 B4 中的值分别为 7、2、9 和 1，则公式“=SUMX2PY2(A1:A4,B1:B4)”的值为 216。

（9）SUMXMY2

功能：计算两数组中对应数值之差的平方和。

语法：SUMXMY2(array_x,array_y)

参数：array_x 为第一个数组或数值区域；array_y 为第二个数组或数值区域。

例如：单元格 A1、A2、A3 和 A4 中的值分别为 2、4、5 和-6，单元格 B1、B2、B3 和 B4 中的值分别为 7、2、9 和 1，则公式“=SUMXMY2(A1:A4,B1:B4)”的值为 94。

11．数据库函数

当需要分析数据清单中的数值是否符合特定条件时，可以使用数据库函数。Excel 共有 12 个函数用于对存储在数据清单或数据库中的数据进行分析，这些函数的统一名称为 Dfunction，不能称为 D 函数，每个函数均有三个相同的参数：database、field 和 criteria。这些参数指向数据库函数所使用的工作表区域。其中，参数 database 为工作表上包含数据清单的区域；参数 field 为需要汇总的列的标志；参数 criteria 为工作表上包含指定条件的区域。函数主要有 DAVERAGE、DMAX、DMIN、DSUM、DVARP 等。

12．工程函数

工程函数用于工程分析。这类函数中的大多数可分为三种类型：对复数进行处理的函数，在不同的数学系统（如十进制系统、十六进制系统、八进制系统和二进制系统）间进行数值转换的函数，在不同的度量系统中进行数值转换的函数。函数主要有 BIN2DEC、COMPLEX、DELTA、ERF、IMPRODUCT 等。

13．用户自定义函数

如果要在公式或计算中使用特别复杂的计算，而工作表函数又无法满足需要，则需要创建用户自定义函数。这些函数可以通过使用 Visual Basic for Applications 来创建。

4.4 Excel 数据管理与分析

4.4.1 数据的有效性

为了保证系统录入数据的有效性，Excel 支持对单元格进行数据有效性设置，使所录入的数据只有在满足指定数据类型与格式要求时才被系统接收，否则将产生错误提示信息。

数据有效性设置主要包括三部分内容：

① 有效性条件设置；

② 输入操作提示信息设置；

③ 数据录入错误警示设置。

在向工作表输入数据的过程中，用户可能会输入一些不合要求的数据，即无效数据。为避免这种情况，可以在输入数据前，单击“数据”选项卡中的“数据工具”组中的“数据有效性”下拉按钮，在下拉菜单中选择“数据有效性”命令，设置数据的有效性规则。例如，在输入学生成绩时数据应该为 0～100 的整数，这就有必要设置数据的有效性。先选定需要进行有效性检验的单元格区域，单击“数据”选项卡中的“数据工具”组中的“数据有效性”下拉按钮，在下拉菜单中选择“数据有效性”命令，在弹出的“数据有效性”对话框的“设置”选项卡中进行相应设置。其中，“忽略空值”复选框被选中表示在设置了数据有效性的单元格中允许出现空值。其他设置在“输入信息”和“出错警告”选项卡中进行。数据有效性设置好后，Excel 就可以监督数据的输入是否正确了。

4.4.2 排序

1. 单字段排序

Excel 数据表有良好的数据管理与数据分析能力。排序是数据管理与分析中最常用的基本功能，通过排序能够支持用户更直观和更深入地理解数据的内涵和彼此间的关系。Excel 能够使用户按所指定的某一列（单字段）或多列（多字段）的数据内容，对 Sheet 表中的数据进行升序或降序处理。其中，用于决定数据顺序关系的数据列被称为关键字，依据单一数据列进行排序称为单字段（单关键字）排序，依据多个数据列进行排序称为多字段（多关键字）排序。

【实例 4-23】打开“实例 4-23\Excel.xlsx”文件，包含“销售订单”表。

要求：将“销售订单”工作表的“订单编号”列按照数值升序方式排序，并将重复的订单编号数值标记为紫色（标准色）字体，然后将其排列在销售订单列表区域的顶端。

操作步骤如下：

① 选中 A3：A678 区域单元格，单击“开始”选项卡“编辑”组中的“排序和筛选”下拉按钮，在下拉菜单中选择“自定义排序”命令，在弹出的“排序”对话框中将“列”设置为“订单编号”，“排序依据”设置为“数值”，“次序”设置为“升序”，单击“确定”按钮。

② 选中 A3：A678 区域单元格，单击“开始”选项卡“样式”组中的“条件格式”下拉按钮，选择“突出显示单元格规则”级联菜单中的“重复值”命令，弹出“重复值”对话框并单击“设置为”右侧的下拉按钮，在下拉列表中选择“自定义格式”选项即可弹出“设置单元格格式”对话框，单击“颜色”下的按钮选择标准色中的“紫色”，单击“确定”按钮。返回到“重复值”对话框中再次单击“确定”按钮。

③ 单击“开始”选项卡“编辑”组中的“排序和筛选”下拉按钮，在下拉菜单中选择“自定义排序”命令，在弹出的“排序”对话框中将“列”设置为“订单编号”，“排序依据”设置为“字体颜色”，“次序”设置为“紫色”“在顶端”，如图 4-49 所示。单击“确定”按钮，结果如图 4-50 所示。

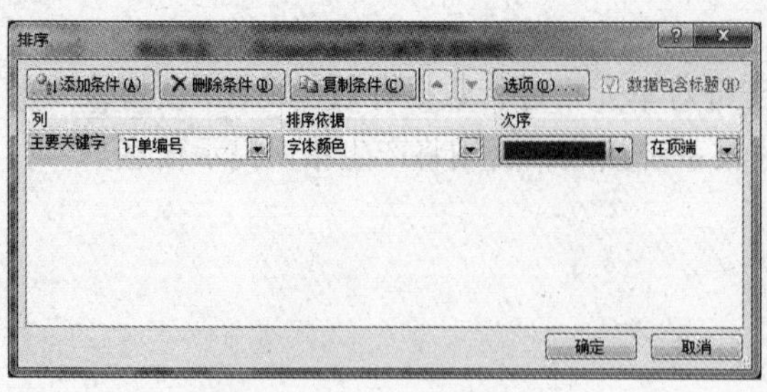

图 4-49 按字体颜色排序

	A	B	C	D
1	2012年~2013年度图书销售订单记录			
2	订单编号	日期	书店名称	图书名称
3	BY-08086	2012年3月30日	隆华书店	《SharePoint Server安装、部署与开发》
4	BY-08086	2013年10月26日	鼎盛书店	《Word办公高手应用案例》
5	BY-08137	2012年5月25日	隆华书店	《OneNote万用电子笔记本》
6	BY-08137	2013年10月5日	鼎盛书店	《Excel办公高手应用案例》
7	BY-08591	2012年3月16日	鼎盛书店	《Word办公高手应用案例》
8	BY-08591	2013年9月14日	隆华书店	《Excel办公高手应用案例》
9	BY-08001	2012年1月2日	鼎盛书店	《Office商务办公好帮手》
10	BY-08002	2012年1月4日	博达书店	《Excel办公高手应用案例》
11	BY-08003	2012年1月4日	博达书店	《Word办公高手应用案例》

图 4-50 排序结果

2. 多字段排序

在数据整理与数据应用过程中，如果发现选择作为关键字的数据列中存在大量的数据重复，那么就需要使数据能够在具有相同关键字的记录当中，按另一个或多个其他数据列的内容进行组织，这就是多关键字排序。

例如，要得到每个班级学生按照大学语文课程的成绩从高到低排序的结果，这就形成了多个关键字的排序需求。其中，主关键字为“班级”数据列，次关键字为“大学语文”数据列。完成此次排序操作的过程如下：

① 选择排序的整个数据区域（A1:G11），如图 4-51 所示。

② 选择“数据”选项卡，在“排序和筛选”组中单击“排序”按钮。在弹出的“排序”对话框中指定主关键字为“班级”和次要关键字为“大学语文”进行排序，如图 4-52 所示。

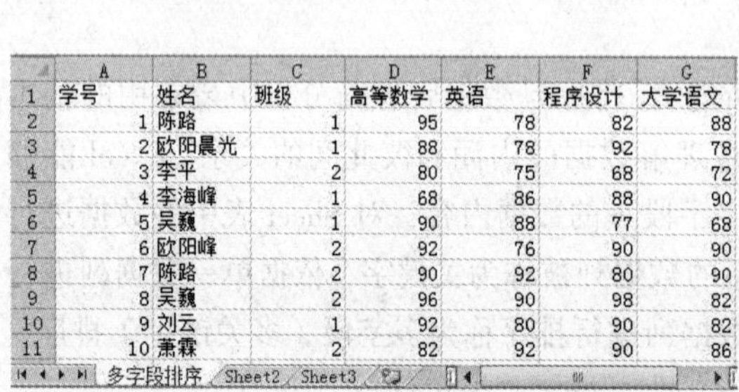

	A	B	C	D	E	F	G
1	学号	姓名	班级	高等数学	英语	程序设计	大学语文
2	1	陈路	1	95	78	82	88
3	2	欧阳晨光	1	88	78	92	78
4	3	李平	2	80	75	68	72
5	4	李海峰	1	68	86	88	90
6	5	吴巍	1	90	88	77	68
7	6	欧阳峰	2	92	76	90	90
8	7	陈路	2	90	92	80	90
9	8	吴巍	2	96	90	98	82
10	9	刘云	1	92	80	90	82
11	10	萧霖	2	82	92	90	86

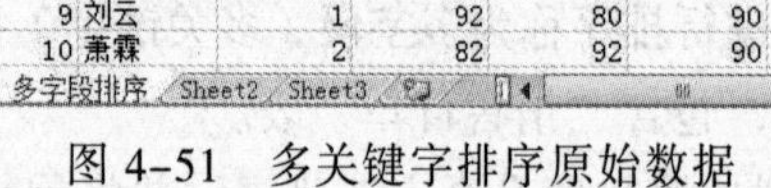

图 4-51 多关键字排序原始数据

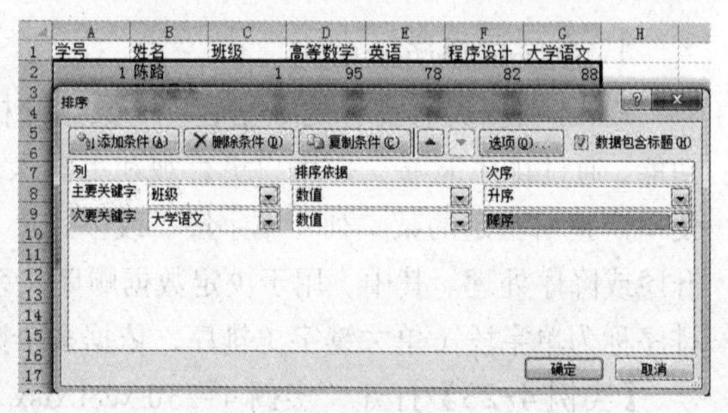

图 4-52 多关键字排序条件设置

可以看出，数据首先按照班级进行排序整理，从低到高排序，班级相同的情况下，再根据大学语文成绩降序排列，最终得到图 4-53 所示的排序结果。

	A	B	C	D	E	F	G
1	学号	姓名	班级	高等数学	英语	程序设计	大学语文
2	4	李海峰	1	68	86	88	90
3	1	陈路	1	95	78	82	88
4	9	刘云	1	92	80	90	82
5	2	欧阳晨光	1	88	78	92	78
6	5	吴巍	1	90	88	77	68
7	6	欧阳峰	2	92	76	90	90
8	7	陈路	2	90	92	80	90
9	10	萧霖	2	82	92	90	86
10	8	吴巍	2	96	90	98	82
11	3	李平	2	80	75	68	72

图 4-53 多关键字排序结果

3. 自定义排序

在实际应用中，除了按系统默认的排序原则处理数据之外，实际上存在许多其他的排序需求。例如，教师的职称一般是按系统默认的字符顺序处理，也就是按名称的拼音方式进行排序，而实际情况需要按照职称级别的高低进行排序，希望系统在排序中能够按照用户指定的排序关系进行排序处理。其操作过程如下：

① 在 Excel 中建立一个自定义序列。自定义序列内容的排列次序必须满足排序的大小顺序要求，以教师职称的高低排序为例，排序的顺序为：高级工程师、工程师、讲师、助教、副教授。

② 选中待排序数据区，如图 4-54（a）所示。

③ 单击“数据”→“排序和筛选”→“排序”按钮，弹出“排序”对话框。

④ 在对话框右上角选择“数据包含标题”复选框。

⑤ 在“次序”下拉列表框中选择“自定义序列”选项，并指定自定义数据序列。

⑥ 单击“确定”按钮，系统按自定义序列的顺序为指定数据排序，结果如图 4-54（b）所示。

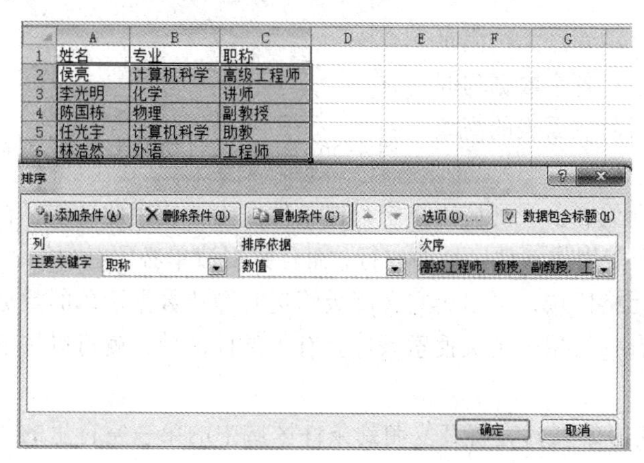

	A	B	C
1	姓名	专业	职称
2	侯亮	计算机科学	高级工程师
3	李光明	化学	讲师
4	陈国栋	物理	副教授
5	任光宇	计算机科学	助教
6	林浩然	外语	工程师

（a）自定义序列示例原始数据与“排序”对话框

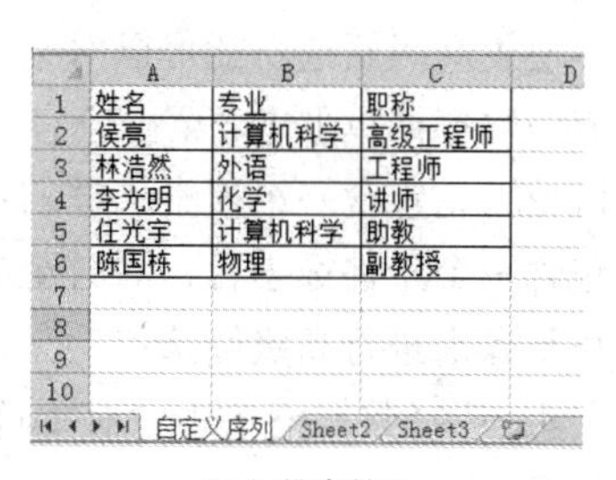

	A	B	C
1	姓名	专业	职称
2	侯亮	计算机科学	高级工程师
3	林浩然	外语	工程师
4	李光明	化学	讲师
5	任光宇	计算机科学	助教
6	陈国栋	物理	副教授

（b）排序结果

图 4-54　自定义排序

4. 数据筛选

数据筛选是 Excel 支持数据浏览和数据编辑的有力工具。利用数据筛选，可以在数据表中仅仅显示满足筛选条件的数据记录，以便于有效地缩减数据范围，提高工作效率。

数据筛选分为自动筛选和高级筛选两种方式，自动筛选支持用户按照某一数据列的内容筛选显示数据；而高级筛选则可以通过指定复杂的筛选条件得到更精简的筛选结果。

（1）自动筛选

自动筛选可通过单击“数据”选项卡下的“排序和筛选”组中的“筛选”按钮来实现。在所需筛选的字段名下拉列表中选择符合的条件，若没有，则选择“文本筛选”或“数字筛选”级联菜单中的“自定义筛选”命令，在弹出的“自定义自动筛选方式”对话框中输入条件。如果要使数据恢复显示，单击“排序和筛选”组中的“清除”按钮。如果要取消自动筛选功能，再次单击“筛选”按钮即可。

【实例 4-24】 打开“公司员工工资表.xlsx”文件，筛选出销售部基本工资大于等于 1000 且奖金大于等于 1000 的记录，其效果如图 4-55 所示。

	A	B	C	D	E	F	G	H
1	姓名	部门	职务	出生年月	基本工	奖金	扣款额	实发工资
2	刘铁	销售部	业务员	1970/7/2	1500	1200	98	¥2,602
13	王海	销售部	业务员	1976/10/12	1300	1000	88	¥2,212

图 4-55　自动筛选结果

操作步骤如下：

① 选择数据清单中的任意单元格。

② 单击“数据”选项卡中的“排序和筛选”组中的“筛选”按钮，在各个字段名的右边会出现筛选按钮，单击“部门”列的筛选按钮，在下拉菜单中仅选择“销售部”复选框，使筛选结果只显示销售部的员工记录，单击“确定”按钮。

③ 再单击“基本工资”列的筛选按钮，在下拉菜单中选择“数字筛选”→“大于或等于”命令，弹出“自定义自动筛选方式”对话框。在“大于或等于”下拉列表框右边的文本框中输入“1000”，如图 4-56 所示，单击“确定”按钮，此时筛选结果只显示销售部员工中基本工资大于等于 1000 的记录。

④ 用同样方法进行“奖金”列的筛选。

（2）高级筛选

当需要进行复杂条件筛选时，自动筛选无法满足筛选要求。在这种情况下，可以通过对各个数据列同时指定不同的逻辑条件，来实现对当前数据表的高级筛选。

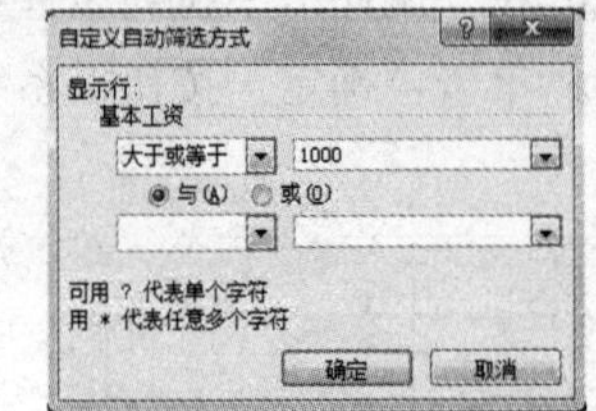

图 4-56 “自定义自动筛选方式”对话框

使用高级筛选功能可以对某个列或者多个列应用多个筛选条件。为了使用此功能，在工作表的数据清单上方，至少应有三个能用作条件区域的空行，而且数据清单必须有列标。“条件区域”是包含一组搜索条件的单元格区域，可以用它在高级筛选时筛选数据清单的数据，它包含一个条件标志行，同时至少有一行用来定义搜索条件。有了条件区域，就可以按下列操作步骤来进行高级筛选：

① 选择数据清单中含有要筛选值的列标，将其复制到条件区域中的第一空行里的某个单元格。

② 在条件区域中输入筛选条件，如图 4-57 所示。

③ 单击“数据”选项卡“排序和筛选”组中的“高级”命令按钮，弹出“高级筛选”对话框。

④ 单击“高级筛选”对话框中“条件区域”的设置按钮后，选定条件区域中的条件，然后再单击此按钮返回“高级筛选”对话框，最后单击“确定”按钮结束操作，如图 4-58 所示。

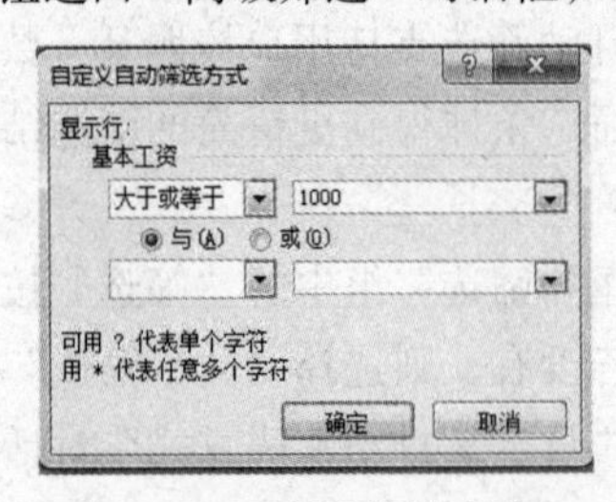

图 4-57　高级筛选条件

图 4-58　高级筛选区域设置

在“高级筛选”对话框中进行操作时，若筛选后要隐藏不符合条件的数据行，并让筛选的结果显示在数据清单中，可选择“在原有区域显示筛选结果”单选按钮。若要将符合条件的数据行复制到工作表的其他位置，则需要选择“将筛选结果复制到其他位置”单选按钮，并通过“复制到”编辑框指定粘贴区域的左上角，从而设置复制位置。

5. 数据的分类汇总

分类汇总是指在对原始数据按某数据列的内容进行分类（排序）的基础上，对于每一类数据进行的求和、最大值、最小值、乘积、计数、标准差、总体标准差、方差、总体方差等基本统计。

数据的分类汇总是常见的应用需求，由于 Excel 中分类汇总的操作过程简单，计算结果清晰，能够支持在同一表中提供多次不同汇总结果的显示，所以在 Excel 应用过程中，分类汇总的使用非常频繁。

（1）简单汇总

简单汇总是指对数据清单中的一个或多个字段进行一种方式的汇总。

【实例 4-25】 打开“公司员工工资表.xlsx”文件，求各部门基本工资、奖金和实发工资的平均值。

要求：根据分类汇总的要求，对“部门”字段分类，对“基本工资”“奖金”“实发工资”字段进行汇总，汇总方式是求平均值。简单汇总结果如图 4-59 所示。

	A	B	C	D	E	F	G	H
1	姓名	部门	职务	出生年月	基本工资	奖金	扣款额	实发工资
2	秦强	财务部	会计	1972/9/3	1000	400	48	¥1,352
3	陆斌	财务部	出纳	1974/10/3	450	290	78	¥662
4	潘越	财务部	会计	1972/10/12	950	350	54	¥1,246
5		**财务部 平均值**			800	346.6667		¥1,087
6	邹蕾	技术部	技术员	1976/7/9	380	540	69	¥851
7	彭佩	技术部	技术员	1966/8/23	900	350	46	¥1,204
8	雷曼	技术部	工程师	1971/3/12	1600	650	66	¥2,184
9	郑黎	技术部	技术员	1975/9/28	900	420	56	¥1,264
10		**技术部 平均值**			945	490		¥1,376
11	刘铁	销售部	业务员	1970/7/2	1500	1200	98	¥2,602
12	孙刚	销售部	业务员	1972/12/23	400	890	86	¥1,204
13	陈凤	销售部	业务员	1965/4/25	1000	780	66	¥1,714
14	沈阳	销售部	业务员	1967/6/3	840	830	58	¥1,612
15	王海	销售部	业务员	1976/10/12	1300	1000	88	¥2,212
16		**销售部 平均值**			1008	940		¥1,869
17		**总计平均值**			935	641.6667		¥1,509

图 4-59　简单汇总结果

操作步骤如下：

① 选择 B 列（“部门”数据），单击“数据”选项卡中的“排序和筛选”组中的“排序”按钮，对“部门”升序排序。

② 选择数据清单中的任意单元格，单击“数据”选项卡中的“分级显示”组中的“分类汇总”按钮，弹出“分类汇总”对话框，在“分类字段”下拉列表框中选择“部门”选项，在“汇总方式”下拉列表框中选择“平均值”选项，在“选定汇总项”（汇总字段）列表框中选择“基本工资”“奖金”“实发工资”三个复选框，并清除其余默认汇总项，单击“确定”按钮。

默认情况下，分类汇总后数据会分 3 级显示，可以单击分级显示区上方的“1”“2”“3”按钮控制。单击“1”按钮，只显示清单中的列标题和总计结果；单击“2”按钮，显示各个分类汇总结果和总计结果；单击“3”按钮，显示全部详细数据。

【提示】 Excel 要求在进行分类汇总之前，首先对分类数据进行排序（实现数据分类，使性质相同的数据记录能够连续排列），在有序数据的基础上，通过指定分类汇总命令，得到汇总结果。

（2）嵌套汇总

嵌套汇总是指对同一字段进行多种不同方式的汇总。

【实例 4-26】在实例 4-25 求各部门基本工资、实发工资和奖金的平均值的基础上，统计各部门人数。嵌套汇总结果如图 4-60 所示。

操作步骤如下：

① 先按“实例 4-25”的方法进行平均值汇总。

② 再在平均值汇总的基础上统计各部门人数。在“分类汇总”对话框中进行统计人数的设置，如图 4-61 所示。要注意的是，不能选择“替换当前分类汇总”复选框。

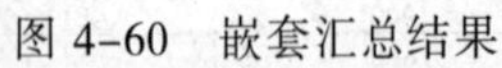

	A	B	C	D	E	F	G	H
1	姓名	部门	职务	出生年月	基本工资	奖金	扣款额	实发工资
2	秦强	财务部	会计	1972/9/3	1000	400	48	¥1,352
3	陆斌	财务部	出纳	1974/10/3	450	290	78	¥662
4	潘越	财务部	会计	1972/10/12	950	350	54	¥1,246
5		财务部 计数			3	3		3
6		财务部 平均值			800	346.6667		¥1,087
7	邹蕾	技术部	技术员	1976/7/9	380	540	69	¥851
8	彭佩	技术部	技术员	1966/8/23	900	350	46	¥1,204
9	雷曼	技术部	工程师	1971/3/12	1600	650	66	¥2,184
10	郑黎	技术部	技术员	1975/9/28	900	420	56	¥1,264
11		技术部 计数			4	4		4
12		技术部 平均值			945	490		¥1,376
13	刘铁	销售部	业务员	1970/7/2	1500	1200	98	¥2,602
14	孙刚	销售部	业务员	1972/12/23	400	890	86	¥1,204
15	陈凤	销售部	业务员	1965/4/25	1000	780	66	¥1,714
16	沈阳	销售部	业务员	1967/6/3	840	830	58	¥1,612
17	王海	销售部	业务员	1976/10/12	1300	1000	88	¥2,212
18		销售部 计数			5	5		5
19		销售部 平均值			1008	940		¥1,869
20		总计数			12	12		12
21		总计平均值			935	641.6667		¥1,509

图 4-60 嵌套汇总结果

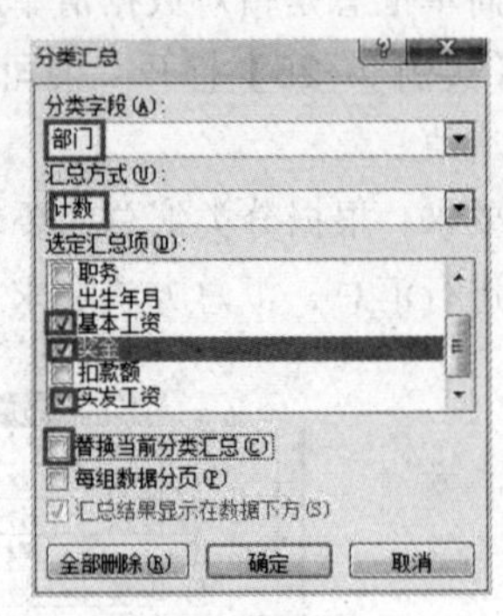

图 4-61 嵌套分类汇总设置

若要取消分类汇总，在“分类汇总”对话框中单击“全部删除”按钮即可。

6. 合并计算

合并计算是 Excel 2010 的新功能，它能够支持在同一工作簿和不同工作簿中的工作表数据的合并计算。这个功能以非常简洁的操作方法支持数据按位置进行合并计算和按字段名称进行的合并计算。

【实例 4-27】打开“全国人口普查数据分析.xlsx”文件，其中包含“第五次普查数据”和“第六次普查数据”两个工作表。

要求：将工作表“第五次普查数据”和“第六次普查数据”两个工作表内容合并（见图 4-62 和图 4-63），合并后的工作表放置在新工作表“比较数据”中（自 A1 单元格开始），且保持最左列仍为地区名称，A1 单元格中的列标题为“地区”。

	A	B	C
1	地区	2000年人口数（万人）	2000年比重
2	安徽省	5986	4.73%
3	北京市	1382	1.09%
4	福建省	3471	2.74%
5	甘肃省	2562	2.02%
6	广东省	8642	6.83%
7	广西壮族自治区	4489	3.55%
8	贵州省	3525	2.78%
9	海南省	787	0.62%
10	河北省	6744	5.33%
11	河南省	9256	7.31%
12	黑龙江省	3689	2.91%

第五次普查数据 / Sheet2 / Sheet3

图 4-62 “第五次普查数据”工作表

	A	B	C
1	地区	2010年人口数（万人）	2010年比重
2	北京市	1961	1.46%
3	天津市	1294	0.97%
4	河北省	7185	5.36%
5	山西省	3571	2.67%
6	内蒙古自治区	2471	1.84%
7	辽宁省	4375	3.27%
8	吉林省	2746	2.05%
9	黑龙江省	3831	2.86%
10	上海市	2302	1.72%
11	江苏省	7866	5.87%
12	浙江省	5443	4.06%

第五次普查数据 / 第六次普查数据

图 4-63 “第六次普查数据”工作表

操作步骤如下：

双击工作表“Sheet3”的表名，在编辑状态下输入“比较数据”。在该工作表的 A1 单元格中输入“地区”，在“数据”选项卡的“数据工具”组中单击“合并计算”按钮，弹出“合并计算”

对话框，设置“函数”为“求和”，在“引用位置”文本框中输入第一个区域“第五次普查数据!$A$1:$C$34”，单击“添加”按钮，输入第二个区域“第六次普查数据!$A$1:$C$34”，单击“添加”按钮，在“标签位置”下选择“首行”复选框和“最左列”复选框，然后单击“确定”按钮，如图 4-64 所示。在“开始”选项卡的“单元格”组中单击“格式”下拉按钮，在下拉菜单中选择“自动调整列宽”命令，使数据能正常显示。

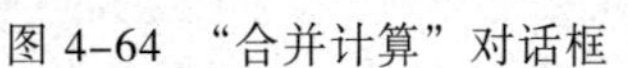
图 4-64 “合并计算”对话框

4.5 图表

4.5.1 制作图表

Excel 能够将电子表格中的数据转换成各种类型的统计图表，更直观地揭示数据之间的关系，反映数据的变化规律和发展趋势，使用户一目了然地进行数据分析。当工作表中的数据发生变化时，图表会相应改变，不需要重新绘制。

Excel 2010 提供了 11 种图表类型，每一类又有若干种子类型，并且有很多二维和三维图表类型可供选择。常用的图表类型有以下几种：

柱形图：用于显示一段时间内数据变化或各项之间的比较情况。柱形图简单易用，是最受欢迎的图表形式。

条形图：可以看作是横着的柱形图，是用来描绘各个项目之间数据差别情况的一种图表，它强调的是在特定的时间点上进行分类和数值的比较。

折线图：是将同一数据系列的数据点在图中用直线连接起来，以相等间隔显示数据的变化趋势。

面积图：用于显示某个时间阶段总数与数据系列的关系，又称面积形式的折线图。

饼图：能够反映统计数据中各项所占的百分比或是某个单项占总体的比例，使用该类图表便于查看整体与个体之间的关系。

XY（散点图）：通常用于显示两个变量之间的关系，利用散点图可以绘制函数曲线。

圆环图：类似于饼图，但在中央空出了一个圆形的空间。圆环图也用来表示各个部门与整体之间的关系，但是也可以包含多个数据系列。

气泡图：类似于 XY（散点图），但是它是对成组的三个数值而非两个数值进行比较。

雷达图：用于显示数据中心及数据类别之间的变化趋势，可对数值无法表现的倾向分析提供良好的支持。为了能在短时间内把握数据相互间的平衡关系，也可以使用雷达图。

迷你图：是以单元格为绘图区域，绘制出简约的数据小图标。由于迷你图太小，无法在图中显示数据内容，所以迷你图与表格是不能分离的。迷你图包括折线图、柱形图、盈亏三种类型，其中，折线图用于返回数据的变化情况，柱形图用于表示数据间的对比情况，盈亏则可以将业绩的盈亏情况形象地表现出来。

【实例 4-28】打开“公司员工工资表.xlsx”文件。要求：

① 根据员工工资表中的姓名、基本工资、奖金和实发工资产生一个三维簇状柱形图。

② 为图表添加标题“公司员工工资表”，X 轴标题为“员工姓名”，Y 轴标题为“元”，效果如图 4-65 所示。

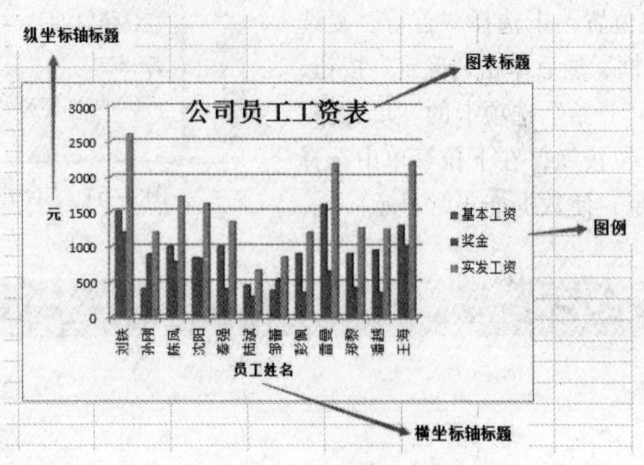

图 4-65　三维簇状柱形图

操作步骤如下：

① 选定建立图表的数据源，这一步非常重要，方法如下：先选定“姓名”列（A2:A14），按住【Ctrl】键，再选定“基本工资”列（E2:E14）、“奖金”列（F2:F14）和“实发工资”列（H2:H14）。

② 单击“插入”选项卡中的“图表”组中的“柱形图”下拉按钮，在“三维柱形图”区中选择“三维簇状柱形图”选项，然后将图表调整至合适大小。

③ 选定图表，在“图表工具 | 布局”中的“标签”组中单击“图表标题”下拉按钮，在下拉菜单中选择“居中覆盖标题”命令。此时，图表上方添加了图表标题文本框，在其中输入“公司员工工资表”。

④ 单击“标签”组中的“坐标轴标题”下拉按钮，在下拉菜单中选择“主要横坐标轴标题”→“坐标轴下方标题”命令，在出现的坐标轴标题文本框中输入“员工姓名”。

⑤ 单击“标签”组中的“坐标轴标题”下拉按钮，在下拉菜单中选择“主要纵坐标轴标题”→“竖排标题”命令，在出现的坐标轴标题文本框中输入“元”。

【实例 4-29】打开“实例 4-29\Excel.xlsx”文件，其中包含“2012 年书店销量”“销售订单”“2016 年图书销售分析”“图书编目表”四个工作表。

要求：在“2016 年图书销售分析”工作表中的 N4:N11 单元格中，插入用于统计销售趋势的迷你折线图，各单元格中迷你图的数据范围为所对应图书的 1 月～12 月销售数据，并为各迷你折线图标记销量的最高点和最低点，原始数据表如图 4-66（a）所示。

操作步骤如下：

① 根据题意要求选择“2016 年图书销售分析”工作表中的 N4:N11 单元格，单击“插入”选项卡“迷你图”组中的“折线图”按钮，在弹出的“创建迷你图”对话框中，“数据范围”输入“B4:M11”，在“位置范围”文本框中输入“$N$4:$N$11”，单击“确定”按钮。

② 在“迷你图工具 | 设计”选项卡的“显示”组中选择“高点”“低点”复选框，结果如图 4-66（b）所示。

2016年 图书销售分析

单位：本

图书名称	1月	2月	3月	4月	5月	6月	7月	8月	9月	10月	11月	12月	销售趋势
《Office商务办公好帮手》	249	34	71	202	209	75	217	173	132	207	133	178	
《Word办公高手应用案例》	280	234	601	172	214	279	70	183	601	132	148	25	
《Excel办公高手应用案例》	158	231	186	138	273	308	504	401	124	258	386	292	
《PowerPoint办公高手应用案例》	203	157	24	325	413	267	306	336	312	219	250	223	
《Outlook电子邮件应用技巧》	201	106	87	137	83	116	262	131	247	169	141	134	
《OneNote万用电子笔记本》	234	161	154	83	125	122	133	101	108	154	146	32	
《SharePoint Server安装、部署与开发》	226	103	376	215	212	126	40	0	86	73	68	274	
《Exchange Server安装、部署与开发》	157	119	16	64	268	184	68	192	160	178	12	177	
每月图书总销量	1708	1145	1515	1336	1797	1477	1600	1517	1770	1390	1284	1335	

（a）原始数据表

2016年 图书销售分析

单位：本

图书名称	1月	2月	3月	4月	5月	6月	7月	8月	9月	10月	11月	12月	销售趋势
《Office商务办公好帮手》	249	34	71	202	209	75	217	173	132	207	133	178	
《Word办公高手应用案例》	280	234	601	172	214	279	70	183	601	132	148	25	
《Excel办公高手应用案例》	158	231	186	138	273	308	504	401	124	258	386	292	
《PowerPoint办公高手应用案例》	203	157	24	325	413	267	306	336	312	219	250	223	
《Outlook电子邮件应用技巧》	201	106	87	137	83	116	262	131	247	169	141	134	
《OneNote万用电子笔记本》	234	161	154	83	125	122	133	101	108	154	146	32	
《SharePoint Server安装、部署与开发》	226	103	376	215	212	126	40	0	86	73	68	274	
《Exchange Server安装、部署与开发》	157	119	16	64	268	184	68	192	160	178	12	177	
每月图书总销量	1708	1145	1515	1336	1797	1477	1600	1517	1770	1390	1284	1335	

（b）迷你折线图插入结果

图 4-66　实例 4-29 图

4.5.2　数据透视表和数据透视图

数据透视表是 Excel 提供的一种交互式报表，可以根据不同的分析目的进行汇总、分析、浏览数据，得到想要的分析结果，通过创建一系列的数据透视图可以进行数据走势、占比、对比等各种图表分析，完成图文并茂的多角度数据分析。

数据透视表是以表格方式，而数据透视图是以图形方式，对数据进行透视分析。

数据透视表常用术语如下：

1. 数据源

为数据透视表提供数据的行数据或数据库记录，可以来自 Excel 的数据清单、外部数据库、多张 Excel 表或其他数据透视表。

2. 字段

从源数据中的字段衍生的数据分类。数据透视表使用的字段有行字段、列字段、页字段、内部行字段、内部列字段、数据字段。

3. 项

字段的子分类或成员，项表示源数据中字段的具体实现。

4. 汇总函数

用来对数据字段中的值进行合并的计算类型，数据透视表通常为包含数字的数据字段使用 SUM，而为包含文本的数据字段使用 COUNT，也可以选择其他汇总函数，如 AVERAGE、MIN、MAX、PRODUCT。

【实例 4-30】打开“计算机设备全年销量统计表.xlsx”文件，包含“销售情况”“平均单价”两个工作表。

要求：为工作表“销售情况”中的销售数据创建一个数据透视表，放置在一个名为“数据透视分析”的新工作表中，并针对各类商品比较各门店每个季度的销售额。其中，“商品名称”为报表筛选字段，“店铺”为行标签，“季度”为列标签，并对“销售额”求和。最后对数据透视表进行格式设置，使其更加美观。

操作步骤如下：

① 在创建数据透视表之前，要保证数据区域必须要有列标题，并且该区域中没有空行。

② 选中数据区域，在“插入”选项卡下的“表格”组中单击“数据透视表”按钮，弹出“创建数据透视表”对话框。

③“选择一个表或区域”选项下的“表/区域”文本框显示当前已选择的数据源区域。此处对默认选择不做更改。

④ 指定数据透视表存放的位置：选择“新工作表”单选按钮，单击“确定”按钮。

⑤ Excel 会将空的数据透视表添加到指定位置并在右侧显示“数据透视表字段列表”任务窗口。双击“Sheet1”，重命名为“数据透视分析”。

⑥ 将鼠标放置于“商品名称”上，待鼠标箭头变为双向十字箭头后拖动鼠标到“报表筛选”区域中，即可将商品名称作为报表筛选字段。按照同样的方式拖动“店铺”到“行标签”区域中，拖动“季度”到“列标签”区域中，拖动“销售额”至“数值”区域中。

⑦ 对数据透视表进行适当的格式设置。单击“开始”选项卡“样式”组中的“套用表格格式”按钮，在弹出的下拉列表中选择一种合适的样式，此处可以选择“中等深浅”区域的“数据透视表样式中等深浅 2”选项，最终结果如图 4-67 所示。

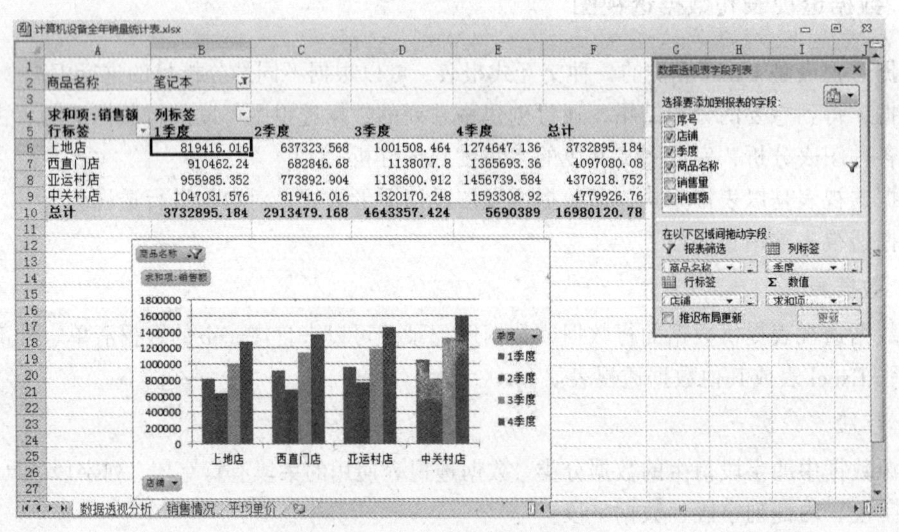

商品名称	笔记本				
求和项:销售额	列标签				
行标签	1季度	2季度	3季度	4季度	总计
上地店	819416.016	637323.568	1001508.464	1274647.136	3732895.184
西直门店	910462.24	682846.68	1138077.8	1365693.36	4097080.08
亚运村店	955985.352	773892.904	1183600.912	1456739.584	4370218.752
中关村店	1047031.576	819416.016	1320170.248	1593308.92	4779926.76
总计	3732895.184	2913479.168	4643357.424	5690389	16980120.78

图 4-67 数据透视表最终结果

【实例 4-31】打开“全国人口普查数据分析.xlsx”文件，其中包含“第五次普查数据”“第六次普查数据”“比较数据”三个工作表。

要求：基于工作表“比较数据”创建一个数据透视表，将其单独存放在一个名为“透视分析”的工作表中。透视表中要求筛选出 2010 年人口数超过 5000 万的地区及其人口数、2010 年所占比重、人口增长数，并按人口数从多到少排序。最后适当调整透视表中的数据格式。（提示：“行标签”为“地区”，“数值”项依次为“2010 年人口数（万人）”“2010 年比重”“人口增长数”。）

操作步骤如下：

① 在“比较数据”工作表中，单击“插入”选项卡“表格”组中的“数据透视表”按钮，从弹出的下拉菜单中选择“数据透视表”命令，弹出“创建数据透视表”对话框，设置

“表/区域”为“比较数据!$A$2:$G$34”，选择放置数据透视表的位置为“新工作表”，单击“确定”按钮。双击新工作表“Sheet1”的标签重命名为“透视分析”。

② 在“数据透视字段列表”任务窗格中拖动“地区”到“行标签”区域，拖动“2010年人口数（万人）”“2010年比重”“人口增长数”到“数值”区域。

③ 单击“行标签”右侧的“标签筛选”按钮，在弹出的下拉菜单中选择“值筛选”的级联菜单，选择“大于”命令，弹出“值筛选（地区）”对话框，在第一个下拉列表框中选择“求和项：2010年人口数（万人）”选项，第二个下拉列表框中选择“大于”选项，在第三个文本框中输入“5000”，单击“确定”按钮。

④ 选中B4单元格，单击“数据透视表工具 | 选项”选项卡“排序和筛选”组中的“排序”按钮，即可按人口数从多到少降序排序。

⑤ 适当调整B列，使其格式为“整数”且使用千位分隔符。适当调整C列，使其格式为“百分比”且保留两位小数，最终结果如图4-68所示。

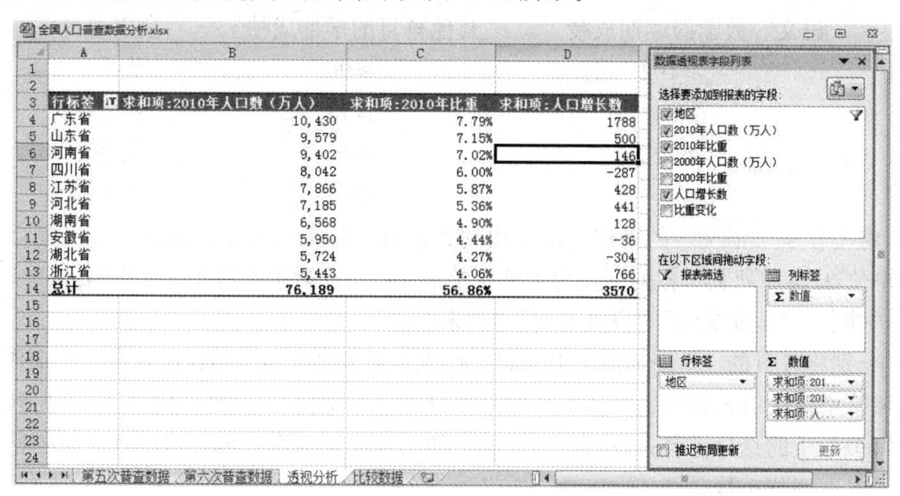

行标签	求和项:2010年人口数（万人）	求和项:2010年比重	求和项:人口增长数
广东省	10,430	7.79%	1788
山东省	9,579	7.15%	500
河南省	9,402	7.02%	146
四川省	8,042	6.00%	-287
江苏省	7,866	5.87%	428
河北省	7,185	5.36%	441
湖南省	6,568	4.90%	128
安徽省	5,950	4.44%	-36
湖北省	5,724	4.27%	-304
浙江省	5,443	4.06%	766
总计	76,189	56.86%	3570

图4-68 “透视分析”工作表最终结果

4.6 综合实例

期末考试结束了，初三（14）班的班主任助理王老师需要对本班学生的各科考试成绩进行统计分析，并为每个学生制作一份成绩通知单下发给家长。按照下列要求完成该班的成绩统计工作并按原文件名进行保存。

① 打开工作簿“学生成绩.xlsx”，如图4-69所示。在最左侧插入一个空白工作表，重命名为“初三学生档案”，并将该工作表标签颜色设为“紫色（标准色）”。

学号	姓名	平时成绩	期中成绩	期末成绩	学期成绩	班级名次	期末总评
C121401		97.00	96.00	102.00			
C121402		99.00	94.00	101.00			
C121403		98.00	82.00	91.00			
C121404		87.00	81.00	90.00			
C121405		103.00	98.00	96.00			
C121406		96.00	86.00	91.00			
C121407		109.00	112.00	104.00			
C121408		81.00	71.00	88.00			
C121409		103.00	108.00	106.00			

图4-69 学生成绩原始数据表

② 将以制表符分隔的文本文件“学生档案.txt”自 A1 单元格开始导入到工作表“初三学生档案”中，注意不得改变原始数据的排列顺序。将第 1 列数据从左到右依次分成“学号”和“姓名”两列显示。最后创建一个“表名称”为“档案”、包含数据区域 A1:G56、包含标题的表，同时删除外部链接。

③ 在工作表“初三学生档案”中，利用公式及函数依次输入每个学生的性别（“男”或“女”）、出生日期（“××××年××月××日”）和年龄。其中：身份证号的倒数第二位用于判断性别，奇数为“男性”，偶数为“女性”；身份证号的第 7～14 位代表出生年月日；年龄需要按周岁计算，满 1 年才计 1 岁。最后适当调整工作表的行高和列宽、对齐方式等，以方便阅读。

④ 参考工作表“初三学生档案”，在工作表“语文”中输入与学号对应的“姓名”；按照平时、期中、期末成绩各占 30%、30%、40%的比例计算每个学生的“学期成绩”并填入相应单元格中；按成绩由高到低的顺序统计每个学生的“学期成绩”排名并按“第 *n* 名”的形式填入“班级名次”列中；按照下列条件填写“期末总评”列：

语文、数学的学期成绩	其他科目的学期成绩	期末总评
≥102	≥90	优秀
≥84	≥75	良好
≥72	≥60	及格
<72	<60	不合格

⑤ 将工作表“语文”的格式全部应用到其他科目的工作表中，包括行高（各行行高均为默认单位 22）和列宽（各列列宽均为默认单位 14）。按第④条的要求依次输入或统计其他科目的“姓名”“学期成绩”“班级名次”“期末总评”。

⑥ 分别将各科的“学期成绩”引入到工作表“期末总成绩”的相应列中，在工作表“期末总成绩”中依次引入姓名、计算各科的平均分、每个学生的总分，并按成绩由高到低的顺序统计每个学生的总分排名，以 1、2、3……的形式标识名次，最后将所有成绩的格式设为“数值”、保留两位小数。

⑦ 在工作表“期末总成绩”中分别用“红色”（标准色）和“加粗”格式标出各科第一名成绩。同时将前 10 名的总分成绩用“浅蓝色”填充。

⑧ 调整工作表“期末总成绩”的页面布局以便打印：纸张方向为“横向”，缩减打印输出使得所有列只占一个页面宽（但不得缩小列宽），水平居中打印在纸上。

第①条解题步骤：

打开素材文件“学生成绩.xlsx”，单击工作表左下方最右侧的“插入工作表”按钮，然后双击工作表标签，将其重命名为“初三学生档案”。在该工作表标签上右击，在弹出的快捷菜单中选择“工作表标签颜色”命令，在弹出的级联菜单中选择标准色中的“紫色”。

第②条解题步骤：

a. 选中 A1 单元格，单击“数据”选项卡“获取外部数据”组中的“自文本”按钮，弹出“导入文本文件”对话框，在该对话框中选择“学生档案.txt”文件，单击“导入”按钮。

b. 在弹出的“文本导入向导”对话框中选择“分隔符号”单选按钮，将“文件原始格式”设置为“54936：简体中文（GB18030）”。单击“下一步”按钮，只选择“分隔符号”区域的“Tab 键”复选框。单击“下一步”按钮，选中“身份证号码”列，选择“文本”单选按钮，单击“完成”按钮，在弹出的“导入数据”对话框中保持默认设置，单击“确定”按钮。

c．选中B列单元格并右击，在弹出的快捷菜单中选择“插入”命令。然后选中A1单元格，将光标置于“学号”和“姓名”之间，按三次【Space】键，然后选中A列单元格，单击“数据”选项卡“数据工具”组中的“分列”按钮，在弹出的“文本分列向导”对话框中选择“固定宽度”单选按钮，单击“下一步”按钮，然后建立分列线。单击“下一步”按钮，保持默认设置，单击“完成”按钮。

d．选中A1:G56单元格，单击“开始”选项卡下“样式”组中的“套用表格格式”下拉按钮，在弹出的下拉列表中选择“表样式中等深浅2”选项。

e．在弹出的“套用表格式”对话框中选择“表包含标题”复选框，单击“确定”按钮，在弹出的提示框中单击“是”按钮。在“表格工具 | 设计”选项卡“属性”组中将“表名称”设置为“档案”。

第③条解题步骤：

a．选中D2单元格，在该单元格内输入函数“=IF(MOD(MID(C2,17,1),2)=1,"男","女")”，按【Enter】键完成操作。然后利用自动填充功能对其他单元格进行填充。

b.选中E2单元格,在该单元格内输入函数“=--TEXT(MID(C2,7,8),"0-00-00")”,按【Enter】键完成操作，利用自动填充功能对剩余的单元格进行填充。然后选择E2：E56单元格区域并右击，在弹出的快捷菜单中选择“设置单元格格式”命令。切换至“数字”选项卡，将“分类”设置为“日期”，单击“确定”按钮。

c.选中F2单元格，在该单元格内输入函数“=DATEDIF(--TEXT(MID(C2,7,8),"0-00-00"),TODAY(),"y")”，按【Enter】键，利用自动填充功能对其他单元格进行填充。

d．选中A1：G56区域，单击“开始”选项卡“对齐方式”组中的“居中”按钮。适当调整表格的行高和列宽。

第④条解题步骤：

a．进入到“语文”工作表中，选择B2单元格，在该单元格内输入函数“=VLOOKUP(A2,初三学生档案!$A$2:$B$56,2,0)”，按【Enter】键完成操作。然后利用自动填充功能对其他单元格进行填充。

b．选择F2单元格，在该单元格中输入函数“=SUM(C2*30%)+(D2*30%)+(E2*40%)”，按【Enter】键确认操作。

c．选择G2单元格，在该单元格内输入函数“="第"&RANK(F2,$F$2:$F$45)&"名"”，按【Enter】键，然后利用自动填充功能对其他单元格进行填充。

d．选择H2单元格，在该单元格中输入公式“=IF(F2>=102,"优秀",IF(F2>=84,"良好",IF(F2>=72,"及格",IF(F2>72,"及格","不及格"))))”，按【Enter】键完成操作，然后利用自动填充功能对其他单元格进行填充。

第⑤条解题步骤：

a．选择“语文”工作表中A1：H45单元格区域，按【Ctrl+C】组合键进行复制，进入到“数学”工作表中，选择A1：H45区域并右击，在弹出的快捷菜单中选择“粘贴选项”区域的“格式”按钮。

b．继续选择“数学”工作表中的A1：H45区域，单击“开始”选项卡“单元格”组中的“格式”下拉按钮，在弹出的下拉菜单中选择“行高”命令，在弹出的“行高”对话框中将“行高”设置为“22”，单击“确定”按钮。单击“格式”下拉按钮，在弹出的下拉菜单中选择“列宽”命令，在弹出的“列宽”对话框中将“列宽”设置为“14”，单击“确定”按钮。

c．使用同样的方法为其他科目的工作表设置相同的格式，包括行高和列宽。

d．将“语文”工作表中的公式粘贴到数学科目工作表中对应的单元格内，然后利用自动填充功能对单元格进行填充。

e．在“英语”工作表中的 H2 单元格中输入公式“=IF(F2>=90,"优秀",IF(F2>=75,"良好",IF(F2>=60,"及格",IF(F2>60,"及格","不及格"))))”，按【Enter】键完成操作，然后利用自动填充功能对其他单元格进行填充。

f．将“英语”工作表 H2 单元格中的公式粘贴到“物理”“化学”“品德”“历史”工作表中的 H2 单元格中，然后利用自动填充功能对其他单元格进行填充。

第⑥条解题步骤：

a．进入到“期末总成绩”工作表中，选择 B3 单元格，在该单元格内输入公式“=VLOOKUP(A3,初三学生档案!$A$2:$B$56,2,0)”，按【Enter】键完成操作，然后利用自动填充功能将其填充至 B46 单元格。

b．选择 C3 单元格，在该单元格内输入公式“=VLOOKUP(A3,语文!$A$2:$F$45,6,0)”，按【Enter】键完成操作，然后利用自动填充功能将其填充至 C46 单元格。

c．选择 D3 单元格，在该单元格内输入公式“=VLOOKUP(A3,数学!$A$2:$F$45,6,0)”，按【Enter】键完成操作，然后利用自动填充功能将其填充至 D46 单元格。

d．使用相同的的方法为其他科目填充平均分。选择 J3 单元格，在该单元格内输入公式“=SUM(C3:I3)”，按【Enter】键，然后利用自动填充功能将其填充至 J46 单元格。

e．选择 A3：K46 单元格，单击“开始”选项卡“编辑”组中“排序和筛选”下拉按钮，在弹出的下拉菜单中选择“自定义排序”命令，弹出“排序”对话框，在该对话框中将：“主要关键字”设置为“总分”，将“排序依据”设置为“数值”，将“次序”设置为“降序”，单击“确定”按钮。

f．在 K3 单元格内输入数字“1”，然后按住【Ctrl】键，利用自动填充功能将其填充至 K46单元格。

g．选择 C47 单元格，在该单元格内输入公式“=AVERAGE(C3:C46)”，按【Enter】键完成操作，利用自动填充功能进行将其填充至 J47 单元格。

h．选择 C3：J47 单元格，在选择的单元格内右击，在弹出的快捷菜单中选择“设置单元格格式”命令。在弹出的“设置单元格格式”对话框中选择“数字”选项卡，将“分类”设置为“数值”，将“小数位数”设置为“2”，单击“确定”按钮。

第⑦条解题步骤：

a．选择 C3：C46 单元格，单击“开始”选项卡“样式”组中的“条件格式”按钮，在弹出的下拉菜单中选择“新建规则”命令，在弹出的“新建格式规则”对话框中将“选择规则类型”设置为“仅对排名靠前或靠后的数值设置格式”选项，然后将“编辑规则说明”设置为“前”“10”。

b．单击“格式”按钮，在弹出的“设置单元格格式”对话框中将“字形”设置为“加粗”，将“颜色”设置为标准色中的“红色”，单击两次“确定”按钮。按同样的操作方式为其他六科设置，分别用“红色”和“加粗”标出各科第一名成绩。

c．选择 J3：J12 单元格区域并右击，在弹出的快捷菜单中选择“设置单元格格式”命令，在弹出的“设置单元格格式”对话框中切换至“填充”选项卡，然后单击“浅蓝”颜色块，单击“确定”按钮，如图 4-70 所示。

J3 =SUM(C3:I3)

初三（14）班第一学期期末成绩表								
语文	数学	英语	物理	化学	品德	历史	总分	总分排名
99.30	108.90	91.40	**97.60**	**91.00**	91.90	85.30	665.40	1
104.50	**114.20**	92.30	92.60	74.50	95.00	90.90	664.00	2
98.30	112.20	88.00	96.60	78.60	90.00	93.20	656.90	3
107.90	95.90	90.90	95.60	89.60	90.50	84.40	654.80	4
101.30	91.20	89.00	95.10	90.10	94.50	91.80	653.00	5
90.90	105.80	94.10	81.20	87.00	93.70	93.50	646.20	6
92.50	101.80	98.20	90.20	73.00	93.60	94.60	643.90	7
92.40	104.30	91.80	94.10	75.30	89.30	94.00	641.20	8

图 4-70 期末成绩汇总结果

第⑧条解题步骤：

a. 在“页面边距”选项卡“页面设置”组中单击对话框启动器按钮，在弹出的“页面设置”对话框中切换至“页边距”选项卡，在“居中方式”区域中选择“水平”复选框。

b. 切换至“页面”选项卡，将“方向”设置为“横向”。选择 “缩放”区域下的“调整为”单选按钮，将其设置为“1 页宽、1 页高”，单击“确定”按钮。

习 题 4

1. 打开“习题\1.学生英语成绩表.xlsx”，根据图 4-71 所示学生英语成绩表，进行下列操作：

（1）用函数求出每一类题型的“平均分”，并保留两位小数。

（2）用函数求出每个人的总分，放在“总分”列中。

（3）为表格插入标题“英语成绩登记表”，合并居中，适当调整字体大小。

（4）对成绩表中的“总分”进行降序排列。

2. 根据图 4-72，使用 IF、LEN、MOD、DATE 等函数从身份证号中提取个人信息。（提示：18 位身份证号码的第 1～2 位为省、自治区、直辖市代码（如 11 北京、13 河北、14 山西、23 黑龙江、50 重庆、41 河南等）；第 7～10 位为出生年份；第 17 位代表性别，奇数为男，偶数为女。）

（1）提取出生年月信息。

（2）提取性别信息。

（3）提取籍贯信息。

姓名	写作	听力	阅读	口语	总分
王小林	86	90	95	92	
李芳	50	62	70	65	
安文	72	76	80	77	
吴秀芝	50	61	69	58	
李辉	70	72	80	68	
孙一兵	45	58	60	55	
平均分					

图 4-71 学生英语成绩表

学生信息表					
学号	姓名	出生日期	性别	身份证号	籍贯
200901	李宏伟			110000198711249031	
200902	任风			130503198804020023	
200903	曹真			130503198705110012	
200904	张小慧			230103198805060312	
200905	宁远			113525198811093243	
200906	王鹏			503525198704191453	
200907	杨欣			413525198712231464	
200908	孙青			110103198810031489	
200909	高雷			110004198610209351	
200910	孙凯			110000198901049233	
200911	黄天宇			142201198710145032	

图 4-72 学生信息表

3. 打开“习题\3.Excel素材.xlsx”文件，参照“产品基本信息表”所列，运用公式或函数分别在工作表“一季度销售情况表”“二季度销售情况表”中填入各型号产品对应的单价，并计算各月销售额填入 F 列中。其中，“单价”和“销售额”均为数值、保留两位小数、使用千位分隔符。(注意：不得改变这两个工作表中的数据排序)，如图 4-73 和图 4-74 所示。

产品类别代码	产品型号	单价（元）
A1	P-01	1,654.00
A1	P-02	786.00
A1	P-03	4,345.00
A1	P-04	2,143.00
A1	P-05	849.00
B3	T-01	619.00
B3	T-02	598.00
B3	T-03	928.00
B3	T-04	769.00
B3	T-05	178.00
B3	T-06	1,452.00
B3	T-07	625.00
B3	T-08	3,786.00
A2	U-01	914.00
A2	U-02	1,208.00
A2	U-03	870.00
A2	U-04	349.00
A2	U-05	329.00
A2	U-06	489.00
A2	U-07	1,282.00

图 4-73 “产品基本信息表”工作表

产品类别代码	产品型号	月份	销售量	单价	销售额(元)
A2	U-07	1月	176		
A2	U-07	3月	80		
A2	U-06	2月	213		
A2	U-06	3月	179		
A2	U-05	1月	149		
A2	U-05	2月	169		
A2	U-04	1月	156		
A2	U-04	2月	218		
A2	U-04	3月	284		
A2	U-03	3月	124		
A2	U-02	1月	123		

图 4-74 “一季度销售情况表”工作表

4. 打开“习题\4.报销费用.xlsx”文件，其中包含“费用报销管理”“费用类别”“差旅成本分析报告”三个工作表。要求：

(1) 根据“费用报销管理”工作表，在“差旅成本分析报告”工作表 B4 单元格中，统计“2013 年钱顺卓报销的火车票总计金额”，结果保留两位小数，如图 4-75 和图 4-76 所示。

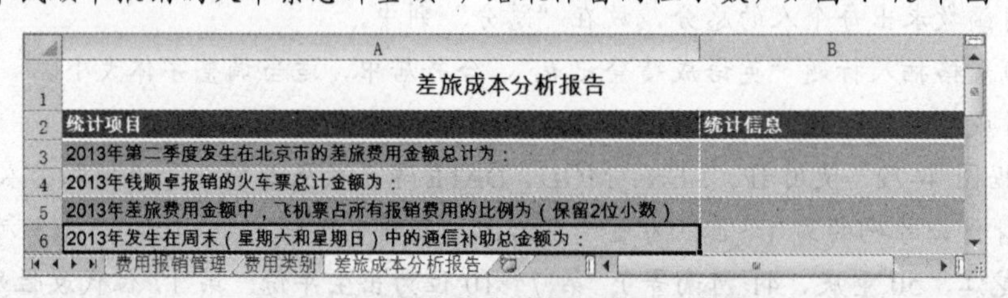

差旅成本分析报告

统计项目	统计信息
2013年第二季度发生在北京市的差旅费用金额总计为：	
2013年钱顺卓报销的火车票总计金额为：	
2013年差旅费用金额中，飞机票占所有报销费用的比例为（保留2位小数）	
2013年发生在周末（星期六和星期日）中的通信补助总金额为：	

图 4-75 “差旅成本分析报告”工作表

Contoso 公司差旅报销管理

日期	报销人	活动地点	地区	费用类别编号	费用类别	差旅费用金额
2013年1月20日,星期日	孟天祥	福建省厦门市思明区莲岳路118号中烟大厦1702室	福建省	BIC-001	飞机票	¥ 120.00
2013年1月21日,星期一	陈祥通	广东省深圳市南山区蛇口港湾大道2号	广东省	BIC-002	酒店住宿	¥ 200.00
2013年1月22日,星期二	王天宇	上海市闵行区浦星路699号	上海市	BIC-003	餐饮费	¥ 3,000.00
2013年1月23日,星期三	方文成	上海市浦东新区世纪大道100号上海环球金融中心56楼	上海市	BIC-004	出租车费	¥ 300.00
2013年1月24日,星期四	钱顺卓	海南省海口市琼山区红城湖路22号	海南省	BIC-005	火车票	¥ 100.00
2013年1月25日,星期五	王崇江	云南省昆明市官渡区拓东路6号	云南省	BIC-006	高速道桥费	¥ 2,500.00
2013年1月26日,星期六	黎浩然	广东省深圳市龙岗区坂田	广东省	BIC-007	燃油费	¥ 140.00
2013年1月27日,星期日	刘露露	江西省南昌市西湖区洪城路289号	江西省	BIC-005	火车票	¥ 200.00
2013年1月28日,星期一	陈祥通	北京市海淀区东北旺西路8号	北京市	BIC-006	高速道桥费	¥ 345.00
2013年1月29日,星期二	徐志晨	北京市西城区西绒线胡同51号中国会	北京市	BIC-007	燃油费	¥ 22.00

图 4-76 “费用报销管理”工作表

(2) 根据“费用报销管理”工作表，在“差旅成本分析报告”工作表 B5 单元格中，统计“2013 年差旅费用金额中，飞机票占所有报销费用的比例”，结果的格式设为“百分比”，保留两位小数。

第5章 PowerPoint 2010高级应用

PowerPoint 2010是Office 2010办公软件中的一个组件，可以制作出图文并茂、外观绚丽、动感十足和极具视觉表现力的演示文稿，广泛用于教学课件、广告宣传、商务沟通、产品演示、项目报告等场合。本章从设计的角度出发，讲述如何设计一个专业的演示文稿。

一份优秀的演示文稿要求有丰富翔实的内容，光彩夺目的模板，精妙绝伦的动画，当然还有演讲者的演说水平和与观众互动等。做一份优秀的演示文稿，首先必须明确观众的整体情况才能有的放矢；其次套用主题或模板可以快速实现幻灯片的美化。另外，设计时还应注意：内容不在多，贵在精当；色彩不在多，贵在和谐；动画不在多，贵在需要；文字要少，能图不字。

5.1 演示文稿的基本操作

5.1.1 PowerPoint有关术语

1. 演示文稿

演示文稿就是PowerPoint创建的文件，其扩展名为.ppt或.pptx。

2. 幻灯片

幻灯片是演示文稿中创建和编辑的单页。多张幻灯片组成一份演示文稿。

3. 对象及版式

每张幻灯片承载着若干对象。幻灯片中的文字、图形、表格、声音、视频及任何元素，都是对象。版式就是对象的布局。PowerPoint 2010提供了11种版式。

4. 占位符

占位符是包含文字和图形等对象的容器，其本身是构成幻灯片内容的基本对象，具有自己的属性。可以对占位符本身进行大小调整、旋转、形状、填充、移动、复制、粘贴及删除等操作。幻灯片的11种版式就是依据其包含的占位符和布局而区分命名的。

5. 主题

主题决定了幻灯片的配色、装饰、文字布局及颜色和大小。套用主题可以提高效率。主题是一种特殊格式保存的演示文稿（.pot）。主题也常被称为“模板”。

6. 母版

母版中放置的是幻灯片上的共有信息，包括背景、标志、页眉页脚、颜色、字体效果、占位符大小、位置等。默认情况下，演示文稿的母版由 12 张幻灯片组成，包含 1 张主母版和 11 张不同版式母版。其中主母版的格式规定了所有版式母版的基本格式。11 种不同版式的母版分别规定了和其相同版式的幻灯片的格式。使用和修改幻灯片母版的目的是对使用该母版或版式相同的幻灯片进行统一的样式更改。

7．节

“节”是 PowerPoint 2010 中新增的功能，主要是对幻灯片页进行管理。可以使用新增节功能组织幻灯片，就像使用文件夹组织文件一样。可以为节命名，按照节名跟踪幻灯片组。单击节名左边的三角形符号可以折叠展开该节的幻灯片。将光标定位在节名上右击可以选择删除该节和节下面的幻灯片，还可以选择仅删除所有节。可以在幻灯片浏览视图中查看节，也可以在普通视图中查看节。幻灯片浏览视图能一目了然按定义节的逻辑类别对幻灯片进行组织和分类。使用“节”后，有助于规划文稿结构，呈现演讲者的思想脉络。

5.1.2 如何设计专业的演示文稿

如果对内容很熟悉，可采取自上而下的方法。快速列出中心思想，然后列出分析问题的经典框架，分析可以获得的素材，将素材放进对应的框架下完成金字塔，如图 5-1 所示。如果对内容不熟悉，采用自下而上法。设法搜集更多零星的素材，对素材进行分类，形成初步框架，补充素材，调整框架，形成完整的框架结构和完整的内容支撑，如图 5-2 所示。好的金字塔结构可以不断重复用。把握逻辑结构和整体框架，内容清晰、准确和精炼，这是制作专业演示文稿的关键。

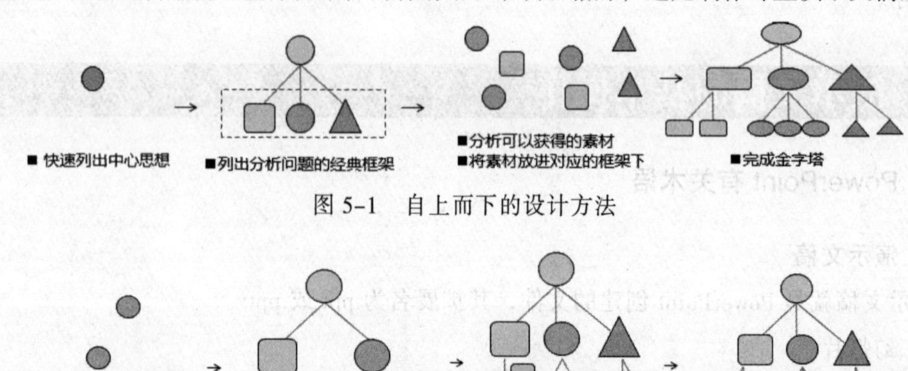

图 5-1　自上而下的设计方法

图 5-2　自下而上的设计方法

在设计时，主题的选择、版式的设计、色彩的运用这些都要围绕主题展开。所有的元素应尽量保持一致，字体、版面风格统一，色彩搭配自然协调，图片和音乐的选择符合主题的内容与意境。演示文稿的本质是可视化，在设计时要把抽象的、晦涩难懂的文字转化为由图表、图片、动画及声音所构成的生动场景，即视觉化表达。视觉化表达，能够让观众放松身心，便于理解且容易记忆，在演讲和沟通中胜人一筹。另外，还要充分考虑观众的认知水平。

5.1.3 设置幻灯片页面

1．设置页面的大小和方向

在新建一份演示文稿时，首先需要确定页面的大小和方向。页面的大小和方向取决于幻

灯片放映和演示的方式。在默认情况下，幻灯片页面大小为宽 25.4 cm、高 19.05 cm，方向为横向，可以根据演讲场地屏幕对其进行设置。

设置幻灯片页面的方法如下：

① 单击“设计”选项卡“页面设置”组的“页面设置”按钮，弹出“页面设置”对话框。

② 在“幻灯片大小”下拉列表框中选择一种预设的页面大小，若需自定义，则直接在“宽度”和“高度”数值框中输入具体的数字。

③ 若有需要，则在“幻灯片编号起始值”中输入设定值。

④ 若有需要，则在“方向”区中设置“幻灯片”的页面方向或“备注、讲义和大纲”的页面方向。

2. 设置页面背景

在幻灯片中，不仅可以选择系统内置的背景样式，还可以自定义幻灯片背景。单击“设计”选项卡“背景”组中的“背景样式”按钮，在展开的下拉菜单中有 12 种内置的样式可供选择。当幻灯片应用了不同的模板或主题时，12 种内置的背景样式就会随之变化。

下面以“图片填充方式”为示范，设置幻灯片背景。其他方式可参考此种设计方法。

① 单击要为其添加背景图片的幻灯片。

② 单击“设计”选项卡“背景”组中的“背景样式”按钮，在弹出菜单中选择“设置背景格式”命令。

③ 在弹出的“设置背景格式”对话框中单击“填充”标签，选择“图片或纹理填充”单选按钮。若要插入来自文件的图片，则单击“文件”按钮，找到并双击要插入的图片。

④ 若只对所选幻灯片应用所选图片，则直接单击“关闭”按钮；若要对演示文稿中的所有幻灯片应用所选图片，则单击“全部应用”按钮。

⑤ 在“设置背景格式”对话框中，还有一个“隐藏背景图形”复选框，它用于设置是否显示模板中的背景图形，如果只想显示自定义的背景，则可以选中此项，否则模板的背景和设置的背景将会一同在幻灯片中显示。

5.1.4 设置幻灯片主题

幻灯片主题是应用于整个演示文稿的各种样式的集合，包括颜色、字体和效果三大类。在 PowerPoint 中选择“设计”选项卡“主题”组，单击右边“其他”按钮▾。在弹出的菜单中有内置的 44 种主题可供选择。默认情况下，PowerPoint 会将主题应用于整个演示文稿，若要将不同的主题应用于演示文稿中不同的幻灯片，则可先选定相应的幻灯片，然后在某个主题上右击，在弹出快捷菜单中选择“应用于选定幻灯片”命令。

除了使用内置的主题，还可以在 PowerPoint 2010 提供的主题上，通过更改颜色、字体或者线条与填充效果来修改它，然后将它保存为自定义主题。

1. 更改主题颜色

主题颜色包含四种文本和背景颜色、六种强调文字颜色及两种超链接颜色。

① 在“设计”选项卡“主题”组中单击“颜色”按钮，在下拉菜单中选择“新建主题颜色”命令。

② 弹出“新建主题颜色”对话框，在“主题颜色”下单击要更改主题颜色旁边的按钮，然后从中选择一种颜色，在“示例”中可以看到更改的效果。

③ 在“名称”文本框中为新主题颜色输入适当的名称，单击“保存”按钮。

2．更改主题字体

更改现有主题的标题和正文文本字体，旨在使其与演示文稿的样式保持一致。

① 在“设计”选项卡“主题”组中单击“字体”按钮，在下拉菜单中选择“新建主题字体”命令。

② 弹出“新建主题字体”对话框，在“标题字体”和“正文字体”下拉列表框中，选择要使用的字体。

③ 在“名称”文本框中，为新主题字体输入适当的名称，单击“保存”按钮。

3．更改主题效果

主题效果是线条与填充效果的组合，无法创建自己的主题效果集，但可以选择要在自己的演示文稿主题中使用的效果，在“设计”选项卡“主题”组中单击“效果”按钮，然后选择要使用的效果即可。

4．保存主题

保存主题是保存对现有主题的颜色、字体或者线条与填充效果的更改，便可以将该主题应用到其他演示文稿。

① 在“设计”选项卡“主题”组中单击“其他”按钮。

② 在下拉菜单中选择“保存当前主题”命令。

③ 在“文件名”文本框中，为主题输入适当的名称，单击“保存”按钮。

【实例 5-1】新建一个演示文稿，保存为“sl5-1.pptx”。要求：

① 包含不同版式的 11 张幻灯片，将第一张页面的主题设为“清香”，其余页面的主题设为“气流”；

② 自定义的配色方案，其中配色方案颜色为：

a．文字/背景色：红色（R）为 50，绿色（G）为 100，蓝色（B）为 255；

b．强调文字颜色：黑色（即红色、绿色、蓝色的 RGB 值均为 0）；

c．超链接：蓝色（即红色、绿色、蓝色的 RGB 值分别为 0，0，255）；

d．已访问的超链接：红色（即红色、绿色、蓝色的 RGB 值分别为 255，0，0）；

e．完成后，将此配色方案添加为标准配色方案；

③ 修改第②条创建的配色方案，将其中的文本/背景色改成蓝色，其他不变，完成后将此配色方案添加为标准配色方案；

④ 将修改前的配色方案应用到第一页；将修改后的配色方案应用到其余页面。

操作步骤如下：

① 新建演示文稿，单击“文件”→“保存”按钮，选择路径，文件名为“sl5-1.pptx”。

② 新建 11 页幻灯片，按顺序为幻灯片设置“office 主题”中的 11 种版式，如第一张幻灯片设置为“标题幻灯片”，其他依此类推。

③ 选中任意一张幻灯片，单击“设计”选项卡“主题”组中的“其他”按钮，在下拉菜单中选择“浏览主题”命令，在弹出的“选择主题或主题文档”对话框中找到主题文件夹，如 C:\Users\......\Microsoft\Templates\Document Themes，从中选择“气流”主题。

④ 选中第一张幻灯片，单击主题中的下拉箭头，从中找到“清香”主题，对其右击，在弹出的快捷菜单中选择“应用于选定幻灯片”命令。

⑤ 选择一张幻灯片，在“设计”选项卡“主题”组中单击“颜色”按钮，在下拉菜单

中选择“新建主题颜色”命令，弹出“新建主题颜色”对话框。选择“文字/背景-深色 1”的下拉箭头，打开“颜色”面板，在“自定义”选项卡中，按照题目要求分别修改“红色”“绿色”“蓝色”的值，单击“确定”按钮。

⑥ 与设置“文字/背景”颜色的方法相同，根据题目要求设置其他元素的颜色值。

⑦ 完成设置后单击“保存”按钮。此时，选中的第一张幻灯片被应用为新创建的配色方案。

⑧ 选中第二张幻灯片，在“设计”选项卡“主题”组中单击“颜色”按钮，在下拉菜单中选择“新建主题颜色”命令，弹出“新建主题颜色”对话框。选第一条“文字/背景-深色 1”的下拉箭头，打开“颜色”面板，在“自定义”选项卡中，按照题目要求分别修改“红色”“绿色”“蓝色”的值（分别是 0，0，255），单击“确定”按钮。除第一张幻灯片外的其余幻灯片应用了修改后的颜色。

5.1.5 设置幻灯片母版

演示文稿通过设置幻灯片母版，可使所有幻灯片的风格统一。 幻灯片母版是一种模板，可以存储多种信息，可以对演示文稿的背景格式、字体格式、页眉页脚等进行统一设置。切换到“视图”选项卡“母版视图”组，单击“幻灯片母板”按钮，可以切换到幻灯片的母版视图。默认情况下，演示文稿的母版由 12 张幻灯片组成，包含 1 张主母版和 11 张幻灯片版式母版，其中主母版的格式规定了所有版式母版的基本格式。11 种不同版式的母版分别规定了与其相同版式的幻灯片的格式。

1．创建幻灯片母版及样式

在幻灯片母版视图中，在“编辑母版”组中单击“插入幻灯片母版”按钮，即可插入一个空白母版。在“编辑母版”组中单击“插入版式”按钮，即可为当前选择的母版创建一个新的版式。在新建的版式母版中，可以自定义设计版式的内容和样式。单击“插入占位符”下拉按钮，有表格、图片、内容、文本、图表、媒体等 10 种占位符可以选择，可根据需要选择合适的选项，当鼠标指针变成十字形时，在幻灯片的适当位置绘制对应的占位符即可。

2．修改幻灯片母版及版式

修改幻灯片母版的方式与修改普通幻灯片类似，可以选中各种元素，设置元素的样式。通常母版中包含五种占位符，分别是标题占位符、文本占位符、日期占位符、页脚占位符和幻灯片编号占位符。在修改主母版后，所有母版的修改属性都将自动应用到各版式中。

【实例 5-2】自己编辑一个母版。要求：

① 对于主母版增加四幅图片，图片为素材库中的 5-1.png～5-4.png。标题样式设为“黑体，54 号字”；

② 对于其他页面所应用的一般幻灯片母版，在日期区中插入当天的日期，在页脚中插入幻灯片编号。

操作步骤如下：

① 打开“sl5-1.pptx”，另存为“sl5-2.pptx”。

② 选择第一张幻灯片，单击“视图”选项卡“母版视图”组中的“幻灯片母版”按钮。

③ 选择主母版，单击“插入”选项卡“图像”组中的“图片”按钮，选择图片插入，调整位置如图 5-3 所示。在幻灯片编辑区中单击“单击此处编辑母版标题样式”占位符，修

改字体和字号，单击“关闭母版视图”按钮。

④ 选中第二张幻灯片，打开“幻灯片母版”视图。选择母版中的第二种版式的幻灯片，单击“插入”选项卡“文本”组中的“页眉页脚”按钮。在弹出的“页眉和页脚”对话框中选择题目要求的内容，单击“全部应用”按钮，如图 5-4 所示。

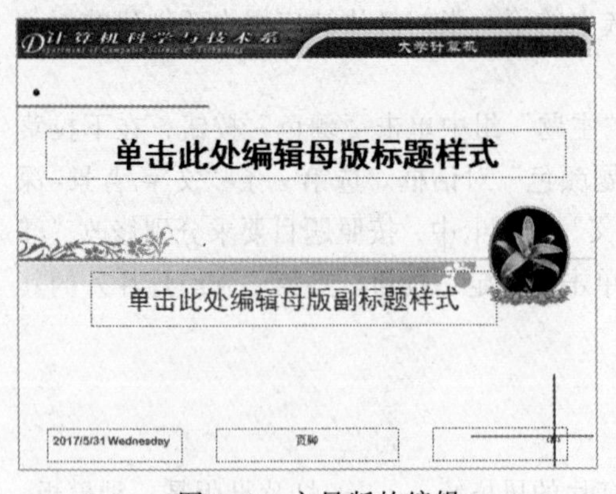

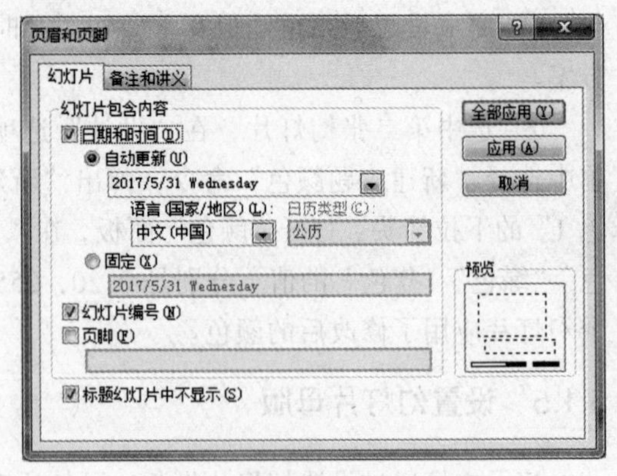

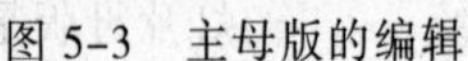

图 5-3 主母版的编辑　　图 5-4 其他版式母版的编辑

⑤ 返回普通视图模式下。在第一张幻灯片后插入两张默认版式的幻灯片。

⑥ 保存。

5.1.6 框架设计

演示文稿的框架结构一般由封面、目录、转场页、内容、结尾等几部分组成，如图 5-5 所示。每一部分都可以增加一个“节”来组织幻灯片。

封面和目录是演示文稿的开篇，一个好的封面和目录能够激起观众的热情，使观众渴望看到后面的内容。目录的作用是展现演示文稿的结构与提纲。转场页也称过渡页，从目录演化而来，常用的方法是突出当前内容，淡化讲过的和还未讲的内容，提示演讲的进度和位置。结尾页表达结束的含义，它要承接前面所有的内容并做一个总结，在文字语义上要导向结束，在风格上要与前面保持一致，一般与封面呼应，设计上干净、简洁即可。

图 5-5 幻灯片的框架

5.2 文字

5.2.1 文字的输入途径

PowerPoint 中文字的输入途径主要有三种：占位符、文本框和外部导入。占位符一般在新建幻灯片时会自动出现，包括标题框和内容框；文本框一般通过“插入”选项卡“文本框”命令插入。

1. 占位符和文本框的格式设置

(1) 大小调整

单击占位符或文本框时，在占位符或文本框的边框上将出现 8 个空心控点，鼠标指向其

中的任一控点时，鼠标指针变成双向箭头，按住鼠标左键进行拖动，可以改变占位符或文本框的大小。

（2）位置调整

鼠标指针指向占位符或文本框的边框时，鼠标指针变成十字箭头，按住鼠标左键进行拖动，即可调整位置。

（3）格式设置

通过设置占位符或文本框的形状格式，可以为占位符或文本框添加各种效果，以修饰和美化占位符或文本框。选中需要设置的占位符或文本框并右击，在弹出的快捷菜单中选择“设置形状格式”命令进行具体设置。

2. 占位符和文本框的特点

（1）占位符的特点

① 占位符由幻灯片版式确定，不能插入新的占位符。

② 演示文稿中所有的占位符可以在母版视图中进行统一编辑，方便修改，文字如果很多，字号会自动调整，以适应占位符的大小，在大纲窗格里能够清晰地看到每张幻灯片上占位符中的文字内容。

③ 如果做纯文本型的幻灯片，使用占位符非常适合，制作效率高，但如果进行图表、图片和动画设计就会很麻烦，文本缺乏个性，效果单一。

④ 当演示文稿更换设计模板时，占位符中的文本会根据更换后的设计模板相应地改变默认格式。对于已经设计好的演示文稿，在更换演示文稿的设计模板时，可能会带来一些麻烦，需要重新设置占位符中的文本格式。

（2）文本框的特点

① 文本框有横排文本框和垂直文本框两种，可以任意插入到幻灯片中。

② 文本框中输入的文字和图表、图片及动画等配合使用，设计方便。

③ 当更换演示文稿的设计模板时文本框中的文本效果保持不变，便于修改。

④ 大纲窗格里不显示文本框中的文字内容。

若想制作精美专业的演示文稿，推荐使用文本框，毕竟在一张白纸上才能画出精美的图案。

3. 从外部导入文本

从外部导入文本除了使用复制的方法从其他文档中将文本粘贴到幻灯片中，还可以在“插入”选项卡中选择“对象”命令，直接将文本文档导入到幻灯片中。

【实例 5-3】使用插入对象的方法在幻灯片中导入外部已经编辑好的文本。

操作步骤如下：

① 打开“sl5-2.pptx”，另存为“sl5-3.pptx”。

② 选择第二张幻灯片，标题处输入“导入外部文本”；

③ 选择“单击此处添加文本”的占位符，单击“插入”选项卡，并在“文本”组中单击“对象”按钮，弹出“插入对象”对话框。

④ 在对话框中选择“由文件创建”单选按钮，单击“浏览”按钮，弹出“浏览”对话框。在该对话框中选择要插入的文件（如选择第5章 ppt 素材\ppt 简介.docx），单击“确定”按钮，此时“插入对象”对话框的“文件”文本框显示该文件的路径。

⑤ 单击“确定”按钮，此时幻灯片中显示导入文件中的文字，调整文本框的位置及大小。

⑥ 如果要编辑导入的文字，可以在占位符处双击，即可打开原文件编辑器。修改完后在幻灯片的普通视图中单击幻灯片，就可回到幻灯片编辑状态。

⑦ 保存。

5.2.2 文字的格式

文字的格式设置是指文字的外观属性设置，包括字体、大小、颜色和效果，以及文本组成的段落格式等。应根据演示文稿使用的不同场合，选择不同的字体、大小、颜色和效果。

1. 字体的替换与嵌入

（1）字体的替换

当需要更改演示文稿中的某种字体时，如果一个个地修改，工作量太庞大，对此可以使用“替换字体”命令完成。单击“开始”选项卡“编辑”组中的“替换”右侧的下拉箭头，选择“替换字体”命令，弹出“替换字体”对话框，通过下拉箭头选择“替换”和“替换为”的字体，单击“替换”按钮。

（2）字体的嵌入

如果演示文稿中使用了计算机系统默认字体以外的字体，当该演示文稿在另外的计算机上播放时，就会因为缺乏字体而全部显示成宋体，致使演示文稿的文字格式与效果遭到破坏，所以建议在保存文件时嵌入字体。

嵌入方法：选择“文件”→“选项”命令，弹出“PowerPoint 选项”对话框，选择“保存”选项，右侧选择“将字体嵌入文件”复选框。

2. 字体大小的设置

演示文稿中字体的大小没有固定的标准，由于演示文稿是放映给观众看的，应坚持一个原则：让最远的观众也能看清最小的字，同时幻灯片中字体大小要体现层次性，各级标题之间、标题和正文之间文字的大小应有明显的区分。

【提示】字号的快速调整方法：选中需要调整字体大小的文本，按【Ctr+[】组合键，字号缩小 1 级，按【Ctrl+]】组合键字号增大 1 级。

3. 字体的间距与行距

幻灯片中字体间距和行距应设置合理，否则影响放映效果，观众阅读困难。

调整字体间距的方法：将占位符或文本框的宽度拉长，单击“开始”选项卡“段落”组中的“分散对齐”按钮，文字会根据占位符或文本框的宽度自动调整间距。调整段落行距的方法：选定占位符或文本框中的文字并右击，在弹出的快捷菜单中选择“段落”命令，在“段落”对话框中设置行距。

5.2.3 文字的艺术效果

能够制作精美的艺术字效果，这是 PowerPoint 2010 最大的变化之一，在 PowerPoint 2010 中可以对任何字体添加各种各样的艺术效果。PowerPoint 2010 中对文字添加艺术效果的方式有三种：插入艺术字、艺术字样式、自定义艺术字。

1. 插入艺术字

单击“插入”选项卡“文本”组中的“艺术字”按钮，弹出 30 种艺术字效果。在制作演示文稿时，应该够用了，从中选择一种效果，输入文字即可。

2. 艺术字样式

使用艺术字样式可以为已有的文本框添加艺术效果。选择需要设置艺术效果的文本框，单击“绘图工具 | 格式”选项卡，在艺术字样式中选择一种效果，即可应用到选定的文字上。在艺术字样式中，也提供了30种艺术字效果，这些效果和插入艺术字效果完全相同。

3. 自定义艺术字

制作自定义的艺术字都是通过“绘图工具 | 格式”选项卡中的“文本填充”“文本轮廓”“文本效果”等命令完成。通过这些命令，可以随心所欲的制作出所需的艺术字效果。

【实例 5-4】插入艺术字和文本框。要求：

① 第一张幻灯片做封面，主、副标题都设置艺术字格式，效果如图 5-6 所示；

② 第三张幻灯片，插入文本框，输入文字并设置文字和形状，文本框效果如图 5-7 所示。

图 5-6　自定义艺术字的效果

图 5-7　文本框页面效果

操作步骤如下：

① 打开“sl5-3.pptx”，另存为“sl5-4.pptx”。

② 选中第一张幻灯片，在“单击此处添加标题”的占位符中输入“PPT高级制作技术”，在“单击此处添加副标题”的占位符中输入自己的姓名。分别设置艺术字格式，具体设置步骤：选中文字，右击，在弹出的快捷菜单中选择“设置文字效果格式”命令，弹出“设置文本效果格式”对话框，如图 5-8 所示。分别进行“文本填充”“文本轮廓”“文本效果”的设置。

③ 选中第三张幻灯片，设置版式为“空白”。插入六个文本框，两个椭圆，输入图 5-7 所示文字。设置文字的字体、字号和颜色，设置文本框和图形的填充效果。

④ 保存。

图 5-8　“设置文本效果格式”对话框

5.3　图形与图片

合理运用图示表达数据和文字，能使演示文稿充满生机，更富视觉表现力。

5.3.1 图形的绘制与技巧

图形在 PowerPoint 2010 中分为线条和形状。通过“插入”选项卡“形状”下拉菜单，共九大类 173 种形状，基本涵盖了多数制图软件常用的形状。熟练使用这些形状，就能自由绘制丰富多彩的图形。

1. 绘制图形

（1）使用【Shift】键

在绘图时经常会遇到这样的问题：线画不直，角对不准，拉伸变形等，使用【Shift】键可以解决这些问题，它能帮助绘制标准图形：直线、正方形、正圆、正图形等，还可以等比例拉伸图形图像，以防止图形图像变形。

① 绘制直线：

绘制直线时，按住【Shift】键，能画出三种直线：水平线、垂直线和 45° 及其倍数的直线。选择“直线”形状后，按住【Shift】键进行绘制；若绘制的直线不够长，按住【Shift】键，同时拉伸线条的另一端的控点，可以延伸直线。

② 绘制正图形：

在绘制圆、三角形、四边形或星形等基本图形时，按住【Shift】键，将会得到正图形。在拉伸图形时按住【Shift】键，可保持图形同比例拉伸，不会使图形扭曲变形。

（2）使用【Ctrl】键

① 拉伸图形时，保持图形的位置不变，无论是否使用【Shift】键，在拉伸图形时，总是向一个方向移动，这样就更改了图形在幻灯片上的位置，拉伸后还要调整图形位置，比较麻烦。如果在拉伸图形时，按住【Ctrl】键，图形的中心总能保持不变。

② 快速复制图形，复制图形是演示文稿绘图中最常用的一个操作，通常都是“复制+粘贴”的方法进行操作，这里介绍三种快捷方法，不仅用于图形，也可以用在图片、文字等对象上。

- 【Ctrl+D】组合键：选中对象，直接按【Ctrl+D】进行复制。这是一种最快的复制方法，但并不方便使用，因为复制的图形，位置还要重新调整。
- 【Ctrl】键+拖动对象：选中对象后，按住【Ctrl】键，拖动图形到任意位置，即可将其复制到该位置。这种方法可以在复制的同时确定图形的位置。
- 【Ctrl+Shift】组合键+拖动对象：这是一种对齐复制法，此时鼠标只能与对象平行移动或垂直移动。采用这种方法，在复制对象的同时也对齐了对象。

2. 编辑形状

有时需要修改图形的形状，如将直角三角形变成等腰三角形，将箭头的头部放大等，可以通过以下方法实现。

（1）形状调节

选中图形后，在该图形的周围会显示黄色的菱形，拖动该菱形就可调整图形的形状。有些图形形状调节按钮的数量可能不止一个，并且每个调节按钮分别对应着该图形的某一细节。如图 5-9（a）所示，选中箭头图形之后，出现两个黄色调节按钮，其中一个在箭头的头部位置，另一个在尾部，这两个调节按钮分别用于调整箭头的头部大小和尾部长短。

（2）顶点编辑

有时需要将一个图形的形状改变，如图 5-9（b）、（c）所示，将左侧的矩形更改成右侧的形状。

操作方法：选中图形，单击“绘图工具 | 格式”选项卡中的“编辑形状”按钮，在下拉菜单中选择“编辑顶点”命令，如图 5-9（d）所示。选中图形右上角的顶点后，顶点旁会出现两个白色的小正方形控点，它们也是操作点，用鼠标拖动这两个操作点，能将对应顶点处的线条变为曲线，改变图形的形状。

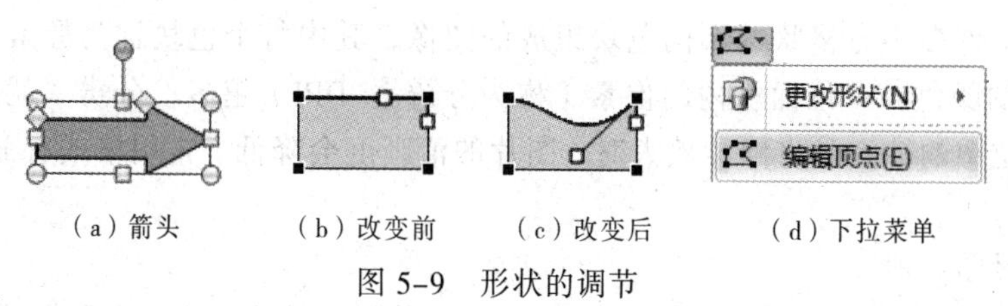

（a）箭头　（b）改变前　（c）改变后　（d）下拉菜单

图 5-9　形状的调节

【实例 5-5】绘制图形。要求：参照图 5-10 制作两张幻灯片。

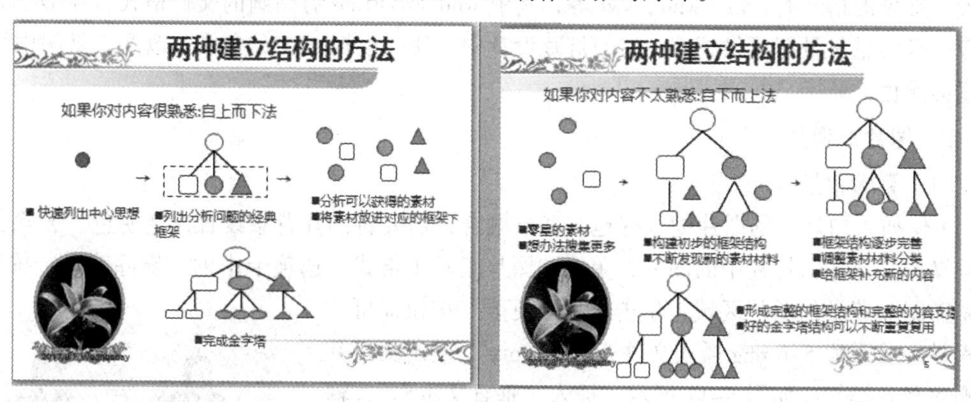

图 5-10　图形绘制幻灯片效果

操作步骤如下：

① 打开“sl5-4.pptx”，另存为“sl5-5.pptx”。

② 修改第四、五张幻灯片版式为“空白”。

③ 绘制图形，每页都组合成四个图形。

④ 插入相应文本框及文字。

⑤ 保存。

3．图形的位置与组合

（1）层

所有的图形在幻灯片上都有一个上下、左右、前后的分布，上下、左右分布能够直观看出，但前后分布需要借助于层来实现。修改对象所在的层，通过四个命令来完成：置于顶层、置于底层、上移一层和下移一层。

（2）选择窗格

当幻灯片版面上图层很多时，操作可能无法进行。选择窗格，可以方便操作。

选择“开始”→“排列”→“选择窗格”命令或单击“绘图工具 | 格式”选项卡中的“选择窗格”按钮，均可打开选择窗格，选择窗格上列出了幻灯片上所有对象的名称。

5.3.2 图片的处理方法

图片是演示文稿中最常用的一种对象，也是核心元素，它是幻灯片视觉化表达的最佳方式。所谓“文不如图”，就是强调了图片的重要作用。图片可以通过“插入”选项卡中的“图片”命令来完成。使用之前，先了解图片的基本知识。

1. 图片的类型

（1）位图

位图是由许多小方格状的不同色块组成的图像，其中每个色块称为像素，每个像素都有一个明确的颜色。单位面积内的像素（称为分辨率 DPI）越多，分辨率就越高，图片质量就越好。位图的缺点是将图片放大时，图片的清晰度会降低。常用格式有 bmp、jpg、gif、png 等。

（2）矢量图

矢量图是由一些数学公式定义的线条和曲线。其特点是放大或缩小图像时不影响图像的质量，常见的格式有：ai、wmf、swf 等，其中 wmf 是 Office 剪贴画的文件格式，在 Office 剪贴库中有大量矢量图可供下载。在幻灯片设计中，往往根据 PPT 的色彩，改变矢量图中局部元素的颜色。

2. 图片的调整

（1）删除背景

为使插入幻灯片的图片能很好地与背景融合，需要将图片背景设置成透明色。删除图片背景操作：选择幻灯片中的图片，单击“图片工具 | 格式”选项卡中的“删除背景”按钮，调整需删除背景的图片区域，单击“保留更改”按钮即可。

将素材中的图片 5-6.png 插入文件“sl5-5.pptx”，复制图片并做删除背景操作，如图 5-11 所示。插入“垂直文本框”，输入文字“删除背景”，作为第六张幻灯片并保存文件。

图 5-11 删除背景对比

（2）图片的艺术效果

PowerPoint 2010 为图片提供了丰富、自然和精美的艺术化效果，实现起来简单快捷。根据形状、阴影、映像、边缘及棱台的不同，PowerPoint 预设了 28 种快捷效果。对图片效果的详细设置，可以通过“图片效果”命令来进行，该命令可以设置图片的阴影、映像、柔化边缘、发光、棱台和三维旋转，其设置方法和图形的“形状效果”命令相同，在此不再详述。

3. 虚化处理

有时，插入一张图片作为幻灯片的背景，再在上面放置其他对象，如文字等，不能很好地与背景融合。此时，可以对图片进行部分虚化处理，目的是在图片上留出一点位置，容纳其他对象。

【实例 5-6】在图 5-12 中将左图的部分图片虚化，效果如右图。

操作步骤如下：

① 打开“sl5-5.pptx”，另存为“sl5-6.pptx”。

② 选择第七张幻灯片，设置版式为“空白”。

③ 插入图 5-12 中的左图（素材库图片 5-12.png），铺满整个幻灯片。

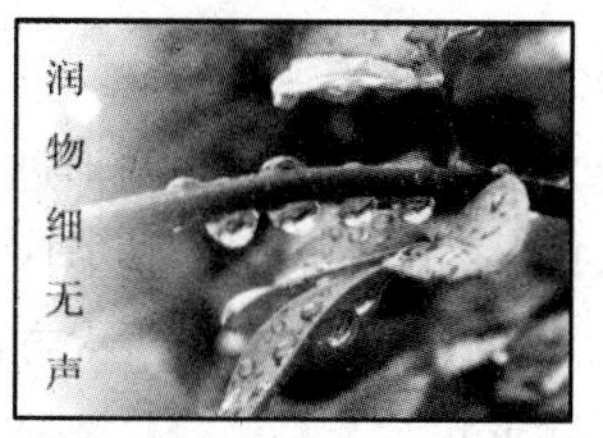

图 5-12　图片的虚化处理

④ 单击“插入”→“形状”→“矩形”按钮，在幻灯片的左侧画一个与幻灯片页面等高的矩形，设置矩形的左侧与幻灯片的左侧对齐。

⑤ 右击该矩形，在弹出的快捷菜单中选择“设置形状格式”命令，弹出“设置形状格式”对话框，设置“线条颜色”为“无线条”，在“填充”选项卡中设置“渐变填充”，“类型”为“线性”，“角度”为“0°”，“渐变光圈”设置为“2个”，“颜色”均为“白色”，“停止点1”的“位置”和“透明度”均为“0%”，“停止点2”的“位置”和“透明度”均为“100%”。

⑥ 单击“关闭”按钮，调整矩形的宽度。

⑦ 插入“垂直文本框”，输入“润物细无声”，将文字分散对齐，移到左侧，设置字体的“颜色”为“蓝色”，字体、字号随意，保存。

【实例 5-7】设计一页图片组合幻灯片，效果如图 5-13 所示。

图 5-13　图片组合幻灯片效果

操作步骤如下：

① 打开“sl5-6.pptx”，另存为“sl5-7.pptx”。

② 选择第八张幻灯片，插入素材库中的图片文件 5-10.png，放在合适位置。

③ 再插入图片 5-5.png～5-9.png，摆放好位置。注意图片的叠放方式。

④ 插入文本框，输入文字，保存。

5.3.3　创建 SmartArt 图形

使用 SmartArt 图形可以非常直观地说明层级关系、附属关系、并列关系、循环关系等各种常见关系，而且制作出来的图形漂亮精美，具有很强的立体感和画面感。

1. 插入 SmartArt 图形

单击“插入”选项卡“插图”组中的“SmartArt”按钮，弹出“选择 SmartArt 图形”对话框。该对话框左侧列表显示 SmartArt 图形种类，对话框中间的列表区分类列出 SmartArt 图形示意图，对话框的最右侧为图形预览区。选择需要的图形，单击“确定”按钮即可。

2．编辑 SmartArt 图形

可以根据需要对插入的 SmartArt 图形进行编辑，如添加、删除形状，设置形状的填充色、效果等。选择插入的 SmartArt 图形，功能区将显示“设计”和“格式”选项卡，通过选项卡中各个功能按钮，可以设计出各种美观大方的 SmartArt 图形。

（1）添加与删除形状

在幻灯片中选择 SmartArt 图形，此时形状周围出现 8 个白色控制点。右击，在弹出的快捷菜单中选择“添加形状”命令，可以根据需要选择其子命令，从而在形状的上、下、前和后添加形状。

（2）设置形状的外观

SmartArt 图形中的每一个形状都是一个独立的图形对象，选中后，形状四周将出现 8 个白色控制点和一个绿色旋转控制点，通过拖动鼠标就可以调整形状的位置和大小。

（3）在形状中添加文字

在幻灯片中选择 SmartArt 图形，并单击图形左侧边框上的按钮，将打开“在此处键入文字”文本框。

【实例 5-8】在幻灯片中插入 SmartArt 图形。

操作步骤如下：

① 打开“sl5-7.pptx”，另存为“sl5-8.pptx”。

② 选择第九张幻灯片，单击“插入”→“形状”→“圆角矩形”按钮，绘制一个圆角矩形，在“编辑文字”内输入文字“SmartArt 图形”，放在合适位置。

③ 单击“插入”→“SmartArt”→“循环”→“基本循环”→“确定”按钮。

④ 依次为每个文本框输入文本“海水”“云层”“雨水”“地表”“溪流”。

⑤ 选择“海水”右击，在弹出的快捷菜单中选择“添加形状”→“在后面添加形状”命令，输入文本“蒸发”。

⑥ 保存。

5.3.4 创建相册

使用 PowerPoint 能轻松制作出漂亮的电子相册。电子相册适用于介绍学校形象、概况，或者分享图像数据及研究成果。

1．新建相册

在幻灯片中新建相册时，只要在“插入”选项卡的“图像”组中单击“相册”下拉按钮，在弹出的菜单中选择“新建相册”命令，然后从本地磁盘的文件夹中选择相关的图片文件插入即可。在插入相册的过程中可以更改图片的先后顺序，调整图片的色彩、明暗对比与旋转角度，以及设置图片的版式和相框形状等。实例和素材参见习题五中的第 2 题和配套资源中的 15 套二级 PPT 考试题中的第五题。

2．设置相册格式

对于建立的相册，如果不满意它所呈现的效果，可以单击“相册”下拉按钮，在弹出的菜单中选择“编辑相册”命令，弹出“编辑相册”对话框重新修改相册的顺序、图片版式、相框形状、演示文稿主题等相关属性。设置完成后，PowerPoint 会自动重新整理相册。

5.4 动画

为幻灯片上的文本、图形、图表和其他对象添加音乐、音效和动画效果，可以突出重点，控制信息流，增加演示的趣味性，从而给观众留下深刻的印象。

PowerPoint 动画制作的原理与 Flash 不同，后者主要是通过一帧一帧的画面连续播放实现的，而 PowerPoint 动画主要是通过一些自带的动画效果在一个固定的页面来实现。

PowerPoint 动画主要有两大类：自定义动画和幻灯片切换动画。

5.4.1 自定义动画

利用 PowerPoint 自定义动画功能，可以根据实际需要实现一系列连贯、协调和有创意的动画过程。自定义动画包括了四种自定义动画类型：进入动画、强调动画、退出动画、动作路径动画。这四种动画各自都包括很多种类型，可以组合在一起形成组合动画，从而按照某种要求，实现十分炫丽的动画效果。

1. 进入动画

进入动画是最基本的自定义动画，对象若设置了进入动画，在幻灯片播放时该对象将会从无到有，陆续出现。

【实例 5-9】设置进入动画。要求对实例 5-8 中的第三、四、五张幻灯片中的各个对象设置进入动画。

操作步骤如下：

① 打开“sl5-8.pptx”，另存为“sl5-9.pptx”。

② 打开动画窗格。单击“动画”选项卡中的“动画窗格”按钮。

③ 选中第三张幻灯片，单击文本框“估算幻灯片的容量”，选择“动画”→“添加动画”→“进入”组中的第一个动画效果“出现”。这时观察动画窗格。

④ 从左到右，从上到下的顺序依次选中第三张幻灯片中的对象。对第 N 个对象进行设置，选择“动画”→“添加动画”→“进入”组中的第 N 个动画效果。同时观察动画窗格。

⑤ 选中第四张幻灯片，将四个组合图形分别选中，依次选择“动画”→“添加动画”→“进入”组中的任一动画效果。这时观察动画窗格。

⑥ 选中第四张幻灯片，选中图形下的说明文本框，依次选择“动画”→“添加动画”→“进入”组中的任一动画效果。这时观察动画窗格。

⑦ 选中“快速列出中心思想”文本框，在动画窗格中被矩形框住的就是它的动画选项，这时单击动画窗格下方“重新排序”左边朝上的箭头按钮，使矩形选区上移至“1 椭圆”下。同时单击“动画”→“计时”→“开始”右侧的下拉列表框，选择“与上一动画同时”选项。

⑧ 依次选中其他三个文本框，分别调整它们的动画到自己的组合图形动画下方。设置“开始”为“与上一动画同时”。

⑨ 依次选中箭头，添加进入动画，调整到合适的显示顺序。最终第四张幻灯片和动画窗格如图 5-14 所示。

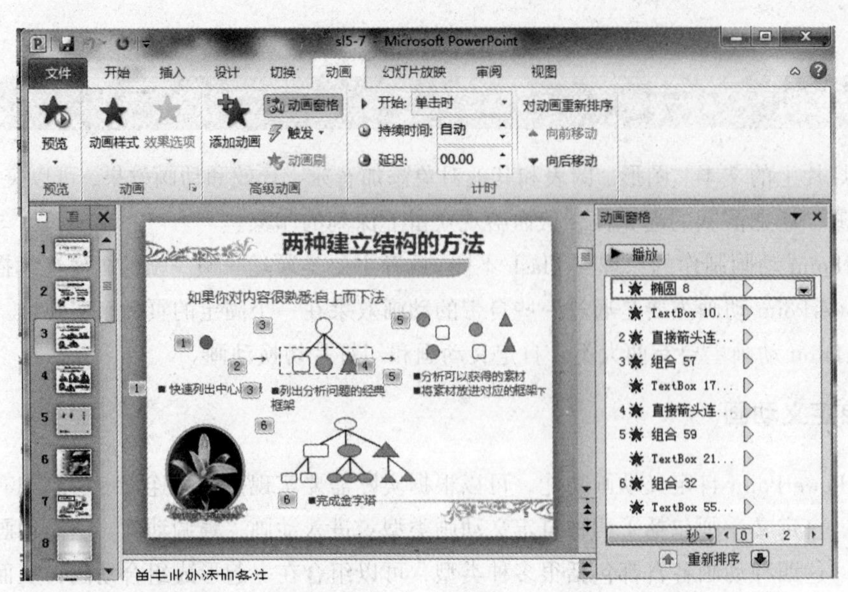

图 5-14　第四张幻灯片、动画窗格及动画的触发方式

⑩ 同样的方法，设置第五张幻灯片的进入动画。

⑪ 保存。

动画设置涉及的几个概念：

（1）动画窗格

动画窗格，显示对象动画效果相关的信息，主要包含了以下内容：

① 数字编号：表示动画播放的顺序，并且幻灯片上相应对象也会显示这些数字。通过单击“动画窗格”下方的“重新排序”处的上、下箭头按钮可以调整对象动画播放的先后顺序。

② 星型标记：表示该对象的动画类型，当鼠标停留在该标记上时，会显示动画效果的名称。

③ 橙色三角形：表示时间轴。在“动画窗格”中右击，在弹出的快捷菜单中选择“显示高级日程表”命令，打开时间轴；选择“隐藏高级日程表”命令，隐藏时间轴。向前或向后拖动时间轴，动画会提前或延迟；拉动时间轴的起点或终点，会延长或缩短动画播放的时间。

（2）动画的触发方式

单击“开始”右侧的下拉箭头，可以选择动画在放映时的触发方式，有三种：单击时、与上一动画同时和上一动画之后。

① 单击时：表示该动画由单击触发，开始播放。

② 与上一动画同时：表示该动画与上一个动画同时开始播放。

③ 上一动画之后：表示该动画在上一个动画播放完毕后开始播放。

（3）持续时间

表示动画从开始到结束所用的时间，一般情况下，根据动画的节奏自行设置，大多数情况下设置为快速（1 s）或非常快（0.5 s）。

（4）延迟

如果“与上一动画同时”或“上一动画之后”无法满足特定的要求，这时就可以使用延

迟来设置两个动画之间的时间间隔。

2. 强调动画

强调动画是在放映过程中引起观众注意的一类动画，通过对象的形状或颜色变化，起到强调的作用，吸引观众的注意力。经常使用的强调动画有：放大/缩小、加粗闪烁、陀螺旋等。

（1）放大/缩小

放大/缩小动画用来改变对象在放映时的外观大小。单击“动画”选项卡中的“效果选项”按钮，可以对放大/缩小进行设置。在“方向”下可以设置变化的方向：水平、垂直和两者，默认为两者。在“数量”下可以设置微小、较小、较大和巨大四种变化程度。

还可以自定义设置放大或缩小的比例，在动画窗格中，右击“放大/缩小”动画，在弹出的快捷菜单中选择“效果选项”命令，如图5-15所示，弹出“放大/缩小”对话框，如图5-16所示，在尺寸中可以设置放大或缩小的具体比例。

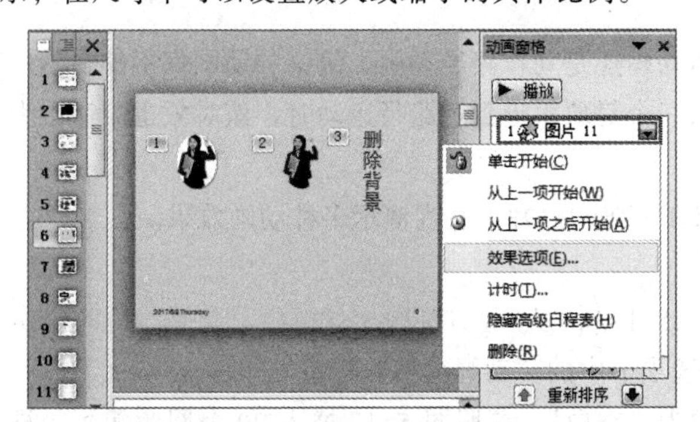

图5-15 “放大/缩小”的右键快捷菜单

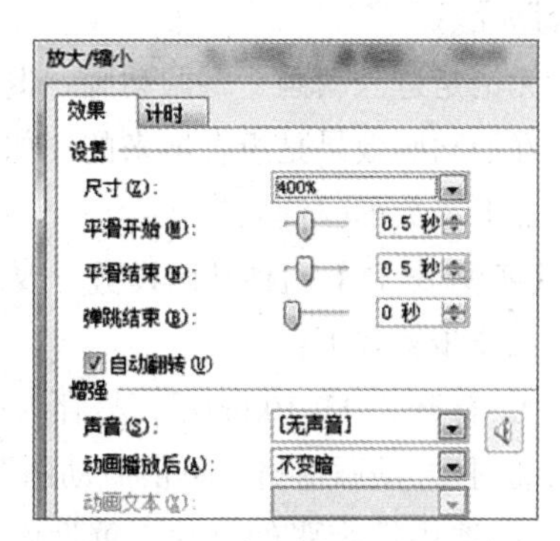

图5-16 “放大/缩小”对话框

平滑开始、平滑结束：用于设置动画启动后和动画结束前速度降低到停止的时间。如果时间设置为0 s，表示速度匀速进行。

自动翻转：即逆动画，在动画结束后，自动按照相反的方向运动，直至对象回到初始状态。

（2）陀螺旋

让对象保持图形中心不变，按顺时针或逆时针方向在平面上旋转的效果。

【实例5-10】设置强调动画。要求对实例5-9中的第六页幻灯片中的各个对象设置强调动画。

操作步骤如下：

① 打开“sl5-9.pptx”，另存为“sl5-10.pptx”。

② 打开动画窗格。单击“动画”选项卡中的“动画窗格”按钮。

③ 选中第六张幻灯片。选择有背景的左图（见图5-15），选择“动画”→“添加动画”→“强调动画”→“放大/缩小”动画效果。右击动画窗格中的1，在弹出的快捷菜单中选择“效果选项”命令，弹出“放大/缩小”对话框，参照图5-16数值进行设置。

④ 选中第六张幻灯片，选择没有背景的右图（见图5-15），选择“动画”→“添加动画”→“强调动画”→“放大/缩小”动画效果。

⑤ 选中第六张幻灯片，选择“垂直文本框”，输入文字，选择“动画”→“添加动画”→“强调动画”→“陀螺旋”动画效果。保存。

3．退出动画

退出动画是对象陆续消失的一个过程。退出动画设置过程和进入动画设置方法一样，在此不再详述。设置退出动画时应考虑两个因素：

① 注意与该对象的进入动画保持呼应，一般对象是怎么进入的，就会按照相反的顺序退出。

② 要注意与下一个对象的动画过渡，即与接下来的动画保持协调和连贯。

4．动作路径动画

动作路径是指让对象按照绘制的路径运动的动画效果。PowerPoint 中提供了许多预设路径效果，也可以选择“自定义路径”动画效果，自己绘制路径动画。绘制完的路径起始端将显示一个绿色的▸标志，结束端将显示一个红色的▸❙标志，两个标志以一条虚线连接。拖动路径周围的控制点，可以改变路径的长短、形状。在绘制路径时，当路径的起始点重合即成为闭合路径。

无论是进入动画、强调动画、退出动画还是动作路径动画，单一的动画都不够自然。其实，好的动画效果是组合出来的，如当一个对象由近到远路径运动时，该对象也应该由大变小，加上缩放的强调效果。

【实例 5-11】 四种动画设置。要求在一张幻灯片上直观演示多种动画效果。

操作步骤如下：

① 打开“sl5-10.pptx”，另存为“sl5-11.pptx”。

② 打开动画窗格。单击“动画”选项卡中的“动画窗格”按钮。

③ 选中第十张幻灯片，重设版式为“空白”。参照图 5-17 插入 20 个圆角矩形，排列整齐。

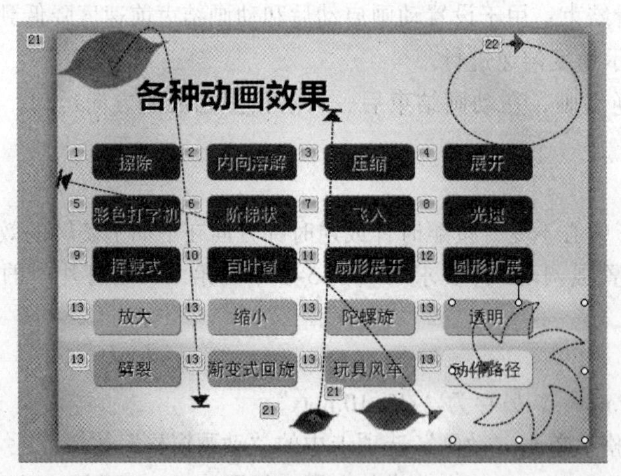

图 5-17 包含各种动画效果的幻灯片

④ 前三行填充蓝色背景，红色文本，按照文本提示设置相应的进入动画。

⑤ 第四行填充绿色背景，红色文本。第五行前三个粉色背景，红色文本。最后一个填充淡蓝色背景，红色文本。

⑥ 对第四、五行所有对象添加“动画”→“更多进入效果”→“向内溶解”动画效果。

⑦ 圆角矩形“缩小”（第四行第二个）及其后六个圆角矩形动画均设置“开始”→“与上一动画同时”。

⑧ 第四行对象分别设置强调动画，效果同其中的文字。

⑨ 第五行前三个对象分别设置退出动画，效果同其中的文字。

⑩ 选中最后一个“动作路径”，选择“动画”→“添加动画”→“其他动作路径”→“特殊”→“飘扬形”动画效果。

⑪ 插入素材库中的树叶图片 5-14.png，删除背景。复制两片树叶，调整大小、位置、方向。依次选中三片树叶设置“自定义路径”。

⑫ 插入素材库中的图片 5-2.png，放置在右上角，删除背景。选择“动画”→“添加动画”→“动作路径”→“形状”动画效果，调整图片与起始点重合。

⑬ 保存。

5.4.2 幻灯片切换动画

幻灯片切换动画是指上一张幻灯片放映结束，本张幻灯片进入时的动画效果，可以看成是自定义动画的补充，使演示文稿在放映过程中幻灯片之间的过渡衔接更为自然。

单击“切换”标签，打开“切换”功能区，从内置的切换动画中选择一种效果，可以应用到幻灯片上，PowerPoint 2010 内置的切换动画分为三大类：细微型、华丽型和动态内容。“效果选项”可以设置幻灯片切换的方向。功能区右侧的“换片方式”设置，可以设置“单击鼠标时”，也可以选择“设置自动换片时间”，然后输入时间。这两项可以同时选择。

打开实例 5-11 的文件，为每张幻灯片依次选择“切换”下的各种切换效果，保存。

5.4.3 多媒体支持功能

在 PowerPoint 中可以方便地插入影片和声音等多媒体对象，使演示文稿从画面到声音，多方位地向观众传递信息。在使用多媒体素材时，必须注意所使用的对象均切合主题，否则会使演示文稿冗长、累赘。

1. 在幻灯片中插入影片

PowerPoint 中的影片包括视频和动画，可以在幻灯片中插入的视频格式有十几种，可以插入的动画主要是 GIF 动画图片。PowerPoint 支持的影片格式会随着媒体播放器的不同而有所不同。

（1）插入剪辑管理器中的影片

在功能区单击“插入”→“媒体”→“视频”下拉箭头，在下拉菜单中选择“剪贴画视频”命令，打开“剪贴画”窗格，该窗格显示了剪贴库中所有的影片，单击该动画图片即可插入到幻灯片中。

（2）插入文件中的影片

单击“媒体”下拉箭头，在下拉菜单中选择“文件中的视频”命令，在文件列表中选择需要的影片文件，并单击“确定”按钮，将其插入到幻灯片中。与此同时会打开一个消息对话框，单击“自动”按钮，表示当放映到插入视频的幻灯片时，将自动播放该视频文件；单击“在单击时”按钮，表示在放映时，只有在单击影片后，视频才开始播放。

2. 在幻灯片中插入声音

插入声音和插入影片方法一样，这里不再赘述。

（1）背景音乐

背景音乐主要用于营造气氛，音乐的选择必须符合主题表达的意境。单击“插入”选项卡中的“音频”按钮，在下拉菜单中选择“文件中的音频”命令，就可以在计算机中选择音乐文件。

音乐文件插入到幻灯片后，在幻灯片上显示声音图标，同时在动画窗格中出现声音动画的信息行。声音图标显示在幻灯片上，与幻灯片上的主体内容不是很协调，可以将声音图标隐藏起来。隐藏声音图标最简单的方法就是将声音图标拖到幻灯片之外的任何位置。

在某张幻灯片上插入的音乐，只能在该幻灯片上播放，切换到下一张幻灯片时，音乐会自动停止。若要将音乐作为整个演示文稿中所有幻灯片的背景音乐，设置方法为：在动画窗格中右击音乐动画，在下拉菜单中选择“效果选项”命令，弹出“播放音频”对话框，在“停止播放”区的第三个单选按钮后输入相应的数字即可，如“在 10 张幻灯片后”表示该音乐作为 10 张幻灯片的背景音乐。

（2）裁剪音乐

如果只希望使用音乐中的某一段，或者说演示文稿自动放映的时间为 3 min，而音乐文件却有 5 min，这时就需要对音乐文件进行裁剪。在幻灯片中右击声音图标，从弹出的快捷菜单中选择“裁剪音频”命令，弹出“剪裁音频”对话框，如图 5-18 所示。如在“开始时间”的文本框中输入“00:22”，“结束时间”的文本框中输入“01:40”，就表示只播放这段时间区域内的音乐，22 s 以前和 1 min 40 s 以后的音乐就不会播放，也可以拖动绿色的开始滑块和红色的结束滑块来设置开始时间和结束时间。

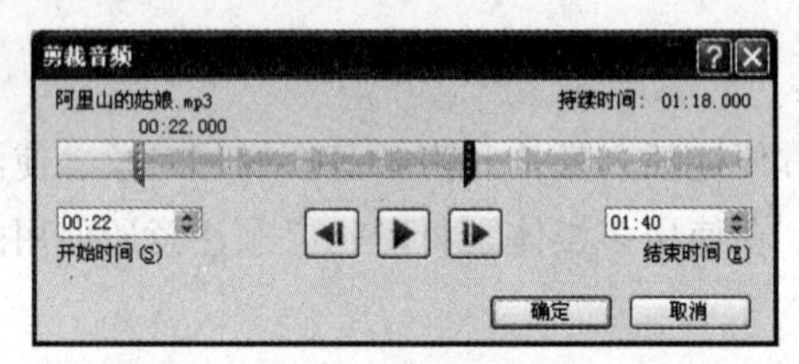

图 5-18 “剪裁音频”对话框

（3）幻灯片放映时自动播放音乐

插入音乐到幻灯片中，默认的是触发器状态，即在放映时需要单击声音图标才能播放，要想在幻灯片放映就能自动播放音乐，需要取消触发器状态。在动画窗格中，右击声音动画，从弹出的快捷菜单中选择“计时”命令，弹出“播放音频”对话框，在“开始”下拉列表框中选择“与上一动画同时”选项，即可取消触发器，在幻灯片放映时就能自动播放音乐。

3. 插入超链接

超链接必须在放映演示文稿时才能被激活。

在 PowerPoint 中创建插入超链接的方式有：

① 创建指向自定义放映或当前演示文稿中某个位置的超链接；

② 创建指向其他演示文稿中特定幻灯片的超链接；

③ 创建电子邮件的超链接；

④ 创建指向文件或网页的超链接；

⑤ 创建指向新文件的超链接。

具体创建超链接的步骤如下：

① 选择用于代表超链接的文本或对象。

② 在“插入”选项卡“链接”组中单击“超链接”按钮，弹出“插入超链接”对话框。

③ 在“插入超链接”对话框左边的“链接到”列表项中，选择期望创建的超链接类型并选择或输入链接对象，单击“确定”按钮。

4. 插入动作按钮

提供动作按钮是为了在演示文稿放映时，可以通过单击或移过动作按钮来执行以下操作：

① 转到下一张幻灯片、上一张幻灯片、第一张幻灯片、最后一张幻灯片、最近观看的幻灯片、特定幻灯片编号、其他 Microsoft Office PowerPoint 演示文稿或网页；

② 运行程序；

③ 运行宏；

④ 播放音频剪辑。

插入动作按钮并为其分配动作的操作如下：

① 在“插入”选项卡“插图”组中单击“形状”按钮，然后在“动作按钮”下单击要添加的按钮形状。

② 单击幻灯片上的一个位置，然后通过拖动为该按钮绘制形状。

③ 在弹出的“动作设置”对话框中，根据不同的情况做以下选择：

- 若要选择在幻灯片放映视图中单击动作按钮时该按钮的行为，则选择“单击鼠标”选项卡。
- 若要选择在幻灯片放映视图中指针移过动作按钮时该按钮的行为，则选择“鼠标移过”选项卡。

④ 选择单击或指针移过动作按钮时要执行的动作：

- 若只是在幻灯片上显示该形状按钮，不指定相应动作，则选择“无”单选按钮。
- 若要创建超链接，则选择“超链接到”单选按钮，然后选择超链接动作的目标对象（如下一张幻灯片、上一张幻灯片、最后一张幻灯片或另一个 PowerPoint 演示文稿等）。
- 若要运行某个程序，则选择“运行程序”单选按钮，单击“浏览”按钮，然后找到要运行的程序。
- 若要运行宏，则选择“运行宏”单选按钮，然后选择要运行的宏，不过仅当演示文稿包含宏时，“运行宏”设置才可用。
- 若要播放声音，则选择“播放声音”复选框，然后选择要播放的声音。

5. 插入表格

在幻灯片中插入表格的具体操作与 Word 一样，在“插入”选项卡“表格”组中单击“表格”按钮。在下拉菜单中可以通过三种方式插入表格：

① 单击并移动鼠标指针以选择所需的行数和列数，然后释放鼠标。

② 选择“插入表格”命令，在弹出的“插入表格”对话框中输入“列数”和“行数”。

③ 选择“绘制表格”命令，鼠标会变成铅笔图标，可以在编辑窗口的任何位置绘制自定义表格。

6. 插入图表

与文字数据比较，形象直观的图表更加容易理解。在幻灯片中插入图表以简单易懂的方式反映了各种数据关系。PowerPoint 附带了一种 Microsoft Graph 的图表生成工具，它能提供各种不同的图表以满足需要，使图表制作过程简便而且自动化。可执行以下操作来创建图表：

① 在幻灯片中，单击要插入图表的占位符。

② 在“插入”选项卡“插图”组中单击“图表”按钮或者在占位符中单击▮。

③ 选择需要的图表类型，并单击“确定”按钮。

④ 在打开的 Excel 工作表的示例数据区域中，替换已有的示例数据和轴标签，最后关闭 Excel 窗口。

【实例 5-12】加入多媒体。要求：

① 插入视频、音频、按钮、超链接、图表、表格。

② 插入节，命名节。

操作步骤如下：

① 打开“sl5-11.pptx”，另存为“sl5-12.pptx”。

② 在第一张幻灯片后插入一张版式为“标题和内容”的新幻灯片。在“单击此处添加标题”处输入“目录”，在“单击此处添加文本”处输入“导入外部文本”“估算幻灯片容量”“两种建立结构的方法”“图片处理”“SmartArt 图形”“各种动画效果”“成绩表”“柱形图”“视频”。

③ 第十二张幻灯片插入一张 9 行 5 列的表格（见素材“成绩表.xlsx”）。

④ 第十三张幻灯片插入一个簇状柱形图（见素材“成绩表.xlsx”）。

⑤ 第十四张幻灯片添加视频（见素材“尘缘.swf”）。

⑥ 第一张幻灯片添加背景音乐（见素材“月光.mp3”）。

⑦ 选中第二张幻灯片，选中“导入外部文本”右击，在弹出的快捷菜单中选择“超链接”命令，在弹出的“插入超链接”对话框中单击“本文档中位置”按钮，再选择第三张幻灯片，单击“确定”按钮。为每行文字顺序设置相应的超链接。

⑧ 选择第三张幻灯片，在“插入”选项卡“插图”组中单击“形状”按钮，在下拉列表中的“动作按钮”下单击第一个按钮。

⑨ 单击幻灯片上的一个位置，然后通过拖动为该按钮绘制形状。

⑩ 在弹出的“动作设置”对话框中，单击“超链接到”的下拉列表框，选择“幻灯片...”选项，弹出“超链接到幻灯片”对话框，从中选择第二张幻灯片“目录”，单击“确定”按钮。

⑪ 复制按钮，分别粘贴到第 4、6、9、10、11、12、13、14 张幻灯片的合适位置。

⑫ 新建第 15 张幻灯片，输入“谢谢”，设置艺术字格式。

⑬ 为第 12～15 张幻灯片设置切换方式。

⑭ 将光标移动到新增节的位置，在普通视图模式下单击第二张幻灯片之后，右击，在弹出的快捷菜单中选择“新增节”命令，节的标题默认为“无标题节”，右击“无标题节”，在弹出的快捷菜单中选择“重命名节”命令，弹出“重命名节”对话框，输入节的新名字“neirong”，单击“确定”按钮。

⑮ 将光标移到第 14 张与第 15 张幻灯片之间，在弹出的快捷菜单中选择“新增节”命令，命名为“jieshu”。

⑯ 将光标移在第一张幻灯片前，右击，在弹出的快捷菜单中选择“新增节”命令，命名为“biaoti”。

⑰ 将“视图”切换为“幻灯片浏览”，可以更全面、更清晰地查看幻灯片之间的逻辑关系，如图 5-19 所示。

⑱ 保存。

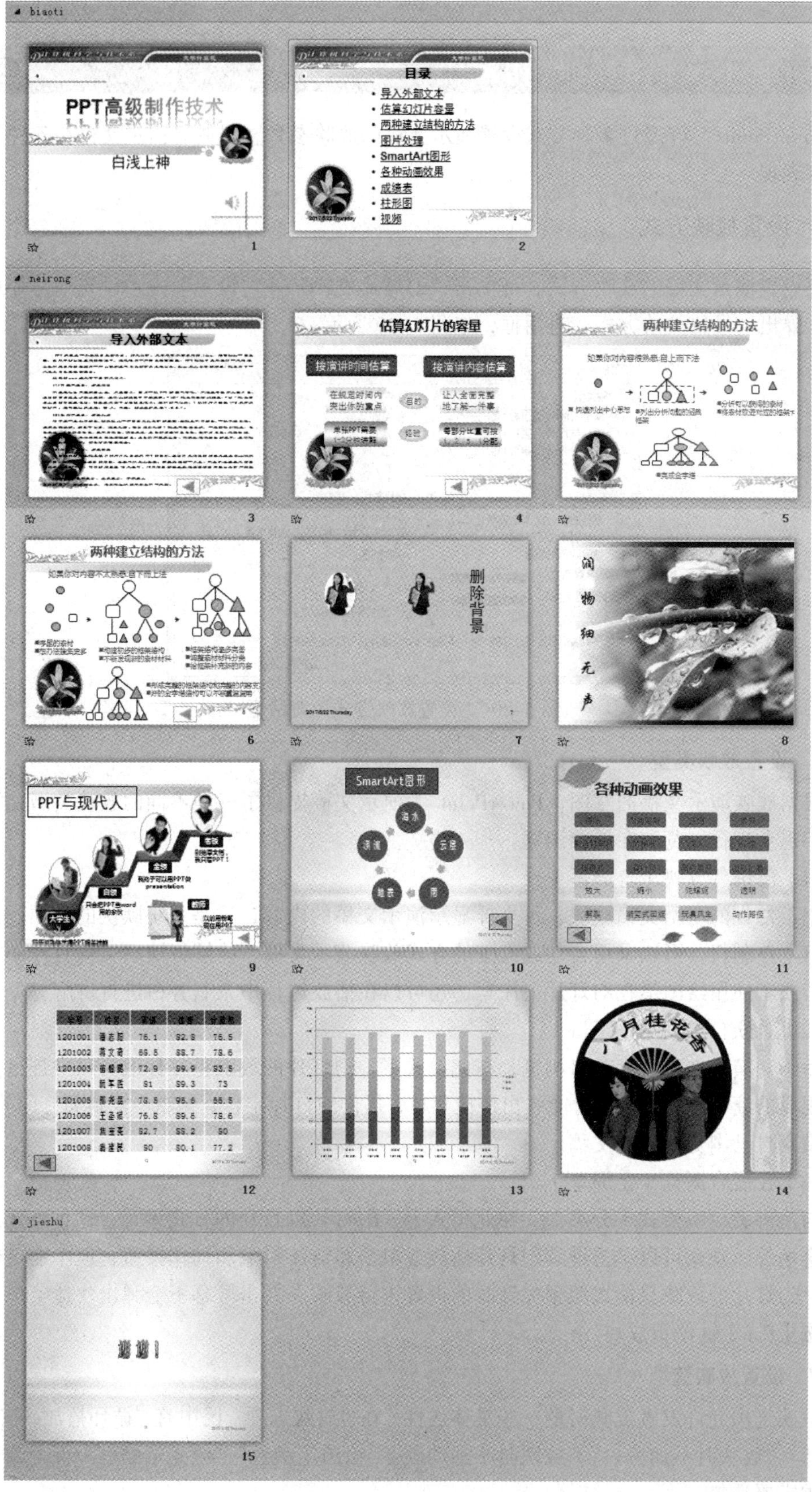

图 5-19　分节后幻灯片浏览

5.5 演示文稿的放映和输出

PowerPoint 允许通过多种方式设置演示文稿的放映参数，以调试演示文稿在各种放映设备上的表现。

5.5.1 设置放映方式

要设置演示文稿的放映方式，可单击“幻灯片放映”→“设置”→“设置幻灯片放映”按钮，弹出“设置放映方式”对话框，如图 5-20 所示。

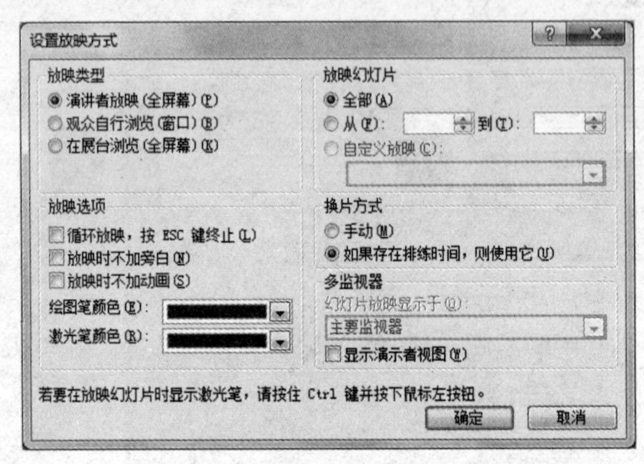

图 5-20 “设置放映方式”对话框

1. 设置放映类型

根据放映演示文稿的意图，PowerPoint 为演示文稿提供了三种不同的放映类型：演讲者放映、观众自行浏览和在展台浏览。

（1）演讲者放映（全屏幕）

用于常规的演示文稿放映，可全屏显示演示文稿的内容，这是系统默认的选项。演讲者具有自主控制权，可以采用自动或人工的方式放映演示文稿，能够将演示文稿暂停，添加会议细节或者使用绘图笔在幻灯片上涂写，还可以在播放过程中录制旁白进行讲解。

（2）观众自行浏览（窗口）

用于对演示文稿进行窗口浏览，在此模式下，幻灯片的放映将在标准窗口中进行，适用于小规模的演示。右击窗口时能弹出快捷菜单，提供幻灯片定位、编辑、复制和打印等命令，方便观众自己浏览和控制文稿。

（3）在展台浏览（全屏幕）

与演讲者放映模式十分类似，在此模式下，幻灯片以自动的方式运行，这种方式适用于展览会场等。观众可以单击继续幻灯片播放或单击超链接对象和动作按钮，但不能更改演示文稿，幻灯片的放映只能按照预先计时的设置进行放映，右击屏幕不会弹出快捷菜单，需要时可按【Esc】键停止放映。

2. 设置放映选项

放映选项允许设置放映时的一些具体属性。在“放映选项”区中有“循环播放，按【Esc】键终止”“放映时不加旁白”“放映时不加动画”“绘图笔颜色”“激光笔颜色”五个选项，可以根据需要选择。

3．设置放映幻灯片

“放映幻灯片”区可以设置幻灯片播放的方式，如果选择“全部”单选按钮，则播放全部的演示文稿，如果选择“从---到---”单选按钮，则可选择播放演示文稿的幻灯片编号范围。

4．指定换片方式

在“换片方式”区中可以指定幻灯片的换片方式。其中，“手动”表示通过按键或单击来人工换片；“如果存在排练时间，则使用它”表示按照“切换”选项卡中设定的时间自动换片，但是如果尚未设置自动换片，则该选项按钮的设置无效。

5.5.2 放映幻灯片

演示文稿提供了四种放映幻灯片的方式：从头开始、从当前幻灯片开始、广播幻灯片、自定义幻灯片放映。其中，“从头开始”“从当前幻灯片开始”“自定义幻灯片放映”主要是从幻灯片的放映顺序方面进行区分的，不仅可以按顺序进行放映，还可以有选择地进行放映。

1．设计幻灯片的同时查看放映效果

用户对演示文稿设置完毕后，经常需要对幻灯片的放映进行彩排，及时发现幻灯片放映中的问题，PowerPoint 允许设计幻灯片的同时查看放映效果，可一边放映幻灯片，一边修改幻灯片，其实现方法如下：

① 切换到“幻灯片放映”选项卡“开始放映幻灯片”组中，按住【Ctrl】键的同时单击“从当前幻灯片开始”按钮。

② 演示文稿开始在屏幕的左上角放映。在幻灯片的放映过程，如若发现某项内容出现错误或者某个动态效果不理想，则可直接单击演示文稿编辑窗口，并定位到需要修改的内容上，进行必要的修改。

③ 修改完成后，单击放映状态下的幻灯片（左上角处的幻灯片）即可继续播放演示文稿，以便查看和纠正其他错误。

2．录制幻灯片演示

录制幻灯片演示是 PowerPoint 2010 的一项新功能，该功能可以记录每张幻灯片的放映时间，同时允许使用鼠标、激光笔或麦克风为幻灯片加上注释，即制作者对幻灯片的一切相关注释都可以使用录制幻灯片演示功能记录下来，从而使演示文稿可以脱离演讲者来放映，大大提高幻灯片的互动性。录制幻灯片演示的操作如下：

① 在“幻灯片放映”选项卡“设置”组中单击“录制幻灯片演示”按钮。

② 根据需要选择“从头开始录制”或者“从当前幻灯片开始录制”命令。

③ 在“录制幻灯片演示”对话框中，选择“旁白和激光笔”和“幻灯片和动画计时”复选框，并单击“开始录制”按钮。

④ 若要结束幻灯片放映的录制，则右击幻灯片，选择“结束放映”命令。

操作结束后，每张幻灯片都会自动保存录制下来的放映计时，且演示文稿将自动切换到浏览视图，每个幻灯片下面都显示放映的计时。

3．控制幻灯片放映

在放映过程中，除了可以根据排练时间自动进行播放，也可以控制放映某一页。右击屏幕，在弹出的快捷菜单中可以进行下面几种操作：

① 放映下一页。在幻灯片的空白位置单击，或者按【PgDn】键，或者从右键快捷菜单中选择“下一张”命令。

② 放映上一页。按【PgUp】键，或者从右键快捷菜单中选择“上一张”命令。

③ 定位到某一页。从右键快捷菜单中选择“定位至幻灯片”命令，就可以选择相应的标题，直接定位到所选的幻灯片上。

④ 结束放映。按【Esc】键，或者从右键快捷菜单中选择“结束放映”命令。

4. 绘图笔的应用

PowerPoint 提供了绘图笔功能，绘图笔可以直接在屏幕上进行标注，在放映过程对幻灯片中的内容进行强调。操作步骤如下：

① 在放映过程中，右击屏幕，从弹出的快捷菜单中选择“指针选项”命令，再从出现的级联菜单中，选择对应的画笔命令。

② 如果要改变绘图笔的颜色，右击屏幕，从弹出的快捷菜单中选择“指针选项”命令，再从出现的级联菜单中，选择“墨迹颜色”命令，或者在“设置放映方式”对话框中选择“绘图笔颜色”选项，设置所需的颜色。

③ 按住鼠标左键，在幻灯片上就可以直接书写和绘画，但不会修改幻灯片本身的内容。

④ 如果要擦除标注内容，右击屏幕，从弹出的快捷菜单中，选择“指针选项”命令，再从出现的级联菜单中，选择“擦除幻灯片上的所有墨迹”命令。

⑤ 当不需要进行绘图笔操作时，右击屏幕，选择“指针选项”命令，再从出现的级联菜单中选择“箭头”命令，即可将鼠标指针恢复为箭头形状，也可以选择“指针选项” → “箭头选项” → “永远隐藏”命令，在剩余放映过程中，仍然可以右击，然后从弹出的快捷菜单中选择相应的操作。

5. 分屏演示

许多人在制作演示文稿时，把自己想说的每句话都写在幻灯片上，这样的幻灯片看上去索然无味，如果担心自己在演示时遗漏一些内容，可以将这些内容写在备注中，在放映时，自己操作的计算机上显示备注，而投影屏幕上只显示放映的画面。

（1）连接投影仪、电视或其他显示器

投影仪等设备一定要开启，但不要把显示切换到投影状态，否则下面的设置无法进行。

（2）设置多屏显示

在桌面上右击，在弹出的快捷菜单中选择“属性”命令，弹出“显示属性”对话框，切换到“设置”选项卡，如图 5-21 所示。选择“将 Windows 桌面扩展到该监视器上（E）”复选框，选择“显示器 2”，把显示器 2 的分辨率调整到合适的位置。设置完成后，单击“确定”按钮，则投影屏幕上会自动显示该计算机的桌面。

（3）PowerPoint 中的设置

打开要演示的演示文稿文件，单击“幻灯片放映”选项卡“设置”组中的“设置幻灯片放映”按钮，弹出“设置放映方式”对话框，如图 5-22 所示。在该对话框中进行设置，在“多监视器”区的下拉列表框中选择“监视器 2 默认监视器”选项，选择“显示演示者视图”复选框。

【提示】如果不选择这两项，则显示的效果恰好相反。

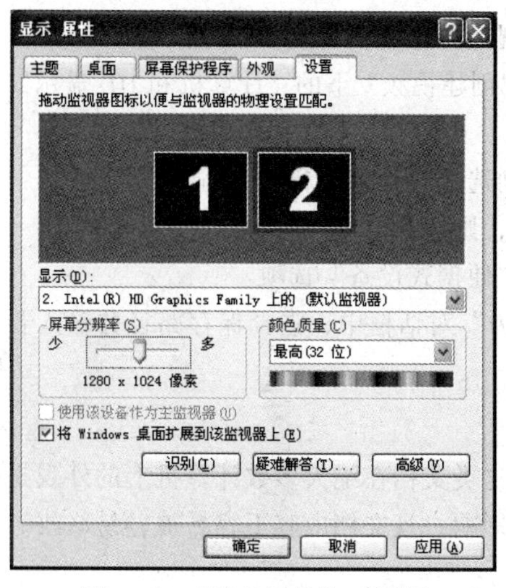

图 5-21 “显示属性”对话框

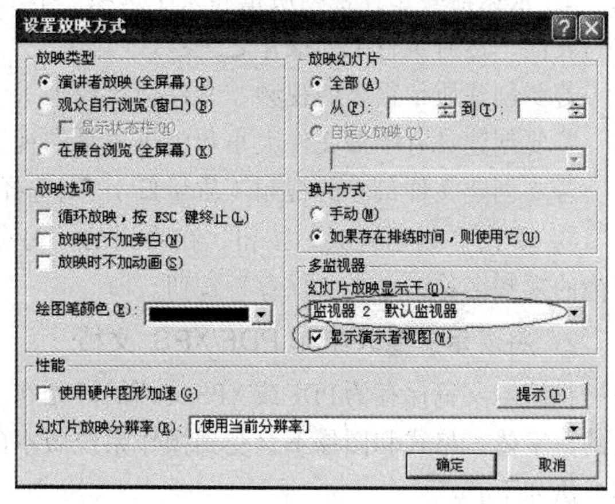

图 5-22 “设置放映方式”对话框

6．快速放映

（1）【F5】快捷键

快捷键总是快于单击，在放映幻灯片时常用到两组快捷键：【F5】键和【Shift+F5】组合键。

【F5】键：无论在哪一张幻灯片上，按下此键，都会直接从头开始放映。

【Shift+F5】组合键：按下此组合键，直接从当前所选定的幻灯片开始放映。

（2）【数字+Enter】组合键

在放映过程中，要定位到某一张幻灯片时，需要使用上下翻页键或鼠标滚轴上下滚动来定位需要放映的幻灯片。其实，只需要按【Enter+数字】组合键键就可以直接放映所希望的幻灯片，速度大大加快。

另外，首页和末页只需直接按【Home】键和【End】键即可。

7．白屏、黑屏和暂停放映

在放映过程中，有几个控制放映节奏的方法，即让屏幕变白、变黑或暂停放映。

（1）白屏和黑屏

在放映时，直接按【B】键，画面将变黑，再按则恢复；按下【W】键画面会变白，再按会恢复。这两个键主要是让观众脱离放映画面，从而与演示者进行交流与讨论，或休息使用。

（2）画面暂停

对于自动播放的演示文稿，在播放时希望某幻灯片或某幻灯片上的某个对象停止，让演讲者进行讲解时，可以按【S】键，所有的动画全部暂停，再按则继续，在截图时也经常使用。

5.5.3 将幻灯片保存为其他格式

演示文稿除了可以保存为幻灯片格式外，还可以保存成其他格式，以便在不同的场合更好地呈现演示文稿。

1．将演示文稿保存为视频

在 PowerPoint 2010 中，可以将演示文稿另存为 Windows Media 视频（.wmv）文件，这样可以确信自己演示文稿中的动画、旁白和多媒体内容能顺畅播放，分发时更加放心。操作步骤如下：

① 选择“文件”→“保存并发送”→“创建视频”命令，如图 5-23 所示。

② 根据需要选择视频质量和大小选项。单击“创建视频”下的“计算机和 HD 显示”下拉列表框，然后执行下列操作之一：

若要创建质量很高的视频（文件会比较大），则选择“计算机和 HD 显示”选项。

若要创建具有中等文件大小和中等质量的视频，则选择“Internet 和 DVD”选项。

若要创建文件最小的视频（质量低），则选择“便携式设备”选项。

③ 单击“创建视频”按钮，在弹出的“另存为”对话框中，选择保存路径并输入要保存为的视频名称，单击“保存”按钮。

2. 将演示文稿保存为 PDF/XPS 文档

将演示文稿保存为PDF或XPS文档的好处在于这类文档在绝大多数计算机上的外观是一致的，字体、格式和图像不会受到操作系统版本的影响，且文档内容不容易被轻易修改。操作方法如下：

① 选择“文件”→“保存并发送”→“创建 PDF/XPS 文档”命令，再单击“创建 PDF/XPS”按钮。

② 在弹出的“发布为 PDF 或 XPS ”对话框的“保存类型”列表框中选择 PDF 或 XPS 文件类型。

③ 若有需要，单击“发布为 PDF 或 XPS”对话框的“选项”按钮，在弹出的“选项”对话框中做相应设置，如图 5-24 所示。

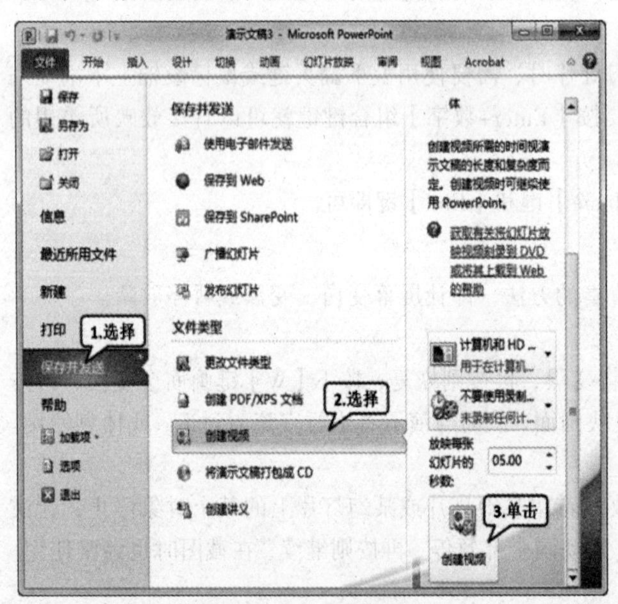

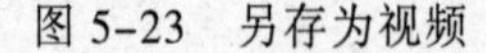
图 5-23　另存为视频

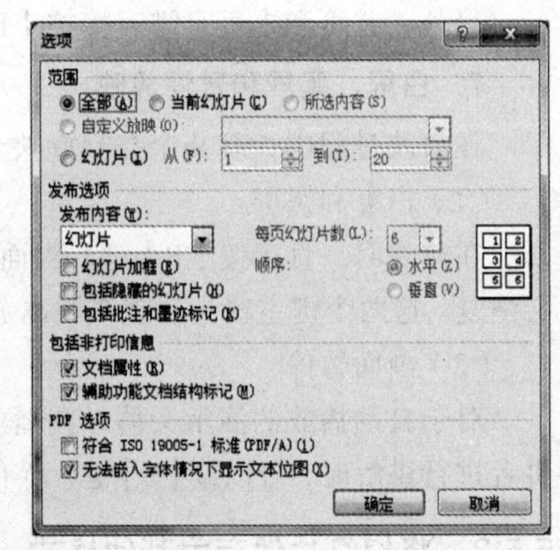

图 5-24　发布为 PDF 或 XPS 文档的选项

④ 选择保存路径并输入要保存为的文档名称，单击“发布”按钮。

3. 将幻灯片保存为图片文件

PowerPoint 还允许将演示文稿中的幻灯片单独或全部保存为图片文件，且支持多种图片文件类型，包括 jpeg、png、gif、tif、bmp、wmf、emf 等。操作的方法：选择“文件”→“另存为”命令，在弹出的“另存为”对话框中选择一种图片文件格式，单击“保存”按钮，此时系统会弹出图 5-25 所示的对话框，根据需要选择即可。

Microsoft PowerPoint
想要导出演示文稿中的所有幻灯片还是只导出当前幻灯片?
每张幻灯片(E) 仅当前幻灯片(C) 取消

图 5-25 将幻灯片导出为图片的选择

4. 添加打开和修改密码

打开密码是指打开演示文稿时必须输入正确密码，否则无法打开文档；修改密码是指只有输入了正确密码，才能修改演示文稿，如果密码不正确，只能浏览文稿，但不能复制、编辑演示文稿内容。

设置打开与修改密码的方法：在 PowerPoint 2010 中，选择“文件”→“另存为”命令，在弹出的“另存为”对话框中单击“工具”按钮，在弹出菜单中选择“常规选项”命令，弹出“常规选项”对话框，输入相应的密码，单击“确定”按钮后，再次输入确认密码。

这种方法是 PowerPoint 提供的一种安全设置，但并不绝对安全，从网上下载破解 Office 文档密码的相关软件就可轻松破解。

5.5.4 打印演示文稿

在 PowerPoint 中，既可用彩色、灰度或纯黑白打印整个演示文稿的幻灯片、大纲、备注和观众讲义，也可打印特定的幻灯片、讲义、备注页或大纲页。

打印演示文稿可选择“文件”→“打印”命令，打开打印选项窗口。在选项窗口中，提供了打印演示文稿的预览窗格。在该窗口中可以预览演示文稿中的所有幻灯片。在预览确认打印结果之后，即可以在左侧的打印窗格中设置打印的各种属性。如果需要将演示文稿打印多份，则可在“打印”按钮右侧的“份数”文本框中输入打印的数量。最后在确认无误的情况下，单击“打印”按钮进行打印。

5.6 演示文稿操作高级技巧

① 快速放映：按【F5】键，幻灯片从头开始放映；【Shift+F5】组合键，从当前幻灯片开始放映。按【ESC】键或按【-】键，停止放映。自动放映幻灯片，按【S】键或者【+】键可以暂停或者重新开始自动放映。

② 放映时快速进到第 n 张幻灯片：按【数字 n】键，再按【Enter】键。返回第一张幻灯片：同时按住鼠标的左右键 2 s 以上，就快速返回第一张幻灯片。

③ 显示黑屏：在放映中按一下【B】键或者【.】键，就可以黑屏。再按一下【B】或者【.】键，从黑屏返回幻灯片放映。显示白屏：按【W】键或者【,】键，从放映状态切换到白屏显示，再按一下【W】键或者【,】键，从白屏返回幻灯片放映。

④ 隐藏和显示鼠标指针：放映时按【Ctrl+H】组合键就可以隐藏鼠标指针；按【Ctrl+A】组合键隐藏的鼠标指针又会重现。

⑤ 在播放过程中，可以在屏幕上画出相应的重点内容：在放映过程中，右击，在弹出的快捷菜单中选择“指针选项”→“毡尖笔”命令，此时，鼠标变成一支“笔”，可以在屏幕上随意绘画。

⑥ 在 PPT 当中把图片裁剪成任意的形状：首先利用“插入”→“形状”命令，绘制一

个椭圆。选中椭圆后单击“绘图工具 | 格式”选项卡中的“形状填充”右侧下拉箭头，选择“图片”命令，在“插入图片”对话框中找到合适的图片，单击“插入”按钮。此图片当作椭圆图形的背景出现，改变了原来的矩形形状，获得了满意的裁剪图片效果。

⑦ 两幅图片同时动作：先安置好两幅图片的位置，选中它们并组合起来，成为“一张图片”。再对组合设置动画效果。

⑧ 对象也用格式刷：想制作出具有相同格式的文本框（如相同的填充效果、线条色、文字字体、阴影等），可以在设置好其中一个以后，选中它，单击工具栏中的“格式刷”工具，然后单击其他的文本框。如果有多个文本框，只要双击“格式刷”工具，再连续“刷”多个对象。其实，不光文本框，其他自选图形、图片、艺术字或剪贴画也可以使用格式刷来刷出完全相同的格式。

⑨ 巧让多对象排列整齐：在幻灯片上插入了多个对象，快速让它们排列整齐，按住【Ctrl】键，依次单击需要排列的对象，再选择“绘图工具 | 格式”→“排列”→“对齐”下拉箭头，任选一种合适的排列方式就可实现多个对象间隔均匀的整齐排列。

⑩ 打造多彩公式：默认的公式都是黑色的，可以选中编辑好的公式（不是选中占位符）右击，在弹出的快捷菜单中选择“设置文字效果格式”命令，弹出“设置文本效果格式”对话框。选择“文本填充”→“渐变填充”单选按钮，单击“预设颜色”右边的下拉箭头，选择一种效果，单击“关闭”按钮。公式就改变了颜色。

⑪ 去掉超链接文字的下画线：向 PPT 文档中插入一个文本框，在文本框输入文字后，选中整个文本框，设置文本框的超链接。这样在播放幻灯片时就看不到超链接文字的下画线了。

⑫ 将 PPT 演示文稿保存为图片：打开要保存为图片的演示文稿，选择“文件”→“另存为”命令，将保存的文件类型选择为“JPEG 文件交换格式”，单击“保存”按钮，此时系统会询问“想要导出演示文稿中的所有幻灯片还是只导出当前的幻灯片？”根据需要单击其中相应的按钮就可以了。

⑬ PPT 上播放从网上下载视频：网上下载的视频是流媒体 flv 格式，PPT 不支持。但是 PPT 可以很好地支持 swf 格式的视频文件。下载 Ultra Flash Video FLV Converter 3.8.0924 汉化版，用这个软件可以把 flv 格式的文件很好地转换成 swf 格式。

⑭ 设置背景音乐：做 PPT 时，添加的音乐只能在一个幻灯片里播放，在所有幻灯片里均可以播放才能称背景音乐。打开“动画窗格”，右击音乐动画，在弹出的快捷菜单中选择“效果选项”命令，弹出“播放音频”对话框，“效果”选项卡“停止播放”区中选择“在：...张幻灯片后”单选按钮，在文本框中输入最后一张幻灯片的编号即可。

⑮ 一个演示文稿中应用多个模板版式：一个演示文稿中使用多个模板可以使版面不单调。先选中想要更改模板的幻灯片，选择“格式”→“幻灯片设计”选项，这时在主窗口的右边会出现一个“幻灯片设计”任务窗格。只要将鼠标移到希望应用的模板上（请不要急着单击模板），此时在模板右边会出现一个向下的箭头，单击此箭头，在弹出菜单中选择“应用于选定幻灯片”命令。这样，这个幻灯片就具有了一个和其他幻灯片不同的模板了。

⑯ 压缩制作电子相册容量：打开相册文稿，选择“文件”→“另存为”命令，弹出“另存为”对话框，单击对话框的“工具”下拉箭头，在随后弹出的下拉菜单中，选择“压缩图片”选项，弹出“压缩图片”对话框，“目标输出”下选择“屏幕：适用于网页和投影仪”单选按钮，单击“确定”按钮返回，再命名保存即可。

5.7 全国计算机等级考试二级 MS Office 中 PPT 的考点

1. 主题应用

题目要求如下：

将第一张幻灯片的主题设为“奥斯汀”，第二张幻灯片的主题设为“blends”。

操作步骤如下：

① 选中第一张幻灯片，单击“设计”→“主题”右侧其他按钮→在“内置”区选择“奥斯汀”。

② 选中第二张幻灯片，单击“设计”→单击“主题”右侧其他按钮→在“自定义”区找到“blends”，右击，在弹出的快捷菜单中选择“应用于选定幻灯片”命令。

2. 配色方案

题目要求：

① 新建一个自定义的配色方案，其中配色方案颜色为：

a. 文字/背景色：红色（R）为 50，绿色（G）为 100，蓝色（B）为 255；

b. 强调文字颜色：黑色（即红色、绿色、蓝色的 RGB 值均为 0）；

c. 超链接：红色（即红色、绿色、蓝色的 RGB 值分别为 255，0，0）；

d. 已访问的超链接：绿色（即红色、绿色、蓝色的 RGB 值分别为 0，255，0）；

e. 完成后，将此配色方案添加为标准配色方案；

② 修改①中创建的配色方案，将其中的强调文字颜色改成绿色，其他不变，完成后将此配色方案添加为标准配色方案；

③ 将修改前的配色方案应用到第一张幻灯片；将修改后的配色方案应用到其余幻灯片。

操作步骤如下：

① 选择第一张幻灯片，单击“设计”→“主题”→“颜色”右边的下拉箭头，在下拉菜单中选择“新建主题颜色”命令，弹出“新建主题颜色”对话框。选择“文字/背景-深色1”的下拉箭头，打开“颜色”面板，在“自定义”选项卡中，按照题目要求分别修改“红色”“绿色”“蓝色”的值，单击“确定”按钮。

② 与设置“文字/背景”颜色的方法相同，根据题目要求设置其他元素的颜色值。

③ 完成设置后单击“保存”按钮。此时，选中的第一张幻灯片被应用为新创建的配色方案。

④ 选中第二张幻灯片，在“设计”选项卡“主题”组中单击“颜色”按钮，在下拉菜单中选择“新建主题颜色”命令，弹出“新建主题颜色”对话框。选第一条“文字/背景-深色 1”的下拉箭头，打开“颜色”面板，在“自定义”选项卡中，按照题目要求分别修改“红色”“绿色”“蓝色”的值（分别是 0，0，255），单击“确定”按钮。除第一张幻灯片外的其余幻灯片应用了修改后的颜色。

3. 母版

题目要求：

① 对于首页应用的标题母版，将其中的标题样式设为“黑体，54 号字”；

② 对于其他幻灯片应用的一般幻灯片母版，在“日期”区中插入日期“2017-9-9”并显示。

③ 在页脚中插入幻灯片编号（即页码）。

操作步骤如下：

① 选择第一张幻灯片，单击“视图”→“母版视图”→“幻灯片母版”按钮。

② 选择“标题母版”(状态栏中会提示“标题母版”)，在编辑区幻灯片中单击“单击此处编辑母版标题样式”占位符，修改字体和字号，完成题目要求①中的设置。

③ 单击“视图”→“普通视图”按钮回到普通视图。

④ 选中其他幻灯片（非第一张），单击“插入”→“页眉页脚”按钮，在弹出的“页眉和页脚”对话框中输入固定日期“2017-9-9”，选择“幻灯片编号”复选框，选择“标题幻灯中不显示”复选框，单击“全部应用”按钮。

⑤ 切换到“普通视图”。

4．动画设置

题目要求：

① 将首页标题文本的动画方案设置成系统自带的“向内溶解”效果；

② 针对第二张幻灯片，第二张幻灯片如图 5-26 所示。按顺序（即播放时按照 a 至 h 的顺序播放）设置以下的自定义动画效果：

a．将标题内容“主要内容”的进入效果设置成“棋盘”；

b．将文本内容“主题应用”的进入效果设置成“字幕式”，并且在标题内容出现 1 s 后自动开始，而不需要单击；

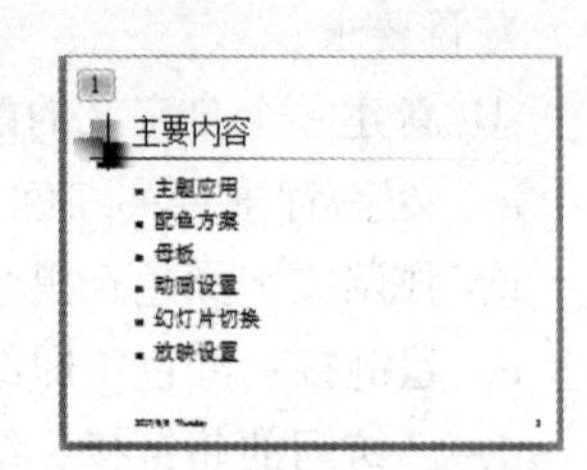

图 5-26　第二张幻灯片

c．将文本内容“配色方案”的进入效果设置成“回旋”；

d．将文本内容“母版”的进入效果设置成“菱形”；

e．将文本内容“动画设置”的强调效果设置成“波浪形”；

f．将文本内容“幻灯片切换”的动作路径设置成“向右”；

g．将文本内容“放映设置”的退出效果设置成“消失”；

h．在第二张幻灯片中添加“前进”与“后退”的动作按钮，当单击按钮时分别跳到当前页面的前一张与后一张，并设置这两个动作按钮的进入效果为同时“飞入”。

操作步骤如下：

① 在首页标题文本“二级考点”内右击（或使其处于选定状态后右击），选择“自定义动画”→在右端“自定义动画”窗格中选择“添加效果”→“进入”→“向内溶解”动画效果。(调出“自定义动画”窗格也可以通过“幻灯片放映”→“自定义动画”按钮实现。)

② 对第二张幻灯片进行如下操作：

a．选中第二张幻灯片中标题“主要内容”，选择“动画”→“添加动画”→“更多进入效果”→“棋盘”选项。

b．选中文本框中的“主题应用”文字，用与上相同的方法设置进入效果为“字幕式”。

c．只选中文本框中的“配色方案”文字，用与上相同的方法设置进入效果为“回旋”。

d．选中文本框中的“母版”文字，用与上相同的方法设置进入效果为“菱形”。

e．选中文本框中的“动画设置”文字，选择“动画”→“添加动画”→“更多强调效果”→“波浪形”选项。

f．选中文字 “幻灯片切换”，选择“动画”→“添加动画”→“其他动作路径”→“向右”选项。

g. 选中文本框中的“放映设置”文字，选择“动画”→“添加动画”→“更多退出效果”→“消失”选项。

h. 选择第二张幻灯片，在“插入”选项卡“插图”组中单击“形状”按钮，在“动作按钮”下，单击第一个按钮，单击幻灯片上的合适位置，然后通过拖动为该按钮绘制形状。在弹出的“动作设置”对话框中，选择“超链接到”的下拉箭头选择“幻灯片…”选项，弹出“超链接到幻灯片”对话框，从中选择第一张幻灯片，单击“确定”按钮。用同样的方法添加第二个动作按钮，在弹出的“动作设置”对话框中，选择“超链接到”的下拉箭头选择“幻灯片…”选项，弹出“超链接到幻灯片”对话框，从中选择下一张幻灯片，单击“确定”按钮。按住【Shift】键将这两个动作按钮一并选中，选择“动画”→“添加动画”→“飞入”选项。

5. 幻灯片切换

题目要求：

① 设置所有幻灯片之间的切换效果为“形状”；

② 实现每隔 5 s 自动切换，也可以单击进行手动切换。

操作步骤如下：

① 在功能区中选择“切换”→“形状”选项。

② 将右窗格下方的“每隔”复选框选中，调整时间间隔为 5 s（见图 5-27），单击“全部应用”按钮。

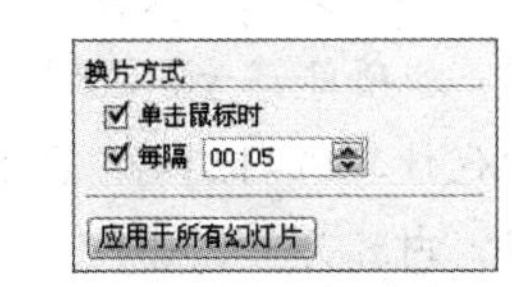

图 5-27 换片方式

6. 放映设置

题目要求：

① 隐藏第四张幻灯片，使得播放时直接跳过隐藏幻灯片；

② 选择前三张幻灯片进行循环放映。

操作步骤如下：

① 在左窗格中右击第四张幻灯片，在弹出的快捷菜单中选择“隐藏幻灯片”命令，能够看到其左上角的编号上多出了一个斜线（表示该幻灯片在放映时不被显示）。

② 单击“幻灯片放映”选项卡中的“设置放映方式”按钮，在弹出的“设置放映方式”对话框进行设置，单击“确定”按钮。

7. 演示文稿的输出

题目要求：

将演示文稿存为放映格式。

操作步骤如下：

在“文件”下拉菜单中选择“另存为”命令，弹出“另存为”对话框，选择“保存类型”右边下拉列表框中的“PowerPoint97-2003 放映（*.pps）”选项。输入文件名（如 5.7 二级考点.pps），单击“保存”按钮。

习　题　5

1. 从已有 PPT 文档中提取母版。
2. 做一个包含 10 张图片的相册。

3. 制作路径动画，使得三个圆球同时围绕中心旋转，设置背景样式，要求有预设颜色，如图所 5-28 所示。

图 5-28　路径动画

4. 打开“课后习题”文件夹中“实验 4 素材”中的演示文稿“yswg.pptx”，根据该文件夹下的文件“ppt-素材.docx”，按照下列要求完善此文稿并另存为“4 计算机发展.pptx”。

（1）使文稿包含七张幻灯片，设计第一张为“标题幻灯片”版式，第二张为“仅标题”版式，第三～六张为“两栏内容”版式，第七张为“空白”版式；所有幻灯片统一设置背景样式，要求有预设颜色。

（2）第一张幻灯片标题为“计算机发展简史”，副标题为“计算机发展的四个阶段”；第二张幻灯片标题为“计算机发展的四个阶段”；在标题下面空白处插入 SmartArt 图形，要求含有四个文本框，在每个文本框中依次输入“第一代计算机”……“第四代计算机”，更改图形颜色，适当调整字体字号。

（3）第三～六张幻灯片，标题内容分别为素材中各段的标题；左侧内容为各段的文字介绍，加项目符号，右侧为该文件夹下存放相对应的图片，第六张幻灯片需插入两张图片（“第四代计算机-1.JPG”在上面，“第四代计算机-2.JPG”在下面）；在第七张幻灯片中插入艺术字，内容为“谢谢!”。

（4）为第一张幻灯片的副标题、第三～六张幻灯片的图片设置动画效果；第二张幻灯片的四个文本框超链接到相应内容幻灯片；为所有幻灯片设置切换效果。

5. 打开“课后习题”文件夹中“实验 5 素材”中的演示文稿“5 新员工入职培训.pptx”，对该文档进行美化，要求如下：

（1）将第二张幻灯片版式设为“标题和竖排文字”，将第四张幻灯片的版式设为“比较”；为整个演示文稿指定一个恰当的设计主题。

（2）通过幻灯片母版为每张幻灯片增加利用艺术字制作的水印效果，水印文字中应包含“新世界数码”字样，并旋转一定的角度。

（3）根据第五张幻灯片右侧的文字内容创建一个组织结构图，其中总经理助理为助理级别，结构图结果应类似 Word 样例文件“组织结构图样例.docx”，并为该组织结构图添加任一动画效果。

（4）为第六张幻灯片左侧的文字“员工守则”加超链接，链接到 Word 素材文件“员工守则.docx”，并为该张幻灯片添加适当的动画效果。

（5）为演示文稿设置不少于三种的幻灯片切换方式。

6. PPT 高级应用演示文稿制作。要求：

（1）演示文稿幻灯片数量不能少于 15 张；

（2）除非特别指明，幻灯片都要设置为自动播放形式，播放时间控制在 5 min 以内，作品中若包含视频，其播放时间不得超过 90 s；

（3）在幻灯片播放过程中，要有一首背景音乐循环播放。

（4）第一张幻灯片为标题，内容自拟，高度概括整个演示文稿的主题；

（5）第一张幻灯片要求插入一个格式为 swf 的动画文件，而不是 PowerPoint 实现的动画效果。

（6）第二张幻灯片为索引页，页面上至少有六个超链接按钮，按钮上的文字分别为“经济发展”“衣的变化”“食的变化”“住的变化”“行的变化”“魅力青岛”，这些按钮分别链接到相应专题的第一个页面。此页不能自动播放。

（7）“经济发展”专题：第三张幻灯片为专题“经济发展”的第一页，此专题总的幻灯片数量不限。至少有两张使用动画，每张设置动画在两个以上，并且播放顺序合理。此类动画是指使用 PowerPoint 进行设置的动画，不包括 Flash 动画等内容；必须有一张幻灯片使用表格或图表反应青岛的 GDP 增长，专题中的幻灯片要求自动播放，但最后一页不能自动播放，并且有返回索引页的超链接。

（8）“衣的变化”专题：此专题幻灯片数量不少于两张，最大数量不限；至少有两张使用动画，每张设置动画在两个以上，并且播放顺序合理。此类动画是指使用 PowerPoint 进行设置的动画，不包括 Flash 动画等内容；专题中的幻灯片要求自动播放，但最后一页不能自动播放，并且有返回索引页的超链接。

（9）“食的变化”专题：要求同上。

（10）“住的变化”专题：要求同上。

（11）“行的变化”专题：要求同上。

（12）“魅力青岛”专题：要求幻灯片打开时自动播放一个不超过 90 s 的视频，并有暂停、停止等按钮对视频的播放进行控制；播放的视频要求必须是从提供的视频中截取的一段，片头要求有片名字幕、字幕内容恰当。专题中的幻灯片不能自动播放到下一页，并且有返回索引页的超链接和链接结束页的超链接。

（13）结束页：要求自动播放，至少有一个使用 PowerPoint 进行设置的动画，本页可以不设置背景音乐。

（14）作品大小不能超过 30 M，最后以“学号后两位+姓名”为文件名保存。

PPT 学习网址供大家参考：

PPT 资源之家 http://www.ppthome.net/PPT/Index.html

PPT 学习网 http://www.pptxx.com

无忧 PPT http://www.51ppt.com.cn/Index.html

素材中国下载站 http://www.sucai.com.cn

模版巴士 http://www.mb80.com/PPT

商业演示文稿设计园 http://www.acolor.net

第6章 网页制作

网络是当今时代最重要的信息传播途径，网站是信息的载体，人们通过它来发布自己想要公开的消息和提供的相关服务。许多个人和公司都有自己的网站，用于个人简历、博客，或者宣传公司产品、发布产品信息等。网站的页面都可以用 HTML 来编写，在 HTML 页面中可以包含文字、动画、图片、音频和视频等多种类型的资源。本章通过丰富的小实例来介绍网页的相关知识，最终以一个完整的实例——我的博客，将各知识点贯穿其中。

6.1 HTML 和 CSS 基础

6.1.1 HTML 和 CSS 基础介绍

超文本标记语言——HTML（HyperText Markup Language）是编写 Web 应用程序的一种语言，介绍 HTML 文件的基本框架、语法和元素，为编写 Web 程序打下基础。

一、HTML 基本结构

一个完整的 HTML 文件包含头部和主体两个部分的内容，在头部内容里可定义标题、样式等，文档的主体内容就是要显示的信息。

```
<html>
  <head>
     <title>一个简单的 HTML 示例</title>
  </head>
  <body>
     <h1>欢迎光临我的主页</h1>
  </body>
</html>
```

<html>标记通常作为 HTML 文档的开始代码，出现在文档的第一句，而</html>标记通常作为 HTML 文档的结束代码，出现在文档的尾部，其他所有的 HTML 代码都位于这两个标记之间，该标记用于告知浏览器或其他程序这是一个 Web 文档，应该按照 HTML 语言规则对文档内容的标记进行解释；<head>…</head>是 HTML 文档的头部标记；<body>…</body>标记之间的文本是浏览器显示的页面内容。

以上标记在文档中都是唯一的，<head>…</head>标记和<body>…</body>标记嵌套在 HTML 标记中。

对于一个网页设计者来说，对HTML语言一定不会感到陌生，因为它是所有网页制作的基础。如果希望网页能够美观、大方，并且升级方便，维护轻松，那么仅仅知道HTML是不够的，CSS在这中间扮演着重要的角色。本章从CSS的概念出发，介绍CSS语言的特点，以及如何在网页中引入CSS，然后重点介绍CSS的基本语法。

二、CSS基础介绍

1. CSS

CSS（Cascading Style Sheet），中文译为层叠样式表，是用于控制网页样式并允许将样式信息与网页内容分离的一种标记性语言，是实现页面表现（Presentation）的核心元素。CSS是1996年由W3C审核通过，并且推荐使用的。它以HTML为基础，提供了丰富的格式化功能，如字体、颜色、背景和整体排版等。CSS的引入随即引发了网页设计的一个又一个新高潮，使用CSS设计的优秀页面层出不穷。

2. 标记的概念

熟悉HTML语言的网页设计者，对于标记（tag）的概念一定不会陌生，在页面中各种标记及位于标记中的所有内容，组成了整个页面。例如，在网页中显示一个标题，以“<h3>”开始，中间是标题的具体内容，最后以“</h3>”结束，如下：

```
<h3>标题内容</h3>
```

其中的“<h3>”称为起始标记，对应的“</h3>”称为结束标记，在这两者之间为实际的标题内容。

页面中的常用标记：

```
<html>
  <head>
      <title>页面标题</title>
  </head>
  <body>
      <h3>CSS 的各种标记</h3>
      <p>从这里开始正文的内容</p>
  </body>
</html>
```

所有页面都是由各式各样的标记加上标记中间的内容组成的。在浏览网页时，可以通过浏览器中的“查看源文件”选项对页面的源码进行查看，从而了解该网页的组织结构等。

三、CSS设置文字效果

文字和段落是网页的基础部分，可以通过一些HTML标记实现对文字的格式化。在HTML文件中添加文字的方式与在Word中添加文字的方式相同，在需要输入文字的地方输入即可，但是需要添加在<body>和</body>标记之间，具体内容包括在浏览器中要显示的文字、段落、空格、特殊符号及注释语句。

1. 文字样式

语法：<font face="" size="" color="">…</font>

① <font>标记的face属性用来定义字体。

② size属性用来定义字号，取值范围为+1～+7，-1～-7。

③ color属性用来定义颜色，其值为该颜色的英文单词或十六进制数值。

部分标题和文字标记的示例如表 6-1 所示。

表 6-1 标题和文字标记

文字标记	描述	文字标记	描述
font-family:黑体	文字字体	letter-spacing:5	字间距
font-size:12px	文字大小	<b>…</b>	实现加粗文字显示
color:#0033cc	文字颜色	<i>…</i>	实现斜体文字显示
font-weight:bold	文字粗体	<u>…</u>	实现给文字添加下画线
font-style:italic	文字斜体	<p>…</p>	段落标记
text-decoration:line-through	删除线	<center>…</center>	居中标记
<h1>…</h1>	一级标题		

【实例 6-1】CSS 设置文字效果。

```
<html>
<head>
<title>设置文字效果</title>
<style type="text/css">
   p{
    font-family:黑体;                    /* 文字字体 */
    font-size:35px;                      /* 文字大小 */
    color:#0033CC;                       /* 颜色 */
    font-weight:bold;                    /* 粗体 */
    font-style:italic;                   /* 斜体 */
    text-decoration:line-through;        /* 删除线 */
    }
</style>
</head>
<body>
    <p>CSS 设置文字效果</p>
</body>
</html>
```

效果如图 6-1 所示，通过 CSS 可以对文字进行全方位的设置。

图 6-1 CSS 设置文字效果

2. CSS 段落文字

段落是由一个个文字组合而成的，同样也是网页中最重要的组成部分，文字有属性，对段落同样适用。针对 CSS 段落也提供了很多样式属性，如表 6-2 所示。

表 6-2 段落标记符号

标记	说明	标记	说明
line-height:18px	行高	 	换行标记
font-size:60px	首字大小	background-color: #0033cc	页面背景颜色
float:left	首字下沉	padding-right:5px	文字距右边的距离
line-height:1.5em	1.5 倍行距	text-indent:2em	首行缩进两个字符

【实例 6-2】CSS 设置段落文字，如图 6-2 所示。

```
<html>
<head>
<title>首字放大</title>
<style>
<!--
 body{
   background-color:#564700;   /* 背景色 */
   }
   p{
   font-size:15px;             /* 文字大小 */
   color:#FFFFFF;              /* 文字颜色 */
 }
   p span{
   font-size:60px;             /* 首字大小 */
   float:left;                 /* 首字下沉 */
   padding-right:5px;          /* 与右边的间隔 */
   font-weight:bold;           /* 粗体字 */
   font-family:黑体;           /* 黑体字 */
   color:yellow;               /* 字体颜色 */
 }
 -->
</style>
</head>
<body>
<p><span>端</span>午节是古老的传统节日，始于中国的春秋战国时期，至今已有两千多年历史。据《史记》“屈原贾生列传”记载：屈原，是春秋时期楚怀王的大臣。他倡导举贤授能，富国强兵，力主联齐抗秦，遭到贵族子兰等人的强烈反对，屈原遭馋去职，被赶出都城，流放到沅、湘流域。他在流放中，写下了忧国忧民的《离骚》《天问》《九歌》等不朽诗篇，独具风貌，影响深远（因而，端午节也称诗人节）。公元前 278 年，秦军攻破楚国京都。屈原眼看自己的祖国被侵略，心如刀割，但是始终不忍舍弃自己的祖国，于五月五日，在写下了绝笔作《怀沙》之后，抱石投汨罗江身死，以自己的生命谱写了一曲壮丽的爱国主义乐章。</p>
<p>传说屈原死后，楚国百姓哀痛异常，纷纷涌到汨罗江边去凭吊屈原。渔夫们划起船只，在江上来回打捞他的真身。有位渔夫拿出为屈原准备的饭团、鸡蛋等食物，“扑通、扑通”地丢进江里，说是让鱼龙虾蟹吃饱了，就不会去咬屈大夫的身体了。人们见后纷纷仿效。一位老医师则拿来一坛雄黄酒倒进江里，说是要药晕蛟龙水兽，以免伤害屈大夫。后来为怕饭团为蛟龙所食，人们想出用楝树叶包饭，外缠彩丝，发展成粽子。</p>
</body>
</html>
```

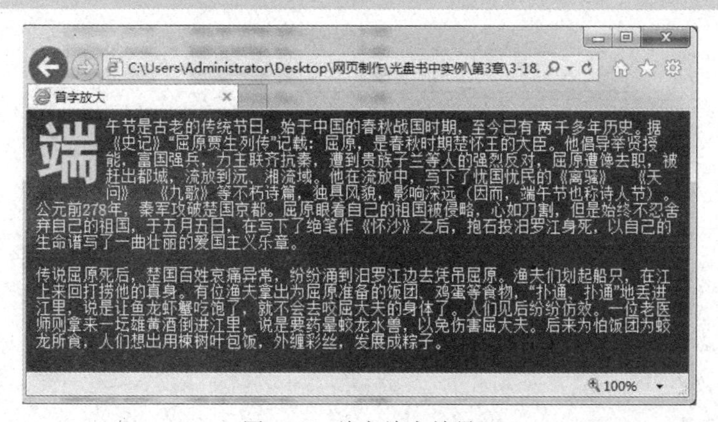

图 6-2　首字放大效果

3. CSS设置图片效果

在五彩缤纷的网络世界里，各种各样的图片组成了丰富多彩的页面，能够让人更直观地感受网页所要传达给用户的信息。图片的风格样式包括图片的边框、图文混排等，通过实例综合文字、图片的各种运用。部分样式说明如表6-3所示。

表6-3　图片及边框样式

标　记	说　明	标　记	说　明
border-style:dotted	边框样式为点画线	background-image:url(1.jpg)	页面背景图片
border-style:dashed	边框样式为点虚线	background-repeat:repeat-y	垂直方向重复
border-color:#FF9900	边框的颜色	background-repeat:repeat-x	水平方向重复
border-width:6px	边框粗细	background-repeat:no-repeat	背景不重复
background-position:8px 7px	背景图片起始位置	background-attachment:fixed	固定背景图片

【实例6-3】CSS设定背景颜色实现页面分块，如图6-3所示。

```
<html>
<head>
<title>利用背景颜色分块</title>
<style>
<!--
body{
    padding:0px;
    margin:0px;
    background-color:#eaddef;   /* 页面背景色 */
}
.topbanner{
    background-color:#1e0c25;   /* 顶端banner的背景色 */
}
.leftbanner{
    width:22%; height:330px;
    vertical-align:top;
    background-color:#22072c;   /* 左侧导航条的背景色 */
    color:#FFFFFF;
    text-align:left;
    padding-left:40px;
    font-size:14px;
}
.mainpart{
    text-align:center;
}
-->
</style>
</head>
<body>
<table cellpadding="0" cellspacing="1" width="100%" border="0">
    <tr>
        <td colspan="2" class="topbanner"><img src="banner1.jpg" 
border="0"></td>
    </tr>
    <tr>
        <td class="leftbanner">
```

```
            <br><br>首页<br><br>分类讨论
            <br><br>谈天说地<br><br>精华区
            <br><br>我的信箱<br><br>休闲娱乐
            <br><br>立即注册<br><br>离开本站
        </td>
        <td class="mainpart">正文内容...</td>
    </tr>
</table>
</body>
</html>
```

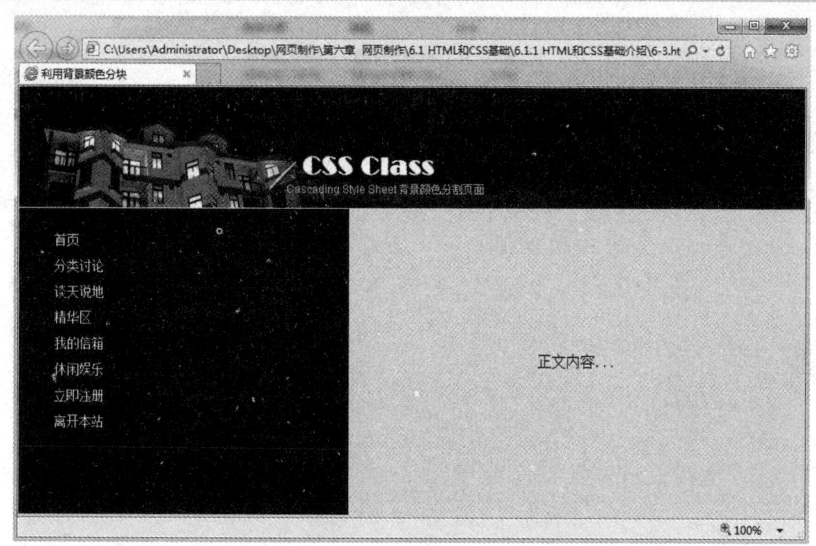

图 6-3 利用背景色给页面分块效果

4. CSS 制作实用菜单

做一个网站，导航菜单是不可缺少的。导航菜单的样式风格往往决定了整个网站的样式风格，体现网站的整体构架。列表类型及符号如表 6-4 所示。

表 6-4 列表类型及符号

列表类型	标记符号	列表类型	标记符号
list-style-type	项目编写类型	目录列表	dir
无序列表	ul	菜单列表	menu
有序列表	ol	定义列表	dl

【实例 6-4】制作无须表格的导航菜单，如图 6-4 所示。

```
<html>
<head>
<title>无须表格的菜单</title>
<style>
<!--
body{
    background-color:#ffdee0;
}
#navigation {
    width:200px;
    font-family:Arial;
```

图 6-4 导航菜单效果

```
}
#navigation ul {
    list-style-type:none;                          /* 不显示项目符号 */
    margin:0px;
    padding:0px;
}
#navigation li {
    border-bottom:1px solid #ED9F9F;               /* 添加下画线 */
}
#navigation li a{
    display:block;                                 /* 区块显示 */
    padding:5px 5px 5px 0.5em;
    text-decoration:none;
    border-left:12px solid #711515;                /* 左边的粗红边 */
    border-right:1px solid #711515;                /* 右侧阴影 */
}
#navigation li a:link, #navigation li a:visited{
    background-color:#c11136;
    color:#FFFFFF;
}
#navigation li a:hover{                            /* 鼠标经过时 */
    background-color:#990020;                      /* 改变背景色 */
    color:#ffff00;                                 /* 改变文字颜色 */
}
-->
</style>
</head>
<body>
<div id="navigation">
    <ul>
        <li><a href="#">Home</a></li>
        <li><a href="#">News</a></li>
        <li><a href="#">Sports</a></li>
        <li><a href="#">Weather</a></li>
        <li><a href="#">Contact Me</a></li>
    </ul>
</div>
</body>
</html>
```

5. CSS 设置超链接效果

超链接是网页上应用最多的元素之一，通过超链接能够实现页面的跳转、功能的激活等。在 HTML 中，超链接是通过<a>标记来实现的。部分属性如表 6-5 所示。

表 6-5　<a>标记的属性

属　　性	说　　明
a:link	超链接的普通样式风格，即正常浏览状态的样式风格
a:visited	被单击过的超链接的样式风格
a:hover	鼠标指针经过超链接时的样式风格
a:active	在超链接上单击时，即“当前激活”时，超链接的样式风格

【实例 6-5】CSS 制作按钮式的超链接，如图 6-5 所示。

```
<html>
<head>
<title>按钮超链接</title>
<style>
<!--
a{                                        /* 统一设置所有样式 */
    font-family: Arial;
    font-size: .8em;
    text-align:center;
    margin:3px;
}
a:link, a:visited{                        /* 超链接正常状态、被访问过的样式 */
    color: #A62020;
    padding:4px 10px 4px 10px;
    background-color: #ecd8db;
    text-decoration: none;
    border-top: 1px solid #EEEEEE;        /* 边框实现阴影效果 */
    border-left: 1px solid #EEEEEE;
    border-bottom: 1px solid #717171;
    border-right: 1px solid #717171;
}
a:hover{                                  /* 鼠标经过时的超链接 */
    color:#821818;                        /* 改变文字颜色 */
    padding:5px 8px 3px 12px;             /* 改变文字位置 */
    background-color:#e2c4c9;             /* 改变背景色 */
    border-top: 1px solid #717171;        /* 边框变换，实现“按下去”的效果 */
    border-left: 1px solid #717171;
    border-bottom: 1px solid #EEEEEE;
    border-right: 1px solid #EEEEEE;
}
-->
</style>
</head>
<body>
    <a href="#">首页</a>
    <a href="#">一起走到</a>
    <a href="#">从明天起</a>
    <a href="#">纸飞机</a>
    <a href="#">下一站</a>
    <a href="#">门</a>
    <a href="#">其他</a>
</body>
</html>
```

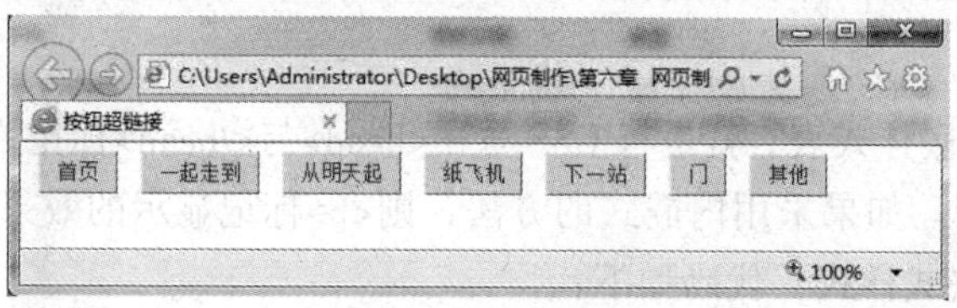

图 6-5　按钮式超链接菜单效果

6.1.2 在 HTML 页面中引入 CSS 样式的方法

HTML 与 CSS 是两种作用不同的语言，要让它们同时对一个网页产生作用，必须确定在 HTML 中引入 CSS 的方法，主要有以下几种：

① 将 CSS 样式表放置在 HTML 文件主体：行内样式。

② 将 CSS 样式表放置在 HTML 文件头部：内部样式。

③ 将 CSS 样式表放置在 HTML 文件外部：链接样式。

④ 将 CSS 样式表放置在 HTML 文件外部：导入样式。

1. 行内样式

行内样式是所有样式方法中最直接的一种，它直接对 HTML 的标记使用 style 属性，然后将 CSS 代码直接写在其中。

```
    <html>
      <head>
           <title>标题在这里</title>
      </head>
      <body>
           <p style="color:#0000FF;font-size:18px;font-weight:bold;">CSS
内容 1</p>
           <p style="color:#000000;text-decoration:underline;font-style:
italic;"> 正文</p>
           <p style="color:#FF33CC;font-size:28px;font-weight:bold;">CSS
正文内容 3</p>
      </body>
    </html>
```

以上代码的效果如图 6-6 所示，可以看到在三个<p>标记中都使用 style 属性，并且设置了不同的 CSS 样式，各个样式之间互不影响，都分别显示自己的样式效果。

图 6-6 行内样式效果

行内样式是最为简单的 CSS 使用方法，但由于需要为每一个标记设置 style 属性，后期维护成本依然很高，而且网页体积容易过胖，因此不推荐使用。

2. 内部样式

内部样式又称内嵌样式表，就是将 CSS 写在<head>与</head>标记之间，并且用<style>和</style>标记进行声明。如果采用内嵌式的方法，则<p>标记显示的效果将完全相同。

【实例 6-6】内嵌式样式，代码如下：

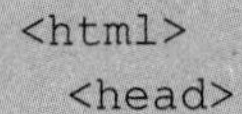

```
    <html>
      <head>
```

```
        <title>标题在这里</title>
        <style type="text/css">
            <!-
            P{
                color:#ff00ff;                     /*设置字体的颜色为紫色*/
                text-decoration:underline;         /*为p标签设置下画线*/
                font-weight:bold;                  /*设置P标签文字的加粗效果*/
                font-size:25px;                    /*设置p标签文字大小为25 px*/
            }
        </style>
    </head>
    <body>
        <p>紫色、粗体、下画线、25px的效果1</p>
        <p>紫色、粗体、下画线、25px的效果2</p>
        <p>紫色、粗体、下画线、25px的效果3</p>
    </body>
</html>
```

预览 HTML 网页，效果如图 6-7 所示。

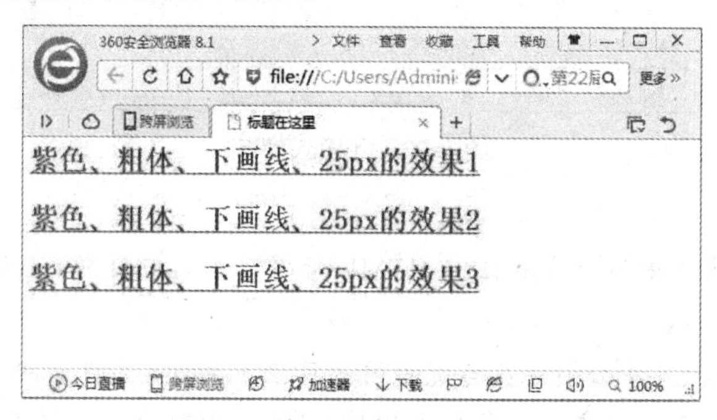

图 6-7　内嵌式（内部）样式

3. 链接样式

链接式 CSS 样式表是使用频率最高，也是最为实用的方法。它将 HTML 页面木身与 CSS 样式风格分离为两个或者多个文件，实现了页面结构（HTML 框架）与表现（CSS 美工）的完全分离，使得前期制作和后期维护都十分方便，网站后台的技术人员与美工设计者也可以很好地分工合作。

【实例 6-7】链接式 CSS 样式表，代码如下：

```
<html>
  <head>
      <title>页面标题</title>
      <link  href=css/1.css  type="text/css"  rel="stylesheet">
  </head>
  <body>
      <h2>第一行标题1</p>
      <p>紫色、斜体、下画线、28px的效果1</p>
      <h2>第二行标题2</h2>
      <p>紫色、斜体、下画线、28px的效果2</p>
  </body>
</html>
```

然后创建文件 1.css，代码如下：

```
h2{
  color:#0000ff;                        /* 标题的字体颜色为蓝色*/
}
p{
  color:#ff33cc;                        /*p 标记字体的颜色为紫色*/
  text-decoration:underline;            /*字体加下画线*/
  font-style:italic;                    /*字体为斜体*/
  font-size:28px;
}
```

预览 HTML 网页，效果如图 6-8 所示。

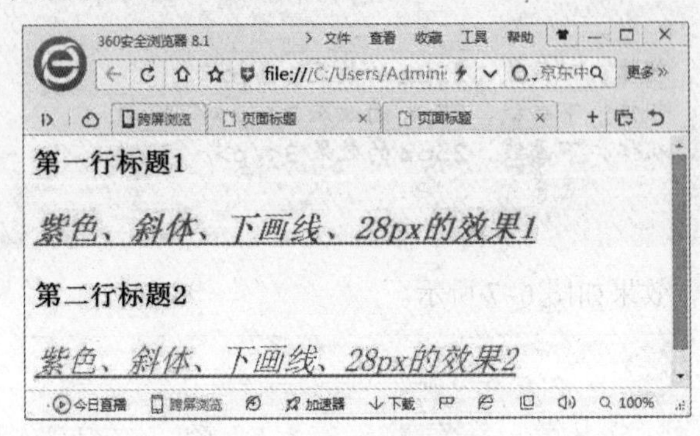

图 6-8　链接式样式

【提示】

① 外部样式表文件中不能含有任何 HTML 标签，如<head>或<style>等；外部样式表文件的扩展名必须为“.css”。

② 样式文件 1.css 文件必须放在与页面同一目录下的 css 文件夹中。

③ 一个外部样式表可以应用于多个 HTML 文件，当改变这个样式表文件时，所有网页的样式都随之改变，使得网站整体风格统一、协调，对于网站的前期制作和后期维护都非常方便。同时，在浏览网页时可以一次性将样式表文件下载，从而减少了代码的重复下载。

4．导入样式

导入样式表与链接样式表的功能基本相同，只是引入和运作方式上有区别。采用导入方式引入的样式表在 HTML 文件初始化时，会被全部导入 HTML 文件内，作为文件的一部分，类似嵌入式的效果；而链接样式表则是在 HTML 的标签需要格式时才以链接的方式引入。

要在 HTML 文件中导入样式表，需要使用<style type="text/css"></style>标签对进行声明，并在该标签对中加入“@import url（外部样式表文件地址）;”语句，具体格式如下：

```
<head>
  <style type="text/css">
      @import url(外部样式表文件地址);
  </style>
</head>
```

【提示】

① import 语句后面的“;”是不可省略的。

② 外部样式表文件的扩展名必须为“.css”。

③ 外部样式表地址可以是绝对地址，也可以是相对地址。

④ 导入样式表的最大好处是可以在一个 HMTL 文件中导入多个样式表，要导入多个样式表，只需要使用多个“@import”语句即可。

【实例 6-8】修改实例 6-7 中的 HMTL 文件，预览文件，会看到效果与实例 6-7 的效果相同，如图 6-9 所示。

```
<html>
  <head>
    <title>页面标题</title>
    <style type="text/css">
      @import url(css/1.css);
    </style>
  </head>
  <body>
    <h2>第一行标题 1</h2>
    <p>紫色、斜体、下画线、28px 的效果 1</p>
    <h2>第二行标题 2</h2>
    <p>紫色、斜体、下画线、28px 的效果 2</p>
  </body>
</html>
```

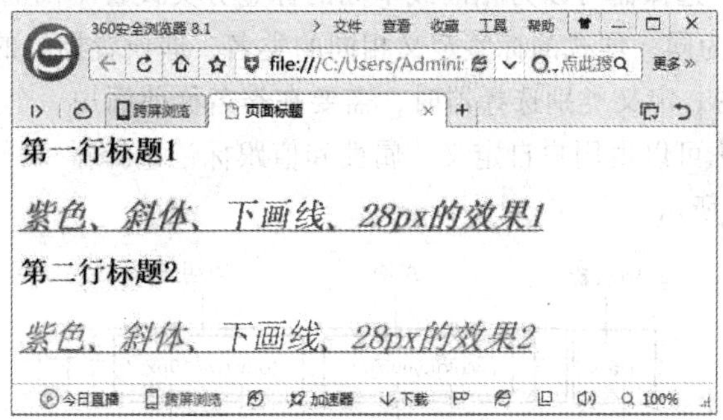

图 6-9 导入样式

6.1.3 选择器的类型

选择器（selector）是 CSS 中很重要的概念，所有 HTML 语言中的标记都是通过不同的 CSS 选择器进行控制的。用户只需要通过选择器对不同的 HTML 标签进行控制，并赋予各种样式声明，即可实现各种效果。常用的 CSS 选择器有三种类型，分别是标签选择器、ID 选择器和类别选择器，如表 6-6 所示。

表 6-6　常用选择器的类型

类　型	用　法	说　明
标签选择器	P{}	在同一标签的元素拥有相同的样式
类别选择器	.class{}	使不同的网页元素拥有相同的样式
ID 选择器	#id{}	精确控制某个元素的具体样式

每一个 CSS 选择器都包含选择器本身、属性、值，其中属性和值可以设置多个，从而实现对同一标记声明多种样式风格，其格式如图 6-10 所示。

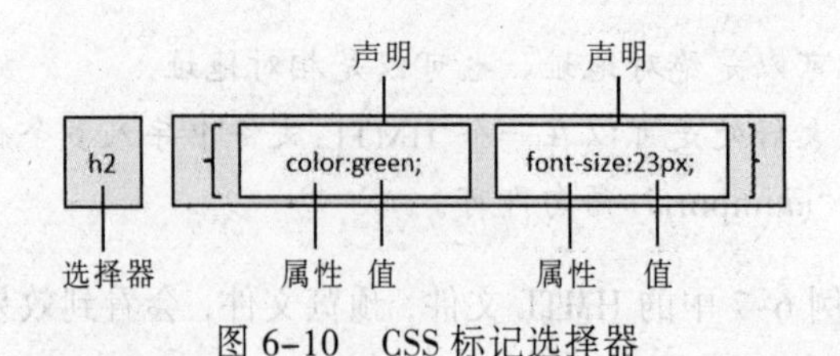

图 6-10　CSS 标记选择器

在后期维护中，如果希望所有<h2>标记不再采用绿色，而是采用红色，这时仅仅需要将属性 color 的值修改为 red，即可全部生效。

1. 标签选择器

一个 HTML 文件由很多不同的标签组成，利用标签选择器可以统一设置某类标签元素外观。例如，设置 1 号标题标签<h1>的文本有以下效果。

```
H1{
    text-align:center;          /*标题文字居中对齐*/
    font-size:42px;             /*字体大小为 42 px*/
    color:#ff6600;              /*字体颜色为橙色*/
}
```

2. 类别选择器

使用类别（class）选择器可以为相同或不同的标签分类设置不同的样式。使用该选择器时，需要在 HTML 中为同一样式的标签定义相同的类名，即设置标签的 class 属性，然后在 CSS 中定义类别选择器。定义类别选择器时，需要在类名称前面加一个点“.”。

类别选择器的名称可以由用户自定义，属性和值跟标记选择器一样，也必须符合 CSS 规范，其格式如图 6-11 所示。

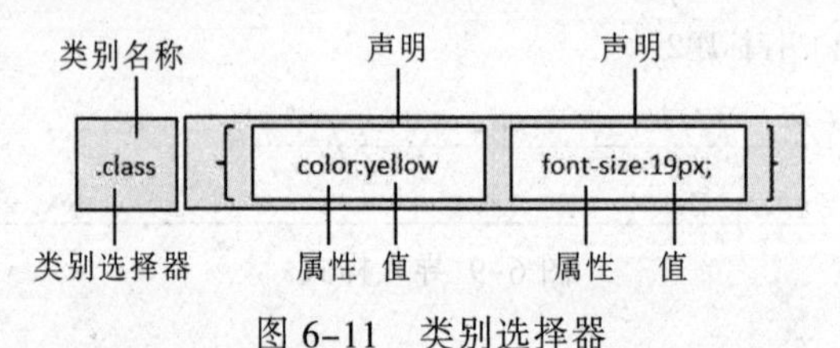

图 6-11　类别选择器

【实例 6-9】设置类别选择器。

在当前页面中同时出现 3 个<p>标记，并且希望它们的颜色各不相同，就可以通过设置不同的 class 选择器来实现，设置效果如图 6-12 所示。

```
<html>
  <head>
      <title>class 选择器</title>

      <style type="text/css">
              <!--
              .first{                              /*类名为 first 的类别选择器*/
                      color:blue;                  /*蓝色*/
                      font-size:17px;              /*文字大小*/
              }
              .second{                             /*类名为 second 的类别选择器*/
               color:red;                          /*红色*/
               font-size:20px;                     /*文字大小*/
```

```
        }
        .third{                                    /*类名为 third 的类别选择器*/
              color:cyan;                          /*青色*/
              font-size:23px;                      /*文字大小*/
        }
        -->
        </style>
  </head>
  <body>
        <p class="first">class 类别选择器 1</p>
        <p class="second">class 类别选择器 1</p>
        <p class="third">class 类别选择器 1</p>
        <p class="second">h3 同样适用</p>
  </body>
</html>
```

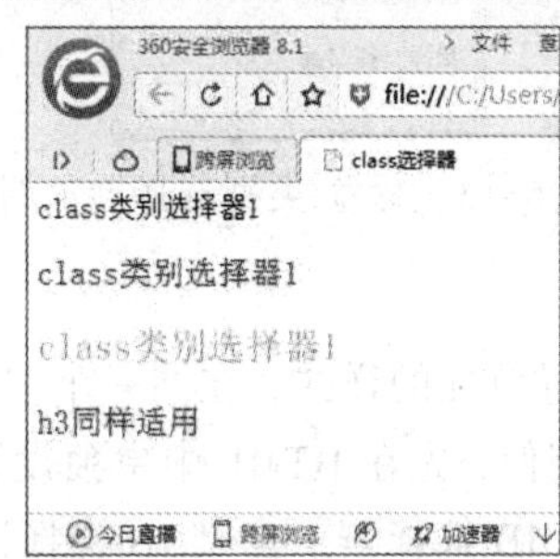

图 6-12　类别（class）选择器效果

【实例 6-10】类别选择器的另一种方式。

class 类别的另一种直观的方法，就是直接在标记声明后接类别名称来区别该标记，代码如下：

```
<html>
  <head>
       <title>标签.类别选择器</title>
       <style type="text/css">
              <!--
              h4{
                  color:red;
                  font-size:18px;
              }
              h4.special{               /*标签.类别选择器*/
                  color:blue;           /*字体颜色为蓝色*/
                  font-size:24px;       /*文字大小为 24 px*/
              }
              .special                  /*类别选择器*/
              {
                  color:green;
              }
              -->
        </style>
  </head>
  <body>
        <h4>再别康桥</h4>
```

```
        <h4 class="special">轻轻地我走了</h4>
        <p class="special">正如我轻轻地来</p>
        <h4>我挥一挥衣袖</h4>
    </body>
</html>
```

在实例 6-10 中定义了<h4>标记，同时又单独定义了 h4.special，用于特殊的控制，而这个 h4.special 中定义的风格样式仅仅适用于<h4 class="special">标记，而不会影响单独的.special 选择器。显示效果如图 6-13 所示。

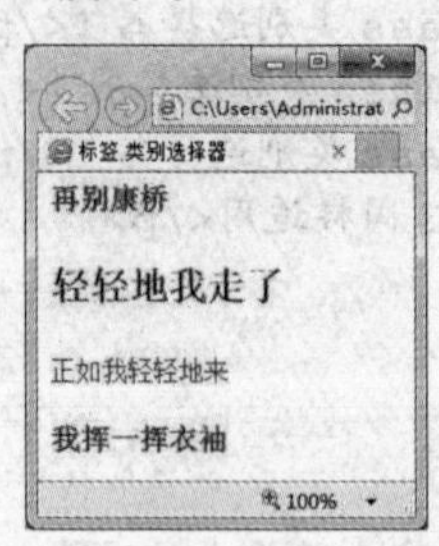

图 6-13　标签.类别选择器示例

3. ID 选择器

ID 选择器用来对单个元素设置单独的样式，在同一个 HTML 文件中，id 名不能重复。ID 选择器的使用方法与类别选择器相似，先在 HTML 中单独设置样式的标签定义 id 名（使用标签的 id 属性），然后在 CSS 中定义 ID 选择器。定义 ID 选择器时，需要在 id 名称前面加一个#号。

ID 选择器的使用方法与 class 选择器基本相同，不同之处在于 ID 选择器只能在 HTML 页面中使用一次，因此其针对性更强。在 HTML 的标记中只需要利用 id 属性，就可以直接调用 CSS 中的 ID 选择器，其格式如图 6-14 所示。

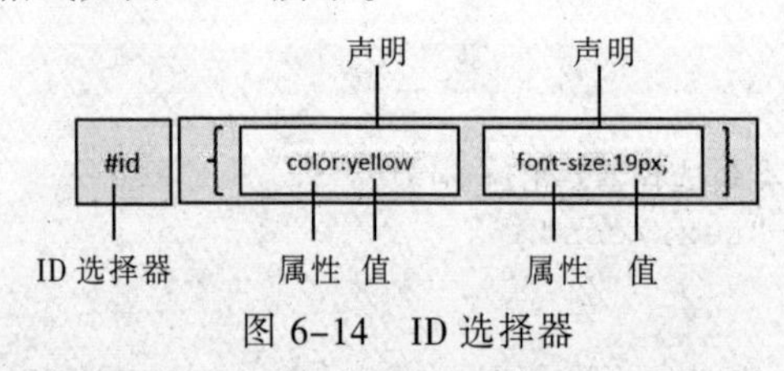

图 6-14　ID 选择器

【实例 6-11】设置 ID 选择器。

```
<html>
  <head>
        <title>ID 选择器</title>
        <style>
                <!--
                #one
                {
                    font-weight:bold;          /*粗体*/
                }
                #two
                {
                    font-size:30px;            /*字体大小*/
                    color:#009900;             /*字体颜色为绿色*/
                }
```

```
            -->
        </style>
    </head>
    <body>
        <p id="one">ID选择器 1</p>
        <p id="two">ID选择器 2</p>
    </body>
</html>
```

显示效果如图6-15所示。

图6-15 ID选择器示例

【提示】

① 将ID选择器用于多个标记是错误的，一个id最多只能赋予一个HTML标记。

② CSS的各种选择器可以配合使用。例如，很多时候页面中几乎所有的<p>标签都使用相同的样式风格，只有个别<p>标签需要使用不同的风格来突出显示，此时就可以使用class或ID选择器与标签选择器配合，即先使用标签选择器<p>定义全局方案，然后使用ID或class选择器设置<p>标签。

4. 伪类选择器

伪类选择器不属于选择器，它是让元素呈现动态效果的特殊属性。之所以称为“伪”，是因为它指定的对象在文档中并不存在，它指定的是元素的某种状态，如表6-7所示。

表6-7 伪类选择器

伪 类 名	用 途
A:link	设置超链接未被访问时的样式
A:active	设置超链接被用户激活（在单击与释放之间）时的样式
A:visited	设置超链接被访问后的样式
A:hover	设置将鼠标指针移到超链接上时的样式

5. 通用选择器

通用选择器是一种特殊类型的选择器，它用星号“*”来表示选择器的名称，可以定义所有网页元素的显示格式。通用选择器因为涉及范围较广，一般用于清除页面中元素的边距。例如：

```
*{
    margin:0;
    Padding:0;
}
```

6．选择器的集体声明、嵌套与优先级

（1）选择器集体声明

在声明各种 CSS 选择器时，如果多个选择器声明的样式风格完全相同，这时可以将声明的选择器归为一组（各选择器之间用英文逗号“,”隔开）以进行集体声明，从而提高代码的效率和速度，同时也可以降低代码的冗余。例如：

```
h1,h2,h3,h4,h5{text-align:center;font-size:42px;color:#FF6600;}
#one,text,p{text-align:center;background-color:red;}
```

（2）选择器的嵌套

在 CSS 选择器中，还可以通过嵌套的方式，对特殊位置的 HTML 标签进行声明。例如，当要为<p></p>标签对中包含的<span></span>标签设置样式时，就可以使用嵌套选择器来进行相应的控制（父子选择器之间加一个空格）。

```
<p><span>嵌套样式</span></p>
p span{color:red;}    /*设置 p 标签里包含的 span 标签的样式，字体为红色*/
```

下面列出了两个典型的嵌套语句。

语句一：<ul id="one"><li>嵌套样式 1</li></ul>

```
#one li{padding-bottom:10px;}  /*设置 id 名为 one 的标签里包含的 li 标签样式*/
```

语句二：<div class="two"> <p>嵌套样式 2</p></div>

```
.two p{color:#F00;}          /*设置 class 名为 two 的标签里包含的 p 标签样式*/
```

（3）选择器的优先级

选择器的优先级是指当有多个选择器作用于同一 HTML 文档的同一元素时，即多个选择器的作用范围发生了重叠时，CSS 的处理方式。

CSS 规定选择器的优先级从高到低为：ID 选择器>类别选择器>标签选择器。

若在同一 HTML 文档中引入了不同类型的 CSS 样式文件，则各 CSS 样式表的选择器优先级别为：行内样式表>内嵌样式表>链接样式表>导入样式表。

6.1.4 DIV+CSS 排版

CSS 排版是一种很新的排版理念，完全有别于传统的排版习惯。首先它将页面在整体上进行<div>标记的分块，然后对各个块进行 CSS 定位，最后再在各个块中添加相应的内容。通过 CSS 排版的页面，后期维护、更新十分容易。

1．<div>与<span>标记

在使用 CSS 排版的页面中，<div>与<span>是两个常用的标记。利用这两个标记，加上 CSS 对其样式的控制，可以很方便地实现各种效果。

<div>是一个区块容器标记，即<div></div>之间相当于一个容器，可以容纳段落、标题、表格、图片，乃至章节、摘要和备注等各种 HTML 元素。因此，可以把<div>…</div>的内容视为一个独立的对象，用于 CSS 的控制。声明时只需要对<div>进行相应的控制，其中的各标记元素都会因此而改变。

【实例 6-12】CSS 控制 div 块，代码如下：

```
<html>
  <head>
```

```
        <title>div 标记范例</title>
        <style type="text/css">
            <!--
            div{
                font-size:18px;                          /*字号大小*/
                font-weight:bold;                        /*字体粗细*/
                font-family:Arial;                           /*字体*/
                color:#FFEEEE;                           /*颜色*/
                background-color:#001166;                /*背景颜色*/
                text-align:center;                           /*对齐方式*/
                width:300px;                             /*块宽度*/
                height:100px;                            /*块高度*/
            }
            -->
        </style>
    </head>
    <body>
        <div>这是一个 div 标记</div>
    </body>
</html>
```

浏览结果如图 6-16 所示。

图 6-16　<div>标记范例

<div>与<span>的区别：

① <div>是一个块级（block-level）元素，它包围的元素会自动换行，而<span>仅仅是一个行内元素（inline elements），在它的前后不会换行。<span>没有结构上的意义，纯粹是应用样式，当其他行内元素都不合适时，就可以使用<span>元素。

② <div>标记可以包含<span>标记，反过来<span>标记不能包含<div>标记。

③ <span>标记被用作组合文档中的行内元素，span 没有固定的格式表现。当对它应用样式时，它才会产生视觉上的变化。

【使用技巧】通常情况下，对于页面中大的区块使用<div>标记，而<span>标记仅用于需要单独设置样式风格的小元素，如一行文字、一幅图片、一个超链接等。

2. 盒子模型

盒子模型是 CSS 控制页面时一个很重要的概念。只有很好地掌握了盒子模型及其中每个元素的用法，才能真正地控制页面中各元素的位置。

所有页面中的元素都可以看成是一个盒子，占据着一定的页面空间。一般来说这些被占据的空间往往都要比单纯的内容要大。换句话说，可以通过调整盒子的边框、距离等参数来调节盒子的位置。

一个盒子模型由 content（内容）、border（边框）、padding（间隙）、margin（间隔）这四个部分组成，如图 6-17 所示。

一个盒子的实际宽度（或高度）是由 content+padding+border+margin 组成的。在 CSS 中可以通过设定 width 和 height 的值来控制 content 的大小，并且对于任何一个盒子，都可以分别设置四条边各自的 border、padding 和 margin。因此，只要利用好盒子的这些属性，就能够实现各种各样的排版效果。

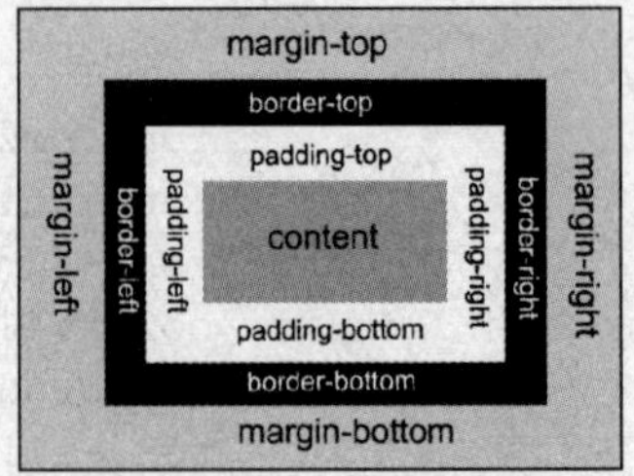

图 6-17　盒子模型

3. 元素的定位

网页中各种元素都必须有自己合理的位置，从而搭建出整个页面的结构。CSS 定位包括 position、float、z-index 等。

（1）float 定位

float 定位是 CSS 排版中非常重要的手段，float 属性的值很简单，可以设置为 left、right 或者默认值 none。当设置了元素向左或者向右浮动时，元素会向其父元素的左侧或右侧紧靠。

（2）position 定位

position 定位与 float 定位一样，也是 CSS 排版中非常重要的概念。position 从字面意思上看就是指定块的位置，即块相对于其父块的位置、相对于它自己本身应该在的位置。

position 属性一共有四个值，分别为 static、absolute、relative、fixed。其中 static 为默认值，指块保持在原本应该在的位置上，即该值没有任何移动的效果。

绝对定位是参照浏览器的左上角，配合 top、right、bottom、left 进行定位，在没有设定 top、right、bottom、left 时，默认依据父级的坐标原点为原点。如果设定了 top、right、bottom、left 并且父级没有设定 position 属性，那么当前的 absolute 则以浏览器左上角为原点进行定位，位置将由这四个属性决定。

当块的 position 参数设置为 relative 时，与 absolute 完全不同，子块相对于其父块中它本来应该在的位置进行定位，同样采用 top、right、bottom、left 这四个属性配合。

【技巧】top、right、bottom、left 这四个 CSS 属性，它们都是配合 position 属性使用的，表示的是块的各个边界值距页面边框（position 属性设置为 absolute）或原来的位置（position 属性设置为 relative）的距离。只有当 position 属性设置为 absolute 或者 relative 时才能生效，如果将 position 改为 static，则子块不会有任何变化。

（3）z-index 空间位置

z-index 属性用于调整定位时重叠块的上下位置，与它的名称一样，想象页面为 x-y 轴，垂直于页面的方向为 z 轴，z-index 值大的页面位于其值小的上方。

z-index 属性的值为整数，可以是正数也可以是负数。当块被设置了 position 属性时，该值便可设置各块之间的重叠高低关系。z-index 默认值为 0，当两个块的 z-index 值一样时，保持原有的高低覆盖关系。

【实例 6-13】用 z-index 属性调整重叠块的位置。代码如下：

```
<html>
  <head>
```

```
    <style type="text/css">
    <!--
        #block1{
        background-color:#fff0ac;
        border:1px dashed #000000;
        padding:10px;
        position:absolute;
        left:20px;
        top:30px;
        z-index:1;      /*高低值 1*/
    }
    #block2{
        background-color:#ffc24c;
        border:1px dashed #000000;
        padding:10px;
        position:absolute;
        left:40px;
        top:50px;
        z-index:0;      /*高低值 0*/
    }
    #block3{
        background-color:#c7ff9d;
        border:1px dashed #000000;
        padding:10px;
        position:absolute;
        left:60px;
        top:70px;
        z-index:-1;      /*高低值-1*/
    }
    -->
    </style>
  </head>
  <body>
     <div id="block1">AAAAAAAA</div>
     <div id="block2">BBBBBBBB</div>
     <div id="block3">CCCCCCCC</div>
  </body>
<html>
```

对三个重叠关系的块分别设置了 z-index 的值，在设置前与设置后的效果分别如图 6-18 和图 6-19 所示。

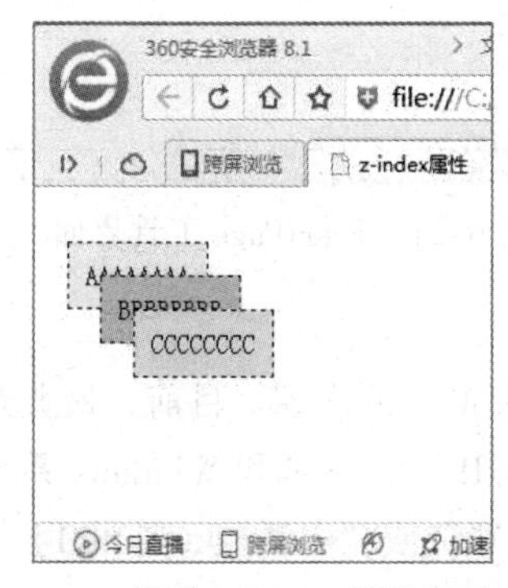

图 6-18　设置 z-index 属性前的效果

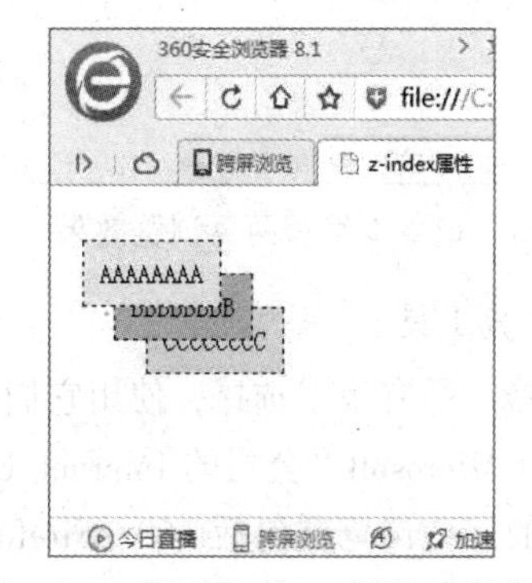

图 6-19　设置 z-index 属性后的效果

6.1.5 网页制作开发工具

1. 编辑工具

HTML 代码可以使用 Windows 操作系统中自带的记事本（Notepad）程序进行编辑，在使用时只需要单击“开始”按钮，在“开始”菜单中选择“程序”→“附件”命令，即可找到该记事本编辑器。

在记事本中输入以下代码：

```
<html>
  <head>
     <title>标题字</title>
  </head>
  <body>
     <h1 align="center">第 6 章   网页制作</h1>
     <h2>6.1  文字内容</h2>
     <h3>6.2  添加文字</h3>
     <h4 align="left">(1)  基本语法</h4>
     <h5 align="left">(2)  语法说明</h5>
     <h6 align="left">返回</h6>
  </body>
</html>
```

在“开始”菜单中选择“文件”→“另存为”命令，将该文本文件命名为“6-1.htm”。之后在文件夹中双击“6-1.htm”，即可用 IE 或 360 浏览器打开该网页文件，网页效果如图 6-20 所示。

不仅可以在记事本中编写 HTML 代码，在任何文本编辑器中都可以编写 HTML，如写字板、Word 等，但是在保存文件的时候扩展名必须为.htm 或.html。

一些专业的文本编辑器提供了更便捷的功能，如 FrontPage，微软自带的制作网页的工具，如图 6-21 所示。

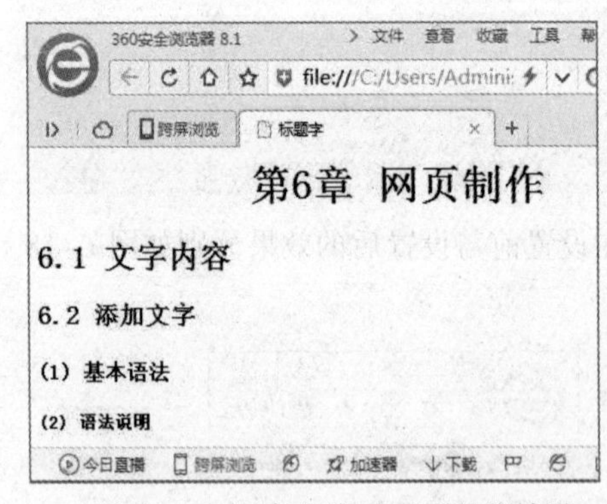

图 6-20 记事本编写网页浏览效果

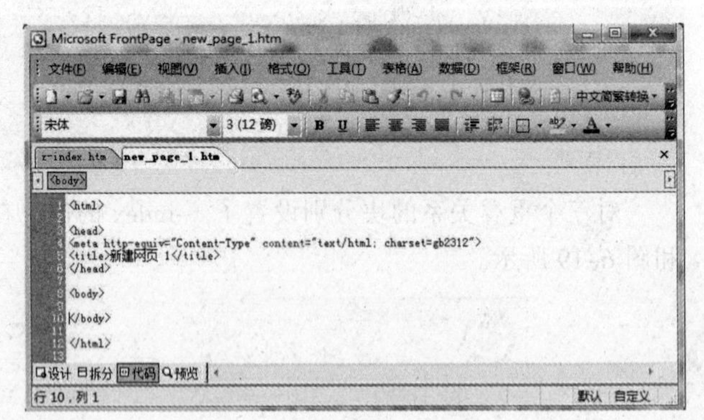

图 6-21 FrontPage 工具界面

2. 浏览工具

浏览器产品有很多选择，使用它们都可以浏览 WWW 上的内容。目前，最普及的浏览器当属微软（Microsoft）公司的 Internet Explorer（简称“IE”），它是和 Windows 系统绑在一起的，其他的一些浏览器包括 360、Firefox（简称“火狐狸”或“火狐”）、腾讯 TT 等。这些浏览器的基本功能都是浏览网页，因此具体使用哪个浏览器没有特别限制。

网上的浏览器各式各样，绝大多数浏览器对 CSS 都有很好的支持，因此设计者往往不用担心其设计的 CSS 文件不被客户端所支持。目前，主要的问题在于各个浏览器之间对 CSS 很多细节在处理上存在差异，设计者在一种浏览器上设计的 CSS 效果，在其他浏览器上的显示结果很可能大相径庭。就目前主流的两大浏览器 IE 与 Firefox 而言，在某些细节的处理上就不尽相同。

比较幸运的是，导致各个浏览器效果上差异的主要原因是各个浏览器对 CSS 样式默认值的设置不一样，因此可以通过对 CSS 文件各个细节的严格编写，使得各个浏览器之间达到基本相同的效果。

【提示】使用 CSS 制作网页，一个基本的要求就是主流的浏览器之间的显示效果要基本一致。通常的做法是一边编写 HTML、CSS 代码，一边在两个不同的浏览器上进行预览，及时地调整各个细节，这对深入掌握 CSS 也是很有好处的。

6.2 排版实例：我的博客

博客是目前网上流行的日志形式，很多网友都拥有自己的博客，对于自己的博客，用户都希望能制作出美观又适合自己风格的页面。本节以一个博客为例，综合介绍整个页面的制作方法。

6.2.1 设计分析

页面设计为固定宽度且居中的版式，对于大显示器的用户，两边使用黑色将整个页面主体衬托出来，并使用灰色虚线将页面框住，更体现恬静、大气的效果，如图 6-22 所示。

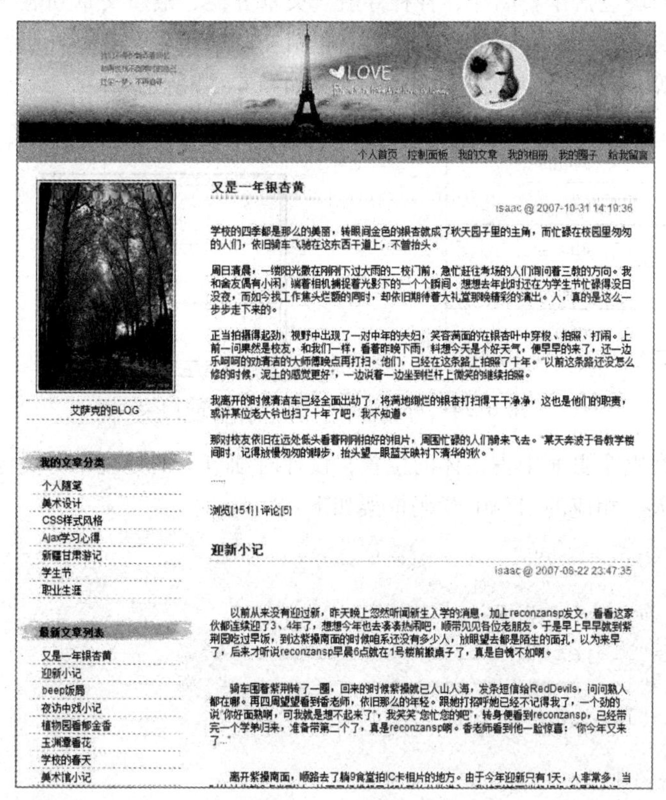

图 6-22　我的博客

6.2.2 排版框架

网络上的博客站点很多，通常个人的首页包括体现自己风格的 Banner、导航条、文章列表、评论列表，以及最新的几篇文章都会显示在首页上，考虑到实际的内容较多，一般都采用传统的文字排版模式，页面框架如图 6-23 所示。

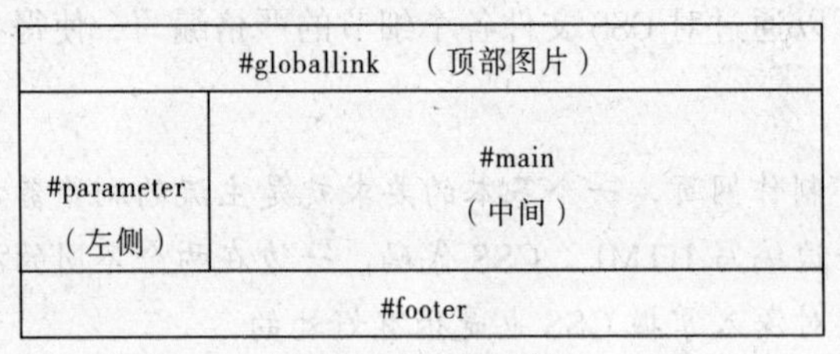

图 6-23 页面框架

代码如下：

```
<div id="container">
  <div id="globallink"></div>
  <div id="parameter"></div>
  <div id="main"></div>
  <div id="footer"></div>
</div>
```

图 6-23 中各部分直接采用了 HTML 代码中各个<div>块对应的 id。#globallink 块主要包含页面的 Banner 及导航菜单，#footer 块主要为版权、更新信息等，这两块在排版上都相对简单。而#parameter 块包括作者图片、各种导航、文章分类、最新文章列表、最新评论、友情链接等，#main 块则主要为最新文章的截取，包括文章标题、作者、日期、部分正文、浏览次数和评论数目等，左侧和中间两个模块的框架如图 6-24 所示。

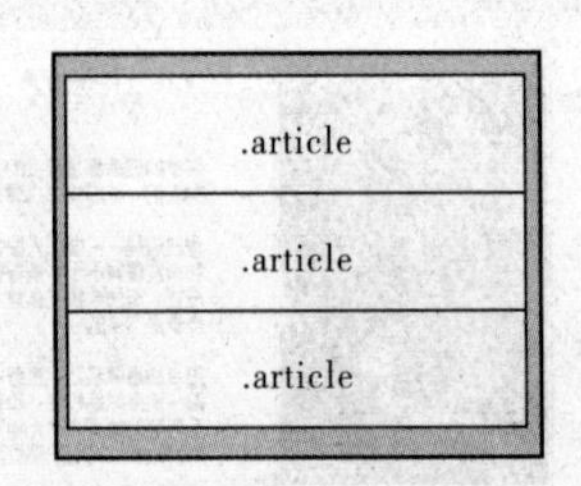

图 6-24 #parameter 与 #main 的构架

这两个部分在整个页面中占主体的位置，设计时细节上的处理十分关键，直接决定着整个页面是否吸引人，相应的 HTML 代码框架如下：

```
<div id="parameter">
  <div id="author"></div>
  <div id="lcategory"></div>
  <div id="llatest"></div>
  <div id="lcomment"></div>
  <div id="lfriend"></div>
</div>
<div id="main">
  <div id="article"></div>
```

```
    <div id="article"></div>
    <div id="article"></div>
      …
  </div>
```

6.2.3 导航与 Banner

页面的整体模块并没有将 Banner 单独分离出来，而仅仅只有导航的#globallink 模块。于是可以将 Banner 图片作为该模块的背景，而导航菜单采用绝对定位的方法进行移动，效果如图 6-25 所示。

图 6-25　Banner 与导航条

#globallink 模块的 HTML 部分主要的菜单导航都设计成了<ul>项目列表，方法十分简单。代码如下：

```
<div id="globallink">
  <ul>
    <li><a href="#">个人首页</a></li>
    <li><a href="#">控制面板</a></li>
    <li><a href="#">我的文章</a></li>
    …
  </ul>
</div>
```

这里的 Banner 图片中并没有预留导航菜单的位置，因此必须将块的高度设置得比 Banner 图片高，然后添加相应的背景颜色作为导航菜单的背景颜色，代码如下：

```
#globallink{
    width:760px;height:163px;    /*设置块的尺寸，高度大于 Banner 图片*/
    margin:0px;padding:0px;      /*再设置背景颜色，作为导航菜单的背景色*/
    background:#9ac7ff url(banner.jpg) no-repeat top;
}
#globallink ul{
    list-style-type:none;
    position:absolute;           /*绝对定位*/
    width:417px;
    left:400px;top:145px;        /*具体位置*/
    padding:0px;margin:0px;
}
#globallink li{
    Float:left;text-align:center;
    Padding:0px;margin:0px;
}
#globallink a:link,#globallink a:visited{
    color:#004a87;
    text-decoration:none;
}
```

```
#globallink a:hover{
    color:#ffffff;
    text-decoration:underline;
}
```

此时导航菜单的效果如图 6-26 所示。

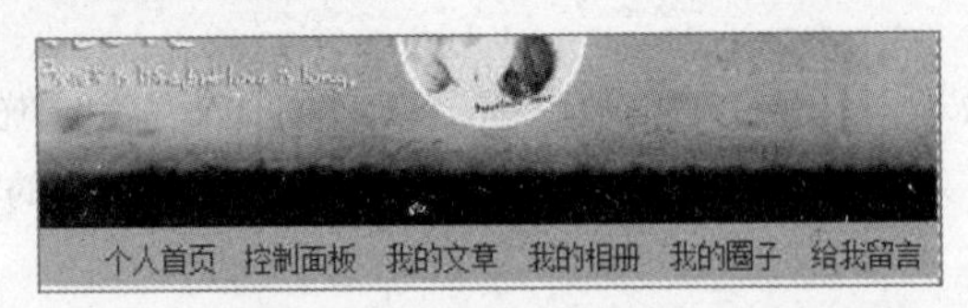

图 6-26　导航菜单

6.2.4　左侧列表

博客的#parameter 块包含了该 Blog 的各种信息，包括用户的自定义图片、链接、文章分类、最新文章列表、最新评论等。这些栏目都是整个博客所不可缺少的。该例中将这个大块的宽度设为 210 px，并且向左浮动，代码如下：

```
#parameter{
    position:relative;
    float:left;                  /*左浮动*/
    width:210px;
    padding:0px;margin:0px;
}
```

设置完整体的#parameter 块后，便开始制作其中的每一个子块。其中，最上面的#auther 子块显示用户自定义的图片，代码如下：

```
<div id="author">
    <p class="mypic"><img src="mypic.jpg"></p>
    <p>艾萨克的 BLOG</p>
</div>
```

#parameter 中的其他子块除了具体的内容不同，样式上基本都一样，因此可以统一设置，每个子块的 HTML 框架，也都采用了标题和项目列表的方式。以“最新评论”的#lcomment 块为例，代码如下：

```
<div id="lcomment">
  <h4 class="comment"><span>最新评论</span></h4>
  <ul>
     <li><a href="#">[beep]勘误</a></li>
     <li><a href="#">[jennifer]你这妖言惑众</a></li>
     <li><a href="#">[li4]哇，第一张尤其 zan!</a></li>
     <li><a href="#">[beep]挺好 挺好</a></li>
     <li><a href="#">[bingri]来总导这里挖坑</a></li>
     <li><a href="#">[inming]博士加油</a></li>
  </ul>
  <br>         /*增加一行*/
</div>
```

对于每个子块中实际内容的项目列表采用常用的方法，将<ul>标记的 list-style 属性设置为 none，然后调整<li>的 padding 等参数，代码如下：

```
#parameter div ul{
  list-style:none;
  margin:5px 15px 0px 15px;
  padding:0x;
}
#parameter div ul li{
  padding: 2px 3px 2px 15px;
  background:url(icon1.gif) no-repeat 8px 7px;
  border-bottom:1px dashed #999999;        /*虚线作为下画线*/
}
#parameter div ul li a:link,#parameter div ul li a:visited{
  color:#000000;                           /*字体颜色为黑色*/
  text-decoration:none;                    /*字体无下画线*/
}
#parameter div ul li a:hover{
  color:#008cff;
  text-decoration:underline;
}
```

这里为每一个<li>标记都设置了虚线下画线，并且前端的项目符号用一幅小的 gif 背景图片替代，显示效果如图 6-27 所示。

图 6-27　设置项目列表

6.2.5　内容部分

内容部分位于页面的主体位置，将其他设置为左浮动，并且适当地调整 margin 值，指定宽度，代码如下：

```
#main{
  float:left;
  position:relative;
  font-size:12px;
  margin:0px 20px 5px 20px;
  width:510px;
}
```

对#main 整块进行了设置后便开始制作其中每个子块的细节。内容#main 块主要为博客最新的文章，包括文章的标题、作者、时间、正文截取、浏览次数和评论篇数等，由于文章不止一篇且又采用相同的样式风格，因此使用 CSS 的类别 class 来标记，HTML 部分示例如下：

```
<div class="article">
  <h3><a href="#">beep 饭局</a></h3>
  <p class="author">Isaac@2007-06-27 18:47:29</p>
  <p class="content">很久没有动笔写点什么了，就简单流水一下 beep 的饭局吧。……</p>
  <p class="show">浏览 [ 98 ]  评论 [ 2 ] </p>
</div>
```

从上面的代码也可以看出，对于类别为 article 的子块中的每个项目，都设置了相应的 CSS 类别，这样便能够对所有的内容精确地控制样式风格了。

设计时整体思路考虑以简洁、明快为指导思想，形式上结构清晰、干净利落。标题处采用暗红色达到突出而不刺眼的目的，作者、时间右对齐，并且用浅色虚线与标题分离，然后再调整各个块的 margin 及 padding 值，代码如下：

```
#main div{
  position:relative;
  margin:20px 0px 30px 0px;
}
#main div h3{
  font-size:15px;
  margin:0px;
  padding:0px 0px 3px 0px;
  border-bottom:1px dotted #999999;    /*下画淡色虚线*/
}
#main div h3 a:link,#main div h3 a:visited{
  color:662900;
  text-decoration:none;
}
#main div h3 a:hover{
  color:#0072ff;
}
#main p.author{
  margin:0px;
  text-align:right;
  color:#888888;
  padding:2px 5px 2px 0px;
}
#main p.content{
  margin:0px;
  padding:10px 0px 10px 0px;
}
```

此时#main 块的显示效果如图 6-28 所示。

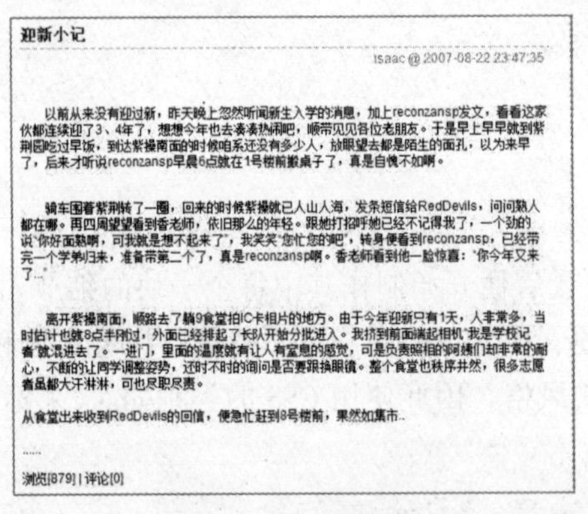

图 6-28 内容部分

6.2.6 脚注

#footer 脚注主要用来存放一些版权信息和联系方式。其 HTML 框架也没有过多的内容，仅仅一个<div>块中包含一个<p>标记，代码如下：

```
<div id="footer">
    <p>更新时间：2016-9-6&copy;All Rights Reserved</p>
</div>
```

因此，对于#footer 块的设计主要切合页面其他部分的风格即可。这里采用淡蓝色背景配合深蓝色文字，代码如下：

```
#footer{
    clear:both;      /*消除 float 的影响*/
    text-align:center;
    background-color:#daeeff;
    margin:0px;padding:0px;
    color:#004a87;
}
#footer p{
    Margin:0px;padding:2px;
}
```

显示效果如图 6-29 所示。

更新时间: 2008-06-24 ©All Rights Reserved

图 6-29　#footer 脚注

6.2.7　整体调整

通过以上对整体的排版，以及各个模块的制作，整个页面已经基本成型。在制作完成的最后，还需要对页面根据效果做一些细节上的调整。例如，各个块之间的 padding、margin 值是否与整体页面协调，各个子块之间是否协调统一，等等。

另外，对于固定宽度且居中的版式而言，需要考虑给页面添加背景，以适合大显示器的用户使用。这里给页面添加黑色背景，并且为整个块添加淡色的左、右、下虚线框，代码如下：

```
body{
    font-family:Arial,Helvetica,sana-serif;
    font-size:12px;
    margin:0x;
    padding:0px;
    text-align:center;
    background-color:#000000;
    border-left:1px dashed #AAAAAA;    /*添加虚线框*/
    border-right:1px dashed #AAAAAA;
    border-bottom:1px dashed #AAAAAA;
}
```

显示效果如图 6-30 所示。

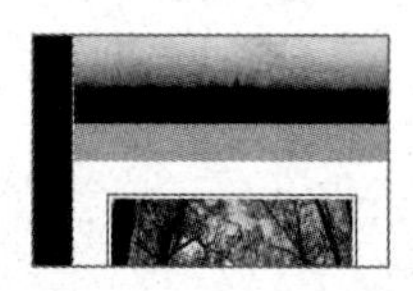

图 6-30　添加左、右、下虚线框效果

这样博客首页便制作完成了。

习　题　6

1. 通过对标记的学习，熟练掌握各种标记的使用，排版效果如图 6-31。

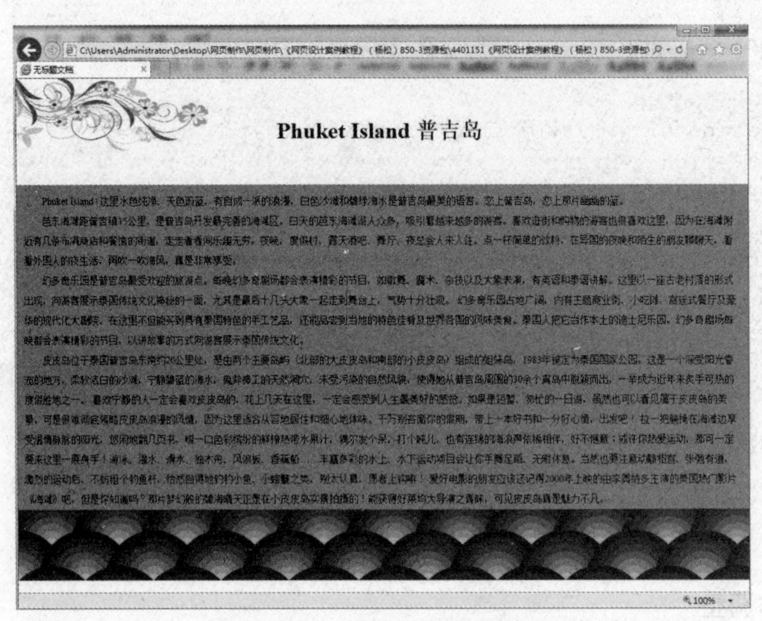

图 6-31　文字和图片混排效果

2. 利用学过的标记知识，制作导航菜单，效果如图 6-32 所示。

图 6-32　导航菜单

3. 利用学过的标记知识，制作 CSS 横向下拉菜单，效果如图 6-33 和图 6-34 所示。

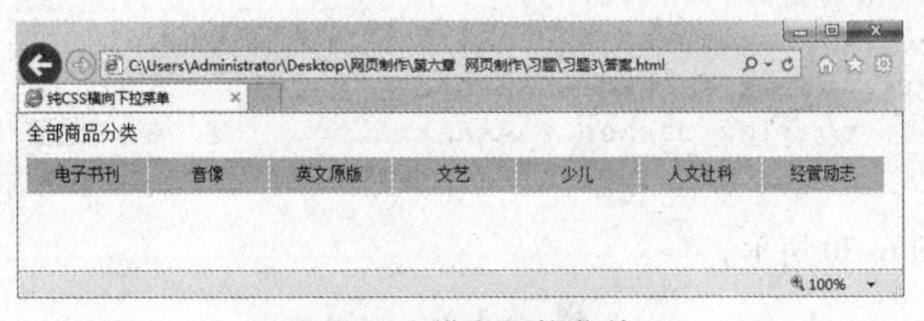

图 6-33　横向下拉菜单

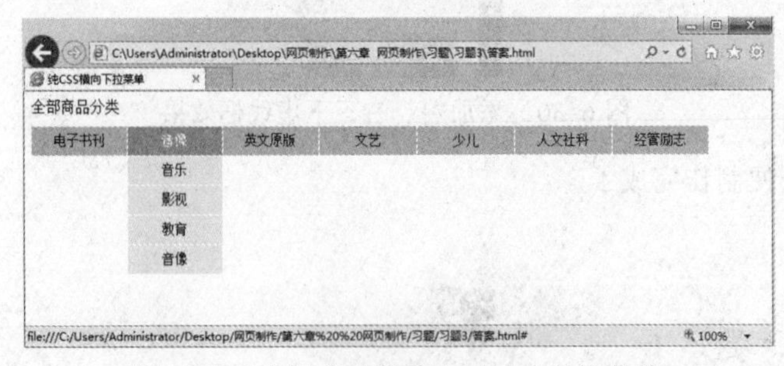

图 6-34　光标移到菜单上时显示下拉菜单

4. 根据所给的素材，制作一个婚纱摄影网站，效果如图 6-35 所示。

图 6-35 婚纱摄影网站效果

第7章 常用多媒体工具

多媒体技术使计算机具有处理声音、文字、图像和视频的能力。它以丰富的声、文、图、影像信息极大地改善了人们使用计算机的方式，使计算机渗透到人们生活的各个领域，给人们工作、生活和娱乐带来了深刻的影响。本章首先对多媒体技术的理论知识进行铺垫，然后分别从文件格式、工作环境及典型案例等方面对图形图像处理软件 Photoshop、动画编辑软件 Flash、视频编辑软件会声会影这三种常用的多媒体软件进行介绍，尤其是三个软件的精彩案例部分，可以让初学者速学速成。

7.1 多媒体技术概述

7.1.1 多媒体技术的相关术语

1. 媒体

媒体（Medium）在计算机领域中有两种含义：一是指用以存储信息的实体，如磁带、硬盘和光盘等；二是指信息的载体，如数字、文字、声音、图形和图像。

2. 多媒体

多媒体（Multimedia）是指多种媒体信息的载体。在信息领域中，多媒体指文本、图形、图像、动画、声音、视频等多种媒体通过计算机技术融合在一起形成的信息媒体。

常见的多媒体包括：

① 文本：指各种文字，包括各种字体，不同尺寸、格式及色彩的文本。

② 图像：是指从点、线、面到三维空间的黑白或彩色几何图。

③ 动画：是指利用人眼的视觉暂留特性，快速播放一连串静态图像，在人的视觉上产生平滑流畅的动态效果。

④ 声音：包括音乐、语音和各种音响效果。

⑤ 视频：是图像数据的一种，若干有联系的图像数据连续播放便形成了视频。

3. 多媒体技术

多媒体技术不是各种信息媒体的简单复合，它把文本、图形、图像、动画、声音和视频等形式的信息结合在一起，并通过计算机进行综合处理和控制，能支持完成一系列交互式操作的信息技术。因此，多媒体技术的关键特性在于信息载体的多样性、交互性和集成性。

7.1.2 多媒体技术的应用

1. 在教育中的应用

教育是多媒体技术最有前途的应用领域之一。以多媒体计算机为核心的现代教育技术使教学变得丰富多彩，并引发教育的深层次改革。音频、动画和视频的加入为多媒体教学增加了全新的理念。各种计算机辅助教学软件（CAI）及各类视听类教材、图书、培训材料等使现代教育教学和培训的效果越来越好。例如，美国IBM公司将一部动物百科全书制作成一张光盘，盘中存有229种动物的资料，含700张全屏幕彩色图片，150张动物习性图，45个视频剪辑动画片，高保真的动物声音，交互式游戏弹出式窗口，学生很容易运行该软件，并轻松愉快地学到有关动物的知识。

2. 在商业中的应用

在广告和销售服务工作中，采用多媒体技术可以实时地、交互地接受和发布商业信息，进行商品展示、销售演示，并且把设备的操作和使用说明制作成产品操作手册，以提高产品促销的效果。另外，各种基于多媒体技术的演示查询系统和信息管理系统，如车票销售系统、气象咨询系统、新闻报刊音像库等也在人们的日常生活中扮演着重要的角色，发挥着重要的作用。

3. 在医疗中的应用

通过多媒体通信设备、远距离多功能医学传感器和微型遥测可以远程问诊。

4. 在娱乐中的应用

通过声音录制软件可获得各种声音或音频，用于宣传、演讲或语音训练等应用系统中，或作为配音插入电子讲稿、电子广告、动作影视中。数字影视和娱乐工具也已进入人们的生活，利用多媒体技术可以制作影视作品、观看交互式电影等。而电子游戏软件，在色彩、图像、动画、音频创作表现方面，都体现了多媒体技术的魅力。

5. 在电子出版物中的应用

电子出版物是指以数字代码方式将图像、文字、声音、视频等信息存储在磁、光、电介质上，通过计算机或类似设备阅读使用，并可复制发行的大众传播媒体。电子出版物可分为电子图书、辞书手册、文档资料、报刊杂志、教育培训、娱乐游戏、宣传广告、信息咨询和简报等多种类型，具有携带方便、检索容易、形象生动等特点。

6. 虚拟现实技术

虚拟现实能够创造各种模拟的现实环境，如飞行器、汽车、外科手术等模拟环境，用于军事、体育、医学、驾驶等方面培训，不仅可以使受训者在生动、逼真的场景中完成训练，而且能设置各种复杂环境，提高受训人员对困难和突发事件的应变能力，并能自动评测学员的学习成绩。

7. 在其他领域中的应用

采用语音自动识别系统可以将语言转换成相应的文字，同时也可以将文字翻译成语音。通过OCR系统可以自动输入手写文字，并以文字的格式存储。

管理信息系统（MIS）在引入计算机多媒体技术后，信息的管理、查询、统计和报表更加省时和方便，并且多媒体数据类型的增加使早期的数据库转变为多媒体数据库，能够获得更加生动、丰富的信息资源。

多媒体技术已广泛用于各种检测系统中，如心理测试、健康测试、设备测试、环境测试和系统测试等。另外，在工程辅助设计、制图等工作中，利用平面图形、图像设计和处理为主的Photoshop，CorelDRAW、Freehand等软件，可以轻松绘图、制作广告、喷绘和刻字等作品。

多媒体技术还广泛应用于工农业生产、通信业、旅游业、军事、航空航天业等。

7.1.3 多媒体应用软件

多媒体应用软件包括多媒体播放软件和多媒体制作软件。除此之外，还有多媒体压缩/解压缩软件、多媒体通信软件等。下面主要介绍多媒体播放软件、多媒体素材制作软件和多媒体创作软件。

1. 多媒体播放软件

多媒体播放软件常见的有Windows XP系统本身提供的Windows Media Player，还有网上收听收看音视频的最佳工具RealPlayer、苹果公司的QuickTime Player和播放MP3的软件千千静听等。

2. 多媒体素材制作软件

一个完整的多媒体作品的开发过程，是对大量不同类型的素材（如文本、图形、图像、声音、视频和动画等）进行程序化、系统化的综合处理。这些不同的媒体素材不可能在一个工具软件中编辑完成，几乎所有多媒体作品的开发，都需要通过多种编辑软件的配合来完成。

（1）文字处理软件

在Windows平台上的文字处理软件有很多种，如记事本、写字板、Word等。其中Microsoft Word功能最为强大，除基本的文字输入编辑功能外，还提供了强大的艺术字功能。

（2）图形图像处理软件

图形图像处理软件可以获取、处理和输出图形图像，主要用于平面设计、制作多媒体作品、广告设计等领域。常用的图像处理软件有Photoshop、Fireworks等，处理位图图像，具有获取图像、输入/输出、加工处理、格式转换等功能。常用的图形处理软件有CorelDraw、Illustrator等，用于处理矢量图形，具有矢量插图、版面设计、点阵编辑、图像编辑等功能。

（3）音频处理软件

音频处理软件可以分为音频转换软件、音频编辑处理软件和音频压缩软件三类。音频转换软件能把声音转化成数字化文件，包括Easy CD-DA Extractor、Exact Audio Copy、Real Jukebox等；音频编辑处理软件可以对数字化声音进行剪辑、编辑、合成和处理，还可以对声音进行声道模式变换、频率范围调整、生成各种特殊效果、采样频率变换、文件格式变换等。常用的软件有Cool Edit Pro、GoldWave、Sound Forge等；音频压缩软件通过某种压缩算法，把普通的数字化声音进行压缩，在音质变化不大的前提下，大幅度减少数据量，以利于网络传输和保存。常见的软件有L3Enc、XingMp3 Encoder、WinDAC32等。

（4）视频编辑及播放软件

视频编辑软件的功能是对视频节目进行剪辑、组合、字幕添加、配音、后台音乐合成等，最终在电脑上完成视频节目的编辑制作。常见的视频编辑软件有Windows Movie Maker、Ulead Video Studio、Adobe Premiere等。

常见的视频播放软件有Windows Media Player、RealPlayer、QuickTime、暴风影音等。现在，绝大多数的视频播放软件都能播放多种格式的视频文件。

（5）动画制作软件

动画制作软件可以分为动画绘制和编辑软件、动画处理软件两类。动画绘制和编辑软件具有图形绘制和上色功能，并具备自动动画生成功能，是原创动画的重要工具，常用的工具有 Gif 动画制作软件（Animator Pro）、网页矢量动画软件（Flash）、三维动画软件（3D Studio MAX）、三维文字动画软件（Cool 3D）、人体三维动画制作软件（Poser）等。动画处理软件完成对动画素材的合成、加工、剪辑、整理和添加特殊效果等，常用的工具有动画加工处理软件（Animator Studio）、视频动画处理软件（Premiere）、网页动画处理软件（Gif Construction Set）、视频动画后期合成软件（After Effects）。

3. 多媒体创作软件

多媒体素材采集、编辑完毕后，就可以将多种媒体素材集成在一起，搭建软件执行框架，设计各种交互动作，设置各种媒体的呈现顺序或呈现条件，实现各种软件功能，最后形成一个完整的多媒体作品。完成上述功能的软件系统被称为多媒体创作软件。常见的多媒体创作软件主要有 PowerPoint、Director、AuthorWare、方正奥斯、Visual Basic、Visual C++等。

7.2 图形图像处理软件 Photoshop

7.2.1 图像与图形

计算机图形主要分为两类：位图图像和矢量图形。通常将位图图像称为图像，矢量图形称为图形。

1. 图像

图像是由许多点组成的，这些点称为像素。当许许多多不同颜色的像素组合在一起便构成了一幅完整的图像。图像的清晰度与像素点的多少有关，单位面积内像素点数目越多则图像越清晰，否则越模糊。

图像占据的存储器空间比较大，图像文件记录的是组成图像的各像素的色度和亮度信息，颜色的种类越多，图像文件越大。图像主要用于表现风景、人物和一切影响人们视觉感受的景物。将它放大、缩小和旋转时会产生失真。

在多媒体制作过程中，图像可以通过扫描仪、数码照相机等多媒体采集设备获得，以适当的文件格式存储到计算机后，再通过图像编辑软件对所获得的图像进行进一步的编辑、加工，以达到制作所需的素材效果。图像处理软件有 Photoshop、Fireworks、Paint Shop Pro、Ulead PhotoImpact 等。

2. 图形

图形与位图不同，它的图形形状主要由点和线段组成。图形是用一系列计算机指令来描述和记录一幅图，如画点、画线、画圆、画矩形等，分别对应不同的画图指令。它的图像格式文件只记录生成图的算法和图中的特征点，这种方式实际上是用数学的方式来描述一幅图形，而对于图形的编辑、修改也是根据各子图对应的指令表达式实现的。这些特点使得图形可以进行任意放大、变形、改变颜色等操作。因为只是记录图形的信息特征，所以在文件的存储容量上，图形比图像小很多。但是，在图像色彩的表现力上，图形就不如图像的表现效果好。图形的特点是占用的空间小，放大或缩小后不失真。

在多媒体制作中，图形更多地侧重于创建和绘制，即将一些实际生活中没有或很难获得的图形通过软件绘制出来，然后再转换成图像供其他用途使用。

图形绘制软件有 CorelDraw、Adobe Illustrator、FreeHand 等。

7.2.2 图像的色彩模式

图像处理离不开色彩处理，因为图像是由色和形两种信息组成的。在使用颜色之前，需要理解色彩模式及 Photoshop 中定义色彩空间的方法。

色彩模式是描述颜色的方法，常见的色彩模式有：HSB、RGB、CMYK 和 Lab。在 Photoshop 的“拾色器（前景色）”对话框中可以根据以上四种色彩模式来选择颜色，如图 7-1 所示。

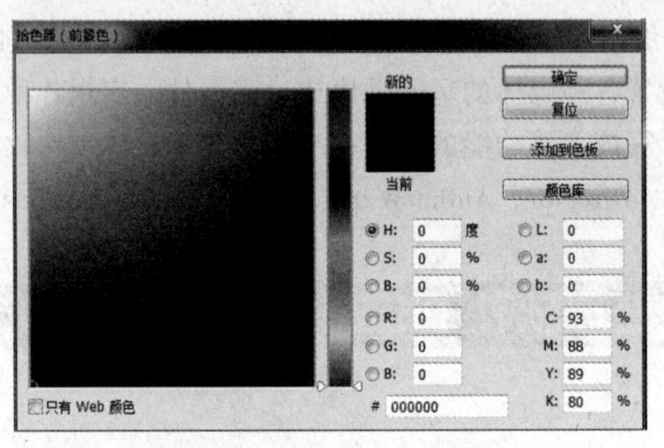

图 7-1 Photoshop 色彩模式

1. HSB 模式

HSB 模式是“Hue”（色相）、“Saturation”（饱和度）和“Brighten”（亮度）的缩写。HSB 模式是从人眼对颜色的感觉出发，根据以下三种基本特性来描述颜色的。

- 色相：物体反射或透射光的颜色，通常用度来表示，范围是 0° ～360° 。
- 饱和度：颜色的强度或纯度，通常以百分比来表示，范围是 0%～100%。
- 亮度：颜色的相对明暗程度，通常使用 0%（黑色）～100%（白色）的百分比来表示。

2. RGB 模式

RGB 模式是 Photoshop 中最常用的一种颜色模式。不管是扫描输入的图像，还是绘制的图像，几乎都是以 RGB 模式存储的。

RGB 模式是“Red（红色）”“Green（绿色）”“Blue（蓝色）”的缩写。它是一种加色模式，大部分色彩都是由红色、绿色和蓝色三色光混合而成。显示器上便是 RGB 色彩模式的颜色系统。在 RGB 模式下的图像是三通道图像。每一个像素由 24 位的数据表示，其中 RGB 三种基色各使用了 8 位。这三种基色的取值范围均为 0～255，即每一种基色都可以表现出 256 种不同浓度的色调，所以三种基色混合起来就可以产生 1 670 万种颜色，也就是常说的真彩色。当三种基色的值均为 255 时，便得到白色；当三种基色的值均为 0 时，便得到黑色；当三种基色的值均为 128 时，便得到灰色。

3. CMYK 模式

CMYK 模式是一种印刷的模式。它是“Cyan（青色）”“Magenta（品红）”“Yellow（黄色）”“Black（黑色）”的缩写，为避免和蓝色混淆，黑色用 K 而不用 B 表示。每种 CMYK 四色油墨可使用 0%～100%的值。它是一种减色模式，其中青色是红色的互补色；黄色是蓝色的互补色；洋红是绿色的互补色。CMYK 模式被应用于印刷技术。

在 Photoshop 中，在准备用印刷颜色打印图像时，应使用 CMYK 模式。如果打开 RGB 图像，最好先编辑，然后转换为 CMYK 模式。如果以 RGB 模式输出图片直接打印，印刷品实际颜色将与 RGB 预览颜色有较大差异。

4. Lab 模式

Lab 模式的最大特点是该模式的颜色与设备无关，无论使用何种设备（如显示器、打印机或扫描仪等）创建或输出图像，都能生成一致的颜色。Lab 颜色是由高度分量（L）和两个色度分量 a、b 组成，其中，a 分量是从绿色到红色，b 分量是从蓝色到黄色。Lab 模式是一种较为陌生的颜色模式。此模式的图像由三通道组成，每像素有 24 位的分辨率。通常情况下不会用到此模式，但使用 Photoshop 编辑图像时，事实上就已经使用了这种模式，因为 Lab 模式是 Photoshop 内部的颜色模式。

5. 其他色彩模式

在 Photoshop CS 中除了 HSB、RGB、CMYK、Lab 四种模式外，还有以下几种色彩模式：

① 位图模式：使用两种颜色值（黑色或白色）之一表示图像中的像素，该模式下的图像又称为一位图像，系统只使用一个二进制位表示某个像素的颜色，占用的磁盘空间最少。因此，在该模式下不能制作出色调丰富的图像，只能制作出一些黑白两色的图像。

② 灰度模式：该模式中图像的每个像素都有一个 0（黑色）～255（白色）之间的亮度值，通常黑色或灰度扫描仪生成的图像以“灰度”模式显示。灰度模式的图像可以表现出丰富的色调，表现出自然界物体的生动形态和景观。但它始终是一幅黑白图像，就像通常看到的黑白电视和黑白照片一样。灰度模式中的像素是由 8 位的分辨率来记录的，因此能够表现出 256 种色调。如果一幅彩色图像转换成黑白颜色的图像，必须先将其转换成“灰度”模式的图像，然后再转换成黑白模式的图像，即位图模式的图像。

③ 双色模式：通过 2～4 种自定油墨创建双色调（两种颜色）、三色调（三种颜色）和四色调（四种颜色）的图像。

④ 索引颜色模式：当图像转换为该模式时，Photoshop 将构建一个颜色查找表，用以存放并索引图像中的颜色，该模式最多有 256 种颜色。

⑤ 多通道模式：该模式的每个通道使用 256 级灰度，多通道图像对于特殊打印机非常有用。

7.2.3 常用图形、图像文件格式

1. 常用图像文件格式

图像文件格式是计算机中存储图像文件的方法，包括图像的各种参数信息。不同文件格式所包含的图像信息有很大不同，所以在存储图形及图像文件时，选择何种格式是十分重要的。

（1）BMP 格式（*.bmp）

BMP（Bitmap，位图文件）格式是美国微软公司的图像格式，是 Windows 操作系统中的标准图像文件格式。最典型的应用 BMP 格式的程序就是 Windows 的画笔。支持 RGB、索引颜色、灰度和位图颜色模式，但不支持 Alpha 通道，也不支持 CMYK 模式的图像。它采用位映射存储格式，除了图像深度可选以外，文件几乎不采用其他压缩，因此，BMP 文件占用磁盘空间较大。它的颜色存储格式有 1 位、4 位、8 位及 24 位，该格式是当今应用比较广泛的一种格式。缺点是该格式文件比较大，只能应用在单机上，不受网络欢迎。

（2）GIF 格式（*.gif）

GIF 是英文 Graphics Interchange Format（图形交换格式）的缩写。顾名思义，这种格式是用来交换图片的。它是一种无损压缩的网页格式，支持一个 Alpha 通道，支持透明和动画格式。这种图像文件格式兼容性好，可以在保证图像质量的前提下，兼顾图像的大小和传输间，它可以将图像的部分区域透明处理，还可以制作动画效果。一般情况下，颜色变化不大，边缘清晰的图像应保存为这种格式。这种格式的图像文件所用存储空间较小，适用于网络传输文件或网页中。

GIF 格式的特点是压缩比高，磁盘空间占用较少，所以这种图像格式迅速得到了广泛的应用。最初的 GIF 只是简单地用来存储单幅静态图像（称为 GIF87a），后来随着技术发展，可以同时存储若干幅静止图像进而形成连续的动画，使之成为当时支持二维动画为数不多的格式之一（称为 GIF89a），而在 GIF89a 图像中可指定透明区域，能够与网页背景无缝融合到一起。目前，Internet 上大量的彩色动画文件多采用这种格式，即又称 GIF89a 格式的文件。

GIF 文件的缺点是不能存储超过 256 色的图像。尽管如此，这种格式仍在网络上应用，这与 GIF 图像文件小、下载速度快、支持动画等优势是分不开的。

（3）JPEG 格式（*.jpg/*.jpeg）

它是一种有损压缩的网页格式，不支持 Alpha 通道，也不支持透明。当文件存储为此格式时，会弹出对话框，在 Quality 中设置数值越高，图像品质越好，文件也越大。这种有损压缩格式，能够将图像压缩在很小的存储空间内，它用有损压缩方式去除冗余的图像数据，在获得极高的压缩率的同时能展现十分丰富生动的图像。JPEG 格式压缩的主要是高频信息，对色彩的信息保留较好，适合应用于互联网，可减少图像的传输时间，它也支持 24 位真彩色的图像，因此适用于色彩丰富的、需要连续色调的图像。JPEG 格式文件在注重文件大小的领域应用广泛，网页制作过程中的图像如横幅广告、商品图片、较大的插图等，都可以保存为 JPEG 格式。

JPEG 是利用 JPEG 方法压缩的图像格式，压缩比高，但压缩与解压缩算法复杂、存储和显示速度慢。JPEG 格式是目前网络上最流行的图像格式，是可以把文件压缩到最小的格式。在 Photoshop 软件中以 JPEG 格式储存时，提供 11 级压缩级别，以 0～10 级表示。其中，0 级压缩比很高，图像品质最差。即使采用细节几乎无损的 10 级质量保存时，压缩比也可达 5:1。例如，以 BMP 格式保存时得到 4.28 MB 图像文件，在采用 JPEG 格式保存时，其文件仅为 178 KB，压缩比达到 24:1。

（4）PSD 格式（* .psd）

PSD 格式是 Photoshop 软件特有的、默认的图像文件格式，它将所编辑的图像文件中所有关于图层、通道、辅助线和路径等信息保存下来。用 PSD 格式保存图像，图像不经过压缩。因其图层较多且保留了较多原始信息，文件存储空间较大。图像制作完成后，除了保存为其他通用格式外，最好存储一个 PSD 格式的文件备份，以便重新读取需要的信息，对图像再修改和编辑。

（5）PNG 格式（*.png）

PNG（Portable Network Graphics）是一种新兴的无损压缩的网络图像格式，结合了 GIF 和 JPEG 的优点，具有存储形式丰富的特点。PNG 最大色深为 48 bit，支持 24 位真彩色，能够提供长度比 GIF 小 30%的无损压缩图像文件，可将图像部分区域透明处理且支持 Alpha 通道。

PNG 文件的缺点是不支持动画应用效果，不完全支持所有浏览器，所以在网页中要比GIF 和 JPEG 格式用得少，但随着网络的发展和因特网传输速度的改善，PNG 格式将是未来网页中使用的一种标准图像格式。Adobe 公司的 Firework 软件的默认格式是 PNG。

（6）TIFF 格式（*.tif）

TIFF 格式是一种应用非常广泛的位图图像格式。几乎大部分绘图、图像编辑和页面排版应用程序都支持。常用于应用程序之间和计算机平台之间交换文件，它支持带 Alpha 通道的 CMYK、RGB 和灰度文件。该格式有压缩和非压缩两种形式，其中可采用 LZW 无损压缩。

TIFF 格式能够保存通道、图层和路径信息，由此看来它与 PSD 格式并没有太大区别。但实际上，如果在其他程序中打开 TIFF 格式的图像，其所有图层将被合并，只有用 Photoshop 打开保存了图层的 TIFF 文件，才可以对其中的图层进行编辑修改。

（7）PDF 格式（*.pdf）

PDF 格式可以跨平台操作，可在 Windows、Mac OS、Unix 和 DOS 环境下浏览（用 Acrobat Reader）。它支持 Photoshop 软件所支持的所有颜色模式和功能，支持 JPEG 和 ZIP 压缩（但使用 CCITT Group4 压缩的位图模式图像除外），支持透明，但不支持 Alpha 通道。

2. 常用图形文件格式

（1）WMF/EMF 格式（*.wmf，*.emf）

WMF（Windows Metafile Format）是 Windows 常用的一种图元文件格式，是矢量文件格式。它具有文件短小、图案造型化的特点，整个图形常由各个独立的组成部分拼接而成，但其图形往往粗糙。

EMF（Enhanced Metafile）是微软公司开发的一种 Windows 32 位扩展图元文件格式，是矢量文件格式，其总体目标是要弥补使用 WMF 的不足，使得图元文件更加易于接受。

微软公司的 Office 办公软件的剪贴画很多为 WMF 或 EMF 格式。

（2）EPS 格式（*.eps）

EPS（Encapsulated PostScript）是用 PostScript 语言描述的一种 ASCII 码文件格式，既可以存储矢量图，也可以存储位图，最高能表示 32 位颜色深度，特别适合 PostScript 打印机。

EPS 格式主要用于绘图和排版领域，但在其他领域也有广泛的应用。该格式可以同时包含矢量图和位图。它可以在排版软件中以低分辨率显示，以高分辨率打印和输出胶片。

（3）AI 格式（*.ai）

AI 格式文件是 Adobe 公司的 Illustrator 软件的输出格式，与 PSD 格式文件相同，AI 文件也是一种分层文件，用户可以对图形内所存在的层进行操作，所不同的是 AI 格式是基于矢量输出，可在任何尺寸大小下最高分辨率输出，而 PSD 文件是基于位图输出。在 Photoshop 中可以将图像保存为 AI 格式，并且能够在 Illustrator、CorelDraw 等矢量图形软件中直接打开并进行修改和编辑。

（4）SVG 格式（*.svg）

SVG（Scalable Vector Graphics）可缩放的矢量图形是基于 XML（eXtensible Markup Language），由 W3C 联盟进行开发的，是一种开放标准的矢量图形语言，可以设计高分辨率的 WEB 图形页面。用户可以直接用代码来描述图像，可以用任何文字处理工具打开 SVG 图像，通过改变部分代码来使图像具有交互功能，并可以随时插入网页中通过浏览器来观看。

它提供了目前通用格式 GIF 和 JPEG 无法具备的优势：可以任意放大图形显示，但绝不会以牺牲图像质量为代价；文字在 SVG 图像中保留可编辑和可搜寻的状态；一般来说，SVG

文件比 JPEG 和 GIF 格式的文件要小很多，下载速度快，SVG 格式正成为网页图像的新标准。

7.2.4 Photoshop 工作环境

Photoshop 是美国 Adobe 公司成功开发的一个应用软件。该软件在图像处理和平面设计方面，在国内外具有很大的影响力，由于它输入/输出方便简捷，易学易用，又有极好的制作效果，长期以来一直受到广大用户的欢迎。

1. 基本概念

（1）像素

数字图像是由按一定间隔排列的亮度不同的像点构成的，形成像点的单位就是“像素”。也就是说，组成图像的最小单位是像素。在 Photoshop 软件中，常常用像素作为图片尺寸的单位。例如，一张图片的尺寸表示成 1024×768，这时的单位为像素。

（2）分辨率

在 Photoshop 软件中，图像分辨率表示每英寸图像含有多少像素或点，分辨率的单位是像素/英寸（英文缩写为 dpi）。例如，72 dpi 就表示该图像每英寸含有 72 像素或点。在图像尺寸相同的情况下，分辨率越高则图像越清晰。

（3）图层

Photoshop 参照了用透明纸进行绘图的思想，使用图层来对图像进行分层。用户可以将每个图层理解为一张透明的纸，将图像的各部分绘制在不同的图层上。透过这层纸，可以看到纸后面的东西，而且无论在这层纸上如何涂画，都不会影响到其他图层中的图像。也就是说，每个图层可以进行独立的编辑或修改。

（4）路径

Photoshop 中，路径是指用户勾绘出来的由一系列点连接起来的线段或曲线，可以沿着这些线段或曲线填充颜色，或者进行描边，从而绘制出图像。此外，路径还可以转换成选取范围。路径事实上是一些矢量式线条，因此图片缩小或放大都不会影响它的分辨率或平滑度。

（5）通道

每个 Adobe Photoshop 图像具有一个或多个通道，每个通道都存放着图像中颜色元素的信息。图像中默认的颜色通道数取决于其颜色模式。通道的主要作用：

① 表示选择区域。利用通道，可以建立头发丝这样的精确选区。

② 表示墨水强度。不同的通道都可以用 256 级灰度来表示不同的亮度。

③ 表示图片颜色信息。Photoshop 将图像的原色数据信息分开保存。例如，一个 RGB 模式的图像，其每一个图像的颜色数据是由红、绿、蓝这三个通道记录，而这三个颜色通道组合定义后合成了一个 RGB 主通道。

（6）亮度

亮度就是各种图像色彩模式下图形原色（如 RGB 图像的颜色为 R、G、B 三种）的明暗度。亮度的调整也就是明暗度的调整。亮度的范围是 0～255，共包括 256 种色调。在 RGB 模式中则代表各原色的明暗度，即红、绿、蓝原色的明暗度。例如，将红色加深就成为深红色。

（7）色相

色相就是从物体反射或透过物体传播的颜色。简单地说，色相就是色彩颜色，对色相调整也就是多种颜色之间的变化。通常在使用中，色相是由颜色名称标识的。例如，光由红、橙、黄、绿、青、蓝、紫七色组成，每一种颜色即代表一种色相。

（8）饱和度

饱和度又称彩度，是指颜色的轻度或纯度。调整饱和度也就是调整图像的彩度。当一幅彩色图像降低饱和度为0时，就会变成一个灰色的图像；增加饱和度时就会增加其彩度。

（9）对比度

对比度是指不同颜色之间的差异。对比度越大，两种颜色之间的反差就越大；反之，对比度越小，两种颜色之间的反差就越小，颜色越相近。例如，将一幅灰度的图像增加对比度后，会变得黑白更鲜明。

（10）滤镜

滤镜主要用来实现图像的各种特殊效果，它在 Photoshop 中具有非常神奇的作用。所有的 Photoshop 滤镜都分类放置在“滤镜”菜单中，使用时只需从该菜单中选择这些滤镜命令即可。

2. Photoshop 的功能

（1）Photoshop 基本功能

利用 Photoshop 可以进行各种平面图像处理，绘制简单的几何图形以及进行格式和色彩模式转换等多种操作，可以创作出任何能构想出的作品。具体来说，Photoshop 有以下一些功能：

① 支持大量图像文件格式。支持多达 20 多种图像文件格式，包括 PSD、BMP、GIF、EPS、FLM、JPEG、PDF、PCX、PNG、RAW、SCT、TGA 和 TIF 等，并可以将某种格式的图像文件转换为其他格式的文件。

② 选择和绘图功能。Photoshop 提供了强大的图像处理工具，包括选择工具、绘图工具和辅助工具等。选择工具可以选取一个或多个不同尺寸、不同形状的选择范围。利用绘图工具可以绘制各种图形，还可以通过不同的笔刷形状和大小来创建不同的效果。

③ 色调和色彩功能。Photoshop 可以对图像的色调和色彩进行调整，使图像的色相、饱和度、亮度、对比度的调整简单快捷。另外，Photoshop 还可以对图像的某一部分进行色彩调整。

④ 图像编辑和变换。Photoshop 不仅可以对图像进行移动、复制和粘贴等编辑操作，而且可以对图像进行旋转、倾斜和变形，使图像产生一些特殊效果。

⑤ 图层功能。Photoshop 具有多图层工作方式，可以进行图层的复制、移动、删除、翻转合并和合成等操作。

⑥ 滤镜功能。Photoshop 提供了近 100 种滤镜，这些滤镜各有千秋，用户可以利用这些滤镜实现各种特殊效果。另外，还可以使用其他很多与之配套的外挂滤镜。

⑦ 开放式结构。支持 TWAIN32 界面，可以连接各类图像输入/输出设备，如扫描仪、照相机和打印机等设备。

（2）Photoshop 的增强功能

Photoshop CS2～CS 5 这几个版本在以上基本功能的基础上，还添加了一些新功能：

① 工作流程改进。Adobe Bridge 简化了 Photoshop 中的文件处理，有效地浏览、标记和处理图像。

② 色彩管理改进。保留所有 Adobe Creative Suite 组件中的通用颜色设置。通过用于色彩管理的简化打印界面进行打印。

③ 增强的照片功能。包含多图像相机原始数据、高动态范围（HDR）、光学镜头校正、减少杂色、智能锐化滤镜、污点修复工具、校正红眼、模糊滤镜等功能。

④ 生产率提高工具。包含自定义菜单、图像处理器、全新的 PDF 引擎、脚本和动作事件管理器、自定 UI 字体大小更新管理器、变量、视频预览等功能。

⑤ 设计师增强功能。包含消失点、智能对象、多图层控制、图像变形、动画、智能参考线等功能。

（3）Photoshop CS 6 新增特性

Photoshop CS6 新增加了一些智能性的功能，包括裁剪、视频创建等。在实际体验上，有五大新增的功能非常凸显，那就是全新的裁剪工具、内容感知识别修补、全新的 Blur Gallery，以及直观的视频创建和自动恢复、后台存储，这五个新功能让图片处理更加高效，更重要的是更加智能了。实例 7-3 中会体现其智能性。

3. Photoshop CS6 工作界面

启动 Photoshop CS6 后，其工作界面就显示在屏幕上。它的工作界面由菜单栏、工具选项栏、工具箱、图像编辑窗口、面板及状态栏等组成，如图 7-2 所示。

图 7-2　Photoshop CS6 的工作界面

7.2.5　Photoshop 基本操作

1. 图像文件的基本操作

图像文件的基本操作包括创建图像文件、存储图像文件、图像文件的打开、关闭及恢复图像文件等，它是进行图像处理的基础。

2. 选区操作

选区是 Photoshop 中最基本的操作，这项工作往往利用选区工具进行。在 Photoshop CS6 中，提供了矩形选区、椭圆选区、多边形套索、磁性套索、魔棒等选区工具。如果利用选区工具选择了图像的某个部分后，选区的边缘会用闪烁的虚线表示。选区操作主要在“选择”菜单中进行，主要有全选、反选、取消选区、色彩范围选择、羽化、扩展、收缩、选取相似色彩区域、变换选区（移动、旋转、变形等）等操作，还可以对多个选区进行相加、相减、相交等操作。也可以通过路径来建立选区。

（1）利用选区去除背景

在图像处理时，往往需要删除图像中的某一部分背景，这时需要利用选区工具在图像中进行背景部分的选择，选中所需的区域后，按【Del】键即可删除背景，这个过程又称“去背”。在利用魔棒工具进行背景选择时，调整其“容差”参数可以改变选区的范围，如图 7-3 和图 7-4 所示。

图 7-3　魔棒小容差选择的范围

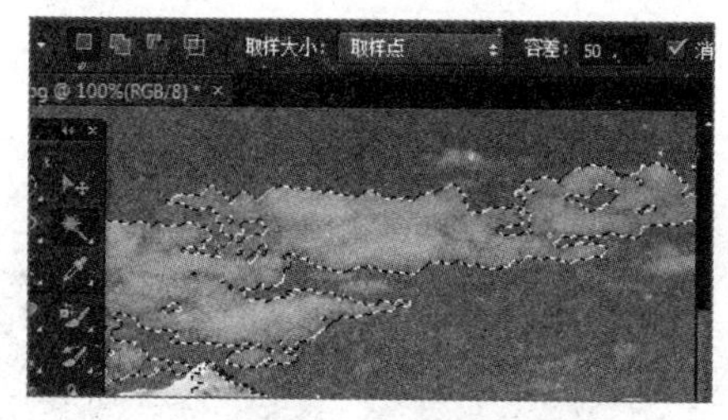

图 7-4　魔棒大容差选择的范围

（2）利用选区进行抠图

有时为了进行图像重组合，需要将图像中的某部分（如人物等）复制出来，这也需要利用选区工具，选择局部图像后，按【Ctrl+C】组合键复制，然后按【Ctrl+V】组合键粘贴，这个过程往往称为“抠图”。在 Photoshop 中，利用“矩形”“椭圆”“套索”等选区工具时，可对工具栏的“羽化”属性进行调整。“羽化”属性的参数决定选区是否需要柔化边缘，“羽化”属性的参数越大，则羽化的宽度越大。羽化抠图的效果如图 7-5～图 7-8 所示。使用完“羽化”属性的参数后，必须将它调回到 0，不然将影响后续操作。如果选择“消除锯齿”复选框，可使选区的边缘更平滑、更清晰。

图 7-5　原图

图 7-6　椭圆选区

图 7-7　羽化像素为 0 的效果

图 7-8　羽化像素为 100 的效果

3．图层操作

图层是 Photoshop 中非常重要的一个概念，它是实现在 Photoshop 中绘制和处理图像的基础。一幅作品往往由多个图层组成，一个图像中允许创建多达 100 个图层。用户可以独立地对每个图层中的图像进行编辑或添加图像效果，而对其他层没有任何影响。通过更改图层的顺序和属性，便可改变图像的合成效果。

图层的操作主要是通过图层面板进行的。图层面板列出了图像中所有的图层，背景层位于最下方，一幅图像只能有一个背景层；图层面板最上面的图层，在图像中显示在最前面。在“窗口”菜单，可以打开所有的图层面板。图层的操作也可以使用图层菜单命令来完成。图层的操作包括新建图层、图层重命名、选择当前图层、改变图层排列顺序、复制和删除图层、链接图层、拼合图层等。

7.2.6　Photoshop 图像处理案例

【实例 7-1】用八幅图来合成一幅图，制作烛光晚餐效果。

操作步骤如下：

① 打开素材中的“第 7 章\例 7-1 烛光晚餐\desk.bmp”文件（【Ctrl+O】组合键），并最小化。

② 用“多边形套索”工具创建盘子和鸡肉选区，粘贴到“desk.bmp”文件中：打开文件“chicken.bmp”，用“缩放工具”放大视图，用“多边形套索”工具创建盘子和鸡肉选区，如图 7-9 所示；复制粘贴到“desk.bmp”，用“移动工具”拖动到合适位置；缩小鸡盘，编辑/自由变换

(【Ctrl+T】组合键)，如图 7-10 所示；然后按住【Shift】键，同时拖动控制点，等比例缩小，按【Enter】键后关闭“chicken.bmp”，如图 7-11 所示。在图层面板上命名图层为“chicken”。

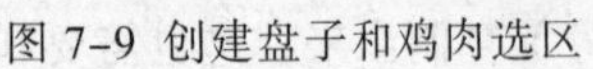

图 7-9 创建盘子和鸡肉选区

图 7-10 调整鸡盘大小

图 7-11 鸡盘缩小放桌上

③ 打开文件“drink.bmp”，用“快速选择工具”建立饮料杯选区，粘贴到“desk.bmp”文件中：打开文件“drink.bmp”，建立饮料杯选区，如图 7-12 所示，复制粘贴，等比例调整大小到“desk.bmp”中适当位置，如图 7-13 所示。关闭“drink.bmp”，在图层面板上命名图层为“drink”。

图 7-12 创建饮料杯选区

图 7-13 饮料杯调小放桌上

④ 用“色彩范围”命令创建蛋糕选区：打开文件“cake.bmp”，选择“选择”→“色彩范围”命令，选择“选择范围”单选按钮，用“吸管工具”在蛋糕以外区域单击，颜色容差为“15”，选择“反相”复选框（见图 7-14），确定后，蛋糕选区如图 7-15 所示。方法同上，复制粘贴，等比例调整大小到“desk.bmp”中适当位置，如图 7-16 所示。关闭“cake.bmp”，在图层面板上命名图层为“cake”。

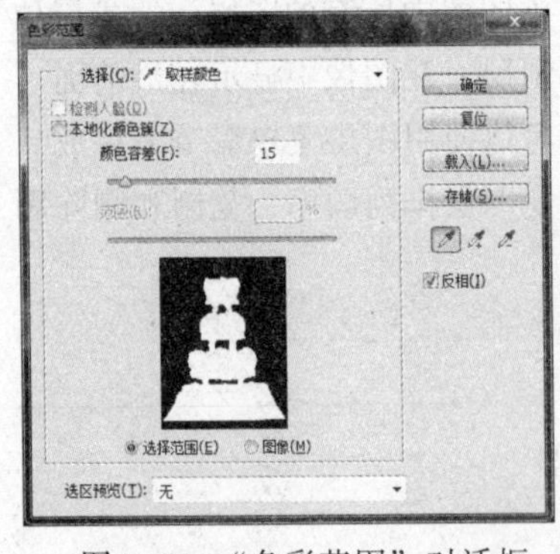

图 7-14 “色彩范围”对话框

图 7-15 蛋糕选区

图 7-16 蛋糕调小放桌上

⑤ 建立酒瓶选区，粘贴到“desk.bmp”文件中：打开文件“wine.bmp”，用“快速选择工具”建立酒瓶选区，如图 7-17 所示。方法同上，复制粘贴，调整大小到“desk.bmp”中适当位置，如图 7-18 所示。关闭“wine.bmp”，在图层面板上命名图层为“wine”。

图 7-17　创建酒瓶选区

图 7-18　酒瓶调小放桌上

⑥ 建立酒杯选区，粘贴到“desk.bmp”文件中：打开文件“cup.bmp”，建立酒杯选区，如图 7-19 所示。方法同上，复制粘贴，调整大小到“desk”中适当位置，如图 7-20 所示。在图层面板上命名图层为“cup”。

图 7-19　创建酒杯选区

图 7-20　酒杯调小放桌上

⑦ 用“贴入”命令将“candle.bmp”粘贴到“desk.bmp”文件的一个新图层中：打开文件“candle.bmp”，全选，如图 7-21 所示，复制选区，关闭“candle.bmp”；还原“desk.bmp”，用“魔棒工具”单击背景层的黑色区域；选择“编辑”→“选择性粘贴”→“贴入”命令；配合“自由变换”工具来调整，如图 7-22 所示。在图层面板上命令图层为“candle”。

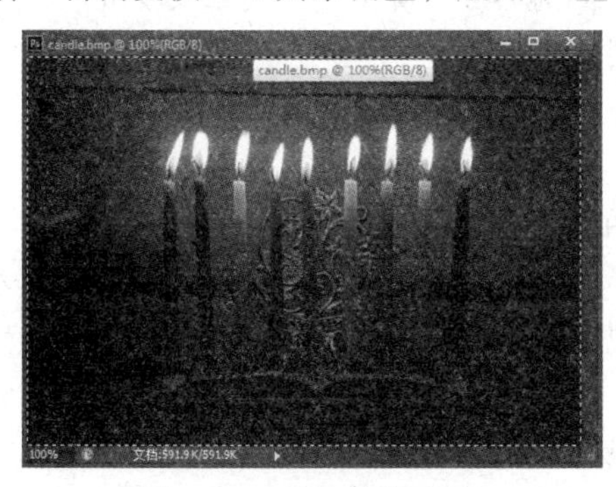

图 7-21　创建蜡烛选区

图 7-22　蜡烛做背景墙

⑧ 用“磁性套索工具”建立筷子盒选区（见图 7-23），粘贴到“desk.bmp”文件中：打开文件“chopsticks.bmp”，用“磁性套索工具”建立筷子盒选区，方法同上，复制粘贴，调整大小到“desk.bmp”中适当位置；按【Alt+Shift】组合键，用“移动工具”水平复制另一筷子盒到对应位置处，在图层面板上分别命名两个图层为“chopstick1”“chopstick2”。

⑨ 最终文件另存为“supper.psd”，可同时输出图像为“supper.jpg”，最终效果图与图层面板，如图 7-24 所示。

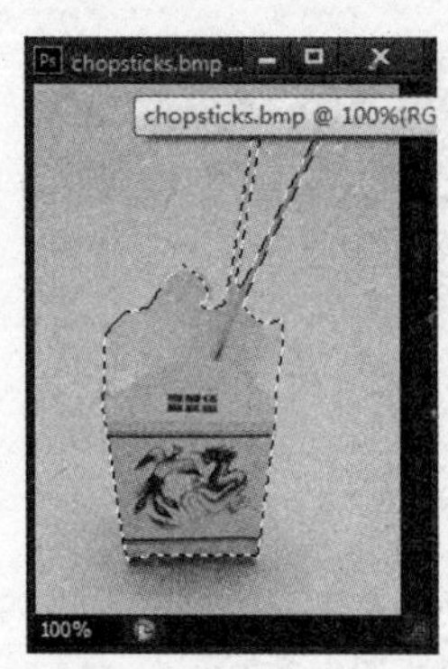

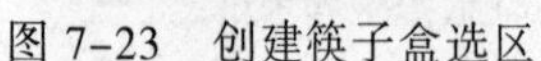
图 7-23　创建筷子盒选区

图 7-24　烛光晚餐最终效果与图层面板

说明：

① 通过本例的练习，掌握多边形套索、磁性套索、魔棒等工具，菜单中的“选择范围”“扩大选取”“选取相似”等命令创建选区的方法，以及“贴入”命令。

②“多边形套索工具”多用于选取一些复杂、棱角分明、边缘呈直线的极其不规则的多边形形状。

③“魔棒工具”是靠颜色来创建选区的，在图像中单击某个点时，附近颜色相同或相近的点，都会自动融入选区区域中。选区的范围取决于容差值的大小，容差值越大，选区就越大。

④“磁性套索工具”会根据颜色的相似性选择出不规则的区域。

⑤ 文件中的蛋糕以外部分是同一颜色，则可用“色彩范围”来创建选区，边预览边调整。

⑥“贴入”与“粘贴”的不同是：“贴入”将剪贴板中的内容粘贴到选区中。

⑦ Photoshop 软件生成的图像默认为.psd，这是一种静态图的可编辑格式，它把图中所有的图层、通道、路径等信息全部保存了下来，此软件也可以输出.jpg、.gif、.bmp、.pdf 等多种图像格式。

【实例 7-2】抠图练习：抠出飞舞的头发，设置背景为蓝色肌理效果，并调整图像大小。

操作步骤如下：

① 在 Photoshop CS 6 中，打开素材中的“第 7 章\例 7-2 飞舞头发\“飞舞头发.jpg”图片，如图 7-25 所示，另存为“飞舞头发抠图.psd”文件。

② 单击工具箱中的“快速选择工具”，在人像处拖动鼠标，选择大部分的人和头发，如图 7-26 所示。

③ 单击工具选项栏中的“调整边缘”按钮，在弹出的“调整边缘”对话框中，选择“智能半径”与“净化颜色”两个复选框，用“调整半径工具”笔刷，重新完全涂抹右侧头发部分，如图 7-27 所示，单击“确定”按钮，会发现图层上出现一个图层蒙版缩略图，白色部分为选区显示区域。

④ 按【Ctrl+J】组合键复制选区，在图层面板上，单击右下角“创建新图层”按钮，在工具箱上设置前景色为“蓝色”，单击“油漆桶工具”填充图层，把该图层拖动到中间，如果发现头发有白边，用工具箱中的“加深工具”涂抹白边的头发，力度自己把控。

⑤ 做背景肌理效果。选择蓝色图层，选择“滤镜”→“杂色”→“添加杂色”命令，参数默认。选择“滤镜”→“模糊”→“动感模糊”命令，参数如图 7-28 所示，单击“确定”按钮。

⑥ 用“裁切工具”裁去图像下部与右部区域。

⑦ 单击“图像”→“菜单”→“图像大小”命令，调整图像大小，宽度为 530 px，高度为 600 px，单击“确定”按钮，得到图像最终效果，如图 7-29 所示，保存关闭。

图 7-25　飞舞头发原图

图 7-26　人与头发选区

图 7-27　“调整边缘”参数

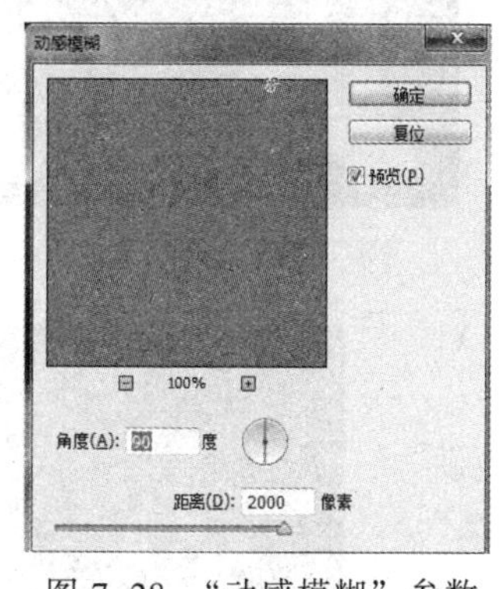

图 7-28　“动感模糊”参数

图 7-29　飞舞头发抠图最终效果

说明：

① 第②步中，根据原图是单色背景的特点，也可以用“魔棒工具”单击背景区，反选来选择人与头发部分。

② 设置图像大小时，若取消选择“约束比例”复选框，则可以随意指定图像的宽度和高度，但可能会造成图像比例失调，也可以在“文档大小”中设定图像的宽度和高度，它对于要打印成纸质的图像具有重要的意义，“像素大小”和“文档大小”数值的设定受到图像分辨率的影响。

【实例 7-3】制作火焰字效果。

操作步骤如下：

① 新建文件。宽：640 px；高：480 px；分辨率：72 dpi；用“黑色”填充背景色，用“文字工具”输入“火焰”，设置为隶书、200 点、白色。

② 按下【Ctrl】键，同时单击文字图层面板上的文字缩略图，创建文字选区，选择“选择”→“存储选区”命令，出现一个 Alpha 通道，取消选区。在图层面板中合并图层，如图 7-30 所示。选择“滤镜”→“模糊”→“高斯模糊”命令，设置“半径”为“2”（为使文字出现红边效果），如图 7-31 所示。

图 7-30　火焰文本

图 7-31　高斯模糊效果

③ 制作火焰效果。选择“图像”→“图像旋转”→“90 度（顺时针）”命令；选择“滤镜”→“风格化”→“风”命令，设置方向为“从左”；按【Ctrl+F】组合键，可多次实现风的效果，逆时针再调整回来，效果如图 7-32 所示。

④ 给火焰上色。选择“图像”→“模式”→“灰度”，转换成“灰度模式”，再设置为“索引颜色模式”，选择“图像”→“模式”→“颜色表”命令，在“颜色表”下拉列表框中选择“黑体”选项，效果如图 7-33 所示。

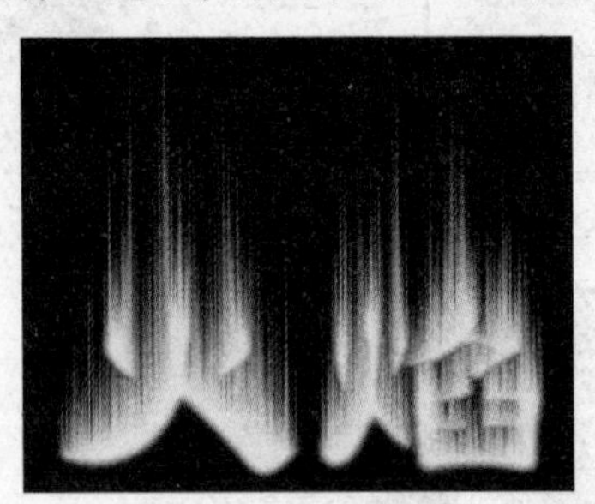

图 7-32　起风效果

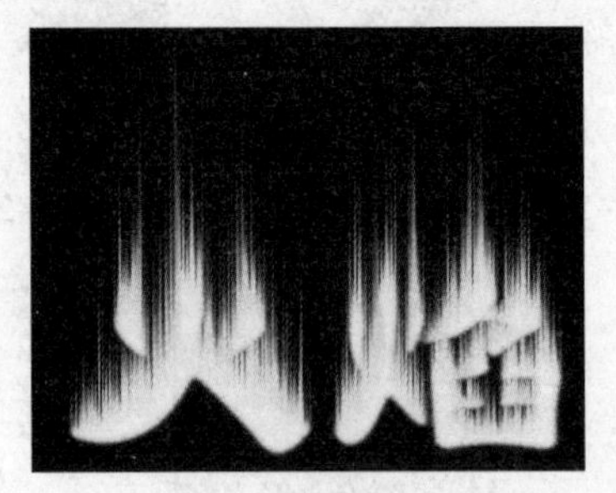

图 7-33　火焰上色效果

⑤ 回到“RGB 模式”下，新建图层 1，载入 ALPHA1 选区，在“图层 1”中用黑色填充选区。

⑥ 按【D】键，将前景色设为默认的黑色，背景色设为默认的白色，选择“滤镜”→“滤镜库”→“艺术效果”→“塑料包装”命令，设置三个参数分别为 15，9，7；取消选区，保存为“火焰字.psd”，最终效果如图 7-34 所示。

图 7-34　火焰字最终效果

说明：

通过本例的练习，掌握模式转换与滤镜的综合应用。

【实例 7-4】利用图层蒙版，制作带翅膀的天使。

操作步骤如下：

① 打开素材中的“第 7 章\例 7-4 带翅膀天使”文件夹下的两幅图片“angle.bmp”和“wing.bmp”，如图 7-35 所示。利用工具箱中的“移动工具”将图左侧图片“wing.bmp”拖入右侧图片“angle.bmp”中。

② 单击图层面板下方的“添加图层蒙版”按钮，给“图层 1”添加一个图层蒙版，如图 7-36 所示。此时蒙版为白色，表示全部显示当前图层的图像。

图 7-35　带翅膀天使原图

图 7-36　添加蒙版

③ 利用工具箱上的“渐变工具”，渐变类型选择“线性渐变”，然后对蒙版进行由下到上的黑白渐变处理，效果如图 7-37 所示。此时蒙版下部为黑色，相应的“图层 1”的下部被隐藏了。

④ 将该层的图层混合模式设为“正片叠底”，文件另存为“angle-wing.psd”，最终效果如图 7-38 所示。

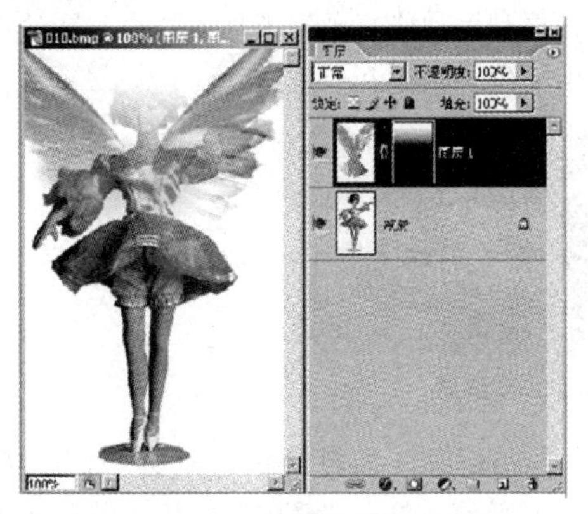

图 7-37　蒙版渐变处理效果

图 7-38　天使图最终效果

【实例 7-5】利用内容识别填充，去除 LOGO、水印或者马匹实物：把三匹马的距离移近，并复制这三匹马；并对马群设置倾斜偏移模糊效果。

操作步骤如下：

① 内容识别填充。在 Photoshop CS6 中，打开素材中的“第 7 章\例 7-5 内容识别感知”文件夹下的图片“grassland.png”，如图 7-39 所示。用“矩形选框工具”框选右下角水印部分，在当前位置右击，在弹出的快捷菜单中选择“填充”命令，在弹出的“填充”对话框中在“使用”下拉列表框中选择“内容识别”选项，单击“确定”按钮，按【Ctrl+D】组合键，取消选区，即可发现，水印不留任何痕迹消失了，如图 7-40 所示。去除一匹马的方法同上，不再赘述。

图 7-39　草原原图

图 7-40　“内容识别”填充去水印

② 内容感知移动。选择“修复画笔工具组”中的“内容感知移动”工具，模式默认为“移动”，圈选第一匹黑马，如图 7-41 所示，将其右移至棕色马附近，这时，会发现原来位置的马已不存在了，进行了位置的移动。用同样的方法，把白马也进行左移，效果如图 7-42 所示。

图 7-41　设置“内容感知移动”

图 7-42　内容感知移动效果

③ 内容感知延伸。选择“修复画笔工具组”中的“内容感知移动”工具，工具栏选项中，模式设为“扩展”，分别圈选黑马、棕马、白马，拖动到不同位置，则草原上产生了马群，如图 7-43 所示。照片移去内容的位置若有瑕疵，再利用“修复画笔工具组”的工具对照片进行简单的修饰，掩盖“内容感知移动工具”产生的位置错误和瑕疵。

图 7-43　内容感知扩展结果

④ 倾斜偏移模糊。选择“滤镜”→“模糊”→“Tilf-Shift（倾斜偏移）”命令，打开“Tilf-Shift 控制”面板，调整模糊范围与角度，如图 7-44 所示。单击“确定”按钮，得到最终模糊效果，如图 7-45 所示。文件另存为“grassland-focus.psd”。

图 7-44　“倾斜偏移”模糊

图 7-45　最终效果

说明：

① PhotoShop CS6 版本中的内容识别感知功能，其实是两个命令：一个是内容识别填充，另一个是内容感知移动，前者在“填充”命令中，后者在“修复画笔工具组”中，有一个智能工具称为“内容感知移动工具”，它们共同的特点是使用户免去了抠图的烦恼。

② 内容感知移动工具在“修复画笔工具组”中，该工具有两个选项：移动和延伸。“移动”选项允许将物体从 A 移到 B。第一个步骤是在用户想移动的物体周围创建一个选区，并且要确保在边缘留出一定的空间。

③ 内容感知移动工具中的“延伸”选项允许用户延长物品的长度，如建筑、物体或者动物。所有的这些特点只需几个很简单的步骤即可，可以在编辑时节省大量时间。该工具将平时常用的通过图层和图章工具修改照片内容的形式给予了最大的简化，而这种简化程度简单到只需选择照片场景中的某个物体，然后将其移动到照片中的任何位置，经过 Photoshop CS6 的计算，便可以完成“乾坤大挪移”，完成极其真实的合成效果。

④ 全新的 Blur Gallery。Photoshop CS6 版本在模糊滤镜中新增加了 Field Blur（场景模糊）、Iris Blur（光圈模糊）和 Tilf-Shift（倾斜偏移）三种全新的模糊方式，以用来帮助摄影师在后期处理照片时，特别是在添加景深效果时提供了极大的便利。使用简单的界面，借助图像上的控件快速创建照片模糊效果。创建倾斜偏移效果，模糊所有内容，然后锐化一个焦点或在多个焦点间改变模糊强度。其中，移轴效果照片一直是摄影师们非常钟爱的一种形式，移轴效果可以将景物变成非常有趣的模糊方式，如同进入了小人国一般。通过边框的控制点改变移轴效果的角度，以及效果的作用范围；通过边缘的两条虚线为移轴模糊过渡的起始点，通过调整移轴范围调整模糊的起始点；在移轴控制中心的控制点，拖动该点可以调整移轴效果在照片上的位置，以及移轴形成模糊的强弱程度，调整完成后单击“确认”按钮预览效果。

7.3 动画编辑软件 Flash

动画制作软件很丰富，Flash 动画是目前最流行的二维动画技术，还有 Adobe ImageReady、Animate Studio 等。计算机三维动画制作软件有 3D Studio MAX、MAYA、SoftImage、Poser、Cool 3D 等。

Flash 是美国 Macromedia 公司的矢量图形编辑和动画制作软件。Macromedia 公司现已被 Adobe 公司并购。Flash 主要用于编辑和制作在互联网或其他多媒体程序中使用的矢量图形和动画。另外，Flash 还是一个多媒体素材的集成平台，它可以集成音频、视频、图片等多种素材，并具有很好的交互性。

Flash 动画特效是由一帧帧的静态图片在短时间内连续播放而产生的视觉效果。Flash 主要用于动画设计制作、网页制作、Flash 广告、课件制作、多媒体演示、电子贺卡和网页游戏、MTV 等领域。它的特点是应用领域广、动画占用空间少、缩放不变形、下载时间短、交互性好、易于跨平台播放。

7.3.1 动画文件格式

1. GIF 动画格式

如今 GIF 图像广泛流行并被采用，众所周知的原因是它是小尺寸的文件，除此之外，还采用了 LZW 算法，这种算法的优点是它在无损数据压缩方法中其压缩率较高。GIF 动画格式另一个明显的优势是它可以将大量的被存储的静止图像转换为连续的动画。这些优点就致使目前很多彩色动画文件都使用 GIF 格式，此类动画文件也可以通过多种图像浏览器直接观看。

2. SWF 格式

SWF 格式能够与 HTML 文件充分相容，还能够增添 MP3 音乐，因而网页上的动画格式就大量选用这种格式，是一种“准”流式媒体文件。SWF 来源于 Macromedia 公司，是其产品 Flash 的矢量动画格式，采用曲线方程来描述内容而不是用常见的点阵，所以当缩放动画时画面不会失真，对于描述由几何图形组成的动画非常实用，这种格式的文件在教学演示时也常用到。

3. FLIC 格式

FLIC 和 FLC、FLI 的关系是前者是后两者的统称，这种动画文件格式来源于 Autodesk 公司 2D/3D 动画制作软件，如 Autodesk Animator、Animator Pro、3D Studio 等，它是一种彩色的动画文件格式。FLI 是以 320 px × 200 px 的动画文件格式为基础，而 FLC 则是它的扩展格式，它使用的分辨率采用了更加高效的数据压缩技术，不受 320 px × 200 px 的限制。FLIC 文件常见于计算机辅助设计、动画图形中的动画序列和计算机游戏应用程序中。

4. AVI 格式

AVI 是一种有损压缩方式，主要针对的对象是视频、音频文件，这种格式的文件有一个缺点就是画面质量比较差，但应用范围仍然比较广泛，原因是其将音频和视频用较高的压缩率混合到一起。现在，AVI 文件格式的主要应用领域是多媒体光盘，保存各种影像信息，如电视、电影等，还应用于网页上提供的影片下载等方面。

5. MOV、QT 格式

MOV、QT 都是 QuickTime 的文件格式，能支持 256 位色彩，支持 RLE、JPEG 等领先的集成压缩技术，提供工作流与文件回放和实时的数字化信息流，但要通过 Internet 才能实现。这种格式还提供了强劲的声音和视频效果，包括 200 多种 MIDI 兼容音响与设备的声音效果和 150 多种视频效果。

7.3.2 Flash 工作环境

1. Flash CS6 工作界面

Flash CS6 的工作界面主要包括菜单栏、时间轴、绘图工具箱、面板、舞台等组成，如图 7-46 所示。

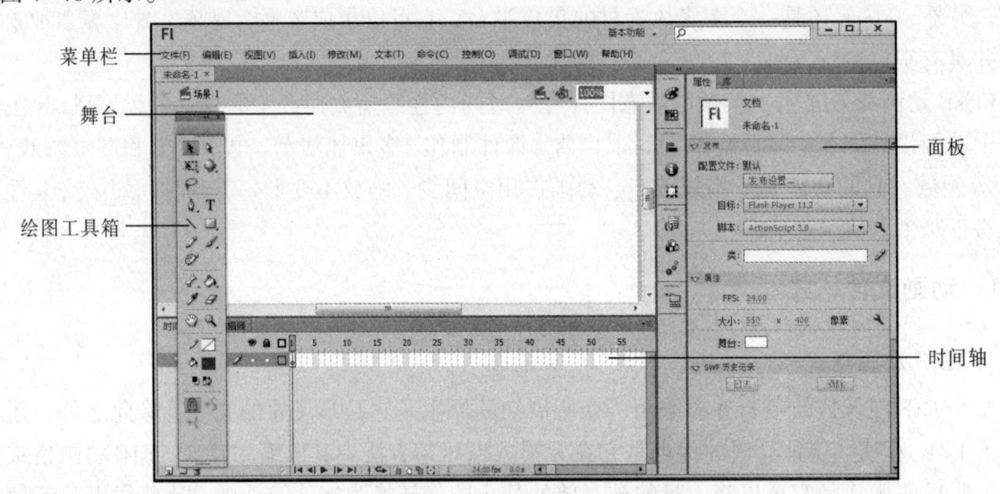

图 7-46　Flash CS6 的工作界面

2. Flash CS6 动画制作的基本概念

（1）舞台

舞台是指 Flash CS6 制作动画的窗口，其大小是输出动画窗口的大小，可以由动画设计人员设置大小。在动画设计中，对象可以从舞台外走向舞台中进行动画表演。舞台外的动画观众无法看到。

（2）场景

场景是动画中的一个片段，整个动画可以由一个场景组成，也可以由多个场景组成。Flash CS6 提供了多场景动画的制作功能，多场景的优点是可以反复调用某一段动画。例如，将人物走路时脚和手的动画制作成一个场景，然后在其他需要的场景中进行调用，这减轻了动画设计的工作量，可以通过“场景”按钮来切换不同的场景。

（3）帧

帧是动画中的一幅图像。帧具有两个要素：一是帧的长度，即从起始帧到结束帧的时间；二是帧在时间轴中的位置，不同的位置会产生不同的动画效果。帧的长度和在时间轴中的位置由动画设计人员指定。

（4）关键帧

在 Flash CS6 中，只要设置了动画的开始帧和结束帧，中间帧的动画效果可以由计算机自动生成。设定的开始帧和结束帧称为“关键帧”，中间帧称为“补间动画”。例如，制作一个球的动画时，只需要指定球体的起始帧和结束帧在舞台中的位置，以及球体的运动路径，Flash CS6 可以生成中间所有的补间动画。

（5）元件

在 Flash CS6 中，大量的动画效果是依靠一些小物件、小动画组成的，这些小物件和小动画在 Flash 中可以进行独立的编辑和重复使用，这些小物件和小动画称为元件。元件分为三种类型：图形元件、按钮元件和影片剪辑元件。

① 图形元件可以是单帧的矢量图、图像、声音或动画，它可以实现移动、缩放等动画效果，在场景中要受到当前场景中帧序列的限制。

② 按钮元件的作用是在交互过程中激发某一事件。按钮元件可以设置四帧动画，表示在不同操作下的四种状态：弹起、指针经过、指针按下和单击。

③ 影片剪辑元件与图形元件有一些共同点，但影片剪辑元件不受当前场景中帧序列的影响。

（6）图层

Flash 中的图层作用与 Photoshop 中差不多。为了动画设计的需要，Flash 还添加了遮罩层和运动引导层。遮罩层决定了动画的显示情况，运动引导层用于设置动画的运动路径。

（7）时间轴

时间轴表示整个动画与时间的关系。在时间轴上包含了层、帧和动画等元素。

7.3.3 Flash 动画制作案例

Flash 动画就是改变对象的形状、大小、色彩、透明度、旋转或者其他对象属性，如对象在舞台上的位移等。Flash 编辑软件生成的默认格式是可编辑动画格式.fla，也可以同时输出.swf、.gif 等形式的动画。Flash 动画包含逐帧动画、形状补间动画、动作补间动画、引导层动画、遮罩动画等多种动画，在以下五个案例中逐一介绍说明。

【实例 7-6】人物表情变化逐帧动画。

操作步骤如下：

① 运行 Flash CS6，打开素材中的“第 7 章\例 7-6 逐帧动画”文件夹下的“表情变化.fla”文件。

② 将库面板中的微笑表情元件“head”拖入舞台，形成一个实例，并利用属性面板，调整其大小为宽 140，高 140，如图 7-47 所示。

③ 按【F7】键在时间轴的第 2 帧上新建一个空白关键帧，然后将库中的开心表情元件“head5”拖入舞台，形成一个实例，如图 7-48 所示

④ 在时间轴的第 3 帧上按下【F6】键新建一个关键帧，然后使用“任意变形工具”将元件“head5”旋转一定角度。

⑤ 再次按【F7】键在第 4 帧上新建一个空白关键帧，然后将微笑表情元件“head”拖入舞台，单击“任意变形工具”按钮将元件“head”旋转一定角度。

⑥ 单击舞台空白处，修改文档属性，设置帧频为“5 fps”。按【Ctrl+Enter】组合键预览动画效果，即可形成一个微笑点头的动画效果。或者选择“文件”→“导出”→“导出影片”命令，将动画导出为 SWF 格式。

⑦ 选择“文件”→“另存为”命令保存文件，结果如图 7-49 所示。

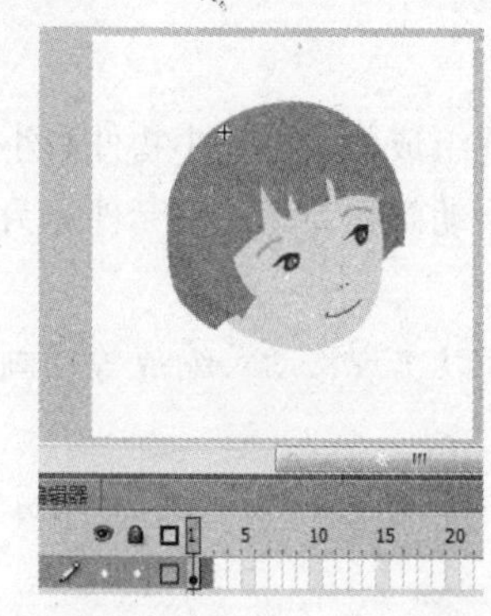

图 7-47　表情变化第 1 帧动画

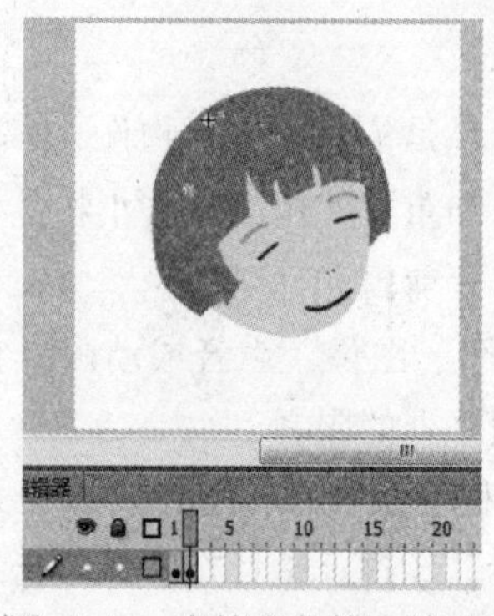

图 7-48　表情变化第 2 帧动画

图 7-49　表情变化逐帧动画

说明：

① 逐帧动画是 Flash 实现动画的原理，帧帧之间的连续播放就产生了动画效果；逐帧动画需要对动画的每一帧进行绘制、工作量较大，但动画变化的过程非常准确和真实。它在时间帧上表现为连续出现的关键帧，以实心圆点表示。

② 创建逐帧动画的几种方法：

- 用导入的 JPEG、PNG 等格式的静态图片建立逐帧动画；
- 在场景中一帧帧地绘制逐帧动画；
- 用文字为帧中的元件，实现文字跳跃、旋转等特效的逐帧动画；
- 导入 GIF 序列图像、SWF 动画文件或者利用第三方软件（如 Swish、Swift 3D 等）产生的动画序列。

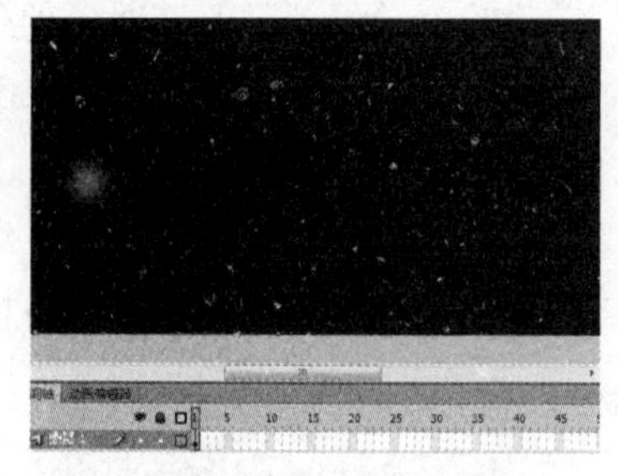

图 7-50　形状补间第 1 帧动画

【实例 7-7】形状变化：矢量图形的变形效果。

操作步骤如下：

① 新建 Flash 文件，设置舞台大小为 500 px × 300 px，黑色背景。

② 在工具箱中选择椭圆工具，在舞台左侧画一个无边框的白–绿径向渐变的圆，如图 7-50 所示。

③ 依次在第 10、20、30 帧按下【F6】键插入关键帧并删除原有图形，分别在这三帧中重新画一个蓝色正方形、紫色三角形、红色五角星（用颜色面板设置由白色到其他颜色的渐变），并调整位置，分别如图 7-51～图 7-53 所示。

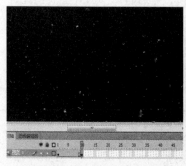

图 7-51　形状补间第 10 帧动画

图 7-52　形状补间第 20 帧动画

图 7-53　形状补间第 30 帧动画

④ 单击“图层”，选中所有帧，右击，在弹出的快捷菜单中选择“创建形状补间”命令。

⑤ 为避免回到原点过于突兀，复制第 1 帧粘贴到第 40 帧，并创建形状补间。

⑥ 按【Ctrl+Enter】组合键测试影片，观看效果。或者选择“文件”→“导出”→“导出影片”命令，将动画导出为 SWF 格式。

⑦ 保存文件为“矢量图形形状补间.fla”，效果如图 7-54 所示。

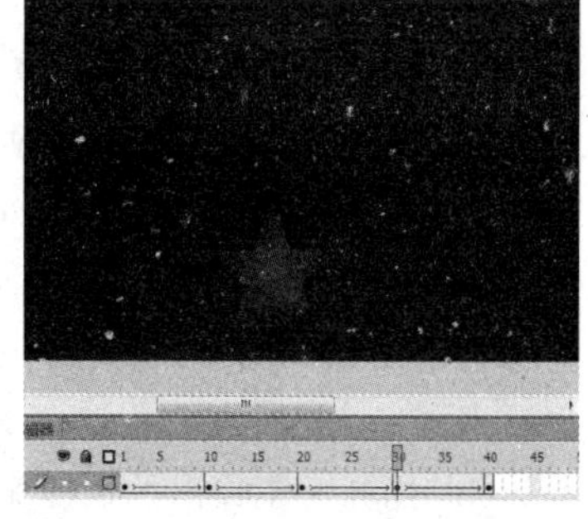

图 7-54　形状补间动画最终效果

说明：

① 何谓补间动画？补间是“在中间”的简称，用户只要在头、尾关键帧中建立图像，而中间渐变过程的动画图像 Flash 会自动补充。

②“形状补间动画”：形状发生变化的动画，即在时间轴面板上，在一个关键帧绘制形状，在另一个关键帧更改形状或绘制另一种形状。其过渡帧在时间轴面板上的标志是在浅绿色的背景下有一个向右的实线长箭头。

【实例 7-8】动作补间：制作属性变化的矩形。

操作步骤如下：

① 新建 Flash 文件，设置舞台大小为 500 px × 300 px，背景为黑色。

② 用矩形工具在舞台左边画一个无边框红色矩形。选中矩形，右击，在弹出的快捷菜单中选择“转换为元件”命令，并设置元件类型为“图形”。

③ 在第 30 帧插入关键帧，并把矩形拖到舞台右边。

④ 用任意变形工具将其放大，并旋转。

⑤ 在属性面板中将矩形的“填充色”属性改为其他颜色，在属性面板的色彩效果区的样式下拉列表框中修改色调。

⑥ 用选择工具选中第 1 帧，创建传统补间动画，如图 7-55 所示。

⑦ 按【Ctrl+Enter】组合键测试影片，观看效果。或者选择“文件”→“导出”→“导出影片”命令，将动画导出为 SWF 格式。

⑧ 保存文件为“属性变化的矩形.fla”，效果如图 7-56 所示。

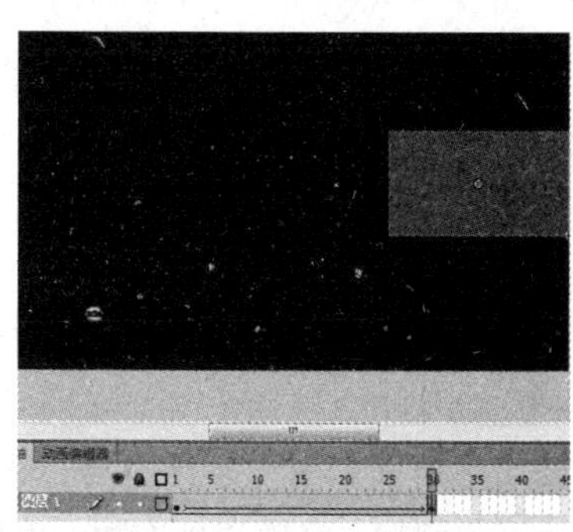

图 7-55　属性变化的矩形

图 7-56　矩形动作补间动画效果

说明：

① 在 Flash 中，常常需要制作图片的各种动作效果，如图片的翻转、呈现、消失、移动等。这些效果需要应用动作补间来实现。

② 比较：形状补间主要用于矢量对象的动画制作，而动作补间主要用于图形或者元件的动画。

【实例 7-9】模拟地球公转动画效果。

操作步骤如下：

① 新建 Flash 文件，舞台大小默认，深蓝色背景。

② 在“图层 1”的第 1 帧，用椭圆工具绘制一个较大无边框的红色圆形作为“太阳”。将太阳与舞台居中对齐。在第 60 帧按下【F5】键插入普通帧，锁定该层。

③ 新建“图层 2”，重命名为“地球层”，选择“窗口”→“设计面板”命令，调出混色器面板，设置填充样式为“放射状”，右色标为“土褐色”（1E0E04），左色标为“白色”，在舞台上画一个较小的圆，表示地球。将地球转换为图形元件。

④ 右击，在弹出的快捷菜单中选择“添加传统运动引导层”命令，选中引导层的第 1 帧，用椭圆工具画一个无填充的白边椭圆，居中后用橡皮擦在椭圆左半部分擦出一个小缺口。在第 60 帧插入一个普通帧，如图 7-57 所示。

⑤ 选中“地球层”的第 60 帧插入关键帧。在第 1 帧将地球圆心紧扣在椭圆弧线上。在第 60 帧，把地球拖动到小缺口的另一端点上，同样让地球的中心点紧扣在椭圆弧线上。

⑥ 选中“地球层”第 1 帧，创建传统补间动画，如图 7-58 所示。

⑦ 测试影片，观看效果，导出影片“地球公转.swf”，并保存源文件“地球公转.fla”，效果如图 7-59 所示。

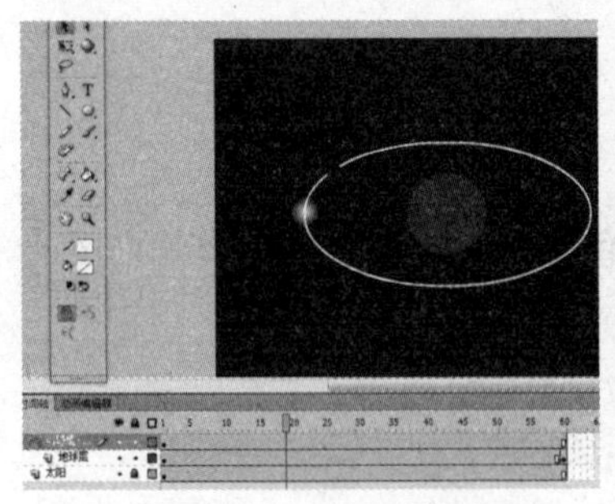

图 7-57 添加引导层

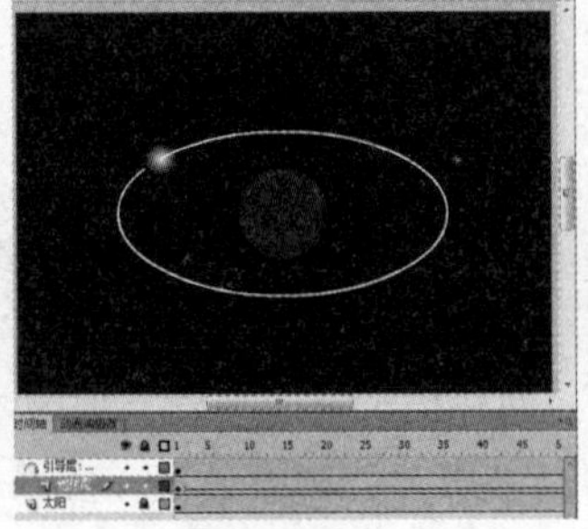

图 7-58 创建传统补间动画

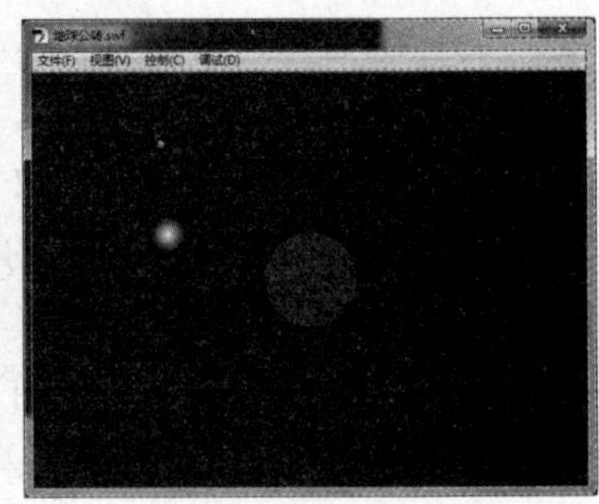

图 7-59 地球公转动画效果

说明：

① 引导层动画中，引导层的功能是按照设定的方法让元件沿着绘制的路径移动。

② 被引导层在引导层下面，引导层上画路径轨迹。

【实例 7-10】文字的探照灯效果。

操作步骤如下：

① 新建一个 400 px × 100 px 场景的文档，舞台中输入文字“民族风情 · 文化艺术”，设置为 36 点，蓝色；在第 30 帧插入普通帧，如图 7-60 所示。

② 新建“图层 2”，在第 1 帧画一个刚好盖住“民”字的圆，用“选择工具”选取圆形边线并删除，按【F8】键转换为图形元件；在第 30 帧插入关键帧，将圆移到右边，盖住“术”字，如图 7-61 所示。

③“图层 2”的第 1 帧创建动作补间动画；在时间轴面板上右击“图层 2”，在弹出的快捷菜单中选择“遮罩层”命令。

④ 新建“图层 3”，置于最底层，画一个黄色矩形，右击“图层 3”，在弹出的快捷菜单中选择“属性”命令，弹出“图层属性”对话框，在“类型”下选择“被遮罩”单选按钮，单击“确定”按钮，则“图层 3”也为被遮罩层，如图 7-62 所示。

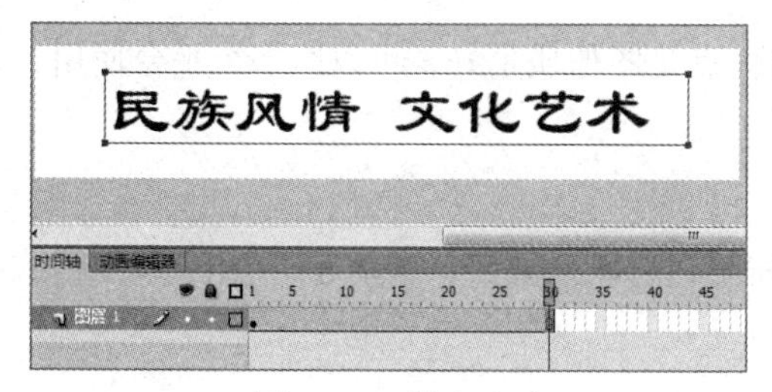

图 7-60 输入文本

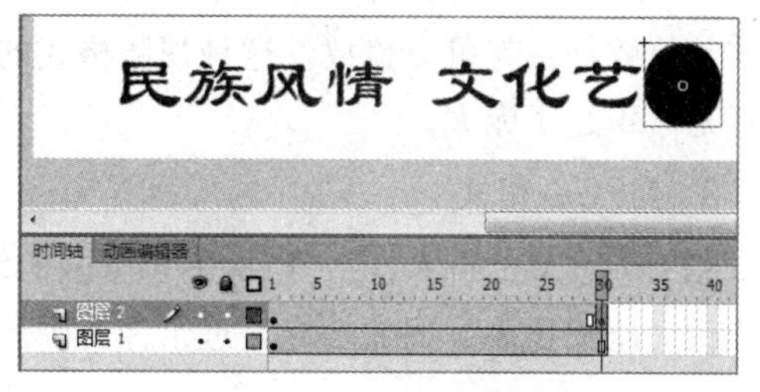

图 7-61 遮罩圆效果

⑤ 按【Ctrl+Enter】组合键测试影片，观看效果。或者选择“文件”→“导出”→“导出影片”命令，将动画导出为 SWF 格式。

⑥ 保存文件为“探照灯文字.fla”，效果如图 7-63 所示。

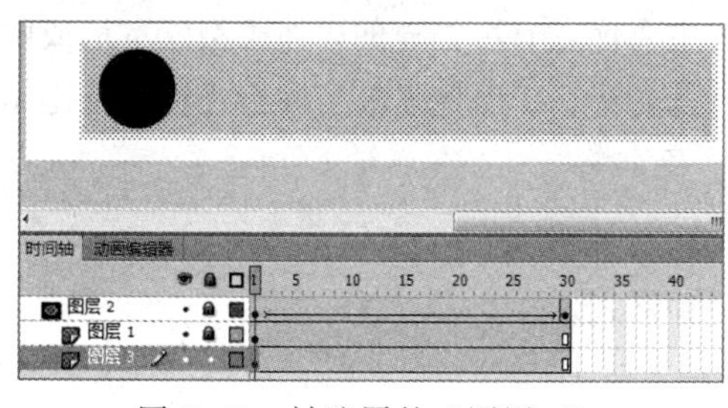

图 7-62 被遮罩的“图层 3”

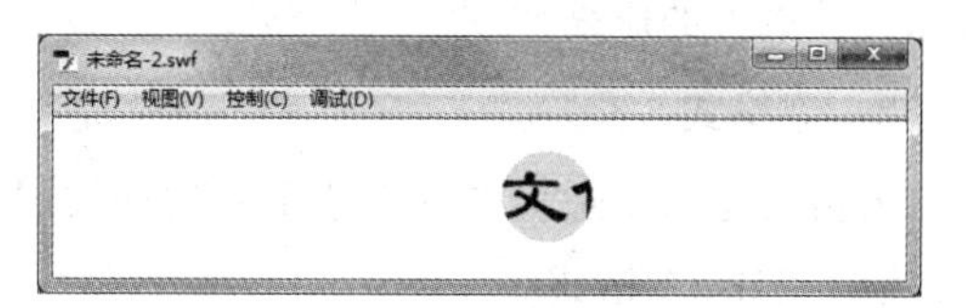

图 7-63 文字的探照灯效果

说明：

① 在 Flash 的图层中有一个遮罩图层类型，为了得到特殊的显示效果，可以在遮罩层上创建一个任意形状的“视窗”，遮罩层下方的对象可以通过该“视窗”显示出来，而“视窗”之外的对象将不会显示。遮罩主要有两种用途：用在整个场景或特定区域，使场景外的对象或特定区域外的对象不可见；用来遮罩某一元件的一部分，从而实现一些特殊的效果。

② 在 Flash 中没有一个专门的按钮来创建遮罩层，遮罩层是由普通图层转换的。只要在某个图层上右击，在弹出的快捷菜单中选择“遮罩层”命令，该图层就会生成遮罩层，“层图标”就会从普通层图标变为遮罩层图标，系统会自动把遮罩层下面的一层关联为“被遮罩层”。

③ 构成遮罩和被遮罩层的元素。遮罩层中的图形对象在播放时是看不到的，遮罩层中的内容可以是按钮、影片剪辑、图形、位图、文字等，但不能使用线条，如果一定要用线条，可以将线条转换为“填充”。被遮罩层中的对象只能透过遮罩层中的对象被看到。在被遮罩层可以使用按钮、影片剪辑、图形、位图、文字、线条。例如，本例的遮罩动画中，左右运动的圆为遮罩层，文字与黄色矩形为被遮罩层。

7.4 视频编辑软件会声会影

7.4.1 视频文件格式

1. AVI 格式

AVI 格式是由微软开发的一种影像文件的格式。在播放这类文件时，Windows 系统无须安装其他软件，就可以播放。这种视频格式的优点是图像质量好，可以跨多个平台使用，其缺点是体积过于庞大。

2. MPEG 格式

MPEG 是 Motion Picture Experts Group 的缩写，它以全画面、全动态、CD 音质的模式存储影像，压缩比高，回放功能接近录像带画质。

3. MOV 格式

MOV 是 Apple 公司创建的一种视频格式，因具有跨平台、存储空间小等技术特点，得到业界的广泛认可，事实上它已成为目前数字媒体软件技术领域的工业标准。

4. WMV 格式

WMV 是 Windows Media Video 的缩写，它的主要优点有可扩充的媒体类型、本地或网络回放、可伸缩的媒体类型、流的优先级化、多语言支持、扩展性强等。该格式提供了比 MP3 音乐文件更大的压缩比。

5. 流格式

流格式是为了适应在网上边下载边播放的一种格式。

（1）RM/RA 格式

RM/RA 格式可以实现即时播放。RM 格式主要用于在低速率的网上实时传输压缩的频率，具有体积小而又比较清晰的特点。RM 文件的大小完全取决于制作时选择的压缩率。

（2）ASF 格式

ASF 是 Advanced Streaming Format（高级流媒体格式）的缩写，是一种可以直接在网上观看视频节目的文件压缩格式，压缩率和图像的质量都不错。与绝大多数的视频格式一样，画面质量同文件大小成反比关系，即画质越好，文件越大；相反，文件越小，画质就越差。

7.4.2 会声会影简介

1. 会声会影简介

会声会影是一款功能强大的视频编辑软件，具有图像抓取和编辑功能，可以转换 MV、DV、TV、计算机屏幕实时记录抓取画面文件，并提供超过 100 多种的编制功能与效果，可导出多种常见的视频格式，甚至可以直接制作成 DVD 和 VCD 光盘，还可以把视频输出到计算机、移动设备、游戏机、网页、光盘等。不论是结婚回忆、宝贝成长、旅游记录、个人日记、生日派对、毕业典礼等美好时刻，都可轻轻松松通过会声会影软件剪辑出精彩创意的家庭影片，并分享给亲朋好友。会声会影的主要特点是：操作简单，就像用 PPT 模板制作 PPT 一样，适合家庭日常使用及一般视频处理，完整的影片编辑流程解决方案，包括从拍摄到分享，以及处理速度加倍。

会声会影支持的视频格式：

- 视频类：avi、mpg、mpeg、m2t、mp4、mov、wmv、asf、swf、3gpp 等。
- 影像类：bmp、静态 gif、eps、ico、iff、img、jp2、jpg、pcd、pct、pic、png、psd、pxr、tga、tif/tiff、ufo、ufp、wmf、sct、shg、clp、cur、fax、fpx 等。
- 音频类：wmv、wma、mp3、mpa、mov 等。

在视频格式中，会声会影对于 AVI、MPEG1 类格式编辑处理较快，对于 MPEG2 类处理

较慢。最好的办法是将需要处理的视频转换为 AVI 格式。在音频格式中，处理 WAV 与 MP3 格式较快。

会声会影创建音频文件的格式默认为 WAV 格式，但在格式栏里还有很多格式可供选择，其中就有 MP3 格式。

2. 会声会影工作界面

安装并启动软件会声会影 11 后，单击“会声会影编辑器”，进入工作界面，如图 7-64 所示。视频编辑完成后，文件默认扩展名是.vsp。创建视频后，输出视频格式可以为.mp4、.avi、.wmv、.mpg 等。

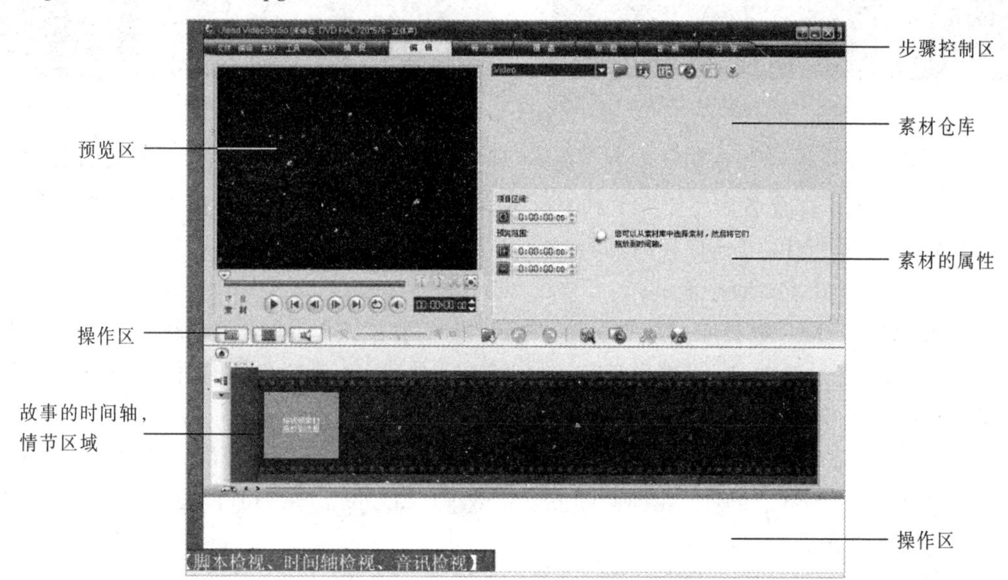

图 7-64 会声会影 11 的工作界面

7.4.3 会声会影视频编辑实例

【实例 7-11】儿童相册制作。

操作步骤如下：

STEP 1：导入儿童相册素材。

① 导入视频素材。启动会声会影 11，选择“文件”→“将媒体文件插入到视频库”→“插入视频”命令，选择“素材/片头.wmv”与“素材/片尾.wmv”，导入这两个视频。

② 导入图像素材。选择“文件”→“将媒体文件插入到视频库”→“插入图像”命令，选择素材文件夹下的“tu1.jpg”～“tu11.jpg”及“fu1.jpg”～“fu5.jpg”共 16 幅图，导入这 16 幅图片。

STEP 2：剪辑合并视频。

① 插入视频。将“片头.wmv”从视频库拖入“视频轨”，也可右击“视频轨”插入视频。播放，如图 7-65 所示。

② 剪辑视频。片头较长，剪去中间一部分不想要的片段，可以边拖动预览窗上的预览滑竿，单击需要剪的视频前端，用“剪刀”剪断，末端同样。如果是想剪去多段，方法也一样，用“剪刀”可以把视频分成多节，然后右击被剪部分，删除即可，结果如图 7-66 所示。

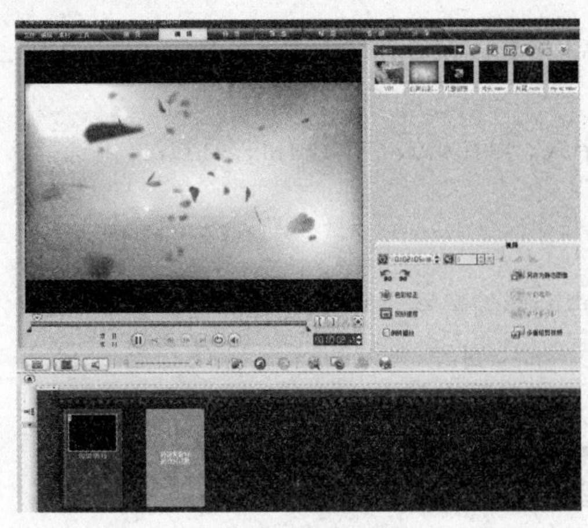

图 7-65　插入视频

图 7-66　剪辑视频

③ 合并视频。选择“分享”菜单，选择“创建视频文件”→“WMV”命令，选择一种WMV尺寸的视频，保存名为“片头1.wmv”，或者单击“自定义”按钮，在“保存类型”中，选择“AVI”或者“MPEG”，保存即可。

STEP 3：制作儿童视频画面。

① 切换到“color”素材库，将黑色色块拖到“时间轴模式”下的“视频轨”的结束位置，以实现视频与图像过渡效果，针对黑色色块的“色彩”选项卡，设置色彩区间为“0:00:02:00”，表示黑色色块的区间长度为2 s，如图7-67所示。

② 把图像素材库中的“tu1.jpg”插入视频轨黑色块之后，针对此图的“色彩”选项卡，设置图像区间为“0:00:03:00”。用同样的方法，全选“tu2.jpg”～“tu11.jpg”一并拖入“视频轨”，设置图像区间为3 s。

③ 播放预览，发现图像“tu4.jpg”“tu6.jpg”“tu8.jpg”“tu10.jpg”尺寸大小与屏幕不匹配，有黑边，则先选择“tu4.jpg”图像，单击“属性”选项卡，选择“素材变形”复选框，调整控点，匹配屏幕，其余图片操作类似。

④ 再切换到“color”素材库，将黑色色块拖到“时间轴模式”下的“视频轨”的最后一张图后面，针对黑色块的“色彩”选项卡，设置色彩区间为“0:00:01:00”，按【Enter】键。

⑤ 用同样的操作法，将“片尾.wmv”插入“视频轨”的黑色色块之后，并修改此视频的属性，选择素材变形，调整黄色控点，匹配屏幕。至此，视频画面制作完成，播放预览，如图7-68所示。

图 7-67　设置黑色色块的属性

图 7-68　视频画面

STEP 4：制作照片摇动与缩放特效。

① 选择视频轨中的“tu1.jpg”，单击“图像”选项卡中的“重新取样选项”，选择“平移和缩放”单选按钮，单击其下拉列表框中的第1行第3列“摇动和缩放”效果，如图7-69所示，播放预览。

② 选择视频轨中的“tu2.jpg”，同样，单击“图像”选项卡中的“重新取样选项”，选择“平移和缩放”单选按钮，单击“自定义”按钮，弹出“摇动与缩放”对话框，在原图预览窗口中移动十字图标的位置，并放大黄色控点的面积，在下方时间轴初始位置“显示比例”设为107%，如图7-70所示；再选择时间轴最后一个关键帧，移动十字图标的位置，并缩小黄色控点的面积，在下方时间轴最后位置“显示比例”设为267%，局部放大，如图7-71所示，单击“确定”按钮，预览播放效果。

图7-69 “摇动与缩放”设置

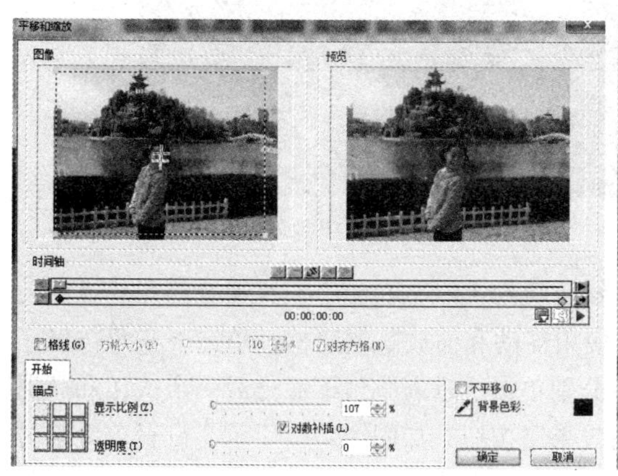

图7-70 “摇动与缩放”初态

图7-71“摇动与缩放”末态

③ 上述两种方法，可选择其中一种，为其他图像素材添加“摇动与缩放”效果，播放预览效果。

STEP 5：制作儿童视频转场特效。

① 在编辑器右上方位置，单击下三角按钮，选择“转场”→“F/X”选项，在转场素材库中，选择“交叉淡化”转场效果，拖动到视频轨“片头1”视频与黑色色块之间，添加“交叉淡化”转场效果；用同样的方法，在黑色色块与图像素材“tu1.jpg”之间，添加第二个“交叉淡化”转场效果，如图7-72所示。

② 用同样的方法，分别在每两幅图之间，图像与色块之间，色块与片尾视频之间，添加其他类型的转场效果，在“故事板”视图下，可查看添加的各种转场效果，如图7-73所示。最后，播放预览效果。

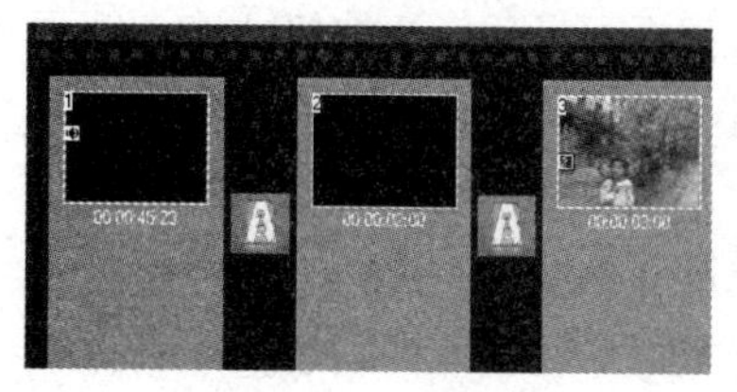
图7-72 添加“交叉淡化”转场效果

图7-73 添加其余转场效果

STEP 6：用画中画制作片头片尾特效。

① 将图像素材库在的“fu1.jpg”拖入时间轴面板的覆叠轨大约 8 s 的位置，在“编辑”选项卡中，设置覆叠的照片区间为“00:00:10:00”，即播放时间为 10 s。

② 在“编辑”选项卡中，选择“应用摇动和缩放”复选框，单击“自定义”按钮，在“摇动和缩放”对话框中，仿照 STEP4 的第②步，在初始帧处，在预览窗口中移动十字图标的位置，在下方设置显示比例为 100%，在最后一帧处，在预览窗口中移动十字图标的位置，在下方设置显示比例为 173%。

③ 打开属性选项面板，单击“退出”组下面的第一个按钮，即“淡出动画效果”按钮，如图 7-74 所示，设置覆叠素材的淡出动画效果。

④ 设置淡出特效后，拖动素材四周的绿色和黄色控制柄，调整覆叠素材的形状和位置，最后效果如图 7-75 所示，播放预览视频的片头动画效果。

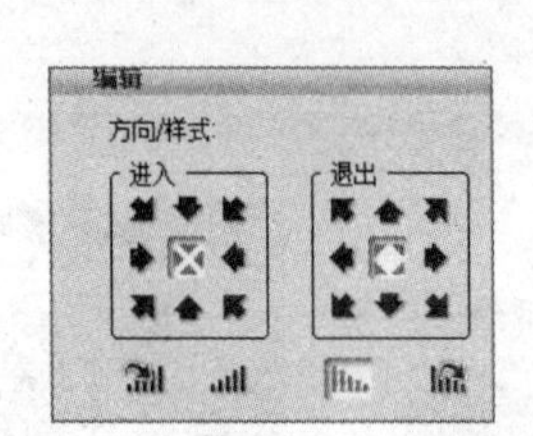

图 7-74 “淡出动画效果”设置

图 7-75 画中画效果

⑤ 用同样的方法，把“fu2.jpg”图片拖入覆叠轨约 18 s 的位置，设置覆叠的照片区间为“00:00:12:00”；在“编辑”选项卡中，选择“应用摇动和缩放”复选框，单击下三角按钮，选择第 5 行第 1 列效果；打开属性选项面板，分别单击“进入”组下面最后一个按钮和“退出”组下面第一个按钮，即“淡入、淡出动画效果”按钮，如图 7-76 所示，设置覆叠素材的淡入淡出动画效果。最后，拖动素材四周的绿色和黄色控制柄，调整覆叠素材的形状和位置，播放预览视频的片头动画效果，如图 7-77 所示。

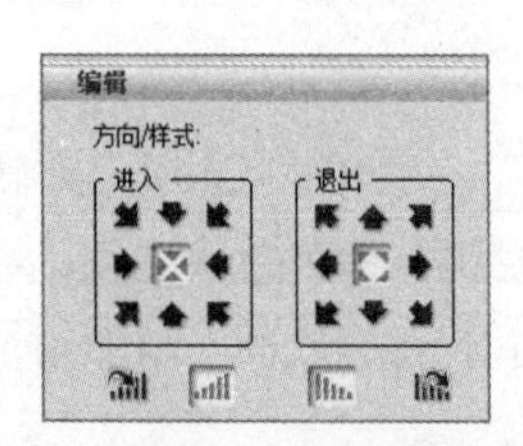

图 7-76 “淡入、淡出动画”设置

图 7-77 画中画淡入淡出效果

⑥ 用同样的方法，把“fu3.jpg”图片拖入覆叠轨大约 32 s 的位置，设置覆叠的照片区间为“00:00:11:00”；在“编辑”选项卡中，选中“应用摇动和缩放”复选框，单击下三角按钮，选择第 4 行第 2 列效果；打开属性选项面板，单击“进入”组下面最后一个按钮“淡入动画效果”按钮，设置覆叠素材的淡入动画效果。最后，拖动素材四周的绿色和黄色控制柄，调整覆叠素材的形状和位置。

⑦ 选择图片“fu3.jpg”，在属性选项面板中，单击“遮罩和彩度键”按钮，在弹出的选项面板中，选择“应用覆叠选项”复选框，设置类型为“遮罩帧”，在右侧的列表框中选择相应的遮罩样式，如图 7-78 所示。播放预览视频的片头动画效果，效果如图 7-79 所示。

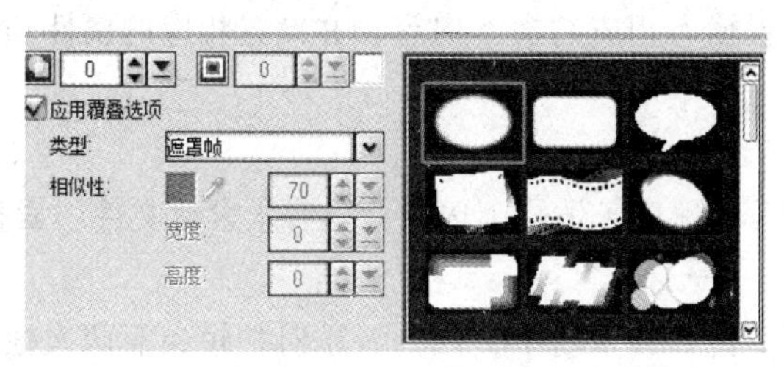

图 7-78　遮罩设置

图 7-79　遮罩效果

⑧ 用同样的方法，把“fu4.jpg”“fu5.jpg”图片，依次拖入覆叠轨片尾视频下面对应位置处（约 1 min 13 s 位置），分别设置覆叠的照片区间为“00:00:08:00”；在“编辑”选项卡中，选择“应用摇动和缩放”复选框，单击下三角按钮，针对“fu4.jpg”选择第 1 行第 1 列摇动和缩放效果，遮罩效果为第 2 行第 2 列效果；针对“fu5.jpg”选择第 4 行第 3 列摇动和缩放效果，遮罩效果为第 3 行第 1 列效果；打开属性选项面板，分别单击“进入”“退出”组下面的“淡入、淡出动画效果”按钮，设置覆叠素材的淡入淡出动画效果；分别拖动素材四周的绿色和黄色控制柄，调整覆叠素材的形状和位置。

STEP 7：制作标题字幕动画。

① 在时间轴的标题轨开始处双击，输入“儿童相册”，在“编辑”选项面板中，设置字体属性，如图 7-80 所示。

② 在“编辑”选项面板中，设置字幕区间为“00:00:04:00”，单击“边框/阴影/透明度”按钮，单击“阴影”选项卡，单击最后一个“突出式阴影”按钮，如图 7-81 所示，设置相应属性。

图 7-80　标题属性设置

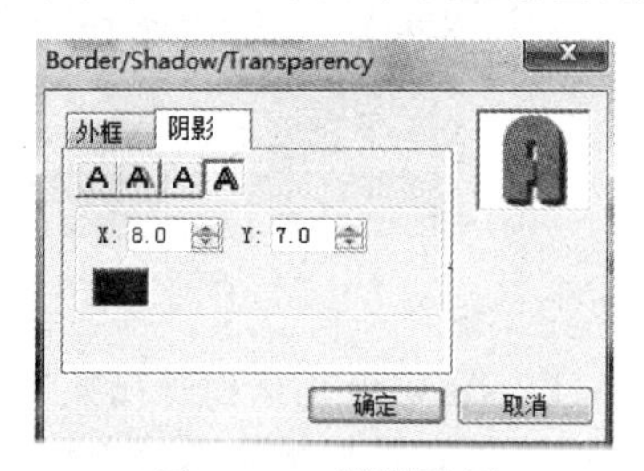

图 7-81　阴影设置

③ 双击标题轨中“儿童相册”标题，选择标题文字，切换至属性选项面板，选择“应用动画”复选框，类型为“淡化”，在下方选择第 1 行第 2 列动画样式，如图 7-82 所示。

④ 把标题轨中的“儿童相册”文字拖入标题素材库，然后再从标题素材库中拖入标题轨中第一个标题“儿童相册”之后，以便进行标题的复制。

⑤ 同样设置第二个标题动画的动画类型。切换至属性选项面板，设置动画类型为“淡化”，在下方选择第 1 行第 1 个动画样式，然后单击右边的“自定义动画属性”按钮，如图 7-83 所示，在弹出的“淡化式动画”对话框中，选择淡化样式为“淡出”，如图 7-84 所示，预览“儿童相册”淡化效果。

图 7-82　标题 1 淡入动画设置

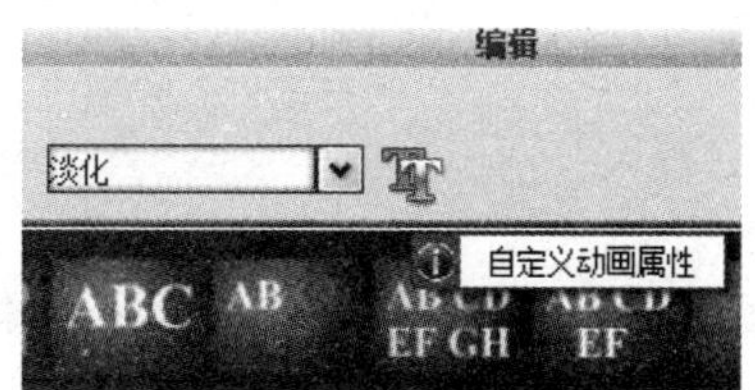

图 7-83　标题 1 淡出动画设置

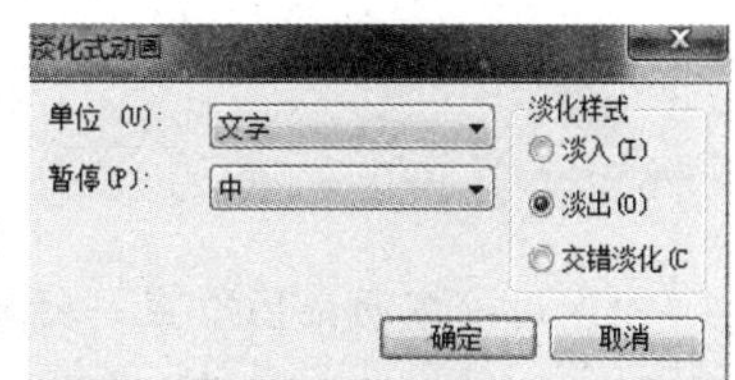

图 7-84　“淡化式动画”对话框

⑥ 用上述方法，在标题轨中的其他位置输入相应的文本内容，并设置相应的属性和动画效果，播放预览标题字幕动画效果。

STEP 8：制作视频背景音乐。

① 在时间轴面板的音乐轨上右击，插入音频至音乐轨，选择背景音乐素材文件“素材\音乐.wav”。

② 把音乐拖入素材库中，再从素材库中拖入音乐轨中，因为音乐时长短，需两次拖入音乐，在时间轨上有三个相同的音乐，以保证音乐播放全程，音乐长出来的部分，单击音乐末端，回推，以使音乐与以上两个轨道对齐。

③ 选择第一段音乐素材，单击“音乐与声音”选项卡，选择“淡入”效果。同样，选择第三段音乐素材，单击“音乐与声音”选项卡，选择“淡出”效果，最终效果如图 7-85 所示，播放预览，保存项目文件为“儿童相册.vsp”。

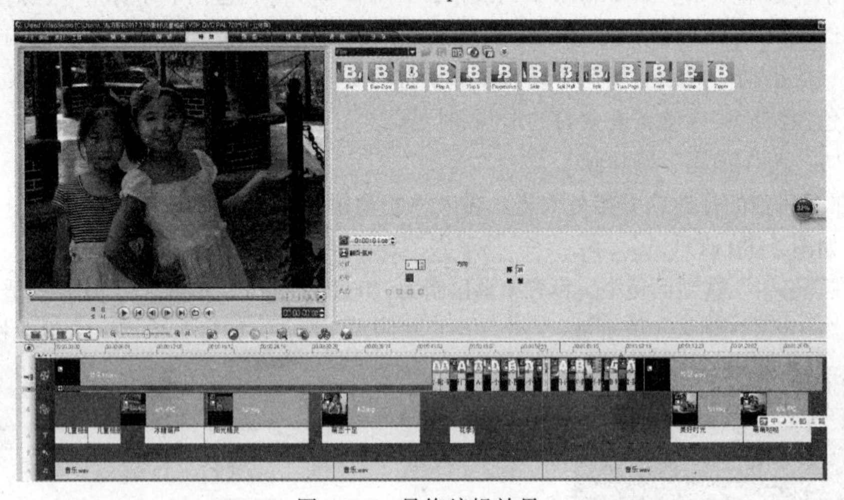

图 7-85　最终编辑效果

STEP 9：输出儿童相册视频。

① 在会声会影编辑器的上方，选择“分享”菜单，选择“创建视频文件”→“自定义”命令，在弹出对话框中输入“儿童相册”，用默认类型“.mpg”保存，则开始渲染视频文件，并显示渲染进度。

② 最后输出的视频文件会显示在素材库面板中，播放预览最终效果。

说明：

① 在本实例中，STEP 2 的剪辑合并视频过程中可以不合并视频，直接在编辑器中进行后续操作。此处加了合并视频的步骤，只是为了引出合并视频的方法。

② 会声会影最基本的操作包括：添加视频（图片）；添加音乐；添加字幕；加转场；创建视频文件。

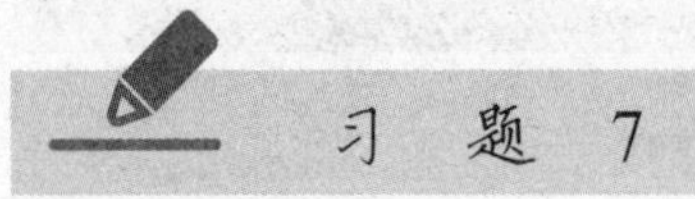

习　题　7

1. 用以下两幅图合成一幅图像，并输入相关文字。原图与合成图如图 7-86～图 7-88 所示。

图 7-86　春景

图 7-87　小鸟

图 7-88　春景合成图

2. 创建月球绕地球旋转动画，地球、月球图片及动画编辑界面与旋转效果如图 7-89～图 7-92 所示。

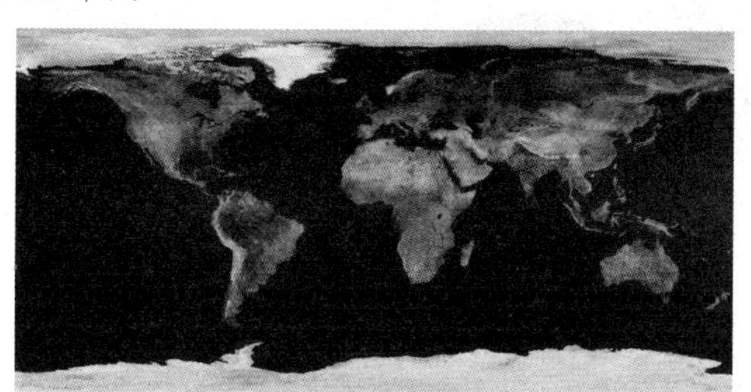

图 7-89　地球图片

图 7-90　月球图片

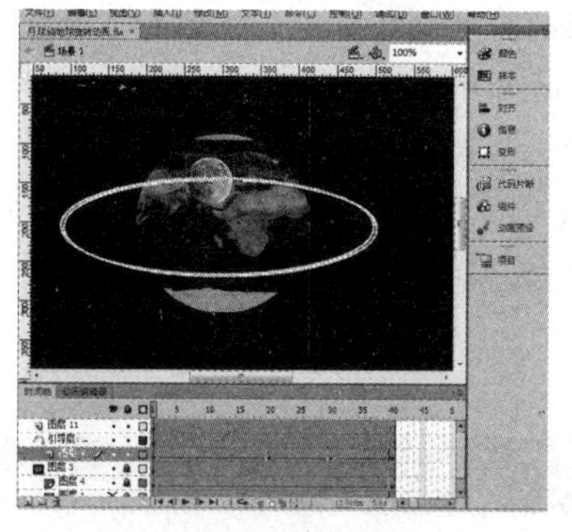

图 7-91　动画编辑界面

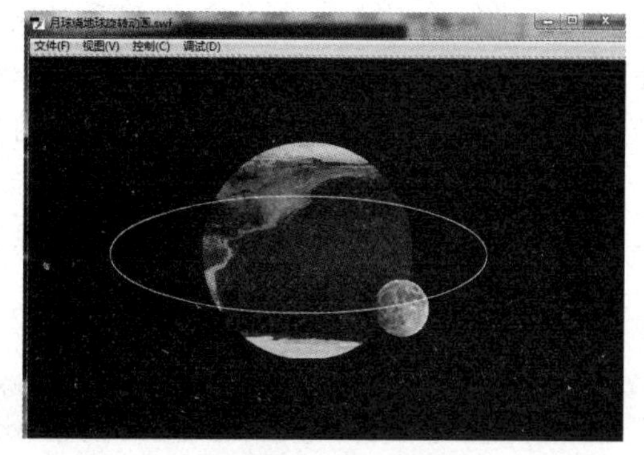

图 7-92　旋转效果

3. 仿照儿童相册，以自己家庭老人的相片为素材，用会声会影制作一个老年相册——《健康长寿》。

第8章 思维导图

思维导图又称心智导图，简单有效，被称为思维领域革命性的工具。思维导图应用图文将不同等级的主题内在的隶属与相关性用图层直观地表现出来，同时将思维形象化，利用记忆、阅读，以及人脑思维的规律，协助用户在科学与艺术、逻辑与想象之间平衡发展的一种工具。

思维导图是高效整理学习内容的一种方式，广泛应用在中小学教学过程中，作为师范院校本科生应该掌握的技术，为毕业后从事教育工作打下良好的基础。思维导图预览如图 8-1 所示。

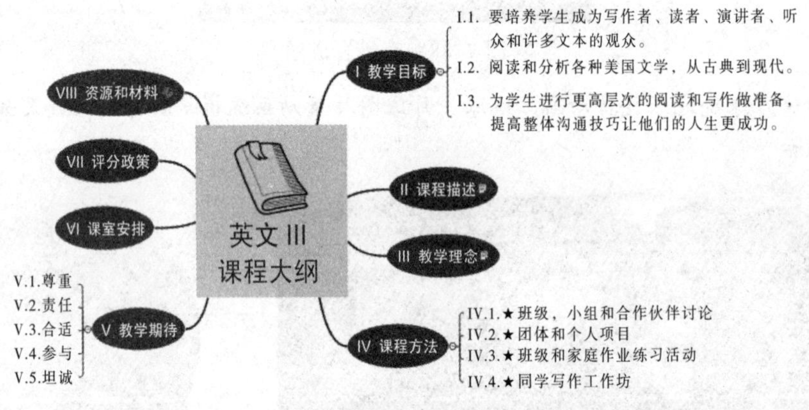

图 8-1 思维导图预览

XMind 软件是一款集创造、思想交流及管理，且有直观易懂的可视化交流界面与强大用户功能的多功能思维导图软件。XMind 的操作界面是一个虚拟的白板，可以通过单一视图进行组织类似于头脑风暴、想法捕捉、规划交流信息等操作，具有其他同类软件无法媲美的项目管理商业规划及课程学习的高级功能。XMind 可以帮助用户快速理清思路，绘制思维导图、鱼骨图、二维图、树形图、逻辑图和组织结构图等结构化方式快速展现具体内容。

本章以 XMind 为例，介绍了思维导图的建立、模板的使用、风格样式的提取、资源包的导入与导出、对象的插入与格式化，以及思维导图的演示。详细讲述了具体的操作步骤，以一个案例叠加的方式贯穿全文的实例操作。

8.1 思维导图概述

8.1.1 下载与安装

登录 http://www.xmindchina.net/xiazai.html 网址，选择 32 位或 64 位并单击 Windows 版本

下载安装包.exe 文件。进入下载目录找到对应的.exe 文件，双击进行安装，按照安装向导进行，安装成功后桌面会有 XMind 快捷方式。

8.1.2　启动与退出

通常采用以下三种方式启动 XMind 软件：

① 常规启动：选择“开始”→“所有程序”→“XMind 文件夹”→“Xmind”命令。

② 快捷启动：双击桌面 XMind 快捷方式图标启动；如果快速启动工具栏有 XMind 图标，可以单击启动。

③ 利用已有文件进行启动：单击计算机中已经存在的.xmind 文件，会在启动.xmind 文件的同时打开 XMind 软件，用户可选择新建，并另存到计算机某个地址进行保存。

退出 XMind 软件，可以采用以下五种方法：

① 单击窗口右上角的“关闭”按钮。

② 单击“文件”按钮，在下拉菜单中选择“退出”命令。

③ 单击左上角的图标，在弹出菜单中选择“关闭”命令。

④ 双击左上角的图标。

⑤ 使用快捷键【Alt+F4】。

【提示】如果在退出 XMind 之前，文件没有存盘，系统会提示用户是否保存当前编辑的文档。“关闭”与“退出”两个命令的区别在于“关闭”命令指关闭一个 XMind 文档，“退出”命令指关闭所有的 XMind 文档，并退出 XMind 应用程序。

8.1.3　软件的工作窗口

XMind 启动后的窗口如图 8-2 所示，主要包含菜单栏、工具栏、导航窗口、大纲对象导航、风格预览窗口、属性窗口。

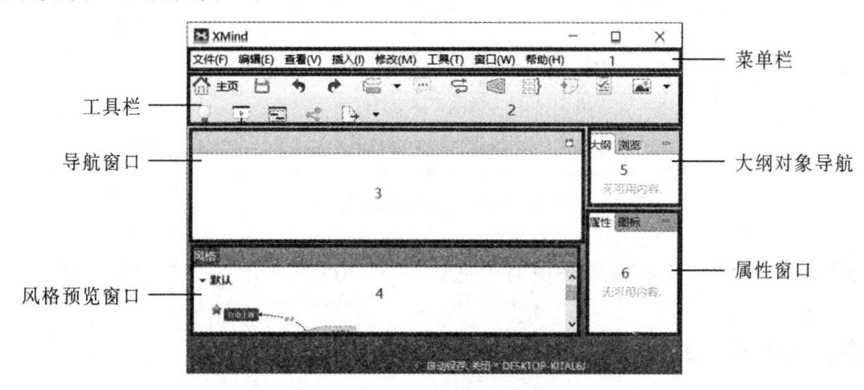

图 8-2　XMind 的工作窗口

XMind 的工作窗口包含六个部分，各部分介绍如表 8-1 所示。

表 8-1　XMind 工作窗口简介

序　号	部　分	说　明
1	菜单栏	包含用于创建和查看思维导图的完整命令集合
2	工具栏	常用命令按钮，也可根据喜好自定义工具栏按钮
3	导航窗口	显示当前思维导图

续表

序　号	部　分	说　明
4	风格预览窗口	包含软件自带的风格和自定义风格
5	大纲对象导航	显示当前思维导图中对象的层次
6	属性窗口	更改对象属性格式的窗口

8.1.4 风格样式的提取

在 XMind 中，风格涵盖了对一个思维图的各种属性的设置，如导图的背景图片，背景颜色，线条的形状、颜色，主题的字体、颜色，等等。XMind 本身提供了多种设计精良的风格，还可以根据自己的喜好设计属于自己的风格，通过 XMind 提取风格工具保存，并将其设置为默认风格。操作步骤如下：

① XMind 中绘制导图，单击打开属性视图，对当前导图设计自己喜爱的风格，如颜色、形状、线条、背景色等。

② 从菜单栏选择“工具”→“提取风格”命令。

③ 弹出“风格编辑器”对话框，显示当前导图的属性信息，进行最后的更改，包括文本格式等，单击“保存”按钮，如图 8-3 所示。

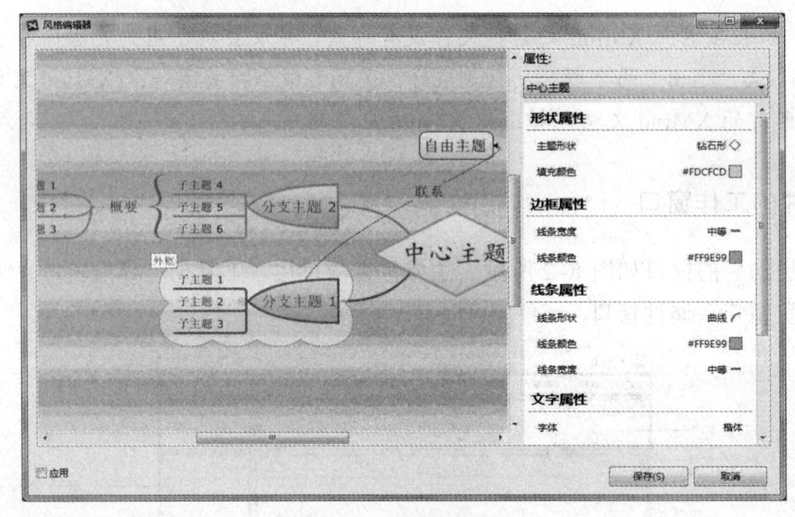

图 8-3　风格的提取

【提示】提取风格是提取当前导图的颜色、形状、线条、背景、文字等属性。

8.1.5 资源包的导入与导出

在 XMind 6.0 以上版本中增加了 XMind 资源包的导入与导出。首先打开 XMind 思维导图，并绘制导图，设置风格样式，根据需求添加剪贴画、图标等来充实完善导图。随后，对这些资源（如风格、模板、剪贴画、图标等）进行导出。

导出步骤如下：

① 单击“工具”菜单，在下拉菜单中选择“导出 XMnid 资源包”命令，如图 8-4 所示。

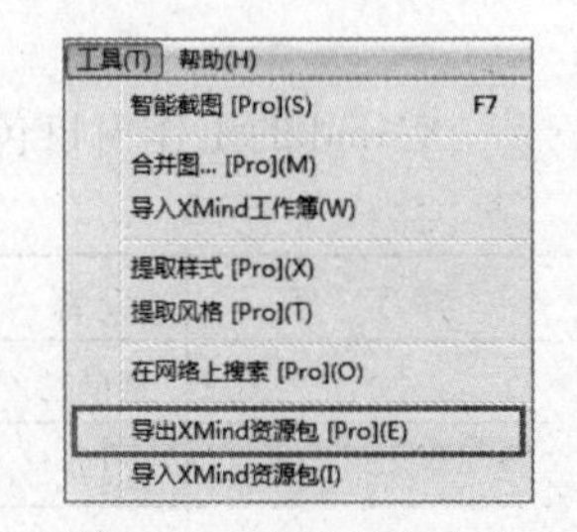

图 8-4　选择导出命令

② 选择想要进行导出的资源，弹出图 8-5 所示的对话框。

③ 选择导出资源后，单击“下一步”按钮，在“确认”对话框中确定导出的 XMind 资源，选定保存位置，是否覆盖已存在文件，如图 8-6 所示。

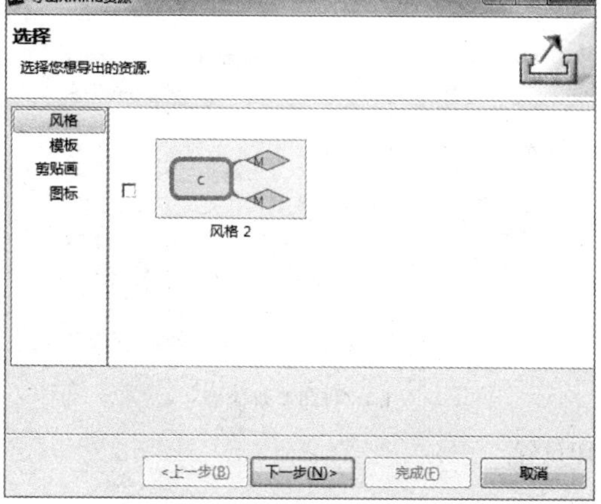

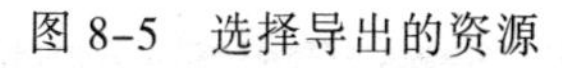
图 8-5 选择导出的资源

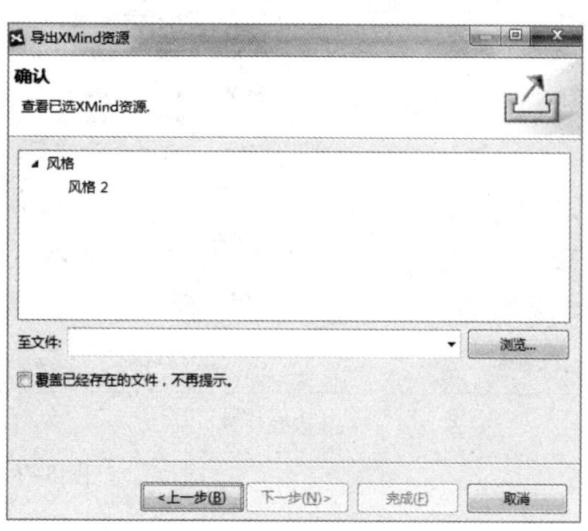

图 8-6 导出完成

【**提示**】资源导出前需要进行提取，只有提取过的资源才会显示。

导入步骤如下：

① 打开 XMind 思维导图，进行导入 XMind 资源包操作时，选择“工具”→“导入 XMind 资源包”命令。

② 弹出“选择源文件”对话框，选择要导入的 XMind 资源包，如图 8-7 所示。

③ 选择完毕后，在“导入”对话框确认导入 XMind 资源包，如图 8-8 所示。

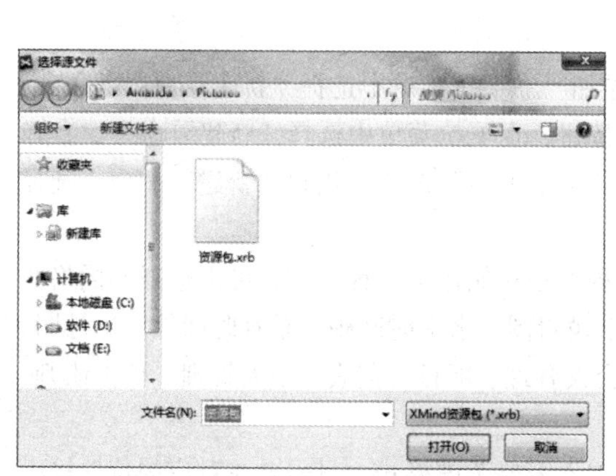

图 8-7 导入资源包的选择

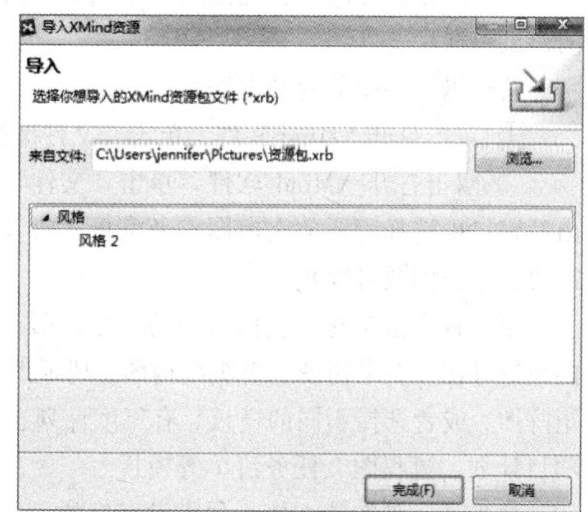

图 8-8 导入完成

8.1.6 思维导图的打印

如果想把编辑好的思维导图文档变成纸质的书面文档，为计算机连接并添加打印机就可以将其打印输出。在打印前可以对思维导图文档进行预览和相应的设置，如页面设置、方向、页边距、打印份数等。通过单击“文件”按钮，在打开的下拉菜单中选择“打印”命令设置完成，如图 8-9 所示。

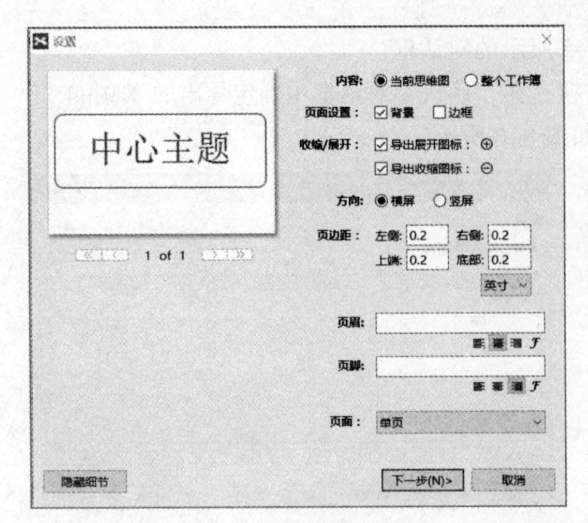

（a）参数设置

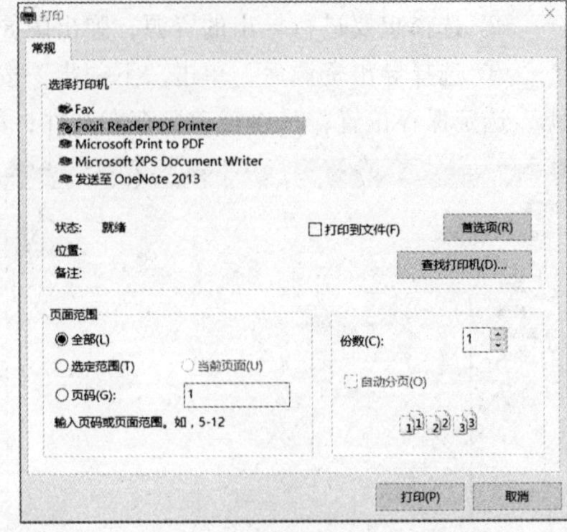

（b）“打印”对话框

图 8-9　打印设置

8.2　思维导图的建立

使用 XMind 可以创建多种类型的思维导图，基本操作均类似，主要包括新建空白图、模板的选择、中心主题的设置、子主题的设置、主题间的关系设定、保存文档等。这些操作可以通过单击“文件”按钮，在下拉菜单中选择相应的命令，或者通过工具栏中的菜单项来实现。

8.2.1　新建文档

要构造思维导图，首先需要一个编辑界面，需要新建一个文档，类似于写字作画所需要的白纸一样。

新建思维导图的两种方法：

① 双击打开 XMind 软件，单击“文件”按钮，在下拉菜单中选择“新建空白图”命令。

② 双击打开 XMind 软件，单击“文件”按钮，在下拉菜单中选择“新建”命令，在弹出的窗口中选择需要的空白图或者模板，或者单击“主页”按钮，找到“新建”命令，选择需要的空白图或者模板。

第一种方法是建立空白文档的方法，第二种方法功能比第一种全面，可以选择不同格式的思维导图，有平衡图、组织结构图、树形图、逻辑图、水平时间轴、垂直时间轴、鱼骨图、矩阵图，或者选择不同的模板，有年度计划、会议管理、项目一览表、个人管理、销售谈判、项目计划、流程图、任务清单等模板。

模板是一种特殊文档，预先设定好的，用户不需要考虑格式，只需要在对应的位置输入文字即可。模板的类型各不相同，为用户的使用提供了便利，用户还可以登录互联网下载合适的模板。

利用模板可以方便快捷地完成某一类特定的文字处理工作，但是新建空白图应用更普遍，更广泛。

8.2.2　模板的使用

XMind 模板组成了思维导图的基本结构，是独立的.xmt 文件，可以单独传播。XMind 自带了 21 种模板：默认模板、鱼骨图、流程图、组织结构图及二维图等。XMind 还允许并鼓励用户创建属于用户自己的思维导图模板。

1．模板的使用

在菜单栏选择“文件”→“新建”命令，或单击工具栏的“主页”按钮，在“模版”选择框中选择合适的模板创建思维导图，如图 8-10 所示。

2．XMind 模板的创建

按照需要新建一张思维导图。选择主题的样式（包括字体、形状、颜色等），选择线条的形状、颜色，确定思维导图的样式，如墙纸、背景色、透明度、图例等。在菜单栏选择“文件”→“模板另存为”→选择模板文件保存位置并保存为.xmt 模板文件，如图 8-11 所示。

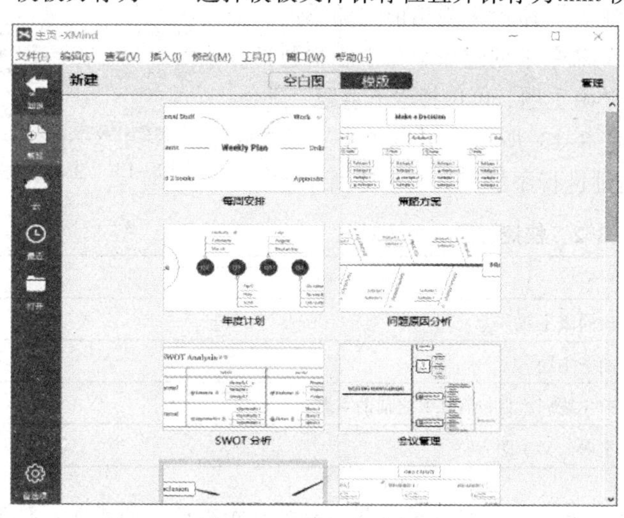

图 8-10　模板的选择

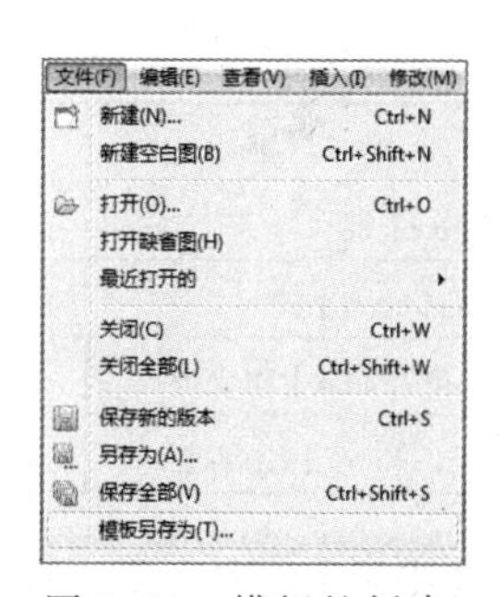

图 8-11　模板的创建

3．模板的添加

单击模板面板右上角的“管理”按钮，进入编辑模式，单击“添加”按钮，从本机选择模版（.xmt 文件）即可添加到模板库中。选中添加的模板，单击“删除”按钮即可删除添加的模板。

【提示】软件自带的模板不可以删除。

8.2.3　主题

XMind 思维导图主要由中心主题、主题、子主题、自由主题、外框、联系等模块构成，通过这些导图模块可以快速创建需要的思维导图。XMind 有五种不同类型的主题，如图 8-12 所示。

1．主题类型

中心主题：每一张思维导图有且仅有一个中心主题。这个主题在新建导图时会被自动创建并安排在图的中心位置。当保存导图时，中心主题的内容会默认设置为保存文件的名字。

分支主题：中心主题周围发散出来的第一层主题即分支主题，分支主题被用来记录与中心主题息息相关的信息。

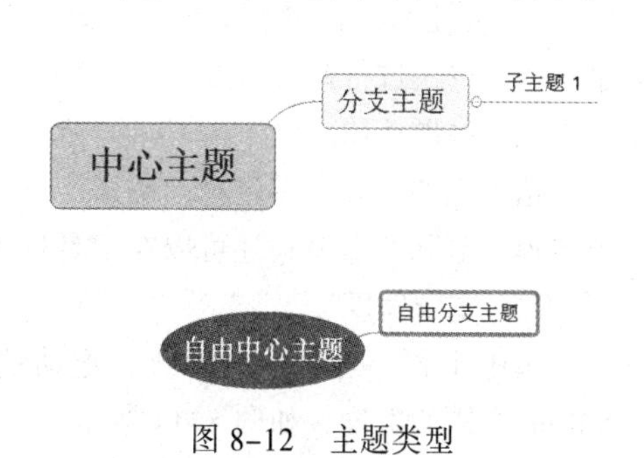

图 8-12　主题类型

子主题：分支主题，自由主题后面添加的主题都被称为子主题，子主题可以有自己的子主题。

自由主题：中心思想之外关键的，但是临时缺少合适位置的信息。这些信息都将以自由主题的形式存在于思维图之中，甚至可以使用自由主题开始另外一个同中心主题并行的分支。XMind 中，自由主题也有两种不同的形式，自由中心主题和自由分支主题，便于用户根据需要选用。

2．主题的添加

在菜单栏选择“插入”→“主题”命令添加分支主题或者与当前主题同级的主题。选择“子主题”命令添加当前主题的子主题。选择“主题（之前）”命令添加一个与当前主题同级但位置在其之前的主题。选择“父主题”命令来为当前主题添加一个父主题。选择“自由‘中心’主题”命令来创建一个与中心主题具有相同属性的自由主题。选中建好的自由主题，再选择“子主题”命令，为当前自由主题添加子主题，如图 8-13 所示。可以单击工具栏中 ▾进行添加，也可以使用快捷键进行添加，如表 8-2 所示。

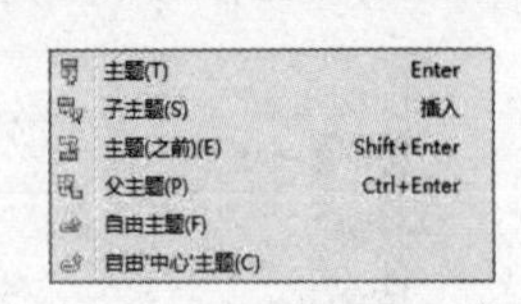

图 8-13　主题的插入

表 8-2　快捷键添加主题对象

按　　键	说　　明
【Enter】键	添加当前主题的同级主题
【Tab/Insert】键	添加当前主题的子主题
【Shift +Enter】组合键	添加一个与当前主题同级但位置在其之前的主题
【Ctrl +Enter】组合键	添加一个当前主题的父主题

【提示】选中一个已有的主题对象右击，弹出快捷菜单，显示可添加的主题类型，双击空白处，添加自由主题。

3．主题的编辑

（1）文字编辑

① 标题修改：单击主题，在菜单栏选择“修改”→“标题”命令；可以双击主题进行修改；也可用快捷键【F2】更改主题的标题。

② 标签修改：单击主题，在菜单栏选择“修改”→“标签”命令；也可用快捷键【F3】更改主题的标签。

③ 备注修改：单击主题，在菜单栏选择“修改”→“备注”命令；可用快捷键【F4】更改主题的备注；也可以单击主题对象中的按钮进行修改。

④ 批注修改：单击主题，在菜单栏选择“修改”→“批注”命令；也可以单击主题对象中的按钮进行修改。

（2）主题删除

选中主题，在菜单选择“编辑”→“删除”命令；也可以右击主题，在弹出的快捷菜单中选择“删除”命令；还可以在工具栏单击“删除”按钮；或使用【Del】键。

（3）主题宽度

选中主题，进入编辑模式；拖动编辑框右侧滑动条更改 XMind 主题的宽度，如图 8-14 所示。

图 8-14　主题宽度调整

【提示】主题宽度会根据文字的多少自动调整，但如果想手动调整宽度，可使用上述方法。

4．主题格式化

选中主题，打开“属性”视图，可在此视图中修改属性，如图 8-15 所示。

结构：在下拉列表中选择合适的结构，所选结构会应用于当前主题及其子主题。

文字：可以调整所选主题文字的“字体”“大小”“类型”“文字颜色”。

外形&边框：为当前主题选择合适的形状，以及背景色。

线条：为当前主题同其子主题之间的线条选择合适的形状、宽度及颜色。

（1）主题编号

选中多个主题，从菜单栏选择“窗口”→“属性”命令，选择编号的类型。选择继承当前主题父主题的编号，子主题会继承父主题编号，用多级编号，如图 8-16 所示。也可以设置为“无”，取消编号。

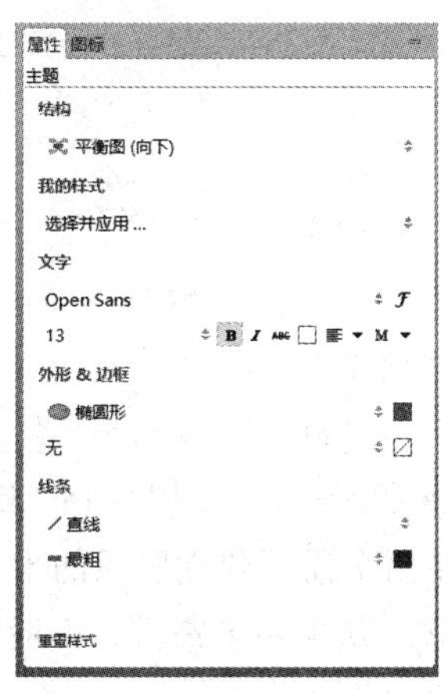

图 8-15　主题格式化设置

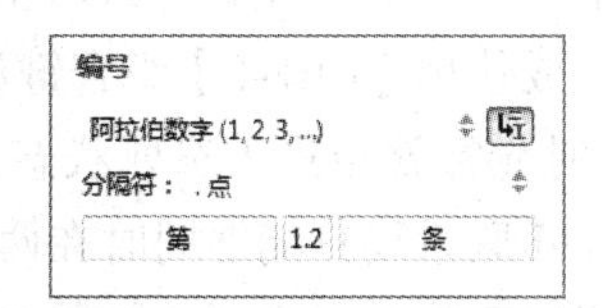

图 8-16　主题编号设置

（2）主题定位

XMind 默认的主题排列顺序是自上而下，从左往右。通过下列快捷键可以摆放主题的位置。选中主题，移动主题的同时，按住【Ctrl】键在新位置复制所选主题；按住【Alt】键移动所选主题到任意位置，但不改变其他任何属性；按【Shift】键移动所选主题至任何位置成为自由主题。

【实例 8-1】绘制一份思维导图，中心主题为“英文课程大纲”，字号为“22 磅”，边框为“矩形”，填充为“主题 1 深色 15%”；8 个子主题，主题内容为资源和材料、评分政策、课室安排、教学期待、课程描述、教学目标、课程方法、教学理念，边框均为“椭圆”，填充为“文字 1 淡色 35%”，字号为“12 磅”，文字颜色为“背景 1 深色 5%”，并为子主题添加罗马数字的编号。

操作步骤如下：

① 打开思维导图软件单击菜单栏中的“文件”按钮，新建空白图。

② 单击菜单栏中“插入”按钮，选择“中心主题”命令，添加文字“英文课程大纲”。

③ 单击中心主题，在右侧“属性”窗口的字体中设置字号为“22 磅”，外框与边框中设置形状为“矩形”，填充为“主题 1 深色 15%”。

④ 选中中心主题，单击菜单栏中“插入”按钮，依次插入 8 个子主题，并添加文字。

⑤ 按住【Ctrl】键，同时选中 8 个子主题，在右侧“属性”窗口外框与边框中设置形状为“椭圆”，填充为“文字 1 淡色 35%”，字体中设置字号为“12 磅”，颜色设置“背景 1 深色 5%”，编号中设置罗马数字的编号，结果如图 8-17 所示。

图 8-17　实例 8-1 效果图

8.2.4　联系线

在 XMind 中绘制思维导图时，每个主题间或多或少都存在着一定的关联，这是导图构造的关键。

1. 联系线的创建

操作步骤如下：

① 首先用 XMind 思维导图软件初步绘制导图之后，整理主题之间的关联，思路清晰，为下一步做准备。

② 单击“插入”按钮，在弹出的下拉菜单中选择“联系”命令，单击工具栏中⇆图标；或右击主题，选择“插入”→“联系”命令；或使用【Ctrl+L】组合键添加联系，如图 8-18 所示。

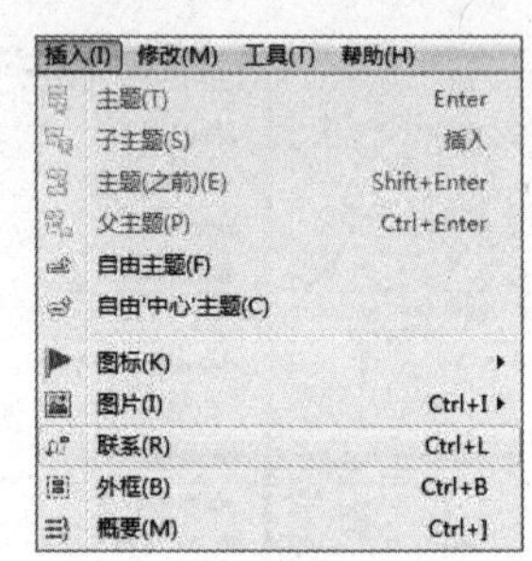

图 8-18　选择联系线

③ 这时光标就会进入选取状态，单击目标主题，在两个需要建立联系的主题间建立联系线。XMind 联系线只能够同时在两个主题之间进行关联。从关系上来讲，一般默认为先选中的主题指向后选中的主题，如图 8-19（a）所示。

④ 单击 XMind 联系线上的主题框，可在内输入文字说明，不需要使用文字进行说明时可忽略。进行其他操作或者单击空白的地方时主题框便会自动消失。

⑤ 拖动 XMind 联系线上的黄色结点可调节联系线的走向，通过此结点调节联系线的形状、长短，移动红色结点可以改变联系线所在位置，直接更改联系的主题，如图 8-19（b）所示。

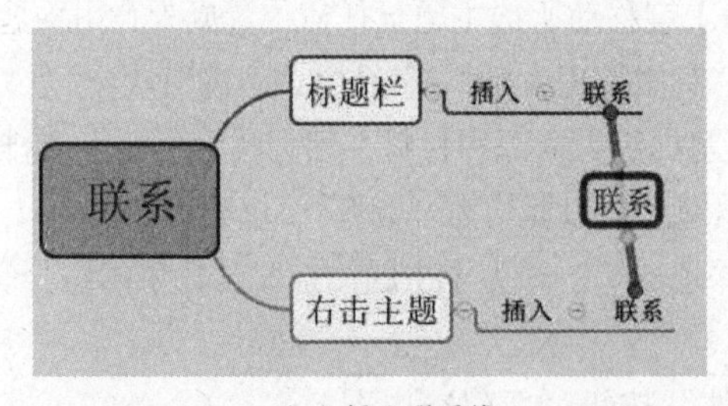

（a）插入联系线

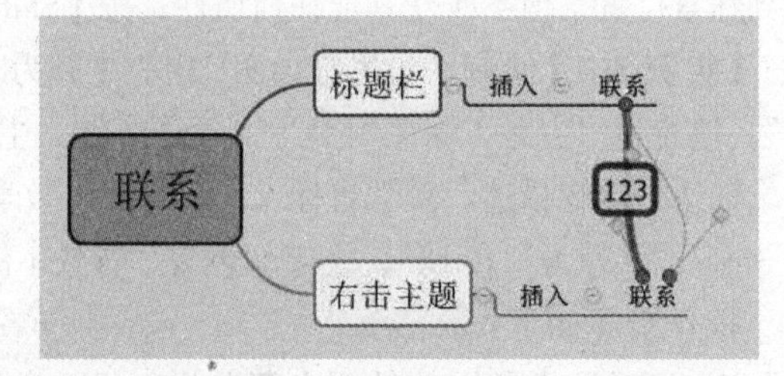

（b）更改联系线

图 8-19　联系线设置

⑥ 右击 XMind 联系线，设置联系线的属性，可以更改联系线的外形、粗细等具体设置，使得联系线更加突出、美化。

2. 联系线的格式化设置

操作步骤如下：

① 选中联系线，单击右侧栏中的“属性”视图按钮，打开“属性”视图，如图 8-20 所示。

② 在视图中可以修改联系线的外形、颜色、样式及联系描述文字的字体、大小、颜色等。

【提示】用户可以为任意两个主题、外框或主题与外框之间添加联系，每个主题或者外框都可以有多个联系。

【实例 8-2】在实例 8-1 的基础上设置中心主题与子主题之间的联系线，格式为箭头线，线条设置为最粗，联系线的颜色设置为蓝色。

操作步骤如下：

① 选中中心主题，在右侧属性窗口线条中设置联系线为箭头线，线条宽度选择为最粗，颜色设置为蓝色。

② 选择子主题，选择“插入”→“联系”命令，重复操作添加所有联系线，结果如图 8-21 所示。

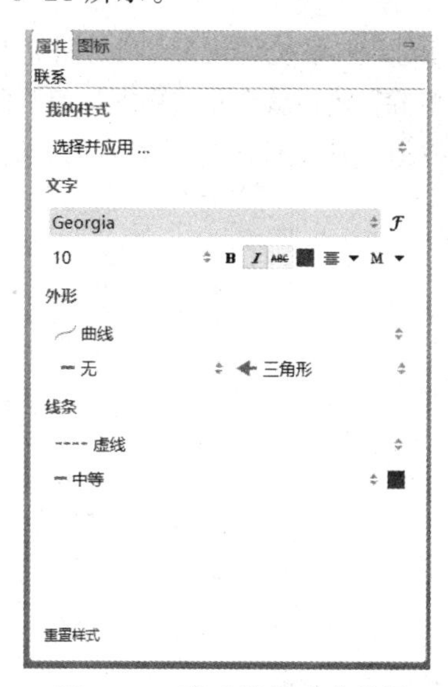

图 8-20 联系线格式化设置

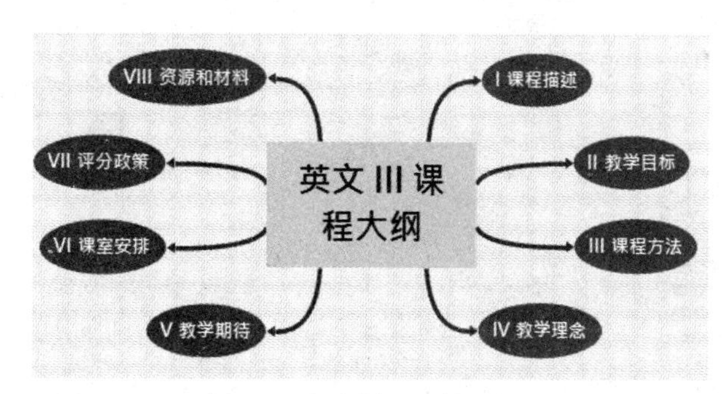

图 8-21 实例 8-2 效果图

8.3 插入对象与格式化

思维导图主题对象的处理不仅仅局限于对文字的处理，还能插入图片、图标、概要、标注、边框、超链接等多种对象，使得思维导图的可读性、艺术性、概括性大大增强，如图 8-22 所示。

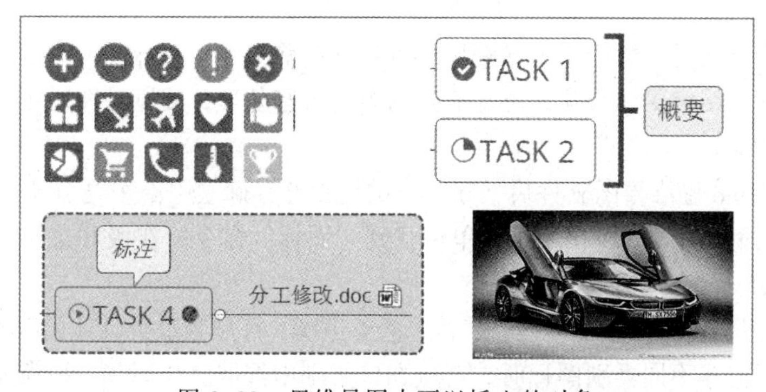

图 8-22 思维导图中可以插入的对象

要在思维导图文档中插入这些对象，选择“插入”菜单中对应的“图标”“图片”“外框”“概要”“附件”“录音”命令。如果要插入超链接，选择“修改”菜单中的“超链接”命令。

如果要对插入的对象进行编辑及格式化操作，可双击对象，在右下角“属性”窗口进行操作。

8.3.1 图标与图片

1. 图标的插入

图文结合可以更直观地表达用户的思维，通常采用图标。XMind 软件自带部分图标库，但是当自带图标库无法满足制作需求的时候，可以建立用户专属的图标库。具体操作如下：

① 选择“编辑”菜单，在下拉菜单中选择“首选页”命令，找到“图标”选项，如图 8-23 所示。

② 单击图标组旁的“添加”按钮，即可添加一个新的图标组，系统默认为“我的图标 1”，可以单击右侧的“重命名”按钮更改图标组的名字。单击“删除”按钮就会将选中图标组删除。

③ 随后在下方图标板块中添加图标，单击“添加”按钮，从文件中选择想要加入的图标或图片，如图 8-24 所示。

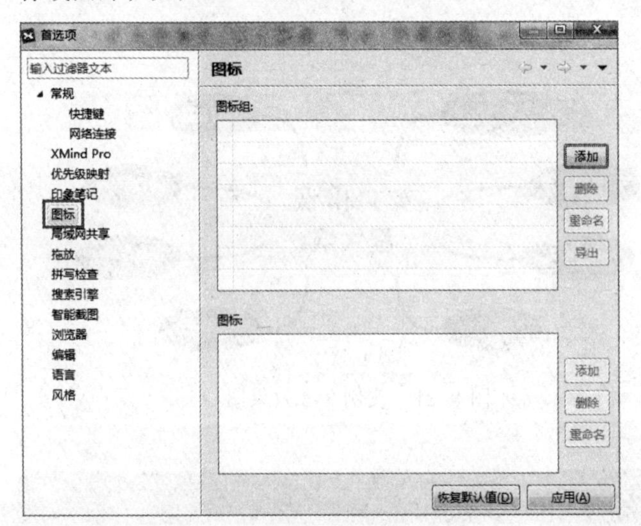

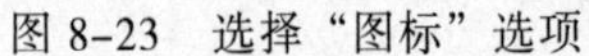

图 8-23 选择“图标”选项

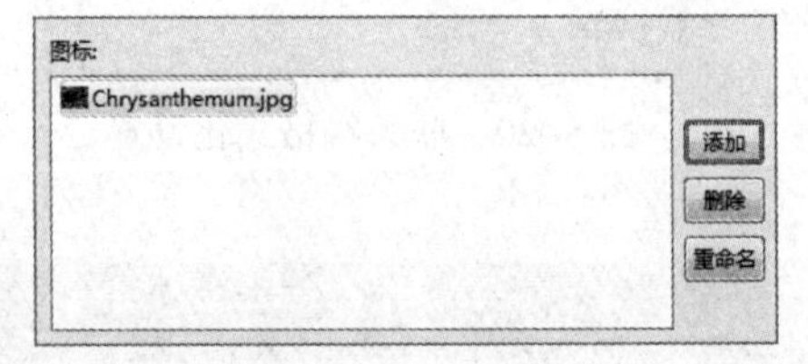

图 8-24 添加图标

④ 成功导入自己的图标，再去单击添加图标时，就可以在图标面板中看到所导入的图标。

在绘制思维导图时，能够在不影响原思维导图的前提下，对导图的内容进行补充强调，使得导图整体图文结合更加美观，更是显得内容清晰有条理，阅览导图时主次分明。导图插入图标的步骤如下：

① 打开 XMind 思维导图软件后，建立新的导图并且确立中心主题。

② 选择“插入”菜单，在下拉菜单中找到“图标”命令，在级联菜单中有需要的各式图标，如图 8-25 所示。

③ XMind 图标按着任务优先级、表情、任务进度、符号等进行具体的分类，每一类中包含若干图标，当需要不同类别图标时，直接在该类别中选取，如图 8-26 所示。如果没有合适的图标，还可以选择级联菜单中最下方的“更多”命令，打开图标库，进行浏览选择。

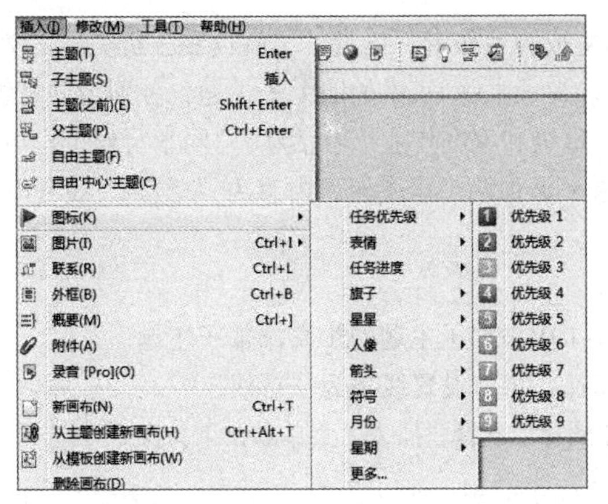

图 8-25 图标的插入

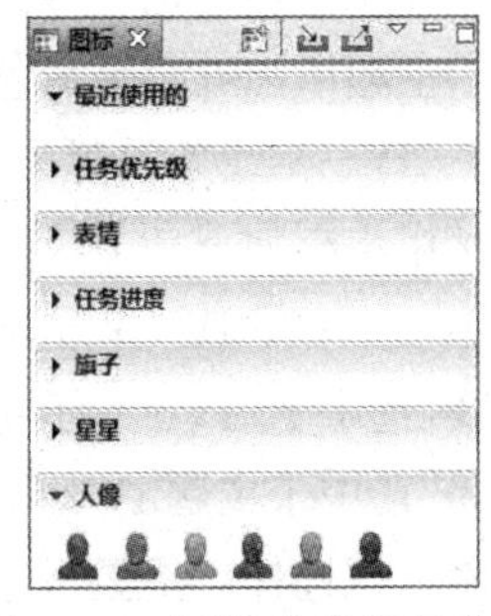

图 8-26 图标按优先级分类

【提示】另外一种方法，直接右击主题，在弹出的快捷菜单中可以看到“图标”命令，采用同样的方法，层层展开后选择即可添加。

2. 图片的插入

在思维导图中插入图片，通过形象生动的画面配以解释说明的文字，使得思维导图更加充实，更易于记忆理解。通常情况下，思维导图中所插入的图片主要来源于三个方面，从图片剪辑库中插入剪贴画；通过网络下载所需的图片；从本地选择需要插入的图片。图片的插入操作步骤如下：

① 需要在 XMind 中插入图片时，选中主题后单击“插入”菜单，会出现下拉菜单，如图 8-27 所示。

② 在“图片”命令中选择图片来源，分别为“来自文件”“来自网络”“来自剪贴画”。选择“来自文件”命令将会弹出选择图片窗口，在本地文件中选择后即可添加至思维导图中。

③ 如果选择“来自网络”命令，将会在界面侧边出现浏览器窗口，可以通过网络搜索想要的图片后自行选取进行添加。选择“来自剪贴画”命令，如图 8-28 所示。拖动图片或者双击图片即可在 XMind 中插入图片。

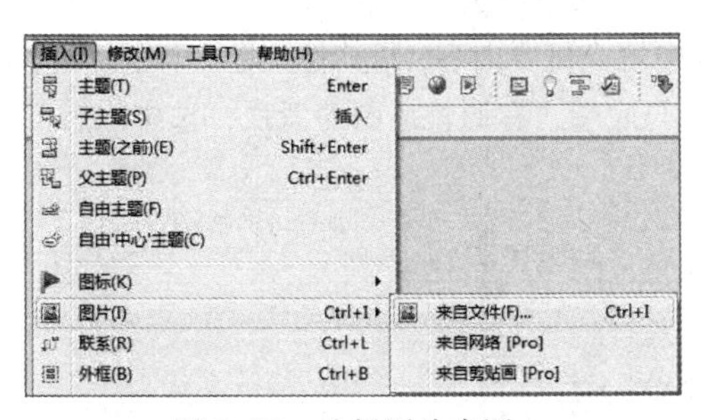

图 8-27 选择图片来源

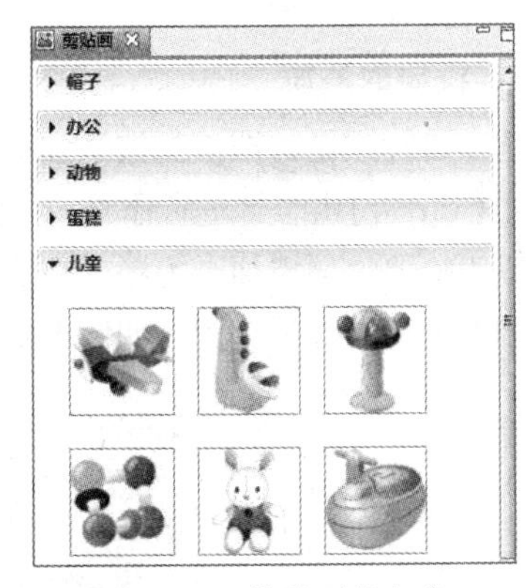

图 8-28 剪贴画的归类

【提示】可以在选中主题后，直接右击，在弹出的快捷菜单中选择“插入”→“图片”命令，亦可以进行插入图片的操作。

【实例 8-3】在实例 8-2 的基础上为中心主题添加图片“图书”(资源包包含)，为子主题

I添加三个子主题，内容分别为“要培养学生成为写作者、读者。”“阅读和分析美国文学。”“提高整体沟通技巧让他们的人生更成功。”；为子主题IV添加四个子主题，分别为“班级、小组和合作伙伴讨论”“团体和个人项目”“班级和家庭作业练习活动”“同学写作工作坊”，并为子主题添加五角星彩色图标；为子主题V添加两个子主题，内容为“尊重”“责任”；子主题I、IV、V线条设置为“折线”。

操作步骤如下：

① 选中I、IV、V子主题，按照实例8-1中添加子主题的步骤添加子主题。

② 选中I、IV、V子主题，在右侧“属性”窗口设置线条为“折线”。

③ 选中子主题IV的子主题，逐个添加图标。选择“插入”菜单，在下拉菜单中选择“图标”命令，选择“星星”选项。

④ 选中中心主题，选择“插入”菜单，在下拉菜单中选择“图片”命令，在“选择”对话框中按路径选择“图书.png”，效果如图8-29所示。

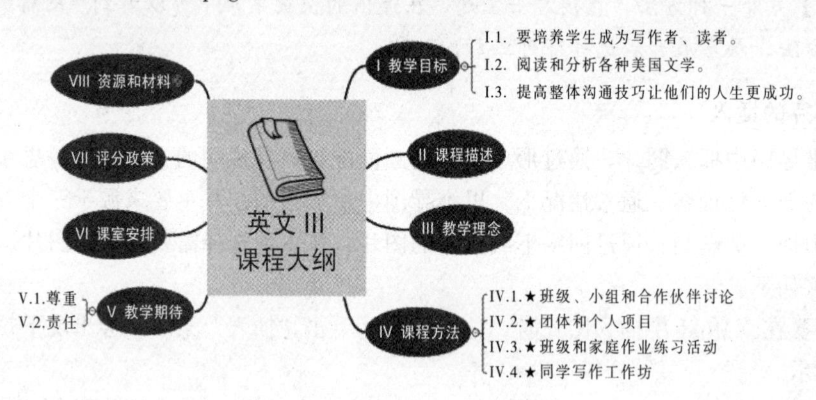

图8-29 实例8-3效果图

8.3.2 概要与标注

概要是为一个或者多个主题添加的文字性总结，从而更好地表达作者的意图。在XMind中也提供这样的一种功能。

1. 概要的添加

选中目标主题，即需要被添加概要的主题，在菜单中选择“插入”→“概要”命令，或者使用【Ctrl+]】组合键进行添加。在概要主题中填入概要内容，同其他主题一样，使用【Tab】键可以为概要主题添加子主题。在概要的顶端与底端，有调整范围的滑块，选中之后可以调节至当前概要的选择范围，如图8-30所示。

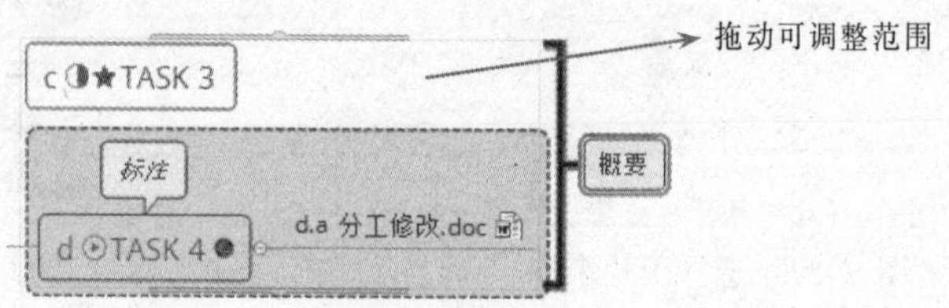

图8-30 概要的添加

需要更改概要的属性，可对概要线条颜色、形状、样式，概要主题的字体、线条、形状结构等进行修改。选中需要设定的概要，在工作窗口的右下角“属性”窗口中进行修改。

2. 标注的添加

标注功能是XMind中的一种附加文本功能，结合了标签及备注的功能，是对思维导图中的某一主题进行内容上的补充说明，在XMind 8中，标注不再是一个形状，还可以成为主题的附件，可以添加子主题，其本身就是以主题形式存在，而不是单一说明。标注的添加步骤如下：

① 选中主题，单击工具栏上的图标，或使用菜单选择“插入”→“标注”命令，或右击主题，选择“插入”→“标注”命令，或使用【Alt+Enter】组合键进行标注的添加。

② 添加完成后，可在标注中输入文字、图片、图标等对象。

③ 选择标注，还可以使用【Tab】键添加子主题，如图8-31所示。当需要删除标注的时候，直接像删除主题那样删除即可。如果需要更改标注的属性值，可单击标注对象，在工作页面的右下角“属性”窗口进行设定。

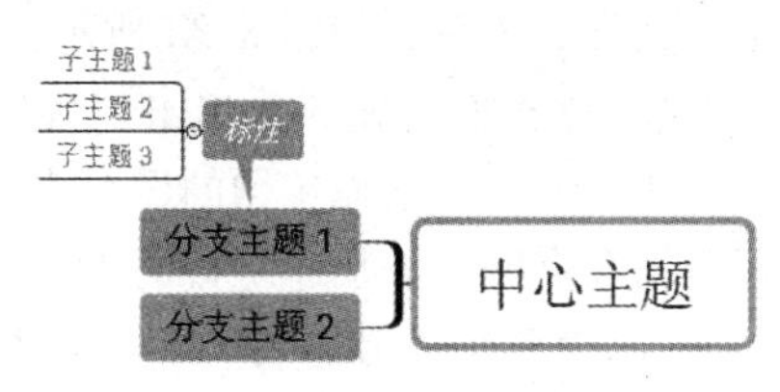

图8-31　标注的添加

8.3.3 外框与超链接

1. 外框的添加

在思维导图中，外框不仅能够起到美化导图整理界面的作用，更是能够清晰地归纳出主题的板块，使得内容清晰明了，对思维导图的内容更容易掌握。在对思维导图的主题进行概括之后，可以用外框进行修饰。添加外框的操作步骤如下：

① 选中目标主题，单击工具栏上的添加外框图标，或者在菜单选择“插入”→“外框”命令，或者右击，在弹出的快捷菜单中选择“外框”命令，或直接按【Ctrl+B】组合键。

② 拖动外框边缘的滑块来更改外框的比例。

③ 选中需要添加文字描述的外框，直接输入描述文字，按【Enter】键完成输入，如图8-32所示。

④ 如果需要更改外框属性，可以在选择外框对象之后，在工作界面的右下角“属性”窗口进行更改。可更改的属性包括外框的形状，透明度，背景颜色；线条的样式，宽度，颜色；外框描述文字的字体，大小，颜色。

⑤ 右击外框，在弹出的对话框中，编辑选项则可以在外框中添加附注，如图8-33所示。

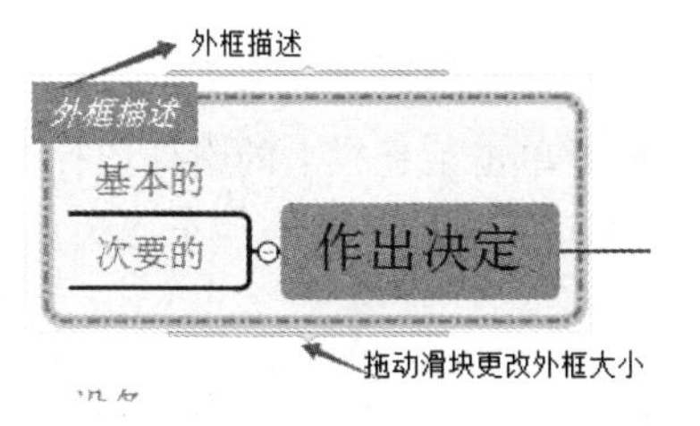

图8-32　外框的添加

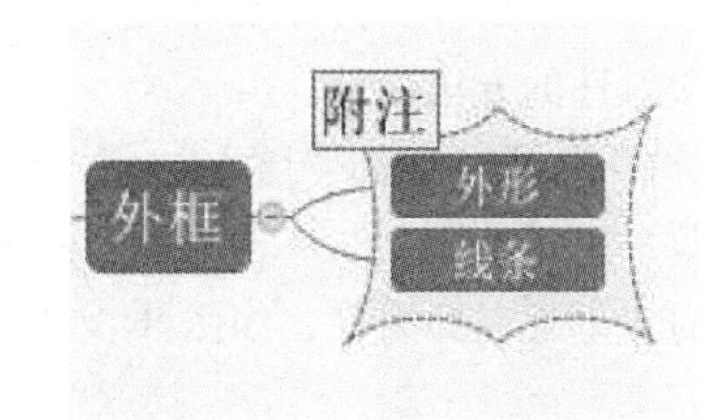

图8-33　外框添加附注

【提示】不同分支下或者不同父主题下的主题不能添加同一个外框。

2. 超链接的添加

XMind拥有着强大的超链接功能，并且可以链接多种形式的文件，包括网页、文件甚至图中的主题，这为思维导图的制作带来了一定的便捷。

超链接有三种类型，分别可以连接到网络、文件、主题。网络超链接可以链接到一个URL，文件超链接可以添加本地文件或文件夹的相对地址或绝对地址，主题超链接可以链接到当前思维导图的某一个主题。操作步骤如下：

① 打开 XMind 思维导图进行创建或者直接打开现有的思维导图。

② 选中将要添加超链接的主题，随后单击工具栏中的超链接图标，或者右击选择“超链接”命令。

③ 弹出“修改主题的超链接”对话框，可以看到三种可以添加的超链接选项，分别为网络、文件、主题，如图 8-34 所示。

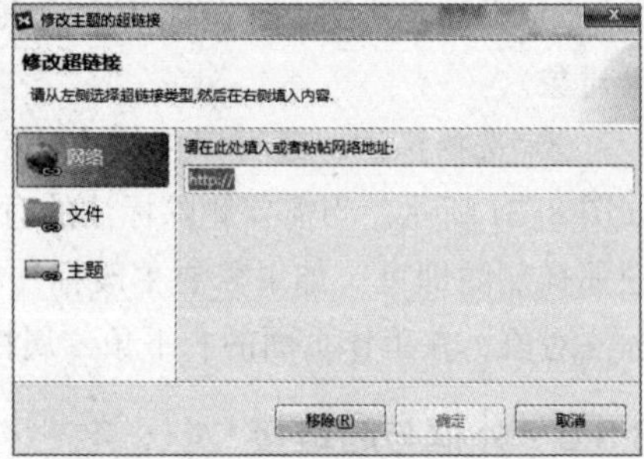

图 8-34　超链接的添加

④ 所有操作完成后单击“确定”按钮，超链接添加成功后便会在原主题的后方出现超链接图标。图标的情况会随着添加超链接的类型变化而变化。

⑤ 想要删除超链接，只要在超链接操作中单击“移除”按钮即可。

【提示】每个主题至多只能添加一个超链接。

【实例 8-4】在实例 8-3 的基础上为子主题 I、IV 插入备注，内容分别为“英语 III 是一年的课程，总共一个学分”“为了在本课程中取得成功，学生应该积极参与……”，为子主题 VIII 插入超链接，链接地址为 http://www.xdf.cn/。

操作步骤如下：

① 选中子主题 I，选择“修改”→“备注”命令，输入响应文字内容；子主题 IV 操作类似。

② 选中子主题 VIII，选择“修改”→“超链接”命令，在弹出的对话框中输入“http://www.xdf.cn/”，单击“确定”按钮即可。

8.3.4　附件与录音

1．附件的插入

在 XMind 中绘制思维导图时，如需要数据展示，或者文件说明的时候，就需要添加大量的文件，为了思维导图的简洁、条理，可以通过添加 XMind 附件来满足需要。添加的附件都会以此主题的子主题的形式展现在当前的思维导图中，信息得以扁平化。还可以方便地修改这些附件的显示名称，打开附件。

添加附件的方法如下：

① 选中主题，选择“插入”→“附件”命令；或者单击工具栏上的附件图标 ；或者右击主题，选择“插入”→“附件”命令，选择文件即可；主题就会有一个以添加文件的名字命名的子主题，即附件，如图 8-35 所示。

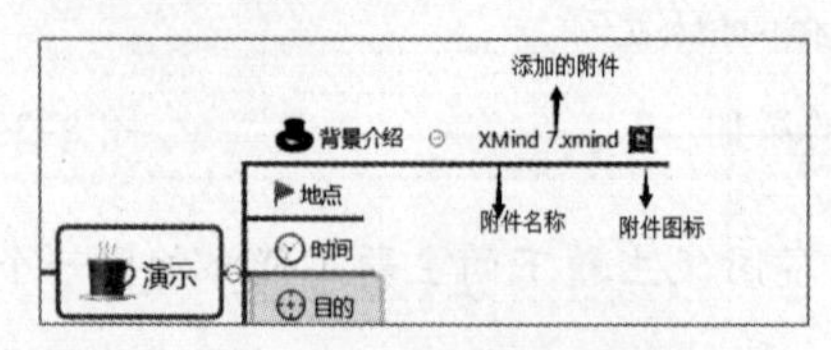

图 8-35　附件的添加

② 选中希望添加的文件，拖动至 XMind 中需要添加附件的主题上方，释放鼠标后，此文件即可添加完成，成为此主题的子主题；如果将文件拖至空白处释放鼠标，此文件会显示为一个自由主题。

【提示】附件即主题，可以轻松修改显示名称、调整位置或删除。

2. 录音的插入

录音能够在会议、头脑风暴、讨论等场合快速记录语言内容，从而可以集中注意力在事情本身，可以轻松录制、播放。录制音频步骤如下：

① 选中想要添加录音文件的主题。单击工具栏上的录音按钮，或选择“插入”→“录音”命令。

② 单击录音视图中的“录音”按钮，结束录音，如图8-36所示。

③ 删除录音时也只需要在导图中直接删除即可。

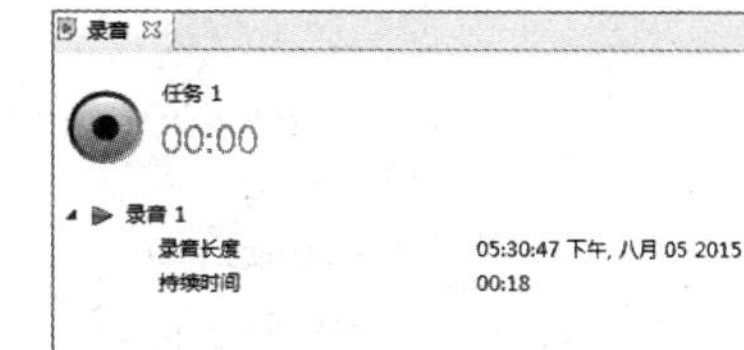

图8-36 音频的录制

【提示】录音完成后，录音文件会以当前主题的附件子主题的形式显示。左侧为录音文件名称，右侧为录音图标。右击录音图标可以保存录音文件到本地。

8.4 思维导图的演示

演示是XMind思维导图软件的特色功能之一。在使用XMind制作思维导图时，需要将自己的成果通过一种方式分享给更多的人，这时“演示”成为一个必要的功能。在XMind 8中提供了“幻灯片演示”。幻灯片演示步骤如下：

① 在XMind 8中，打开或制作思维导图。

② 单击软件右上角的“演示”按钮，选择“创建幻灯片演示”命令，如图8-37所示。

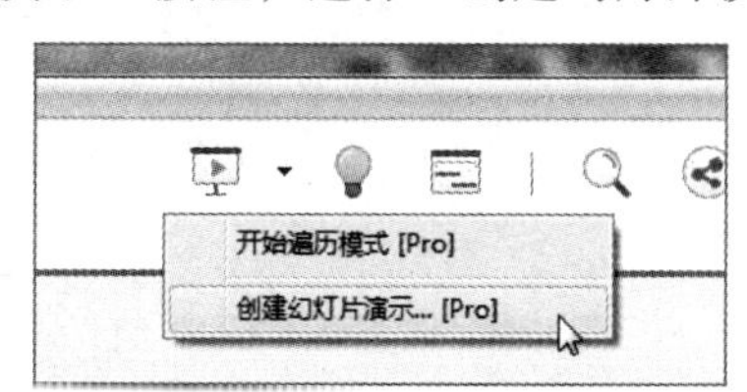

图8-37 创建幻灯片演示

③ 进入编辑模式，选中主题，单击“+”按钮以创建幻灯片，如图8-38所示。

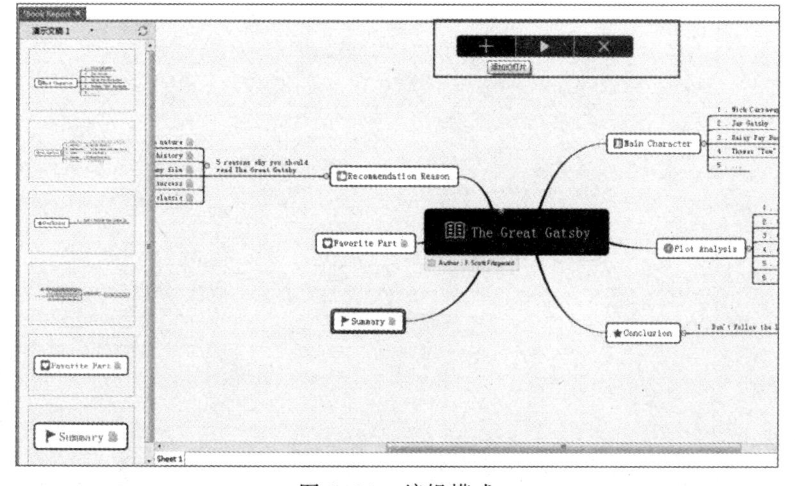

图8-38 编辑模式

④ 单击中间的“播放”按钮，可进入播放模式；单击“X”按钮即可退出编辑，已创建的幻灯片会自动保存，选择“演示文稿 1”命令，即可查看，如图 8-39 所示。

⑤ 单击幻灯片左侧边栏中的下拉箭头，可对同一幅导图创建新的演示，还可重命名或删除演示文稿，如图 8-40 所示。

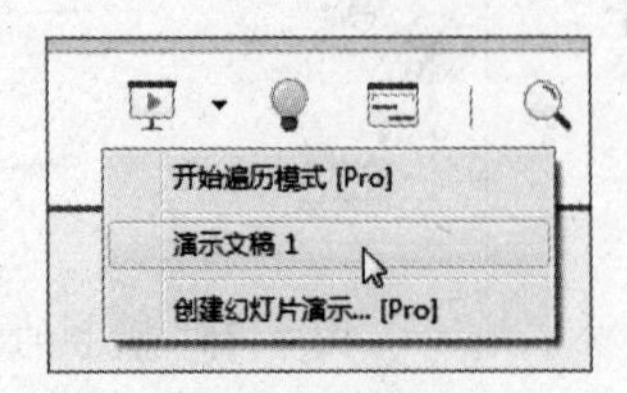

图 8-39　播放模式

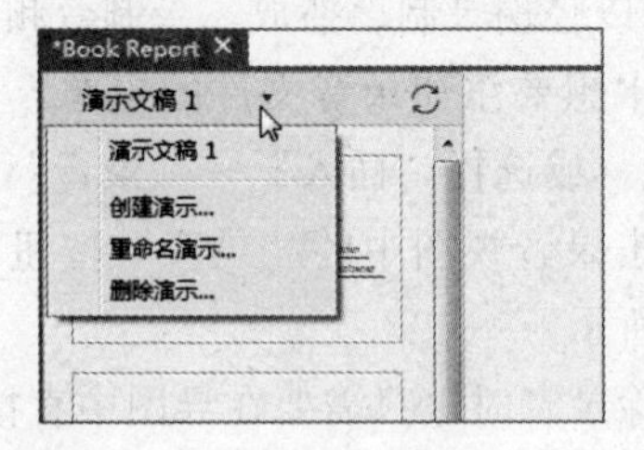

图 8-40　“演示文稿”下拉菜单

习　题　8

1. 对本书第 5 章内容进行分析，并绘制出中心主题为“PPT 制作交流”的思维导图。
2. 以“大数据时代”为中心主题，绘制你所知的大数据时代相关内容的思维导图。
3. 经过本章的绘制技巧的学习，绘制出以“教学方法”为中心主题的思维导图。

第9章 公式编辑

随着互联网的迅速发展，通过网络获取、发布和共享信息资源已成为人们工作、学习、研究和交流的基本手段。数学是科学技术的基本语言，因而对于教育和科研领域来说，解决数学公式编辑问题显得更为迫切。AxMath 公式编辑插件功能齐全，界面友好，操作简单，且存在一些特色功能。本章以 AxMath 为例，详细介绍了数学公式的编辑、格式化、排版、引用，以及 AxMath 的编辑技巧，如自定义数学符号、矩阵模板排版方法、幻影元素、空格及自动插入关联引用等。

9.1 安装与常见故障

9.1.1 下载与安装

登录 http://www.amyxun.com/ 网址，选择需要下载的安装包。解压压缩文件并找到对应的.exe 文件，双击进行安装，依照安装向导进行，安装成功之后桌面会显示 AxMath 快捷方式图标，并会在 Word 选项卡中看到 AxMath 插件，如不显示可依据 9.1.2 节中的常见故障解决方法进行设置。

【提示】 安装时需要关闭 Office 的相关文件。

9.1.2 常见故障

（1）已经安装了 AxMath，但无法启动

AxMath 无法启动，常伴随系统提示："应用程序无法启动，因为应用程序并行配置不正确"。

若计算机安装的是比较早的 Windows XP 系统，或采用 GHOST 方式安装的系统，或者在系统安装中、安装后对系统做了比较大的精简导致 Windows 系统少了一些运行组件，可能会出现上述错误提示。

解决方案：安装 vcredist_x86.exe，安装后即可正常使用 AxMath。这个组件一般是系统默认必备的组件，可以在网上搜索这个安装文件，或直接在微软官方网站上下载。网址为：https://www.microsoft.com/zh-cn /download/details.aspx?id=5582。

（2）已经安装了 AxMath，但在 Office 中没找到插件菜单

一种情况是系统中的 Office 版本较低，AxMath 目前仅支持在 Office 2010 及以上版本中运行 AxMath 插件。另一种情况是在安装 AxMath 时，系统中有正在运行的 Word 或 Excel 进程，这种情况下，在 AxMath 安装过程中将会提示插件安装错误。

解决方案：退出所有 Word 和 Excel 进程并重新安装；也可以手动安装：打开 AxMath，单击“设置”按钮，在“高级选项”选项卡中单击“在 MS-Office 上创建插件菜单”按钮。

（3）已经安装了 AxMath，但无法在 Office 中启动 AxMath 插件

一种情况是系统中的 Office 版本较低，AxMath 目前仅支持在 Office 2010 及以上版本中运行 AxMath 插件；另一种情况是利用插件菜单在 Office 中插入公式时，提示代码为 4198 的错误信息或弹出提示如图 9-1 所示。

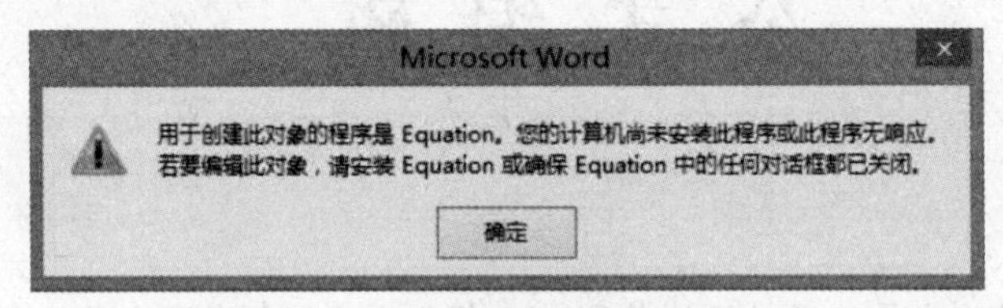

图 9-1　Word 提示无法插入公式

这通常是因为 Windows 系统的 UAC 设置过高引起的。

解决方案：以管理员权限运行 Word。操作步骤如下：

① 在“开始”菜单或桌面上右击 Word 的图标，选择“属性”命令。

② 在“属性”对话框的“兼容性”选项卡中，选择“以管理员身份运行此程序”复选框。

③ 单击“确定”按钮，关闭“属性”对话框。

按以上步骤操作之后，重新启动 Word 即可。

9.2　工作界面介绍

按编辑方式不同，AxMath 主界面如图 9-2 所示。可切换为“公式编辑区+符号面板+右侧栏”模式或“公式编辑区+LaTeX 语法编辑区+右侧栏”模式，其中，右侧栏组件可根据需要打开或关闭。LaTeX 语法本书不予讨论。

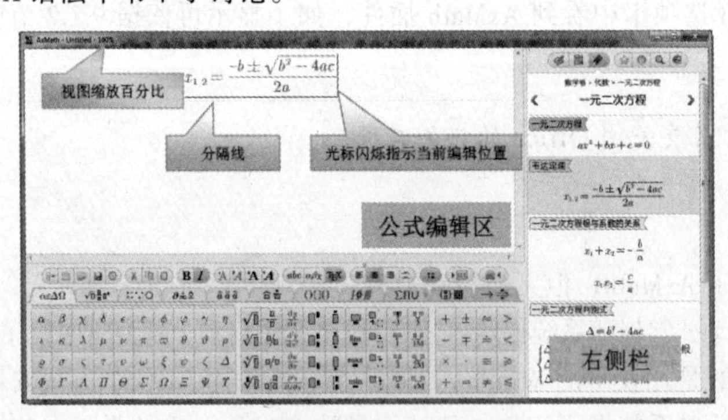

图 9-2　AxMath 主界面

若在安装 AxMath 之前系统上已经安装了 Word，默认情况下 AxMath 的安装包将会在 Word 中安装 AxMath 的插件菜单，如图 9-3 所示。

图 9-3　Word 中的 AxMath 插件菜单

这个插件菜单提供了插入公式、管理公式、公式编号和批量设置公式格式等功能，此插件可以有效提高在 Word 中编辑公式的效率。

9.3 公式的编辑

9.3.1 基本操作

所见即所得是 AxMath 基本的编辑方式，在公式编辑区，可以像操作一般的文本编辑软件一样来编辑公式，需要特殊数学符号时，可使用鼠标选取或快捷键进行操作。

AxMath 编辑区闪烁的光标指示了当前的编辑位置，可通过单击或按【Home】键、【End】键及四个方向键来改变当前的编辑位置。

1．字体风格

工具栏上的按钮 **B** *I* 的不同组合指示当前活动字体的风格，可组合为常规、斜体、加粗、斜粗四种字体风格。

若需要修改已有文字的字体风格，可以选中这部分文字，然后通过右键菜单或单击工具栏按钮 A *A* **A** ***A*** 来修改，也可以通过【Ctrl+1/2/3/4】组合键进行操作。

2．鼠标滚轮操作视图

当光标位于公式编辑区时，滚动鼠标的滚轮可以上下滚动视图，按住【Shift】键同时滚动鼠标滚轮可以左右滚动视图，按住【Ctrl】键同时滚动鼠标滚轮可以对视图进行缩放。

9.3.2 符号面板

1．符号面板的滚动与分类切换

AxMath 采用滚动式工具栏呈现所有数学符号，所有符号按类分组，通过单击标签可实现分类切换，当光标位于工具栏区域时，也可通过鼠标滚轮切换。选取所需要的数学符号将其输入编辑工作区，可以在分类标签页上利用右键菜单来改变分类标签页的排列顺序。

2．设置符号面板的外观及颜色

符号面板外观支持自定义，右击面板上的任意符号，在弹出的快捷菜单中选择“面板外观”命令可弹出“按钮外观设置”对话框。

符号面板支持多底色，以便于区分。右击面板上的任意符号，在弹出的快捷菜单中可设置是否采用多底色，并可设置面板底色。

3．符号面板符号的重映射与展开

有些分类的符号面板（如二元运算符等）包含的符号数量很大，前端仅能显示部分常用的符号。单击此类面板的最后一个按钮可展开全部符号。此类面板支持符号按钮的位置重映射，可通过右键菜单重新定义前端的符号按钮，以符合个人使用习惯。

9.3.3 希腊字符的输入

单击工具栏按钮 *abc* $\alpha\beta\chi$ 可在英文字符与希腊字符间进行切换，单击 *abc* 按钮后键盘输入为英文字符，单击 $\alpha\beta\chi$ 按钮后键盘输入为希腊字符。将当前键盘切换为希腊语键盘，可连续输入希腊字符。

键盘处于英文状态时，用【Ctrl+G】组合键可临时切换至希腊键盘，输入一个字符后键盘自动恢复原状态。希腊字符键盘键位对照图如图 9-4 所示。

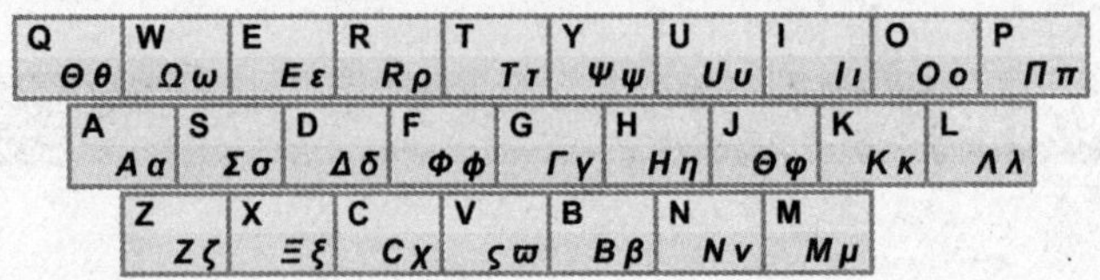

图 9-4　希腊字符键盘键位对照图

9.3.4　编辑器辅助功能

1．函数字体自动校正

AxMath 中字体风格有常规（A）、斜体（*A*）、加粗（**A**）、斜粗（***A***）共四种。AxMath 提供函数（字符串）字体校正功能，该功能可以将匹配的字段自动校正为预设的文字格式。例如，预设字段“sin”为常规字体，当输入“sin”字符串时，字体将自动校正为常规字体。

在工具栏上单击“设置”按钮。在“编辑器辅助功能”选项卡中，单击右上角的工具栏或利用右键菜单可添加或编辑函数字段。

AxMath 预置了常用函数，可通过工具条的“载入默认字段”载入。

2．笔记

AxMath 的笔记功能相当于一个多帧剪贴板。当进行剪切或复制操作时，AxMath 自动把剪贴板中的内容按时间倒序保存为列表，并显示于笔记中。笔记中的内容可通过拖放或双击的方式粘贴到编辑区，也可以将编辑区选中的内容直接拖放到笔记中来新建一帧。若当前界面上未显示笔记，可依次单击主工具栏按钮（或按下快捷键【F7】）、右侧工具栏按钮来打开。笔记的长度（最大帧数）可通过单击“设置”按钮，在“高级选项”选项卡中设置。

3．磁贴

AxMath 的磁贴功能允许用户将一段公式保存为一个固定组合，便于输入常用的重复性内容。磁贴内容可通过拖放或双击的方式粘贴到编辑区。将编辑区选中的内容直接拖放到磁贴容器中可新建一个磁贴。若在拖放过程中同时按住【Ctrl】键，则更新磁贴的内容。

4．参考库

AxMath 提供公式库功能，利用公式库可以浏览、搜索公式并将它们通过双击或拖放粘贴到编辑区中，大大提高工作的效率。AxMath 系统自带常用公式库，也可以根据专业领域自编公式库。

9.3.5　公式库列表及编辑

公式库中的内容按照“参考书架”“参考书或章节”“参考页”共三级树形结构进行组织。其中，“参考书架”为根目录，其下为若干级“参考书或章节”子目录，最末一级叶结点为“参考页”。在右侧工具栏上单击按钮可打开公式库的树形列表，如图 9-5（a）所示。

利用右键菜单或工具栏上的按钮，可在选定位置新建“参考书架”“参考书或章节”“参考页”等结点。双击“参考页”结点，可以打开参考页，如图 9-5（b）所示。

（a）公式库列表

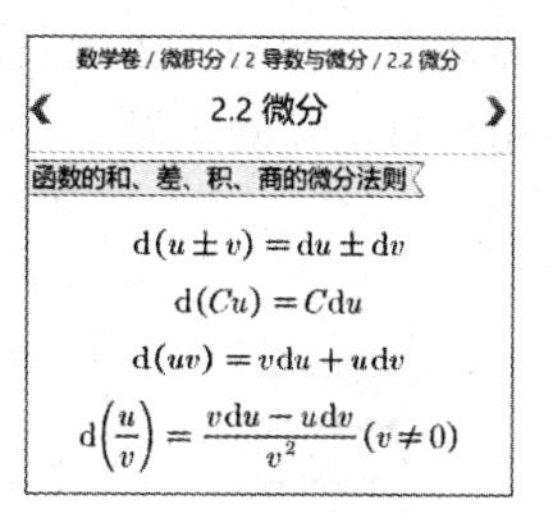

（b）公式库参考页

图 9-5　公式库

9.3.6　快速矩阵模板

AxMath 支持快速矩阵模板、矩阵自动填充和分块。在符号面板的“矩阵”选项卡中单击新建自定义矩阵或向量，如图 9-6 所示。在弹出的对话框中设置好矩阵的行列数、对齐方式、分块之后，单击“创建并填充”按钮，即可设置自动填充字符，或者单击“常见格式”按钮选择常见矩阵模板，如图 9-7 所示。除此之外，还提供了矩阵的转置功能，选中所要转置的矩阵右击，弹出快捷菜单，选择“转置”命令即可。

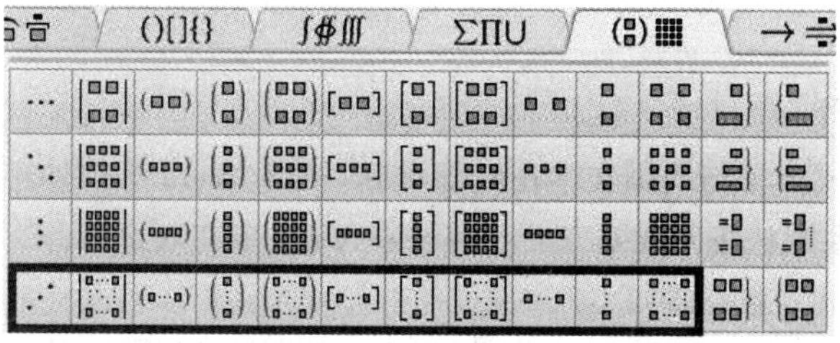

图 9-6　自定义矩阵

$$\left|\begin{array}{cc|cc} 2 & 3 & 2 & 4 \\ \hline 1 & 3 & 6 & 8 \\ 2 & 4 & 3 & 2 \end{array}\right|$$

图 9-7　分块矩阵

9.3.7　自定义数学符号

AxMath 支持用户自定义符号，依次单击主菜单、编辑、定义符号可打开“自定义符号”面板。在此对话框中单击“新建”按钮可打开符号编辑器，来新建一个符号，如图 9-8 所示。

新建符号需要以已有字形为蓝本。在符号编辑器中，首先单击工具栏按钮，打开字体库，在字体库中拾取一个字形导入符号编辑器。然后可以进行裁剪、比例设置、倾斜度设置、颜色设置等编辑。还可以通过导入的方式添加符号，或单击“提取”按钮从当前公式文档中提取符号。自定义数学符号像普通数学符号一样可插入公式当中，并支持快捷键定义。

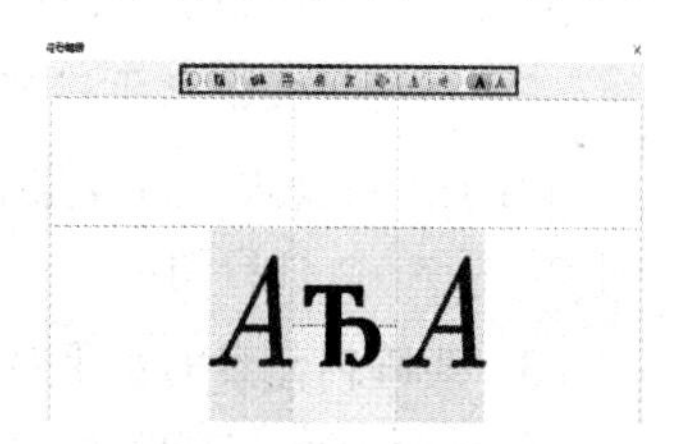

图 9-8　自定义数学符号

9.4　公式的排版

9.4.1　字体设置与公式版式

单击“设置”按钮，在“公式排版”选项卡中可设置公式字体及其大小，也可以对数学符号的比例、间距等进行设置，如图 9-9 所示。AxMath 采用的是图形化排版方式，操作直观简便。单击对话框下方的“主题”按钮可以将当前设定保存为主题，也可以通过此按钮载入默认主题或用户自定义的主题。

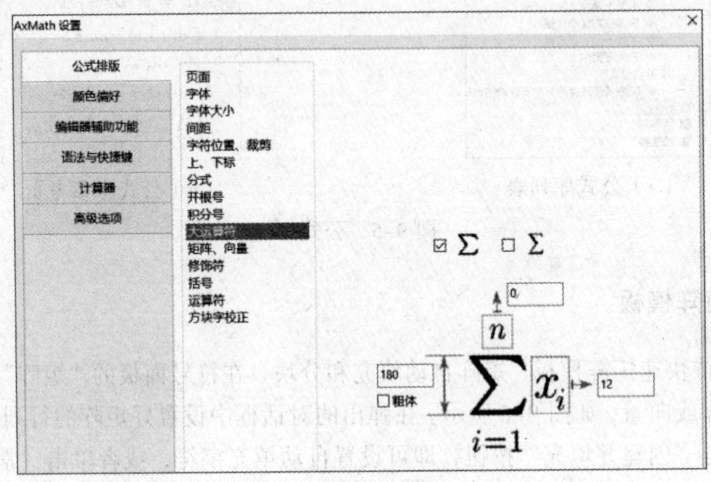

图 9-9　公式的排版

9.4.2　公式对齐

1. 容器内与周围文本的垂向对齐

一般在容器中插入的 AxMath 公式对象与周围文本在底部对齐。对于 Word 等软件支持基线对齐方式的容器，AxMath 公式对象默认按基线对齐。若需要在 Word 中在底部对齐，则选中公式，单击 Word 工具栏“清除格式”按钮即可。

若在编辑过程中，Word 中的一些优先级较高的命令（如格式刷等）将基线对齐的公式变为了底线对齐，则需要双击此公式打开 AxMath，单击 AxMath 中的“保存”按钮，关闭后公式重新变为基线对齐。

当嵌入 Word 中的公式为多行时，默认在垂直方向上以最后一行公式的基线与周围文本的基线对齐，若需要在整体中心线上对齐，则单击“设置”按钮，在“高级设置”中选择“对多行公式采用整体垂向中心对齐”复选框即可。

2. 多行公式的水平对齐

对于多行公式，可设定靠左对齐、居中对齐、靠右对齐和在等号处对齐，单击工具栏按钮进行切换。

3. 矩阵内元素的水平对齐

在矩阵中的上下相邻元素可应用靠左对齐、居中对齐、靠右对齐、在等号处对齐及在小数点处对齐。在小数点处对齐可获得排版效果如图 9-10 所示。

$$\begin{vmatrix} 2.01 & 3.005 \\ 24.5 & 5.62 \\ 8 & 56.3 \end{vmatrix}$$

图 9-10　在小数点处对齐效果

9.4.3　利用矩阵模板排版

对于一些特殊的情形，可以利用 AxMath 的矩阵模板进行排版，以获得精确的对齐与排列效果，单击按钮可进行矩阵模板排版。

【实例 9-1】请在公式编辑器中完成

$$\begin{aligned} y &= ax^2 + bx + c \\ &= a\left(x - \frac{-b+\sqrt{b^2-4ac}}{2a}\right)\left(x - \frac{-b-\sqrt{b^2-4ac}}{2a}\right) \end{aligned}$$

公式的编辑，排版要求上下两行的“=”对齐。

操作步骤如下：

① 输入 y。

② 单击按钮，得到一个头行对齐列阵。

③ 单击该列阵的第一个元素，将光标移入，输入“$= ax^2 + bx + c$”。

④ 将光标移入第二个元素，输入“$= a\left(x - \frac{-b+\sqrt{b^2-4ac}}{2a}\right)\left(x - \frac{-b-\sqrt{b^2-4ac}}{2a}\right)$”。

【实例 9-2】请在公式编辑器中完成如下公式的编辑与排版。

$$\begin{aligned} \sigma &= (\sigma_x l_1 + \tau_{xy} l_2 + \tau_{xz} l_3) l_1 + (\tau_{yz} l_1 + \sigma_y l_2 + \tau_{yx} l_3) l_2 \\ &\quad + (\tau_{zx} l_1 + \tau_{zy} l_2 + \sigma_z l_3) l_3 \\ &= \sigma_x l_1^2 + \sigma_y l_2^2 + \sigma_z l_3^2 + 2(\tau_{xy} l_1 l_2 + \tau_{xz} l_1 l_3 + \tau_{yz} l_2 l_3) \end{aligned}$$

操作步骤如下：

① 输入 σ_n。

② 单击滚动工具栏中的按钮，得到一个头行对齐列阵（第一级）。

③ 单击该列阵的第一个元素，将光标移入，输入“=”，再次单击滚动工具栏中的按钮得到另一个头行对齐列阵（第二级）。

④ 光标移入第二级列阵第一个元素，输入“$(\sigma_x l_1 + \tau_{xy} l_2 + \tau_{xz} l_3) l_1 + (\tau_{yz} l_1 + \sigma_y l_2 + \tau_{yx} l_3) l_2$”。

⑤ 光标移入第二级列阵的第二个元素，输入“$+(\tau_{zx} l_1 + \tau_{zy} l_2 + \sigma_z l_3) l_3$”。

⑥ 光标移入第一级第二个元素，输入“$\sigma_n = \sigma_x l_1^2 + \sigma_y l_2^2 + \sigma_z l_3^2 + 2(\tau_{xy} l_1 l_2 + \tau_{xz} l_1 l_3 + \tau_{yz} l_2 l_3)$”。

【提示】矩阵模板可以无限级嵌套，也可以使用其他符号。如需互相嵌套，在排版时可以根据需要灵活使用。

9.4.4 幻影元素

在公式对齐时，偶尔需要借助幻影（phantom）技术。在符号面板上，有四个按钮用于幻影元素的操作，如表 9-1 所示。在编辑模式下，幻影元素将以特定颜色（默认为灰色）显示，输出时则完全隐藏，如图 9-11 所示。

表 9-1 幻影元素作用与效果

按钮	说明
	选中部分改变为普通元素（取消幻影）
	产生与参数内容一样大小的空盒子幻影
	产生与参数内容在水平方向一样大小的空盒子幻影
	产生与参数内容在竖直方向一样大小的空盒子幻影

$$\frac{abc}{abc} \Longrightarrow \frac{abc}{a\ \ c}$$

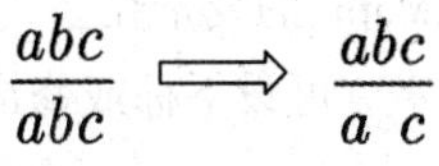

图 9-11 幻影元素

9.4.5 空格

AxMath 提供了若干种间距不同的空格，符号面板位置如图 9-12 所示。其中，表示一个字母 M 的宽度，表示 M 宽度的 1/18，表示 M 宽度的 3/18，依此类推。利用可自定义空格的宽度。利用“负间距”空格可以实现一些特殊的排列效果，如在 I 和 R 之间插入一个负间距空格，可以得到 IR。

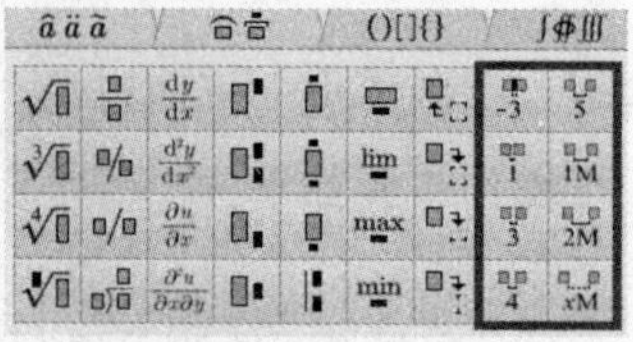

图 9-12 符号面板

9.5 科学计算功能

9.5.1 计算的触发

AxMath 的科学计算支持代数、指数、对数、三角函数及排列组合等运算，可完全取代桌面按键式的科学计算器，直观易用。AxMath 通过触发键来启动运算并将结果自动填入，计算结果可用不同颜色进行标识，以区分变量与结果。例如公式：

$$d=32$$

$$A=\frac{\pi d^2}{4}$$

当在公式第二行末尾输入触发键（默认为等号“=”）时，AxMath 将会自动计算 A 的取值，并将结果自动填入“=”号之后。显示如下：

$$d=32$$

$$A=\frac{\pi d^2}{4}=804.248$$

以上示例中，第一行定义了变量 d，第二行中的 π 是系统默认的常数。

用户可以将计算流程保存为 AxMath 文档，必要时重新打开，修改变量的取值然后重新计算。AxMath 计算不受公式长度限制。若用户仅专注于公式的编辑，不需要计算，可以单击“设置”按钮，在“计算器”选项卡中关闭计算功能。

9.5.2 定义常数

单击“设置”按钮，在“计算器”选项卡中可定义常数。常数定义不能用数字开头，长度不限，不可设下标或修饰符，如图 9-13 所示。

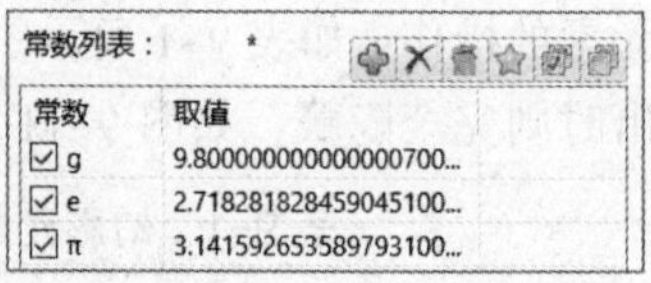

常数列表： *

常数	取值
g	9.800000000000000700...
e	2.718281828459045100...
π	3.141592653589793100...

图 9-13 常数列表编辑

9.5.3 定义变量

AxMath 的变量在公式编辑区中用带“=”的公式进行定义。变量的主体为一个字符，不能是数字。可设下标或修饰符，如下形式均为合法的变量：

$$x=0.1,\hat{\xi}=0.3,B=0.4,\alpha_1=\pi,P_{AxMath}=10$$

在一行中可以定义多个变量，以半角的逗号或分号分开。

9.5.4 夹角单位

变量定义时，默认夹角单位为弧度，若需要用角度定义时，可以在赋值后面加上角度单位来实现。AxMath 计算的结果输出均为弧度。例如：

$$\alpha = 30°, \beta = \frac{\pi}{6}, \gamma = 30°23'56''$$
$$\alpha - \beta = 0$$
$$\beta - \gamma = -0.00696192$$

9.5.5 歧义表达式说明

① 当变量和常数定义重名时，变量定义优先，常数定义无效。

② 幂指数须放在上标▯中，不能放在复合角标▯中，后者跟在字母 P 或 C 后面用于排列和组合运算。

③ 函数上标-1 将被识别为反函数，例如：

$$x = \sin(1.5)$$
$$\sin^{-1} x = 1.5$$
$$\mathrm{a}\sin x = 1.5$$

④ 当函数的参数为一个变量、一个常数或一个数字时，可以省略括号，当函数的参数是表达式时，须加上括号，以免产生歧义。例如：

$$\alpha = 45°$$
$$\sin 45° = 0.707107$$
$$\sin\alpha = 0.707107$$
$$\sin 2 = 0.909297$$
$$\sin 2 \cdot \alpha = 0.714161$$
$$\sin 2\alpha = 0.714161$$
$$\sin(2\alpha) = 1$$

9.6 公式的输出与 Word 插件

若在安装 AxMath 之前系统上已经安装了 Word，默认情况下 AxMath 的安装包将会在 Word 中安装 AxMath 的插件菜单，如图 9-14 所示。这个插件菜单提供了插入公式、管理公式、公式编号和批量设置公式格式等功能，此插件可以有效提高 Word 中编辑公式的效率。

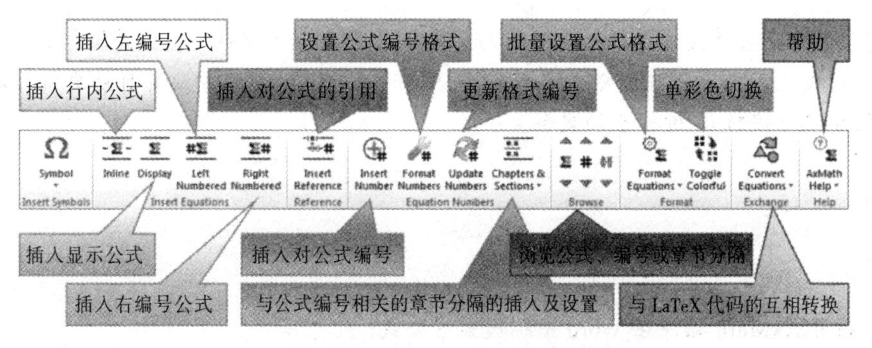

图 9-14　Word 中的 AxMath 插件菜单

9.6.1 在 Word 中插入公式

利用 AxMath 插件菜单，可以按照四种格式在 Word 文档中插入公式。

① Lnline：行内公式，公式与文字混排。

② Display：显示公式，独立一行且居中。

③ Left Numbered：左编号公式，独立一行、居中且左方带编号。

④ Right Numbered：右编号公式，独立一行、居中且右方带编号。

9.6.2 Word 中公式编号的管理

公式编号的格式可以利用 按钮进行设置，如图 9-15 所示。利用 AxMath 插件菜单的公式格式按钮 与 ，可以批量设置 Word 文档中的 AxMath 公式的字体、字体大小、版式、颜色等。

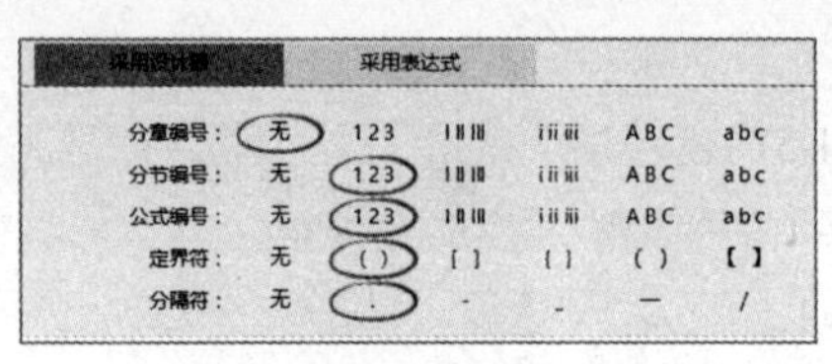

（a）采用表达式

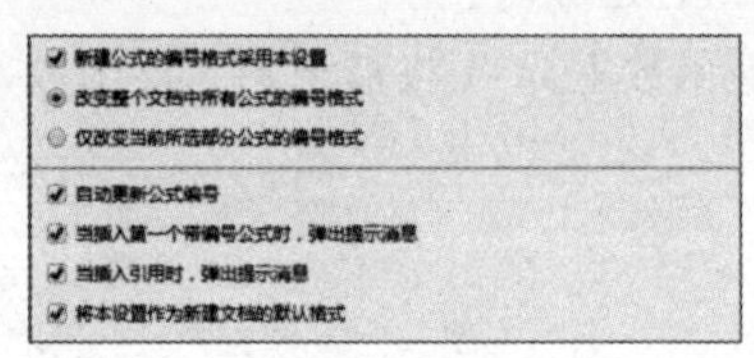

（b）具体设置

图 9-15　利用插件设置公式编号格式

9.6.3 Word 中插入对公式编号的引用

【实例 9-3】利用 AxMath 插件在文字中添加对公式编号的引用，如图 9-16 所示。

AxMath 是一款非常不错的公示编辑插件，可以使用该插件设计编辑许多不同学科的公式，例如(1.1)公式，是基础代数中的一元二次方程。

$$ax^2+bx+c=0 \qquad (1.1)$$

图 9-16　文字中添加对公式编号的引用

操作步骤如下：

① 将光标移动至引用插入位置。

② 单击 AxMath 插件菜单按钮 ，在光标处将插入引用标记“(＊)”，若系统有提示对话框，则单击“确定”按钮。

③ 双击要引用的公式编号，则前一步插入的引用标记“(＊)”，将会被公式编号所替代。

【提示】所有通过此方式插入的引用与公式编号都具有关联性，当公式编号变化时，所有引用会同时发生变化。若在某些编辑模式下公式的编号或引用编号没有自动更新，则可以利用 AxMath 插件按钮 进行手动更新。

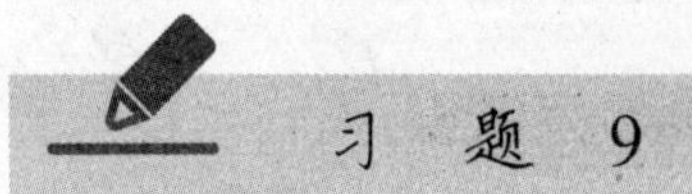

习　题　9

1. 利用 AxMath 插件在 Word 中编辑如下公式：

（1）$\iint_D \left(\frac{\partial Q}{\partial x} - \frac{\partial P}{\partial y} \right) dxdy = \oint Pdx + Qdy$；

（2）$> \propto \approx \uplus \oplus \subseteq \backsim \not\subset$。

2. 利用 AxMath 插件编辑一个 4×4 的矩阵，随机填写数据，要求对齐方式为左对齐，并进行分块，分为 4 个 2×2 的矩阵。

3. 在第 1 题中插入如下文字，为第 1 题中的两个公式添加编号，并在文字中添加第一个公式的引用。

You can easily change the formatting of selected text in the document text by choosing a look for the selected text from the Quick Styles gallery on the Home tab. You can also format text directly by using the other controls on the Home tab. Most controls offer a choice of using the look from the current theme or using a format that you specify directly.

第10章 文献检索

随着互联网技术的成熟与广泛应用，获取信息的渠道也在逐渐从传统图书馆向数字化图书馆转变。多种学科的不同数据库也如雨后春笋般出现。本章以“中国知网”CNKI（China National Knowledge Internet）中的期刊检索为例，以下简称“知网”。在10.1节中讲述期刊检索的多种检索技巧，如跟踪检索法、关联引文检索、关联作者检索、相似文献与读者推荐检索等。在10.2节中从专业检索、引文检索、作者发文检索的角度介绍了文献检索的多种不同方法与手段。

10.1 知网的高级检索

10.1.1 知网数据库的介绍

CNKI是由清华大学及其附属的中国学术期刊电子杂志社等单位联合建设，经过多年发展，目前CNKI数字图书馆包含多个源数据库，包括期刊文献、硕博士毕业论文、会议文献、专利、标准、统计数据、年鉴、报纸、工具书、党建期刊、高等教育、外文期刊、外文图书等多种分类。CNKI对数据库中文献内容进行了详细的标引，实现了文件的多种不同的检索功能。用户可以通过标题、作者、关键词、摘要、全文等数据项进行检索，同时检索结果可以有多种相关排序，考虑了文献的引文关系、影响因子、被引频次、下载次数等多种因素，可使排序结果较为合理。除此之外，CNKI还支持高级检索，可以满足不同的检索目的，从检索的策略分类，可以分为“高级检索、专业检索、作者发文检索、科研基金检索、句子检索、文献来源检索”。

10.1.2 知网检索的工作窗口

打开链接 http://www.cnki.net/ 进入知网主页，如图10-1所示，根据检索的要求选择对应的分类项。以期刊检索为例，单击“期刊”按钮，进入高级检索页面，如图10-2所示。

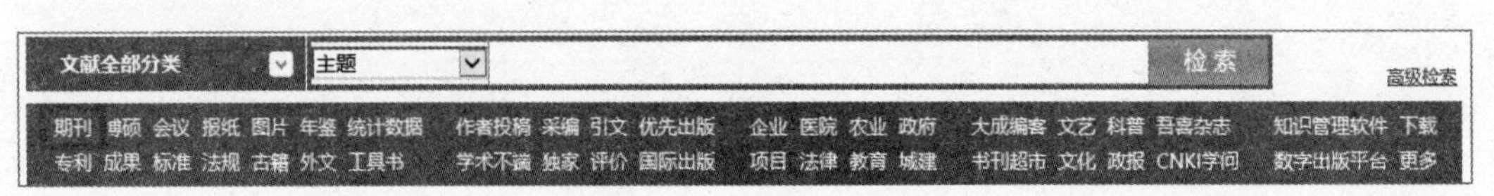

图10-1　检索主页

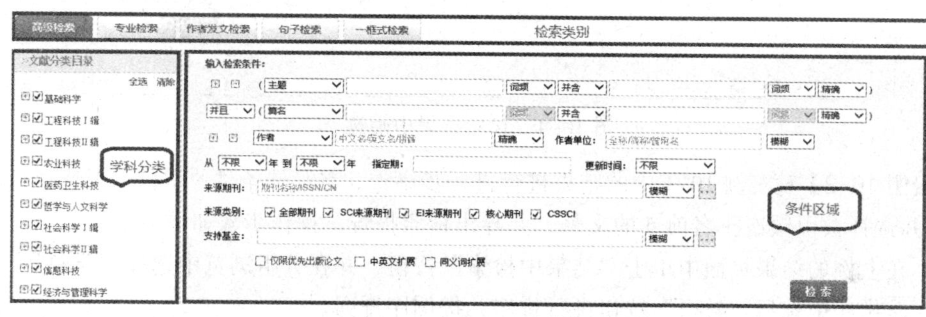

图 10-2　高级检索页面

10.1.3　检索条件解析与条件设置

在图 10-2 所示的检索条件区域内，可根据已知的信息进行条件设定，可选择条件包括主题、篇名、关键字、摘要、全文、参考文献、中图分类号、DOI、栏目信息、作者、第一作者、年限范围、来源期刊、来源类别、支持基金。条件数量通过左侧“+”与“-”号进行调整，各条件通过逻辑连接词“并含”“或含”“不含”，组成特定的检索条件逻辑关系，单击“检索”按钮即可检索到数据库中满足条件的期刊文献。

【实例 10-1】现已知检索要求：检索计算机学科中无线传感器网络的数据融合的相关文献或者有关键字包含“SINK 节点”“数据融合”的相关文献，时间为近两年发表的核心期刊论文。

思考：题中可提取的条件包含计算机学科、无线传感器网络、数据融合、SINK 节点、近两年、核心期刊。

在上述提取出的条件中进行分类，计算机学科可用作学科分类，无线传感器网络、数据融合可用作主题条件，SINK 节点可用作关键字条件，两年可用作时间范围条件，核心期刊可用作来源期刊条件。

题中的条件学科分类、主题条件、关键字、时间范围、来源期刊的逻辑关系可分析为“与”，主题条件中的“无线传感器网络”与“数据融合”逻辑关系为“并含”，关键字条件中“SINK 节点”与“数据融合”逻辑关系也为“并含”，主题条件与关键字条件逻辑关系为“或含”。检索条件设置如图 10-3 所示。检索结果显示包含 36 条记录。

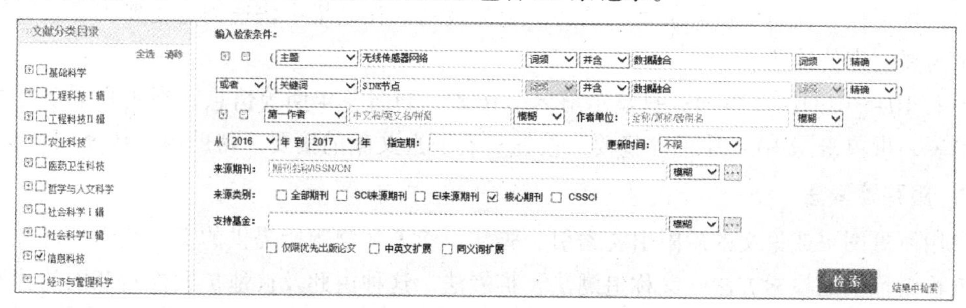

图 10-3　高级检索条件设置

上述结果中，如果 36 条记录中并不是所有的都需要，仅仅需要几条较为优秀的期刊文献，需要在已选的结果中再次进行筛选。筛选条件将更为细化，包含有学科、发表年度、基金、研究层次、作者、机构。用户可单击对应筛选条件进行筛选，如图 10-4 所示。

假设在结果中筛选之后，仍然有较多条记录，对于用户还是太多，现需要选择认可度较高的文献，可以通过排序来快速完成，排序的标准包含主题、发表时间、被引用量、下载次数。按一定标准进行排序可快速完成对文献的筛选。

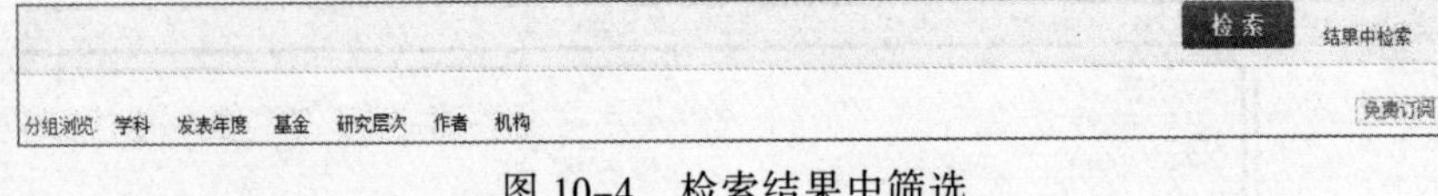

图 10-4　检索结果中筛选

【实例 10-2】对实例 10-1 中的结果进行进一步筛选，在筛选条件“学科”中选择自动化技术，并选择被引频次排名前 5 的文献，并导出检索报告。操作步骤如下：

① 在上例的结果页面中单击“结果中检索”按钮，并在分组浏览中选择“学科”。

② 在排序中选择“被引”按钮进行排序，按倒序排列。

③ 选择序号为 1～5 的文献。

④ 单击“导出/参考文献”按钮，选择导出格式，生成检索报告，如图 10-5 所示。

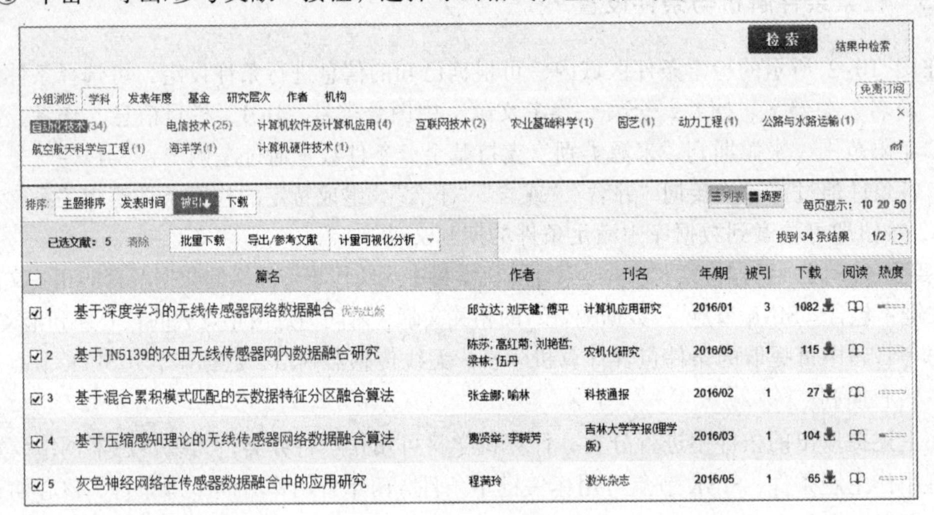

图 10-5　结果中检索、排序

10.1.4　知网检索常用技巧

1. 设置摘要列表

如何快速检索到高质量的文献，需要一定的技巧。在结果中快速浏览主要内容进行细化筛选也需要一定的技巧。

从图 10-5 中的结果可知，只显示篇名、作者、刊名、年期等信息，当用户需要查看文献的摘要，可单击图 10-5 中的“摘要”按钮查看所选文献的摘要，帮助用户快速浏览文献。

2. 跟踪检索法

利用所见图书或论文的后附引文索引、脚注、参考文献等所提供的文献线索，寻踪觅迹地扩大检索范围的检索方法，又称追溯法、扩展法。这种由此及彼地扩大检索范围的检索方法，往往可以查到意想不到的切题文献。在检索工具不完备的条件下，广泛地利用文献综述或述评、研究报告等文献后所附的参考文献，不失为扩大检索范围的好方法。但扩展法所索文献往往不系统、漏检率也高。

3. 关联引文检索

假设用户对科研领域内人员，领域期刊不熟悉，文献了解不熟，或依据高级检索条件设置检索到的结果数目较少，需要查找相关文献可查看文献的引文网络进行二级检索。

选择图 10-5 中的第一篇文献，可查看引文网络如图 10-6 所示。

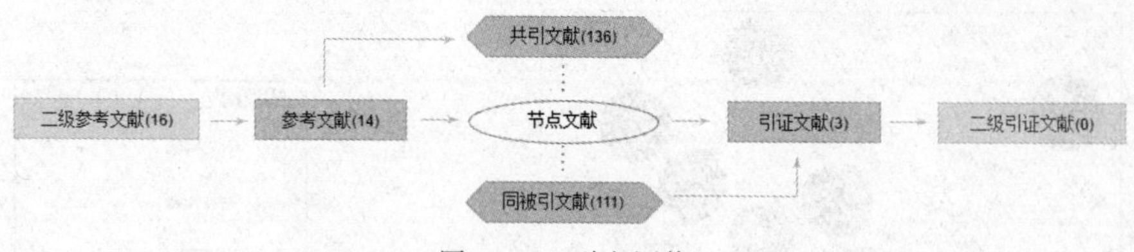

图 10-6 引文网络

- 参考文献：反映本文研究工作的背景和依据。
- 二级参考文献：本文参考文献的参考文献，进一步反映本文研究工作的背景和依据。
- 共引文献：又称同引文献与本文有相同参考文献的文献，与本文有共同研究背景或依据。
- 同被引文献：与本文同时被作为参考文献引用的文献，与本文共同作为进一步研究的基础。
- 引证文献：引用本文的文献，本文研究工作的继续、应用、发展或评价。
- 二级引证文献：引证文献的引证文献，进一步反映本文研究工作的继续、发展或评价。

根据引文网络可以查看到当前文献的研究背景与依据的文献，可以查看到与本文有着相同研究背景与依据的文献，进一步扩大检索的范围与深度，层层递进可以深挖本课题的所有相关文献，完成对相关文献的纵向检索。

除了查看引文网络以外，还可以查看参考引证图谱。参考引证图谱中显示与本文篇名直接相关的文献，并提供可视化的谱图，帮助用户更深刻地了解知识点的关联，如图 10-7 所示。

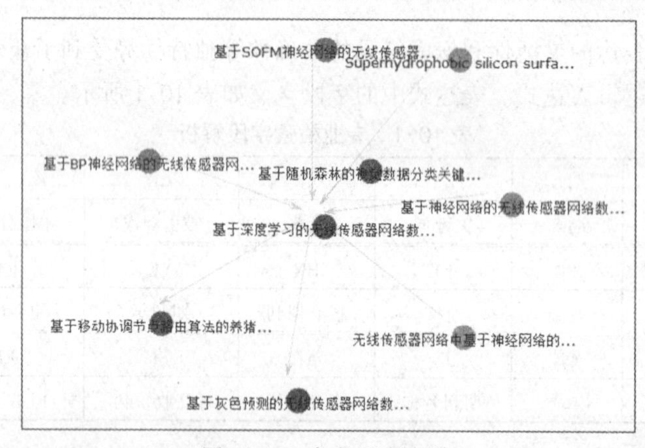

图 10-7 参考引证图谱

4．关联作者检索

假设用户初涉本课题，并不了解领域内的相关专家学者，可通过作者关联，扩大检索范围，将本领域的专家学者进行检索，并检索其相关的研究文献，完成检索。选择图 10-5 中的第一篇文献，查看引文的作者，可得到本文引文中作者的名字与引用本文的作者名字，并查看与本文作者合作的其他专家学者姓名。一般引文的学者专家和合作的学者专家研究的都是同一领域，同一课题，这给用户提供了检索方向，如图 10-8 所示。双击对应作者名字，可以检索到知网数据库中该作者所有的论文。

5．相似文献与读者推荐检索

选择图 10-5 中的第一条结果，单击相似文献与读者推荐可检索到与本文献内容较为接近的文献列表，与下载本文献的读者还下载的相关文献列表。从而横向扩大检索范围。检索到更多的相关文献，如图 10-9 所示。

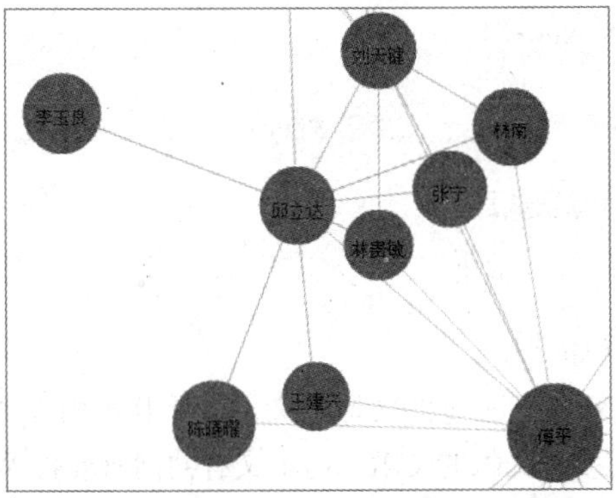

图 10-8　作者关联图谱

图 10-9　知识网络

6．期刊检索

每个期刊都有自己的特色方向，选择与用户研究课题相关的期刊进行检索，查阅每期的学术论文，扩大检索的范围，提供更多的检索结果。

10.2　其他检索

10.2.1　专业检索

专业检索以其表达的灵活性和搜索结果的准确性等独特优势受到了众多学者的青睐。专业检索有其特定的逻辑表达式。表达式中的字段含义如表 10-1 所示。

表 10-1　专业检索字段解析

字段	SU	TI	KY	AB	CF	CLC	FI
条件名称	主题	题名	关键词	摘要	被引频次	中图分类号	第一作者
字段	AU	FU	FT	HX	YE	RT	RF
条件名称	作者	基金	全文	核心期刊	期刊年	更新时间	参考文献
字段	SN	CN	JN	AF	SI	EI	
条件名称	ISSN	CN 号	期刊名称	作者单位	SCI 收录刊	EI 收录刊	

除了检索字段之外，专业检索表达式还需要运算表达式和逻辑表达式进行连接，如表 10-2 所示。

表 10-2　专业检索表达式语法表

运算符	检索功能	检索含义	举例	适用检索项
=str1*str2	并且包含	包含 str1 和 str2	TI=互联网思维*农业	所有检索项
=str1+str2	或者包含	包含 str1 或者 str2	TI=互联网思维+农业	
=str1-str2	不包含	包含 str1 不包含 str2	TI=互联网思维-农业	
=str	精确	精确匹配词串 str	AU=XXX	作者、第一责任人、机构、中文刊名或英文刊名
='str /SUB N'	序位包含	第 N 位包含检索词 str	AU='XXX /SUB 1 '	
%str	包含	包含词 str 或 str 切分的词	TI%互联网思维'	全文、主题、题名、关键词、摘要、中图分类号
=str	包含	包含检索词 str	TI=互联网思维	
=' str1 /SEN N str2 '	同段，按次序出现，间隔小于 N 句		FT='互联网/SEN 0 思维'	

续表

运算符	检索功能	检索含义	举例	适用检索项
=' str1 /NEAR N str2 '	同句，间隔小于 N 个词		AB='互联网 /NEAR 5 思维'	主题、题名、关键词、摘要、中图分类号
=' str1 /PREV N str2 '	同句，按词序出现，间隔小于 N 个词		AB='互联网 /PREV 5 思维'	
=' str1 /AFT N str2 '	同句，按词序出现，间隔大于 N 个词		AB='互联网/AFT 5 思维'	
=' str1 /PEG N str2 '	全文，词间隔小于 N 段		AB='互联网 /PEG 5 思维'	
=' str $ N '	检索词出现 N 次		TI='互联网 $ 2'	

专业检索表达式使用“AND”“OR”“NOT”等逻辑运算符，“()”符号将各字段表达式进行连接，组成目标检索表达式。

【提示】所有符号和英文字母，都必须使用英文半角字符；“AND”“OR”“NOT”三种逻辑运算符的优先级相同；如要改变表达式优先级，请使用英文半角圆括号“()”将条件括起；逻辑关系符号“与(AND)”“或(OR)”“非(NOT)”前后要空一个字节；使用“同句”“同段”“词频”时，要用一组西文单引号将多个检索词及其运算符括起，如'互联网 # 思维'。

【实例 10-3】检索 2016 发表的文章，且题目中包含“互联网思维”，在全文中互联网和思维同句，并且按先后顺序出现，两词的间隔小于 3，且全文不能出现“案例”，被引频次在 1～10。写出专业检索表达式。

思考：首先拆解检索要求：YE=‘2016’；TI=‘互联网思维’；FT=‘互联网/PERV3 思维’；FT=‘案例$0’；CF BETWEEN ('1','10')。

其次确定逻辑关联词：使用 AND。

最后写出表达式并关联：YE='2016' and TI='互联网思维' and FT='互联网 /PREV 3 思维' and FT='案例 $ 0' AND CF BETWEEN ('1','10')。

10.2.2 引文检索

引文检索是知网提供的一种检索方式，可以进行引文高级检索，通过检索条件的设置，可检索出某一作者的全部被引文献，题目包含某些词语的被引文献，某个单位的被引文献等。利用来源文献与参考文献之间构成的引证与被引证的关系，向用户揭示文献之间存在的内在联系，同其他的检索方式相比，用户无须了解复杂的分类方法与主题词表，可检索到一批相关文献，对交叉学科与信息学科的发展研究有着重要的参考价值。

进入知网的首页，选择“引文”类别，即可显示引文检索的检索字段，如图 10-10 所示。

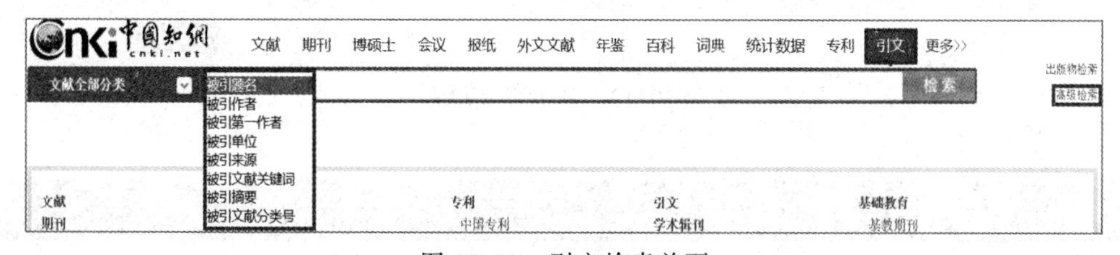

图 10-10 引文检索首页

按“被引题名”检索题目中包含数据融合的被引文献。在下拉列表中选择“被引题名”选项，在文本框中输入“数据融合”，单击“检索”按钮即可。单击右侧“高级检索”按钮可进入引文的高级检索页面如图 10-11 所示。操作界面与期刊的高级检索相似，但检索字段有区别，检索结果也不一样。

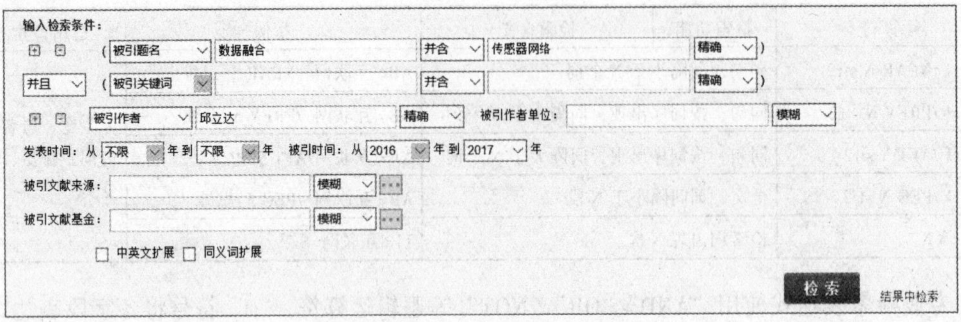

输入检索条件：
(被引题名 数据融合 并含 传感器网络 精确)
并且 (被引关键词 并含 精确)
被引作者 邱立达 精确 被引作者单位： 模糊
发表时间：从 不限 年 到 不限 年 被引时间：从 2016 年 到 2017 年
被引文献来源： 模糊
被引文献基金： 模糊
中英文扩展 同义词扩展
检索 结果中检索

图 10-11 高级引文检索

【实例 10-4】现通过引文检索，检索题目中包含“传感器网络”与“数据融合”的引文，且第一作者为“邱立达”，被引时间为 2016 年至 2017 年间的文献。

检索字段设置参考图 10-11 所示，引文检索结果如图 10-12 所示。

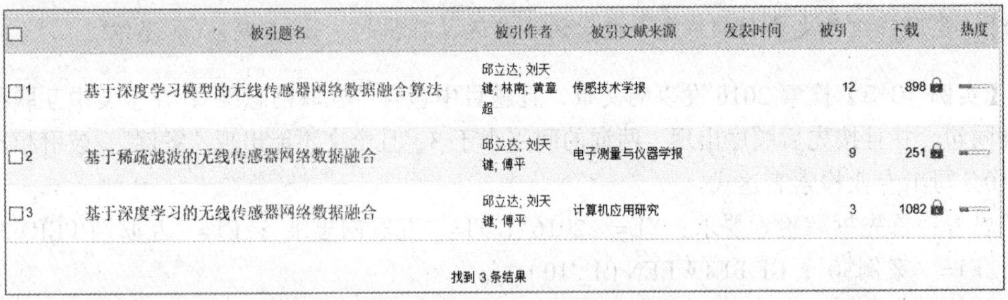

	被引题名	被引作者	被引文献来源	发表时间	被引	下载	热度
1	基于深度学习模型的无线传感器网络数据融合算法	邱立达; 刘天键; 林南; 黄童超	传感技术学报		12	898	
2	基于稀疏滤波的无线传感器网络数据融合	邱立达; 刘天键; 傅平	电子测量与仪器学报		9	251	
3	基于深度学习的无线传感器网络数据融合	邱立达; 刘天键; 傅平	计算机应用研究		3	1082	

找到 3 条结果

图 10-12 引文检索结果

10.2.3 作者发文检索

作者发文检索功能可以检索出某一作者的全部已发表的参考文献，相对于专业检索与引文检索较简单。在知网检索首页中，文献、期刊、会议包含有作者发文检索功能。作者发文检索，可以通过第一作者，其他作者，作者单位，作者的曾工作单位字段设置，进行检索。按图 10-13 所示的检索条件检索到 11 篇文献。

图 10-13 作者发文检索

10.3 知网的检索报告

CNKI 通过不同的检索方法检索的结果可以生成检索报告。检索报告包括检索时间、检索条件、检索结果、检索人、检索报告人等内容。通过检索报告直观地显示了文献的来源、年份、作者等信息。

检索报告

2017.6.22

一、本次检索输入的条件：

检索主题：无线传感器网络的数据融合

检索范围：中国学术期刊网络出版总库

检索年限：2016年～2017年

检索式A：核心期刊=Y 并且 年 between (2016,2017) and (主题=无线传感器网络 and 主题=数据融合) or (关键词=SINK节点 and 关键词=数据融合) and (专题子栏目代码=I and 专题子栏目代码=I140) (模糊匹配)

二、检索结果统计报表：

检索式A：经筛选，您选择了5条。

[1]邱立达，刘天键，傅平. 基于深度学习的无线传感器网络数据融合[J]. 计算机应用研究，2016，01：185-188.

[2]陈莎，高红菊，刘艳哲，梁栋，伍丹. 基于JN5139的农田无线传感器网内数据融合研究[J]. 农机化研究，2016，05：6-14.

[3]张金娜，喻林. 基于混合累积模式匹配的云数据特征分区融合算法[J]. 科技通报，2016，02：158-162.

[4]费贤举，李晓芳. 基于压缩感知理论的无线传感器网络数据融合算法[J]. 吉林大学学报（理学版），2016，03：575-579.

[5]程满玲. 灰色神经网络在传感器数据融合中的应用研究[J]. 激光杂志，2016，05：104-107.

三、对本次检索的方法和结果的自我评价：

根据检索要求，构建了确定的检索表达式，基本实现了对目标文献的查全查准。

四、检索报告执行人：

检索员：XXX　　　　报告审核人：YYY

习　题　10

1. 利用本章所学知识检索与你所在专业的某一课题相关的，最近三年内的且被引频次排名前十的10篇期刊参考文献。

2. 检索2015年～2016年发表的文章，题目中包含“图像”与“压缩感知”，两词的间隔小于2，在全文中“图像”和“压缩感知”同句，并且按先后顺序出现，两词的间隔小于5，被引频次在1～10的文献。请写出专业检索的表达式。

3. 请选用合适的检索方式，检索出被引频次超过5次，题目中包含“压缩感知”，发表年份为2015年～2016年的参考文献，并生成检索报告。

第11章 计算机安全与防护

国家“互联网+”行动计划，推动了移动互联网、云计算、大数据、物联网等与现代制造业的结合，促进了电子商务、工业互联网和互联网金融的健康发展。习近平同志指出：“没有网络安全就没有国家安全，没有信息化就没有现代化”。一方面信息化成为“新五化”之一（“新五化”是指新型工业化、信息化、城镇化、农业现代化、绿色化），是国家现代化的重要标志，也是其他四化的重要推手；另一方面信息空间安全提升到国家安全层面，随着《中华人民共和国网络安全法》施行，网络安全、信息安全、信息内容审计的要求越来越严格。

作为网络重要终端之一的计算机，其安全与防护状况，与信息空间安全乃至国家安全密切相关。了解和掌握计算机安全与防护的基本知识，做好计算机安全与防护工作，是事关国家安全的大事情。本章介绍了计算机安全防护的基本知识和防范措施。

11.1 基本知识

11.1.1 安全防护相关概念

1. 应用程序和进程

应用程序指的是专业程序开发人员要开发的一个数据库应用管理系统，它可以是一个单位的财务管理系统、人事管理系统等。

进程为应用程序的运行实例，是应用程序的一次动态执行。系统当前运行的程序可能包括系统管理计算机和完成各种操作所必需的程序，用户开启、执行的额外程序等。

危害较大的病毒同样以“进程”形式出现在系统内部（一些病毒可能并不被进程列表显示，如“宏病毒”），那么及时查看并准确杀掉非法进程对于手工杀毒就起着关键性的作用。

如何察看正在运行的进程？

察看正在运行的进程的方法有很多，最简单就是使用Windows自带的“任务管理器”察看正在运行的进程：同时按下【Ctrl+Alt+Del】组合键打开 Windows“任务管理器”。单击进程的标签，即可查看系统中进行的进程列表，或者右击系统状态栏，在弹出的快捷菜单中选择“启动任务管理器”命令。

2. 木马

木马病毒源自古希腊特洛伊战争中著名的“木马计”而得名，顾名思义就是一种伪装潜伏的网络病毒，等待时机成熟就为害一方。

例如，肆虐网络多年的“暗云”系列木马，是当前技术最为复杂的木马之一。2015年，第一代“暗云”木马就曾感染数百万台计算机，2017年爆发的“暗云Ⅲ”木马更不容小觑。“暗云Ⅲ”通过下载网站大规模传播，并通过感染磁盘MBR实现开机抢先加载，并立刻针对安全软件采取对抗行动，使得一般方法极难清除，就算用户将计算机硬盘格式化重装，暗云病毒因为存在于硬盘MBR，仅仅格式化硬盘不会对病毒造成任何影响。用户计算机感染“暗云Ⅲ”后将会被黑客远程控制，不仅面临个人信息被窃的风险，还将在黑客的控制下沦为“僵尸计算机”，向云服务提供商发起DDoS攻击（即分布式拒绝服务攻击），导致网络运行瘫痪。推荐使用腾讯电脑管家、360急救箱、金山毒霸、安天智甲等杀毒软件揪出并消灭“暗云Ⅲ”木马，用户可根据个人喜好安装杀毒软件对计算机进行防护。木马的相关信息：

- 传染方式：通过电子邮件附件发出，捆绑在其他程序中。
- 木马病毒特性：会修改注册表、驻留内存、在系统中安装后门程序、开机加载附带的木马。
- 木马病毒的破坏性：木马病毒的发作需要在用户的计算机里运行客户端程序，一旦发作，就可设置后门，定时地发送该用户的隐私到木马程序指定的地址，一般同时内置可进入该用户计算机的端口，并可任意控制此计算机，进行文件删除、复制、修改密码等非法操作。
- 防范措施：用户提高警惕，不下载和运行来历不明的程序，对于不明来历的电子邮件附件也不要随意打开。

3. 计算机病毒

可以从不同角度给计算机病毒定义。一种定义是通过磁盘、磁带和网络等媒介传播扩散，能“传染”其他程序的程序。另一种定义是能够实现自身复制且借助一定的载体存在的具有潜伏性、传染性和破坏性的程序。第三种定义是一种人为制造的程序，它通过不同的途径潜伏或寄生在存储媒介（如磁盘、内存等）或程序里。当某种条件或时机成熟时，它会自生复制并传播，使计算机的资源受到不同程序的破坏等。这些说法在某种意义上借用了生物学病毒的概念，计算机病毒同生物病毒的相似之处是能够侵入计算机系统和网络，危害正常工作的“病原体”。它能够对计算机系统进行各种破坏，同时能够自我复制，具有传染性。

因此，计算机病毒就是能够通过某种途径潜伏在计算机存储介质（或程序）里，当达到某种条件时，即被激活的具有对计算机资源进行破坏作用的一组程序或指令集合，就像生物病毒一样，计算机病毒有独特的复制能力，可以很快地蔓延，又常常难以根除。它们能附着在各种类型的文件上，当文件被复制或从一个用户传送到另一个用户时，它们就随同文件一起蔓延开来。

除复制能力外，某些计算机病毒还有其他一些共同特性：一个被污染的程序能够传送病毒载体。当用户看到病毒载体似乎仅仅表现在文字和图像上时，它们可能已毁坏了文件、再格式化用户的硬盘驱动或引发其他类型的灾害。若病毒并不寄生于一个污染程序，它仍然能通过占据存贮空间给用户带来麻烦，并降低用户计算机的全部性能。

4. 蠕虫病毒

蠕虫病毒是计算机病毒的一种。它的传染机理是利用网络进行复制和传播，传染途径是通过网络和电子邮件。

例如，2017年危害很大的“永恒之蓝”勒索病毒就是蠕虫病毒的一种。这一病毒利用了

Windows 文件共享协议中的一个安全漏洞，通过 TCP 445 端口进行攻击。感染该病毒后，系统的重要数据会被黑客加密，并索取一定价值的比特币后，数据才会被解密，因此该病毒可能给用户带来的危害很难估计。

蠕虫病毒一般的防治方法是：使用具有实时监控功能的杀毒软件，并且注意不要轻易打开不熟悉的邮件附件。

5. 广告程序 Adware

广告程序（Adware）是指未经用户允许，下载并安装或与其他软件捆绑通过弹出式广告或以其他形式进行商业广告宣传的程序。安装广告程序之后，往往造成系统运行缓慢或系统异常。

例如，Adware.Roogoo 恶意广告程序安装之后，会增加一个驱动，接管系统对 Winsock 的 API 调用，并监视网络的流量。

有些广告程序难以删除，可能需要进行系统还原才能使计算机恢复正常。

6. 间谍软件 Spyware

间谍软件（Spyware）是一种可以秘密地收集有关用户计算机信息的软件，并且可能向一些未知网站发送数据，如“键盘记录软件”和“按键捕获寄生虫”等。

间谍软件能够在使用者不知情的情况下，在用户计算机上安装后门程序的软件。用户的隐私数据和重要信息会被那些后门程序捕获，甚至这些“后门程序”还能使黑客远程操纵用户的计算机。

防治广告软件和间谍软件，应注意以下方面：

① 不要轻易安装共享软件或“免费软件”，这些软件里往往含有广告程序、间谍软件等不良软件，可能带来安全风险。

② 有些广告程序、间谍软件通过恶意网站安装，所以不要浏览不良网站。

③ 采用安全性比较好的网络浏览器，并注意弥补系统漏洞。

7. 网络钓鱼

网络钓鱼（Phishing）是通过大量发送声称来自于银行或其他知名机构的欺骗性垃圾邮件，意图引诱收信人给出敏感信息（如用户名、口令、账号 ID、ATM PIN 码或信用卡详细信息等）的一种攻击方式。

最典型的网络钓鱼攻击将收信人引诱到一个通过精心设计与目标组织的网站非常相似的钓鱼网站上，并获取收信人在此网站上输入的个人敏感信息，通常这个攻击过程不会让受害者警觉。网络钓鱼是一种在线身份盗窃方式，属于“社会工程攻击”的一种形式。攻击者利用欺骗性的电子邮件和伪造的 Web 站点来进行网络诈骗活动，受骗者往往会泄露自己的私人资料，如信用卡卡号、银行卡账户、身份证号等内容。诈骗者通常会将自己伪装成网络银行、在线零售商和信用卡公司等可信的品牌，骗取用户的私人信息。

防备网络钓鱼，应注意：

① 不要在网上留下可以证明自己身份的任何资料，包括手机号码、身份证号、银行卡号码等。

② 不要把自己的隐私资料通过网络传输，包括银行卡卡号、身份证号、电子商务网站账户等资料，不要通过 QQ 、MSN 、E-mail 等软件传播，这些途径往往可能被黑客利用来进行诈骗。

③ 不要相信网上流传的消息，除非得到权威途径的证明，如网络论坛、新闻组、QQ等往往有人发布谣言，伺机窃取用户的身份资料等。

④ 不要在网站注册时透露自己的真实资料。例如，住址、住宅电话、手机号码、自己使用的银行账户、自己经常去的消费场所等。骗子们可能利用这些资料去欺骗你的朋友。

⑤ 如果涉及金钱交易、商业合同、工作安排等重大事项，不要仅仅通过网络完成，有心计的骗子们可能通过这些途径了解用户的资料，伺机进行诈骗。

⑥ 不要轻易相信通过电子邮件、网络论坛等发布的中奖信息、促销信息等，除非得到其他途径的证明。正规公司一般不会通过电子邮件给用户发送中奖信息和促销信息，而骗子们往往喜欢这样进行诈骗。

⑦ 谨慎使用WI-FI免费热点，网络黑客在公共场所设置一个假WI-FI热点，引人来连接上网，一旦用户用个人计算机或手机，登录了黑客设置的假WI-FI热点，那么个人数据和所有隐私，都会因此落入黑客手中。用户在网络上的一举一动，完全逃不出黑客的眼睛，更恶劣的黑客，还会在别人的计算机或手机里安装间谍软件，如影随形。

8. 浏览器劫持

浏览器劫持，通俗点说就是故意误导浏览器的行进路线的一种现象，常见的浏览器劫持现象有：访问正常网站时被转到恶意网页、当输入错误的网址时被转到劫持软件指定的网站、输入字符时浏览器速度严重减慢、IE浏览器主页（搜索页）等被修改为劫持软件指定的网站地址、自动添加网站到“受信任站点”、不经意的插件提示安装、收藏夹里自动反复添加恶意网站链接等，不少用户都深受其害。

本质上，浏览器劫持是一种恶意程序，通过DLL插件、BHO、Winsock LSP等形式对用户的浏览器进行篡改，使用户浏览器出现访问正常网站时被转到恶意网页，IE浏览器主页、搜索页等被修改为劫持软件指定的网站地址等异常。

浏览器劫持如何防止，被劫持之后应采取什么措施？

浏览器劫持分为多种不同的方式，从最简单的修改IE默认搜索页到最复杂的通过病毒修改系统设置并设置病毒守护进程，劫持浏览器，都有人采用。针对这些情况，用户应该采取如下措施：

① 不要轻易浏览不良网站。

② 不要轻易安装共享软件、盗版软件。

③ 建议使用安全性能比较高的浏览器，并可以针对自己的需要对浏览器的安全设置进行相应调整。

④ 如果给浏览器安装插件，尽量从浏览器提供商的官方网站下载。

9. 恶意共享软件

恶意共享软件（malicious shareware）是指采用不正当的捆绑或不透明的方式强制安装在用户的计算机上，并且利用一些病毒常用的技术手段造成软件很难被卸载，或采用一些非法手段强制用户购买的免费、共享软件。

例如，用户安装某个媒体播放软件后，会被强迫安装与播放功能毫不相干的软件（如搜索插件、下载软件等）而不给出明确提示；并且用户卸载这个媒体播放软件时不会自动卸载这些附加安装的软件。再如，安装使用某加密软件，试用期过后所有被加密的资料都会丢失，只有交费购买该软件才能找回丢失的数据。

防范建议如下：

① 安装共享软件时，应注意仔细阅读软件提供的“安装协议”，不要随便单击“next”按钮进行安装。

② 不要安装从不良渠道获得的盗版软件，这些软件往往由于破解不完全，安装之后会带来安全风险。

③ 不要使用具有破坏性功能的软件，如硬盘整理、分区软件等，一定要仔细了解它的功能之后再使用，避免因误操作产生不可挽回的损失。

11.1.2 安全防护一般常识

计算机是一种能快速而高效地自动完成信息处理的电子设备，信息处理的核心任务是进行数值计算、逻辑计算，而自动完成就要求计算机必须具有存储记忆功能。那么在使用计算机的时候应该掌握哪些安全知识呢？下面针对普通用户介绍一般的计算机安全防护常识。

1. 使用防火墙

形象地说，防火墙是围绕用户计算机的一个外壳，它识别并过滤掉威胁信息，让安全的信息通过并到达用户计算机。防火墙是在用户计算机与网络之间的一个重要过滤角色，使用防火墙就是通往计算机安全的第一步。

2. 安装杀毒软件并升级病毒库

一个好的防火墙软件可以拦截大部分针对用户计算机的威胁，但是一些恶意软件总是能够通过别的防火墙检测不到的途径进入用户计算机。例如，病毒、蠕虫、木马和其他一些恶意软件，可能通过恶意邮件中的附件或用户从网络上下载的文件侵入用户计算机。因此，必须经常更新杀毒软件。

防火墙软件主要拦截外来的威胁，而杀毒软件则是在计算机内部捕捉隐藏的病毒并清除它们，同时它还扫描附件和下载的文件，以免被感染。

3. 加强浏览器安全性

无论使用何种浏览器上网，都会成为计算机安全防护的一个最主要的弱点。黑客通常攻击浏览器中的漏洞，或通过浏览器插件，偷偷地将恶意软件安装在用户计算机中，而不为用户所知。解决这种威胁最好的办法就是及时升级浏览器版本。

4. 安装最新的操作系统补丁

黑客经常开发新类型的恶意软件，攻击的都是利用计算机操作系统的漏洞。因此，给操作系统安装最新的升级补丁是必要的。在每个月的第二个星期二，微软都会发布补丁，更新Windows 操作系统。

5. 使用不同的密码

许多用户习惯一直使用一个固定的用户名和密码，虽然用户感到使用方便，但却是很大的安全隐患。黑客通过对一些需要认证的并存在漏洞的不安全网站的攻击，来获得用户名和密码组合，就可能破解那些安全的网站，如在线银行等。

11.1.3 安全防护常见问题

① 在使用计算机过程中应该采取哪些网络安全防范措施？

a. 安装防火墙和防病毒软件，并经常升级；

b. 注意经常给系统安装补丁，堵塞系统漏洞；

c. 不要浏览一些不太了解的网站，不要安装从网上下载后未经杀毒软件处理的软件，不要打开 QQ、微信等即时通信软件上传过来的不明文件等。

② 如何防范 U 盘、移动硬盘泄密？

a. 及时查杀木马与病毒；

b. 从正规商家购买可移动存储介质；

c. 定期备份并加密重要数据；

d. 不要将办公与个人的可移动存储介质混用。

③ 如何设置 Windows 操作系统开机密码？

按照先后顺序，选择“开始”菜单中的“控制面板”下的“用户账户”命令，选择账户后单击“创建密码”按钮，输入两遍密码后单击“确认密码”按钮即可。

④ 如何将网页浏览器配置得更安全？

a. 设置统一、可信的浏览器初始页面；

b. 定期清理浏览器中本地缓存、历史记录及临时文件内容；

c. 利用病毒防护软件对所有下载资源及时进行恶意代码扫描。

⑤ 为什么要定期进行补丁升级？

编写程序不可能十全十美，因此，软件也免不了会出现 BUG，而补丁是专门用于修复这些 BUG 的。由于原来发布的软件存在缺陷，发现之后另外编制一个小程序使其完善，这种小程序俗称补丁。定期进行补丁升级，升级到最新的安全补丁，可以有效地防止非法入侵。

⑥ 计算机中毒有哪些症状？

a. 经常死机；

b. 文件打不开；

c. 经常报告内存不够；

d. 提示硬盘空间不够；

e. 出现大量来历不明的文件；

f. 数据丢失；

g. 系统运行速度变慢；

h. 操作系统自动执行操作。

⑦ 为什么不要打开来历不明的网页、电子邮件链接或附件？

互联网上充斥着各种钓鱼网站、病毒、木马程序。在不明来历的网页、电子邮件链接和附件中，很可能隐藏着大量的病毒、木马，一旦打开，这些病毒、木马会自动进入计算机并隐藏，会造成文件丢失损坏、信息外泄，甚至导致系统瘫痪。

⑧ 接入移动存储设备（如移动硬盘和 U 盘等）前，为什么要进行病毒扫描？

外接存储设备也是信息存储介质，所存的信息很容易携带各种病毒，如果将带有病毒的外接存储介质接入计算机，很容易将病毒传播到计算机中。

⑨ Cookies 会导致怎样的安全隐患？

当用户访问一个网站时，Cookies 将自动储存用户访问信息，其中包含用户访问该网站的种种活动、个人资料、浏览习惯、消费习惯，甚至信用记录等。这些信息用户无法看到。当浏览器向同一网站的其他主页发出 GET 请求时，自动存储的 Cookies 信息也会随之发送过去，这些信息可能被不法分子获得。为保障个人隐私安全，可以在浏览器设置中对 Cookies 的使用做出限制。

11.2 如何预防计算机病毒入侵

“有病治病，无病预防”，这是人们对健康生活的最基本也是最重要的要求，预防比治疗更为重要。对计算机来说，同样也是如此，了解病毒，针对病毒养成一个良好的计算机应用管理习惯，对保障您的计算机不受计算机病毒侵扰是尤为重要的。为了减少病毒的侵扰，建议用户平时能做到“三打三防”。

11.2.1 “三打”

“三打”就是安装新的计算机系统时，要注意打系统补丁，像震荡波一类的恶性蠕虫病毒一般都是通过系统漏洞传播的，打好补丁就可以防止此类病毒感染；用户上网的时候要打开杀毒软件实时监控，以免病毒通过网络进入自己的计算机；玩网络游戏时要打开个人防火墙，防火墙可以隔绝病毒跟外界的联系，防止木马病毒盗窃资料。

11.2.2 “三防”

“三防”就是防邮件病毒，用户收到邮件时首先要进行病毒扫描，不要随意打开电子邮件里携带的附件；防木马病毒，木马病毒一般是通过恶意网站散播，用户从网上下载任何文件后，一定要先进行病毒扫描再运行；防恶意“好友”，现在很多木马病毒可以通过 QQ、微信等即时通信软件或电子邮件传播，一旦你的在线好友感染病毒，那么他所有的好友将会遭到病毒的入侵。

11.2.3 防范病毒不可缺少的常识

1. 安装防护软件

如果你的计算机上没有安装安全防护软件，建议立即安装。如果你是一个家庭或者个人用户，下载任何一个排名最佳的安全防护软件都相当容易，而且可以按照安装向导进行操作。如果你在一个网络中，首先咨询你的网络管理员。建议在同一台计算机上使用同源的安全防护软件，如 360 安全卫士和 360 杀毒、金山卫士和金山毒霸、百度卫士和百度杀毒等。

2. 定期扫描你的系统

如果用户刚好是第一次启动防病毒软件，最好让它扫描一下整个系统。干净并且无病毒问题启动计算机是很好的一件事情。通常，防病毒程都能够设置成在计算机每次启动时扫描系统或者在定期计划的基础上运行。一些程序还可以在你连接到互联网上时在后台扫描系统。定期扫描系统是否感染有病毒，最好成为你的习惯。

3. 更新你的防病毒软件

既然你安装了病毒防护软件，就应该确保它是最新的。一些防病毒程序带有自动连接到互联网上，并且只要软件厂商发现了一种新的威胁就会添加新的病毒探测代码的功能。你还可以在此扫描系统查找最新的安全更新文件。

4. 不要轻易执行附件中的 EXE 和 COM 等可执行程序

这些附件极有可能带有计算机病毒或是黑客程序，轻易运行，很可能带来不可预测的结果。对于认识的朋友和陌生人发过来的电子邮件中的可执行程序附件都必须检查，确定无异常后才可使用。

5. 不要轻易打开附件中的文档文件

对方发送过来的电子邮件及相关附件的文档，首先要用“另存为”（或“Save As”）命令保存到本地硬盘，待用查杀计算机病毒软件检查无毒后才可以打开使用。如果直接单击.doc、.xls等附件文档，会自动启动Word或Excel程序，如果附件中有计算机病毒则会立刻传染；如有“是否启用宏”的提示，那绝对不要轻易打开，否则极有可能传染上电子邮件计算机病毒。

6. 不要直接运行附件

对于文件扩展名很怪的附件，或者是带有脚本文件的附件，如.vbs、.shs等，千万不要直接打开，一般可以删除包含这些附件的电子邮件，以保证计算机系统不受计算机病毒的侵害。

7. 邮件设置

如果是使用Outlook作为收发电子邮件软件的话，应当进行一些必要的设置。选择“工具”菜单中的“选项”命令，在“安全”选项卡中设置“附件的安全性”为“高”；在“其他”选项卡中单击“高级选项”按钮，再单击“加载项管理器”按钮，取消选择“服务器脚本运行”复选框。最后单击“确定”按钮保存设置。

8. 慎用预览功能

如果是使用Outlook Express作为收发电子邮件软件的话，也应当进行一些必要的设置。选择“工具”菜单中的“选项”命令，在“阅读”中取消选择“在预览窗格中自动显示新闻邮件”和“自动显示新闻邮件中的图片附件”复选框。这样可以防止有些电子邮件计算机病毒利用Outlook Express的默认设置自动运行，破坏系统。

9. 警惕发送出去的邮件

用户对于自己往外传送的附件，也一定要仔细检查，确定无毒后，才可发送。虽然电子邮件计算机病毒相当可怕，只要防护得当，还是完全可以避免传染上计算机病毒的，仍可放心使用。

习　题　11

1. 预防计算机病毒入侵的“三打”“三防”指什么？
2. 为什么不要打开来历不明的网页、电子邮件链接或附件？
3. 简述防范病毒的常识有哪些？

参考文献

CANKAO WENXIAN

[1] 教育部高等学校计算机科学与技术教学指导委员会. 大学计算机基础课程教学基本要求[Z]. 北京：高等教育出版社，2016.

[2] 高林.《关于新一轮大学计算机教育教学改革的若干意见》解读[J]. 计算机教育，2013（20）：58-64.

[3] 战德臣，聂兰顺. 计算思维与大学计算机课程改革的基本思路[J]. 中国大学教学，2013（2）：56-60.

[4] 陆汉权，何钦铭，徐镜春. 基于计算思维的“大学计算机基础”课程教学内容设计[J]. 中国大学教学，2012（9）：55-58.

[5] 冯博琴. 对于计算思维能力培养“落地”问题的探讨[J]. 中国大学教学，2012（9）：6-9.

[6] 龚沛曾，杨志强. 大学计算机基础教学中的计算思维培养[J]. 中国大学教学，2012（5）：51-54.

[7] 王鹏英，庄红，黄晓平. 大学计算机基础课程分层分类教学研究[J]. 计算机教育，2012（5）：49-53.

[8] 陈传明，许勇，卞维新. 非计算机专业计算基础教育改革方案[J]. 计算机教育，2011（1）：82-85.

[9] 陈国良，董荣胜. 计算思维与大学计算机基础教育[J]. 中国大学教学，2011（1）：7-10.

[10] 刘利枚，石彪，罗新密. 大学计算机基础课程的分层教学[J]. 计算机教育，2011（3）：34-37.

[11] 袁驷. 计算机基础教育要面向应用，注重学生能力的培养[J]. 计算机教育，2010（1）：41-43.

[12] 何钦铭，陆汉权，冯博琴. 计算机基础教学的核心任务是计算思维能力的培养[J]. 中国大学教学，2010（9）：5-9.

[13] 樊明智. 计算机实践教学改革的实践与思考[J]. 计算机教育，2010（1）：140-141.

[14] 陈旭生，郭颂. 非计算机专业基础教学改革探讨[J]. 教改纵横，2009（2）：55-57.

[15] 冯博琴，张龙. 迈向计算机基础教学的新高度[J]. 中国大学教学，2009（4）：8-11.

[16] 何鸿君，钟广军，等. 大学计算机基础教学内容及手段改革的调研[J]. 计算机教育工作者，2009（24）：3-5.

[17] 周世兵. 大学计算机文化基础课程教学探究[J]. 江南大学学报：教育科学版，2008，28（2）：64-67.

[18] 张敏霞. 非计算机专业计算机基础教育课程设置探索和改革思考[J]. 计算机教育，2007（2）：22-25.